有機化學考題解答與

序　　　文

本書(有機化學考題解答與歸納)的內容包括有機化學、有機反應機構學、有機合成學、及有機光譜學等方面資料，全書內容以重組整理的方式呈現，增加學習與瞭解的範疇，俾能在短時間內熟習有機化學考題的全貌，並能游刃有餘地應付各種即將面臨的考驗。

基於多年的教學與試題解題經驗，在編寫的過程中，力求內容精簡扼要，主題反覆呈現，達到學習的效果；這種方式才是學習有機化學的不二法門。當然，歷屆考題主要用來瞭解各層面考試的範圍而設計，使在有限時間內，研讀有效的內容為目標；如此才能熟能生巧，有機化學自然能生活化了。為方便計，各考題皆附有解答便於學習。

最後，本人為編排之講究，工作態度之嚴謹，力求文字、圖、表能夠清析，尤其化學結構式的三度空間標示，確實用上許多心力；在此期間無非希望能提昇本書在教學、研讀、準備考試的過程，能有效呈現有機化學的原貌，俾減少學習的障礙，獲取應有的成果，而不致流於偏頗，降低學習者的生澀與吃力感。

本書的出版要感謝家人、高元補習班的全力支持，以及歷年來讀者與學生們的熱忱支持及鼓勵，在此致上本人的敬意與謝忱。尚有錯誤遺漏之處，企盼前賢不吝指正。

隨書檢附讀者服務信箱於後，惠請撥冗填寫或直接來函，請寄至

林智有機化學叢書讀者服務專用信箱，以便提供更佳的後續服務

(235)新北市民樂街中和郵政第 402 號信箱　　Email： stlin@livemail.tw

作者：　林 智(筆名)　　　於台北中和

學士後中醫有機化學考題解答與歸納

目錄

104 學士後中醫有機化學考題解答與歸納(林智)

103 學士後中醫有機化學考題解答與歸納(林智)

102 學士後中醫有機化學考題解答與歸納(林智)

〔發射自己的光，也不要吹滅別人的燈〕

如果別人朝你扔石頭，不用扔回去，讓那些石頭成為你成功的基石

不要和小人結仇，小人自然會有大把死對頭，不需要多你一個

〔一種詐騙得逞後，對受害者的集體嘲弄〕

「智者之慮，必夾雜於利害之間」

林 智　老師

中國醫藥大學學士後中醫考試-----化學考題解析

林 智 老師

100~109 年度全數題目均以選擇題方式出題，值得考生在學習，準備上多下功夫；基本上，出題範圍：

(1)有機反應機構(mechanism)推演求取生成物、
(2)有機合成化學(Retro-synthesis)、
(3)有機古典分析(Organic analysis)以及
(4)有機光譜結構鑑定(題目逐次增加)。

表：中國後中醫有機化學課程內容與歷屆配分表

後醫 有機化學 單元名稱	**100**	**101**	**102**	**103**	**104**	**105**	**106**	**107**	**108**	**109**	10 年平均 出題率 **(100~109)**
1.基本概念	14	10	16	10	20	**36**	**34**	**22**	**26**	**26**	**21.4%**
2.S_NV.SE	4	–	2	2	4	2	–	3	6	**8**	**3.1%**
3.烯炔、醇醚	8	4	2	8	4	8	4	17	10	**12**	7.7%
4.環化反應	–	–	–	6	4	2	–	3	2	**4**	**2.1%**
5.芳香族化合物	8	6	4	8	10	–	6	6	4	**10**	**6.2%**
6.羰基化合物	8	16	8	8	10	6	10	27	6	**12**	**11.1%**
7.有機光譜學	2	6	12	6	4	8	14	6	2	**2**	**6.2%**
8.生物化學	–	2	–	2	0	–	–	–	–	–	**0.4%**
(10 年出題率%)	**44**	**44**	**44**	**50**	**56**	**62**	**68**	**84**	**56**	**74**	**58.2%**

後中醫試題中有機化學**配分均勻**(出題傾向適中屬於專業用心的老師)；

(1)考題落在基礎觀念的**佔比**適中。
(2)各章節**分配均勻**。
(3)有機光譜學考題的**佔比偏低(可惜)**。

基本上錄取均分在 80~85 分之間。

慈濟大學學士後中醫考試-----化學考題解析

101~109年度全數題目均以選擇題方式出題，值得考生在學習，準備上多下功夫；基本上，出題範圍：

(1)有機反應機構(mechanism)推演求取生成物、

(2)有機合成化學(Retro-synthesis)、

(3)有機古典分析(Organic analysis)以及

(4)有機光譜結構鑑定(題目逐次增加)。

表：慈濟後中醫有機化學課程內容與歷屆配分表

後醫 有機化學 單元名稱	101	102	103	104	105	106	107	108	109	九年平均 出題率(%) (101~109)
1.**基本概念**	**8**	**6**	**18**	**20**	**30**	**28**	**26**	**22**	**22**	**19.8**
2.S_N v.s E	4	4	2	10	2	4	2	6	**8**	4.7
3.烯、炔、醇、醚	8	14	12	6	4	12	10	6	**2**	7.4
4.環化反應	0	0	6	0	0	0	2	0	**2**	1.0
5.芳香族化合物	4	4	8	4	8	6	6	2	**2**	4.4
6.**羰基化合物**	22	20	16	16	6	8	6	0	**6**	**10.0**
7.**有機光譜學**	2	4	0	4	4	12	6	8	**22**	**6.2**
年出題率(%)	**50**	**50**	**62**	**60**	**54**	**70**	**58**	**44**	**64**	**53.5**

後中醫試題中無論普通化學或有機化學配分，**參考上表：**

(1)明顯考題皆落在基礎觀念！

(2)各章節分配非常不均勻(很難想像出題的背景)⇒皆為講義中題目

(3)有機光譜學考題明顯(20%)。

基本上錄取均分在 80~85 分之間。

義守大學學士後中醫考試-----化學考題解析

109年的化學試題的配分為34%，有機化學試題的配分為**66%(依上課講義為主)**；**100~109** 年度均以選擇題方式出題，值得考生在學習，準備上多下功夫；基本上，出題範圍沒有重大改變：

(1)有機反應機構推演求取生成物的題目、
(2)有機合成(Retro-synthesis)以及
(3)有機古典分析(Organic analysis)/有機光譜結構鑑定(約佔 6.0%)。

表：義守後中醫有機化學課程內容與歷屆配分表

後醫 有機化學 單元名稱	100	101	102	103	104	105	106	107	108	109	10 年平均 出題率 (100~109)
1.基本概念	8	18	16	26	24	28	24	28	30	**20**	**22.2**
2.S_N v.s E	8	2	8	6	2	2	8	4	6	**4**	**5.0**
3.烯、炔、醇、醚	14	12	10	8	12	10	10	6	4	**16**	**10.2**
4.環化反應	0	4	2	0	0	2	2	2	0	**4**	**1.6**
5.芳香族化合物	8	4	2	4	4	12	2	4	6	**10**	**5.6**
6.羰基化合物	12	6	16	10	10	4	8	8	12	**6**	**9.0**
7.有機光譜學	6	6	8	8	12	14	4	6	10	**6**	**8.0**
年出題率(%)	**56**	**52**	**62**	**62**	**64**	**72**	**58**	**58**	**68**	**66**	**61.6**

後中醫試題中無論普通化學或有機化學配分十分均勻；

(1)明顯考題皆落在基礎觀念！
(2)各章節分配尚稱均勻。
(3)有機光譜學考題明顯。

基本上錄取均分在 90~95 分之間。

敬祝各位應考學員順心愉快、心想事成　　　　林智 老師

“今 日 您 以 高 元 為 榮 ， 明 日 高 元 以 您 為 榮”

※ 林智老師(學經歷)：
(1)臺灣大學化學研究所有機合成博士(副教授)。
(2)教授有機化學與普通化學經歷三十年以上。

中國醫藥大學 109 學年度學士後中醫化學試題暨詳解

化學試題 有機：林智老師解析

01. 下列化合物中有幾個是共平面的分子？

F_2O、Cl_2CO、$H_2C{=}CH_2$、$H_2C{=}C{=}CH_2$、XeF_4、CH_4、H_2O_2

(A) 3 (B) 4 (C) 5 (D) 6 (E) 7

《109 中國醫-01》Ans：B

說明：

1. **VSEPR theory ⇒ Hybridization -----分子形狀預估**
2. Ans:

⇒ 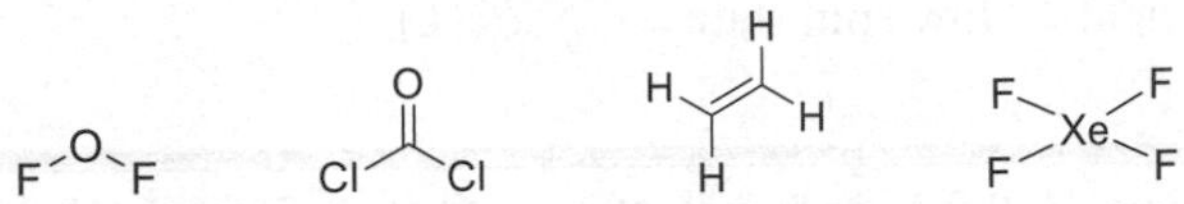 sp^3 sp^2 sp^2 sp^3d^2

3. (共平面的分子)

$H_2C{=}C{=}CH_2$ ⇒ ⇒

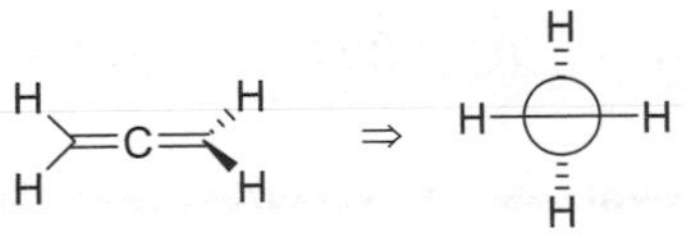

CH_4 ⇒ ⇒

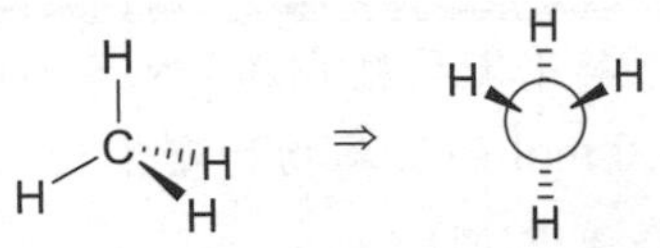

H_2O_2 ⇒ ⇒

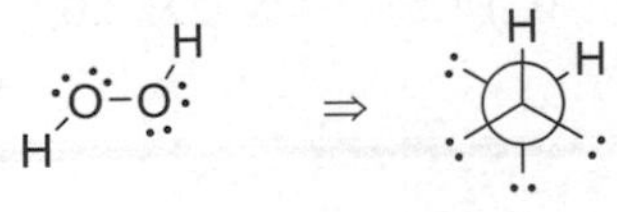

H_2O_2 ⟹ ⟹

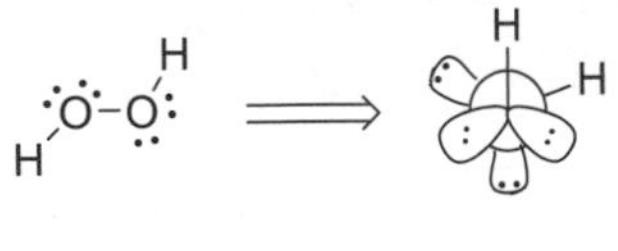

02. 試問 $K_3[Fe(CN)_6]$有幾個不成對電子？
(A) 1　(B) 2　(C) 3　(D) 4　(E) 5
《109 中國醫-02》Ans：A

說明：

1. Coorddination compounds
2. Ans:

⇒ Crystal field theory：

⇒ $K_3[Fe(CN)_6]$ ⇒ (d^5) ⇒為**順磁性**

e_g — —

⇒ t_{2g} ↿⇂ ↿⇂ ↿

∴ strong field ⇒ low spin state ⇒ (順磁性)

03. 將壓力為 1.17 atm 的 0.8 L 氯化氫氣體加入體積為 750 mL 的 32°C水中，假設所形成水溶液的體積和溫度不變，其 pH 值為多少？
(氣體常數為 0.082 atm・L，log 2 = 0.301、log 3 = 0.477、log 7 = 0.845)
(A) 0.699　(B) 1.301　(C) 1.477　(D) 1.699　(E) 1.845
《109 中國醫-03》Ans：B

04. NH_3 可以從 N_2 和 H_2 生成，其平衡反應式為：$N_2 + 3H_2 \rightleftharpoons 2NH_3$，平衡常數 $K = 2.3\times 10^{-6}$。若將各別為 1.0 mol 的反應物和產物加入 1.0 L 的容器內進行反應，達平衡時 H_2 的濃度為多少(M)？
(A) 0.5　(B) 1.0　(C) 1.5　(D) 2.0　(E) 2.5
《109 中國醫-04》Ans：E

05. 下列哪一個化合物是順磁物質？

(A) O_2　(B) CO　(C) N_2O_4　(D) $Ni(CO)_4$　(E) $[Co(NH_3)_6]Cl_3$

《109 中國醫-05》Ans：A

說明：

1. Molecular orbital theory of diatomic molecules
2. 分子軌域中或能階圖中，
   (a)若有未成對電子(unpaired electron(s))，則呈現順磁性(paramagnetic)
   (b)若所有電子皆以成對(paired electron)方式存在，則呈現逆磁性(diamagnetic)

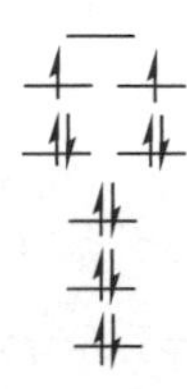

物種(specise)	O_2
總價電子數	(12)
磁性(magnetic property)	順磁性(para-magnetic ssubstance)

3. Ans:(A)⇒分子中只有 O_2 為順磁性。

釋疑：《109 中國-05》

$Ni(CO)_4$ 中的 Ni 為中性，故為 d^{10} 電子組態，d 軌域全填滿，無不成對電子，所以是逆磁物質，故答案維持為(A)。

06. 下列哪一個物質的沸點最低？

(A) Et_3NBF_3　(B) C_3H_7OH　(C) CH_2Cl_2　(D) P_2O_5　(E) KCl

《109 中國醫-06》Ans：C

說明：

1. intermolecular interaction force
   ⇒ (1) ion-ion interaction force
   (2) Hydrogen bonding interaction force
   (3) Dipole-dipole interaction force
   (4) Van der Waal's interaction force
2. 沸點大小判定：
   ⇒網狀化合物 ＞ 離子化合物＞ 金屬 ＞ 分子化合物 ＞ 單原子氣體
   ∴ KCl ＞ $Et_3N^+{-}^-BF_3$ ＞ P_2O_5 ＞ C_3H_7OH ＞ CH_2Cl_2
3. 分子化合物分子量相近似時，氫鍵＞偶極作用力＞分散力(非極分子)

07. 從下列哪一個離子移走其最外層價電子時需要最大的能量？

(A) Na^+　(B) F^-　(C) K^+　(D) Cl^-　(E) Mg^{2+}

《109 中國醫-07》Ans：E

08. 下列哪一個化合物是非極性分子？

(A) H_2O　(B) ICl_3　(C) SF_2　(D) NCl_3　(E) CCl_4

《109 中國醫-08》Ans：E

說明：

1.全對稱化合物是非極性分子($\mu = 0$ Debye)

2. Ans: (A) H_2O → sp^3 (m=2, n=2) → 角形 → $\mu \neq 0$ D

Ans: (B) ICl_3 → sp^3d (m=3, n=2) → 翹翹板形 → $\mu \neq 0$ D

Ans: (C) SF_2 → sp^3 (m=2, n=2) → 角形 → $\mu \neq 0$ D

Ans: (D) NCl_3 → sp^3 (m=3, n=1) → 角錐形 → $\mu \neq 0$ D

Ans: (E) CCl_4 → sp^3 (m=4, n=0) → 四面體 → $\mu = 0$ D

09. 化合物 $H_2Cr_2O_7$ 和 HCl 反應可得 $CrCl_3$、Cl_2 和 H_2O，該反應式經平衡後，所有係數的總和為多少？

(A) 12　(B) 13　(C) 23　(D) 24　(E) 25

《109 中國醫-09》Ans：E

10. 空氣中氧氣的含量約為 21%，試問在 1 atm 下，2 L 空氣在 27°C時含有幾克的氧氣？(氣體常數為 0.082 atm・L)

(A) 0.55　(B) 1.81　(C) 2.60　(D) 5.46　(E) 6.07

《109 中國醫-10》Ans：A

11. 下列哪一組數字是不存在的量子數組合(n, l, m, s)？

(A) (5, 3, 2, -1/2)　(B) (4, 0, 0, -1/2)　(C) (3, 1, 1, 1/2)

(D) (2, 2, 1, 1/2)　(E) (1, 0, 0, 1/2)

《109 中國醫-11》Ans：D

12. 鉻金屬的原子量為 52.0 g/mol，晶格為體心立方，其原子半徑為 1.25 Å，試計算其密度(g/cm^3)。($\sqrt{2}$ = 1.414、$\sqrt{3}$ = 1.732)

(A) 2.76　(B) 3.59　(C) 5.52　(D) 7.20　(E) 7.81

《109 中國醫-12》Ans：D

13. 當氧氣分子失去一個電子形成 O_2^+時，其化學鍵的鍵級(bond order)為多少？

(A) 1　(B) 1.5　(C) 2　(D) 2.5　(E) 3

《109 中國醫-13》Ans：D

說明：

1. Molecular orbital theory of diatomic molecules

2. Ans:

O_2^+ ⇒ (總價電子數，E_t) = $11e^-$ ⇒ 鍵級=2.5

∴ Bond order = $\frac{6-1}{2}$ = 2.5

14. 燃燒氯化銅會看到明顯的藍光，這是氯化銅燃燒時發生下列哪一個作用所造成的現象？

(A) 放出藍光　(B) 吸收藍光　(C) 反射藍光

(D) 吸收橘光　(E) 吸收黃光

《109 中國醫-14》Ans：A

說明：

1.互補色：分子吸收部分可見光之後，所呈現的顏色(互補色)。

2. Color wheel 判定原則：

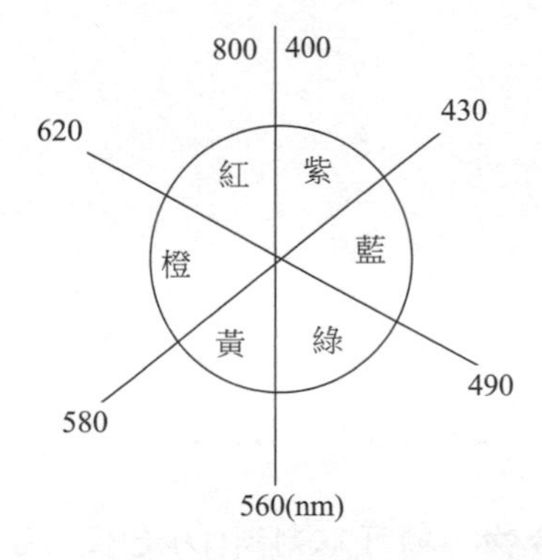

3.波長的顏色的關係如下：

被吸收顏色之波長，nm	被吸收顏色	觀察者所見的顏色
500～570	綠	紫～紅紫
570～590	黃	藍
590～620	橙	綠～藍

4. Ans:

⇒ 吸收黃光 ⇒ 放出藍光

15. 下列哪一個物質中具有最高氧化數的原子？

(A) SO_3　(B) MnO_2　(C) $HClO_4$　(D) K_2CO_3　(E) $K_2Cr_2O_7$

《109 中國醫-15》Ans：C

16. 錯合物 $M(NH_3)_2Br_2Cl_2$ 有幾種異構物？

(A) 3　(B) 4　(C) 6　(D) 12　(E) 15

《109 中國醫-16》Ans：C

17. 下列哪一個物質是離子溶液？

(A) 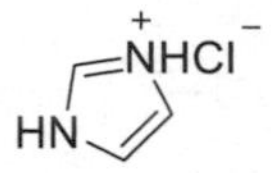 HN ... $\overset{+}{N}HCl^-$　(B) 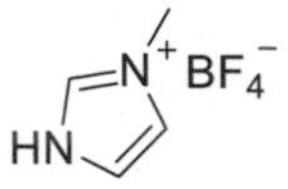 HN ... N^+ BF_4^-　(C) 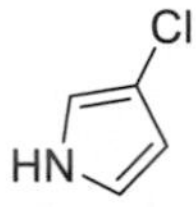 HN ... Cl

(D) 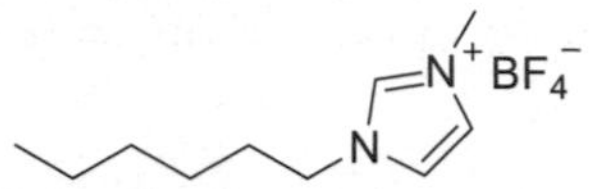 N ... N^+ BF_4^-　(E) 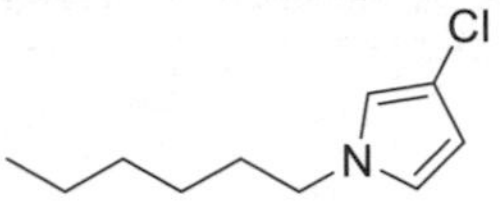 N ... Cl

《109 中國醫-17》Ans：D

說明：

1. **Ionic liquids are organic salts consisting of cations and anions.**
   ⇒ Virtual elimination of plant emissions and the avoidance of an organic solvent
   (1) They dissolve both polar and nonpolar organic compounds.
   (2) They are nonflammable.
   (3) They are thermally stable.
   (4) They do not evaporate.
2. Ans:

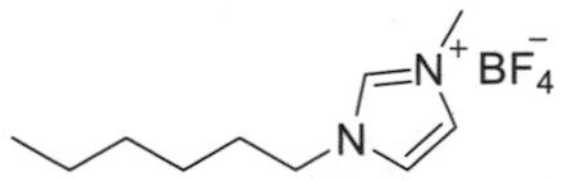

⇒ N ... N^+ BF_4^-

釋疑：《109 中國-17》

由於題目中**離子溶液並非問是純物質或混合物**，顧可以判斷(D)是唯一可以選擇的答案。所以維持原答案。

18. 下列哪一組分子間的單一氫鍵作用力最大？

(A) H−O---H−O (with H on each O)　(B) H−F----H−F　(C) H_3N----$H{-}NH_2$

(D) H_3C−O---H−O−CH_3 (with H on first O)　(E) H_3C−O---H−O (with H on each O)

《109 中國醫-18》Ans：B

說明：

1. Intra- / Inter- molecular hydrogen-bonding interaction which depend on

⇒ (1) the strength of **hydrogen– bonding interaction**
(2) the concentration of **hydrogen– bonding interaction**
(3) the nature of the **donor**

2. Ans:

⇒氫鍵作用力大小判定：

H−F---H−F
>
H−O---H−O (H, H)
>
H−O---H−O (H, CH_3)
>
H−O---H−O (CH_3, CH_3)
>
H_2O---$H{-}NH_2$

3. like dissolved like rule

19. 核融合反應：$^{2}H + {}^{3}H \rightarrow {}^{4}He + {}^{1}n$ + energy

^{2}H = 2.0140 amu、^{3}H = 3.0161 amu、^{4}He = 4.0026 amu、^{1}n = 1.0087 amu

試問 1 mol ^{2}H 和 1 mol ^{3}H 進行核融合反應會放出多少能量(J)？

(光速為 3×10^{8} m/s)

(A) 5.55×10^{37}　(B) 1.01×10^{36}　(C) 9.25×10^{13}

(D) 1.69×10^{12}　(E) 5.63×10^{8}

《109 中國醫-19》Ans：D

20. 下列哪一個雙原子物質具有最大的鍵級(bond order)？

(A) H_2　　(B) O_2^-　　(C) C_2^{2-}　　(D) N_2^-　　(E) Be_2

《109 中國醫-20》Ans：C

說明：

1. Molecular orbital theory-----**diatomic molecule** 判定⇒鍵級(bond order)
2. Ans:

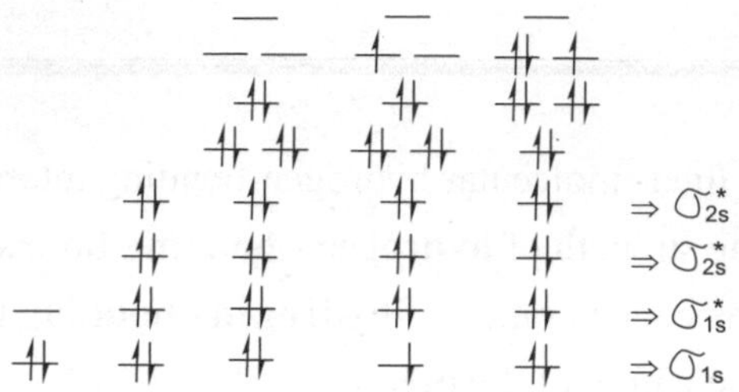

⇒ σ^*_{2s}

⇒ σ^*_{2s}

⇒ σ^*_{1s}

⇒ σ_{1s}

⇒	H₂	Be₂	C₂²⁻	N₂⁻	O₂⁻
⇒ 物種	H_2	Be_2	C_2^{2-}	N_2^-	O_2^-
⇒ 價電子數	($2e^-$)	($4e^-$)	($10e^-$)	($11e^-$)	($13e^-$)
⇒ **鍵級**	1	0	3	2.5	1.5

21. 一個 4d 軌域共有幾個節面(nodal plane)？

(A) 0　　(B) 1　　(C) 2　　(D) 3　　(E) 4

《109 中國醫-21》Ans：D

22. 下列哪一個反應可生成碳烯(carbene)化合物？

(A) $H_2C{=}C{=}O$ / NaOH　　(B) CH_2N_2 / H_3O^+　　(C) $CHCl_3$ / KOH

(D) CH_2I_2 / Fe　　(E) CH_2Cl_2 / *hv*

《109 中國醫-22》Ans：C

說明：

1.碳烯(carbene)化合物製備**(preparation)**

2. Ans:(C) $CHCl_3 \xrightarrow{KOH} :CCl_2$

⇒ Stabilized carbine formation ($CHCl_3$ / KOH)

$$CHCl_3 \xrightarrow{{}^{t}BuONa} {}^{t}BuOH + \bar{:}CCl_3 \xrightarrow{-Cl^-} :CCl_2$$

23. 在 540 克的 $C_6H_{12}O_6$ 中含有幾莫耳的氫原子？
(A) 3 (B) 5 (C) 18 (D) 20 (E) 36
《109 中國醫-23》Ans：E

說明：

1. $C_6H_{12}O_6$ 分子量(Mw) = 180 g/mole
2. n_H = (540g/180 g/mole) × 12 = 36 mole

24. 下列哪一個化合物在 25℃下以液體的形態存在？
(A) CH_4 (B) CH_3F (C) CH_3Cl (D) CH_3Br (E) CH_3I
《109 中國醫-24》Ans：E

說明：

1.有機分子(中性分子)之間相互吸引的力量，在性質上類似於靜電引力(正、負電荷的吸引力)，一般常區分成兩大類：即偶極-偶極作用力(dipole-dipole interaction force)以及凡得瓦爾作用力(Van der Waals force)。
⇒分散力大小受分子量及分子間接觸面積的影響
2. intermolecular interaction force
⇒ (1) ion-ion interaction force
(2) Hydrogen bonding interaction force
(3) Dipole-dipole interaction force
(4) Van der Waal's interaction force
3. Ans: (物質三態與分子間作用力的關係)
⇒ $CH_{4(g)}$ $CH_3F_{(g)}$ $CH_3Cl_{(g)}$ $CH_3Br_{(g)}$ $CH_3I_{(l)}$

25. 某學生進行一化學反應並隨著時間變化記錄反應物 **I** 的濃度，他發現此反應為反應物 **I** 的二級反應。下列哪一張是學生觀察到的反應物濃度變化圖？

(A) 

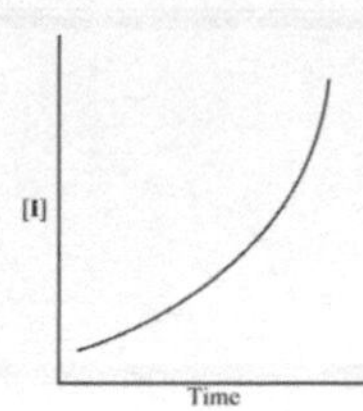

(B)

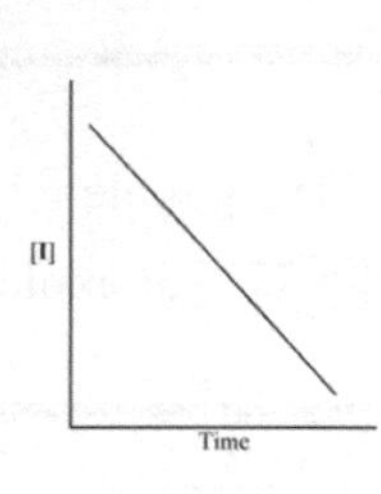

(C)

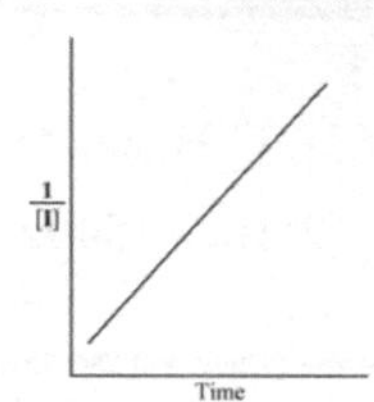

(D)

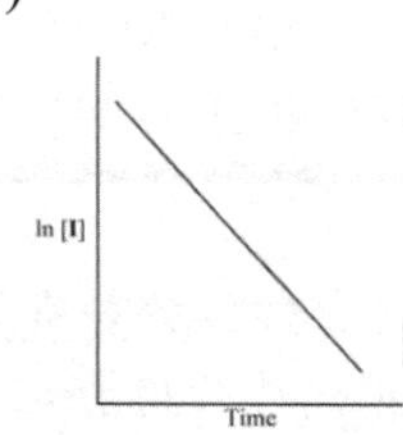

(E)

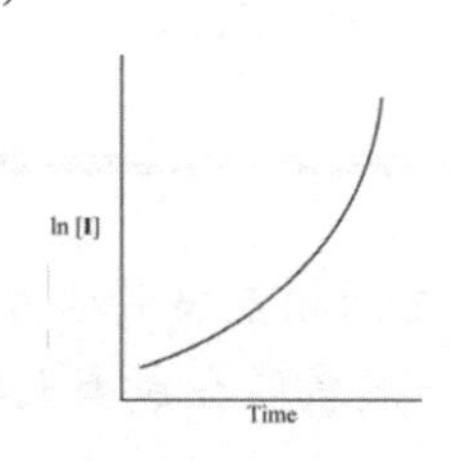

《109 中國醫-25》Ans：B

26. 某化學反應：P + 2Q → R + S，其實驗數據如下表所示

	$[Q]_0$ = 5.0 M 實驗（I）	$[Q]_0$ = 10.0 M 實驗（II）
時間(s)	[P] (M)	[P] (M)
0	10.0×10^{-2}	10.0×10^{-2}
20	6.67×10^{-2}	5.00×10^{-2}
40	5.00×10^{-2}	3.33×10^{-2}
60	4.00×10^{-2}	2.50×10^{-2}
80	3.33×10^{-2}	2.00×10^{-2}
100	2.86×10^{-2}	1.67×10^{-2}
120	2.50×10^{-2}	1.43×10^{-2}

下列哪一項為正確的反應速率式(rate law)？

(A) Rate = $k[P]^2[Q]^2$　(B) Rate = $k[P]^2[Q]$　(C) Rate = $k[P][Q]^2$

(D) Rate = $k[P][Q]$　(E) Rate = $k[P]$

《109 中國醫-26》Ans：B

27. 右側反應可生成的主要產物為何？

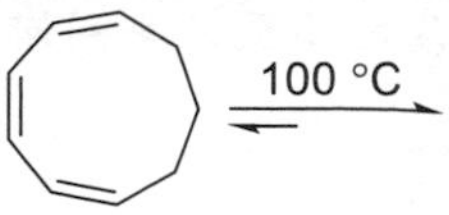

100 °C

(A)

(B)

(C) 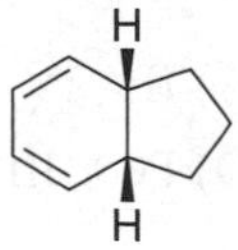 H H

(D) 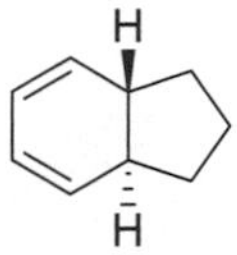 H H

(E)

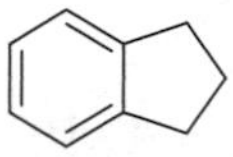

《109 中國醫-27》Ans：C

說明：

1. electrocyclic reaction
2. [4n+2]πe^- ⇒ heat(Δ) ⇒ disrotatory

28. 右側反應可生成的主要產物為何？

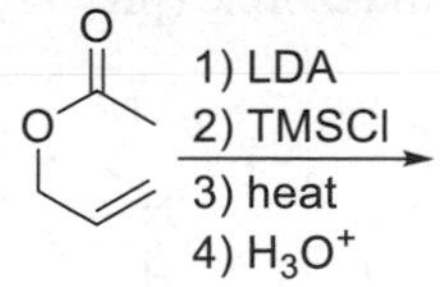

O O

1) LDA
2) TMSCl
3) heat
4) H_3O^+

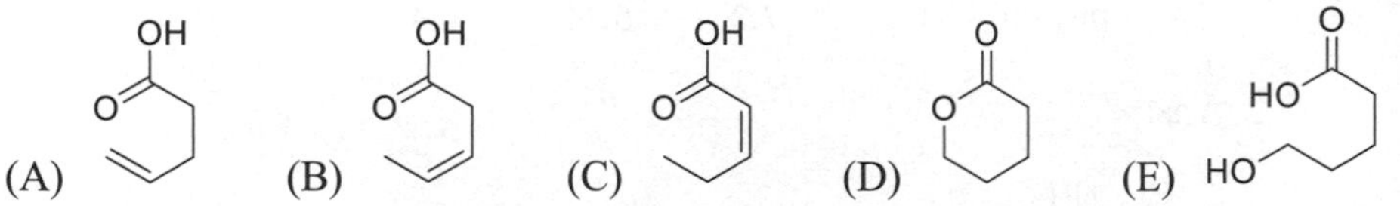

(A) OH O

(B) OH O

(C) OH O

(D) O O

(E) O HO HO

《109 中國醫-28》Ans：A

說明：

1. Silylation
2. [3,3] sigmatropic reaction-----Claisen like reaction
3. Ans:

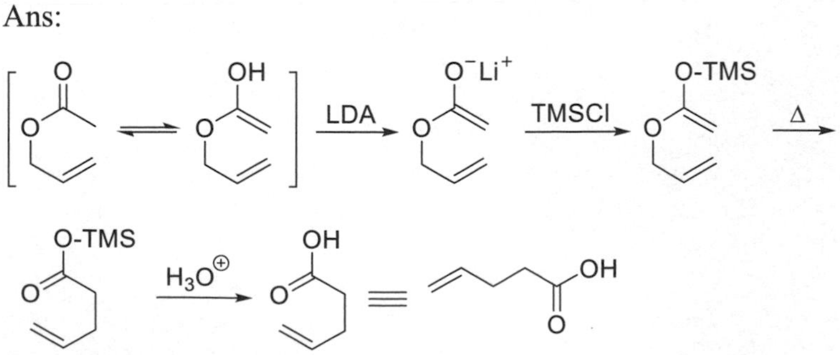

[O O ⇌ OH O] LDA → O^-Li^+ O TMSCl → O-TMS O Δ →

O-TMS O $H_3O^{\oplus}$ → OH O ≡ OH O

29. 下列化合物的鹼度由高至低排列何者正確？

(I) NH, NH_2 (II) CH_3NHCH_3 (III) $CH_3CH_2NH_2$ (IV) O, NH_2

(A) II > IV > III > I (B) IV > I > III > II (C) III > IV > I > II

(D) IV > III > II > I (E) I > II > III > IV

《109 中國醫-29》Ans：E

說明：

1.鹼性度(Basicity)大小判定：

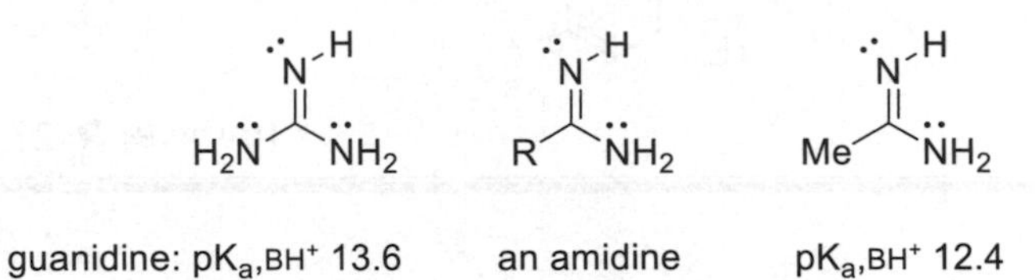

N NH

imidazoline (pK_a 11)

N H > N N H > N > N H

pK_{a,BH^+} 11.3 7.2 5.24 0.4

2. Ans:

NH, NH_2 > $(CH_3)_2NH$ > $CH_3CH_2NH_2$ > O, NH_2

(pK_a, BH^+=12.4) 2°-amine 1°-amine 1°-amide

30. 右側反應可生成的主要產物為何？ (reagents: $^{\ominus}OH$, H_2O)

(A) (B) (C)

(D) (E)

《109 中國醫-30》Ans：B

說明：

1. Robinson annulation
2. Retro-synthesis:

31. 下列何者是<u>非</u>芳香性(non-aromatic)分子？

(A) (B) 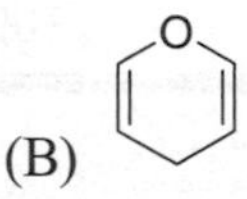 (C) 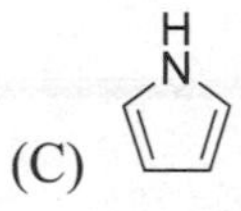 (D) 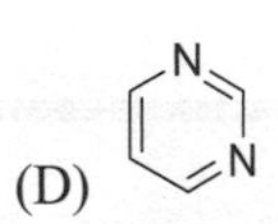 (E) 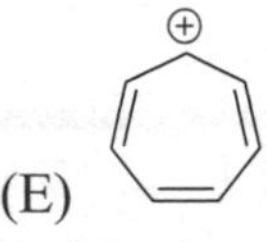

《109 中國醫-31》Ans：B

說明：

1. Definition

   ⇒ a monocyclic conjugated polyene

   (1) Huckel's rule：含有(4n+2)π 電子或總數(4n+2)之 π 電子與未共用電子者

   (2)共平面之環狀化合物，電子雲非定域化地上下環繞

   (3)不可有π-電子斷點存在(no π-electron node)。

2. Classification of aromatic compound

   ⇒ **比較：Non-Aromaticity，Anti-Aromaticity，Aromaticity**

3. Ans:

⇒ Aromatic compound

N, H, N, N

vs. ⇒ non-aromatic compound

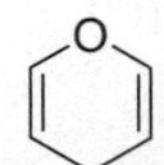

32. 下列反應可生成加成產物 **I** 與 **II**，請問產物 **I** 的結構為何？

O, O, OCH_3 —EtMgBr (excess)→ **I** + Et—(O)—C(HO)(Et)Et

II

(A) O, O, Et

(B) O, O, Et, Et

(C) Et, O, O, OCH_3, Et

(D) HO, O, Et, Et

(E) Et, O, O, OCH_3

《109 中國醫-32》Ans：D

說明：

1. Grignard reaction

2. Ans:

O, O, OCH_3 —MgBr→ OMgBr, O —H_3O^+→ OH, O

33. 下列各反應中所預期的主要產物何者**錯誤**？

(A) 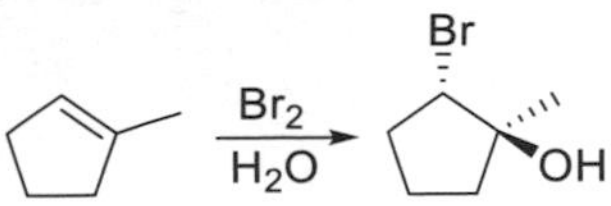 Br$_2$ / H_2O

(B) 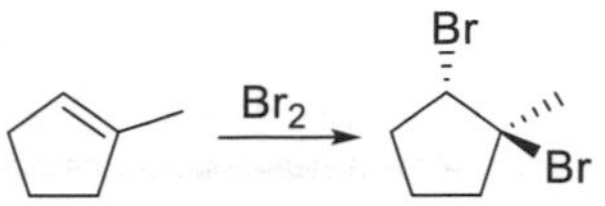 Br$_2$

(C) 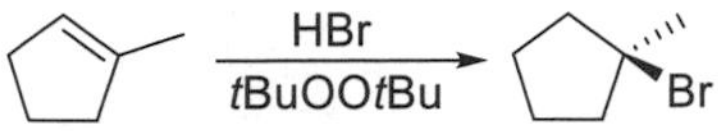 HBr / *t*BuOO*t*Bu

(D) 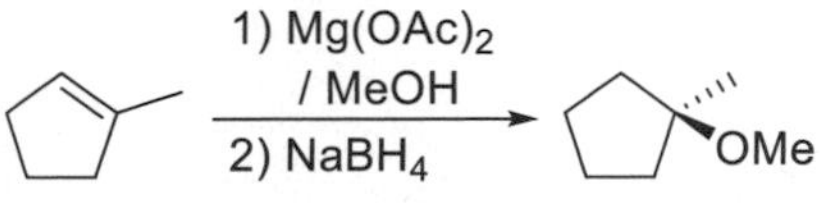 1) Mg(OAc)$_2$ / MeOH 2) NaBH$_4$

(E) 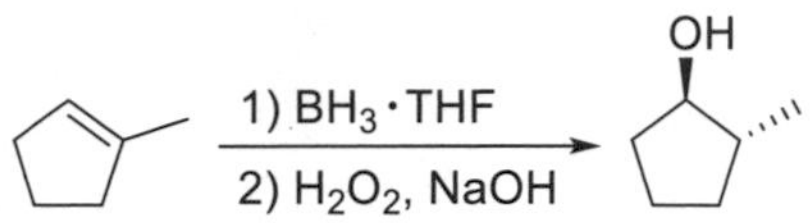 1) BH$_3$·THF 2) H_2O_2, NaOH

《109 中國醫-33》Ans：C

說明：

1.綜合題：烯類化合物之官能基轉換(FGI : Functional Group Interconvertion)

2. Ans:(C)

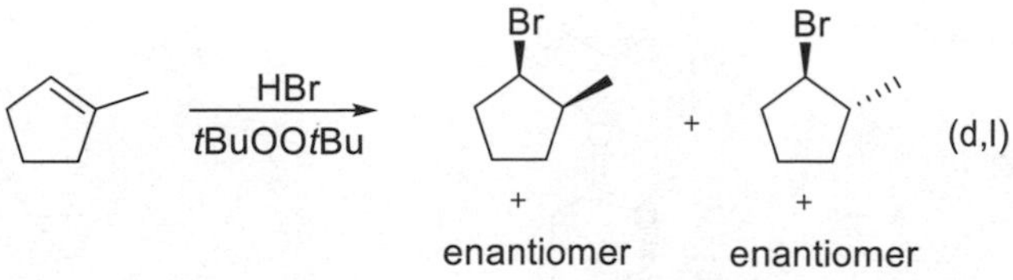

HBr / *t*BuOO*t*Bu

\+ enantiomer + enantiomer (d,l)

34. 下列各反應中所預期的主要產物何者正確？

(A) 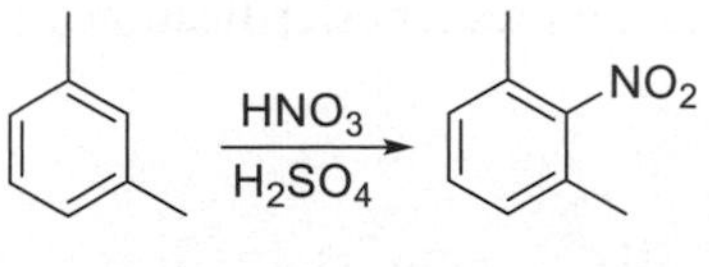 HNO_3 / H_2SO_4

(B) 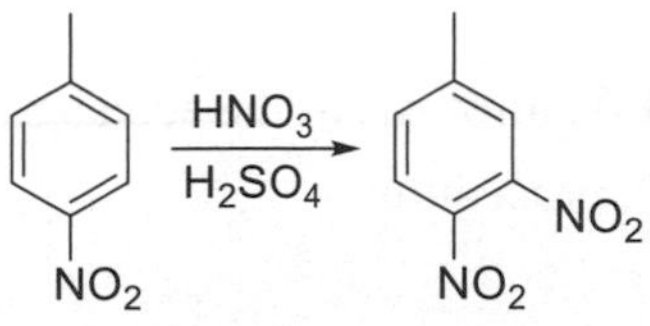 HNO_3 / H_2SO_4

(C) 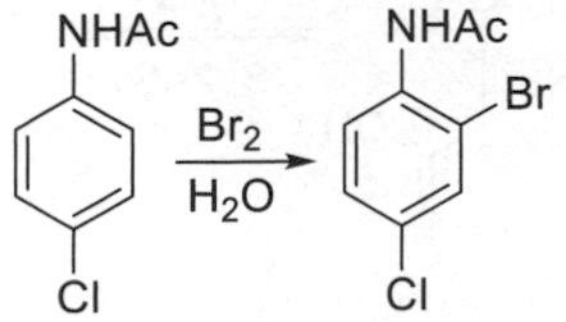 Br$_2$ / H_2O

(D) 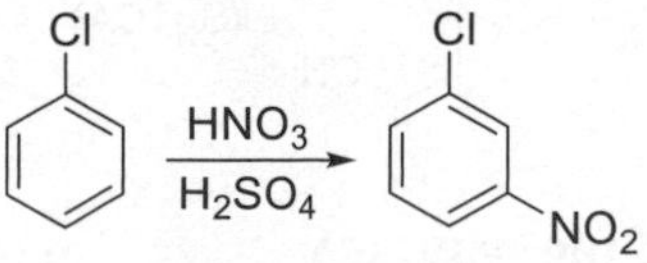 HNO_3 / H_2SO_4

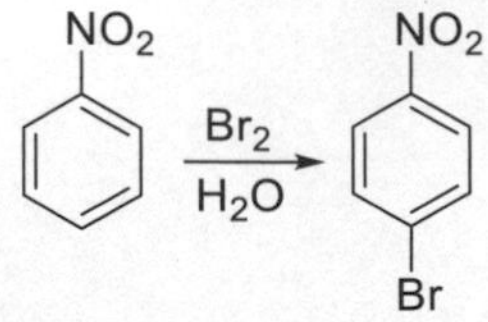

(E) $C_6H_5NO_2 \xrightarrow[H_2O]{Br_2}$ p-$BrC_6H_4NO_2$

《109 中國醫-34》Ans：C

說明：

Ans:(C)

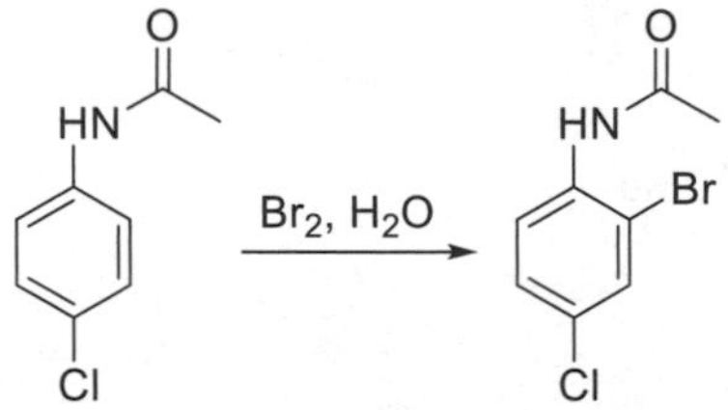

⇒ 4-氯乙醯苯胺 $\xrightarrow{Br_2,\ H_2O}$ 2-溴-4-氯乙醯苯胺

35. 右側反應可生成的主要產物為何？ $\xrightarrow{H_3O^+}$

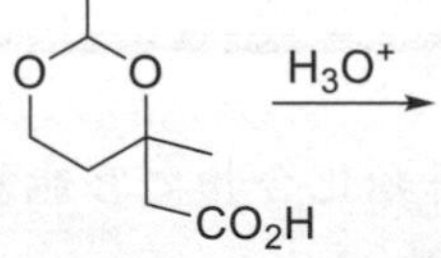

(A) (B) (C)

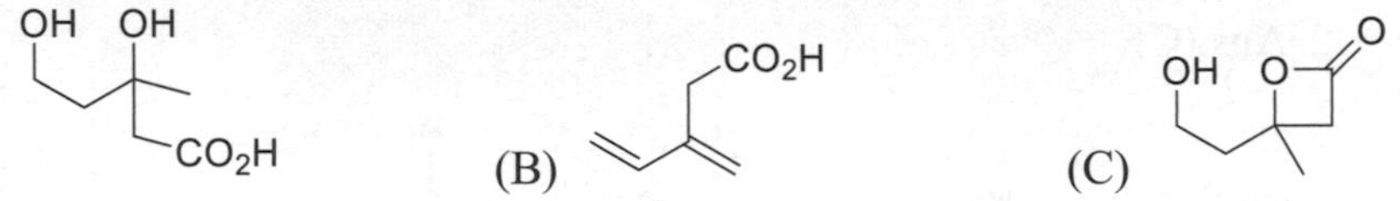

(D) (E)

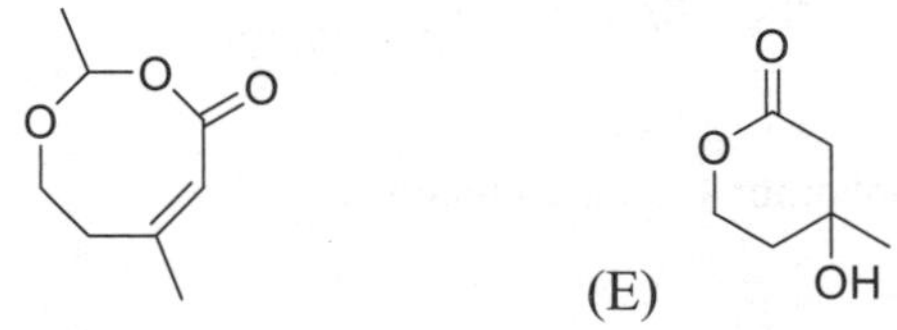

《109 中國醫-35》Ans：E

說明：

1. Hydrolysis of the acetal(S_N1CA), and the Fiesher esterification
2. procedure:

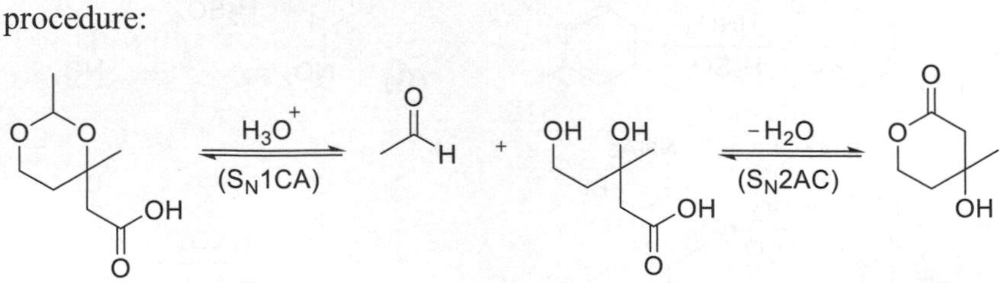

$\xrightarrow{H_3O^+}$ (S_N1CA) ⇌ CH₃CHO + ; $\xrightarrow{-H_2O}$ (S_N2AC) ⇌

釋疑：《109 中國-35》

在酸性的條件下，羧酸化合物和醇類主要形成脂類化合物‧雖然，在酸性條件下酯類化合物亦有部分進行水解，**但是此平衡反應趨向生成酯類**，所以維持原答案。

36. 右側反應可生成的主要產物為何？

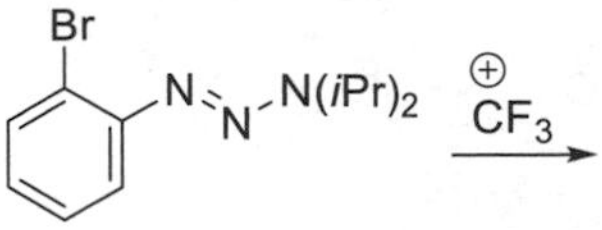

Br N=N-N(iPr)$_2$ $\xrightarrow{\oplus CF_3}$

(A) 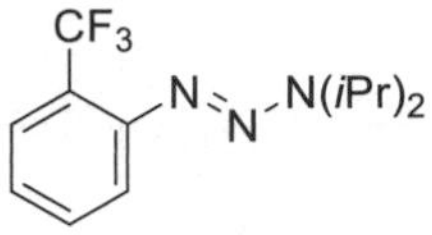 CF$_3$ N=N-N(iPr)$_2$

(B) 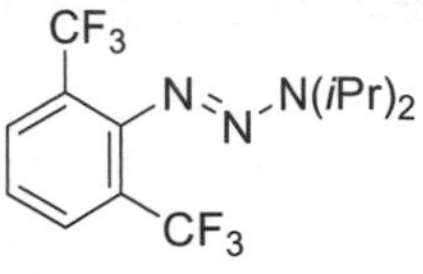 CF$_3$ N=N-N(iPr)$_2$ CF$_3$

(C) CF$_3$ N=N-N(iPr)$_2$ F$_3$C

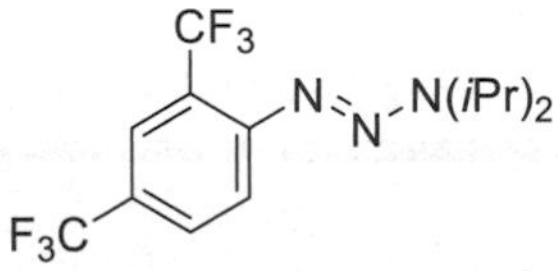

(D) 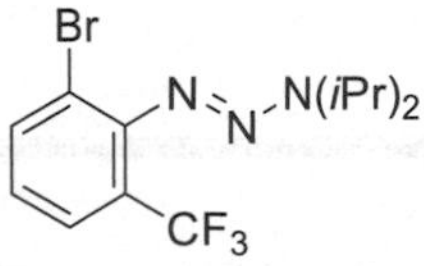 Br N=N-N(iPr)$_2$ CF$_3$

(E) 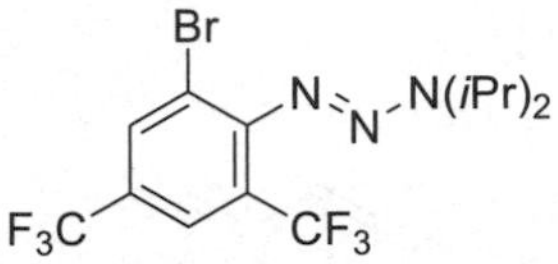 Br N=N-N(iPr)$_2$ F$_3$C CF$_3$

《109 中國醫-36》Ans：D

說明：

1. S$_E$Ar reaction----- regioselection via intermolecular force
2. Mechanism:

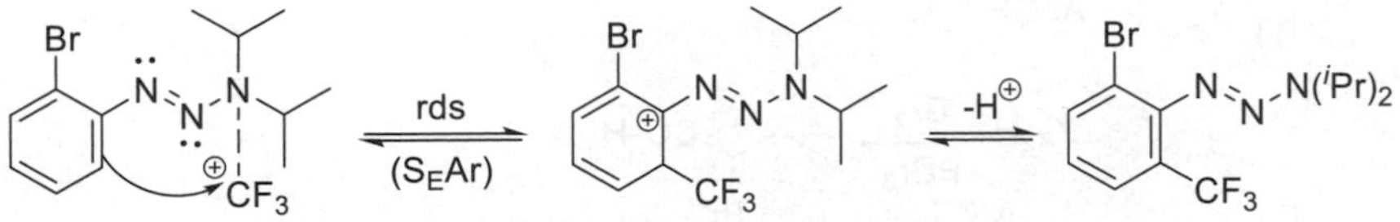

Br N N N $\oplus$CF$_3$ $\underset{(S_EAr)}{\overset{rds}{\rightleftharpoons}}$ Br $\oplus$ H N=N-N CF$_3$ $\overset{-H^{\oplus}}{\rightleftharpoons}$ Br N=N-N(^{i}Pr)$_2$ CF$_3$

37. 右側反應可生成的主要產物為何？

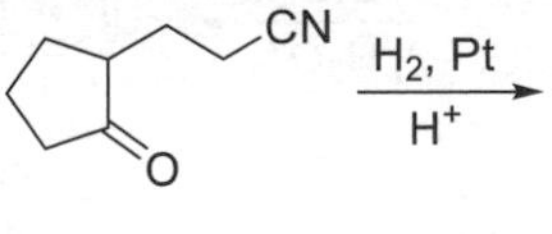

CN O $\xrightarrow[H^+]{H_2,\ Pt}$

(A) 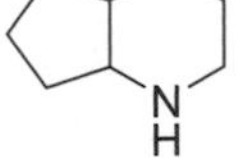 N H　(B) 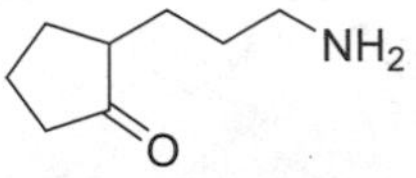 NH$_2$ O　(C) 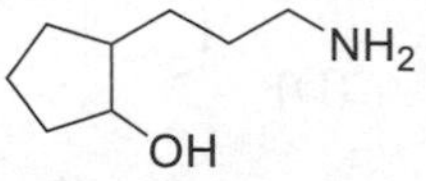 NH$_2$ OH

(D) 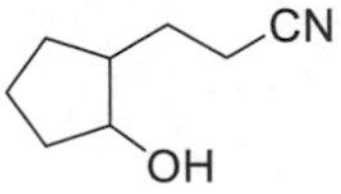 CN OH　(E) 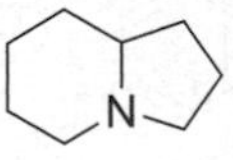 N

《109 中國醫-37》Ans：A

說明：

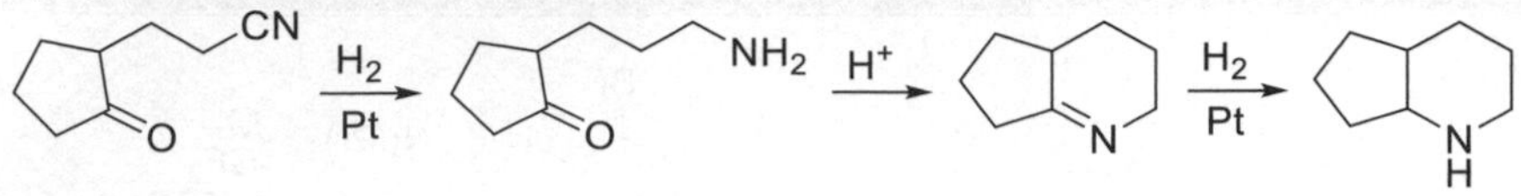

38. 下列由高至低排列分子氫化熱(heat of hydrogenation)的順序何者正確？

(I) 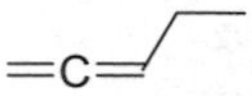 (II) 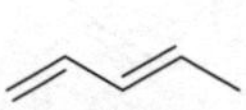 (III) 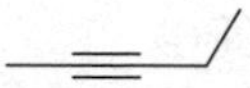 (IV)

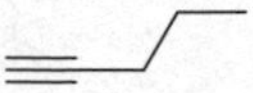

(A) I > II > III > IV (B) III > IV > I > II (C) II > IV > I > III

(D) I > IV > III > II (E) IV > III > II > I

《109 中國醫-38》Ans：D

說明：

1.莫耳氫化熱(molar heat of hydrogenation $\Delta H°_h$)大小判定：

$\Rightarrow$ thermodynamic stability (↑) $\Rightarrow$ $\Delta H°_h$ (↓)

2. Ans:

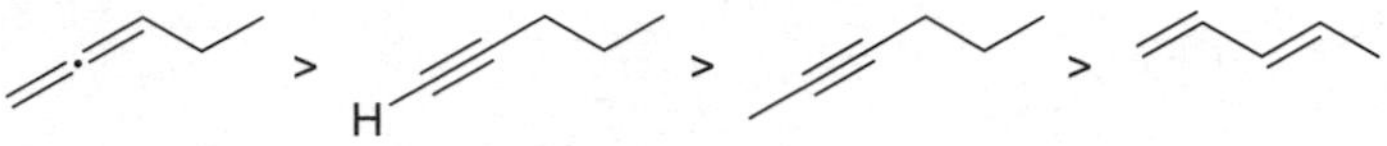

39. 下列各反應中所預期的主要產物何者**錯誤**？

(A) 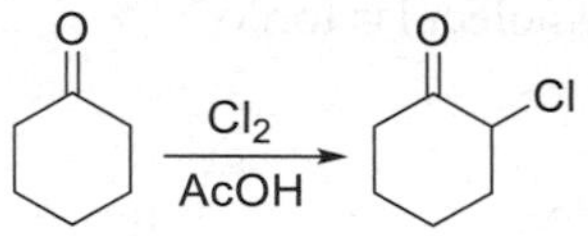 Cl_2 / AcOH

(B) 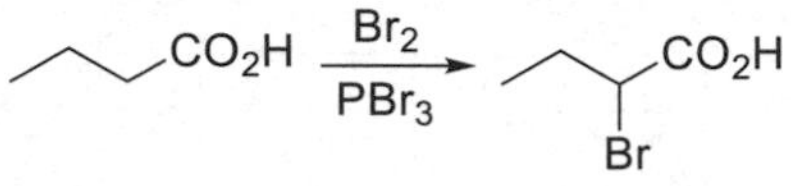 CO_2H — Br_2 / PBr_3 — CO_2H, Br

(C) 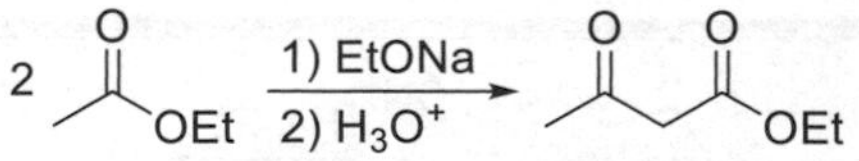 2 OEt — 1) EtONa 2) H_3O^+ — OEt

(D) 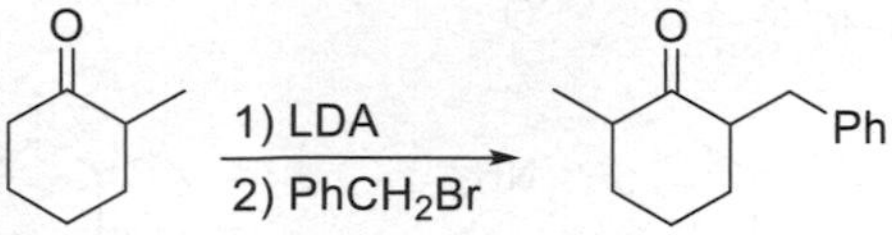 1) LDA 2) $PhCH_2Br$ — Ph

(E) 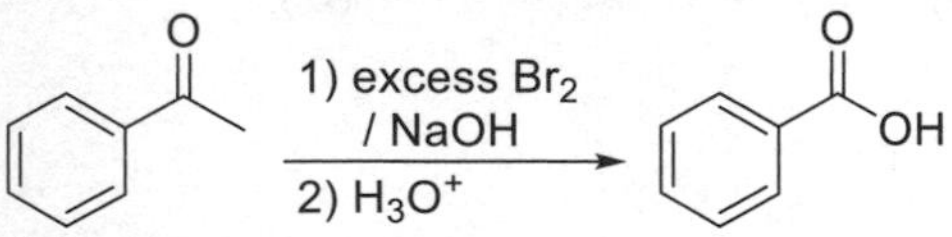 1) excess Br_2 / NaOH 2) H_3O^+ — OH

《109 中國醫-39》Ans：B

說明：

1.綜合題：碳陰離子化學(Carbanion chemistry)

2. Ans:(B) ⇒ **HVZ reaction (Hell-Volhard-Zelinsky reaction)**

$$CH_3CH_2CH_2COOH \xrightarrow[PBr_3]{Br_2} CH_3CH_2CH(Br)COBr$$

40. 右側反應條件為何？ $R_1CH_2COR_2 \xrightarrow{\text{conditions}} R_1CH_2CH_2R_2$

(A) i) NH_2NH_2 / H^+; ii) KOH / heat
(B) i) NaH; ii) $SOCl_2$
(C) Zn, NaOH, H_2O
(D) TMSCl / Et_3N
(E) Pd / C, H_2

《109 中國醫-40》Ans：A

說明：

1. Reduction-----Aldehyde/ketone transfer to methylene group

2. Wolff-Kishner reduction：

41. 下列各反應中所預期的主要產物何者**錯誤**？

(A) $PhCOOH \xrightarrow[2)\ H_3O^+]{1)\ CH_3Li\ (2\ eq)} PhCOCH_3$

(B) $PhCH_3 \xrightarrow[\text{heat}]{KMnO_4 \cdot H_2O}$ $C_6H_4(CO_2H)_2$ (1,2-benzenedicarboxylic acid)

(C) $Ph-CO_2H \xrightarrow[2)\ H_3O^+]{1)\ LiAlH_4\ (excess)} PhCH_2OH$

(D) $Ph-CO_2H \xrightarrow{SOCl_2} PhCOCl$

(E) $PhMgBr \xrightarrow[2)\ H_3O^+]{1)\ CO_2} Ph-CO_2H$

《109 中國醫-41》Ans：B

說明：

1.綜合題：Organic metallic reagents：

2. Ans:(B)

$$\Rightarrow PhCH_3 \xrightarrow[\Delta]{KMnO_4,\ H_2O} PhCOOH$$

42. 右側化合物中標示的質子酸性由高至低排列的順序何者正確？

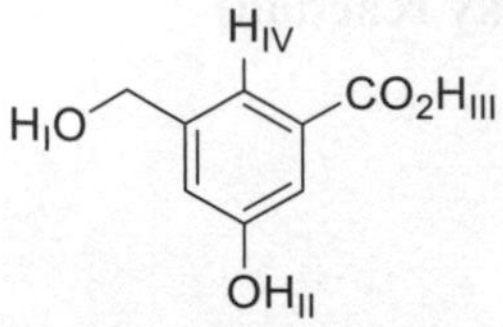

(A) III > II > I > IV　(B) IV > I > II > III　(C) III > IV > II > I
(D) II > I > IV > III　(E) I > IV > III > II

《109 中國醫-42》Ans：A

說明：

1.酸性度影響因素：官能基分類

表：化合物之 pKa 值比較

酸(Acid) $\rightleftharpoons^{-H^{\oplus}}$ 共軛鹼(conjugated base)		pKa 值
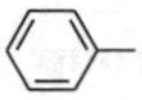 C_6H_5–COOH	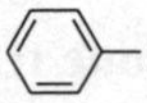 C_6H_5–COO$^-$	4.2
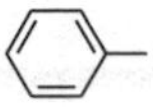 C_6H_5–OH	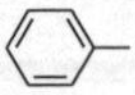 C_6H_5–O$^-$	10.0
CH_3CH_2OH	$CH_3CH_2O^-$	17.0
^tBuOH	$^tBuO^-$	19.0
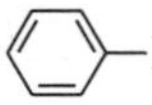 C_6H_5–H	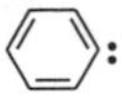 C_6H_5:$^-$	36.0

2. Ans:(A) ⇒ III > II > I > IV

43. 下列反應生成的最終產物(**IV**)為何？

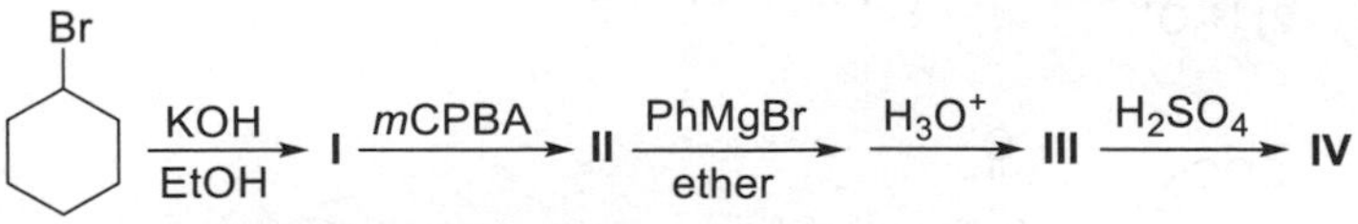

Bromocyclohexane $\xrightarrow[EtOH]{KOH}$ **I** $\xrightarrow{mCPBA}$ **II** $\xrightarrow[ether]{PhMgBr}$ $\xrightarrow{H_3O^+}$ **III** $\xrightarrow{H_2SO_4}$ **IV**

(A) 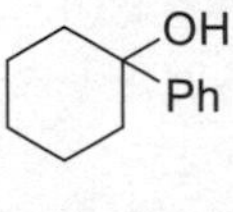 1-phenylcyclohexan-1-ol (OH, Ph)　(B) 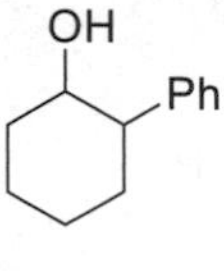 2-phenylcyclohexan-1-ol (OH, Ph)　(C) 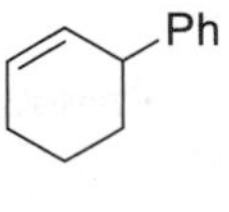 3-phenylcyclohexene (Ph)
(D) 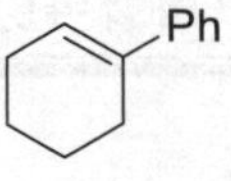 1-phenylcyclohexene (Ph)　(E) 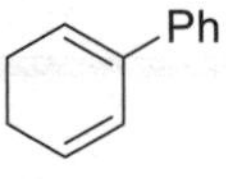 phenylcyclohexadiene (Ph)

《109 中國醫-43》Ans：D

說明：

$$\text{Bromocyclohexane} \xrightarrow[\text{EtOH}]{\text{KOH}} \text{cyclohexene} \xrightarrow{m\text{CPBA}} \text{epoxide} \xrightarrow[H_3O^+]{\text{PhMgBr}} \text{trans-2-phenylcyclohexanol} \xrightarrow[\Delta\ (180°C)]{H_2SO_4} \text{1-phenylcyclohexene}$$

釋疑：《109 中國-43》

在強酸性的條件下脫水形成主要產物為共軛的烯類化合物。**如果有生成(A)選項的化合物其雙鍵在此條件下亦會重排產生共軛烯類產物**，所以維持原答案。

44. 下列關於炔類(alkyne)化合物的反應何者**錯誤**？

(A) $R_1-C\equiv C-R_2 \xrightarrow[H_2]{Pd / C} R_1CH_2CH_2R_2$

(B) $R_1-C\equiv C-R_2 \xrightarrow{O_3} R_1C(=O)C(=O)R_2$

(C) $R_1-C\equiv C-R_2 \xrightarrow[(1\ eq)]{Br_2} R_1C(Br)=C(Br)R_2$

(D) $R_1-C\equiv C-R_2 \xrightarrow[H_2]{\text{Lindlar catalyst}}$ cis-$R_1CH=CHR_2$

(E) $R_1-C\equiv C-R_2 \xrightarrow{Na / NH_3}$ trans-$R_1CH=CHR_2$

《109 中國醫-44》Ans：B

說明：

1.綜合題：炔類化合物之官能基轉換(FGI : Functional Group Interconvertion)

2. Ans:(B)

$$R_1-C\equiv C-R_2 \xrightarrow{O_3} R_1C(=O)OC(=O)R_2 \xrightarrow{H_2O} R_1COOH + R_2COOH$$

釋疑：《109 中國-44》

炔類化合物進行臭氧化反應在有加入還原劑的條件下會得到 1, 2-雙酮化合物，不然會得到酸酐化合物。(B)選項在未加水的條件下主要產物應該為酸酐。所以維持原答案。

COOH + Ph_4BNa $\xrightarrow[H_2O]{Pd/C}$
Br
F

45. 右側反應可生成的主要產物為何？

(A) COOH, Br, Ph

(B) COOPh, Br, F

(C) COOH, Ph, Ph

(D) Ph, COOH, Br, F

(E) COOH, Ph, F

《109 中國醫-45》Ans：E

說明：

1. **Suzuki-Heck reaction**：

e.g.1 Palladium-catalysed coupling reactions------ Sutsuki-Heck reaction

In the general reaction for the Suzuki coupling, which of the following does not serve as the leaving group “X”?

$$RX + R'\text{-}BY_2 \xrightarrow[\text{base}]{PdL_4} R\text{-}R' + XBY_2$$

e.g.2 (Miyaura-Sutsuki-Heck Reaction)

Step 1

I, CH_3 + B–B (pinacolato) $\xrightarrow{Pd(OAc)_2,\ Et_3N,\ PPh_3}$ B(pin), H_3C

Step 2

B(pin), H_3C $\xrightarrow[Pd(OAc)_2,\ Et_3N]{\text{I (propenyl iodide)}}$ CH_3

2. Ans:

COOH, Br, F $\xrightarrow{Pd}$ COOH, BrPd, F $\xrightarrow{Ph_4BNa}$ COOH, Ph, F

46. 右側反應可生成的主要產物為何？ (反應：cyclohex-3-ene carboxylic acid $\xrightarrow{I_2,\ H_2O}$)

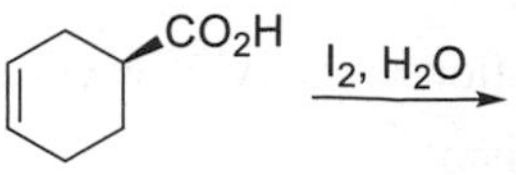

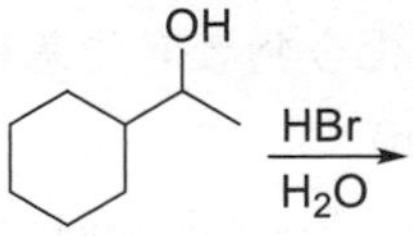

(A) 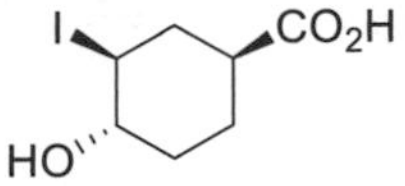 (B) 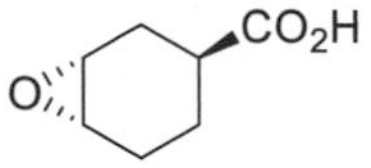 (C) 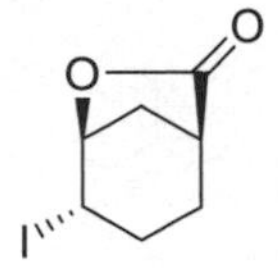 (D) 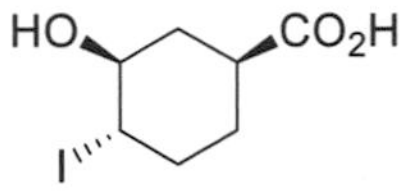 (E)

《109 中國醫-46》Ans：C

說明：

1.鄰助效應(Neighboring Group Participation theory)：

2. Ans:

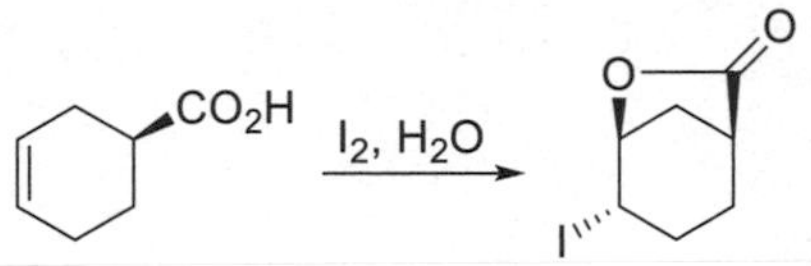

⇒ CO_2H $\xrightarrow{I_2,\ H_2O}$

釋疑：《109 中國-46》

在酸性的條件下，羧酸化合物和醇類主要形成脂類化合物。雖然，在酸性條件下酯類化合物亦有部分進行水解，但是此平衡反應趨向生成酯類，所以維持原答案。

47. 右側反應可生成的主要產物為何？ (反應：OH $\xrightarrow[H_2O]{HBr}$)

(A) 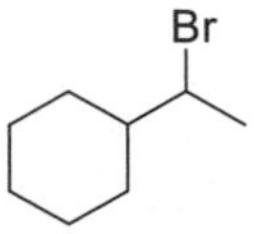 Br (B) 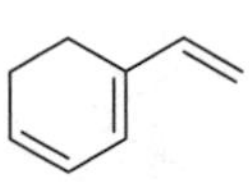 (C) 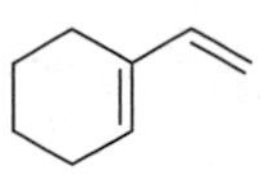 (D) 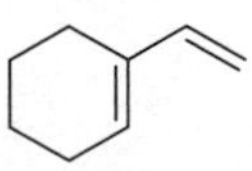 (E) 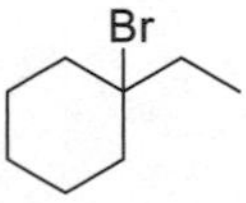 Br

《109 中國醫-47》Ans：E

說明：

1. Dehydration ⇒ S_N1CA reaction-----S_N1 vs. E1 rearrangement
2. Mechanism:

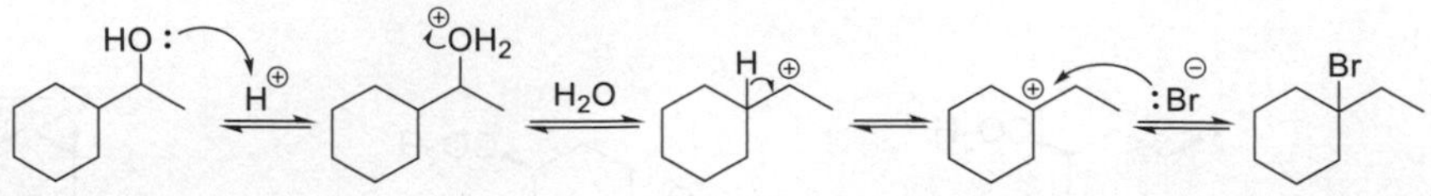

HO: H⊕ ⊕OH₂ H_2O H ⊕ ⊕ :Br⊖ Br

48. 下列各反應中所預期的主要產物何者**錯誤**？？

(A) 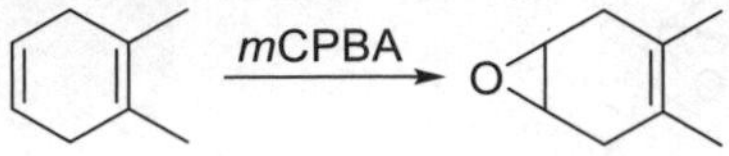 mCPBA

(B) 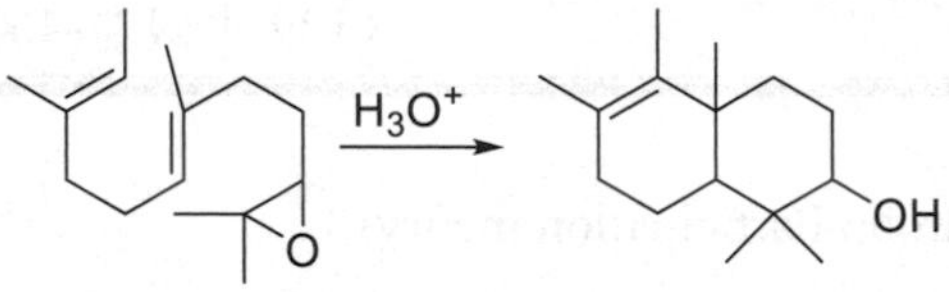 H_3O^+ OH

(C) 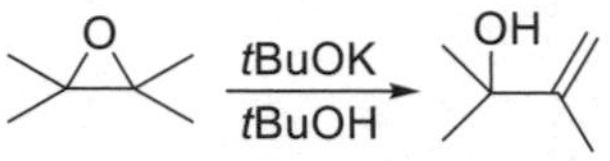 tBuOK / tBuOH OH

(D) 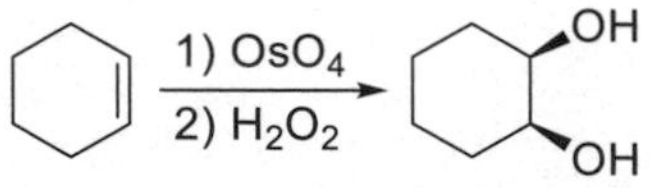 1) OsO_4 2) H_2O_2 OH OH

(E) 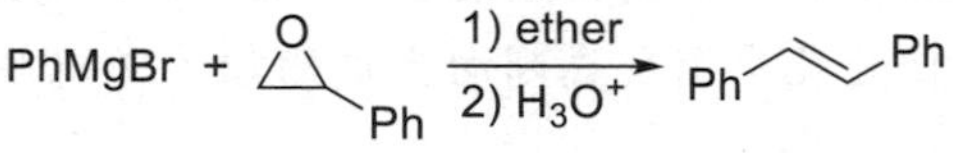 PhMgBr + (O, Ph) 1) ether 2) H_3O^+ Ph Ph

《109 中國醫-48》Ans：A

說明：

1.綜合題：烯類化合物之官能基轉換(FGI : Functional Group Interconvertion)
⇒ Epoxidation / Epoxide opening rule
2. Ans:(A)

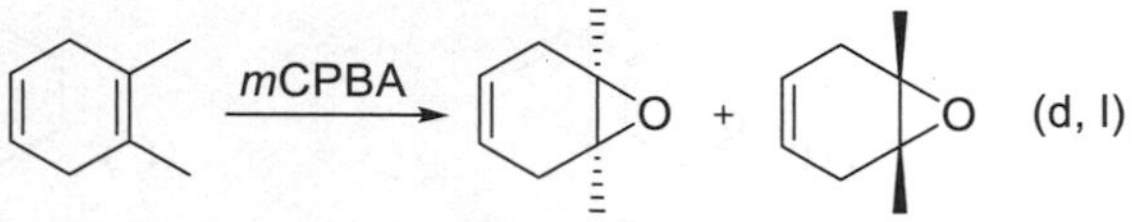

⇒ mCPBA O + O (d, l)

49. 右側反應可生成的主要產物為何？ (toluene) + Br_2 $\xrightarrow{h\nu}$

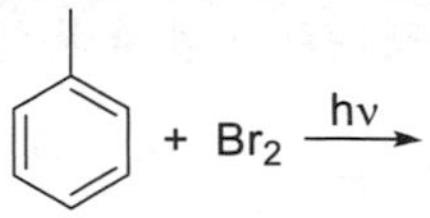

(A) 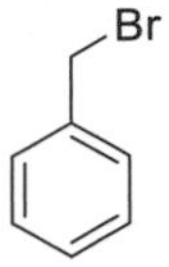 (benzyl bromide, $C_6H_5CH_2Br$)　(B) (2-bromotoluene)　(C) (3-bromotoluene)

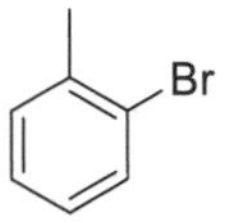

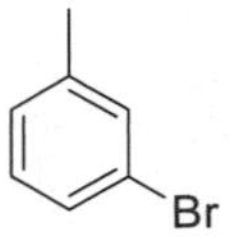

(D) 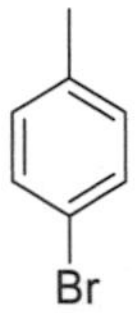 (4-bromotoluene)　(E) 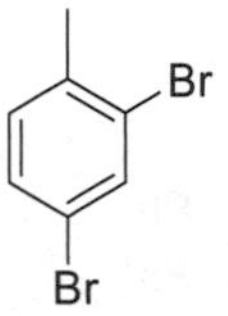 (2,4-dibromotoluene)

《109 中國醫-49》Ans：A

說明：

1. **Side chain brominations of alkylbenzenes-----free radical substitution**

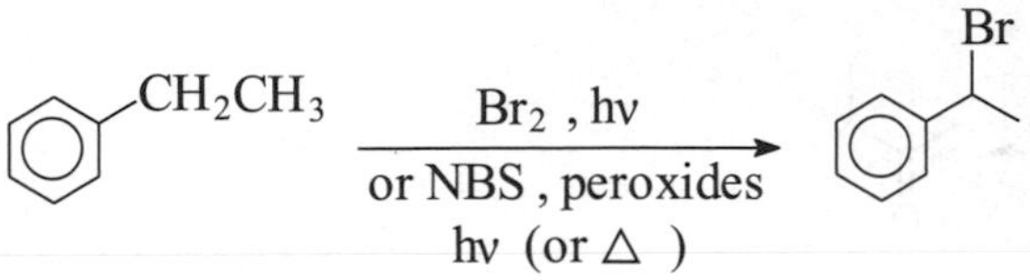

$$C_6H_5CH_2CH_3 \xrightarrow[\text{or NBS , peroxides } h\nu \text{ (or } \triangle\text{)}]{Br_2\ ,\ h\nu} C_6H_5CHBrCH_3$$

2. Ans:

$$\Rightarrow C_6H_5CH_3 \xrightarrow{Br_2,\ h\nu} C_6H_5CH_2Br$$

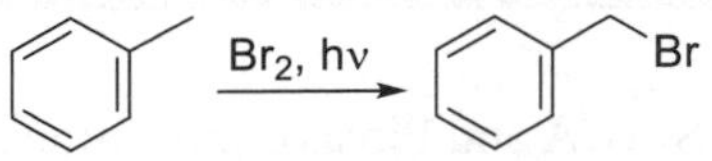

50. 下列各反應中所預期的主要產物何者**錯誤**？？

(A)

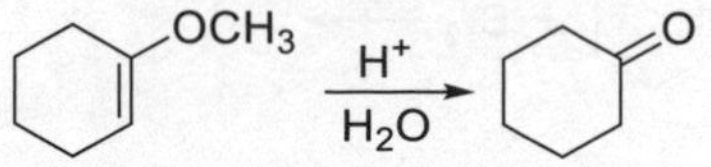

(B)

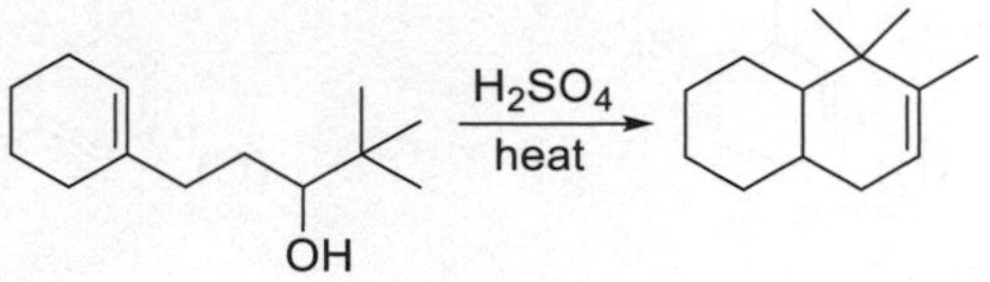

(C)

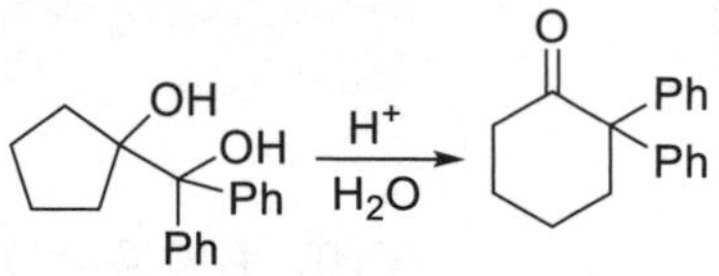

(D)

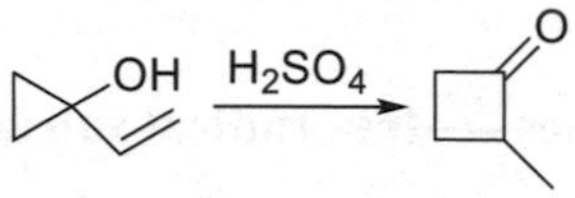

(E)

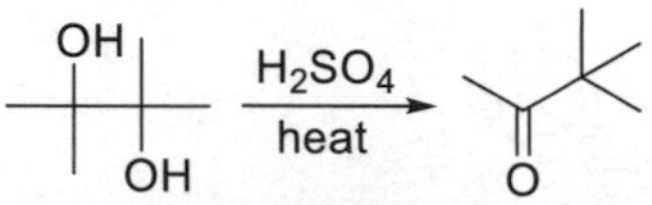

《109 中國醫-50》Ans：B

說明：

1. 重排反應(Rearrangement)-----S_N1CA and Pinacol-pinacolone rearrangement
2. Ans:(B)
   ⇒ Cationic rearrangement (cyclization)

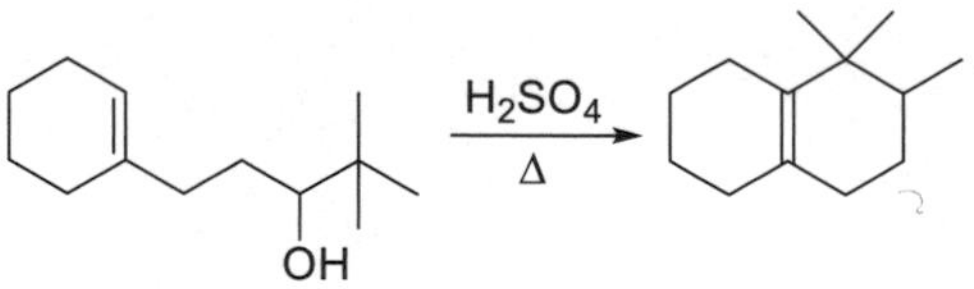

慈濟大學109學年度學士後中醫化學試題暨詳解

化學試題　　　　　　　　　　　　　　　　　　**有機：林智老師解析**

01. 一化合物結構如下所示，其 Newman projection 為何？

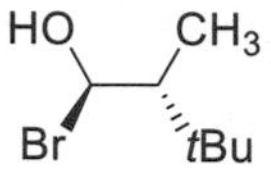

HO　CH_3　Br　*t*Bu

(A) 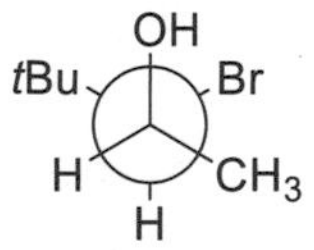 OH, *t*Bu, Br, H, CH_3, H　(B) 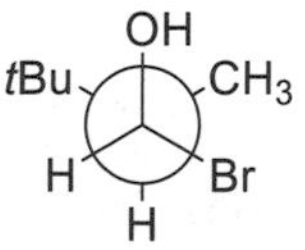 OH, *t*Bu, CH_3, H, Br, H　(C) 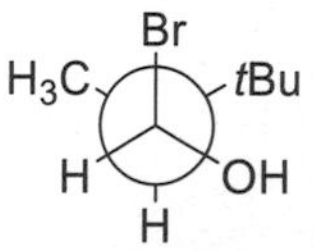 Br, H_3C, *t*Bu, H, OH, H　(D) 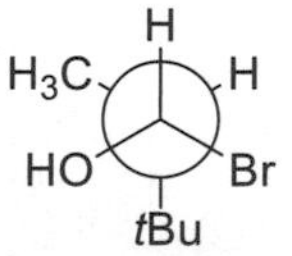 H, H_3C, H, HO, Br, *t*Bu

《109慈濟-01》Ans：B

02. 下列酚化合物的pKa值由大至小排列為何？

(I) 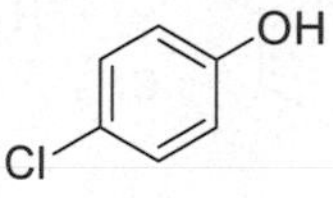 Cl–C₆H₄–OH　(II) 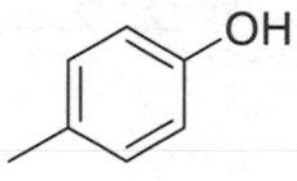 CH_3–C₆H₄–OH　(III) 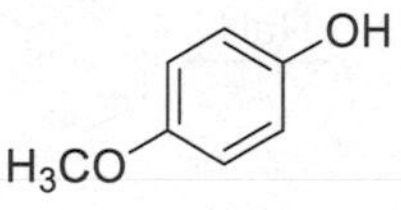 H_3CO–C₆H₄–OH　(IV) 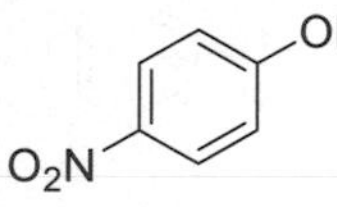 O_2N–C₆H₄–OH

(A) III>II>I>IV　(B) IV >I>II>III　(C) I >III> IV>II　(D) II>IV>III>I

《109慈濟-02》Ans：A

說明：

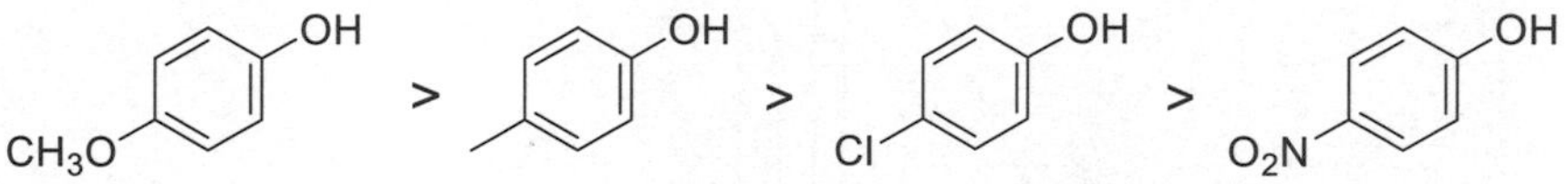

CH_3O–C₆H₄–OH > CH_3–C₆H₄–OH > Cl–C₆H₄–OH > O_2N–C₆H₄–OH

03. 下列反應之主要產物為何？

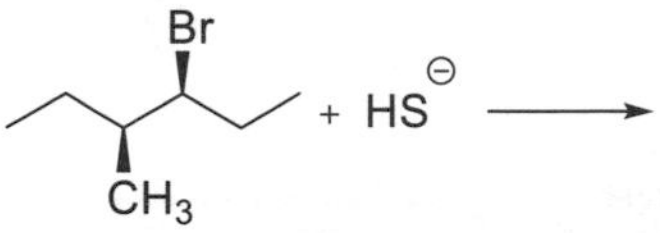

Br, CH_3 + $HS^{\ominus}$ ⟶

(A) 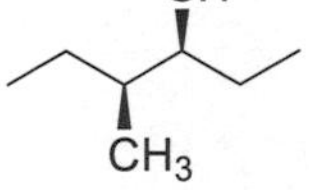 SH, CH_3　(B) 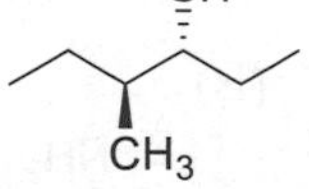 SH, CH_3　(C) 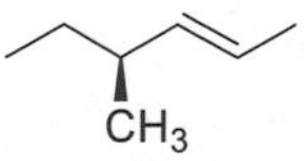 CH_3　(D) 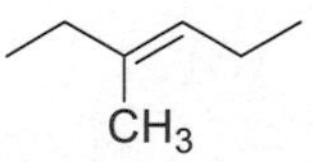 CH_3

《109慈濟-03》Ans：B

說明：

H, Br, CH_3 + $:SH^{\ominus}$ $\xrightarrow{(S_N2Al)}$ SH, CH_3

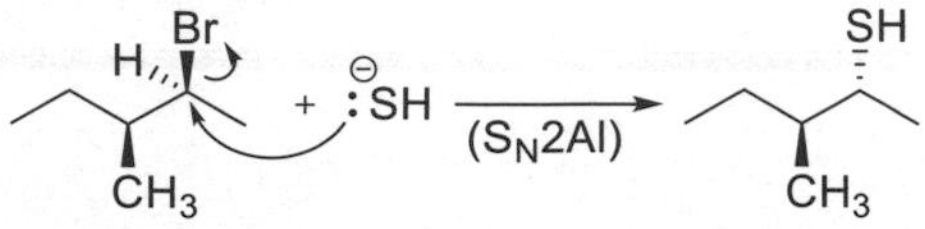

04. 下列反應之主要產物為何？

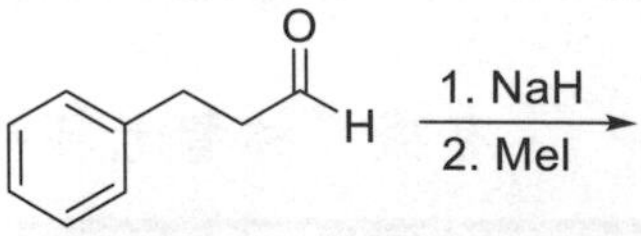

(反應式：3-phenylpropanal，1. NaH 2. MeI →)

(A) 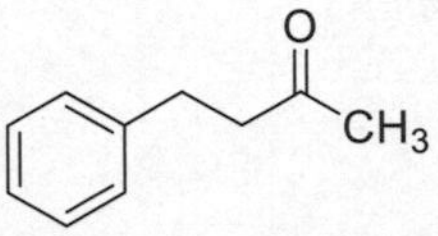 4-phenyl-2-butanone（CH_3） (B) 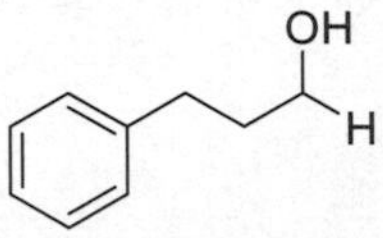 OH, H (C) 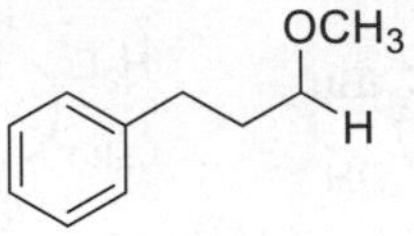 OCH_3, H (D) 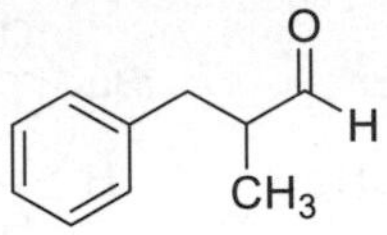 O, H, CH_3

《109慈濟-04》Ans：D

說明：

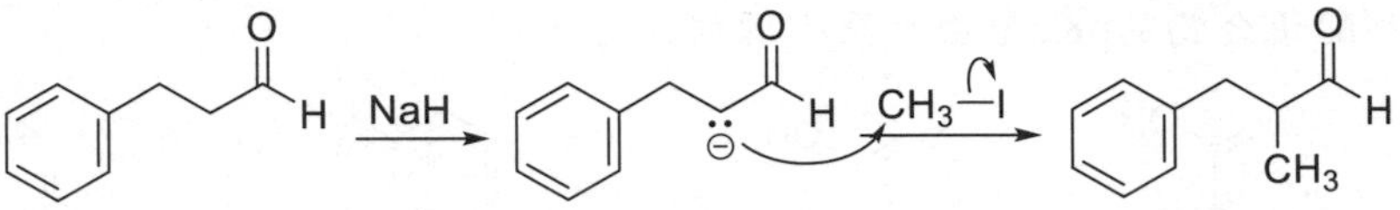

NaH　CH_3—I

05. 化合物2,5-hexanedione與NH_3反應生成之產物其^{1}H NMR光譜如下所示，請問此產物最可能之結構為何？

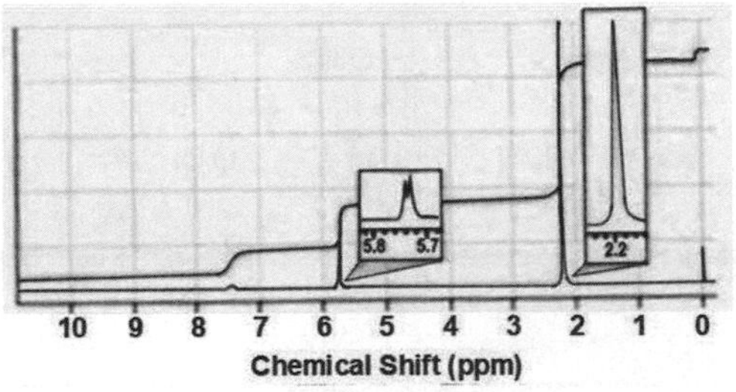

5.8 5.7
2.2
10 9 8 7 6 5 4 3 2 1 0
Chemical Shift (ppm)

(A) 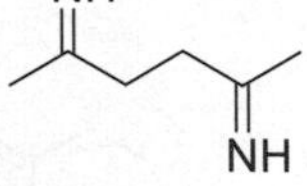 NH, NH (B) 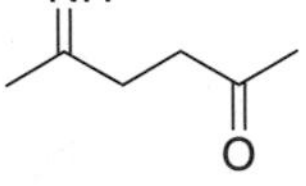 NH, O

(C) 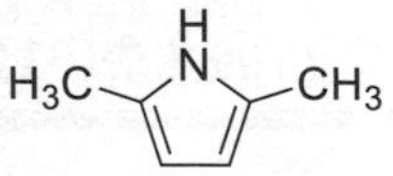 H_3C, H, N, CH_3 (D) 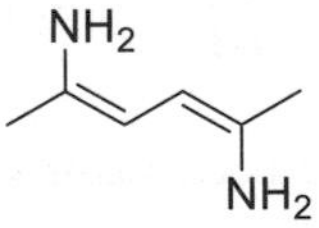 NH_2, NH_2

《109慈濟-05》Ans：C

說明：

1.

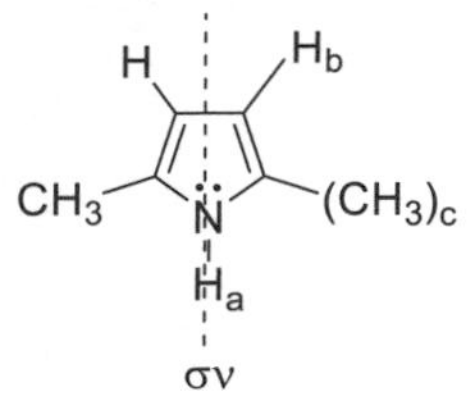

2. $H_a \neq H_b \neq H_c \Rightarrow$ <u>3</u> Signals

3. δH_a = 7.4 (s, br., 1H)

δH_b = 5.7 (d, J=1~3Hz, 2H)

δH_c = 2.2 (s, 6H)

06. 考慮下列反應及相關熱力學表格，選出能夠發生自發反應之"最高"溫度(°C)：

$$NH_{3(g)} + HCl_{(g)} \rightarrow NH_4Cl_{(s)}$$

Substance	ΔHf° (kJ/mol)	S° (J/mol·K)
$NH_{3(g)}$	-46.19	192.50
$HCl_{(g)}$	-92.30	186.69
$NH4Cl_{(s)}$	-314.40	94.60

(A) 618.1　(B) 432.8　(C) 345.0　(D) 235.2

《109慈濟-06》Ans：C

07. 下列哪組原子核最不可能產生核磁共振訊號：

(A) ^{2}H, ^{14}N　(B) ^{19}F, ^{12}C　(C) ^{12}C, ^{1}H　(D) ^{12}C, ^{16}O

《109慈濟-07》Ans：D

08. 層析法用於定量分析時常採用內標法，其最主要之優點為：

(A) 操作方便

(B) 提高共存成分的分離效果

(C) 減少儀器、人為操作影響，提高分析準確度

(D) 降低分離時拖尾因子影響

《109慈濟-08》Ans：C

09. 根據下列反應，哪一選項之描述最合理？

$2\ C_4H10_{(g)} + 13\ O_{2(g)} \rightarrow 8\ CO_{2(g)} + 10\ H_2O_{(g)}$

$\Delta H°$: –125 kJ/mol

$\Delta S°$: +253 J/K · mol

(A) 在所有溫度下皆為自發性反應
(B) 只有在高溫下為自發性反應
(C) 只有在低溫下為自發性反應
(D) 所有溫度下皆非自發反應

《109慈濟-09》Ans：A

10. 下列化合物中，何者 $\pi \rightarrow \pi^*$ 躍遷所需能量最大：

(A) 1,3–丁二烯　　(B) 1,4–戊二烯
(C) 1,3–環己二烯　　(D) 2,3–二甲基–1,3–丁二烯

《109慈濟-10》Ans：B

說明：

ΔE: 1,3–環己二烯 < 2,3–二甲基–1,3–丁二烯 < 1,3–丁二烯 < 1,4–戊二烯

λmax: (nm)　253　227　217　165

11. 關於N_2O之所有共振結構 (resonance structures)，何者敘述最合適？

(A) 中間的N原子之形式電荷 (formal charge)可能為0，–1，+1
(B) O原子之形式電荷可能為0，–1，+1
(C) 非中間的N原子之形式電荷可能為0，–1，+1
(D) N與O之間不可能為三鍵

《109慈濟-11》Ans：B

說明：

$[\ :\overset{0}{N}\equiv\overset{+}{N}-\overset{-}{\ddot{O}}: \longleftrightarrow \overset{-}{\ddot{N}}=\overset{+}{N}=\overset{0}{O}: \longleftrightarrow \overset{-2}{\ddot{N}}-\overset{+}{N}\equiv\overset{+}{O}:\ ]$

12. 氣相層析法中氫火焰離子化偵測器(FID)產生訊號的原理是：

(A) 分析物在氫火焰中的輻射波長　(B) 分析物在氫火焰中加熱電離
(C) 分析物之溫度差異　(D) 分析物極性

《109 慈濟-12》Ans：B

13. 原子吸收光譜法中，原子吸收譜線中都卜勒增寬的最主要原因是由於：
(A) 原子與其他粒子碰撞 (B) 原子與同類原子的碰撞
(C) 外部電場對原子的影響 (D) 原子的熱運動

《109 慈濟-13》Ans：D

14. 分析結果出現系統誤差主要是指：
(A) 分析結果中的相對標準偏差增大
(B) 分析結果的平均值顯著偏離真值
(C) 分析結果的總體平均值偏大
(D) 分析結果的總體標準偏差偏大

《109 慈濟-14》Ans：B

15. 相較於雙光束分光光度計，單光束分光光度計最主要有下列何種優點：
(A) 擴大波長的應用範圍 (B) 抵消光源強度變化所產生的誤差
(C) 可以選用快速反應的偵測器 (D) 可以抵消樣品槽內背景誤差

《109 慈濟-15》Ans：B

16. 下列何種鍵結或分子運動最不可能有紅外線光譜吸收：
(A) CH_3CH_3的C–C伸縮 (B) CH_3CCl_3的C–C伸縮
(C) SO_2的對稱性伸縮運動 (D) H_2O的對稱性伸縮運動

《109慈濟-16》Ans：A

17. 某一含鹵素化合物質譜圖上同位素峰值比M (母峰):(M+2):(M+4):(M+6) = 27:27:9:1，推斷下列何者最有可能：
(A) 該化合物含兩個氯 (B) 該化合物含三個氯
(C) 該化合物含兩個溴 (D) 該化合物含三個溴

《109慈濟-17》Ans：B

說明：

$$(a+b)^3 = a^3 + 3a^2b + 3ab^2 + b^3$$
$$= (3)^3 + 3\times3^2\times1 + 3\times3\times1^2 + 1^3$$
$$= 27 + 27 + 9 + 1$$

$\therefore$ M : (M+2) : (M+4) : (M+6)

$= 27 : 27 : 9 : 1$

$\Rightarrow CH^{35}Cl_3 : CH^{35}Cl_2{}^{37}Cl_1 : CH^{35}Cl_1{}^{37}Cl_2 : CH^{37}Cl_3$

$= 108 : 110 : 112 : 114$

18. 溴乙烷質譜圖中觀察到兩個強度相等的離子峰，最可能為下列何組合：

(A) m/z 93 和 m/z 95　(B) m/z 15 和 m/z 93

(C) m/z 29 和 m/z 95　(D) m/z 15 和 m/z 29

《109 慈濟-18》Ans：A

說明：

1. 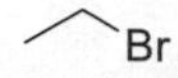 Br ⇒ CH_3CH_2Br ⇒ C_2H_5Br ∴ $M_W = 108$

2. Fragmentation

3. M : M+2 = 1 : 1 = a + b = $(a + b)^1$　Where (a = 49) : (b = 51)

∴ a : b = 1 : 1

Br: —EI→ Br: ⟶ CH_2=Br:

m/e = (93：95)

19. 某芳香烴(M=134)質譜分析結果於m/z 91處出現一強訊號峰，此化合物最可能之結構為：

(A) 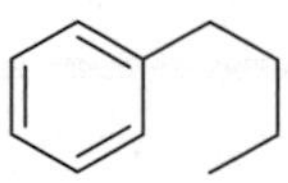　(B)

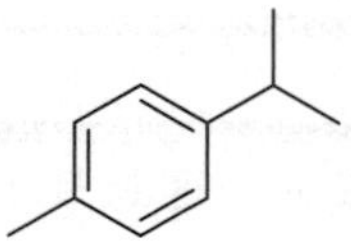

(C) 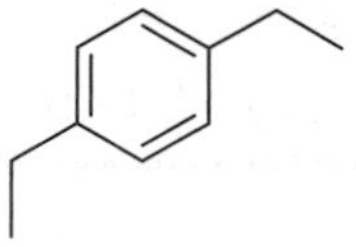　(D)

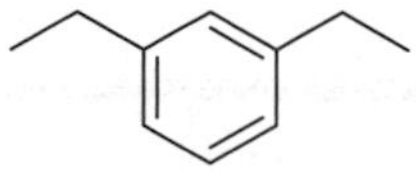

《109慈濟-19》Ans：A

說明：

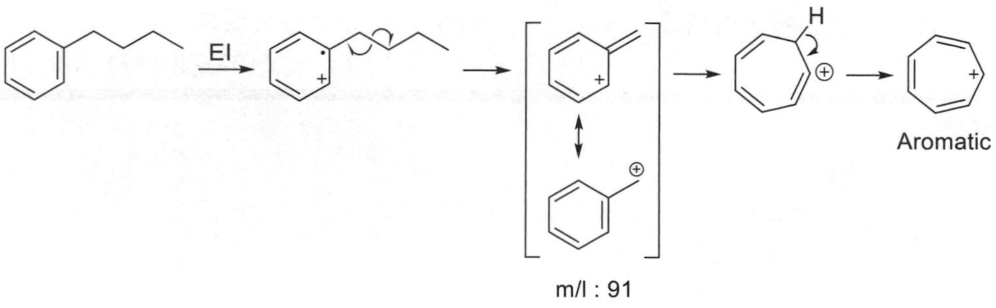

EI

Aromatic

m/l : 91

20. 下列化合物何者C=O紅外線振動吸收光譜頻率(νc=o)最小：

(A)　　　　(B)

(C)　　　　(D)

《109慈濟-20》Ans：B

說明：

1. Conjugation

2. Ans: (A)　　ν_{max} (C=O) 1715cm^{-1}

Ans: (B)　　ν_{max} (C=O) 1705cm^{-1}

Ans: (C)
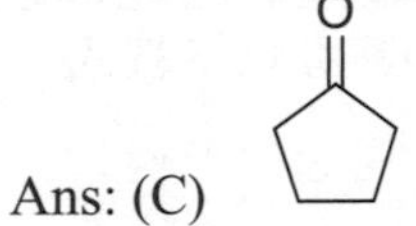
ν_{max} (C=O) 1751cm^{-1}

Ans: (D)
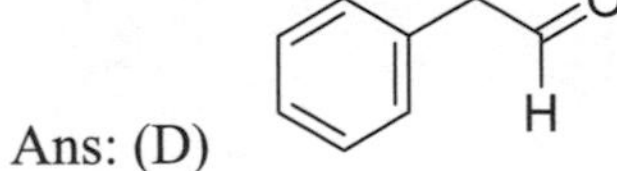
ν_{max} (C=O) 1725cm^{-1}

21. 某酸鹼指示劑之$K_a = 3.0 \times 10^{-5}$ (pK_a : 4.52), 其酸型態是紅色，鹼型態則為藍色，欲使指示劑由80 %的藍色轉變為80 %的紅色，溶液pH值必須為下列何情況：

(A) 增加1.2　(B) 減少1.2　(C) 增加0.75　(D) 減少0.75

《109慈濟-21》Ans：B

22. 以NaOH水溶液將0.10 M $H_2C_2O_4$ (pK_{a1} : 1.23, pK_{a2} : 4.19)水溶液之pH調整為4.50時，下列關係何者最適當：

(A) $[H_2C_2O_4] = [HC_2O_4^-]$　　(B) $[HC_2O_4^-] = [C_2O_4^{2-}]$

(C) $[H_2C_2O_4] > [HC_2O_4^-]$　　(D) $[HC_2O_4^-] < [C_2O_4^{2-}]$

《109慈濟-22》Ans：D

23. $H_3PO_{4(aq)}$的pK_{a1}: 2.20、pK_{a2}: 7.20、pK_{a3}: 12.40，當pH 6.21時，$[HPO_4^{2-}]$與$[H_2PO_4^-]$的比值約為：

(A) 1:2　　(B) 1:5　　(C) 1:10　　(D) 10:1

《109慈濟-23》Ans：C

24. 關於水溶液中某特定酸及其各種型態之離子濃度之總和，其分布係數α=[特定離子型態] / [各種型態之離子總和] 之敘述下列何者最佳：

(A) 僅取決於水溶液中離子總濃度

(B) 取決於離子總濃度以及$[H^+]$

(C) 取決於酸解離常數及水溶液中pH值

(D) 取決於酸解離常數

《109慈濟-24》Ans：C

25. 下面哪個元素，其前六個游離能(ionization energy)具有以下模式？

I_1=第一游離能，I_2=第二游離能，依此類推。

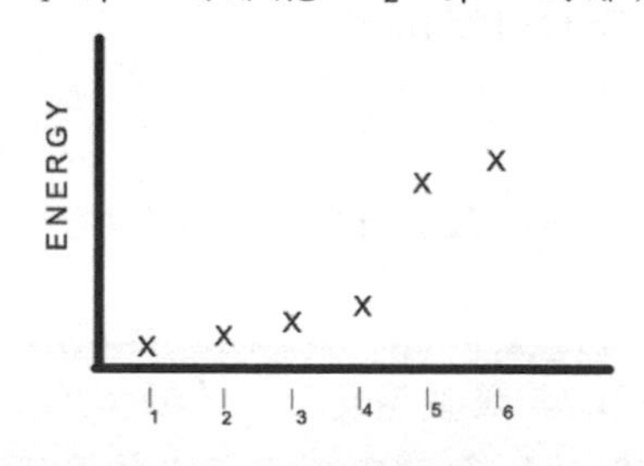

(A) Ca　　(B) Si　　(C) Al　　(D) Se

《109慈濟-25》Ans：B

26. 下列中哪個鍵結角(bond angle)最大？

(A) angle O–S–O in SO_4^{2-}　　(B) angle Cl–C–Cl in $HCCl_3$

(C) angle F–Be–F in BeF_2　　(D) angle H–O–H in H_2O

《109慈濟-26》Ans：C

27. 下列反應產生之主要產物為何？

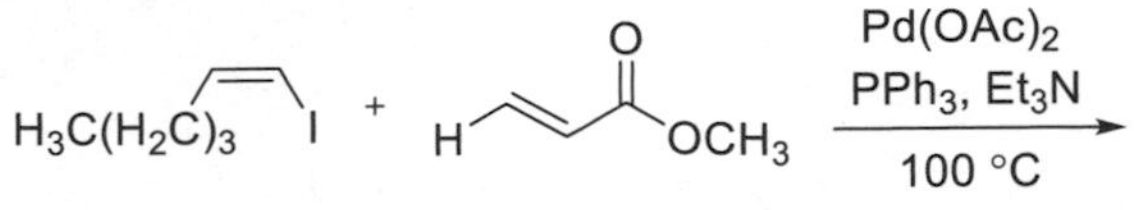

$H_3C(H_2C)_3$—CH=CH—I + H—CH=CH—C(=O)OCH$_3$ $\xrightarrow[100\ °C]{Pd(OAc)_2,\ PPh_3,\ Et_3N}$

(A) 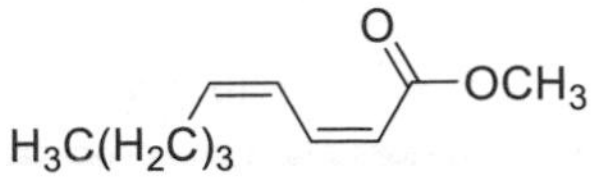 $H_3C(H_2C)_3$ … OCH$_3$

(B) 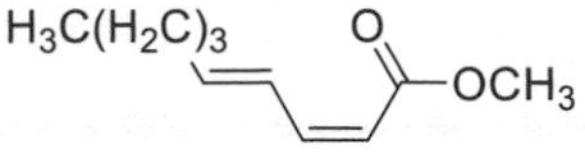 $H_3C(H_2C)_3$ … OCH$_3$

(C) $H_3C(H_2C)_3$ … OCH$_3$

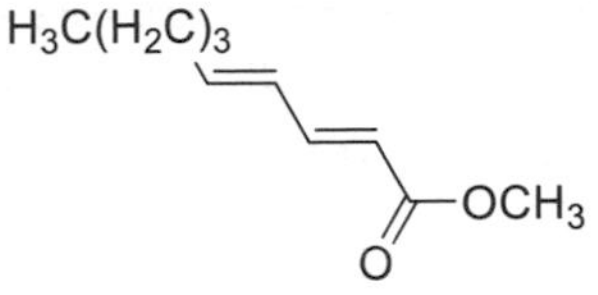

(D) 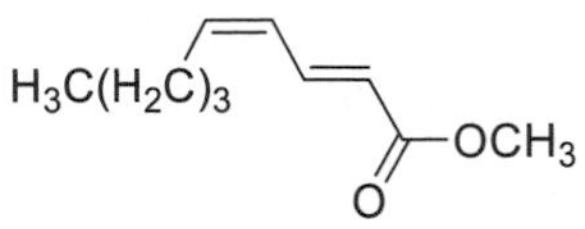 $H_3C(H_2C)_3$ … OCH$_3$

《109慈濟-27》Ans：D

說明：

Heck reaction

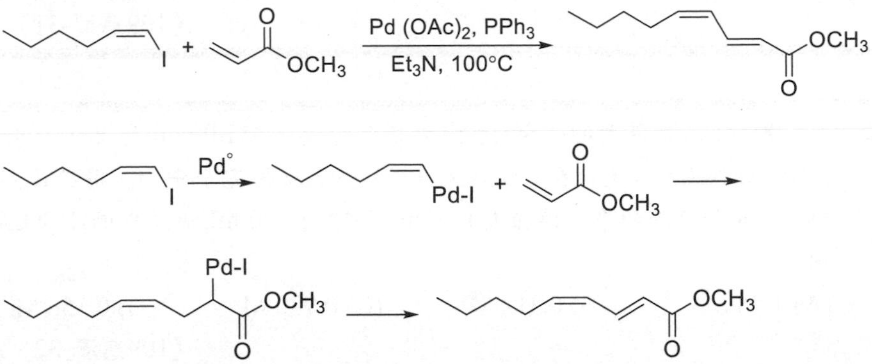

Pd (OAc)$_2$, PPh$_3$, Et$_3$N, 100°C

Pd° ; Pd-I ; OCH$_3$

28. 在相同濃度下，下列哪種鹽之水溶液的pH值最高？

(A) NH_4Cl　(B) KBr　(C) $NaNO_3$　(D) NaF

《109慈濟-28》Ans：D

29. 醋酸銀$AgC_2H_3O_2$是微溶鹽，$K_{sp} = 1.9\times10^{-3}$。考慮與固體鹽平衡的飽和溶液並比較添加$HNO_3$或$NH_3$對溶液溶解度的影響，下列敘述何者最正確？

(A) 兩種物質都會降低溶解度

(B) NH_3會增加溶解度，但HNO_3會降低溶解度

(C) NH_3會降低溶解度，但HNO_3會增加溶解度

(D) 兩種物質都會增加溶解度

《109慈濟-29》Ans：D

30. 水在25 °C下的自動解離常數K_w為1.0×10^{-14}，反應的$\Delta S°$和$\Delta H°$的符號（+/–）為何？

$H_2O_{(l)} \rightarrow H^+_{(aq)} + OH^-_{(aq)}$

(A) $\Delta S°$為+ and $\Delta H°$為+
(B) $\Delta S°$為+ and $\Delta H°$為–
(C) $\Delta S°$為– and $\Delta H°$為+
(D) $\Delta S°$為– and $\Delta H°$為–

《109慈濟-30》Ans：A

31. 某一水溶液中含Cu^{2+}、Pb^{2+}和Ni^{2+}三種離子濃度皆為0.10M，加入H_2S使溶液中之$[H_2S]$=0.10M，並將pH值調整至1.0時會形成沉澱物。沉澱物中存在哪些硫化物？

$[H_2S] = 0.10$ M；H_2S之$K_{a1}\times K_{a2} = 1.1\times10^{-24}$

K_{sp}：$CuS = 8.5\times10^{-45}$，$PbS = 7.0\times10^{-29}$，$NiS = 3.0\times10^{-21}$

(A) CuS、PbS與NiS
(B) PbS與NiS
(C) CuS與PbS
(D) CuS

《109慈濟-31》Ans：C

32. 將5.00 mL未知濃度的H_2SO_4水溶液樣品分為五個1.00 mL樣品，然後分別用0.100 M NaOH滴定。在每次滴定中，H_2SO_4皆被完全中和，用於達到滴定終點的NaOH溶液的平均體積為15.6 mL。試問5.00 mL樣品中的H_2SO_4濃度為何？

(A) 1.56 M
(B) 0.312 M
(C) 0.780 M
(D) 0.156 M

《109慈濟-32》Ans：C

33. 有一化合物由元素X和氫組成，經分析後顯示X的質量佔該化合物分子量的80%，該化合物中氫原子的數目為X原子的3倍，請問元素X是哪個元素？

(A) N
(B) C
(C) P
(D) S

《109 慈濟-33》Ans：B

34. 下列五個有機化合物，請按照 pK_a 數值，由小到大排列(小→大)？

(I) $CH_3CH_2CH_2SO_3H$　(II) $CH_3CH_2CH_2OH$　(III) $CH_3CH_2CH_2CO_2H$

(IV) $CH_3CH_2CH(Cl)CO_2H$　(V) $ClCH_2CH_2CH_2CO_2H$

(A) IV→V→III→I→II　(B) I→IV→V→III→II

(C) II→I→III→V→IV　(D) I→III→IV→V→II

《109 慈濟-34》Ans：B

說明：

Acidity: $CH_3CH_2CH_2SO_3H$ > $CH_3CH_2CH(Cl)CO_2H$ > $ClCH_2CH_2CH_2CO_2H$ > $CH_3CH_2CH_2CO_2H$ > $CH_3CH_2CH_2OH$

pKa: (-6) < (2.83) < (<4.81) < (4.81) < (16)

35. 有一有機化合物具兩個立體中心(stereogenic center)如下所示，請選出它的鏡像異構物(enantiomer)的 Fischer projection？

Br, Cl, H_3C / CH_3, OH, H

(A) CH_3; H—OH; Cl—Br; CH_3

(B) CH_3; HO—H; Br—Cl; CH_3

(C) CH_3; HO—H; Cl—Br; CH_3

(D) CH_3; H—OH; Br—Cl; CH_3

《109 慈濟-35》Ans：B

說明：

Br, Cl, CH_3 / CH_3, OH, H = CH_3; H—OH; Cl—Br; CH_3 ⋮ CH_3; HO—H; Br—Cl; CH_3

Enantiomer

36. 當下方化合物進行E2消去反應機構(E2 mechanism)時，其主要產物為下列哪一個化合物？

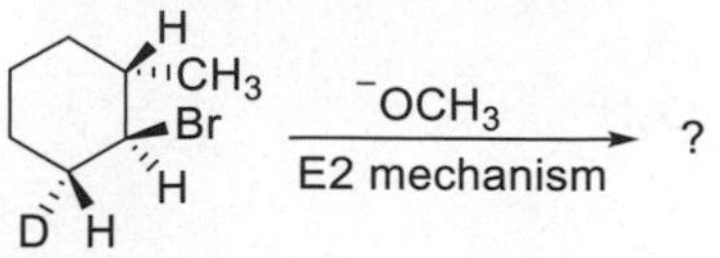

H, CH_3, Br, H, D, H $\xrightarrow[\text{E2 mechanism}]{^{-}OCH_3}$?

D 是氫的同位素

(A) 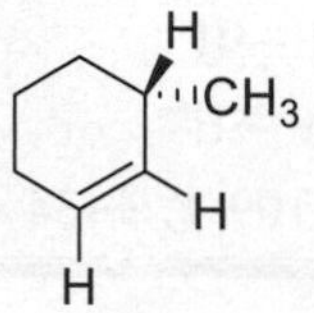 H, CH_3, H, H
(B) 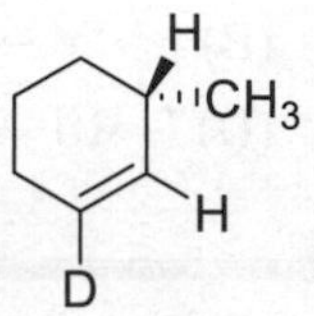 H, CH_3, H, D
(C) 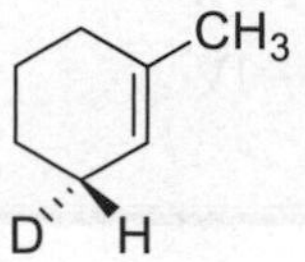 CH_3, D, H
(D) CH_2, D, H

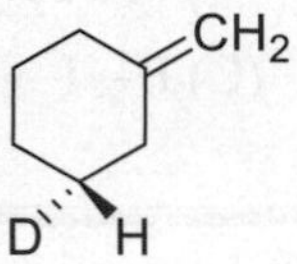

《109慈濟-36》Ans：A

說明：

1.消去反應 (E2 mechanism)-----stereospecific Anti-elimination

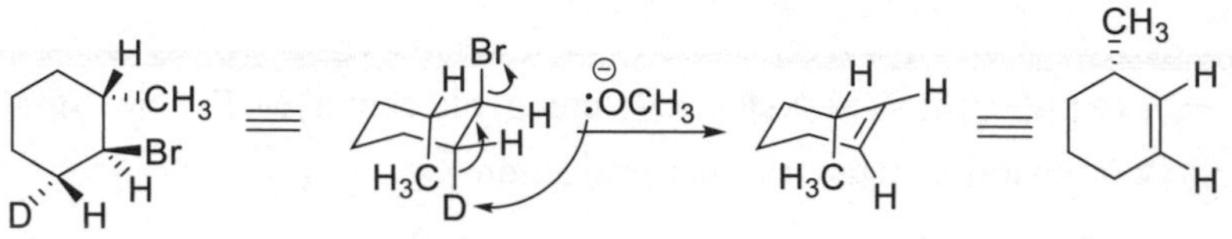

H, CH_3, Br, H, D, H ≡ Br, H, H, H, H_3C, D $\xrightarrow{:\overset{\ominus}{O}CH_3}$ H, H, H_3C, H ≡ CH_3, H, H

37. 以H_a與H_b在NMR光譜上的訊號而言，請問他們之間是屬於下面哪一種關係？

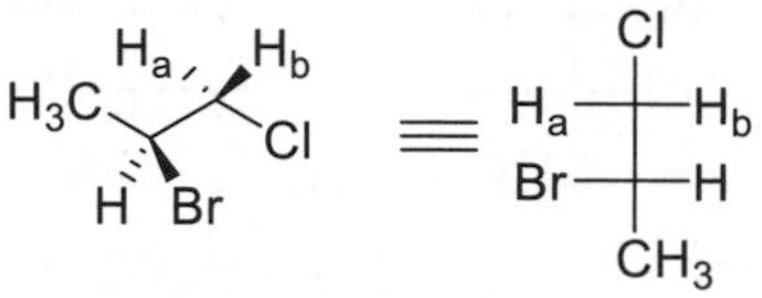

H_a, H_b, H_3C, Cl, H, Br ≡ Cl, H_a—H_b, Br—H, CH_3

(A) homotopic
(B) enantiotopic
(C) diastereotopic
(D) non-diastereotopic

《109慈濟-37》Ans：C

38. 第三丁基甲基醚(*tert*-butyl methyl ether)是一種常用的有機溶劑，請問下面哪一個反應式，以產率而言，最**不適合**用來合成*tert*-butyl methyl ether?

tert-butyl methyl ether

(A) $(CH_3)_3C$–Br $\xrightarrow{CH_3O^-Na^+}$

(B) $(CH_3)_3C$–O^-Na^+ $\xrightarrow{CH_3Br}$

(C) $(CH_3)_2C=CH_2$ $\xrightarrow[CH_3OH]{H^+}$

(D) $(CH_3)_2C=CH_2$ $\xrightarrow[\text{then } NaBH_4]{Hg(OAc)_2,\ CH_3OH}$

《109慈濟-38》Ans：A

說明：

Ans: (A)

$(CH_3)_3C$–Br $\xrightarrow[(E2)]{NaOCH_3}$ $(CH_3)_2C=CH_2$

Ans: (B)

CH_3–Br $\xrightarrow[(S_N2Al)]{^+Na\ ^-\!:O-C(CH_3)_3}$ $(CH_3)_3C$–OCH_3

Ans: (C)

$(CH_3)_2C=CH_2$ $\xrightarrow[CH_3OH]{H^+}$ $(CH_3)_3C$–OCH_3

Ans: (D)

$(CH_3)_2C=CH_2$ $\xrightarrow[CH_3OH\ \ 2.\ NaBH_4]{1.\ Hg(OAc)_2}$ $(CH_3)_3C$–OCH_3

39. 下面的反應能量圖，請問它最能代表那一種親核性取代反應(nucleophilic substitution reaction)？

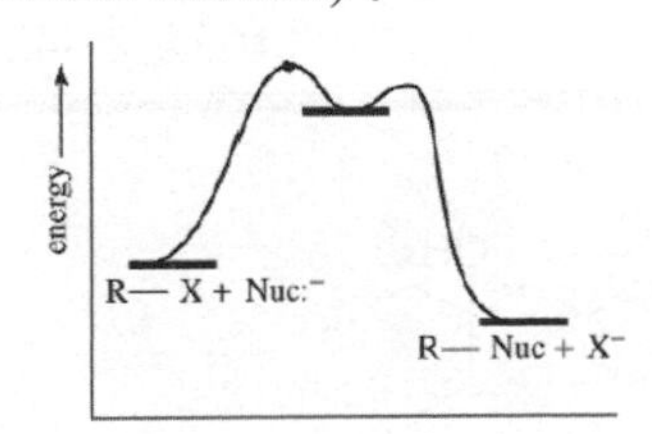

(A) S_N2, endothermic
(B) S_N2, exothermic
(C) S_N1, endothermic
(D) S_N1, exothermic

《109慈濟-39》Ans：D

40. 以下化合物有兩個不對稱碳的中心，其(碳 2，碳 4)的立體組態是？

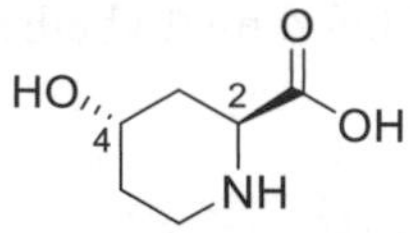

(A) (S，S)　(B) (S，R)　(C) (R，S)　(D) (R，R)

《109慈濟-40》Ans：A

41. 下列哪一個碳自由基(carbon radical)的穩定度(stability)最高？

(A) 　(B) 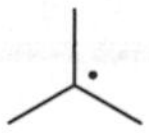　(C) 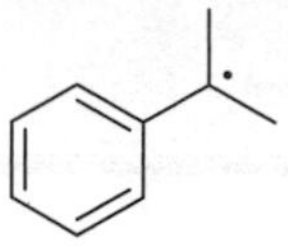　(D)

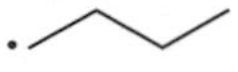

《109慈濟-41》Ans：C

說明：

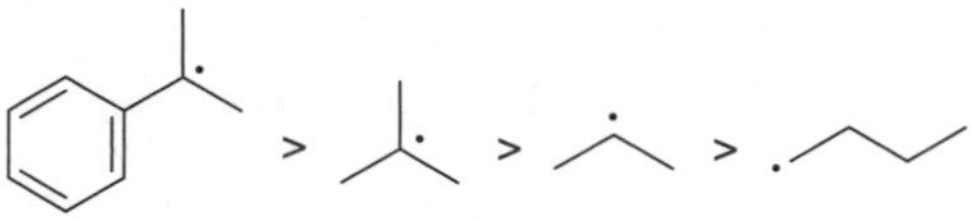

42. 下列哪一個化合物，較不適合為此反應的起始物(starting material)？

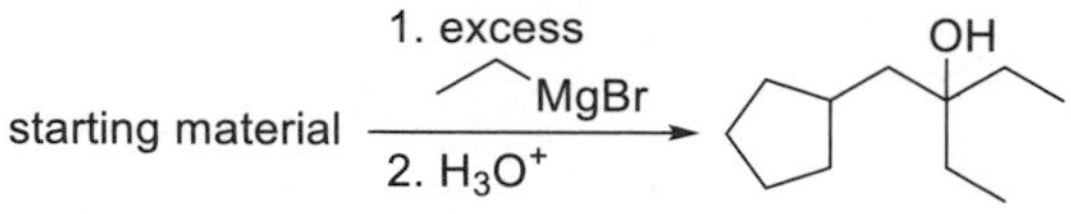

starting material —(1. excess MgBr; 2. H_3O^+)→

(A) 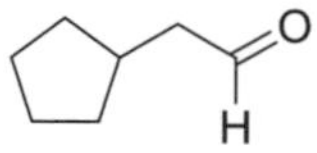　(B) 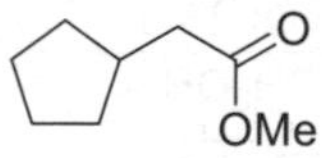　(C) 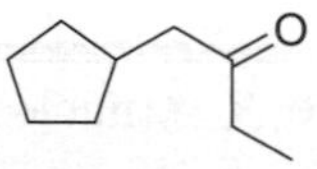　(D)

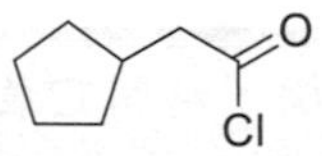

《109慈濟-42》Ans：A

說明：

1. excess MgBr
2. H_3O^+

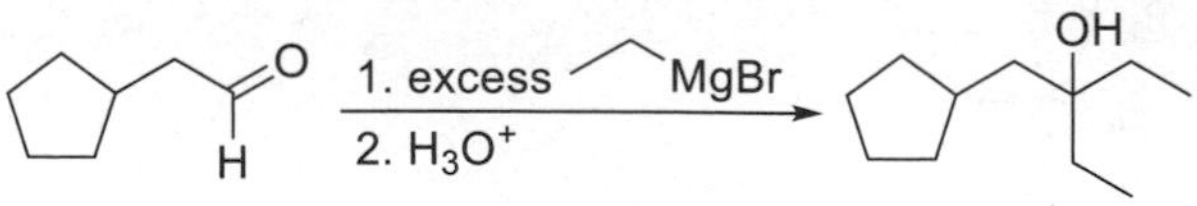

43. 下列哪一個是非質子但有極性(aprotic, polar)的溶劑？

(A) DMSO (Dimethyl sulfoxide)　(B) EtOH　(C) Hexane　(D) *t*-BuOH

《109慈濟-43》Ans：A

44. 請預測此反應的單取代硝基化產物(mononitration product)為何？

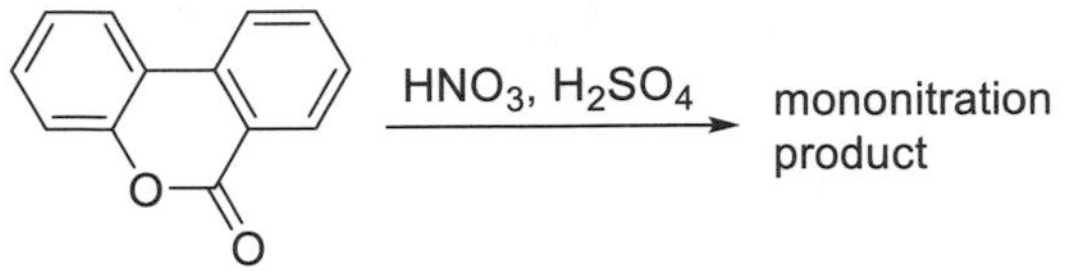

O O HNO_3, H_2SO_4 → mononitration product

(A) O_2N O O　(B) O_2N O O

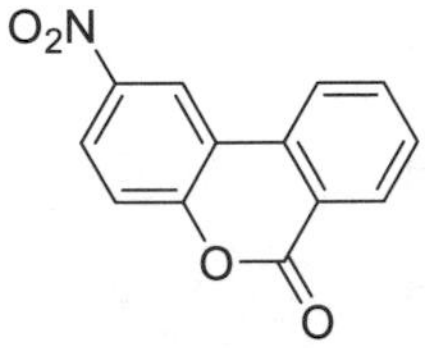

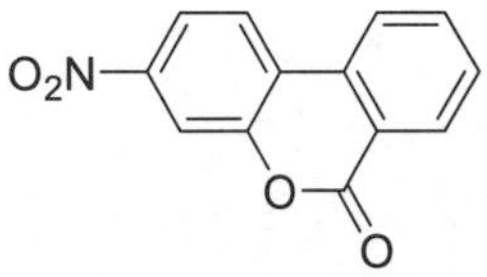

(C) NO_2 O O　(D) NO_2 O O

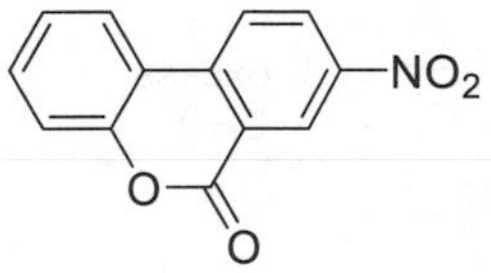

《109慈濟-44》Ans：A

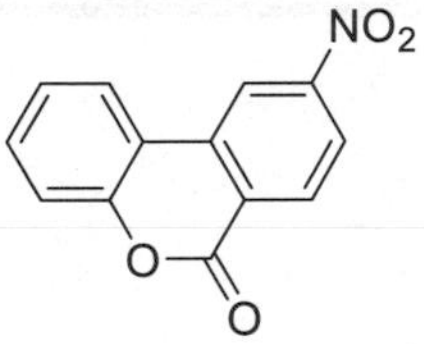

說明：

O O HNO_3, H_2SO_4 → O_2N O O

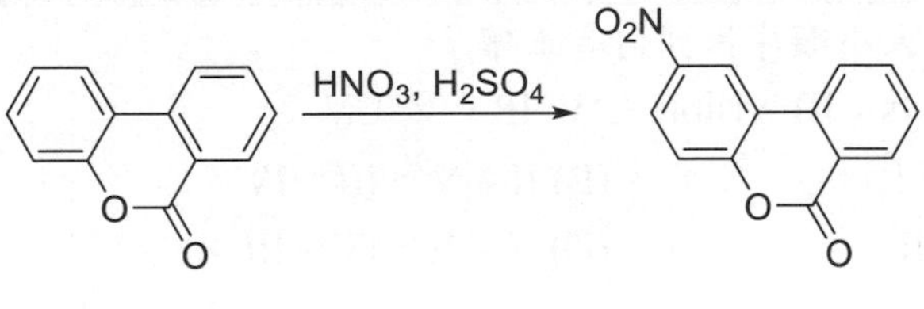

45. 請選出此胺類化合物，進行Hofmann elimination reaction (Hofmann消去反應)的兩個主要產物？

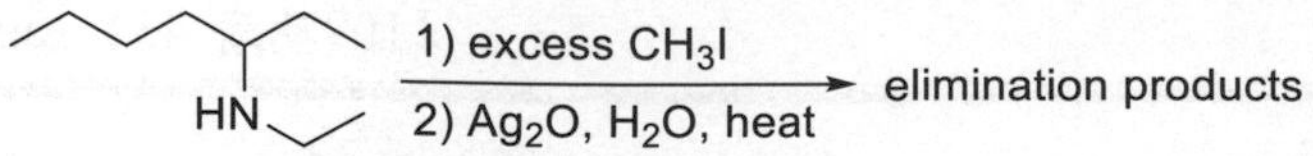

1) excess CH_3I
2) Ag_2O, H_2O, heat
elimination products

(A)

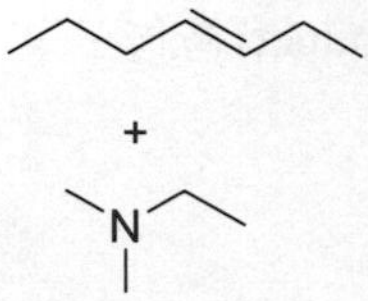

(B)

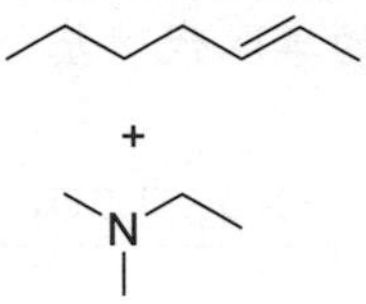

(C) 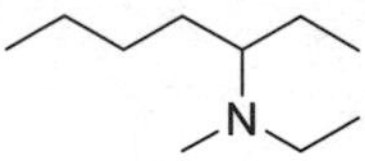 CH_4

(D)

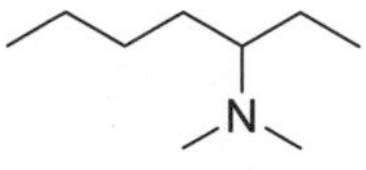

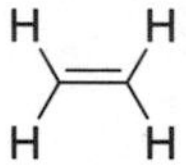

《109慈濟-45》Ans：D

說明：

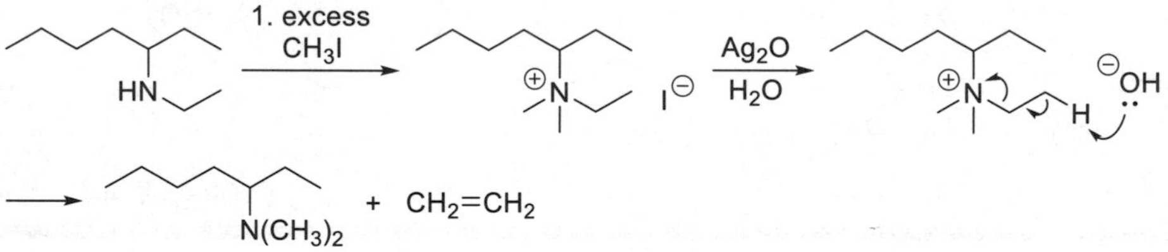

1. excess CH_3I

Ag_2O, H_2O

$N(CH_3)_2$ + $CH_2{=}CH_2$

46. 下列電磁輻射的頻率大小順序排列何者正確？

I: microwave；II: γ-rays；III: visible；IV: IR；V: UV

(A) V > III > IV > II > I
(B) II > V > III > IV > I
(C) I > IV > III > V > II
(D) V > II > IV > III > I

《109慈濟-46》Ans：B

47. 下列反應的主要產物為何？

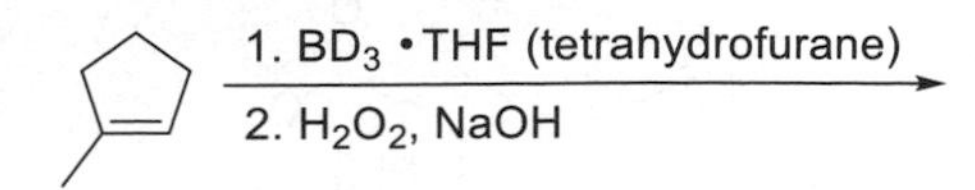

(A) 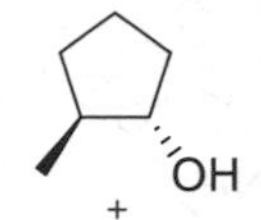

(B) 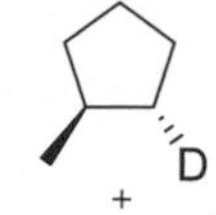

(C) 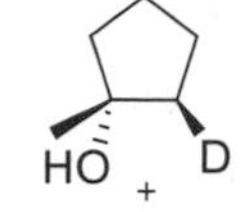

(D) 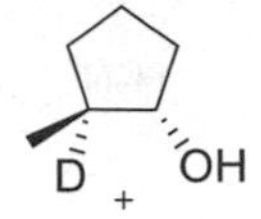

《109慈濟-47》Ans：D

說明：

1. BD_3 · THF
2. H_2O_2, NaOH

D OH + D OH (d, l)

48. 下列哪一個選項是[4+2] Diels-Alder環加成反應的產物？(請注意立體化學)？

OCH_3 + CN —[4+2]→ ?

(A) OCH_3 CN (B) OCH_3 CN (C) CH_3O CN (D) CH_3O CN

《109慈濟-48》Ans：D

說明：

OCH_3 + CN ⇌(Δ) OCH_3 CN + OCH_3 CN (d, l)

49. 下列何者是離胺酸(lysine)在pH=14之環境中的主要結構？

(A) 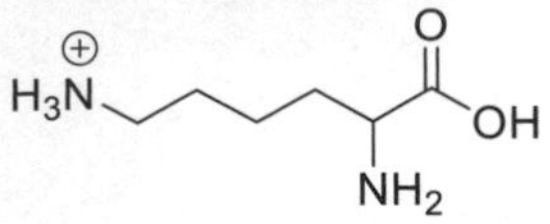 $H_3N^{\oplus}$–$(CH_2)_4$–CH(NH_2)–COOH

(B) 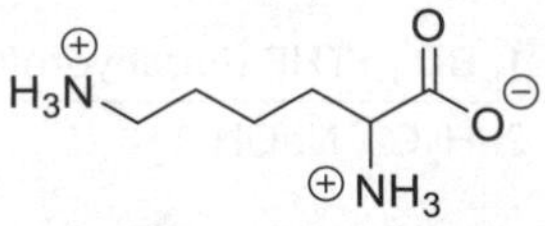 $H_3N^{\oplus}$–$(CH_2)_4$–CH($^{\oplus}NH_3$)–$COO^{\ominus}$

(C) 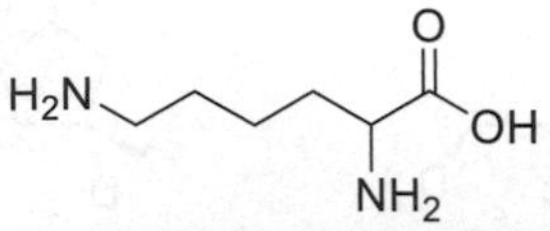 H_2N–$(CH_2)_4$–CH(NH_2)–COOH

(D) 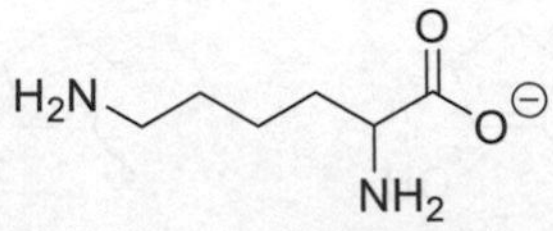 H_2N–$(CH_2)_4$–CH(NH_2)–$COO^{\ominus}$

《109慈濟-49》Ans：D

說明：

1. Lysine

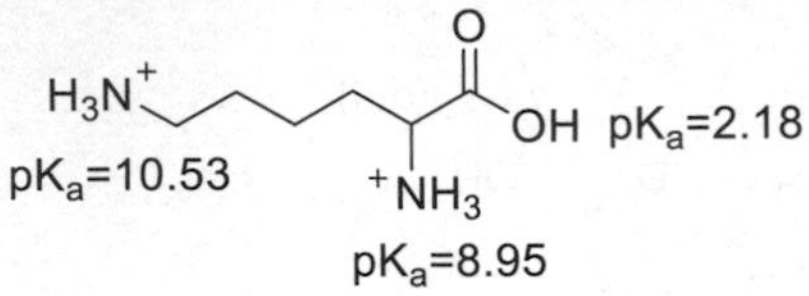

H_3N^+–$(CH_2)_4$–CH($^+NH_3$)–COOH

pK_a=10.53（H_3N^+）；pK_a=8.95（$^+NH_3$）；pK_a=2.18（OH）

2. $pH_I = \frac{1}{2}(8.95 + 10.53) = 9.74$

3. 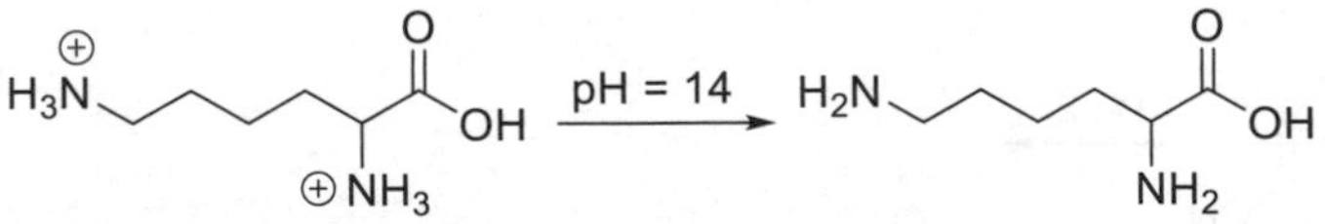 $H_3N^{\oplus}$–$(CH_2)_4$–CH($^{\oplus}NH_3$)–COOH $\xrightarrow{pH\,=\,14}$ H_2N–$(CH_2)_4$–CH(NH_2)–COOH

50. 化合物（2-溴-1-甲氧基苯：Br、CH_3–O 取代，苯環上氫依序為 H_a、H_b、H_c、H_d）中，偶合常數J最小的是：

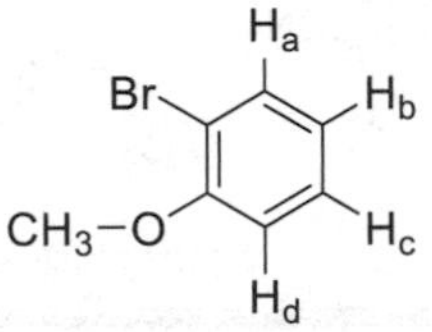

(A) J_{ab} (B) J_{ac} (C) J_{ad} (D) J_{bc}

《109慈濟-50》Ans：C

說明：

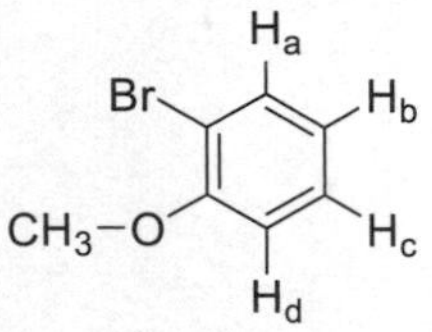

$\Rightarrow \begin{cases} J_{ab} = 6\sim10 \text{ Hz} \approx J_{bc} \\ J_{ac} = 1\sim3 \text{ Hz} \\ J_{ad} = 0\sim1 \text{ Hz} \end{cases}$

義守大學109學年度學士後中醫化學試題暨詳解

化學試題 **有機：林智老師解析**

01. 第一游離能大小排序何者正確？

I: Al < Si < P < Cl　　II: Be < Mg < Ca < Sr

III: I < Br < Cl < F　　IV: Na+ < Mg2+ < Al3+ < Si4+

(A) III　(B) I, II　(C) I, IV　(D) I, III, IV

《109 義守-01》Ans：D

02. 氧氣分子經氧化還原後的鍵級(bond order)等於2.5，其價數可能為

(A) –2　(B) –1　(C) +1　(D) +2

《109 義守-02》Ans：C

03. 根據布侖斯惕–洛瑞酸鹼理論(Bronsted-Lowry theory)，下列有關 $2NaCl(s) + H_2SO_4(l) \rightarrow Na_2SO_4(s) + 2HCl(g)$的敘述何者正確？

(A) NaCl 是中性，既不是酸也不是鹼

(B) NaCl 是酸

(C) NaCl 是鹼

(D) NaCl 既是酸也是鹼

《109 義守-03》Ans：C

說明：

$$\underset{\text{強鹼}}{2\,NaCl(aq)} + \underset{\text{強酸}}{H_2SO_4(l)} \rightleftharpoons \underset{\text{弱鹼}}{Na_2SO_4(aq)} + \underset{\text{弱酸}}{2\,HCl(aq)}$$

1.強酸、強鹼與弱酸、弱鹼係相對值。

2.　$H_2SO_4(aq)$　>　$HCl(aq)$

pKa　-9　-7

04. 已知$2O_3(g) \rightarrow 3O_2(g)$，臭氧在某期間的平均消失速率為$9.00\times10^{-3}$ atm/s，同時期氧的生成速率為

(A) 1.35×10^{-2} atm/s　(B) 9.00×10^{-3} atm/s

(C) 6.00×10^{-3} atm/s　(D) 以上皆非

《109義守-04》Ans：A

05. 已知甲酸的熱力學參數如下，則甲酸的正常沸點為

	$H°_f$ (kJ/mol)	$S°$ (J/mol K)
HCOOH(l)	–410	130
HCOOH(g)	–363	251

(A) 2.57 K (B) 388 °C (C) 115 °C (D) 82 °C

《109義守-05》Ans：C

06. 有關錯合物$Co(en)_2Cl_2^+$ (en = $H_2NCH_2CH_2NH_2$)，下列敘述何者正確？

(A) 此錯合物含Co(I)

(B) 因為en是強場配位基，此錯合物為順磁

(C) 有順反異構物且有光學異構物

(D) 以上皆非

《109義守-06》Ans：C

07. 若$^{16}O_2$振動的力常數(force constant)和$^{18}O_2$振動的力常數相同，則$^{16}O_2$和$^{18}O_2$的振動頻率比為

(A) 8/9 (B) 9/8 (C) $3/\sqrt{8}$ (D) $\sqrt{8}/3$

《109義守-07》Ans：C

08. 波函數$\psi^* = c_1\psi_{1s}^{H} - c_2\psi_{1s}^{He}$表示$HeH^+$的一個反鍵(anti-bonding)軌域，其中

(A) $c_1 > c_2$ (B) $c_1 = c_2 = 1/\sqrt{2}$ (C) $c_1 < c_2$ (D) 以上皆非

《109義守-08》Ans：A

09. 錯合物$[Ni(NH_3)_6]^{2+}$和$[Cr(NH_3)_6]^{3+}$的吸收波長分別為926 nm和463 nm，前者的Δ_o是後者的幾倍？

(A) 2 (B) 1/2 (C) 4 (D) 1/4

《109 義守-09》Ans：B

10. 已知 C_6H_{12}(chair) ⇆ C_6H_{12}(twist-boat)。C_6H_{12} 在室溫有 99.99%以 chair 構型存在，但在 800 °C 有 30%以 twist-boat 構型存在。依此平衡方程式，C_6H_{12} 在 800 °C 的平衡常數為

(A) 0.30 (B)0.23 (C) 2.3 (D) 0.43

《109 義守-10》Ans：D

說明：

1. C_6H_{12} (chair) ⇌ C_6H_{12} (twist-boat)

	A ⇌	B
T_1=25°C	99.99%	0.01%
T_2=800°C	70%	30%

2. T_2=800°C

$$\therefore \text{Keq} = \frac{[C_6H_{12}\text{(twist-boat)}]}{[C_6H_{12}\text{(chair)}]} = \frac{C_{M(B)}}{C_{M(A)}} = \frac{n_{(B)}}{n_{(A)}} = \frac{W_{(A)}}{W_{(B)}} = \frac{30}{70} = 0.43$$

11. ^{222}Rn衰變成α粒子及

(A) ^{218}Po (B) ^{218}Ra (C) ^{226}Ra (D) ^{226}Po

《109義守-11》Ans：A

12. 激發態分子可經由釋放螢光(fluorescence)或磷光(phosphorescence)回到基態，何者較快？

(A) 螢光 (B) 磷光 (C) 一樣 (D) 不一定

《109 義守-12》Ans：A

13. 以 4-*tert*-butylcyclohexene 為目標產物，下列反應何者最快?

(A) tBu, H, H, Cl; KO*t*Bu →

(B) tBu, H, Cl, H; KO*t*Bu →

(C) tBu, H, H, Br; KO*t*Bu →

(D) tBu, H, Br, H; KO*t*Bu →

《109 義守-13》Ans：D

說明：

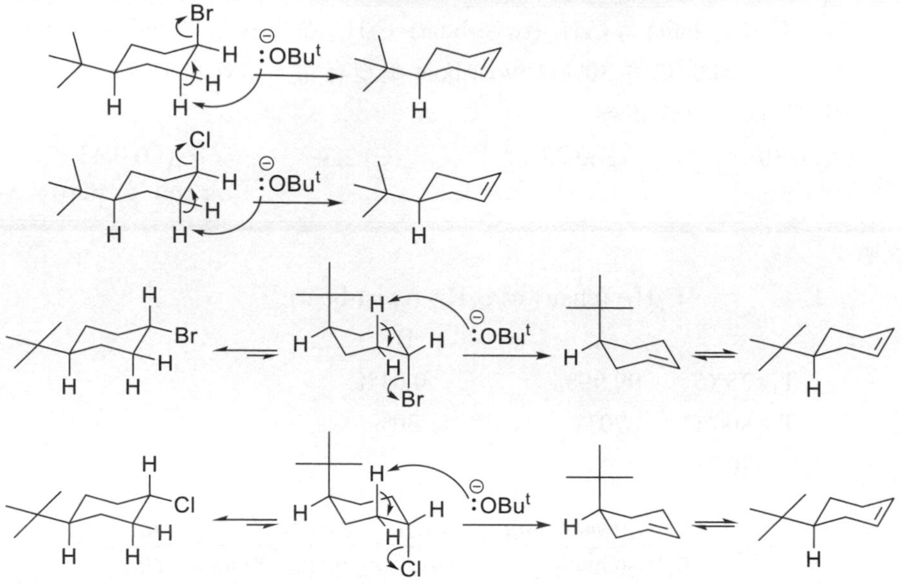

Br H H H H $\overset{\ominus}{:}OBu^t$ → H

Cl H H H H $\overset{\ominus}{:}OBu^t$ → H

H Br H H H ⇌ H H H H Br $\overset{\ominus}{:}OBu^t$ → H ⇌ H

H Cl H H H ⇌ H H H H Cl $\overset{\ominus}{:}OBu^t$ → H ⇌ H

14. 下列何者會產生非鏡像異構物(diastereomer)?

(A) 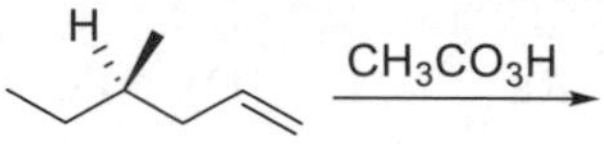 H $\xrightarrow{CH_3CO_3H}$　(B) 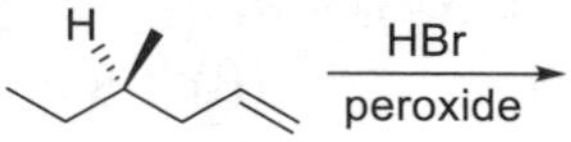 H $\xrightarrow[\text{peroxide}]{HBr}$

(C) 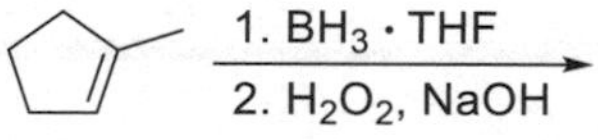 $\xrightarrow[\text{2. } H_2O_2,\ NaOH]{\text{1. } BH_3 \cdot THF}$　(D) 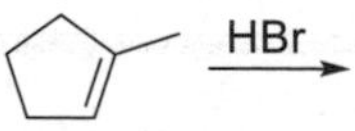 $\xrightarrow{HBr}$

《109 義守-14》Ans：A

說明：

(A) 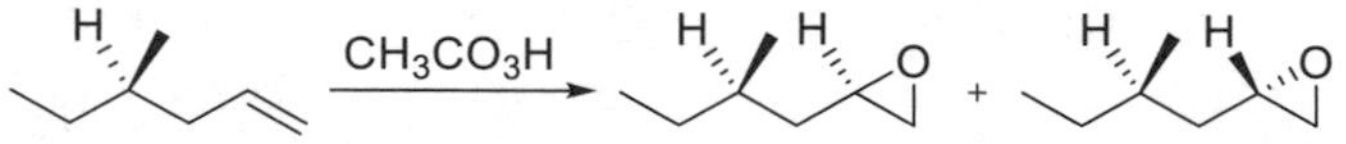 H $\xrightarrow{CH_3CO_3H}$ H H O + H H O

(B)  H $\xrightarrow[\text{ROOR}]{HBr}$ H Br

(C) 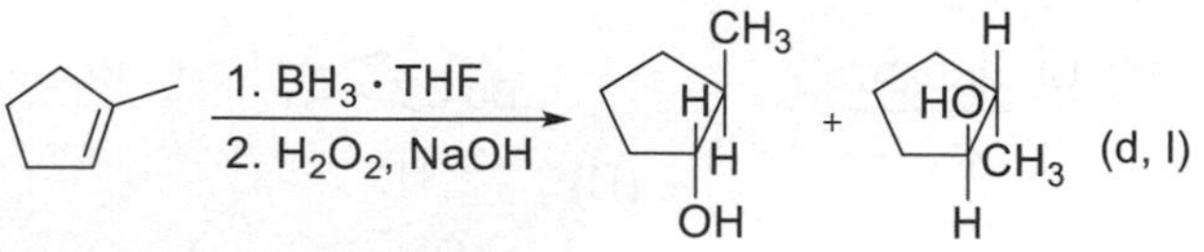 $\xrightarrow[\text{2. } H_2O_2,\ NaOH]{\text{1. } BH_3 \cdot THF}$ CH_3 H H OH + H HO CH_3 H (d, l)

(D) $\xrightarrow{HBr}$ Br

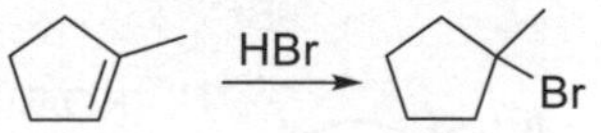

Me
?
H
N_3
H

15. 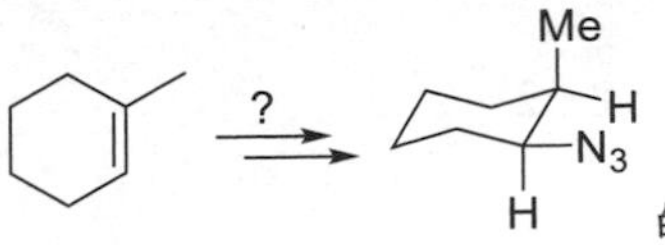 的最佳合成方法是

(A) (1) HBr (2) NaN_3

(B) (1) HBr, peroxide (2) NaN_3

(C) (1) B_2H_6, diglyme (2) H_2O_2, OH^- (3) TsCl, pyridine (4) NaN_3

(D) (1) CH_3CO_3H (2) NaN_3 (3) H_2SO_4, heat (4) H_2, Pt

《109 義守-15》Ans：C

說明：

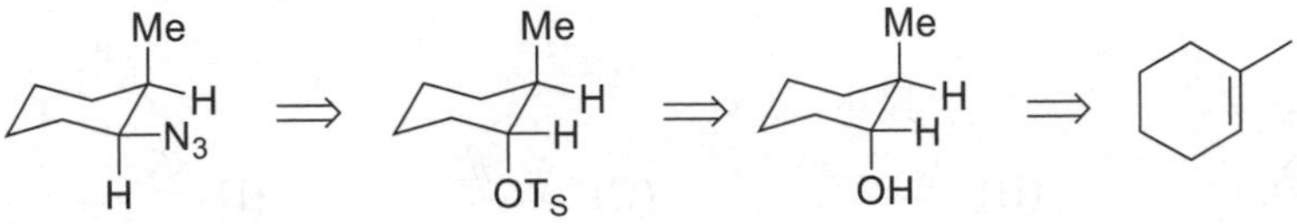

Me H N_3 H ⇒ Me H H OT_S ⇒ Me H H OH ⇒

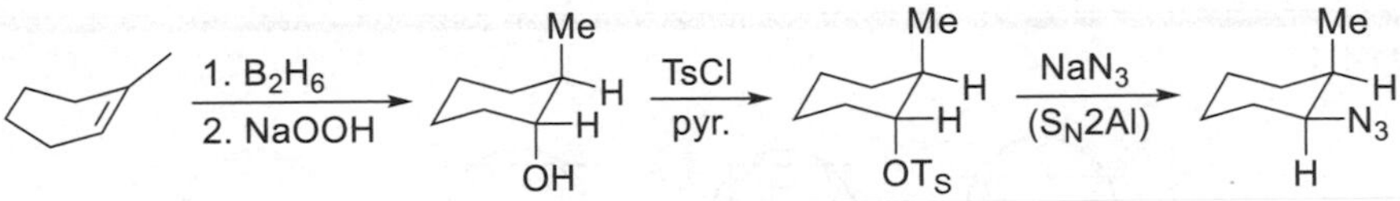

1. B_2H_6
2. NaOOH
Me H H OH
TsCl
pyr.
Me H H OT_S
NaN_3
(S_N2Al)
Me H N_3 H

H
H_2
Lindlar catalyst

16. 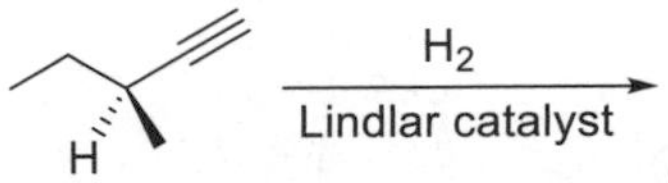 產物的光學特性為

(A) 只有 S 構型(S configuration)　　(B) 只有 R 構型(R configuration)

(C) 外消旋混合物(racemic mixture)　　(D) 非手性(achiral)

《109 義守-16》Ans：A

說明：

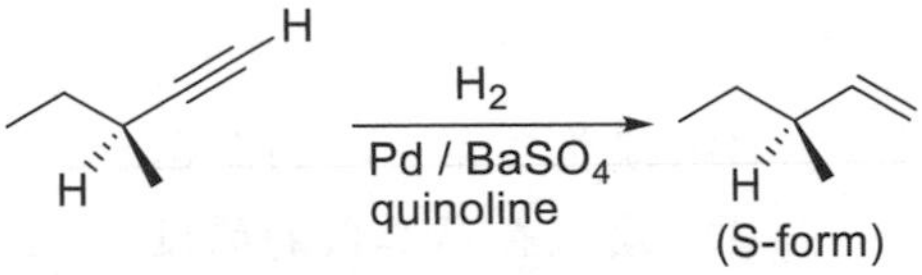

H
H
H_2
Pd / $BaSO_4$
quinoline
H
(S-form)

17. Hydroxylamine nitrate 含有 29.17 質量% N、4.20 質量% H 和 66.63 質量% O。如果它的分子量介於 94 至 98 g/mol 之間，它的分子式是什麼？

(A) NH_2O_5　　(B) $N_2H_4O_4$　　(C) $N_3H_3O_3$　　(D) $N_4H_8O_2$

《109 義守-17》Ans：B

說明：

1. Cannizzaro method

2. $n_N：n_H：n_O = \left(\frac{29.17}{14}\right):\left(\frac{4.20}{1}\right):\left(\frac{66.63}{16}\right) = 1:2:2$

∴ 實驗式=$N_1H_2O_2$

3.分子式 = $(N_1H_2O_2)_X$ ；分子量 = 94~98 g/mole

∴ (48) × X = 94~98

∴ X = 2

4.分子式為 $N_2H_4O_4$

18. 根據分子軌域理論(molecular orbital theory)，下列離子何者在基態時是雙自由基(diradical)?

(A) (B) (C) (D)

《109 義守-18》Ans：C

說明：

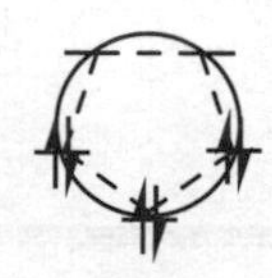
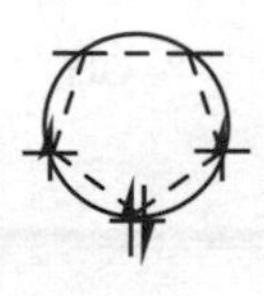

Species				
電子數	$2\pi e^-$	$6\pi e^-$	$4\pi e^-$	$6\pi e^-$

19. Br₂, FeBr₃

(A) 溴化在第一環的鄰、對位 (B) 溴化在第一環的間位

(C) 溴化在第二環的鄰、對位 (D) 溴化在第二環的間位

《109 義守-19》Ans：A

說明：

$Br_2, FeBr_3$

20. 2-butanol ⟹ 2-deuteriobutane 的最佳合成方式是

(A) $\xrightarrow[\text{heat}]{H_2SO_4}$ $\xrightarrow[\text{2. } H_2O_2\text{, NaOH}]{\text{1. } BD_3\text{, THF}}$ (B) $\xrightarrow[\text{heat}]{H_2SO_4}$ $\xrightarrow{D_2\text{, Pt}}$

(C) $\xrightarrow{PBr_3}$ $\xrightarrow[\text{2. } D_2O]{\text{1. Mg, } Et_2O}$ (D) $\xrightarrow{PBr_3}$ $\xrightarrow{\text{NaOD, } D_2O}$

《109 義守-20》Ans：C

說明：

2-deuteriobutane ⇒ 2-bromobutane ⇒ 2-butanol

2-butanol $\xrightarrow[\text{pyr.}]{PBr_3}$ 2-bromobutane $\xrightarrow[\text{2. } D_2O]{\text{1. Mg, ether}}$ 2-deuteriobutane

21. 4-methyl-1-pentene ⟹ 4-methylpentanal 的最佳合成方式是

(A) $\xrightarrow[\text{2. } H_2O_2\text{, NaOH}]{\text{1. } BH_3\text{, THF}}$ $\xrightarrow[CH_2Cl_2]{PCC}$ (B) $\xrightarrow[\text{cat. } H_2SO_4]{H_2O}$ $\xrightarrow[CH_2Cl_2]{PCC}$

(C) $\xrightarrow[\text{2. } H_2O_2\text{, NaOH}]{\text{1. } BH_3\text{, THF}}$ $\xrightarrow{HIO_4}$ (D) $\xrightarrow[t\text{BuOOH, } OH^-]{OsO_4}$ $\xrightarrow[H_2O]{K_2Cr_2O_7\text{, } H_2SO_4}$

《109 義守-21》Ans：A

說明：

4-methylpentanal (CHO) ⇒ 4-methyl-1-pentanol (OH) ⇒ 4-methyl-1-pentene

4-methyl-1-pentene $\xrightarrow[\text{2. } H_2O_2\text{, NaOH}]{\text{1. } B_2H_6\text{, THF}}$ 4-methyl-1-pentanol (OH) $\xrightarrow[CH_2Cl_2]{PCC}$ 4-methylpentanal (O, H)

22. Br—C_6H_4—CHO ⟹ D—C_6H_4—CHO 的最佳合成方法是

(A) (1) Mg, Et_2O (2) D_2O

(B) (1) $LiAlD_4$, Et_2O (2) D_2O

(C) (1) $HOCH_2CH_2OH$, H^+ (2) Mg, Et_2O (3) D_2O (4) H_2O, H^+

(D) (1) $HOCH_2CH_2OH$, H^+ (2) DCl (3) H_2O, H^+

《109 義守-22》Ans：C

說明：

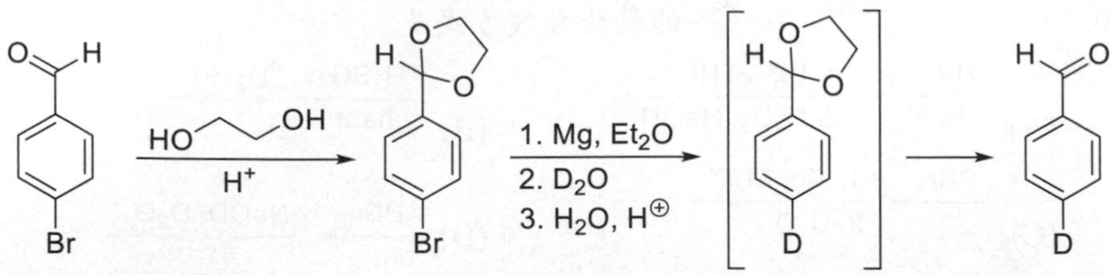

$$p\text{-BrC}_6\text{H}_4\text{CHO} \xrightarrow[\text{H}^+]{\text{HOCH}_2\text{CH}_2\text{OH}} p\text{-Br-acetal} \xrightarrow[\text{2. D}_2\text{O} \quad \text{3. H}_2\text{O, H}^{\oplus}]{\text{1. Mg, Et}_2\text{O}} [p\text{-D-acetal}] \longrightarrow p\text{-DC}_6\text{H}_4\text{CHO}$$

23. 下列何者正常沸點最高?

(A) 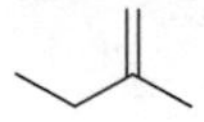 2-methyl-1-butene (B) 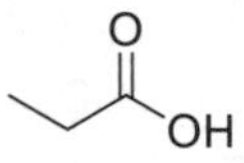 propanoic acid (OH) (C) 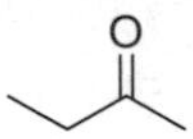 2-butanone (D) 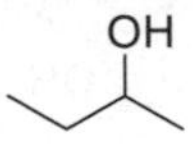 2-butanol (OH)

《109 義守-23》Ans：B

說明：

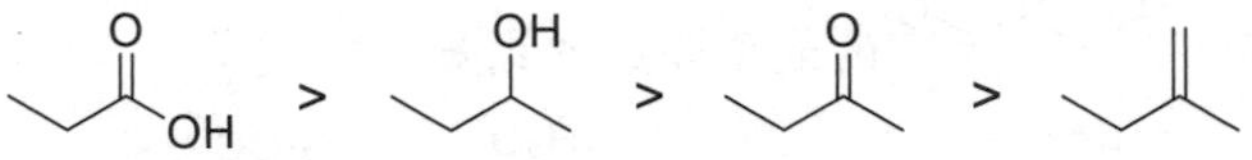

propanoic acid > 2-butanol > 2-butanone > 2-methyl-1-butene

24. 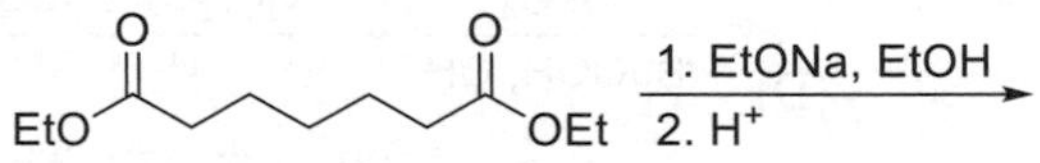 EtO(C=O)(CH$_2$)$_6$(C=O)OEt $\xrightarrow[\text{2. H}^+]{\text{1. EtONa, EtOH}}$

(A) 2-oxocyclopentyl-CH_2CO_2Et (B) cyclopentane-1,2-diCO_2Et (C) 2-oxocyclohexane-CO_2Et (D) 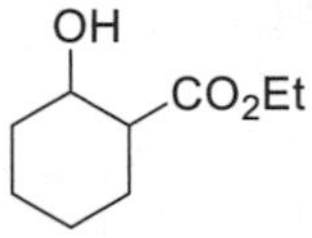 2-hydroxycyclohexane-CO_2Et

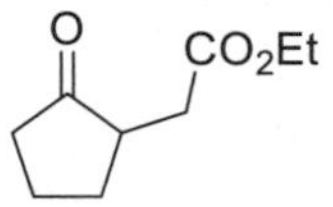

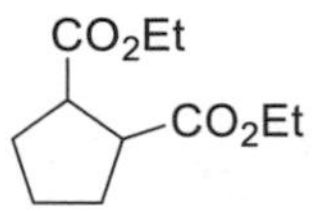

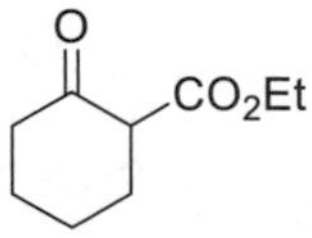

《109 義守-24》Ans：C

說明：

EtO(C=O)(CH$_2$)$_6$(C=O)OEt $\xrightarrow[\text{EtOH}]{\text{NaOEt}}$ enolate (EtO, OEt, ⊖) ⇌ EtO(C=O)-cyclohexyl(O⊖)(OEt) ⇌ EtO(C=O)-cyclohexanone

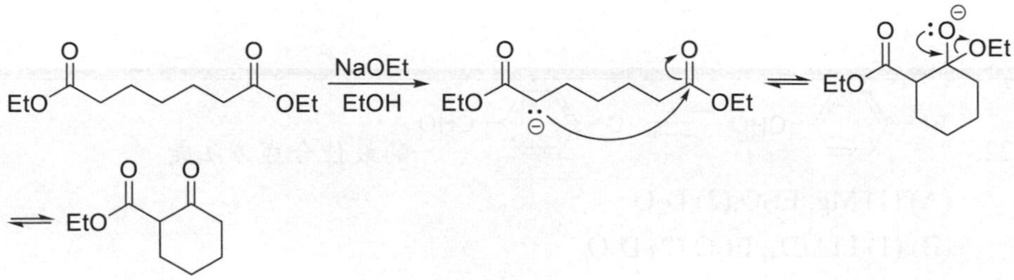

25. 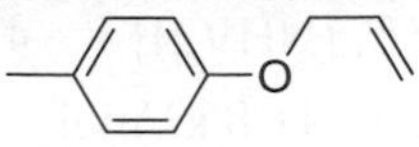 進行克萊森重排(Claisen rearrangement)反應的產物為

(A) 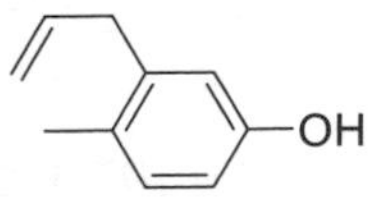
(B) 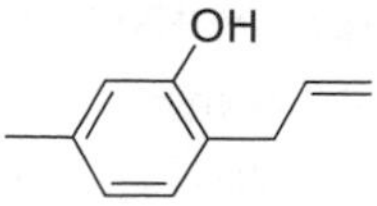

(C) 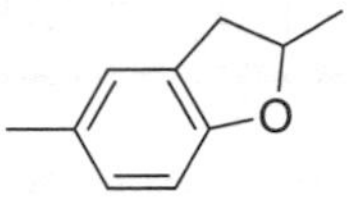
(D) 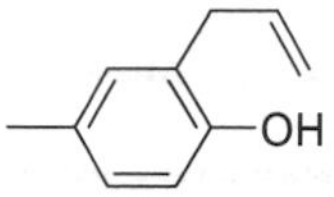

《109 義守-25》Ans：D

說明：

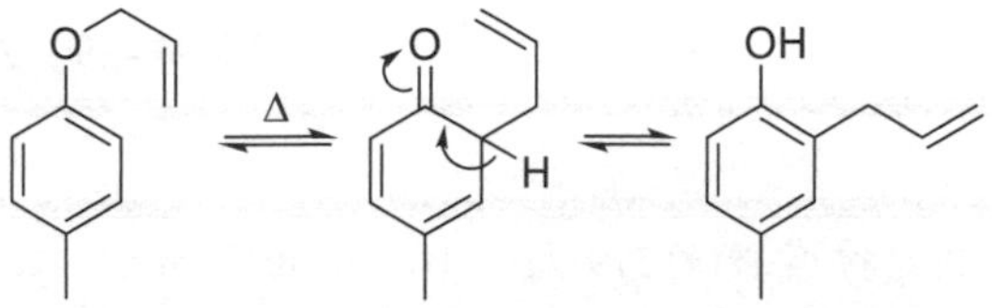

26. 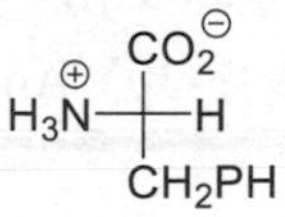 此胺基酸的絕對組態(configuration)是

(A) D, S (B) D, R (C) L, S (D) L, R

《109 義守-26》Ans：C

說明：

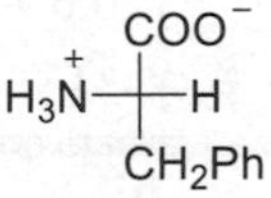

S-form ⇒ L-form-α-aminoacid

27. 如果61.3 g的Cl_2 (Mw=70.91 g/mol)與過量的PCl_3發生反應時生成119.3 g的PCl_5 (Mw= 208.2 g/mol)。下列反應的百分比產率(yield)是多少？

$PCl_3(g) + Cl_2(g) \rightarrow PCl_5(g)$

(A) 195% (B) 85.0% (C) 66.3% (D) 51.4%

《109義守-27》Ans：C

28. 合成硝酸的一個重要步驟是氨氣轉化為一氧化氮。$\Delta H°_f[NH_3(g)] = -45.9$ kJ/mol，$\Delta H°_f[NO(g)] = 90.3$ kJ/mol，$\Delta H°_f[H_2O(g)] = -241.8$ kJ/mol

$4NH_3(g) + 5O_2(g) \rightarrow 4NO(g) + 6H_2O(g)$

計算此反應的$\Delta H°$rxn。

(A) −906.0 kJ　(B) −197.4 KJ　(C) −105.6 KJ　(D) 197.4 KJ

《109義守-28》Ans：A

29. 電子位於5f 軌域，以下哪一項是軌域中電子的正確量子數組合？

(A) $n = 5, l = 3, m_l = +1$　(B) $n = 5, l = 2, m_l = +3$

(C) $n = 4, l = 3, m_l = 0$　(D) $n = 4, l = 2, m_l = +1$

《109義守-29》Ans：A

30. 一氧化碳在25°C水中的亨利定律常數(k)為9.71×10^{-4} mol/(L·atm)。如果一氧化碳的分壓為2.75 atm，有多少克的一氧化碳會溶解在1公升的水中？

(A) 3.53×10^{-4} g　(B) 2.67×10^{-3} g　(C) 9.89×10^{-3} g　(D) 7.48×10^{-2} g

《109義守-30》Ans：D

31. 苯甲醛(benzaldehyde)（分子量=106.1 g/mol），也稱為杏仁油，用於染料和香水的製造以及調味品。溶解75.00 g的苯甲醛於850.0 g乙醇中，此溶液的凝固點是多少？$K_f = 1.99$ °C/m，純乙醇的凝固點 = −117.3°C。

(A) −117.5°C　(B) −118.7°C　(C) −119.0°C　(D) −120.6°C

《109 義守-31》Ans：C

32. 反應3A → 2B的速率常數為6.00×10^{-3} L mol^{-1}min^{-1}。反應物A的濃度從0.75M下降到0.25M需要多久時間？

(A) 2.2×10^{-3} min　(B) 440 min　(C) 180 min　(D) 5.0×10^{2} min

《109義守-32》Ans：B

33. 請考慮以下兩個平衡及其各自的平衡常數：

(1) $NO(g) + \frac{1}{2} O_2(g) \rightleftarrows NO_2(g)$　K_1

(2) $2NO_2(g) \rightleftarrows 2NO(g) + O_2(g)$　K_2

以下哪一個是平衡常數K_1與K_2之間的正確關係？

(A) $K_2 = 2/K_1$　(B) $K_2 = (1/K_1)^2$　(C) $K_2 = -K_1/2$　(D) $K_2 = 1/(2K_1)$

《109義守-33》Ans：B

34. 以下哪一項具有最高的緩衝容量(buffer capacity)？

(A) 0.10 *M* $H_2PO_4^-$/0.10 *M* HPO_4^{2-}　(B) 0.50 *M* $H_2PO_4^-$/0.10 *M* HPO_4^{2-}

(C) 0.10 *M* $H_2PO_4^-$/0.50 *M* HPO_4^{2-}　(D) 0.50 *M* $H_2PO_4^-$/0.50 *M* HPO_4^{2-}

《109義守-34》Ans：D

35. 50.0 mL, 0.50 *M*的HCl樣品用0.50 *M*的NaOH進行滴定，在酸中加入28.0 mL的NaOH後，溶液的pH是多少？

(A) 0.85　(B) 0.75　(C) 0.66　(D) 0.49

《109 義守-35》Ans：A

36. 以下哪一項提供丙酮$(CH_3)_2C$=O，作為其臭氧解(ozonolysis)產物之一?

1) 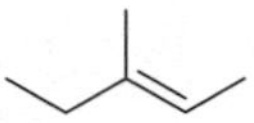　2) 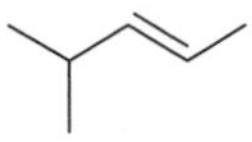　3) 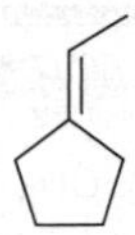　4)

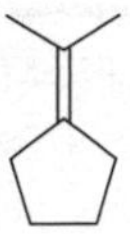

(A) 1　(B) 2　(C) 3　(D) 4

《109 義守-36》Ans：D

說明：

1. Ozonolysis of alkenes

(a)緩和還原試劑：Me_2S、Zn/AcOH ⇒ 形成醛類或酮類化合物

(b)氧化試劑 (Oxidating agents)：H_2O_2/H^+ ⇒ 形成羧酸或酮類化合物

2. Ans:

(A)

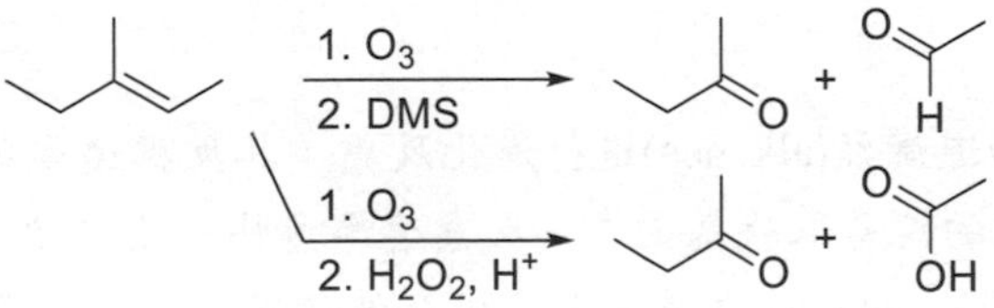

1. O_3 2. DMS　O　+　O H

1. O_3 2. H_2O_2, H^+　O　+　O OH

(B)

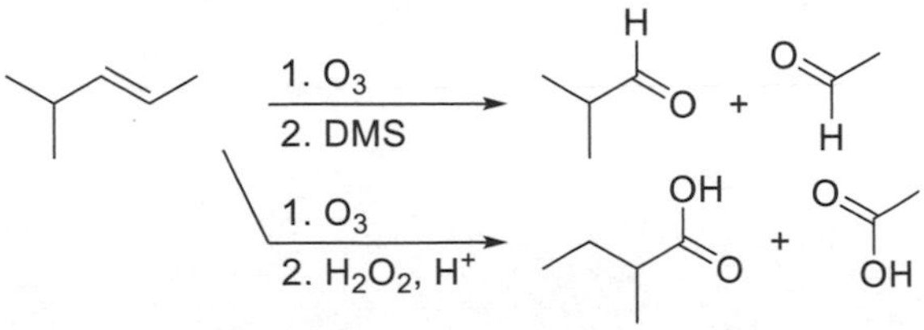

1. O_3 2. DMS　H O　+　O H

1. O_3 2. H_2O_2, H^+　OH O　+　O OH

(C)

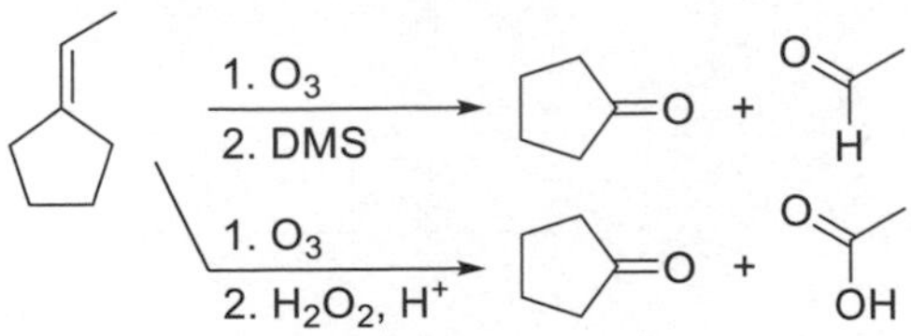

1. O_3 2. DMS　O　+　O H

1. O_3 2. H_2O_2, H^+　O　+　O OH

(D)

1. O_3
2. DMS

1. O_3
2. H_2O_2, H^+

O + O

O + O

釋疑：《109 義守-36》

本題在測試考生是否知道烯類(alkenes)進行臭氧解(ozonolysis)反應後，得到的產物是 carbonyl compounds。依題目所提供的四個選項，唯有(D)才可得到丙酮。這裡的『其』指的是四個化合物中的哪一個，可得到丙酮的產物，題目很清楚，並無題意不清的問題。維持原答案(D)。

37. 按降低與溴(Br_2)反應性的順序對以下排列。

CH_3 CH_3 (A)　CH_3 CH_3 (B)　CH_3 CH_3 (C)

(A) A>B>C　　(B) B>C>A　　(C) C>A>B　　(D) C>B>A

《109 義守-37》Ans：A

說明：

> >

釋疑：《109 義守-37》

本題在測試考生是否知道烯類(alkenes)進行溴化反應，其反應速率與雙鍵上的取代程度有關，即雙鍵上的烷基取代基愈多，反應速率愈快。故依題意『按降低與溴反應性的順序做排序』，即表反應速率由高排至低的順序，此也可由答案的四個選項看出，是由大排到小的順序，故不會產生兩種理解，答案沒有模稜兩可的地方。維持原答案(A)。

38. 以下兩種化合物之間的關係是什麼?

H, CH_3, CH_3 and H_3C, H, CH_3

(A) identical　　(B) enantiomers

(C) diastereomers　　(D) constitutional isomers

《109 義守-38》Ans：D

說明：

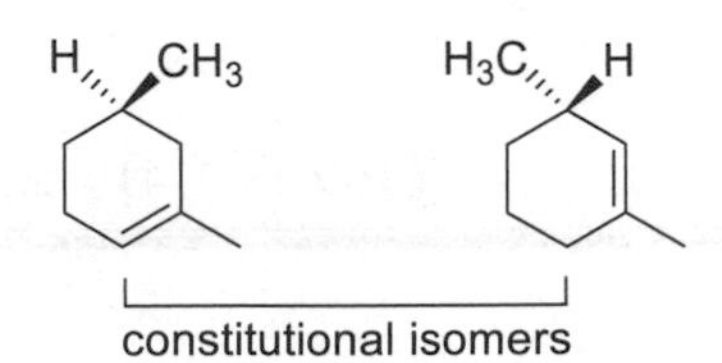

39. (+)-Tartaric acid 具有$+12.0^0$的比旋(specific rotation)。75% (+)-Tartaric acid 和 25% (-)-tartaric acid 的混合物的比旋是多少?

(A) $+4.0^0$　　(B) $+6.0^0$　　(C) $+8.0^0$　　(D) $+9.0^0$

《109 義守-39》Ans：B

說明：

$$ee = (75\%-25\%) = 50\% = \frac{x}{+12.0^\circ}$$

$$\therefore\ x = 6.0^\circ$$

40. 從光學純(R)或(S)-2-butanol 開始，如何合成下列的化合物?

H, CN, H_3C, CH_3

(A) (1) (R)-2-butanol + TsCl　(2) NaCN/DMSO

(B) (1) (S)-2-butanol + TsCl　(2) NaCN/DMSO

(C) (1) (S)-2-butanol + H_2SO_4 (heat)　(2) HBr　(3) NaCN/DMSO

(D) (R)-2-butanol + NaCN/DMSO

《109 義守-40》Ans：A

說明：

H, CN ⇒ TsO, H ⇒ HO, H

(S-)　(R-)　(R-)

HO, H —TsCl, pyr.→ TsO, H —NaCN / DMSO→ H, CN

(R-form) (R-form) (S-form)

41. 以下哪種反應序列最適合執行以下轉換?

CH=CH —?→ C≡C

(A) (1) HBr (2) excess $NaNH_2$

(B) (1) Br_2 (2) excess $NaNH_2$

(C) (1) Br_2, H_2O (2) excess $NaNH_2$

(D) (1) H_2O, H_2SO_4(cat.) (2) excess $NaNH_2$

《109 義守-41》Ans：B

說明：

—Br_2 / CCl_4→ Br, Br —excess / $NaNH_2$→

42. 以下反應序列的產物是什麼?

$HC\equiv CH$ —1. $NaNH_2/NH_3$ 2. $CH_3CH_2CH_2CH_2Br$→ —H_2 / Lindlar Pd→ —1. BH_3-THF 2. H_2O_2, NaOH→

(A) 1-hexanol (B) 2-hexanol (C) 1,2-hexanol (D) 1-hexene

《109 義守-42》Ans：A

說明：

H, H —1. $NaNH_2/NH_3$ 2. Br→ H —H_2 / $Pd/BaSO_4$→

—1. B_2H_6 2. NaOOH→ HO

43. 下列哪個化合物的氫化熱最低?

(A) 1,5-hexadiene (B) *(E)*-1,4-hexadiene

(C) 3,4-hexadience (D) *(E,E)*-2,4-hexadiene

《109 義守-43》Ans：D

說明：

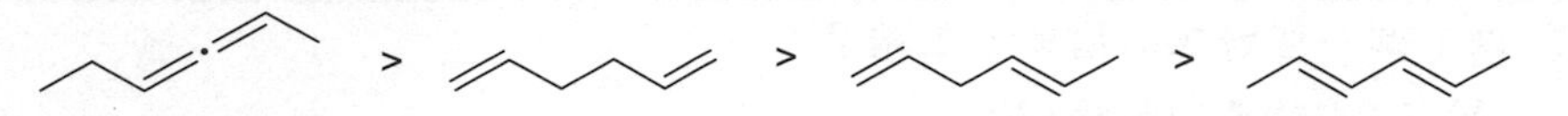

44. 以下哪一項對Diels-Alder反應不成立？
(A) 反應是立體特異性的
(B) 反應機制只有一個步驟
(C) 反應機制涉及共振穩定碳陽離子
(D) 所用的雙烯(diene)一定要用共軛雙烯

《109 義守-44》Ans：C

45. 以下哪種 C_8H_{18} 化合物的異構物，其 ^{13}C NMR 的光譜中有 5 個峰值?
(A) octane (B) 2-methylheptane (C) 3-methylheptane (D) 4-methylheptane

《109 義守-45》Ans：D

說明：

1. ^{13}C NMR spectrum

2. Ans: (A) σv ⇒ 4-signals

Ans: (B) ⇒ 7-signals

Ans: (C) ⇒ 8-signals

Ans: (D)

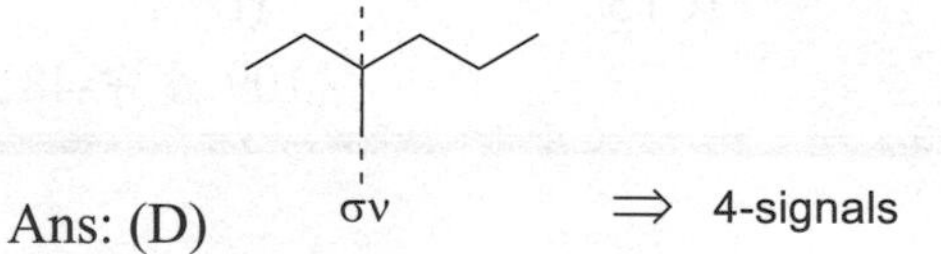

46. 按降低對芳香族親電性溴化(aromatic electrophilic bromination)反應性的順序，對以下化合物進行排序。
(A) benzene (B) toluene (C) benzoic acid (D) phenol
(A) D>B>A>C (B) D>C>B>A (C) B>A>D>C (D) B>C>D>A

《109 義守-46》Ans：A

說明：

OH > CH_3 > > O OH

47. 以下哪一個對苯的描述不正確？

(A) CCC鍵角均等於120°

(B) 分子是平面的

(C) 分子是一個6元環，含有交替的碳碳單碳和雙鍵

(D) 分子可以被描繪成兩個 Kekule 結構的共振混層(resonance hybrid)

《109 義守-47》Ans：C

釋疑：《109 義守-47》

本題(D)選項避免因為中文翻譯文字使用不精確的問題，已將專有名詞的原文，附在中文名詞的後面，故不會使考生對該選項之是非判斷受影響的問題。維持原答案(C)。

48. 以下一系列反應的產物是什麼?

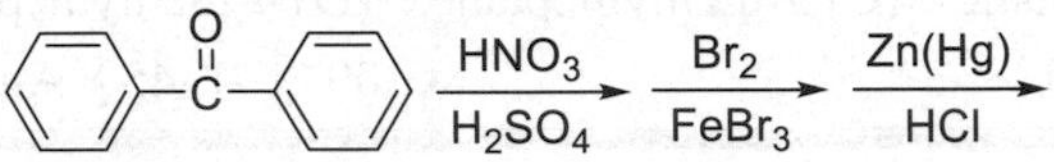

HNO3 / H2SO4 → Br2 / FeBr3 → Zn(Hg) / HCl →

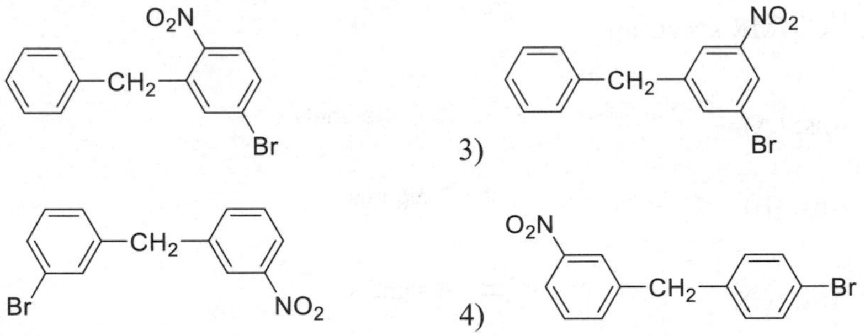

1) O2N, CH2, Br

2) Br, CH2, NO2

3) CH2, NO2, Br

4) O2N, CH2, Br

(A) 1 (B) 2 (C) 3 (D) 4

《109 義守-48》Ans：B

說明：

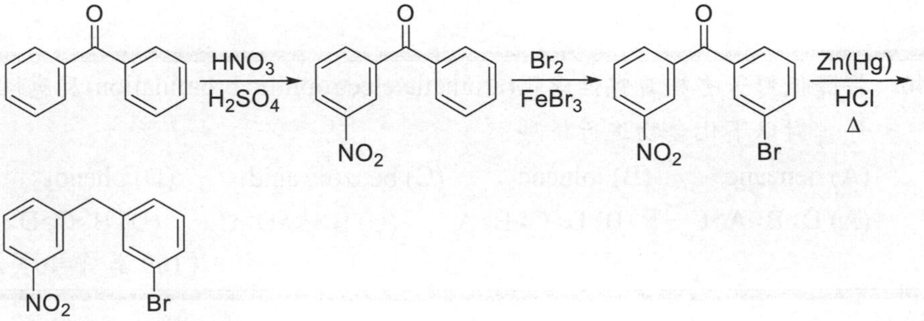

HNO3 / H2SO4 → NO2 ; Br2 / FeBr3 → NO2, Br ; Zn(Hg) / HCl / Δ → NO2, Br

49. 苯與$(CH_3)_2CHCH_2Cl$和$AlCl_3$的 Friedel-Crafts 烷基化的主要產物是什麼?

(A) isobutylbenzene

(B) *tert*-butylbenzene

(C) *sec*-butylbenzene

(D) butylbenzene

《109 義守-49》Ans：B

說明：

1. Ans:

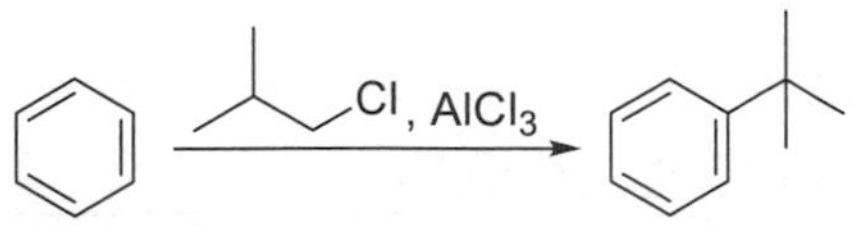

Cl, $AlCl_3$

2. Mechanism:

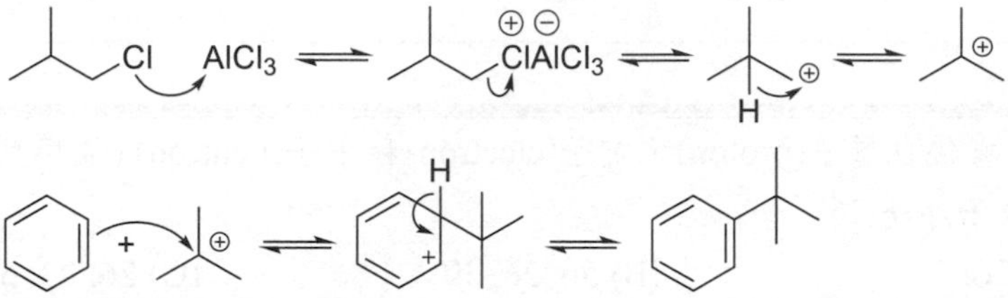

Cl $AlCl_3$ ⇌ ⊕ ⊖ $ClAlCl_3$ ⇌ H ⊕ ⇌ ⊕

\+ ⊕ ⇌ H + ⇌

50. 給予下面質子 NMR 光譜的資料，辨識C_4H_9Cl的異構物：
doublet δ1.04(6H); multiplet δ1.95(1H); doublet δ3.35(2H)

1) $(CH_3)_3CCl$ 2) $CH_3CH_2CH_2CH_2Cl$ 3) $CH_3CH_2CHCH_3$ (Cl) 4) $(CH_3)_2CHCH_2Cl$

(A) 1 (B) 2 (C) 3 (D) 4

《109 義守-50》Ans：D

說明：

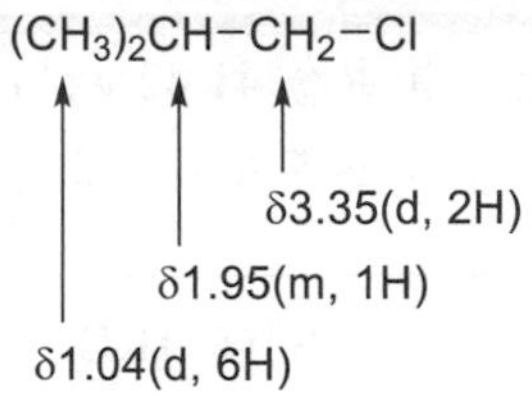

$(CH_3)_2CH-CH_2-Cl$

δ3.35(d, 2H)

δ1.95(m, 1H)

δ1.04(d, 6H)

中國醫藥大學108學年度學士後中醫化學試題暨詳解

化學試題 **有機：林智老師解析**

光速	$c = 3 \times 108$ m/s
亞佛加厥常數	$N_A = 6.02 \times 10^{23}$ mol^{-1}
氣體常數	$R = 0.0821$ atm•L/mol•K = 8.314 J/mol•K
普朗克常數	$h = 6.63 \times 10^{-34}$ J•s
法拉第常數	$F = 96485$ C/mol
原子量	H, 1.01; He, 4.00; C, 12.01; N, 14.01; O, 16.00; F, 19.00; Ne, 20.18; Cl, 35.45; Ar, 39.95; Kr, 83.80
能斯特方程式	$E = E^0 - \frac{0.059}{n}\log K$

01. $^{56}Fe^{3+}$中有幾個質子(proton)、電子(electron)和中子(neutron) (依序列出)？(Fe 的原子序是 26)

(A) 26, 26, 30 (B) 56, 26, 30 (C) 26, 23, 56
(D) 29, 26, 30 (E) 26, 23, 30

《108 中國醫-01》Ans：E

02. 太陽放射之能量來自於

(A) 氫氣燃燒 (B) 光合作用 (C) 核分裂
(D) 核融合 (E) 自然放射性

《108 中國醫-02》Ans：D

03. 富馬酸(Fumaric acid)由碳、氫和氧三種元素組成，其中含 41.42 wt %的碳以及 3.47 wt %的氫。一個 0.05 莫耳的富馬酸樣品重量為 5.80 g。富馬酸的分子式是

(A) $C_3H_3O_3$ (B) $C_4H_4O_4$ (C) $C_5H_8O_3$
(D) $C_5H_5O_5$ (E) $C_6H_{12}O_2$

《108 中國醫-03》Ans：B

說明：

1.分子式：CxHyOn

2. Cannizzaro method

$$n_C = \frac{41.42\ (g)}{12.00\ (g/mole)} = 3.45\ mole$$

$$n_H = \frac{3.47\ (g)}{1.00\ (g/mole)} = 3.47\ mole$$

$$n_O = \frac{100 - 41.42 - 3.47\ (g)}{16.00\ (g/mole)} = 3.44\ mole$$

∴ $x : y : n = 3.45 : 3.47 : 3.44 = 1 : 1 : 1$

代入實驗式 $= C_1H_1O_1$

3. $n = 0.05\ mole = \frac{w}{Mw} = \frac{5.85\ (g)}{Mw\ (g/mole)}$

∴ Mw = 分子量 = 117 g/mole

代入分子式 $= (C_1H_1O_1)n$　　∴ n = 4

∴ 分子式為 $C_4H_4O_4$

4. Fumaric acid (trans-2-butenedioic acid)

HO, O, OH, O

04. 銦(In)的原子序為 49、原子量為 114.8 g。天然存在的銦包含 ^{112}In 及 ^{115}In 兩種同位素，兩者(^{112}In / ^{115}In)的比例約為

(A) 7/93　(B) 25/75　(C) 50/50　(D) 75/25　(E) 93/7

《108 中國醫-04》Ans：A

05. 下列元素中，哪一個有最高的第三游離能(third ionization energy)？

(A) Al　(B) Mg　(C) Na　(D) P　(E) S

《108 中國醫-05》Ans：B

06. 化合物 XeF_4 的立體結構為平面四邊形，中心原子 Xe 的混成軌域為何？

(A) d^2sp^3　(B) dsp^3　(C) dsp^2　(D) sp^3　(E) sp^2

《108 中國醫-06》Ans：A

說明：

1. $XeF_4 \Rightarrow m + n = \frac{8 + 4}{2} = 6\ (d^2sp^3)$

2. m = 4　∴ n = 2

3.分子形狀 (square planar shape)

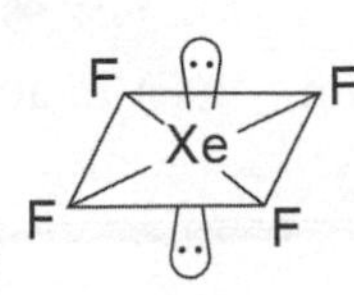

07. 元素 X 的電子組態為[Ar]$3d^{10}4s^{2}4p^{3}$，下列何者是 X 的氟化物最有可能的化學式？

(A) XF　(B) XF_2　(C) XF_4　(D) XF_5　(E) XF_6

《108 中國醫-07》Ans：D

08. 以下各組氣體混合物，哪一組最易藉由氣體擴散(gaseous effusion)分離？

(A) NH_3 和 Cl_2　(B) Ar 和 O_2　(C) Ne 和 He
(D) Cl_2 和 Kr　(E) N_2 和 O_2

《108 中國醫-08》Ans：C

09. 使用下列的半反應電位，25°C 下碘化銀(AgI)的溶解度積(solubility product)為何？

$AgI(s) + e^- \rightarrow Ag(s) + I^-(aq)$　$E° = -0.15$ V

$Ag^+(aq) + e^- \rightarrow Ag(s)$　$E° = +0.80$ V

(A) 2.9×10^{-3}　(B) 1.9×10^{-4}　(C) 2.1×10^{-12}
(D) 9.0×10^{-17}　(E) 2.4×10^{-20}

《108 中國醫-09》Ans：D

10. 一氧化碳是危險的空氣汙染物，主要原因是

(A) 易與氧氣反應產生二氧化碳　(B) 會催化臭氧的分解
(C) 和血紅素結合生成安定的錯合物　(D) 會催化煙霧(smog)的生成
(E) 與雨水結合產生造成酸雨

《108 中國醫-10》Ans：C

11. 室溫下，0.0100 M 的 NaCl 水溶液的滲透壓大約是多少 torr？

(A) 0.245　(B) 15.6　(C) 186　(D) 372　(E) 744

《108 中國醫-11》Ans：D

12. 考量肼(hydrazin)的分解反應：$N_2H_4(g) \rightleftharpoons 2H_2(g) + N_2(g)$在某一溫度下，平衡常數 $K_p = 2.5 \times 10^3$。在此溫度下，將純的氣體肼放入真空的容器裡。當 50.0%的肼分解時，系統達成平衡。此時，氫氣的分壓為多少？

(A) 25 atm　(B) 50 atm　(C) 75 atm　(D) 100 atm　(E) 125 atm

《108 中國醫-12》Ans：B

13. 0.1 M 醋酸鈉(CH_3COONa)水溶液中，下列哪一個物種的濃度最低？
(醋酸的酸解離常數 $K_a = 1.8 \times 10^{-5}$)
(A) Na^+ (B) CH_3COO^- (C) OH^- (D) CH_3COOH (E) H^+
《108 中國醫-13》Ans：E

14. 下列哪一個反應**不是**酸鹼反應？
(A) $Cl_2 + H_2O \rightarrow HCl + HOCl$ (B) $BF_3 + NH_3 \rightarrow F_3BNH_3$
(C) $CaO + SiO_2 \rightarrow CaSiO_3$ (D) $PO_4^{3-} + H_2O \rightarrow HPO_4^{2-} + OH^-$
(E) $Na_2O + 2HCl \rightarrow 2NaCl + H_2O$
《108 中國醫-14》Ans：A

15. 下列反應平衡後，氧化劑和還原劑之間有幾個電子轉移？
$SO_3^{2-}(aq) + MnO_4^-(aq) \rightarrow SO_4^{2-}(aq) + Mn^{2+}(aq)$
(A) 2 (B) 5 (C) 7 (D) 9 (E) 10
《108 中國醫-15》Ans：E

16. 下列為一般汽車使用的鉛蓄電池的化學反應式，25°C 時此反應的自由能變化 ΔG° = ?
$Pb + PbO_2 + 2HSO_4^- + 2H^+ \rightarrow 2PbSO_4 + 2H_2O$ $E^\circ = +2.04$ V
(A) –98 kJ (B) –197 kJ (C) –394 kJ (D) –591 kJ (E) –787 kJ
《108 中國醫-16》Ans：C

17. 將一個 50.0 克重的某金屬樣品加熱至 98.7°C，然後放置於裝有 395.0 克溫度為 22.5°C 水的卡計中，最後水溫升至 24.5°C。此樣品為何種金屬？
(水的比熱 C = 4.18 J/g°C)
(A) 鉛(C = 0.14 J/g°C) (B) 銅(C = 0.20 J/g°C) (C) 銀(C = 0.24 J/g°C)
(D) 鐵(C = 0.45 J/g°C) (E) 鋁(C = 0.89 J/g°C)
《108 中國醫-17》Ans：E

18. 利用以下資料計算 $Mg(OH)_2(s)$的標準生成焓(standard enthalpy of formation)

$2Mg(s) + O_2(g) \rightarrow 2MgO(s)$ $\Delta H° = -1203.6$ kJ

$Mg(OH)_2(s) \rightarrow MgO(s) + H_2O(l)$ $\Delta H° = +37.1$ kJ

$2H_2(g) + O_2(g) \rightarrow 2H_2O(l)$ $\Delta H° = -571.7$ kJ

(A) 924.7 kJ/mol (B) 869.1 kJ/mol (C) 850.6 kJ/mol

(D) – 850.6 kJ/mol (E) – 924.7 kJ/mol

《108 中國醫-18》Ans：E

19. 光譜化學序列 (spectrochemical series)如下：

$I^- < Br^- < Cl^- < F^- < OH^- < H_2O < NH_3 < en < NO_2^- < CN^-$

下列哪一個錯合物吸收的可見光的波長最短？

(A) $[Co(H_2O)_6]^{3+}$ (B) $[CoI_6]^{3-}$ (C) $[Co(OH)_6]^{3-}$

(D) $[Co(NH_3)_6]^{3+}$ (E) $[Co(en)_3]^{3+}$

《108 中國醫-19》Ans：E

20. 下列為化合物 A 熔化過程的熱力學數據，化合物 A 的熔點是攝氏幾度？

$A(s) \rightarrow A(l)$ $\Delta H° = 8.8$ kJ/mol、$\Delta S° = 36.4$ J/mol•K

(A) –228 (B) –31 (C) 31 (D) 242 (E) 304

《108 中國醫-20》Ans：B

21. ^{90}Sr 的半衰期是 28.1 年，10.9 g 的 ^{90}Sr 衰變成 0.17 g 大約需要多少年？

(A) 84 (B) 140 (C) 169 (D) 225 (E) 281

《108 中國醫-21》Ans：C

22. 下列為室溫下氣體反應 $2NO + 2H_2 \rightarrow N_2 + 2H_2O$ 的起始反應速率的數據，何者為此反應的速率常數值？

$[NO]_0$ (*M*)	$[H_2]_0$ (*M*)	起始反應速率 (*M*/s)
0.16	0.32	0.0180
0.16	0.48	0.0270
0.32	0.32	0.0720

(A) 0.35 (B) 1.1 (C) 2.2 (D) 6.9 (E) 8.4

《108 中國醫-22》Ans：C

23. 下列五個錯合物中，幾個有幾何異構物？

Ⅰ. $Pd(NH_3)_2Br_2$　Ⅱ. $[Co(NH_3)_3(H_2O)_3]Cl_3$　Ⅲ. $Cr(CO)_5(PPh_3)$

Ⅳ. $Ni(NH_3)_4(NO_2)_2$　Ⅴ. $K_2[CoBr_4]$

(A) 0　(B) 1　(C) 2　(D) 3　(E) 4

《108 中國醫-23》Ans：D

24. 鉬金屬的結晶屬於體心立方(body-centered cubic)系統，如果單位晶格(unit cell)的邊長是 300 pm，鉬原子的半徑是多少？ ($\sqrt{2}$= 1.414、$\sqrt{3}$= 1.731)

(A) 92 pm　(B) 130 pm　(C) 145 pm　(D) 160 pm　(E) 245 pm

《108 中國醫-24》Ans：B

25. 下列化合物中標示的質子酸性由低至高排列的順序何者正確？

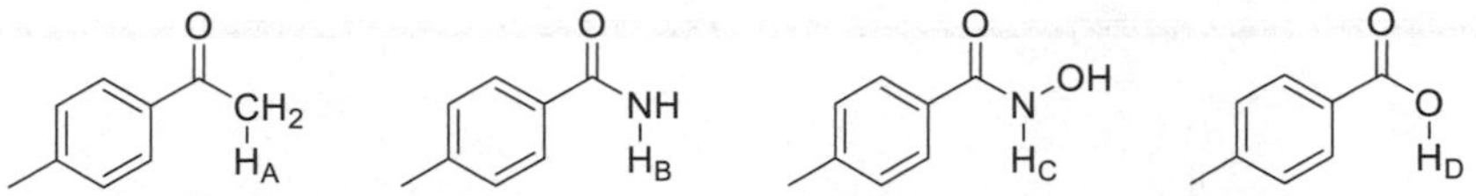

(Structures: 4-methylacetophenone with CH_2–H_A; 4-methylbenzamide NH–H_B; N-hydroxy-4-methylbenzamide N(OH)–H_C; 4-methylbenzoic acid O–H_D)

(A) HC < HB < HA < HD　(B) HA < HB < HD < HC

(C) HD < HA < HC < HB　(D) HC < HB < HD < HA

(E) HA < HB < HC < HD

《108 中國醫-25》Ans：E

說明：

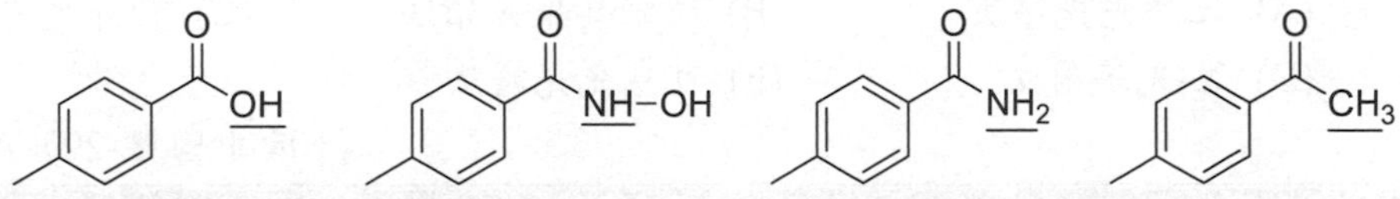

(Structures: 4-methylbenzoic acid OH; N-hydroxy-4-methylbenzamide NH–OH; 4-methylbenzamide NH_2; 4-methylacetophenone CH_3)

(pka):　(~5)　(<15)　(~15)　(^19)

酸性度　H_D > H_C > H_B > H_A

26. 下列化合物何者與水發生反應時速率最快？

(A) $CH_3CH_2CH_2Cl$　(B) $CH_3CHClCH_3$　(C) $(CH_3)_2CHCH_2Cl$

(D) $(CH_3)_3CCl$　(E) $CH_3CH_2CH_2CH_2Cl$

《108 中國醫-26》Ans：D

說明：

1.確認為 S_N1Al reaction

2. the reactivity of S_N1Al reaction

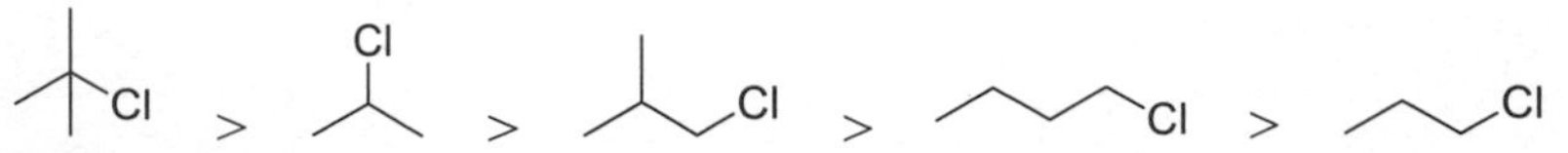

(D) tert-butyl chloride > (B) 2-chloropropane > (C) 1-chloro-2-methylpropane > (E) 1-chlorobutane > (A) 1-chloropropane

27. DNA 雙股螺旋結構中，氫鍵在哪兩個鹼基之間發生？

(A) 腺膘呤(adenine)和胸腺嘧啶(thymine)

(B) 胸腺嘧啶和鳥糞膘呤(guanine)

(C) 腺膘呤和鳥糞膘呤

(D) 胞嘧啶(cytosine)和胸腺嘧啶

(E) 腺膘呤和胞嘧啶

《108 中國醫-27》Ans：A

28. 下列化合物中碳氧鍵的鍵長排列何者正確？

(A) $CH_3OH < CH_2O < CHO_2^-$　　(B) $CH_2O < CH_3OH < CHO_2^-$

(C) $CHO_2^- < CH_3OH < CH_2O$　　(D) $CH_2O < CHO_2^- < CH_3OH$

(E) $CHO_2^- < CH_2O < CH_3OH$

《108 中國醫-28》Ans：D

說明：

鍵長	H(C=O)H	<	H(C=O)O$^{\ominus}$	<	$CH_3—OH$
鍵序	2		$1\frac{1}{2}$		1

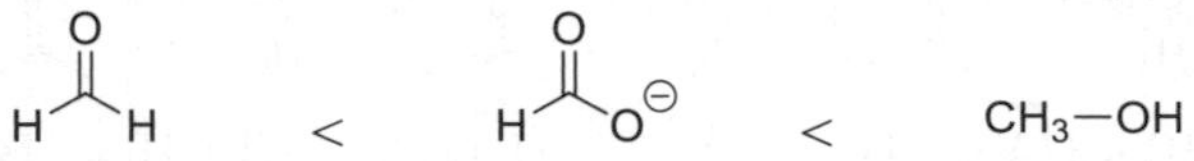

29. 下列何種光譜法是利用原子間的振動來鑑定有機化合物？

(A) 紅外光光譜法　　(B) 核磁共振光譜法　　(C) 紫外光光譜法

(D) X-光繞射法　　(E) 可見光光譜法

《108 中國醫-29》Ans：A

30. 下列 C_6H_{10} 異構物中何者最不穩定？

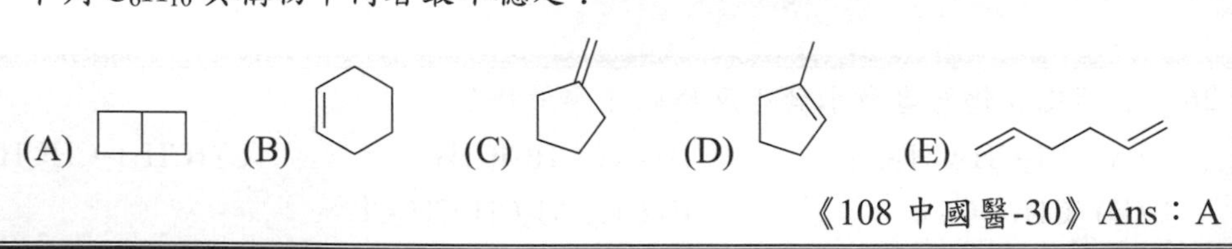

《108 中國醫-30》Ans：A

說明：

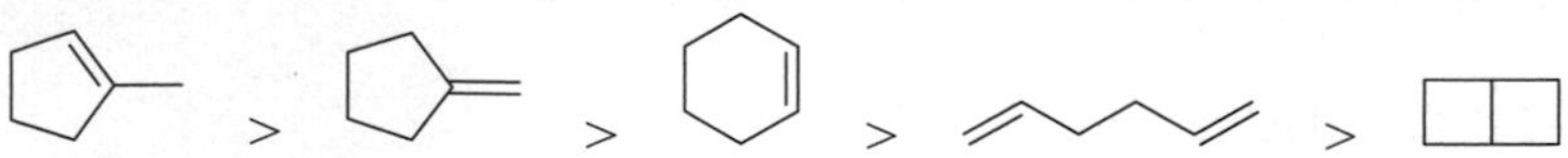

> > > >

31. 下列何者為掌性化合物？

(A) 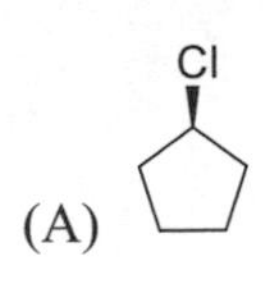

(B) Cl Cl Cl

(C) Cl Cl Cl

(D) Cl Cl Cl

(E) Cl Cl

《108 中國醫-31》Ans：B

說明：

Ans: (A)不具"掌性中心"分子

Ans: (B) chiral molecule

Ans: (C), (D), (E)皆為 meso compounds

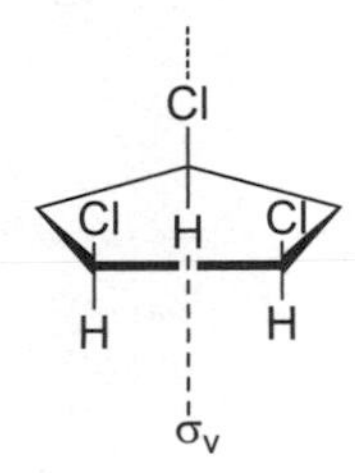

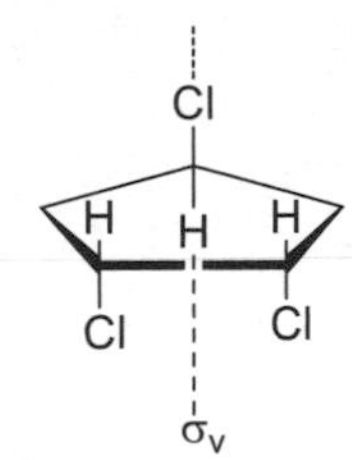

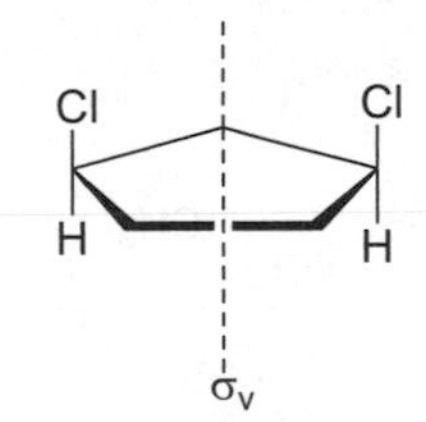

32. 下列二甲基環己烷化合物在最穩定的椅型結構中，何者的兩個甲基皆位於赤道位(equatorial position)？

(A) CH_3 CH_3

(B) CH_3 CH_3

(C) CH_3 CH_3

(D) CH_3 CH_3

(E) H_3C CH_3

《108 中國醫-32》Ans：B

說明：

Ans: (A)

CH_3 CH_3 ≡ CH_3 H CH_3 H (e, a)

Ans: (B)

CH_3 CH_3 ≡ H CH_3 CH_3 H (e, e)

Ans: (C)

CH_3 CH_3 ≡ CH_3 H H CH_3 (a, e)

Ans: (D)

CH_3 CH_3 ≡ CH_3 CH_3 H H (e, a)

Ans: (E)

CH_3 CH_3 ≡ CH_3 CH_3 (e, a)

33. 右方反應的<u>主要</u>產物 **A** 結構為何？ O OH $\xrightarrow{H^+}$ A

(A) 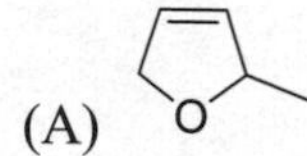

(B) O

(C) O

(D) O

(E) O

《108 中國醫-33》Ans：E

說明：

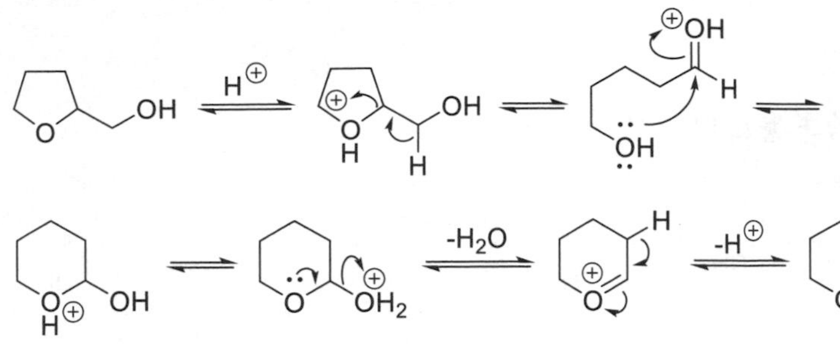

34. 右方反應的**主要**產物 **B** 結構為何？

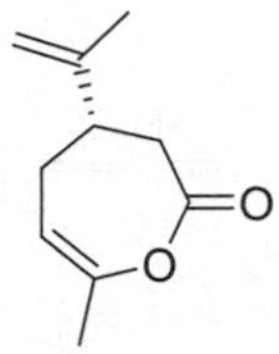

(A) 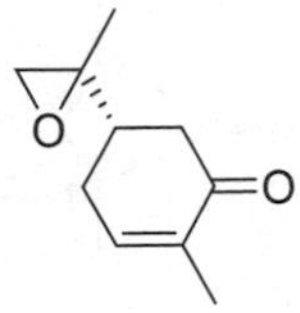　(B) 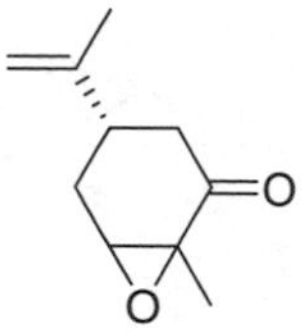　(C)

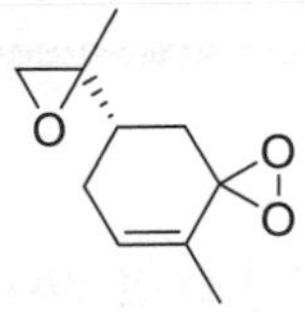

(D) 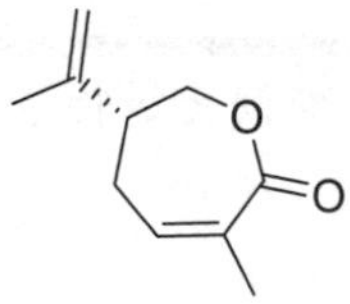　(E)

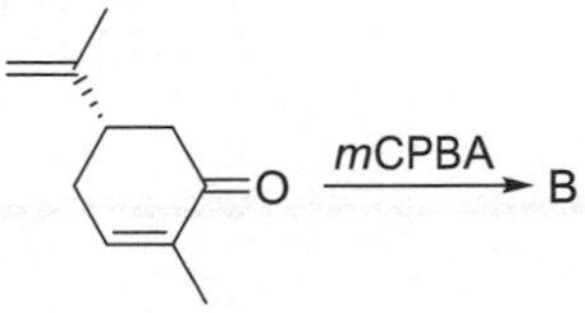

《108 中國醫-34》Ans：B

說明：

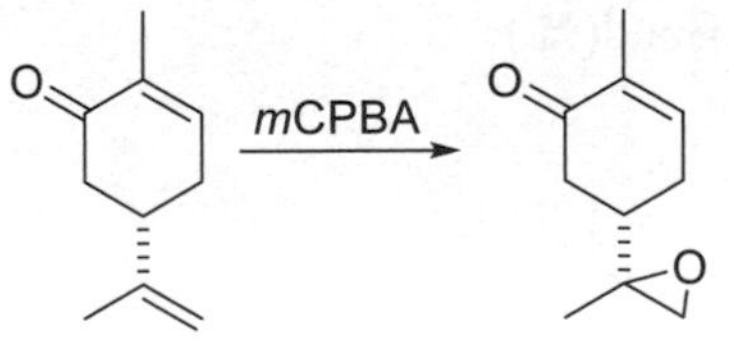

釋疑：《108 中國醫-34》

如下圖，C=C 雙鍵與過氧酸反應會較快，所以得到主要產物 B 其結構為選項(B)。

Unsaturated ketones may epoxidize or undergo Baeyer–Villiger rearrangement

Peracids may epoxidize alkenes faster than ketones take part in Baeyer–Villiger reactions, so unsaturated ketones are not often good substrates for Baeyer–Villiger reactions. The balance is rather delicate. The two factors that matter are: how *electrophilic* is the ketone and how *nucleophilic* is the alkene? You might like to consider why this reaction *does* work, and why the C=C double bond here is particularly unreactive.

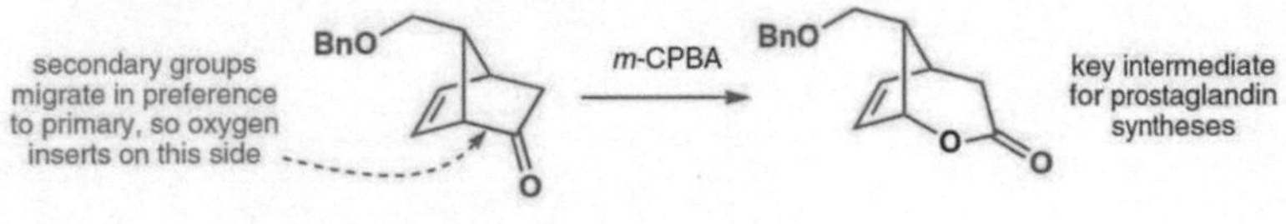

secondary groups migrate in preference to primary, so oxygen inserts on this side

key intermediate for prostaglandin syntheses

35. 右方反應的**主要**產物 C 結構為何？

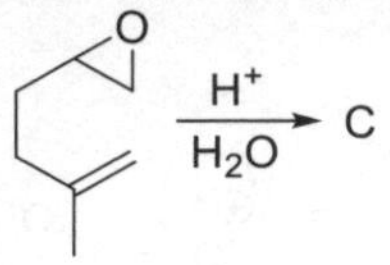

(A)

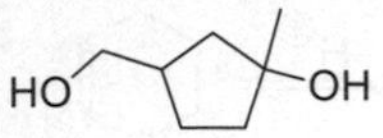

(B)

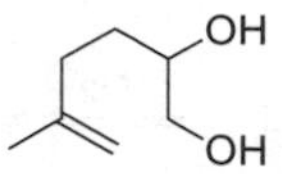

(C)

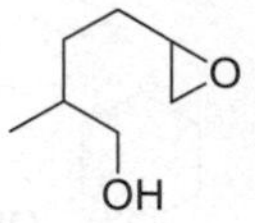

(D)

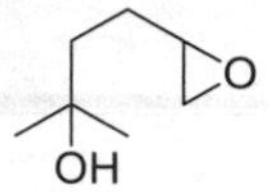

(E)

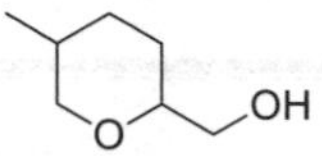

《108 中國醫-35》Ans：A

說明：

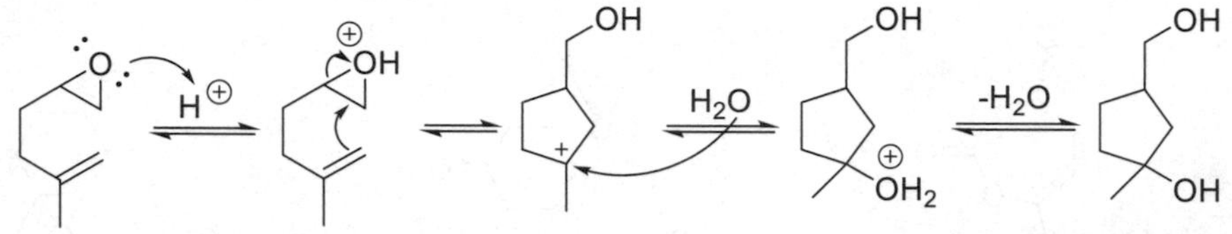

36. **非環狀**化合物 C_5H_{10} 有多少個異構物？

(A) 3 (B) 4 (C) 5 (D) 6 (E) 7

《108 中國醫-36》Ans：D

說明：

1.非環狀化合物

2. C_5H_{10} (PBE = 1) ∴具有 1π Bond(烯)

3. isomers

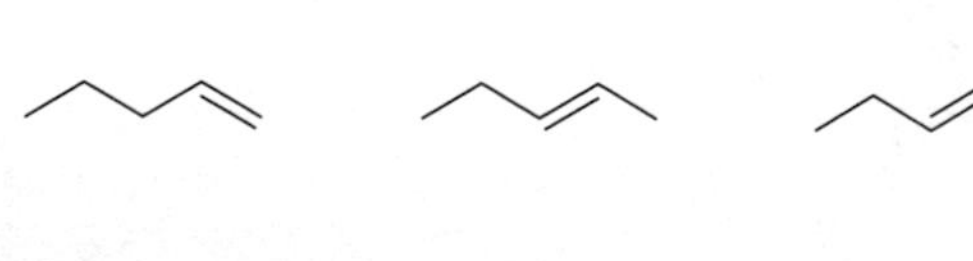

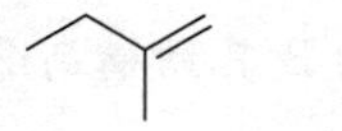
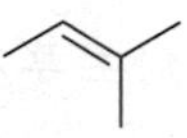
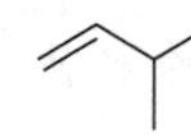

37. 右方反應的<u>主要</u>產物 **D** 結構為何？

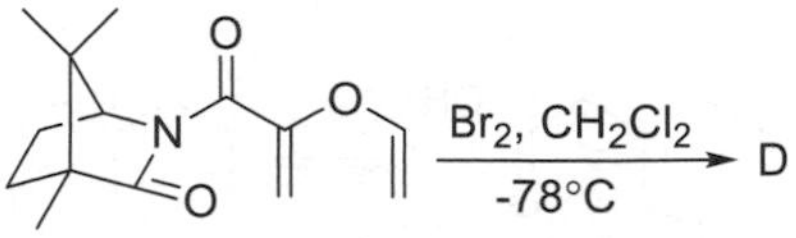

N O O O

Br_2, CH_2Cl_2 / -78°C → D

(A) 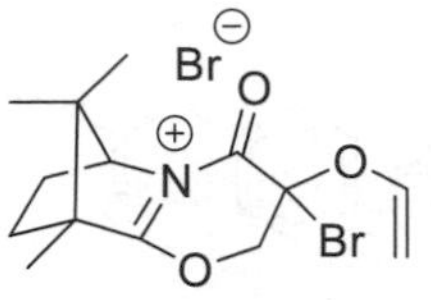 $Br^{\ominus}$ O $N^{\oplus}$ O Br O

(B) 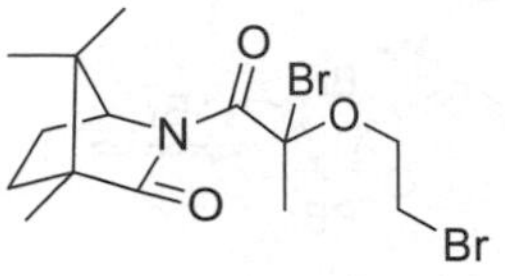 O Br N O O Br

(C) 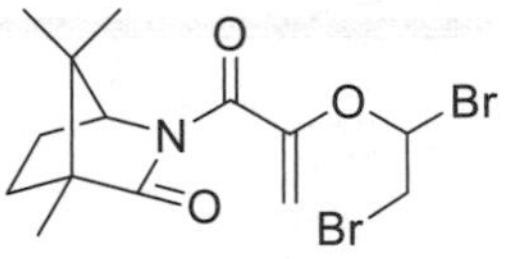 O N O O Br Br

(D) O Br N O O Br Br Br

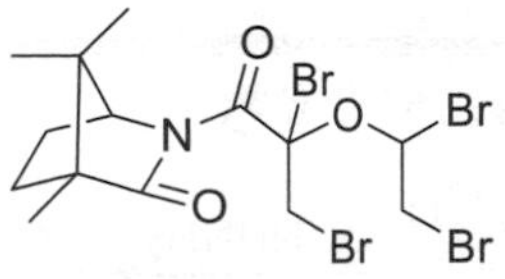

(E) 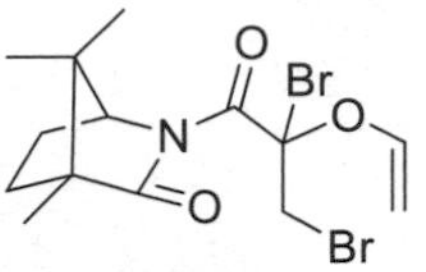 O Br N O O Br

《108 中國醫-37》Ans：C

說明：

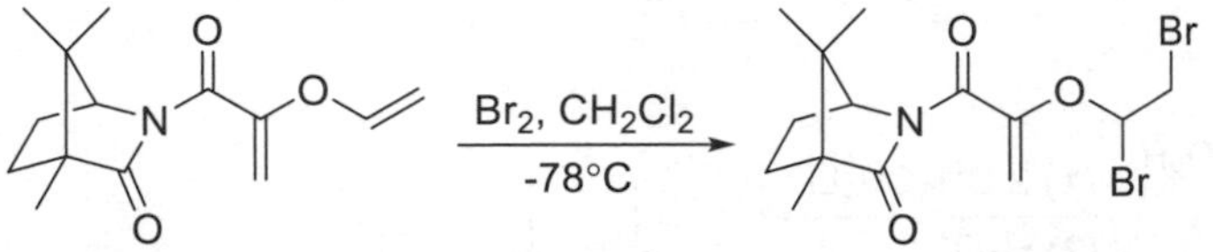

O N O O → Br_2, CH_2Cl_2 / -78°C → O N O O Br Br

38. 右方反應的<u>主要</u>產物 **E** 結構為何？

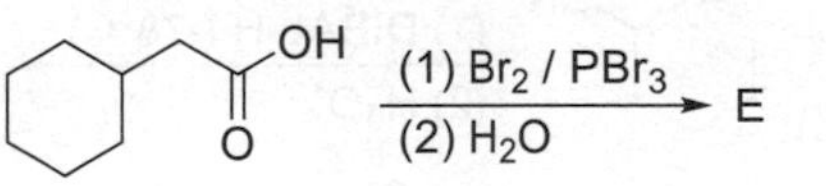

OH O

(1) Br_2 / PBr_3 / (2) H_2O → E

(A) 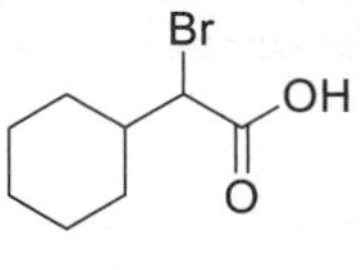 Br OH O

(B) 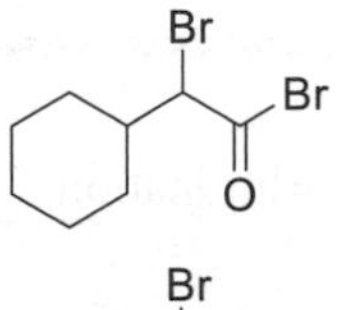 Br Br O

(C) 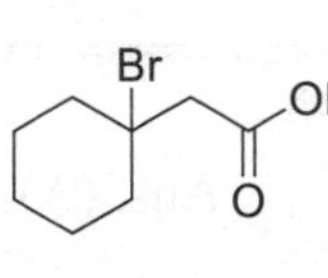 Br OH O

(D) 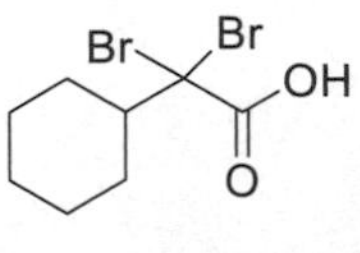 Br Br OH O

(E) Br OH Br O

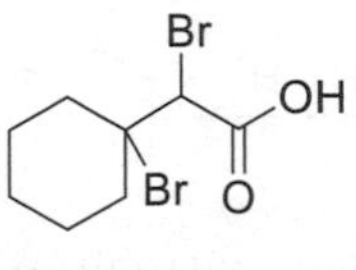

《108 中國醫-38》Ans：A

說明：

OH O → 1. Br_2, PBr_3 / 2. H_2O → Br OH O

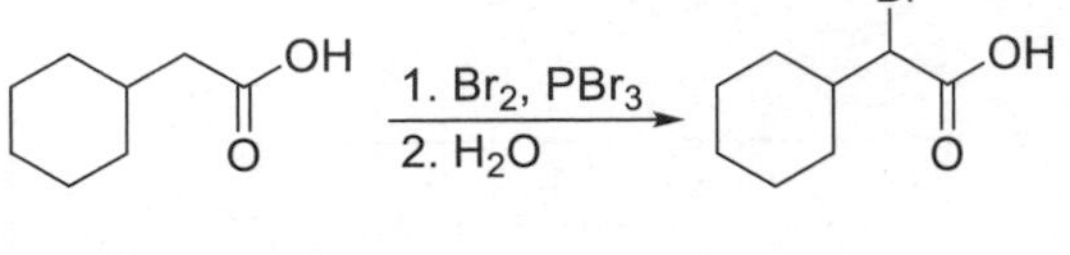

mechanism:

OH, O — Br, O — Br, OH, PBr_3

Br—Br, Br, $:Br^{\ominus}$, O, PBr_2 — Br, Br, O — H_2O (水解) — Br, OH, O

39. 下列反應式何者**有誤**？

(A) O —$PhNHNH_2$, H^+→ NNHPh

(B) Cl, O —$LiAlH(O^tBu)_3$→ H, O

(C) Cl, O —$(CH_3CH_2)_2CuLi$→ OH

(D) CO_2H —(1) 2 CH_3CH_2Li (2) H_3O^+→ O

(E) CN —(1) DIBAL-H (-78°C) (2) H_3O^+→ CHO

《108 中國醫-39》Ans：C

說明：

Ans: (A) Addition — Elimination

O —$PhNHNH_2$, H^+→ NNHPh

Ans: (B) Reduction via $LiAlH(O^tBu)_3$

Cl, O —1. $LiAlH(OBu^t)_3$ 2. H_2O→ H, O

Ans: (C) Gilman reagent

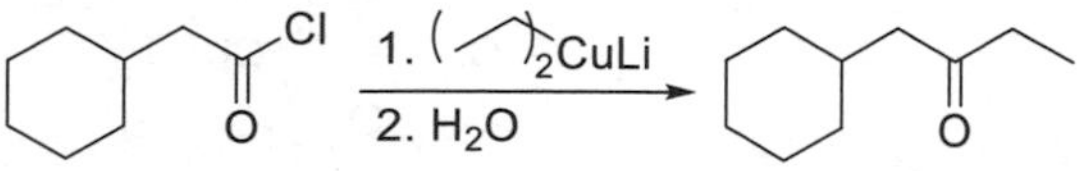

Ans: (D) Organolithium compound

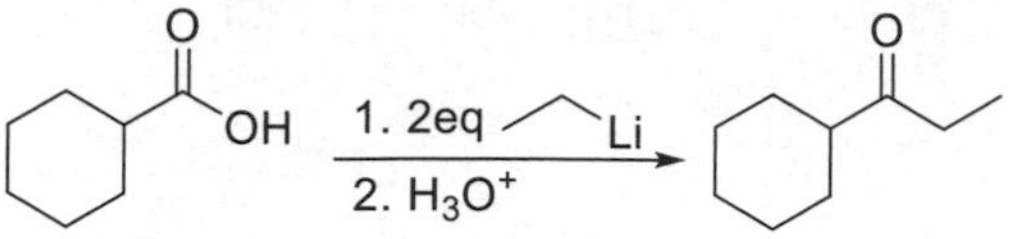

Ans: (E) Reduction via DIBAL

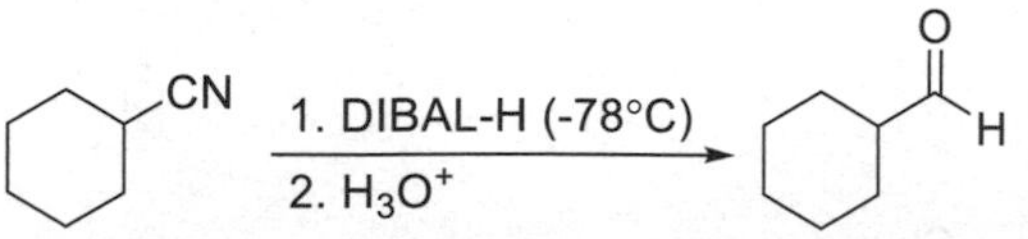

40. 下列化學反應中化合物 **I** 到 **V** 何者**有誤**？

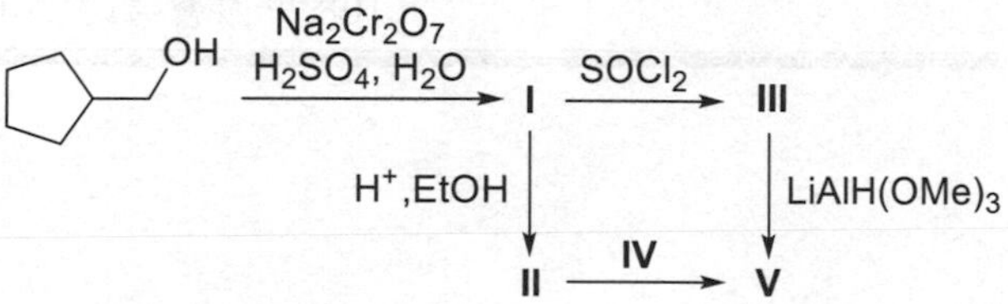

(A) 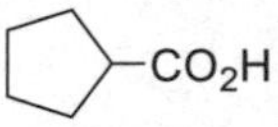 $-CO_2H$ **I**

(B) 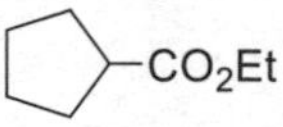 $-CO_2Et$ **II**

(C) 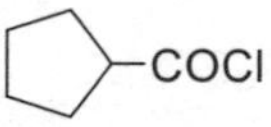 $-COCl$ **III**

(D) $NaBH_4$ **IV**

(E) 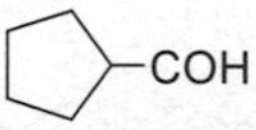 $-COH$ **V**

《108 中國醫-40》Ans：D

說明：

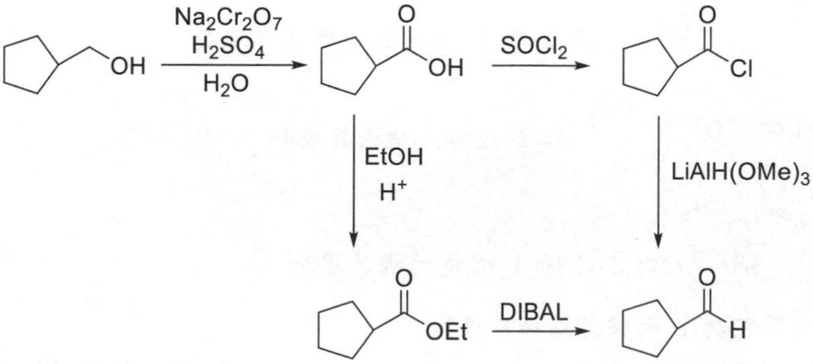

41. 下列化合物何者為 2,3,7,8-tetrachloro-dibenzo-*p*-dioxin？

(A)

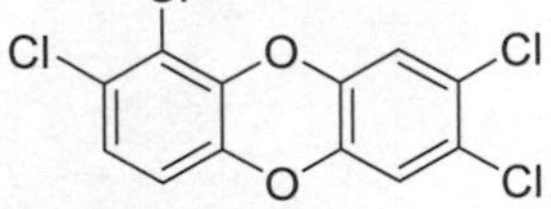

(B)

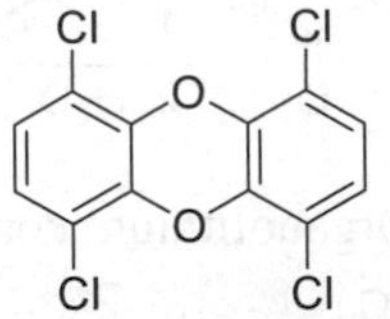

(C)

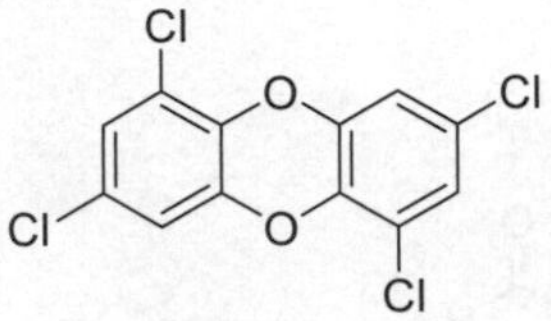

(D)

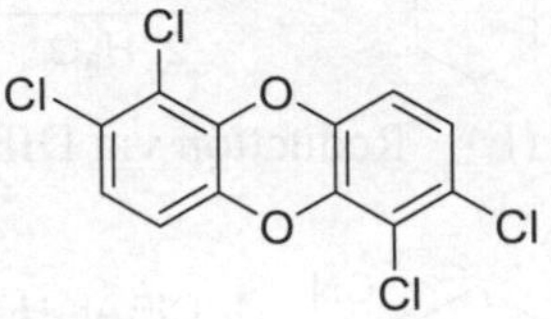

(E)

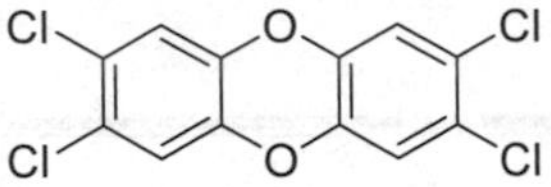

《108 中國醫-41》Ans：E

說明：

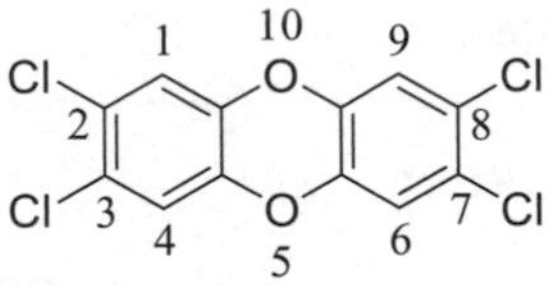

42. 下列的敘述何者<u>有誤</u>？

(A) 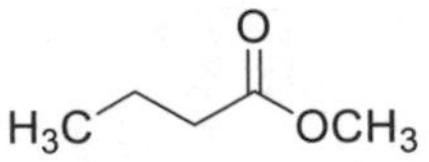 H_3C–CH_2CH_2–$C(=O)OCH_3$ 與 H_3C–$CH_2CH_2CH_2$–$C(=O)OH$ 是結構異構物

(B) 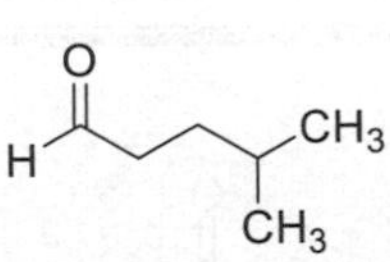 $H(C=O)CH_2CH_2CH(CH_3)_2$ 與 2–甲基–3–戊酮是結構異構物

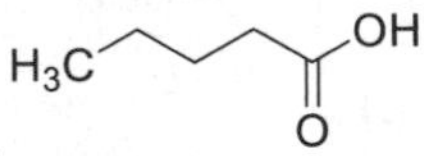

(C) 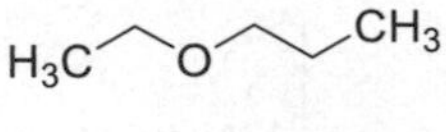 H_3C–CH_2–O–$CH_2CH_2CH_3$ 與 2–戊醇是結構異構物

(D) 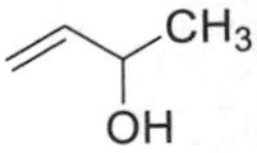 $CH_2=CH$–$CH(OH)CH_3$ 與 2–丁烯–1–醛是結構異構物

(E) 三甲胺與 1–丙胺是結構異構物

《108 中國醫-42》Ans：D

說明：

Ans: (A) 結構異構物

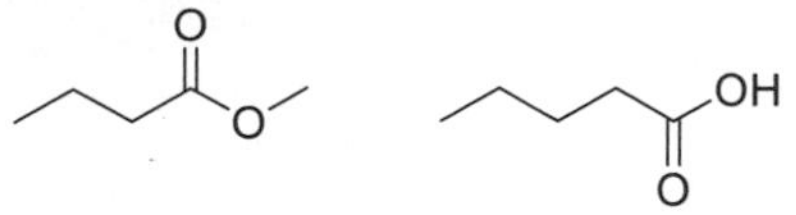

Ans: (B) 結構異構物

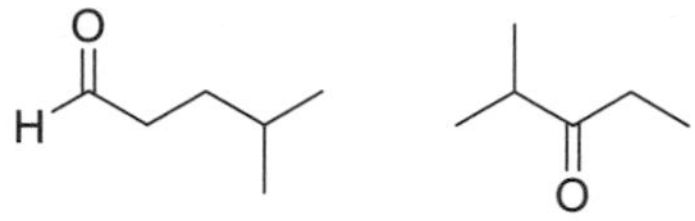

Ans: (C) 結構異構物

Ans: (D) 不是異構物

C_4H_8O C_4H_6O

Ans: (E) 結構異構物

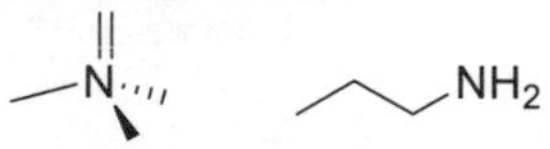

43. 下列雙醣化合物水解後何者可得到同一單醣化合物？

(A)

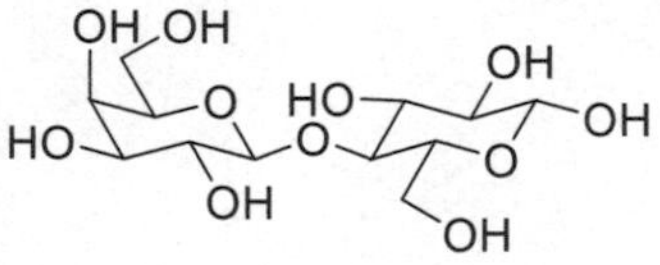

(B)

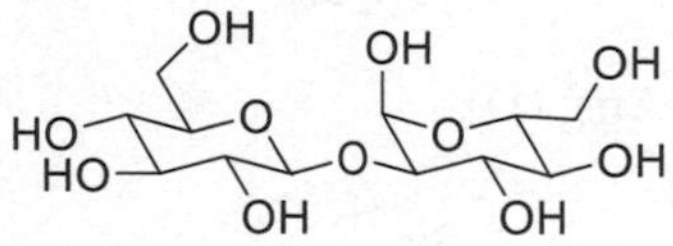

(C)

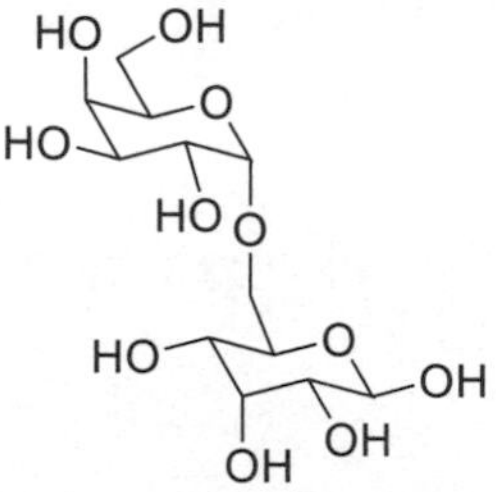

(D)

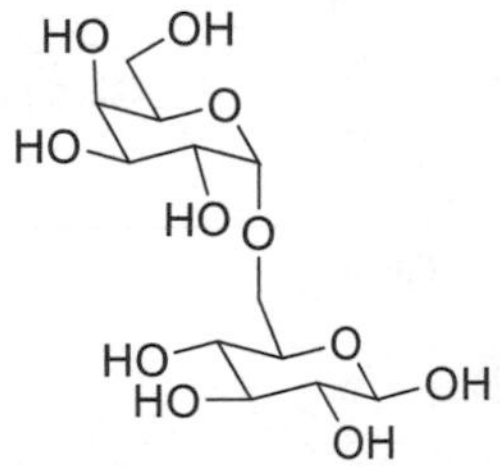

(E)

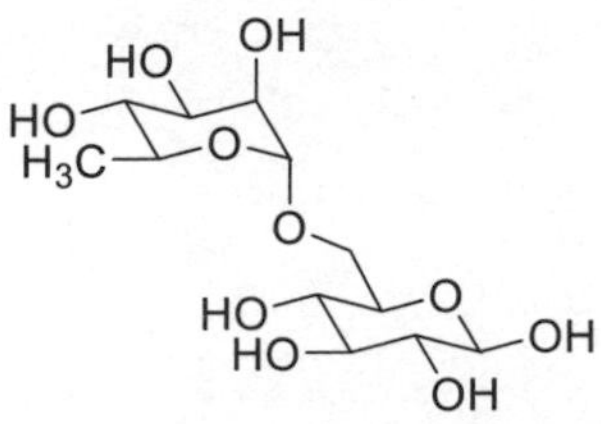

《108 中國醫-43》Ans：B

說明：

Ans: (A)

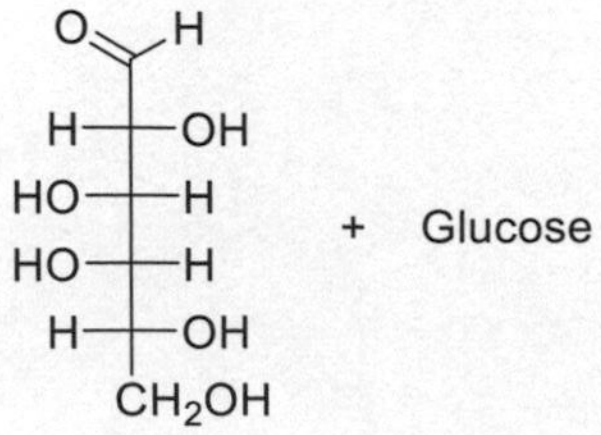

O=C–H
H–C–OH
HO–C–H
HO–C–H
H–C–OH
CH_2OH

\+ Glucose

Ans: (B)

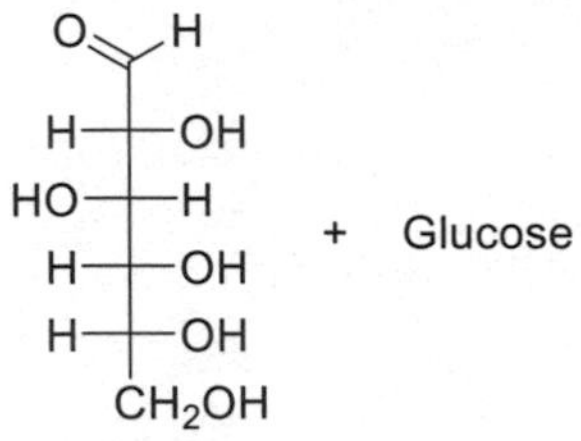

O=C–H
H–C–OH
HO–C–H
H–C–OH
H–C–OH
CH_2OH
(Glucose)

\+ Glucose

Ans: (C)

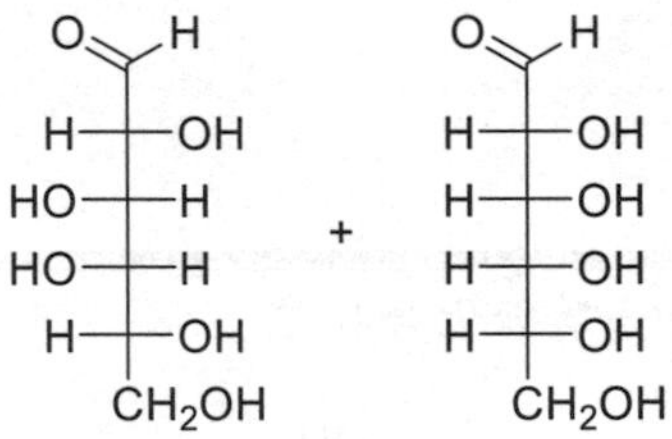

O=C–H
H–C–OH
HO–C–H
HO–C–H
H–C–OH
CH_2OH

\+

O=C–H
H–C–OH
H–C–OH
H–C–OH
H–C–OH
CH_2OH

Ans: (D)

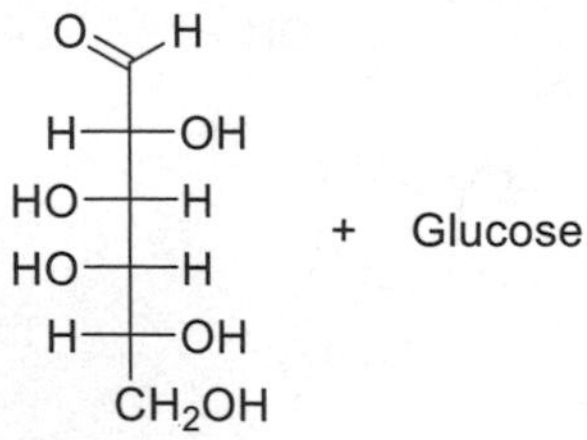

O=C–H
H–C–OH
HO–C–H
HO–C–H
H–C–OH
CH_2OH

\+ Glucose

Ans: (E)

O=C–H
HO–C–H
H–C–OH
HO–C–H
HO–C–H
CH_2OH

\+ Glucose

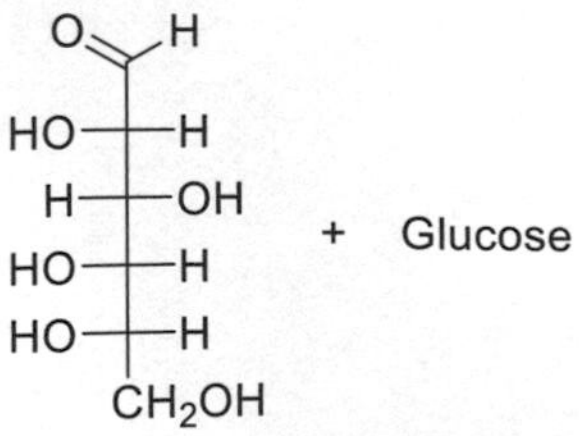

44. 下列化合物沸點由低至高排列

OH　　H O O　　O NH2　　O OH

I　　II　　III　　IV

(A) Ⅰ < Ⅱ < Ⅲ < Ⅳ　　(B) Ⅲ < Ⅰ < Ⅳ < Ⅱ

(C) Ⅱ < Ⅳ < Ⅲ < Ⅰ　　(D) Ⅱ < Ⅰ < Ⅳ < Ⅲ

(E) Ⅰ < Ⅳ < Ⅱ < Ⅲ

《108 中國醫-44》Ans：D

說明：

O NH2 > O OH > OH > H O O

III　　IV　　I　　II

45. 下列化合物何者**不具**芳香性(aromaticity)？

(A) (B)

(C)

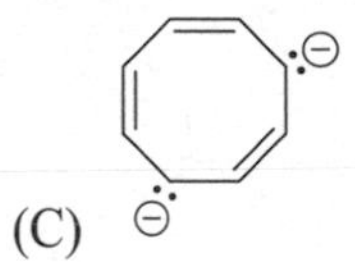

(D)

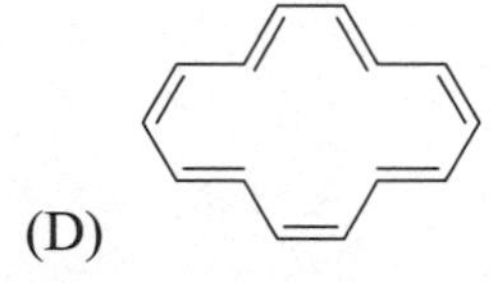

(E)

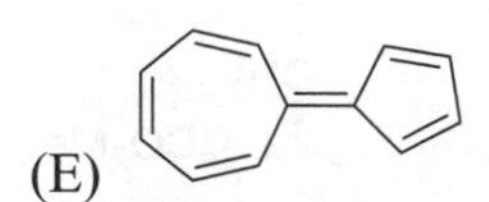

《108 中國醫-45》Ans：A

說明：

Ans: (A)

⇒ not Aromatic

Ans: (B)

⇒ Aromatic (10πe⁻)

Ans: (C)

⇒ Aromatic (10πe⁻)

Ans: (D)

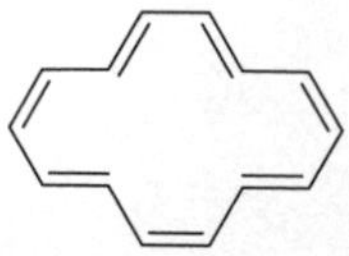

⇒ Aromatic ($14\pi e^-$)

Ans: (E)

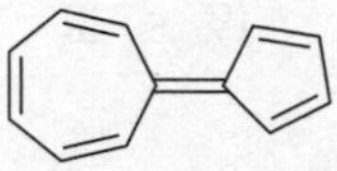

⇒ Charge - Separated species
(Aromatic Compound)

46. 下列[4+2]環加成反應形成的主要產物何者**有誤**？

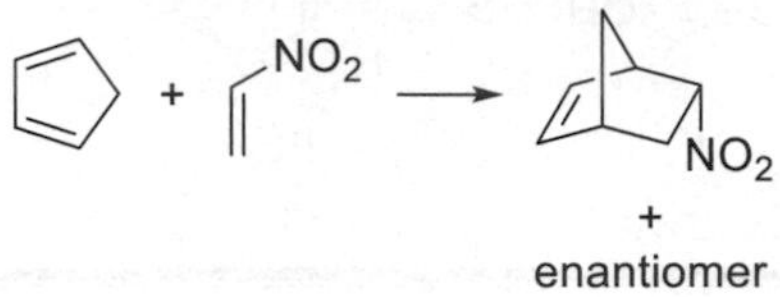

(A) + NO_2 ⟶ NO_2 + enantiomer

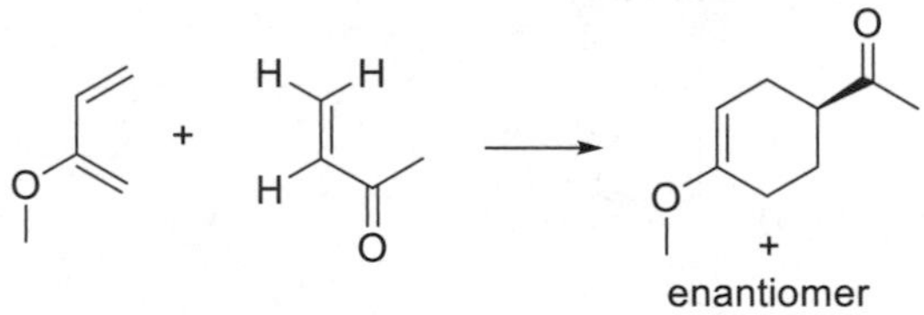

(B) + H H H O ⟶ O O + enantiomer

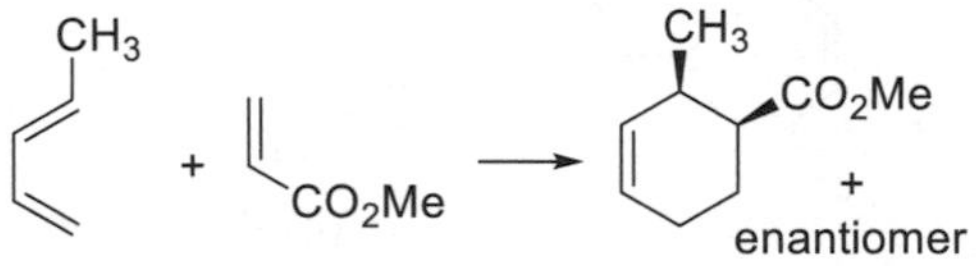

(C) CH_3 + CO_2Me ⟶ CH_3 CO_2Me + enantiomer

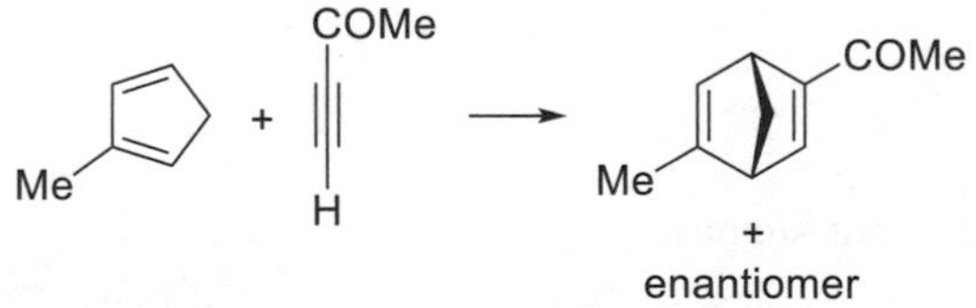

(D) Me + COMe H ⟶ COMe Me + enantiomer

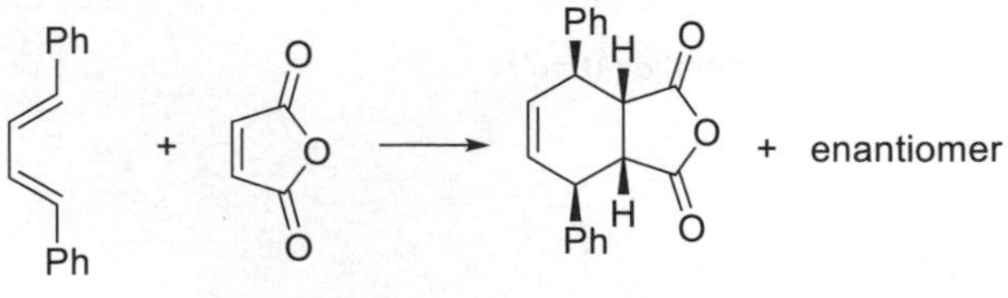

(E) Ph Ph + O O O ⟶ Ph H O O O H Ph + enantiomer

《108 中國醫-46》Ans：E

說明：

Ans: (A)

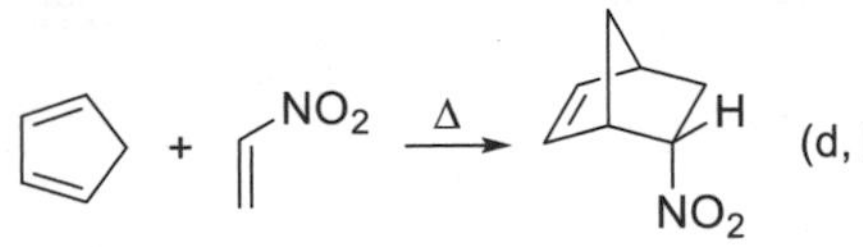

(d, l)

Ans: (B)

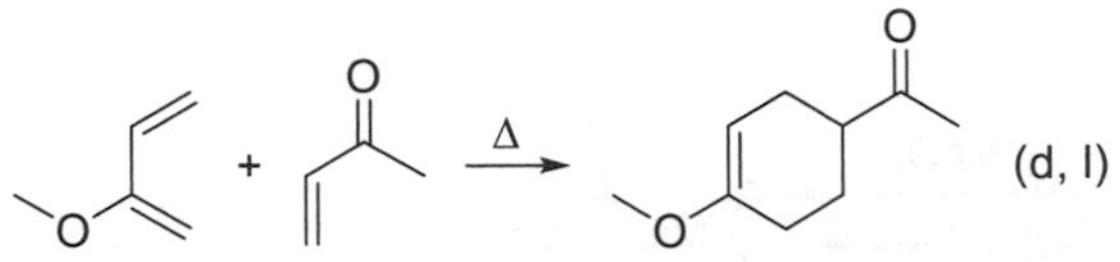

(d, l)

Ans: (C)

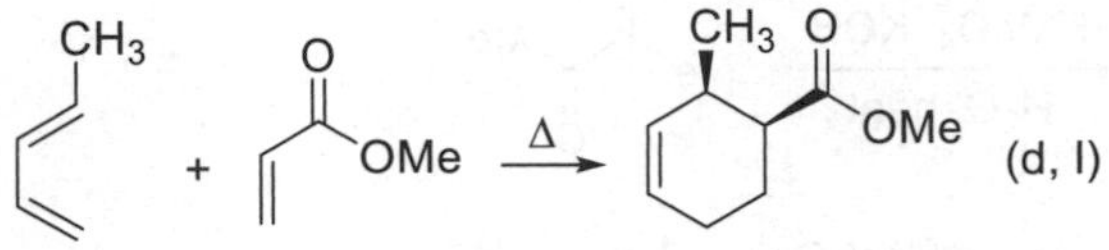

(d, l)

Ans: (D)

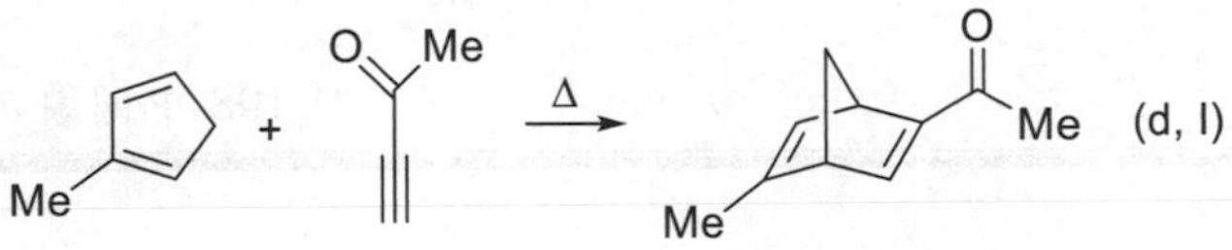

(d, l)

Ans: (E)

(d, l)

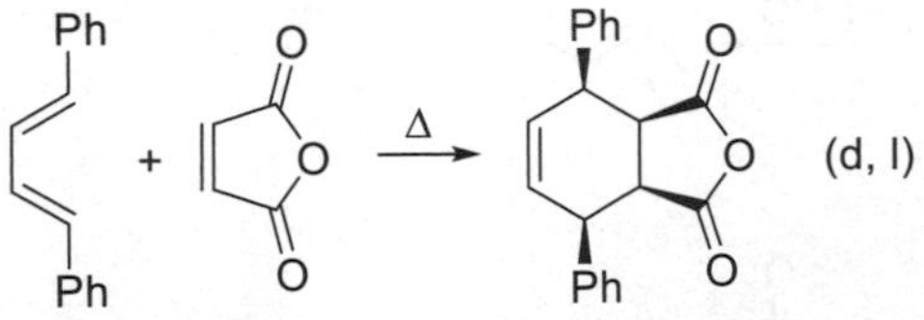

47. 下列胺類化合物鹼度由低至高排列

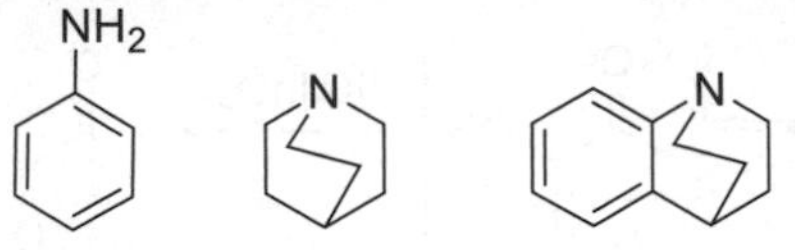

Ⅰ　　Ⅱ　　Ⅲ

(A) Ⅰ < Ⅱ < Ⅲ　　(B) Ⅰ < Ⅲ < Ⅱ　　(C) Ⅲ < Ⅰ < Ⅱ

(D) Ⅱ < Ⅲ < Ⅰ　　(E) Ⅲ < Ⅱ < Ⅰ

《108 中國醫-47》Ans：B

說明：

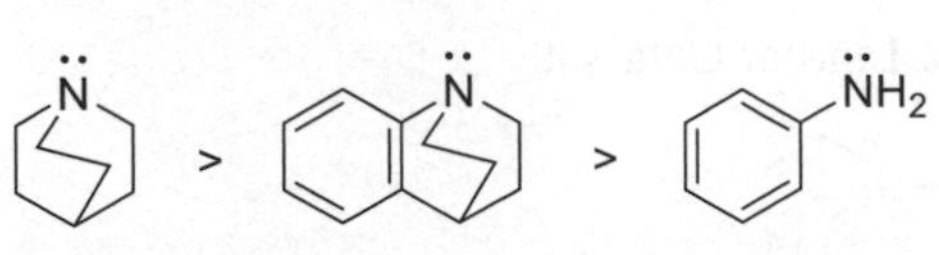

II > III > I

48. 下列關於 2–丁炔的反應何者正確？

(A) Me—≡—Me $\xrightarrow[-78°C]{Na, NH_3(l)}$ (Me)(H)C=C(Me)(H)

(B) Me—≡—Me $\xrightarrow[(2)\ H_2O]{(1)\ O_3}$ 2 MeCOOH

(C) Me—≡—Me $\xrightarrow[H_2O,\ neutral]{KMnO_4}$ 2 MeCOOH

(D) Me—≡—Me $\xrightarrow[H_2O,\ heat]{KMnO_4,\ KOH}$ MeCOCOMe

(E) Me—≡—Me $\xrightarrow[quinoline,\ MeOH]{H_2,\ Pd/BaSO_4}$ (Me)(H)C=C(H)(Me)

《108 中國醫-48》Ans：B

說明：

Ans: (A) Birch reduction

$\xrightarrow{Na,\ NH_3(l),\ -78°C}$

Ans: (B) Ozonolysis

$\xrightarrow[2.\ H_2O]{1.\ O_3}$ 2 OH

Ans: (C) syn-1.2-diol formation via $KMnO_4$

$\xrightarrow[H_2O]{KMnO_4}$ [OH OH ⇌ O OH] $\xrightarrow{KMnO_4}$ O O

Ans: (D) Oxidative cleavage via $KMnO_4$

$\xrightarrow[H_2O,\ heat]{KMnO_4,\ KOH}$ [O O] $\xrightarrow[heat]{[O]}$ 2 OH

Ans: (E) Hydrogenation via Lindlar Catalyst

$\xrightarrow{H_2,\ Pd/BaSO_4}$

49. 下列反應式何者**有誤**？

(A) 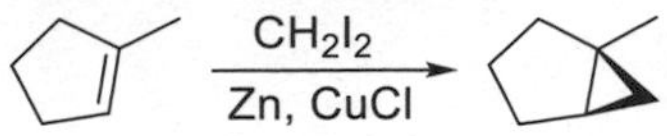 $\xrightarrow[\text{Zn, CuCl}]{CH_2I_2}$

(B) 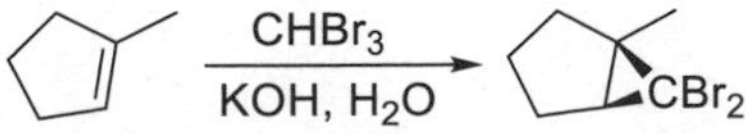 $\xrightarrow[\text{KOH, } H_2O]{CHBr_3}$ CBr$_2$

(C) 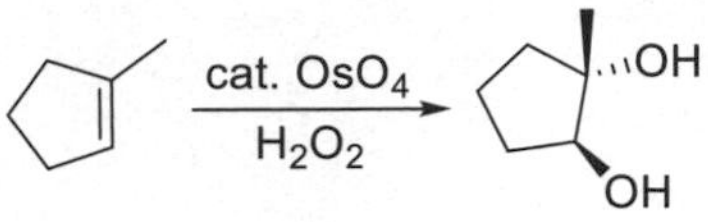 $\xrightarrow[H_2O_2]{\text{cat. } OsO_4}$ OH, OH

(D) 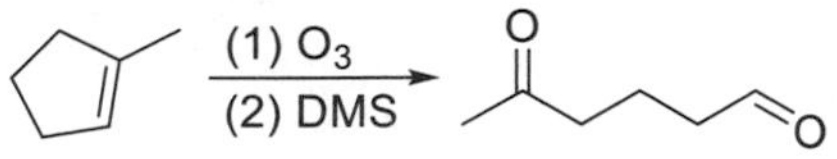 $\xrightarrow[\text{(2) DMS}]{\text{(1) } O_3}$ O, O

(E) 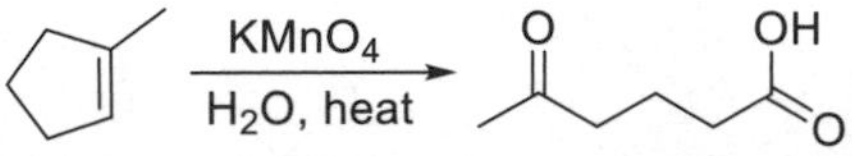 $\xrightarrow[H_2O\text{, heat}]{KMnO_4}$ O, OH, O

《108 中國醫-49》Ans：C

說明：

Ans: (A) Simmon - Smith reagent

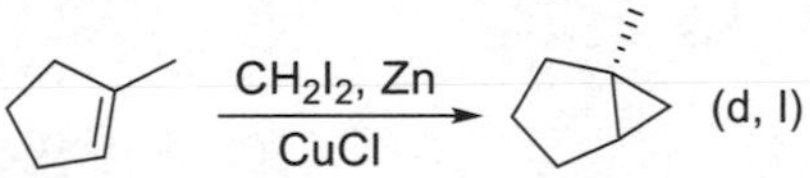

$\xrightarrow[\text{CuCl}]{CH_2I_2\text{, Zn}}$ (d, l)

Ans: (B) a stabilized Carbene –Addition

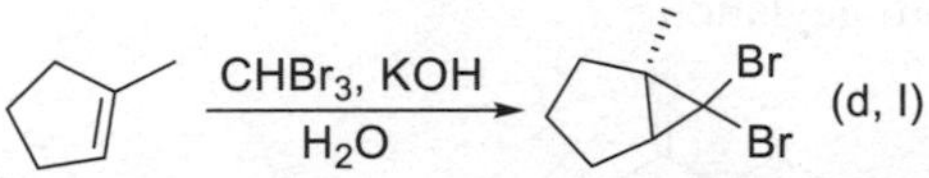

$\xrightarrow[H_2O]{CHBr_3\text{, KOH}}$ Br, Br (d, l)

Ans: (C) Syn – 1.2 – diol formation via OsO_4

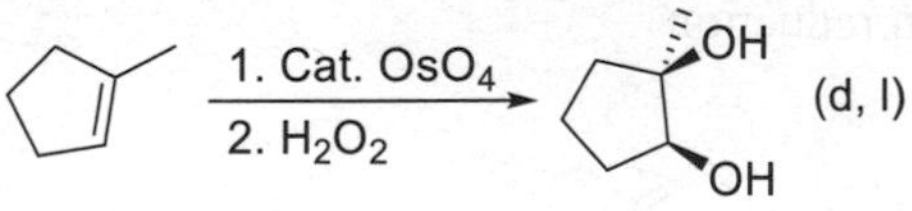

$\xrightarrow[\text{2. } H_2O_2]{\text{1. Cat. } OsO_4}$ OH, OH (d, l)

Ans: (D) Ozonolysis via mild reducing agent

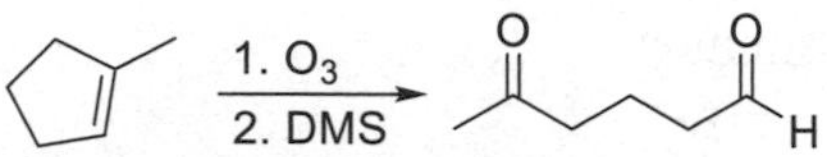

$\xrightarrow[\text{2. DMS}]{\text{1. } O_3}$ O, O, H

Ans: (E) Oxidative degradation

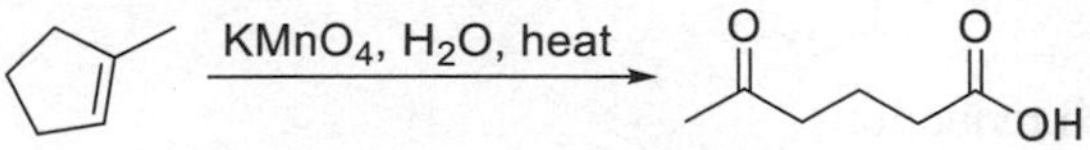

$\xrightarrow{KMnO_4\text{, } H_2O\text{, heat}}$ O, O, OH

50. 下列反應式何者**有誤**？

(A) benzene —(CH_3COCl / $FeCl_3$)→ acetophenone

(B) acetophenone —(Zn (Hg) / HCl)→ ethylbenzene

(C) ethylbenzene —(Br_2 / hν)→ 4-bromoethylbenzene (Br)

(D) ethylbenzene —(Na / $NH_3(l)$ / CH_3OH)→ 1-ethyl-1,4-cyclohexadiene

(E) ethylbenzene —(hot conc. $KMnO_4$ / H_2O)→ benzoic acid (CO_2H)

《108 中國醫-50》Ans：C

說明：

Ans: (A) Friedel- Craft acylation

benzene —(CH_3COCl, $FeCl_3$)→ acetophenone

Ans: (B) Clemmenson reduction

acetophenone —(Zn (Hg), HCl)→ ethylbenzene

Ans: (C) Free radical Substitution

ethylbenzene —(Br_2, hν)→ (1-bromoethyl)benzene (Br)

Ans: (D) Birch reduction

ethylbenzene —(Na, NH_3(l), CH_3OH)→ 1-ethyl-1,4-cyclohexadiene

Ans: (E)　　Oxidation

Conc. $KMnO_4$, H_2O / hot

O

OH

慈濟大學108學年度學士後中醫化學試題暨詳解

化學試題　　　　**有機：林智老師解析**

01. 在 25 ℃時，下列各半反應的標準還原電位如下：

$Fe^{2+}{}_{(aq)} + 2e^{-} \rightarrow Fe_{(s)}$　　E°＝−0.44 V

$Fe^{3+}{}_{(aq)} + e^{-} \rightarrow Fe^{2+}{}_{(aq)}$　　E°＝0.76 V

$Cu^{2+}{}_{(aq)} + 2e^{-} \rightarrow Cu_{(s)}$　　E°＝0.34 V

則下列反應在 25 ℃時的標準電壓(E^{0}_{rxn})是多少？

$3\ Cu^{2+}(aq) + 2\ Fe(s) \rightarrow 3\ Cu(s) + 2\ Fe^{3+}(aq)$

(A) 0.02 V　(B) 0.38 V　(C) 0.45 V　(D) 0.64 V

《108 慈濟-01》Ans：B

02. 某化合物在 27.0 ℃呈液態，蒸氣壓為 76.0 mmHg，在 1.00 大氣壓下，該化合物的沸點為 127 ℃。則在 1.00 大氣壓下該化合物的莫耳汽化熱(ΔH_{vap})是多少？ (ln 10＝2.30；假設汽化熱與溫度無關)

(A) 226 J/mol　(B) 22.9 kJ/mol　(C) 226 kJ/mol　(D) 2.3×10^{3} kJ/mol

《108 慈濟-02》Ans：B

03. 於 27 ℃環境中，一個休息狀態的成人，對環境釋放出的熱能速率大約 100W，請估計此人一整天(24 小時)造成環境的熵(entropy)值變化為多少 $kJ\cdot K^{-1}$？

(A) -3.20　(B) -2.92×10^{3}　(C) 121　(D) 28.8

《108 慈濟-03》Ans：D

04. 已知下列反應在 25 ℃時的平衡常數：

$AgBr_{(s)} \rightleftarrows Ag^{+}{}_{(aq)} + Br^{-}{}_{(aq)}$　　$K_{sp} = 5.0\times10^{-13}$

$Ag^{+}{}_{(aq)} + 2NH_{3(aq)} \rightleftarrows Ag(NH_3)_2{}^{+}{}_{(aq)}$　　$K_f = 1.8\times10^{7}$

於 25 ℃時，AgBr 在 1.0 M NH_3 水溶液中的溶解度約是多少？

(A) 7.1×10^{-7} M　(B) 1.0×10^{-3} M　(C) 3.0×10^{-3} M　(D) 7.1×10^{-3} M

《108 慈濟-04》Ans：C

05. 有一樣品是苯甲酸(benzoic acid)和 4-羥基苯甲醛(4-hydroxybenzaldehyde)的混合物，下列哪一組溶劑最適合於該混合物的萃取分離(liquid-liquid extraction)？

苯甲酸　　4-羥基苯甲醛

(A) 乙醚和水　　(B) 乙醚和 1.0 M NaOH 水溶液

(C) 乙醚和 1.0 M $NaHCO_3$ 水溶液　　(D) 乙醚和 1.0 M HCl 水溶液

《108 慈濟-05》Ans：C

說明：

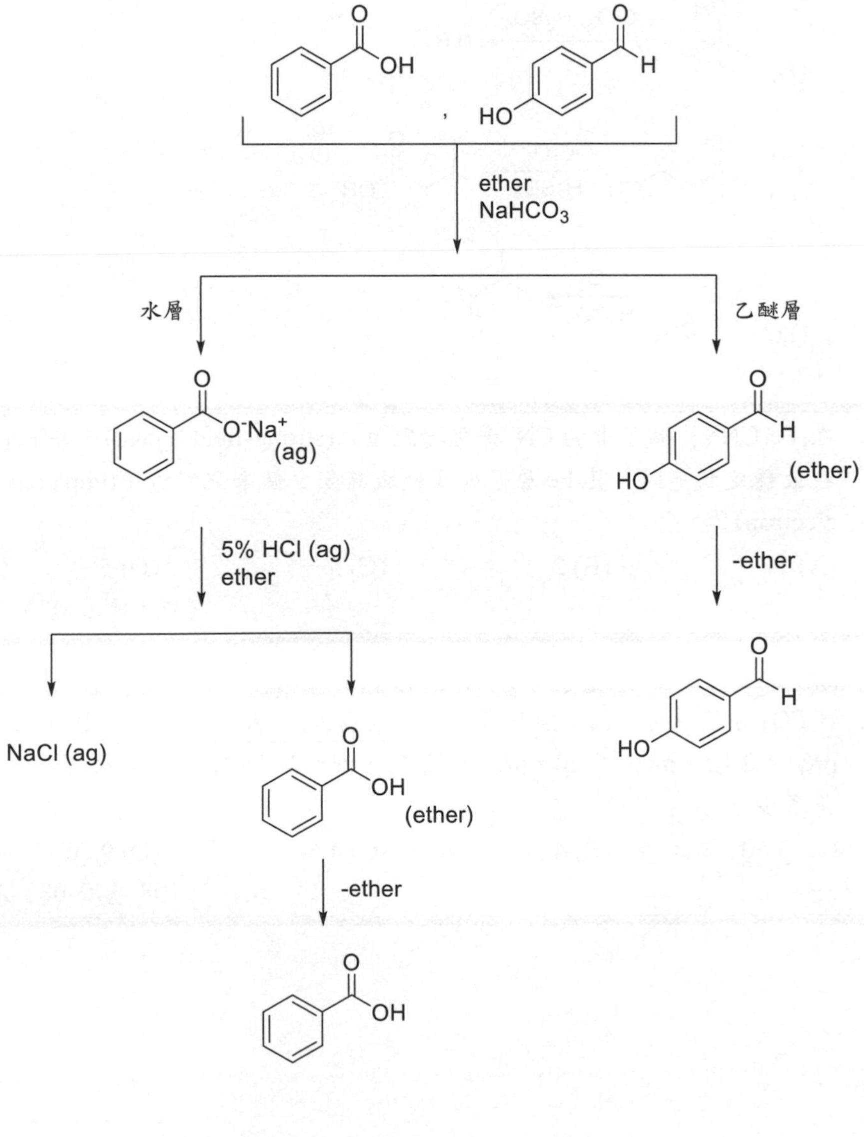

ether, $NaHCO_3$

水層　　乙醚層

O^-Na^+ (ag)　　(ether)

5% HCl (ag), ether　　-ether

NaCl (ag)　　OH (ether)

-ether

06. 下列那一種醇類化合物最不易被 CrO_3 氧化？

(A) 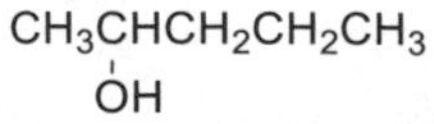 $CH_3CH(OH)CH_2CH_2CH_3$

(B) 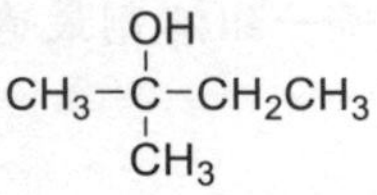 $CH_3-C(OH)(CH_3)-CH_2CH_3$

(C) $CH_3CH(CH_3)CH_2CH_2OH$

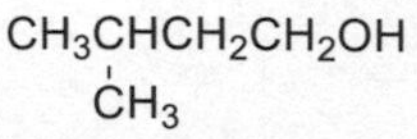

(D) 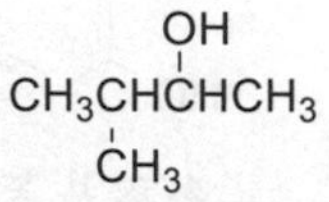 $CH_3CH(CH_3)CH(OH)CH_3$

《108 慈濟-06》Ans：B

說明：

(A) 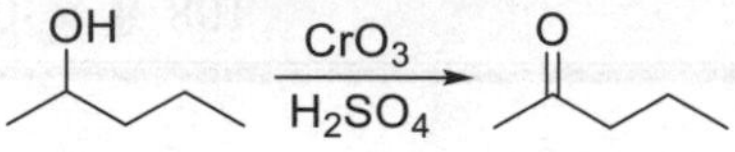 2-戊醇 $\xrightarrow[H_2SO_4]{CrO_3}$ 2-戊酮

(B) 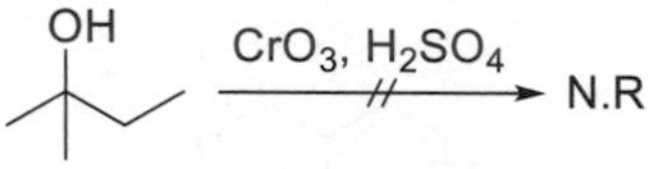 2-甲基-2-丁醇 $\xrightarrow{CrO_3,\ H_2SO_4}$ N.R（不反應）

(C) 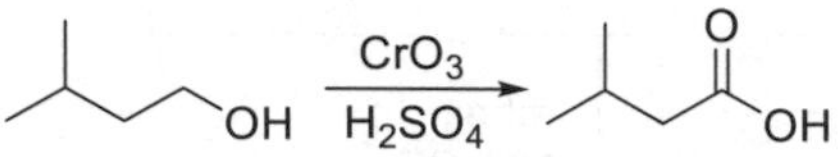 3-甲基-1-丁醇 $\xrightarrow[H_2SO_4]{CrO_3}$ 3-甲基丁酸

(D) 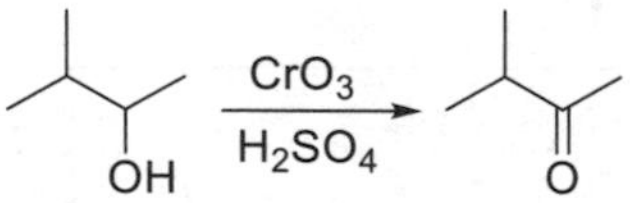 3-甲基-2-丁醇 $\xrightarrow[H_2SO_4]{CrO_3}$ 3-甲基-2-丁酮

07. 在$[Fe(CN)_6]^{3-}$離子中的 CN^-是強場配位基(strong-field ligand)，若$[Fe(CN)_6]^{3-}$在最穩定狀態時，其 Fe 原子的 d 軌域有多少個未配對電子(unpaired electron)？

(A) 1　(B) 2　(C) 3　(D) 5

《108 慈濟-07》Ans：A

08. H_3PO_4 分子具有三個酸解離常數，分別為 K_{a1}、K_{a2}、K_{a3}，在 25.0 ℃時，其 $pK_{a1} = 2.12$、$pK_{a2} = 7.20$、$pK_{a3} = 12.32$，則 0.10 M NaH_2PO_4 水溶液的 pH 值是多少？

(A) 3.60　(B) 4.10　(C) 4.66　(D) 9.76

《108 慈濟-08》Ans：C

09. 氣態的環丙烷可進行異構化反應(isomerization)產生丙烯：

$$\text{cyclo-}(CH_2CH_2CH_2) \longrightarrow CH_3-CH=CH_2$$

在 520°C時，該反應的速率常數(rate constant)為 $6.93\times10^{-4}\ s^{-1}$。在 520 °C下，環丙烷最初的壓力為 0.100 大氣壓，當壓力減少至 0.025 大氣壓，則需多少反應時間？ (ln 2 = 0.693)

(A) 69 s　(B) 1.0×10^3 s　(C) 2.0×10^3 s　(D) 4.3×10^4 s

《108 慈濟-09》Ans：C

10. 下列哪一個錯合離子(complex ion)能吸收光線的波長最長？

(A) $[Co(H_2O)_6]^{2+}$　(B) $[Co(NH_3)_6]^{2+}$　(C) $[CoF_6]^{4-}$　(D) $[Co(CN)_6]^{4-}$

《108 慈濟-10》Ans：C

11. NO 與 Br_2 氣體反應可生成 NOBr，反應式為 $2NO_{(g)} + Br_{2(g)} \rightarrow 2NOBr_{(g)}$，其反應機構(reaction mechanism)如下：

(1) $NO_{(g)} + Br_{2(g)} \underset{k_{-1}}{\overset{k_1}{\rightleftarrows}} NOBr_{2(g)}$　fast

(2) $NOBr_{2(g)} + NO_{(g)} \overset{k_2}{\rightarrow} 2\ NOBr_{(g)}$　slow

下列何者為該反應的速率定律式(rate law)？

(A) rate $=\dfrac{k_1k_2}{k_{-1}}[NO][Br_2]$　(B) rate $=k_2[NOBr][NO]$

(C) rate $=\dfrac{k_1+k_2}{k_{-1}}[NO][Br_2]$　(D) rate $=\dfrac{k_1k_2}{k_{-1}}[NO]^2[Br_2]$

《108 慈濟-11》Ans：D

12. 乙醇燃料電池是將化學能轉為電能，電池的放電反應式如下：

$C_2H_5OH_{(l)} + 3O_{2(g)} \rightarrow 2CO_{2(g)} + 3H_2O_{(l)}$　E° = 1.14 V

若燃料電池消耗 1.0 莫耳乙醇，最多約能作多少功？

(A) 2.2×10^3 kJ　(B) 3.3×10^2 kJ　(C) 6.6×10^2 kJ　(D) 1.3×10^3 kJ

《108 慈濟-12》Ans：D

13. 改變水溶液的 pH 值，下列何者在水中的溶解度變化最大？
(A) MnS (B) $FeCl_3$ (C) $NaClO_4$ (D) NaI
《108 慈濟-13》Ans：A

14. 凡得瓦方程式(van der Waals equation)可表示為 $(P+a\frac{n^2}{V^2})(V-nb)=nRT$ 用於描述真實氣體的性質，式中的 n、P、V、T 分別代表氣體的莫耳數、壓力、體積、溫度，而不同氣體具有不同特定的 a 和 b 值，下列何種氣體的 a 值最大？
(A) H_2 (B) O_2 (C) H_2O (D) CO_2
《108 慈濟-14》Ans：C

15. 根據分子軌域理論判斷，下列何者最不穩定？
(A) H_2 (B) H_2^+ (C) H_2^- (D) H_2^{2-}
《108 慈濟-15》Ans：D

說明：

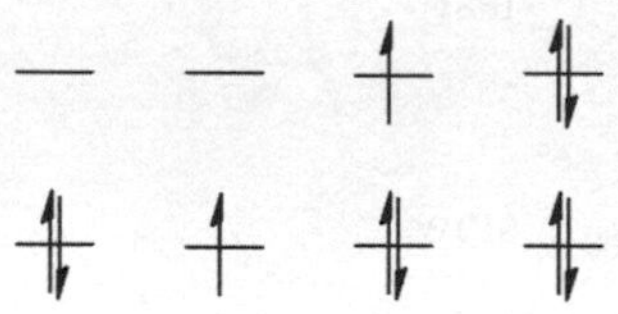

物種	H_2	H_2^+	H_2^-	H_2^{2-}
價電子數	2	1	3	4
鍵序	1	0.5	0.5	0

$\therefore H_2^{2-}$ 鍵序為 0，表示不具鍵結存在

16. CH_3NC 分子可進行異構化反應(isomerization)：
$CH_3NC_{(g)} \rightarrow CH_3CN_{(g)}$
在 420 K 時，其反應速率常數為 $2.00\times10^{-6}\ s^{-1}$，溫度增加至 450 K 時，反應速率常數為 $2.00\times10^{-5}\ s^{-1}$，該反應的活化能是多少 kJ/mol? (ln 10 = 2.3)
(A) 11.2 (B) 45 (C) 120 (D) 160
《108 慈濟-16》Ans：C

17. 有一固態的晶體化合物，含有 A、B 兩種金屬原子和氧原子，其晶格中原子排列結構如右圖，下列何者是此化合物的化學式？

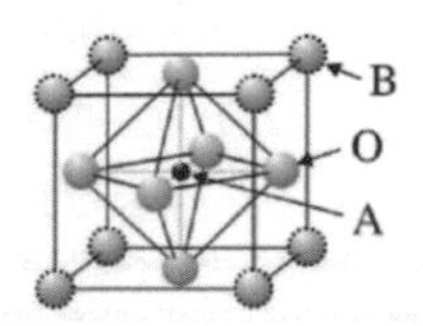

(A) ABO_2　　(B) ABO_3　　(C) AB_2O_3　　(D) AB_8O_6

《108 慈濟-17》Ans：B

18. 有一鹽類化合物的化學式為 M_xN_y 在水中解離出 M^{Y+}，N^{X-}，25 ℃時，在水中的溶解度為 1.0×10^{-2} mol/L，其飽和水溶液的滲透壓為 0.978 大氣壓，則化學式 M_xN_y 中 x 和 y 的值最有可能是多少？

(A) x = 1, y = 1　　(B) x = 1, y = 2　　(C) x = 1, y = 3　　(D) x = 2, y = 3

《108 慈濟-18》Ans：C

19. 將硝酸銨(NH_4NO_3)固體置入 500 ℃的真空密閉容器內，進行下列分解反應：

$NH_4NO_{3(s)} \leftrightarrows N_2O_{(g)} + 2H_2O_{(g)}$

當反應達平衡時，容器內壓力為 2280 mmHg，仍有剩餘未分解的硝酸銨固體，則該反應的壓力平衡常數(K_p)是多少？

(A) 2.0　　(B) 4.0　　(C) 1.16×10^6　　(D) 2.31×10^6

《108 慈濟-19》Ans：B

20. 在葡萄糖($C_6H_{12}O_6$)的環狀結構分子中，有幾個碳原子具非對稱中心(chiral centers)性質？

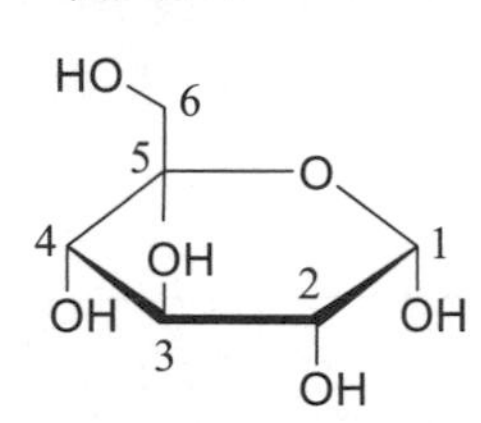

(A) 2　　(B) 3　　(C) 4　　(D) 5

《108 慈濟-20》Ans：D

說明：

⟹ 5 chiral centers

21. 取 25.0 毫升未知濃度的 HF 水溶液，加入 25.0 毫升的 0.20 M NaOH 水溶液，充分混合反應後，溶液的 pH 值為 3.00，則原來 HF 水溶液的濃度約是多少？(HF 的 $Ka = 7.1\times10^{-4}$)

(A) 0.12 M (B) 0.24 M (C) 0.36 M (D) 0.48 M

《108 慈濟-21》Ans：D

22. 在測溶液的導電裝置中，裝有硫酸銅的溶液，通電時燈泡會發亮；若慢慢加入某物質則燈泡會變暗直至幾乎熄滅，若再繼續加入該物質則燈泡又會轉而繼續發亮，則所加入之物質最可能為下列何者？

(A) KNO_3 (B) Na_2CO_3 (C) $Ba(OH)_2$ (D) $CaCl_2$

《108 慈濟-22》Ans：C

23. 依據晶格場論(crystal field theory)，線性錯合物(linear complex，配位基處於 Z 軸)的五個 d 軌域，下列何組的兩個 d 軌域能量相同？

(A) $d_{x^2-y^2}$ 和 d_{z^2} (B) d_{xy} 和 d_{xz} (C) d_{xy} 和 $d_{x^2-y^2}$ (D) d_{xy} 和 d_{yz}

《108 慈濟-23》Ans：C

24. 若一 aldohexose 的 carbonyl group 基團上的碳當成是碳 1 (carbon number 1)，那麼此糖分子哪一個碳上的 hydroxy group 之立體方位是決定此糖為 D-或是 L-立體異構物(stereoisomer)？

(A) 碳 2 (B) 碳 3 (C) 碳 4 (D) 碳 5

《108 慈濟-24》Ans：D

說明：

1. Aldohexose 為六碳醛醣 Ex. D-glucose
2. example:

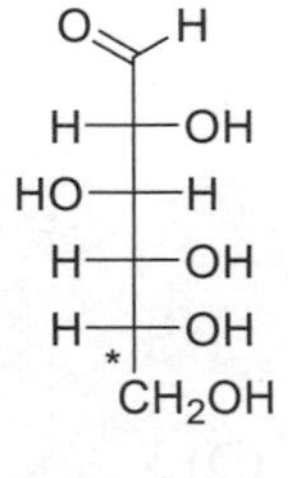

O=CH
H—C—OH
HO—C—H
H—C—OH
H—C*—OH
CH_2OH

C_5 ⇒ R-form ⇒ D-form

3. 同理:

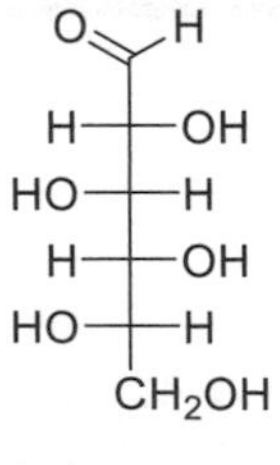

O=CH
H—C—OH
HO—C—H
H—C—OH
HO—C—H
CH_2OH

C_5 ⇒ S-form ⇒ L-form

25. 依照 spectrochemical series，H_2O (weak ligand) < CN^- (strong ligand)。已知，$[M(H_2O)_6]^{2+}$是高自旋錯化合物(high-spin complex)；$[M(CN)_6]^{4-}$是低自旋錯化合物(low-spin complex)。則 M 最可能是下列何者？
(A) Ti^{2+} (B) Fe^{2+} (C) Ni^{2+} (D) Cu^{2+}
《108 慈濟-25》Ans：B

26. 理想氣體在進行等溫壓縮的過程，下列何者會維持不變？
(A) 功(work) (B) 熱(heat)
(C) 熵(entropy) (D) 內能(internal energy)
《108 慈濟-26》Ans：D

27. 下列何種化合物上的 4 個氫原子不是共平面？
(A) C_2H_4 (乙烯) (B) $CH_2=C=CH_2$ (丙二烯)
(C) C_4H_4 (環丁二烯) (D) $C_6H_4Cl_2$ (對二氯苯)
《108 慈濟-27》Ans：B

說明：

(A)

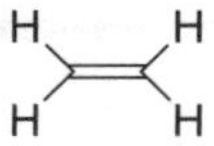

C_{sp^2}-C_{sp^2} 共平面結構

(B)

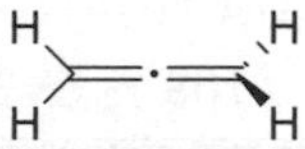

C_{sp^2}-C_{sp}-C_{sp^2} 交錯鍵結

(C)

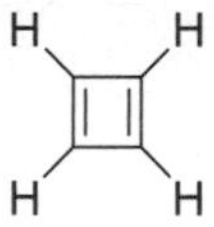

C_{sp^2}-C_{sp^2} 共平面結構

(D)

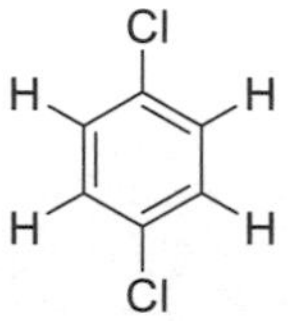

C_{sp^2}-C_{sp^2} 共平面結構

28. 下列何者的熔點(melting point)最高？

(A) toluene (B) *p*-dichlorobenzene

(C) *o*-dichlorobenzene (D) *m*-dichlorobenzene

《108 慈濟-28》Ans：B

說明：

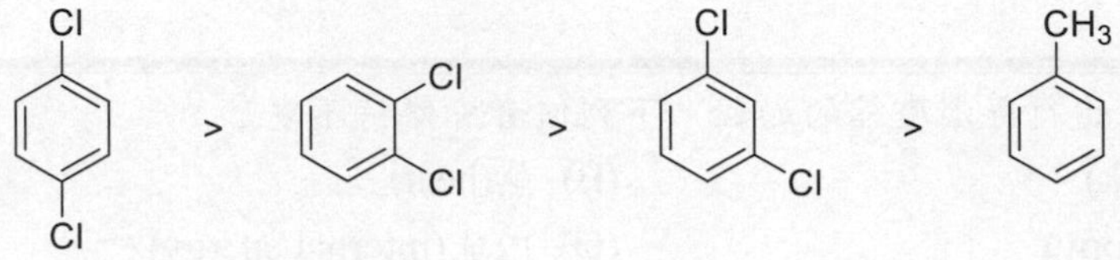

p-dichlorobenzene > o-dichlorobenzene > m-dichlorobenzene > toluene

29. 丙酸甲酯(methyl propanoate)的 ^{13}C-NMR 光譜有幾個碳共振線(carbon resonance line)？

(A) 2 (B) 3 (C) 4 (D) 5

《108 慈濟-29》Ans：C

說明：

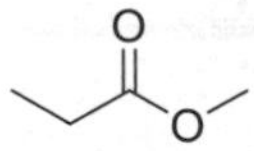

methyl propanoate: 4 signals (carbon resonance line)

30. 下列何化物的 ^{1}H-NMR 光譜只有 2 個 singlet 信號？

(A) $CH_3OCH_2CH_2OCH_2CH_3$ (B) $CH_3OCH_2CH_2CH_2OCH_3$

(C) $CH_3OC(CH_3)_2OCH_3$ (D) $CH_3CH_2OCH_2CH_3$

《108 慈濟-30》Ans：C

說明：

(A)

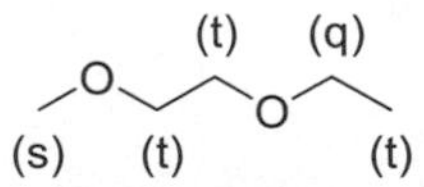

(s) (t) (t) (q) (t)

s: singlet
t : triplet
q: quartet

(B)

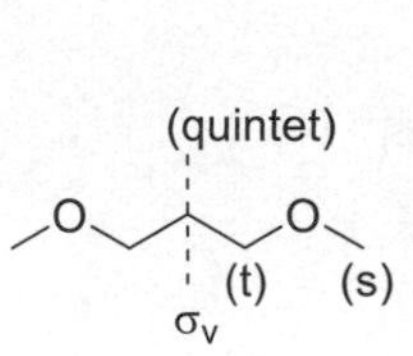

(quintet) (t) (s) σ_v

s: singlet
t: triplet
(quintet)

(C)

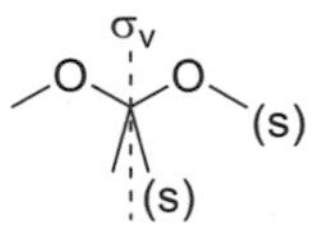

σ_v (s) (s)

s: singlet

(D)

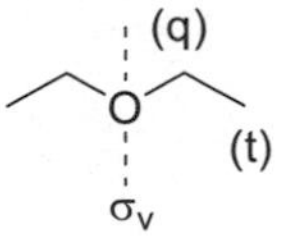

(q)

O

(t)

σ_v

t : triplet
q: quartet

31. 下列何者的 C=O 之 IR 光譜頻率最大？
    (A) 環丙酮 (cyclopropanone)　　(B) 環丁酮 (cyclobutanone)
    (C) 環戊酮 (cyclopentanone)　　(D) 環己酮 (cyclohexnone)

《108 慈濟-31》Ans：A

說明：

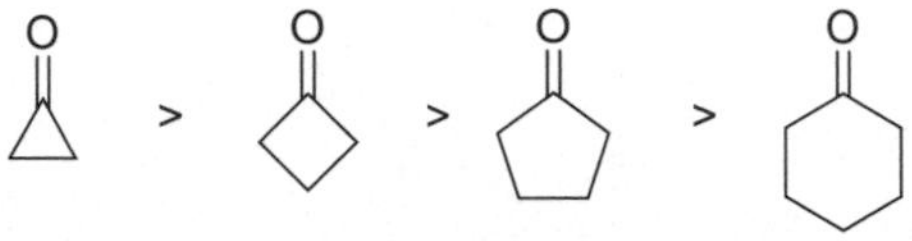

O　>　O　>　O　>　O

32. 下列何者是合成 tert-butyl methyl ether 的最佳方法？
    (A) $CH_3ONa + (CH_3)_3CBr \rightarrow$　　(B) $(CH_3)_3CONa + CH_3I \rightarrow$
    (C) $(CH_3)_3CONa + CH_3OCH_3 \rightarrow$　　(D) $CH_3ONa + (CH_3)_3COH \rightarrow$

《108 慈濟-32》Ans：B

說明：

1. Williamson ether synthesis
2. Ans: (A) E2 reaction

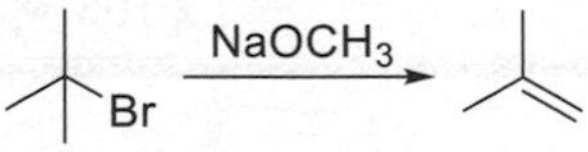

Br　NaOCH$_3$

Ans: (B) SN2A1 reaction

CH_3–I　O$^-$Na$^+$　O

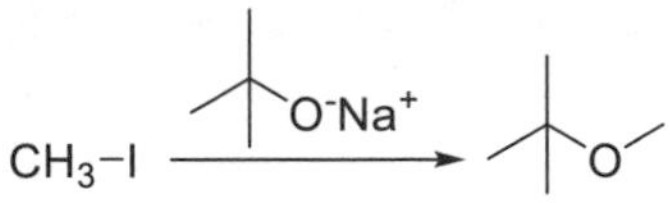

Ans: (C) “N.R”

Ans: (D) “N.R”

33. 對於 2-methylpentane，各有幾個正峰和有幾個負峰會出現在 DEPT-90 和 DEPT-135 光譜上？

(A) DEPT-90: 1 負，DEPT-135: 2 正 1 負

(B) DEPT-90: 1 正，DEPT-135: 2 正 2 負

(C) DEPT-90: 1 正，DEPT-135: 4 正 2 負

(D) DEPT-90: 2 正，DEPT-135: 1 正 2 負

《108 慈濟-33》Ans：C

說明：

Ans: (C) DEPT-90：1 正，DEPT-135: 4 正 2 負

2-methylpentane

$(CH_3)_2$ CH—CH_2—CH_3

1°-C　3°-C　2°-C　1°-C

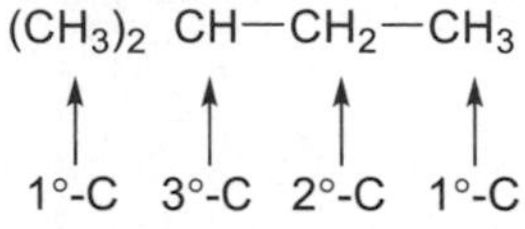

34. 下面分子要進行溴化反應(bromination)時，下列何種反應方法最為適當？

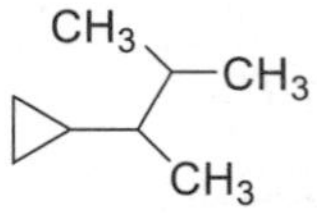

CH_3　CH_3　CH_3

(A) 加入含溴的有機過氧化物

(B) 加入 $NaBr_{(s)}$並將其加熱溶解

(C) 添加 $HBr_{(aq)}$

(D) 導入 $Br_{2(g)}$並照射適當波長之紫外光

《108 慈濟-34》Ans：D

說明：

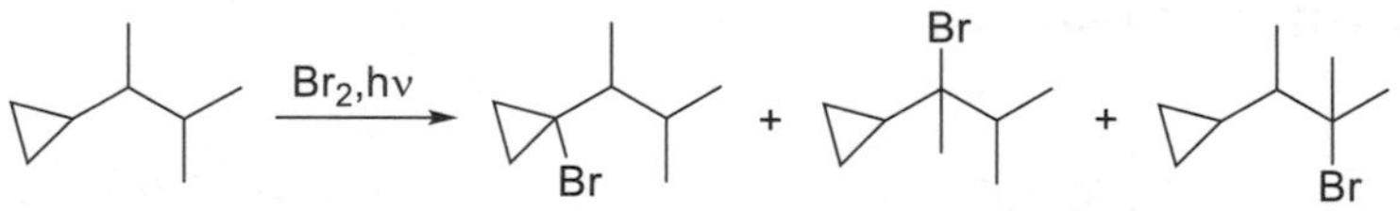

Br_2,hν　Br　Br　Br

35. 下列哪一種反應方法，最適合把烯類分子還原成烷類分子？

(A) 加入 $LiAlH_4$　(B) 加入 $NaBH_4$

(C) 加入 $H_{2(g)}$與 Pd 觸媒　(D) 加入高濃度 $H_2SO_{4(aq)}$

《108 慈濟-35》Ans：C

說明：

$H_2C{=}CH_2 + H_2/Pd \rightarrow CH_3{-}CH_3$

(A), (B)皆為 H^-型試劑無法與 C=C 反應

(D) $C{=}C + H_3O^+ \rightarrow$ C-C-OH 形成醇

36. 假設原子序 119 的新元素 Q 為一穩定元素，若根據化學元素的週期性，預測 Q 的性質。下列敘述，哪一項較可能？
（提示：鋇與鐳的原子序分別為 56 與 88，鋇、鐳與鈹同族）
(A) Q 為非金屬元素 (B) Q 與水反應形成 $Q(OH)_3$
(C) Q 與水反應產生氫氣 (D) Q 所形成的碳酸鹽，其化學式為 QCO_3
《108 慈濟-36》Ans：C

37. 在配製成緩衝溶液時，醋酸水溶液中加入半當量之下列何種物種並混合均勻，最不適合配製成理想的緩衝溶液？
(A) NaOH (B) KOH (C) NH_4Cl (D) CH_3COONa
《108 慈濟-37》Ans：C

38. 下列哪些金屬元素在形成化合物時，存在最多的氧化態？
(A) 銫 Cs (B) 錳 Mn (C) 鐳 Ra (D) 鈦 Ti
《108 慈濟-38》Ans：B

39. 下列分子若與 2 當量的鹼進行反應時，試問其產物最可能為何？

$CH_3CH_2CH(Br)CH(Br)CH_3$

(A) 1-pentene (B) 2-pentene (C) 1-pentyne (D) 2-pentyne
《108 慈濟-39》Ans：D

說明：

$CH_3CH_2CH(Br)CH(Br)CH_3 \xrightarrow[NH_3(l)]{2eq.\ NaNH_2} CH_3CH_2C\equiv CCH_3$

40. 試問下列哪一個同位素，最不穩定？
(A) ${}^{20}_{10}Ne$ (B) ${}^{72}_{37}Rb$ (C) ${}^{16}_{8}O$ (D) ${}^{11}_{5}B$
《108 慈濟-40》Ans：B

41. 以 0.10M $NaOH_{(aq)}$滴定 $H_3PO_{4(aq)}$之滴定曲線[pH 值(y 軸)與滴定液之體積(x 軸)]之關係圖中，若想找出 $H_2PO_4^-$的 pKa 值，此數值應相當於下列何種情況時所對應的 pH 值？

(A) 當$[H_2PO_4^-]=1/2[H_3PO_4]$　(B) 當$[H_2PO_4^-]=[HPO_4^{2-}]$

(C) 當$[HPO_4^{2-}]=1/2[H_2PO_4^-]$　(D) 當$[H_3PO_4]=[HPO_4^{2-}]$

《108 慈濟-41》Ans：B

42. 環戊醇(cyclopentanol)與硫酸反應，下列何者為最可能的產物？

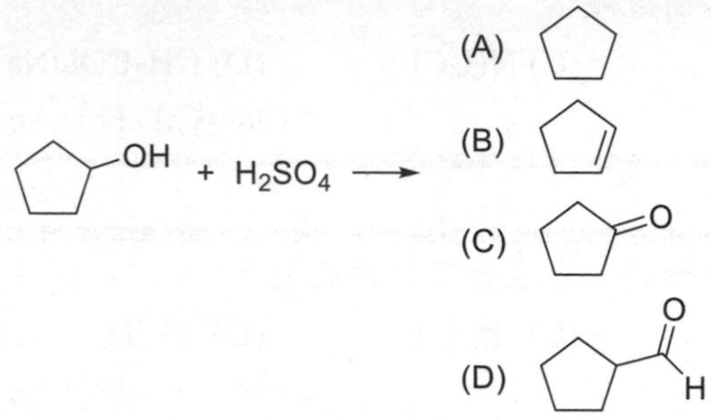

OH + H_2SO_4 ⟶

(A)

(B)

(C) O

(D) O H

《108 慈濟-42》Ans：B

說明：

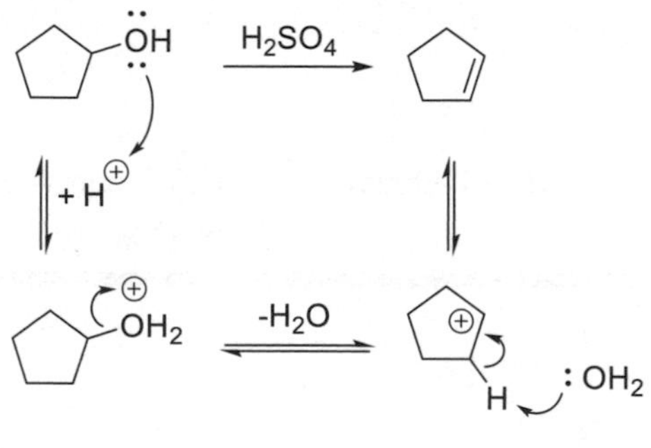

OH　H_2SO_4

$+ H^{\oplus}$

$\oplus OH_2$　$-H_2O$

H　: OH_2

43. 下列反應的主產物為何？

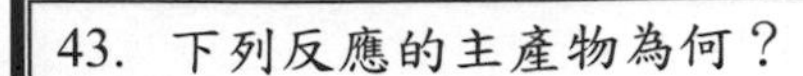

(A) (B) (C) (D)

《108 慈濟-43》Ans：A

說明：

44. 將燃料與空氣混合置於裝有活塞的圓筒中。原始體積為 0.310 L。當混合物被點燃時，產生氣體並釋放 815 J 的能量。如果釋放的所有能量全部轉換為推動活塞的工作能量，氣體在 635 mmHg 的恆定壓力下膨脹到多少體積？

(A) 9.32 L (B) 7.03 L (C) 9.94 L (D) 1.59 L

《108 慈濟-44》Ans：C

45. 下列離子化合物中何者具有最大的晶格能？

(A) BaO (B) MgO (C) KCl (D) NaBr

《108 慈濟-45》Ans：B

46. 某元素之連續游離能(kJ/mol)之大小順序如下: $E_1 = 700$，$E_2 = 2430$，$E_3 = 3660$，$E_4 = 25200$，$E_5 = 32800$，則該原子之價電子組態最可能為：

(A) ns^2np^1 (B) ns^2np^2 (C) ns^2p^3 (D) ns^2np^5

《108 慈濟-46》Ans：A

47. 關於"電負度"之敘述，下列何者正確？

(A) 大致上，同族元素原子序越大，電負度越大

(B) 大致上，同列元素原子序越大，電負度越大

(C) 電負度以 F = 4.0 最大，因其最易失去電子

(D) 電負度較大者金屬性越強，電負度較小者非金屬性越強

《108 慈濟-47》Ans：B

48. 下列哪一個化合物有光學活性(optically active)？

(A) 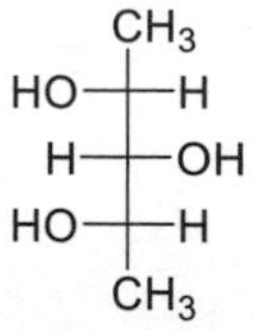 (B) 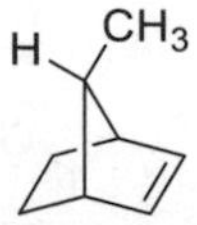 (C) 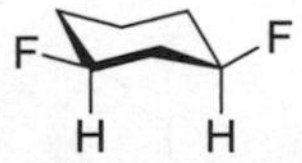 (D)

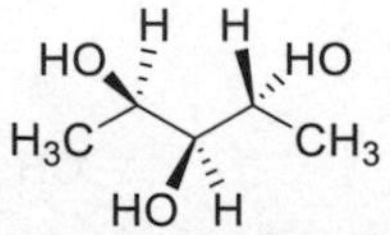

《108 慈濟-48》Ans：D

說明：

Ans: (A)

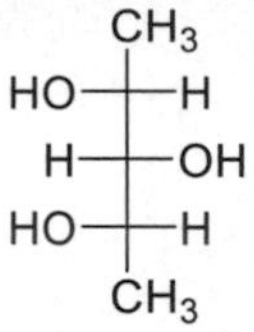

⇒ achiral molecule

Ans: (B)

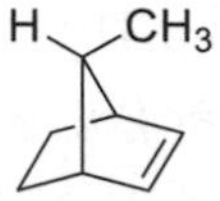

(σ_v) ⇒ meso compound

Ans: (C)

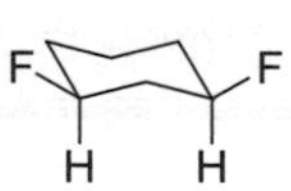

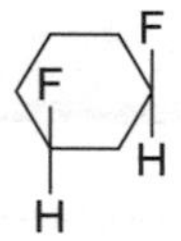

⇒ 組態構形異構物

Ans: (D)

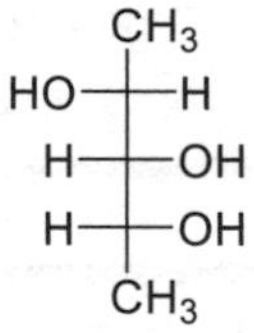

⇒ chiral molecule

49. 下列反應中最佳的有機反應試劑為何？

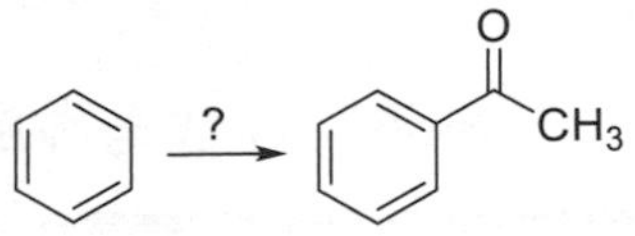

(A) CH_3CH_2Cl / $AlCl_3$　(B) CH_3COOH / NaOH　(C) CH_3COCl / $AlCl_3$　(D) CH_3COH / $AlCl_3$

《108 慈濟-49》Ans：C

說明：

Friedel – Crafts acylation

1. Ans:

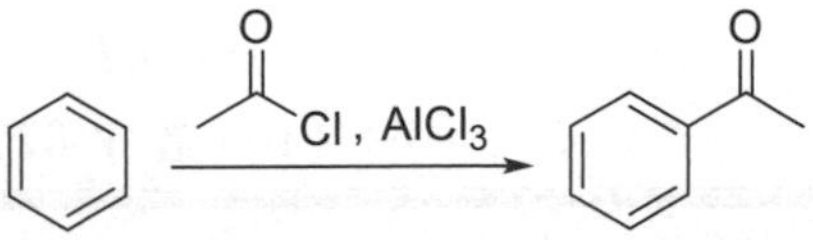

Cl , $AlCl_3$

50. Glutamic acid 的結構為，其 pK_1，pK_2，pK_3 分別為 2.2, 4.3 和 9.7, 由其 pKa 來計算此胺基酸的等電點(isoelectric point)約是？

(A) 2.2　(B) 3.2　(C) 4.3　(D) 7.0

《108 慈濟-50》Ans：B

說明：

$$pH_I = \frac{1}{2}[pK_{a1} + pK_{a2}] = \frac{1}{2}[2.2 + 4.3] = 3.2$$

義守大學 108 學年度學士後中醫化學試題暨詳解

化學試題 **有機：林智老師解析**

01. 胜肽鍵(peptide bond)是屬於下列何種連結？
(A) ether linkages (B) ester linkages (C) amide linkages (D) imido linkages
《108 義守-01》Ans：C

02. 假設 alanine 之兩個酸解離常數分別為 $K_{a1} = 5.0 \times 10^{-3}$ 和 $K_{a2} = 2.0 \times 10^{-10}$，則其等電點(isoelectric point)最接近下列何值？
(A) 2.3 (B) 6.0 (C) 7.0 (D) 9.7
《108 義守-02》Ans：B

說明：

$pK_{a1} = -\log K_{a1} = -\log (5\times10^{-3}) = 2.3$

$pK_{a2} = -\log K_{a2} = -\log (2\times10^{-10}) = 9.7$

$\therefore\ pH_I = \frac{1}{2}(pK_{a1} + pK_{a2}) = \frac{1}{2}(2.3 + 9.7) = 6.0$

03. Wittig reaction 會產生下列何者？
(A) alkene (B) ketoester (C) carboxylic acid (D) alcohol
《108 義守-03》Ans：A

說明：

有機化學第十章醛酮之 Wittig reaction

04. 當 tetrahydrofuran 和過量的 HBr 反應，下列何者為主要產物？
(A) 1,1-dibromobutane (B) 1,2-dibromobutane
(C) 1,3-dibromobutane (D) 1,4-dibromobutane
《108 義守-04》Ans：D

說明：

1. Ans:

THF —(excess HBr)→ Br–CH2CH2CH2CH2–Br

2. mechanism:

THF ⇌(H^+) protonated THF ($O^{\oplus}$–H) ⇌(:Br^-) Br–CH2CH2CH2CH2–OH ⇌(H^+) Br–CH2CH2CH2CH2–$OH_2^{\oplus}$ ⇌(:Br^-) Br–CH2CH2CH2CH2–Br

05. 依據混成(hybridization)的概念，ketene 分子（$CH_2=C=O$）的兩個碳原子（$H_2C=$與 C=O）依序分別屬於何種混成？

(A) sp^2，sp^2 (B) sp^2，sp (C) sp，sp (D) sp^2，sp^3

《108 義守-05》Ans：B

06. 下列何試劑最適合用來將 amide 轉變成 amine？

(A) $LiAlH_4$ (B) $SOCl_2$ (C) $POCl_3$ (D) CuCN

《108 義守-06》Ans：A

說明：

(A)

$$RCONH_2 \xrightarrow[2.\ H_3O^+]{1.\ LiAlH_4} RCH_2NH_2$$

(B)

$$RCONH_2 \xrightarrow{SOCl_2} [R-C(OSOCl)=NH] \xrightarrow[-SO_2]{-HCl} R-C\equiv N$$

(C)

$$RCONH_2 \xrightarrow{POCl_3} [R-C(OPOCl_2)=NH] \longrightarrow R-C\equiv N$$

(D) N.R

07. 下列何化學鍵之伸縮(stretching)振動頻率(vibrational frequency)最大？（D 為氘）

(A) C=C (B) C=O (C) C−H (D) C−D

《108 義守-07》Ans：C

說明：

1. stretching vibration frequency
2. isotope effect
3. Ans:

[C−H > C−D] > C=O > C=C

υ_{max} 4000~3000 cm^{-1} 1715 cm^{-1} 1650 cm^{-1}

08. 下列何者的 ^{1}H-NMR 光譜會出現“1 個 singlet，1 個 triplet 和 1 個 quartet” ？

(A) 2-chloro-2-methylpentane　　(B) 2-chloro-3-methylpentane

(C) 3-chloro-2-methylpentane　　(D) 3-chloro-3-methylpentane

《108 義守-08》Ans：D

說明：

1. signals → 確認 Ans: (D)

(A)	(B)	(C)	(D)
Cl	Cl	Cl	Cl
(4)	(6)	(5)	(3)

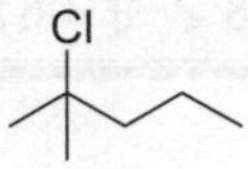

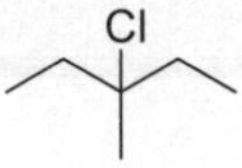

2. spin-spin pattern → 確認 Ans: (D)

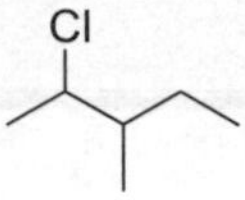

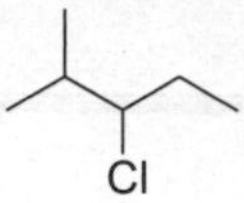

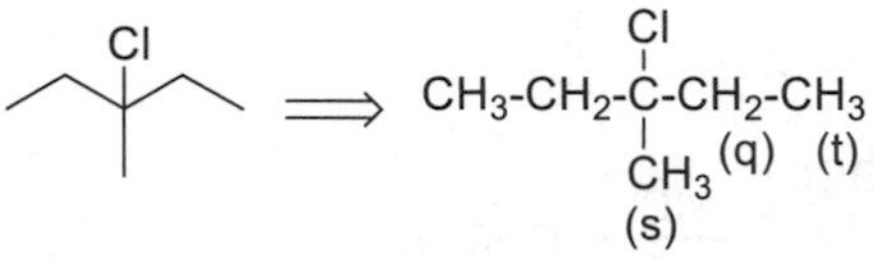

Cl ⟹ CH_3-CH_2-C(Cl)(CH_3)-CH_2-CH_3

CH_3 (s)　CH_2 (q)　CH_3 (t)

09. 下列何二者有相同的幾何形狀(geometry)？

I. CO_2　　II. NO_2^+　　III. NO_2^-　　IV. SO_2

(A) I 和 II　　(B) I 和 III　　(C) I 和 IV　　(D) II 和 IV

《108 義守-09》Ans：A

說明：

1. Lewis structure

2. Ans:

化學式	CO_2	NO_2^+	NO_3^-	SO_2
結構式	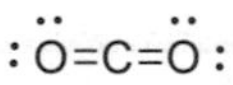 :Ö=C=Ö:	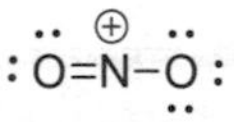 :Ö=N⁺–Ö:	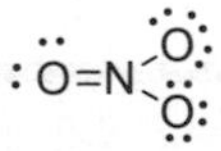 :Ö=N(–Ö:)–Ö:	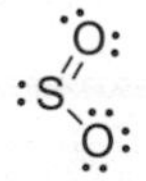 :S(=Ö:)–Ö:
混成軌域	sp^2	sp	sp^2	sp^2
分子形狀	直線形	直線形	平面三角形	角形

10. 2-methylpentane 和 Cl_2 進行照光反應，會得到幾種單氯取代產物(monochloro substituted product)，$C_6H_{13}Cl$？

(A) 3 (B) 4 (C) 5 (D) 6

《108 義守-10》Ans：C

說明：

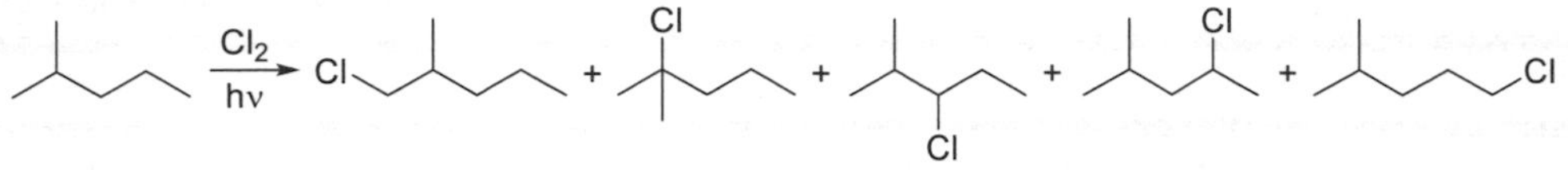

2-methylpentane $\xrightarrow[h\nu]{Cl_2}$ 1-chloro-2-methylpentane + 2-chloro-2-methylpentane + 3-chloro-2-methylpentane + 4-chloro-2-methylpentane + 5-chloro-2-methylpentane

11. 下列何化合物可用來進行 malonic ester synthesis 得到 octanoic acid？

(A) 1-bromopentane (B) 1-bromohexane

(C) 1-bromooctane (D) 1-bromodecane

《108 義守-11》Ans：B

說明：

1. Retro-Synthesis → Disconnection

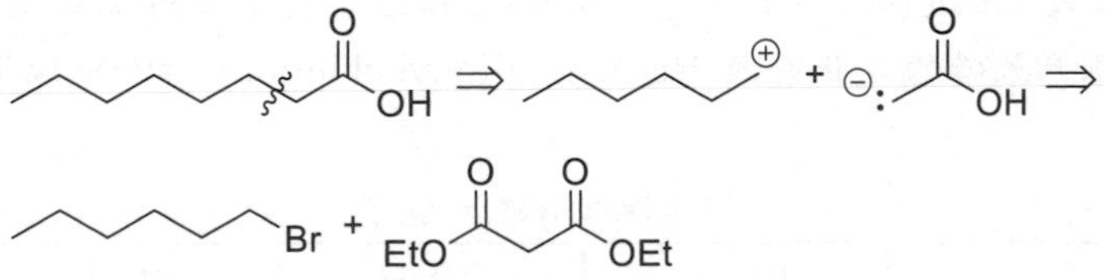

octanoic acid ⇒ hexyl cation (⊕) + ⊖:CH_2COOH ⇒ 1-bromohexane (Br) + EtO(C=O)CH_2(C=O)OEt

2. Synthesis

EtO(C=O)CH_2(C=O)OEt $\xrightarrow[\text{2. 1-bromohexane (Br)}]{\text{1. NaOEt ; EtOH}}$ EtO(C=O)CH(hexyl)(C=O)OEt $\xrightarrow[\Delta]{H_3O^+}$ octanoic acid (OH)

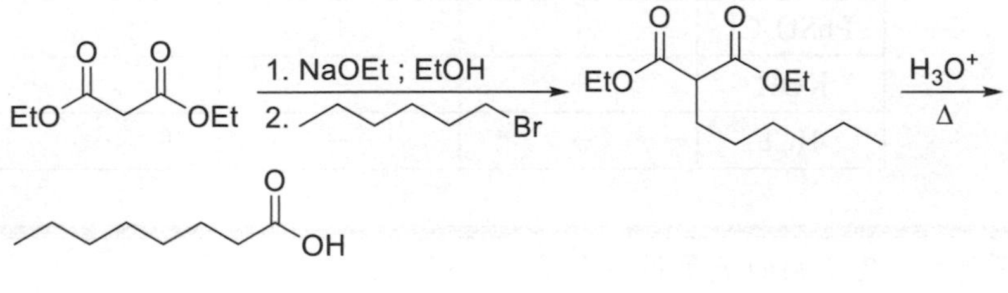

12. 下列合成塑膠中，何者抗腐蝕性最佳？

(A) 高密度聚乙烯 (B) 聚苯乙烯 (C) 聚氯乙烯 (D) 聚四氟乙烯

《108 義守-12》Ans：D

13. 下列何種儀器對判斷分子共軛(conjugation)性質的效果最好？

(A) 紅外光譜儀(Infrared spectrometer)

(B) 質譜儀(Mass spectrometer)

(C) 紫外-可見光光譜儀(Ultraviolet-visible spectrometer)

(D) 核磁共振光譜儀(Nuclear magnetic resonance spectrometer)

《108 義守-13》Ans：C

14. Hinsberg test 使用 RSO_2Cl 和 OH^- 作為試劑，可用來區分下列何組化合物？

(A) 一級、二級、三級醇(alcohol)

(B) 一級、二級、三級胺(amine)

(C) 一級、二級、三級鹵化烷(alkyl halide)

(D) 醛(aldehyde)、酮(ketone)

《108 義守-14》Ans：B

說明：

※Hinsberg test：

一級，二級，三級胺(1°，2°，3°-amine)之磺醯化反應常用來做為鑑定用，所用試劑為苯磺醯氯化合物(Benzenesulfonyl chloride)：($PhSO_2Cl$；KOH)。

Hinsberg test 一覽表

	RNH_2 (1°-amine)	R_2NH (2°-amine)	R_3N (3°-amine)
$PhSO_2Cl$	+	+	−
KOH	+	−	−
HCl	+	−	+

15. 下列哪一化合物的碳氧鍵最長？

(A) CH_3OH　　(B) CO　　(C) CH_3CHO　　(D) Na_2CO_3

《108 義守-15》Ans：A

說明：

	CH_3-OH	CO_3^{2-}	$CH_3-CH=O$	$:C\equiv O:$
(B.O)	(1)	$(1\frac{1}{3})$	(2)	(3)

16. 某一反應 A + B ⇌ C 之正反應的活化能為 20 kJ/mol，逆反應的活化能為 85 kJ/mol，請問此反應之反應熱最接近下列何者？

(A) −105 kJ/mol (B) −65 kJ/mol (C) 65 kJ/mol (D) 105 kJ/mol

《108 義守-16》Ans：B

說明：

1.能圖:

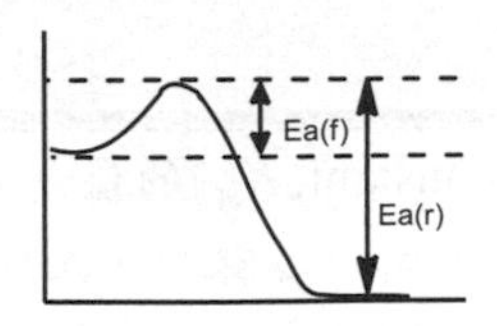

2. Ea(f) = +20 KJ/mole

Ea(r) = +85 KJ/mole

3. ΔH°_{rxn} = Ea(f) – Ea(r) = 20–85 = −65 (KJ/mole)

17. 下列何者之沸點最低？

(A) 0.1 M 蔗糖水溶液 (B) 0.1 M NaCl 水溶液

(C) 0.1 M 乙醇水溶液 (D) 純水

《108 義守-17》Ans：C

說明：

1. Colligative properties

2. $\Delta T_b = K_b \times C_m \times i$

3. i 值(粒子數)

B.p → $NaCl_{(aq)} > C_6H_{12}O_{6(aq)} > H_2O_{(aq)} > CH_3CH_2OH_{(aq)}$

(i) → (2) (1)

(溶質：不揮發物種) (溶質：揮發物種)

18. 下式反應的主要產物為何？

$Cl_2C{=}O + H_2O \rightarrow$

(A) $H_2C{=}O + Cl_2$ (B) $H_2CO_3 + Cl_2$

(C) $HCO_2H + HCl$ (D) $CO_2 + HCl$

《108 義守-18》Ans：D

說明：

1. S_N2Ac reaction

2. Ans:

$$Cl-C(=O)-Cl \xrightleftharpoons{H_2O} [HO-C(=O)-Cl] \xrightleftharpoons{H_2O} [HO-C(=O)-OH] \rightleftharpoons CO_2 + H_2O$$

3. mechanism:

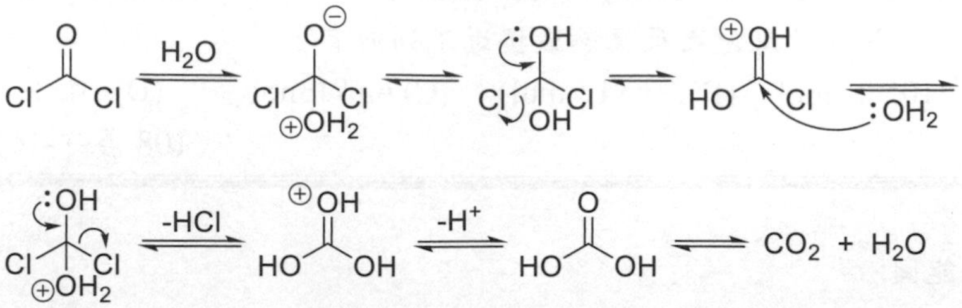

19. 室溫下，AX_2 的溶解度積常數(solubility product constant, K_{sp})的值為 K_1，BX_2 的溶解度積常數的值為 K_2。現將 AX_2 和 BX_2 置於同一燒杯中，加水溶解成一飽和溶液狀態。請問，此飽和溶液中 X^- 的濃度(M)最接近下列何者？（假設：水的解離忽略不計）

(A) $\sqrt{\frac{K_1+K_2}{2}}$　(B) $\sqrt[3]{\frac{K_1+K_2}{2}}$　(C) $\sqrt[3]{2(K_1+K_2)}$　(D) $\sqrt[3]{\frac{K_1+K_2}{4}}$

《108 義守-19》Ans：C

20. 以波哈法(Volhard method)來定量 Ag^+ 時，是以下列何者所呈現之顏色作為滴定終點的判定？

(A) Ag^+ 與 Cl^- 生成 AgCl 白色沉澱

(B) Fe^{3+} 與 SCN^- 生成 $FeSCN^{2+}$ 血紅色錯離子

(C) Ag^+ 與 SCN^- 生成 AgSCN 白色沉澱

(D) Ag^+ 與 $CrO4^{2-}$ 生成 $AgCrO_4$ 黃色沉澱

《108 義守-20》Ans：B

21. 下列何者不適合裝在玻璃製的容器內？

(A) HF　(B) HCl　(C) HBr　(D) HI

《108 義守-21》Ans：A

22. 下列何者在水中的溶解度(solubility)最低？

(A) $Mg(IO_3)_2$　(B) $Ca(IO_3)_2$　(C) $Sr(IO_3)_2$　(D) $Ba(IO_3)_2$

《108 義守-22》Ans：D

說明：

1. Solubility (↑) ∝ q^+/r^+ (↑)
2. $(q^+/r^+) \rightarrow Mg^{2+} > Ca^{2+} > Sr^{2+} > Ba^{2+}$
3. Solubility : $Mg(IO_3)_2 > Ca(IO_3)_2 > Sr(IO_3)_2 > Ba(IO_3)_2$

23. Na_2S 水溶液中各種離子的濃度大小關係，下列何者正確？

(A) $[Na^+] > [HS^-] > [S^{2-}] > [OH^-]$

(B) $[OH^-] > [Na^+] > [HS^-] > [S^{2-}]$

(C) $[Na^+] > [S^{2-}] > [OH^-] > [HS^-]$

(D) $[Na^+] > [OH^-] > [HS^-] > [S^{2-}]$

《108 義守-23》Ans：CD

24. P 型半導體在形成過程中需在純矽晶體中少量摻雜下列何種元素？

(A) As　(B) Ga　(C) Ge　(D) Se

《108 義守-24》Ans：B

25. 反應 $2A + 2B \rightarrow C$ 的反應機制是

(1) $A + B \rightarrow D$（慢）

(2) $D + B \rightarrow E$（快）

(3) $A + E \rightarrow C$（快）

則此反應的速率方程式(rate equation)是下列何者？

(A) 速率 $= k[A][B]$　(B) 速率 $= k[A][E]$

(C) 速率 $= k[A]^2[B]^2$　(D) 速率 $= k[D][B]$

《108 義守-25》Ans：A

26. 下列何者完全燃燒時會產生相同分子數的二氧化碳及水？

(A) 甲醇　(B) 乙醇　(C) 正己烷　(D) 丙酮

《108 義守-26》Ans：D

說明：

(A) $CH_3OH + \frac{3}{2} O_2 \xrightarrow{\Delta} 2\,H_2O + 1\,CO_2$

(B) $CH_3CH_2OH + 3\,O_2 \xrightarrow{\Delta} 3\,H_2O + 2\,CO_2$

(C) (hexane skeletal) $+ \frac{19}{2} O_2 \xrightarrow{\Delta} 7\,H_2O + 6\,CO_2$

(D) $CH_3\overset{O}{\overset{\|}{C}}CH_3 + 4\,O_2 \xrightarrow{\Delta} 3\,H_2O + 3\,CO_2$

Cf. (cyclohexane) $+ 9\,O_2 \xrightarrow{\Delta} 6\,H_2O + 6\,CO_2$

27. 等重的甲、乙二氣體，同溫同壓下甲氣體的體積為乙氣體的 2/3；若乙氣體為一氧化碳，則甲氣體可能是____。

(A) 二氧化碳　(B) 丙烯　(C) 乙烯　(D) 丙炔

《108 義守-27》Ans：B

28. 甲、乙、丙三瓶硫酸溶液，各瓶之硫酸濃度分別為甲 1.0 M（比重 1.07）、乙 1.0 m、丙 11%重量百分率；各瓶之硫酸濃度大小關係為____。（硫酸分子量 98 g/mol）

(A) 甲>乙>丙　(B) 乙>甲>丙　(C) 丙>甲>乙　(D) 丙>乙>甲

《108 義守-28》Ans：C

29. 下列哪一組各物種的電子組態都相同？

(A) F^-、Ne、Mg^{2+}　(B) F^-、Ar、Mg^{2+}

(C) O^-、Ne、Mg^{2+}　(D) Cl^-、Ar、Mg^{2+}

《108 義守-29》Ans：A

說明：

1.等電子物種(isoelectronic species)

2. Ans:(A)

	$_9F^-$	$_{10}Ne$	$_{12}Mg^{2+}$
總電子數	10	10	10

3.電子組態(electron configuration)

$\Rightarrow 1s^2 2s^2 2p^6 = [\ _{10}Ne\ ]$

30. 將 40.0 g 甲烷和丙炔的混合氣體樣品，在過量氧氣中完全燃燒，產生 121.0 g 的 CO_2 和一些 H_2O。請問樣品中甲烷的重量百分率是多少？

(C: 12; H: 1; O: 16)

(A) 20%　(B) 33%　(C) 50%　(D) 70%

《108 義守-30》Ans：C

31. 含亞硝酸的緩衝溶液(HNO_2/NO_2^-)之 pH 值為 3.50，下列何者可降低該溶液的 pH 值？(HNO_2, $K_a = 4.5 \times 10^{-4}$)

(A) 加入少量的亞硝酸鈉($NaNO_2$)　(B) 加入少量的亞硝酸

(C) 加入少量的氫氧化鈉　(D) 加入少量的水

《108 義守-31》Ans：B

32. 當以氫氧化鈉溶液滴定醋酸水溶液時，下列何者是最適宜的指示劑？

(A) 指示劑甲($pK_a = 7.81$)　(B) 指示劑乙($pK_a = 4.66$)

(C) 指示劑丙($pK_a = 3.46$)　(D) 指示劑丁($pK_a = 1.28$)

《108 義守-32》Ans：A

33. 下列各物質的水溶液，何者凝固點最低？

(A) 0.1 M 氯化鈉　(B) 0.1 m 醋酸　(C) 0.1 M 草酸鈉　(D) 0.1 m 蔗糖

《108 義守-33》Ans：C

說明：

1. $\Delta T_f = K_f \times C_m \times i$

2.假設 $1M \cong 1m$

則 T_f　$Na_2C_2O_4$ < NaCl < AcOH < $C_6H_{12}O_6$

(i 值)　(3)　(2)　($1 < i < 2$)　(1)

34. 在 pH 7.0 和 25 °C時，*cis*-platin 在水中水解的速率常數為 1.5×10^{-3} min^{-1}。如果新製備的 *cis*-platin 溶液濃度為 0.053 M，經 3 個半衰期(half-life)後，*cis*-platin 溶液濃度約變成為____。

(A) 0.027 M　(B) 0.018 M　(C) 0.013 M　(D) 0.007 M

《108 義守-34》Ans：D

35. 某分子吸收波長 300 nm 的紫外光進行解離，請問此照光解離所需的能量是多少 kJ/mol？ ($h = 6.625 \times 10^{-34}$ Js ; $c = 3 \times 10^8$ ms^{-1})

(A) 200　(B) 300　(C) 400　(D) 600

《108 義守-35》Ans：C

說明：

$$\Delta E\text{proton} = h\nu = \frac{hc}{\lambda}$$

$$= \frac{6.625 \times 10^{-34} J.S \times 3 \times 10^8 m.g^{-1} \times 10^{-3} KJ.J^{-1}}{3 \times 10^{-9} m} \times 6.02 \times 10^{23}\ mol^{-1}$$

$$= 400\ kJ \times mol^{-1}$$

36. 常溫下四種離子固體在水中的溶解度積常數分別是：

I. $BaSO_4$，$K_{sp} = 1.1 \times 10^{-10}$　II. $MgCO_3$，$K_{sp} = 4.0 \times 10^{-5}$

III. $BaCO_3$，$K_{sp} = 8.1 \times 10^{-9}$　IV. PbI_2，$K_{sp} = 1.4 \times 10^{-8}$

此四種固體在水中的溶解度由小至大依序是____。

(A) IV、III、II、I　(B) III、I、IV、II

(C) I、III、IV、II　(D) III、I、II、IV

《108 義守-36》Ans：C

37. 關於反應 $I_2(s) \rightarrow I_2(g)$，$\Delta G°= 19.4$ kJ/mol。下列敘述何者正確？

(A) 標準狀態下此反應不會自發

(B) 此反應稱為碘的凝結

(C) 溫度變化不會改變反應的自發性

(D) 此反應為放熱反應

《108 義守-37》Ans：A

說明：

1.相的轉換(phase transfer)

2. Ans:

$I_{2(s)} \longrightarrow I_{2(g)}$　$\Delta H^\circ > 0$，$\Delta S^\circ > 0$，$\Delta G^\circ > 0$

3. Gibb's free energy

$$\Delta G^\circ = \Delta H^\circ - T \times \Delta S^\circ$$

(+)　(+)　(↓)　(+)　→非自發反應

(−)　(+)　(↑)　(+)　→自發反應

38. 關於$[Co(NH_3)_5Cl]Cl_2$的敘述，下列何者正確？

(A) IUPAC 的命名為 pentaaminechlorocobalt(III) dichloride

(B) 金屬鈷的氧化數為+2

(C) 無鏡像異構物(enantiomer)

(D) 此化合物的水溶液中加入銀離子(Ag^+)不產生沉澱

《108 義守-38》Ans：C

39. 下式化合物的 IUPAC 命名為____。

(A) 3-ethyl-2-methylhexane　　(B) 3-ethyl-2-methylpentane

(C) 3-ethyl-4-methylpentane　　(D) 3-isobutylpentane

《108 義守-39》Ans：B

說明：

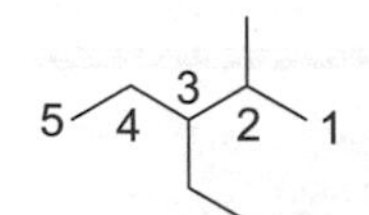

3-ethyl-2-methylpentane

40. 在水溶液中鹼性最強的是____。

(A) NH_3　　(B) $C_6H_5NH_2$　　(C) $(CH_3)_3N$　　(D) $(CH_3)_2NH$

《108 義守-40》Ans：D

說明：

$(CH_3)_2\ddot{N}H$ > $(CH_3)_3\ddot{N}$ > NH_3 > $C_6H_5NH_2$

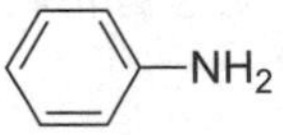

2°-胺　　3°-胺　　氨　　苯胺

41. 阿斯匹靈(aspirin)的化學結構式是____。

(A) 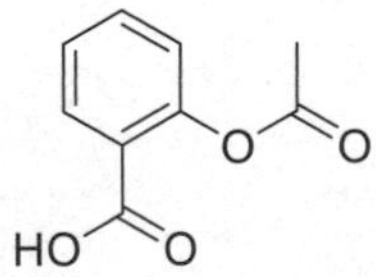　　(B)

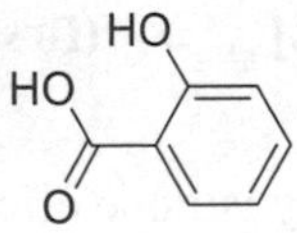

(C) 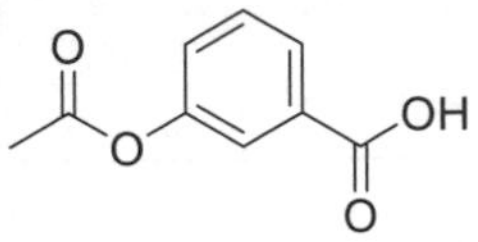　　(D)

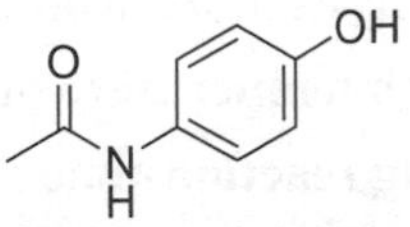

《108 義守-41》Ans：A

說明：

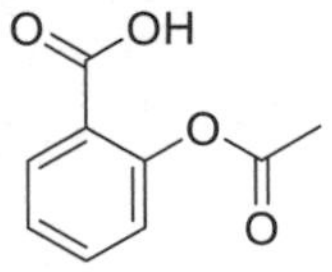

42. 下式化合物的鏡像異構物是＿＿。

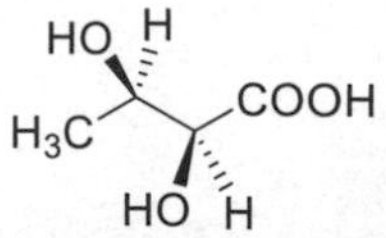

(A) (2*S*,3*S*)-2,3-dihydroxybutanoic acid

(B) (2*R*,3*R*)-2,3-dihydroxybutanoic acid

(C) (2*R*,3*S*)-2,3-dihydroxybutanoic acid

(D) (2*S*,3*R*)-2,3-dihydroxybutanoic acid

《108 義守-42》Ans：C

說明：

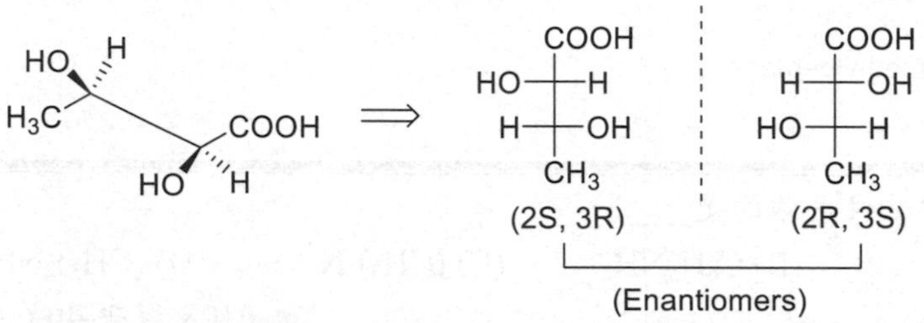

(2S, 3R) (2R, 3S)

(Enantiomers)

43. 下列哪項陳述不適用於烷基鹵化物(RX)的 E1 反應？

(A) rate = *k*[RX]

(B) rate = *k*[base][RX]

(C) 可能發生重排

(D) 至少含兩個不同的反應步驟

《108 義守-43》Ans：B

說明：

1.動力學：

Rate = *k* [RX] ⇒ (first order reaction)

2. Ans:

(1) **no** primary isotope effect

(2) solvolysis in **nucleophilic solvent**

(3) a **high temperature** of reaction condition.

(4) a **long reaction-time**.

(5) rearrangement

44. 下式反應的主要有機產物是____。

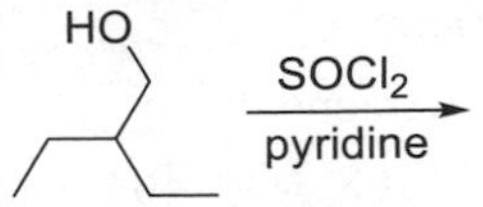

HO

$\xrightarrow[\text{pyridine}]{SOCl_2}$

(A) 1-chloro-2-ethylbutane (B) 2-ethyl-1-butene

(C) 3-methyl-2-pentene (D) 3-chloro-3-methylpentane

《108 義守-44》Ans：A

說明：

1. S_N2Al reaction
2. Ans:

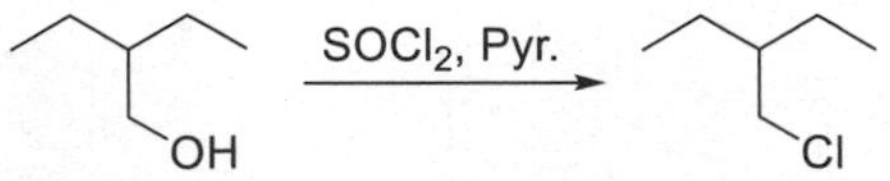

OH $\xrightarrow{SOCl_2, \text{ Pyr.}}$ Cl

45. 下式反應中會產生 2-chloro-2-methylbutane 的產物，是因為____。

$H_2CCHCH(CH_3)_2 \xrightarrow[0\ °C]{HCl}$

(A) 1,3-shift (B) proton shift (C) methyl shift (D) hydride shift

《108 義守-45》Ans：D

說明：

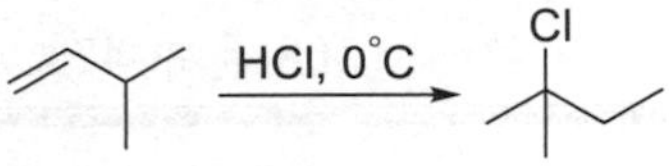

$\xrightarrow{HCl,\ 0^{\circ}C}$ Cl

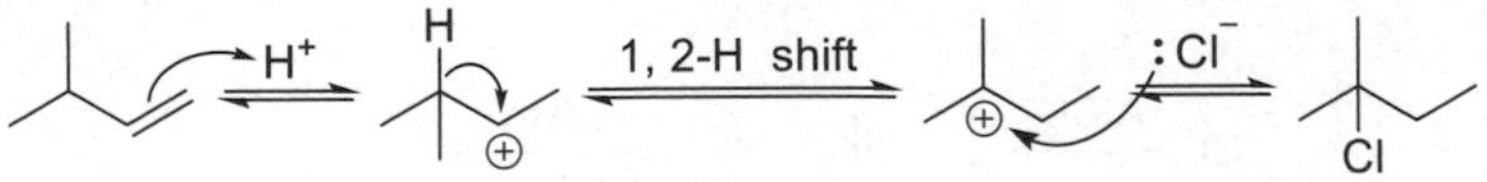

$\xrightarrow{H^+}$ H ⊕ $\xrightarrow{1,\ 2\text{-H shift}}$ ⊕ $\xrightarrow{:Cl^-}$ Cl

46. 下列哪種分子在紫外-可見光光譜中具有最長的吸收波長？

(A) 1,3-butadiene (B) 1,3,5-hexatriene

(C) β-carotene (D) 1,3,7,9-decatetraene

《108 義守-46》Ans：C

說明：

λmax (nm)

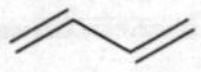

217

222

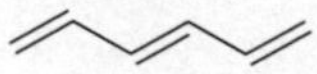

267

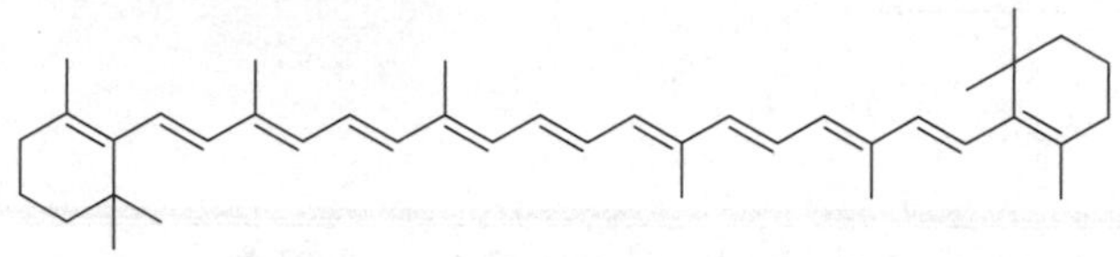

453

47. 下式反應的有機主產物是____。

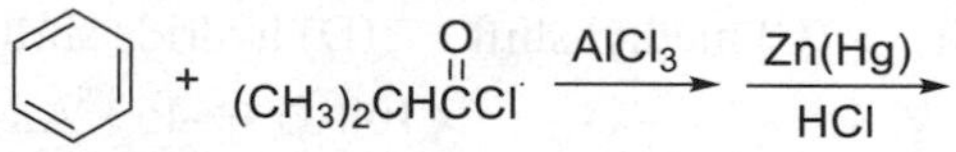

$C_6H_6 + (CH_3)_2CHCOCl \xrightarrow{AlCl_3} \xrightarrow[HCl]{Zn(Hg)}$

(A) isobutylbenzene (B) 2-methyl-1-phenyl-1-propanone

(C) isopropylbenzene (D) *n*-butylbenzene

《108 義守-47》Ans：A

說明：

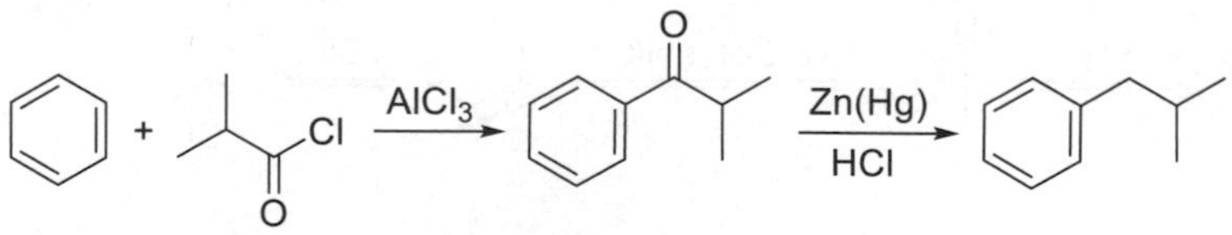

Cl

O

AlCl3

O

Zn(Hg)

HCl

48. 下列哪一反應會產生一級醇？

(A) 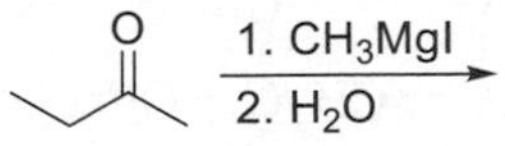 2-butanone $\xrightarrow[\text{2. } H_2O]{\text{1. } CH_3MgI}$

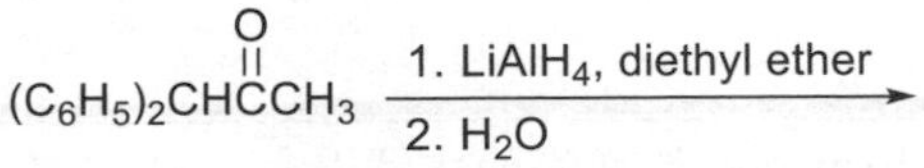

(B) $(C_6H_5)_2CHCCH_3$ (C=O) $\xrightarrow[\text{2. } H_2O]{\text{1. } LiAlH_4\text{, diethyl ether}}$

(C) butanal $\xrightarrow[\text{2. } H_2O]{\text{1. } CH_3MgI}$

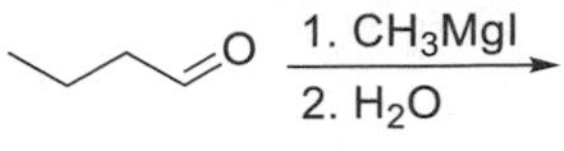

(D) 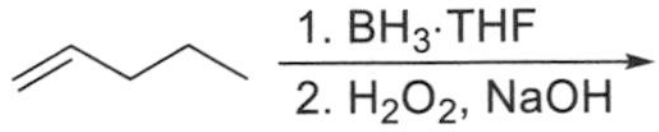 1-pentene $\xrightarrow[\text{2. } H_2O_2\text{, NaOH}]{\text{1. } BH_3 \cdot THF}$

《108 義守-48》Ans：D

說明：

Ans:(A)

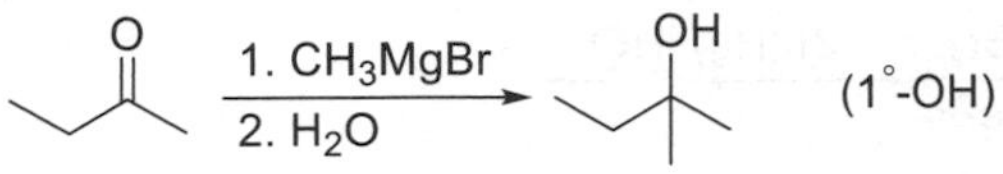

2-butanone $\xrightarrow[\text{2. } H_2O]{\text{1. } CH_3MgBr}$ 2-methyl-2-butanol (OH) (1°-OH)

Ans:(B)

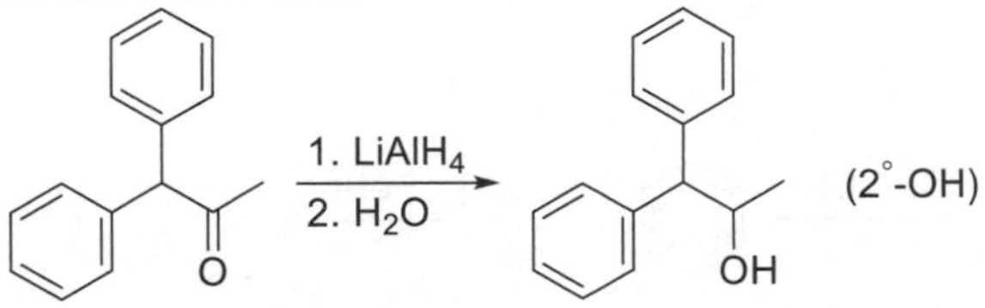

1,1-diphenyl-2-propanone $\xrightarrow[\text{2. } H_2O]{\text{1. } LiAlH_4}$ 1,1-diphenyl-2-propanol (OH) (2°-OH)

Ans:(C)

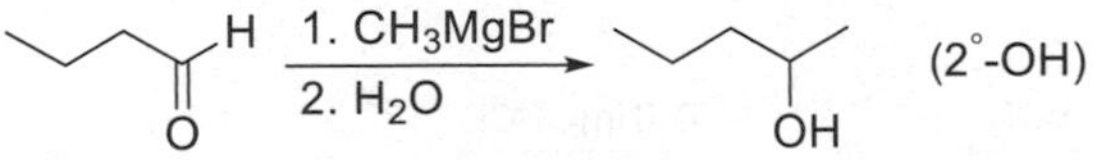

butanal (H, O) $\xrightarrow[\text{2. } H_2O]{\text{1. } CH_3MgBr}$ 2-pentanol (OH) (2°-OH)

Ans:(D)

1-pentene $\xrightarrow[\text{2. } H_2O_2\text{, NaOH}]{\text{1. } BH_3 \cdot THF}$ HO-pentyl (1°-OH)

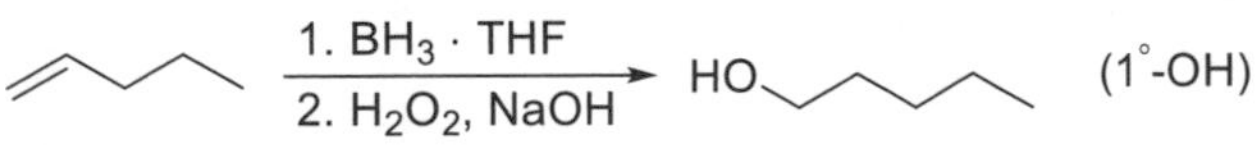

49. 在 Claisen 縮合(Claisen condensation)反應中形成的產物的通稱是什麼？

(A) α-keto ester (B) β-keto ester (C) γ-keto ester (D) γ-hydroxy ester

《108 義守-49》Ans：B

說明：

1. Claisen condensation：

酯類化合物(具有 α-H)於鹼性條件下形成碳陰離子與碳氧雙鍵形成共振作用而穩定之。所用 Base 以 NaOEt or NaOMe 取代 NaOH；使其與離去基相同，同時可以避免酯基被水解。

2. Ans:

$$2\ CH_3\overset{O}{\overset{\|}{C}}-OEt \xrightarrow{NaOEt\ /\ EtOH} CH_3\overset{O}{\overset{\|}{C}}-CH_2\overset{O}{\overset{\|}{C}}-OEt$$

(β - keto ester)

50. 下列何者是製備 m-bromoethylbenzene 最可能的方式？

(A) benzene $\xrightarrow[AlCl_3]{CH_3CH_2Cl}$ $\xrightarrow[FeBr_3]{Br_2}$

(B) benzene $\xrightarrow[AlCl_3]{CH_3\overset{O}{\overset{\|}{C}}Cl}$ $\xrightarrow{Zn(Hg),\ HCl}$ $\xrightarrow[FeBr_3]{Br_2}$

(C) benzene $\xrightarrow[FeBr_3]{Br_2}$ $\xrightarrow[AlCl_3]{CH_3CH_2Cl}$

(D) benzene $\xrightarrow[AlCl_3]{CH_3\overset{O}{\overset{\|}{C}}Cl}$ $\xrightarrow[FeBr_3]{Br_2}$ $\xrightarrow{Zn(Hg),\ HCl}$

《108 義守-50》Ans：D

說明：

Ans:(A)

benzene $\xrightarrow{CH_3CH_2Cl,\ AlCl_3}$ ethylbenzene $\xrightarrow{Br_2\ ,\ FeBr_3}$ p-bromoethylbenzene (Br)

Ans:(B)

benzene $\xrightarrow{CH_3COCl,\ AlCl_3}$ acetophenone $\xrightarrow{Zn(Hg)\ ,\ HCl}$ ethylbenzene $\xrightarrow[FeBr_3]{Br_2}$ p-bromoethylbenzene (Br)

Ans:(C)

benzene $\xrightarrow{Br_2\ ,\ FeBr_3}$ bromobenzene (Br) $\xrightarrow{CH_3CH_2Cl,\ AlCl_3}$ p-bromoethylbenzene (Br)

Ans:(D)

benzene $\xrightarrow{CH_3COCl,\ AlCl_3}$ acetophenone $\xrightarrow{Br_2\ ,\ FeBr_3}$ m-bromoacetophenone (Br) $\xrightarrow[HCl]{Zn(Hg)}$ m-bromoethylbenzene (Br)

中國醫藥大學107學年度學士後中醫化學試題暨詳解

化學試題 **有機：林智老師解析**

01. 依據下列化學反應方程式：$N_{2(g)} + 3H_{2(g)} \rightarrow 2NH_{3(g)}$
在標準狀態(STP)下加入氫氣 4.0 L，如果氫氣全部反應完，則會產生多少公升的氨氣？
氣體常數 R = 0.082 L‧atm/K‧mol
(A) 3.5 L (B) 2.7 L (C) 8.3 L (D) 1.4 L (E) 5.7 L
《107 中國醫-01》Ans：B

02. 將下列反應方程式進行最小整數比平衡，何者選項正確？
$aI^- + bMnO_4^- + cH_2O \rightarrow dI_2 + eMnO_2 + fOH^-$
(A) $a = 3$ (B) $b = 4$ (C) $d = 3$ (D) $e = 1$ (E) $f = 6$
《107 中國醫-02》Ans：C

03. 根據價電子互斥理論(VSEPR)，下列分子形狀敘述何者正確？
(A) I_3^- 直線型 (linear)
(B) H_2O 直線型 (linear)
(C) NH_3 平面三角形 (trigonal planar)
(D) SF_4 平面四邊形 (square planar)
(E) XeF_4 正四面體 (tetrahedral)
《107 中國醫-03》Ans：A

04. 下列元素之電子組態(electron configuration)何者正確？
(A) Cu：[Ar] $4s^2 3d^9$
(B) Br：[Ar]$4s^1 3d^{10} 4p^6$
(C) Mn：[Ar]$4s^2 3d^5$
(D) O：[Ne]$2s^2 2p^4$
(E) Pd：[Kr]$5s^2 4d^8$
《107 中國醫-04》Ans：C

05. 下列元素依照游離能(ionization energy)由小至大排列，下列選項何者正確？
(Ⅰ) 氦 (Ⅱ) 氮 (Ⅲ) 氧 (Ⅳ) 鎂 (Ⅴ) 磷 (Ⅵ) 氟
(A) Ⅰ<Ⅱ<Ⅲ<Ⅵ<Ⅳ<Ⅴ
(B) Ⅳ<Ⅴ<Ⅲ<Ⅱ<Ⅵ<Ⅰ
(C) Ⅴ<Ⅳ<Ⅵ<Ⅲ<Ⅱ<Ⅰ
(D) Ⅳ<Ⅴ<Ⅱ<Ⅲ<Ⅵ<Ⅰ
(E) Ⅰ<Ⅵ<Ⅲ<Ⅱ<Ⅴ<Ⅳ
《107 中國醫-05》Ans：B

06. 下列光波依照波長由長至短排列，下列選項何者正確？

(Ⅰ) 無線電波(radio)　(Ⅱ) X 射線(x ray)

(Ⅲ) 可見光(visible light)　(Ⅳ) 微波(microwave)

(Ⅴ) 紫外光(ultraviolet)

(A) Ⅰ<Ⅲ<Ⅳ<Ⅴ<Ⅱ　(B) Ⅱ<Ⅴ<Ⅲ<Ⅳ<Ⅰ

(C) Ⅰ<Ⅱ<Ⅲ<Ⅳ<Ⅴ　(D) Ⅲ<Ⅰ<Ⅳ<Ⅴ<Ⅱ

(E) Ⅰ<Ⅳ<Ⅲ<Ⅴ<Ⅱ

《107 中國醫-06》Ans：B

07. 下列反應式之平衡常數表示何者**有誤**？

(A) $2KClO_{3(s)} \leftrightharpoons 2KCl_{(s)} + 3O_{2(g)}$　$K=[O_2]^3$

(B) $HF_{(aq)} + H_2O(l) \leftrightharpoons H_3O^+_{(aq)} + F^-_{(aq)}$　$K=\frac{[H_3O^+][F^-]}{[HF]}$

(C) $PCl_{5(g)} \leftrightharpoons PCl_{3(l)} + Cl_{2(g)}$　$K=\frac{[PCl_3][Cl_2]}{[PCl_5]}$

(D) $C_3H_{8(g)} + 5O_{2(g)} \leftrightharpoons 3CO_{2(g)} + 4H_2O_{(g)}$　$K=\frac{[CO_2]^3[H_2O]^4}{[C_3H_8][O_2]^5}$

(E) $CaCO_{3(s)} \leftrightharpoons CaO_{(s)} + CO_{2(g)}$　$K=[CO_2]$

《107 中國醫-07》Ans：C

08. 下列分子中，幾個具有順磁性 (paramagnetism)？

(a) N_2　(b) O_2　(c) CO　(d) F_2　(e) C^{2+}　(f) O_2^{2+}　(g) NO^+

(h) B^{2-}　(i) HF　(j) NO^-

(A) 2　(B) 3　(C) 4　(D) 5　(E) 6

《107 中國醫-08》Ans：A

09. 下列敘述何者正確？

(A) $[CoF_6]^{3-}$具有逆磁性(diamagnetism)

(B) 一般來說碘離子屬於強場配體(strong-field ligand)

(C) 過渡金屬錯合物結構中，四面體(tetrahedral) 與八面體(octahedral) 在分子軌域 (molecular orbital)中，d 軌域的能階的排序為相同

(D) Ni^{2+}之錯合物，配體不管是強場或是弱場，都具有順磁性(paramagnetism)

(E) $[PtCl_4]^{2-}$具有順磁性

《107 中國醫-09》Ans：無答案，本題送分

10. 下列敘述何者**有誤**？
 (A) 體心立方(body-centered cubic)的有效佔用體積(packing efficiency)為 68%
 (B) 簡單立方(simple cubic)的有效佔用體積為 52%
 (C) 面心立方(face-centered cubic)的配位數(coordination number)為 8
 (D) 面心立方的單位晶格原子數(atom per unit cell)為 3
 (E) 簡單立方的配位數為 6

《107 中國醫-10》Ans：C 或 D

11. 下列結構與命名何者**有誤**？
 (A) 腺嘌呤（adenine）
 (B) 鳥嘌呤（guanine）
 (C) 尿嘧啶（uracil）
 (D) 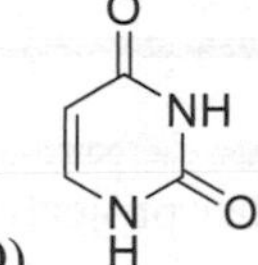 胸腺嘧啶（thymine）
 (E) 胞嘧啶（cytosine）

《107 中國醫-11》Ans：E

12. 下列關於自由能(free energy)的敘述何者正確？
 (A) 當$\Delta H < 0$、$\Delta S < 0$，在高溫的情況下$\Delta G < 0$
 (B) 當$\Delta H > 0$、$\Delta S < 0$，在任意溫度下$\Delta G < 0$
 (C) 當$\Delta H < 0$、$\Delta S > 0$，在高溫下會屬於非自發反應(nonspontaneous reaction)
 (D) 當$\Delta H > 0$、$\Delta S > 0$，在低溫下會屬於自發反應(spontaneous reaction)
 (E) 當$\Delta H < 0$、$\Delta S < 0$，在任意溫度下屬於自發反應

《107 中國醫-12》Ans：無答案，本題送分

13. 下列結構與命名何者**有誤**？

(A) 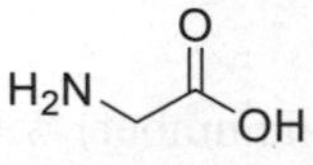 甘胺酸(glycine)

(B) 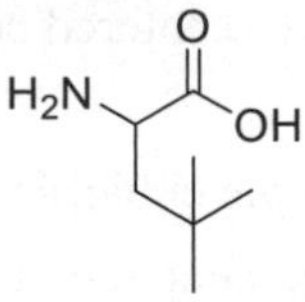 賴胺酸（leucine）

(C) 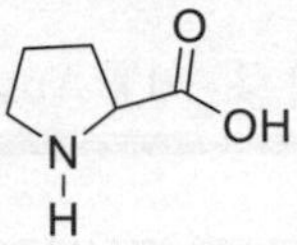 脯胺酸（proline）

(D) 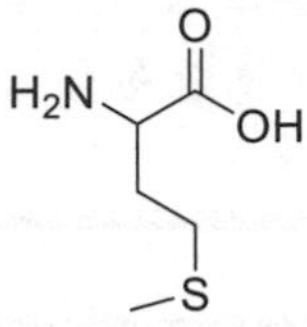 蛋胺酸（methionine）

(E) 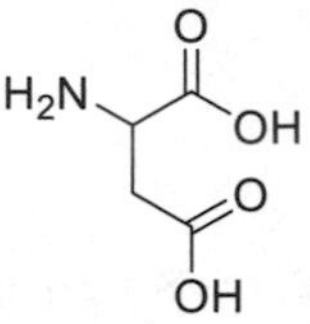 穀胺酸（glutamic acid）

《107 中國醫-13》Ans：B 或 E

14. 根據費雪投影式(Fischer projection)，下列掌性分子中，何者立體組態(stereo-configuration)與其它分子**相異**？

(A) 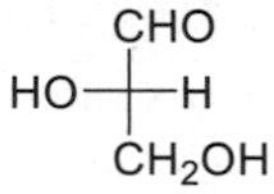

(B) 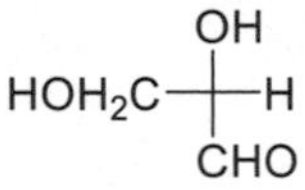

(C) 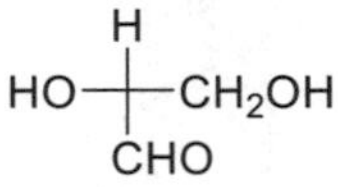

(D) 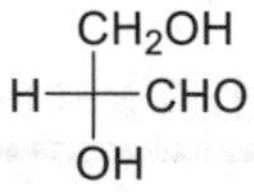

(E) 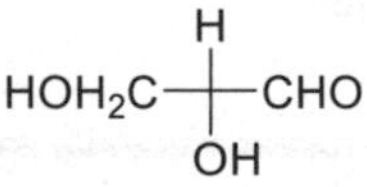

《107 中國醫-14》Ans：D

說明：

1. R-/S-configuration：
2. Ans:(A) ⇒ S-form
   Ans:(B) ⇒ S-form
   Ans:(C) ⇒ S-form
   Ans:(D) ⇒ R-form
   Ans:(E) ⇒ S-form

15. 右圖為某一個反應之反應能量圖(energy reaction diagram)：
下列關於這個反應的敘述何者正確？

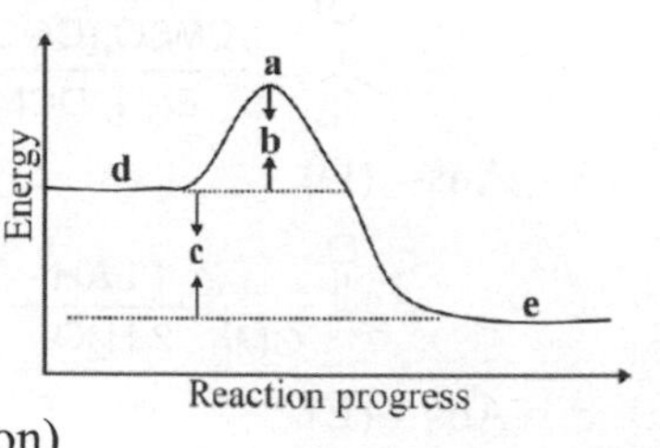

(A) **b** 為焓(enthalpy)
(B) 反應是否容易進行取決於**c**
(C) **c**為焓的話，數值應該為負數
(D) **a**點為反應中間體(intermediate)
(E) 此反應應該是吸熱反應(endothermic reaction)

《107 中國醫-15》Ans：C

16. 下列反應式何者正確？

(A) OH —CrO_3·pyridine·HCl / DCM→ (O) OH

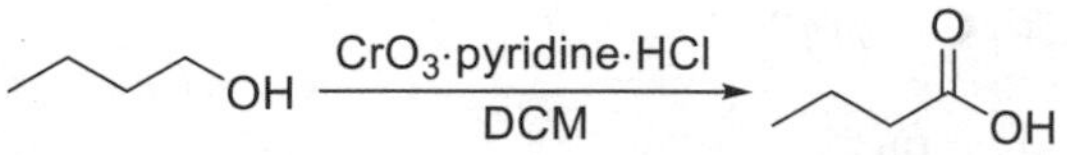

(B) OH —NaOCl / H_2O→

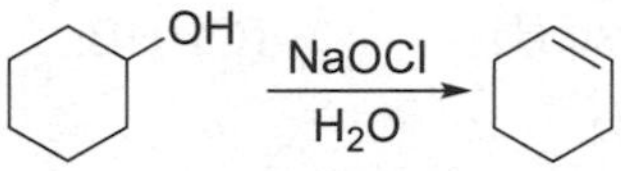

(C) OH —DMSO, $(COCl)_2$ / Et_3N, DCM→ O

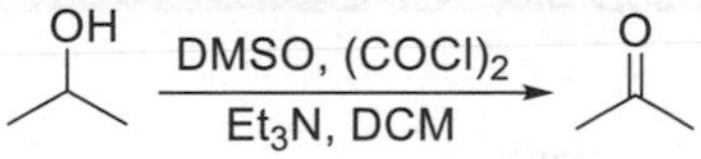

(D) O, OMe —LAH→ O, OH

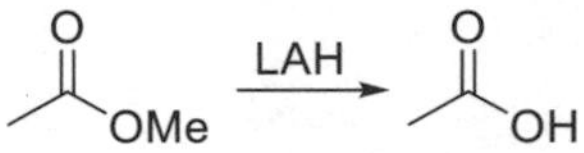

(E) OH —DMP reagent→ O, OH　DMP: O, O, I, OAc, AcO, OAc

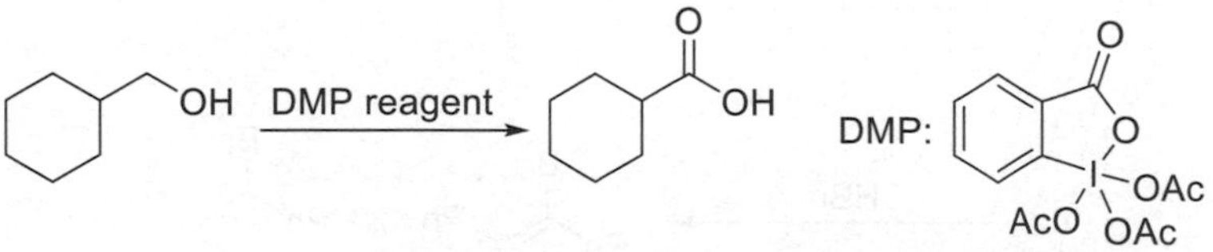

《107 中國醫-16》Ans：C

說明：

Ans：(A)

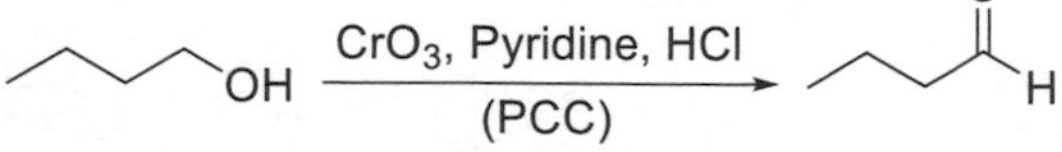

OH —CrO_3, Pyridine, HCl / (PCC)→ O, H

Ans：(B)

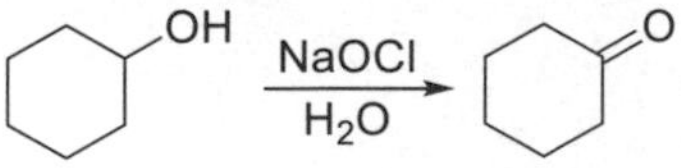

OH —NaOCl / H_2O→ O

Ans：(C)

$$\text{CH}_3\text{CH(OH)CH}_3 \xrightarrow[\text{Et}_3\text{N, DCM}]{\text{DMSO,(COCl)}_2} \text{CH}_3\text{COCH}_3$$

Ans：(D)

$$\text{CH}_3\text{COOMe} \xrightarrow[\text{2.H}_2\text{O}]{\text{1.LAH}} \text{CH}_3\text{CH}_2\text{OH} + \text{CH}_3\text{OH}$$

Ans：(E)

$$\text{C}_6\text{H}_{11}\text{CH}_2\text{OH} \xrightarrow[\text{(Dess-Martin Oxidation)}]{\text{DMP, reagent}} \text{C}_6\text{H}_{11}\text{CHO}$$

17. 下列反應方程式中，試劑 **C** 為何？

$$\text{Ph—C≡C—Ph} \xrightarrow{\text{C}} \text{Ph–CH=CH–Ph (trans)}$$

(A) Pd/C, H_2　(B) Lindlar's catalyst, H_2　(C) HBr
(D) Na/$NH_{3(l)}$　(E) Raney nickel, H_2

《107 中國醫-17》Ans：D

說明：

Ph—C≡C—Ph:
- H_2, Pd-C → Ph–CH₂CH₂–Ph
- H_2, Pd / $BaSO_4$ → cis Ph–CH=CH–Ph
- HBr → Ph–CBr=CH–Ph + Ph–CBr=CH–Ph (two isomers)
- $Na_{(s)}$, $NH_{3(l)}$ → trans Ph–CH=CH–Ph
- H_2, Raney Ni → Ph–CH₂CH₂–Ph

18. 關於下列化合物的敘述何者正確？

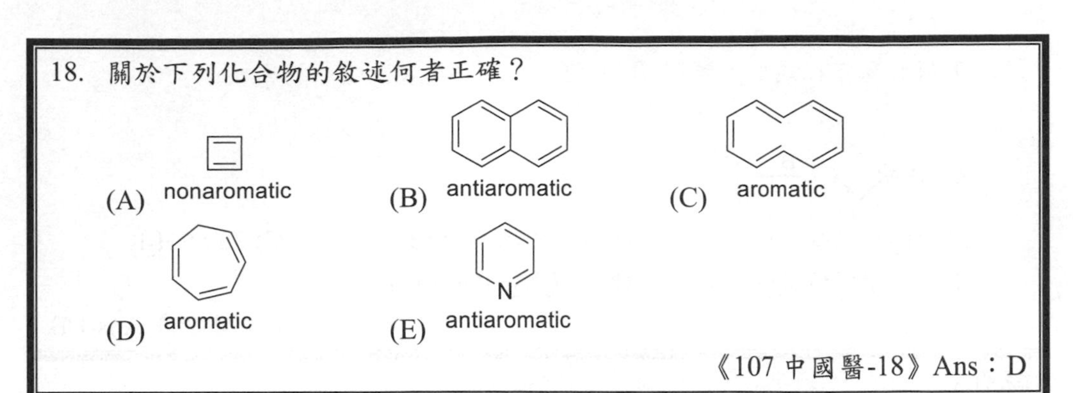

《107 中國醫-18》Ans：D

說明：

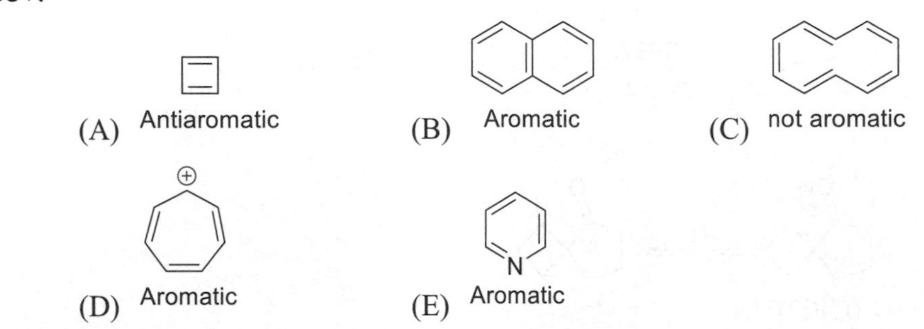

19. 下列元素依照電負度(electronegativity)由大至小排列，下列選項何者正確？

(Ⅰ) F　(Ⅱ) N　(Ⅲ) P　(Ⅳ) Hg　(Ⅴ) Na

(A) Ⅰ>Ⅱ>Ⅲ>Ⅳ>Ⅴ　(B) Ⅰ>Ⅲ>Ⅱ>Ⅴ>Ⅳ

(C) Ⅰ>Ⅱ>Ⅲ>Ⅴ>Ⅳ　(D) Ⅰ>Ⅲ>Ⅱ>Ⅳ>Ⅴ

(E) Ⅰ>Ⅳ>Ⅱ>Ⅲ>Ⅴ

《107中國醫-19》Ans：A

20. 下列反應方程式中，試劑 **B** 為何？

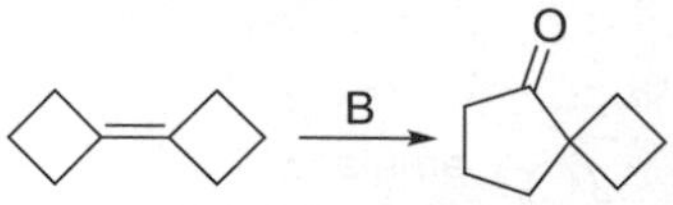

B

(A) H_2O_2 / NaOH　(B) *m*CPBA / AcOH　(C) Zn / CH_2I_2
(D) CCl_2HCOCl / Et_3N　(E) CH_2N_2 / $Pd(OAc)_2$

《107 中國醫-20》Ans：B

說明：

Ans：(B)

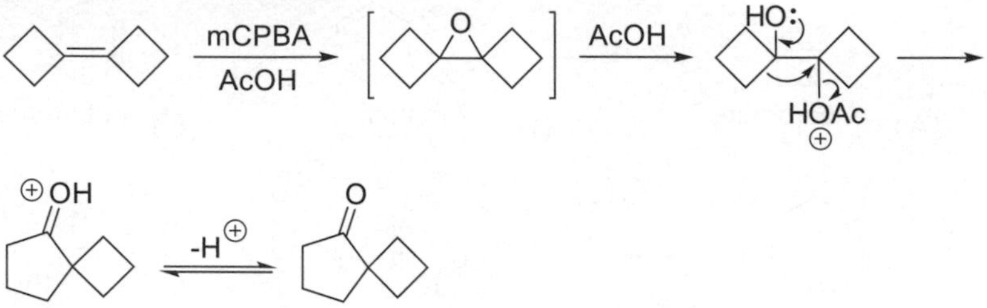

mCPBA / AcOH → AcOH → HO: / HOAc ⊕ → ⊕OH → -H⊕ → O

Ans：(C)(D)

Zn / CH_2I_2

CCl_2HCOCl / Et_3N → O, Cl, Cl

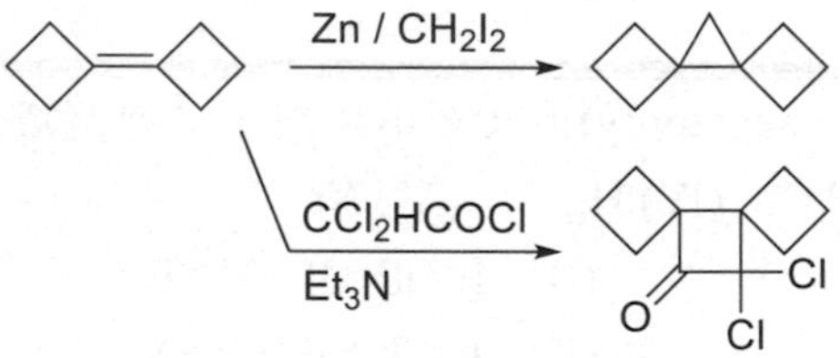

21. 經由下列反應後生成化合物 **S**，請問化合物 **S** 之結構為何？

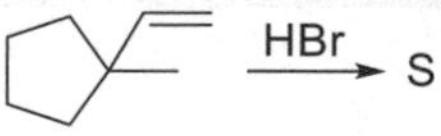

HBr → S

(A) Br　(B) Br　(C) Br
(D) Br　(E) Br

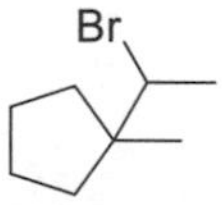

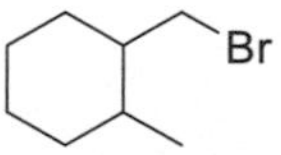

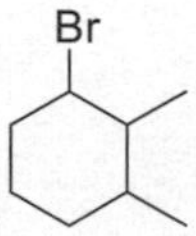

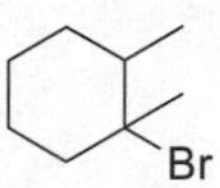

《107 中國醫-21》Ans：E

說明：

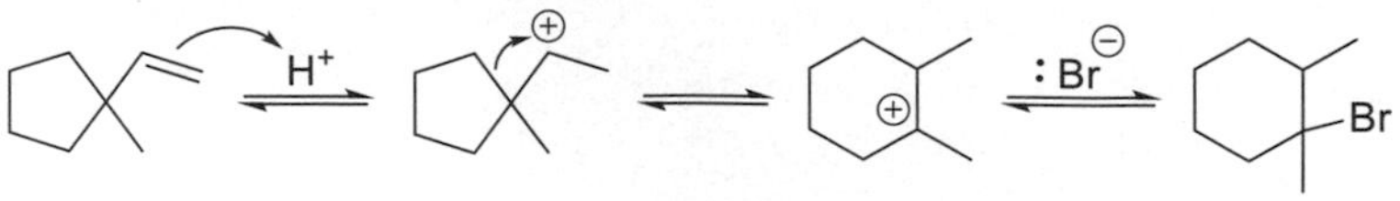

H^+ → ⊕ → ⊕ → $:Br^{\ominus}$ → Br

22. 環戊酮經下列反應生成化合物 **A**，請問化合物 **A** 之結構為何？

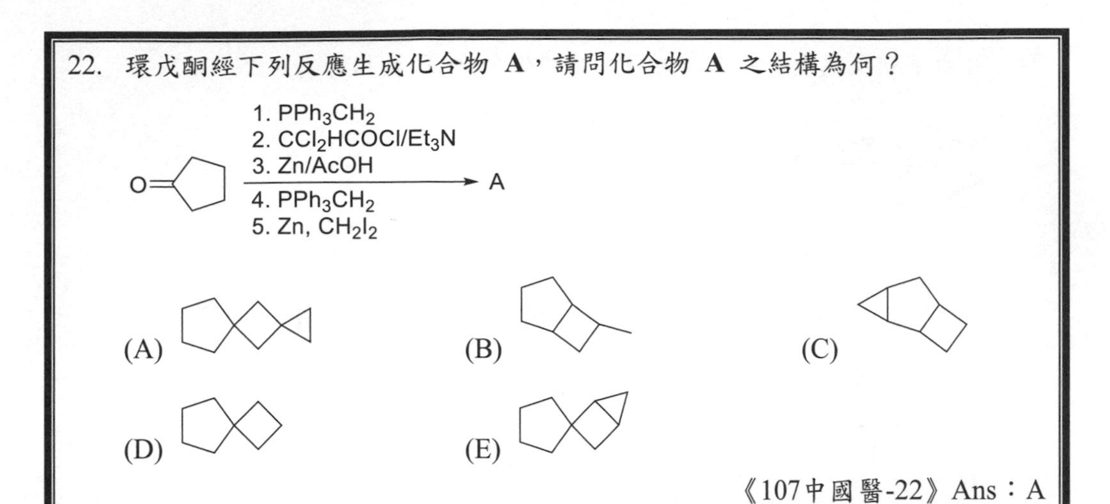

《107中國醫-22》Ans：A

說明：

$Ph_3P=CH_2$ ；CCl_2HCCl (C=O)，Et_3N ；Zn, AcOH ；$Ph_3P=CH_2$ ；Zn, CH_2I_2

23. 下列化合物請依照沸點由低至高的順序排列，下列選項何者正確？

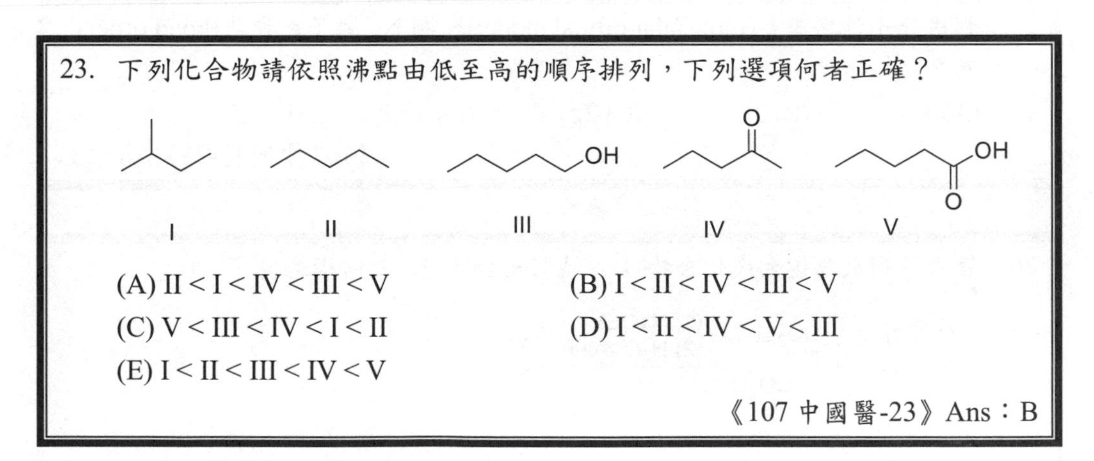

(A) II < I < IV < III < V　　(B) I < II < IV < III < V

(C) V < III < IV < I < II　　(D) I < II < IV < V < III

(E) I < II < III < IV < V

《107 中國醫-23》Ans：B

24. 經由下列反應後生成化合物 **T**，請問化合物 **T** 之結構為何？

OH $\xrightarrow{Br_2}$ T

(A)　　　　(B) Br, Br, OH　　　　(C) O

(D) Br, O　　　　(E) Br, O

《107 中國醫-24》Ans：D

說明：

OH ⟶ Br, ⊕, OH ⇌ Br, ⊕OH $\xrightleftharpoons{-H^{\oplus}}$ Br, O

25. 利用分子軌域模型(molecular orbital model)預測 N_2^+離子之鍵級(bond order)為？

(A) 1.5　　(B) 2　　(C) 2.5　　(D) 3　　(E) 3.5

《107 中國醫-25》Ans：C

26. 經由下列反應後生成化合物 **U**，請問化合物 **U** 之結構為何？

O + CO_2Et, CO_2Et $\xrightarrow[(2)\ H_3O^+/heat]{(1)\ NaOEt}$ U

(A) O, O　　(B) EtOOC, O, O　　(C) O, CO_2Et, O

(D)
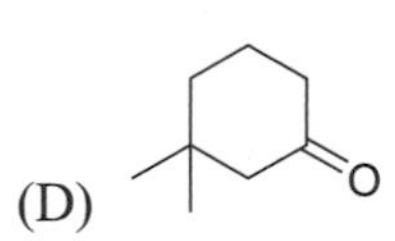

(E) O, O

《107 中國醫-26》Ans：E

說明：

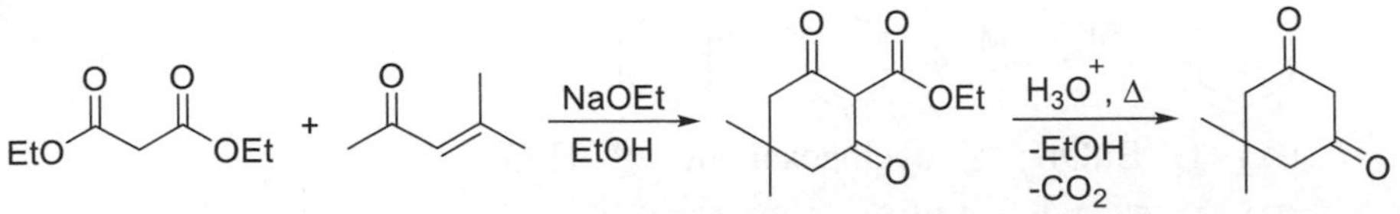

EtO(C=O)CH₂(C=O)OEt + 4-methylpent-3-en-2-one —NaOEt / EtOH→ (cyclic diketo ester, OEt) —H_3O^+, Δ / -EtOH / $-CO_2$→ 5,5-dimethylcyclohexane-1,3-dione

27. 下列反應中化合物 **I** 到 **V** 之結構何者正確？

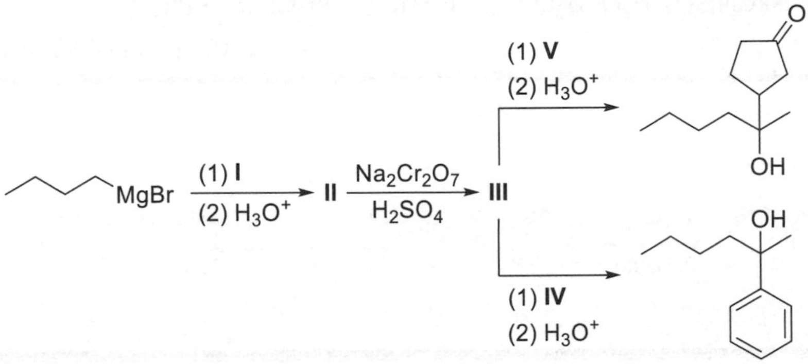

butyl-MgBr —(1) **I** (2) H_3O^+→ **II** —$Na_2Cr_2O_7$ / H_2SO_4→ **III**

III —(1) **V** (2) H_3O^+→ 3-(2-hydroxyhexan-2-yl)cyclopentanone

III —(1) **IV** (2) H_3O^+→ 2-phenylhexan-2-ol

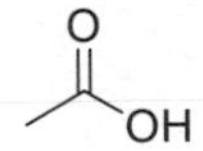

(A) **I** CH_3COOH

(B) **II** hexan-1-ol (OH)

(C) **III** hexanoic acid (OH)

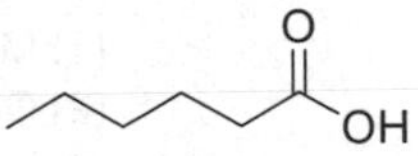

(D) **IV** $C_6H_5N_2^+$

(E) **V** (ethylene ketal of cyclopentanone)-MgBr

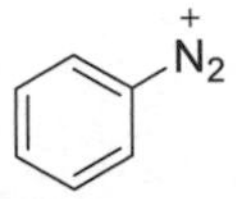

《107 中國醫-27》Ans：E

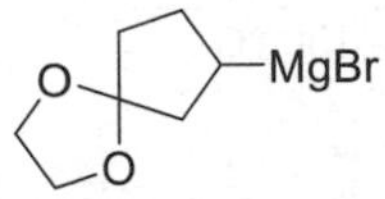

說明：

butyl-MgBr —1. CH_3CHO 2. H_3O^+→ hexan-2-ol (OH) —$Na_2Cr_2O_7$ / H_2SO_4→ hexan-2-one (O)

—1. (ethylene ketal cyclopentyl)-MgBr 2. H_3O^+→ 3-(2-hydroxyhexan-2-yl)cyclopentanone (OH)

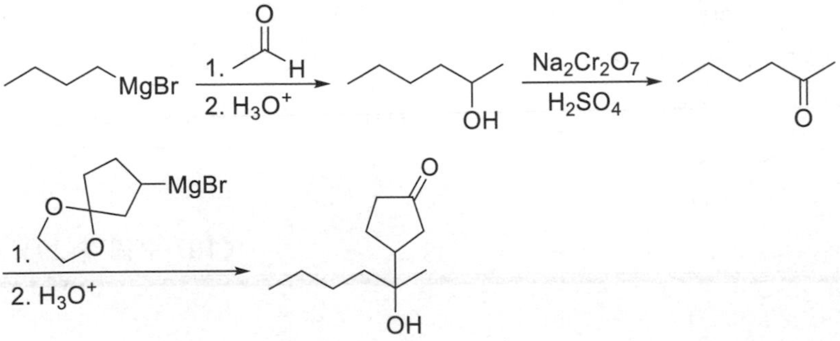

28. 下列反應方程式中，反應條件 **M** 為何？

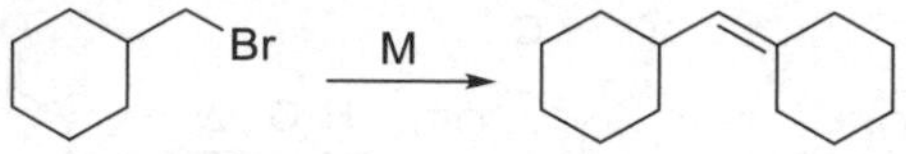

(A) ① ^{t}BuOK; ② cyclohexanone; ③ H_3O^+

(B) ① Cyclohexyl lithium; ② H_3O^+

(C) ① NaOH; ② PCC; ③ Zn/ H_3O^+

(D) ① PPh_3; ② ^{n}BuLi; ③ cyclohexanone

(E) ① NaCN; ② H_2O/ H_3O^+; ③ LAH; ④ PCC; ⑤ PPh_3

《107 中國醫-28》Ans：D

說明：

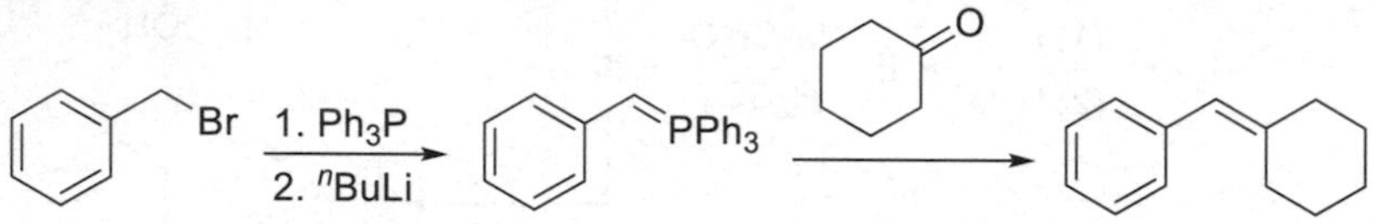

1. Ph_3P
2. ^{n}BuLi

PPh_3

29. 溴化丙烷經下列反應後生成化合物 **D**，請問化合物 **D** 之結構為何？

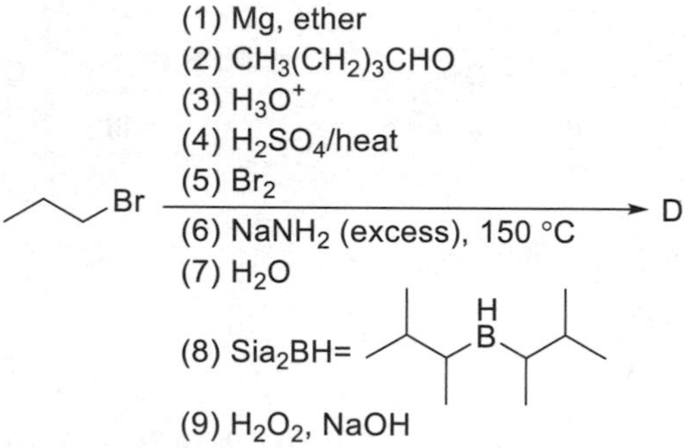

(1) Mg, ether
(2) $CH_3(CH_2)_3CHO$
(3) H_3O^+
(4) H_2SO_4/heat
(5) Br_2
(6) $NaNH_2$ (excess), 150 °C
(7) H_2O
(8) Sia_2BH=
(9) H_2O_2, NaOH

(A)

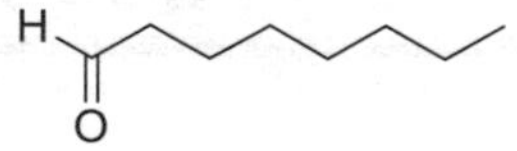

(B)

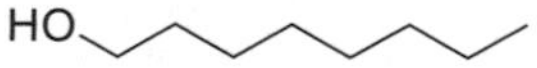

(C)

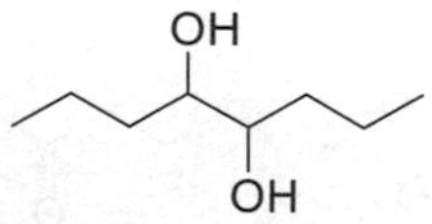

(D)

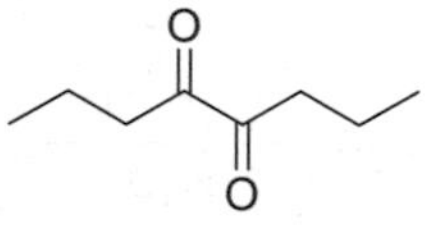

(E)

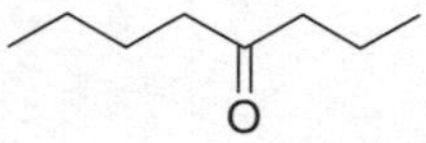

《107 中國醫-29》Ans：A

說明：

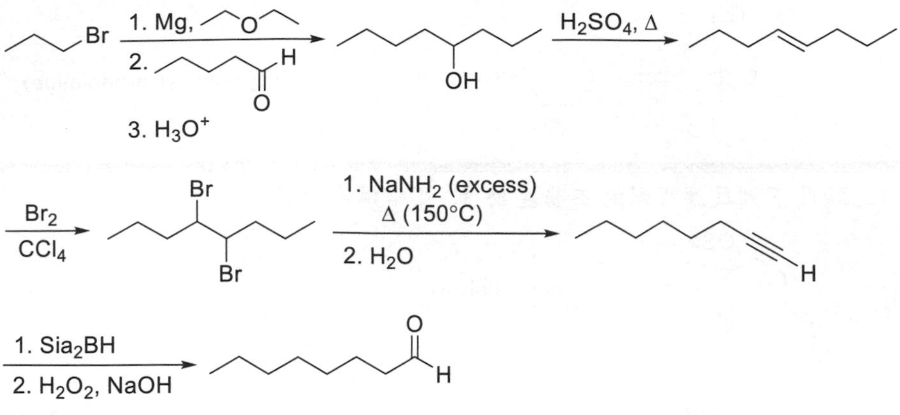

1. Mg, (Et)$_2$O; 2. butanal; 3. H_3O^+ → 4-octanol (OH) → H_2SO_4, Δ → 4-octene

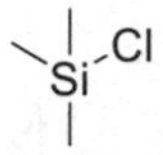

Br_2 / CCl_4 → 4,5-dibromooctane (Br, Br) → 1. $NaNH_2$ (excess), Δ (150°C); 2. H_2O → 1-octyne (H)

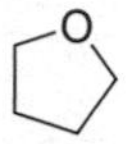

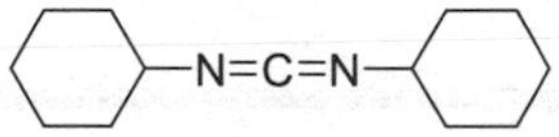

1. Sia_2BH; 2. H_2O_2, NaOH → octanal (O, H)

30. 下列化合物命名縮寫何者**有誤**？

(A) 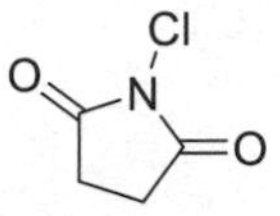 NCS (Cl, O, N, O)
(B) TMS (Si, Cl)
(C) THF (O)
(D) 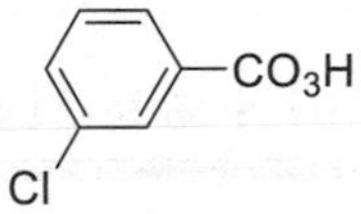 *m*CPBA (CO_3H, Cl)
(E) DCC (N=C=N)

《107 中國醫-30》Ans：B

說明：

Ans：(A)

NCS ⟹ (O, N–Cl, O) (N-chlorosuccimide)

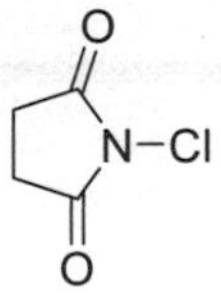

Ans：(B)

TMSCl ⟹ (Si, Cl) (trimethylsilyl chloride)

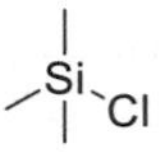

Ans：(C)

THF ⟹ (O) (tetrahydrofuran)

Ans：(D)

mCPBA ⟹ (O, OOH, Cl) (m-chloroperbenzoic acid)

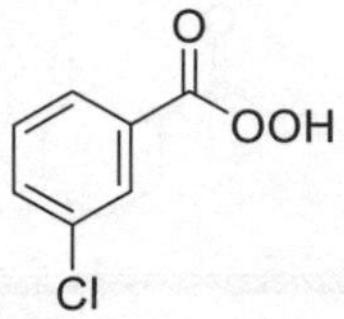

Ans：(E)

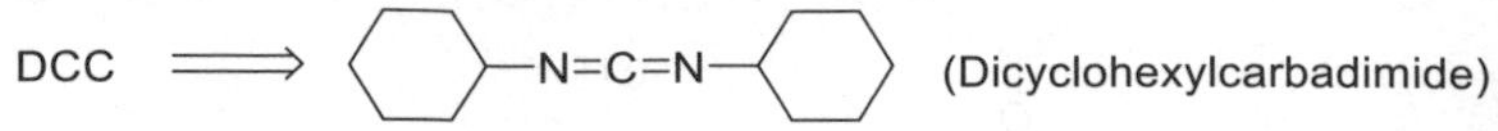

DCC ⟹ N=C=N (Dicyclohexylcarbadimide)

31. 請問下列反應得到的主要產物 **E** 之結構為何？

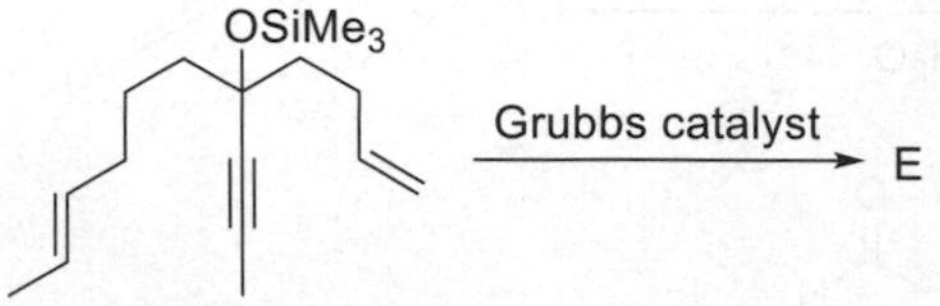

$OSiMe_3$ Grubbs catalyst → E

(A) $OSiMe_3$ (B) $OSiMe_3$ (C) $OSiMe_3$

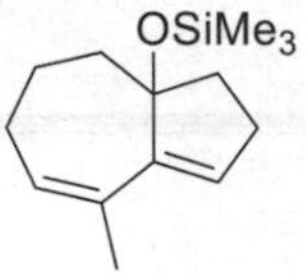

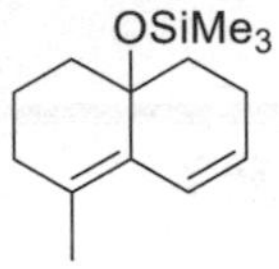

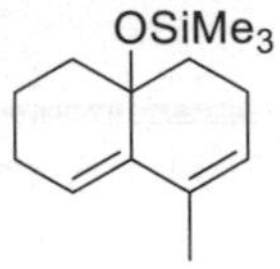

(D) $OSiMe_3$ (E) $OSiMe_3$

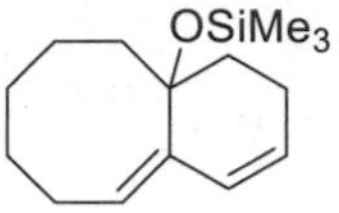

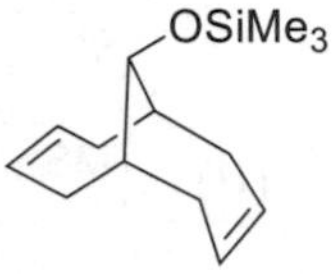

《107 中國醫-31》Ans：A

說明：

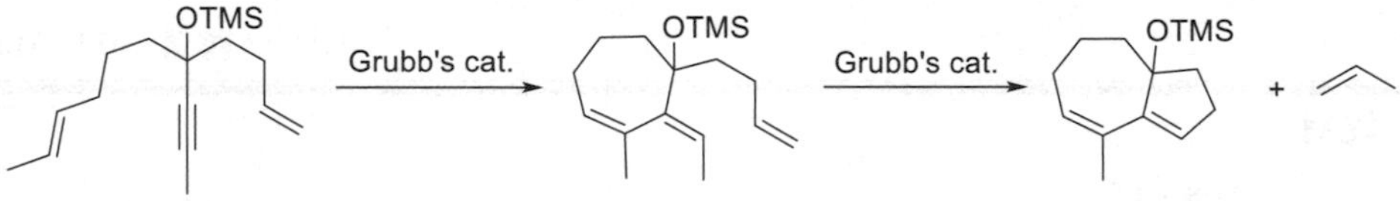

OTMS Grubb's cat. → OTMS Grubb's cat. → OTMS +

32. 下列反應式何者正確？

(A) NaBH$_4$, MeOH → OH OH

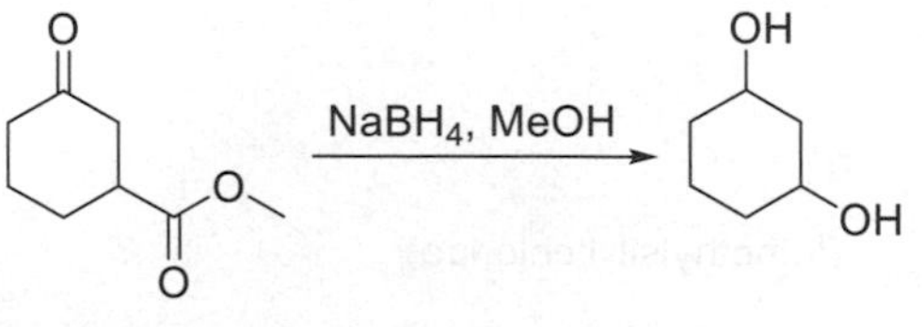

(B) (1) LAH (2) H_3O^+ → OH

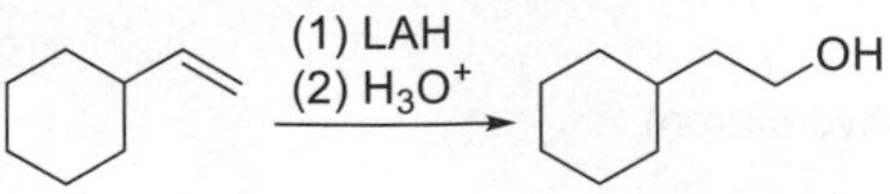

(C) (1) excess MgBr (2) H_3O^+ →

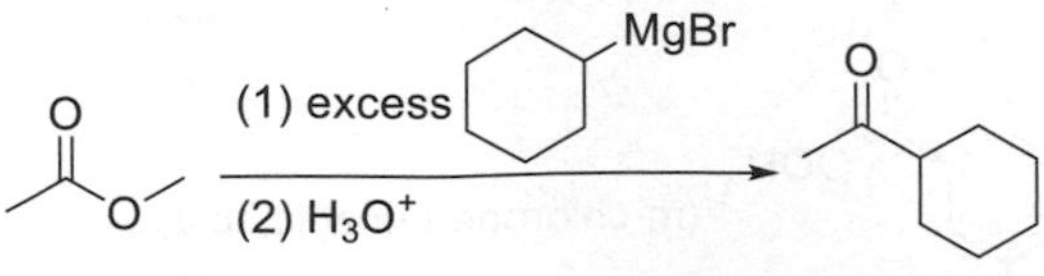

(D) 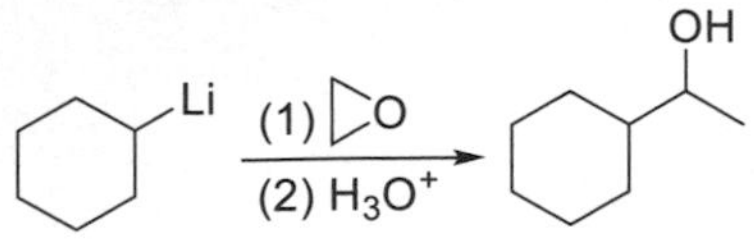 Cyclohexyl-Li $\xrightarrow[\text{(2) } H_3O^+]{\text{(1) ethylene oxide}}$ 1-cyclohexylethanol

(E) 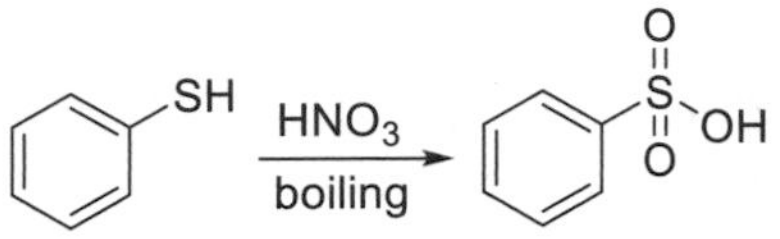 PhSH $\xrightarrow[\text{boiling}]{HNO_3}$ $PhSO_3H$

《107 中國醫-32》Ans：E

說明：

Ans：(A)

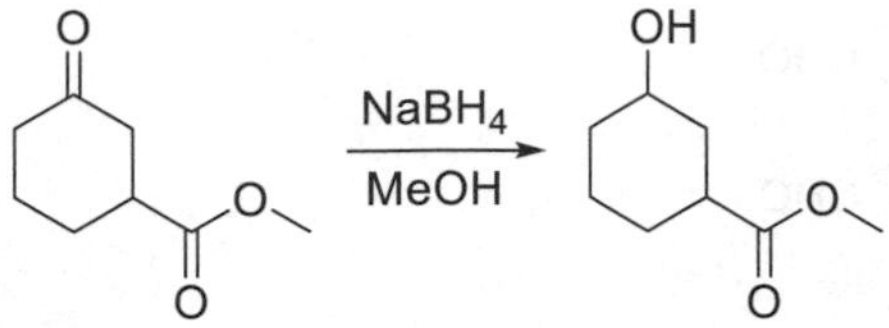

methyl 3-oxocyclohexanecarboxylate $\xrightarrow[\text{MeOH}]{NaBH_4}$ methyl 3-hydroxycyclohexanecarboxylate

Ans：(B)

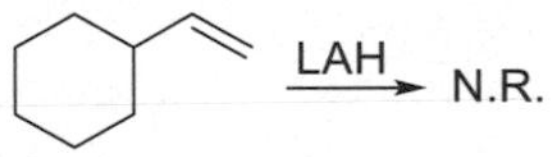

vinylcyclohexane $\xrightarrow{\text{LAH}}$ N.R.

Ans：(C)

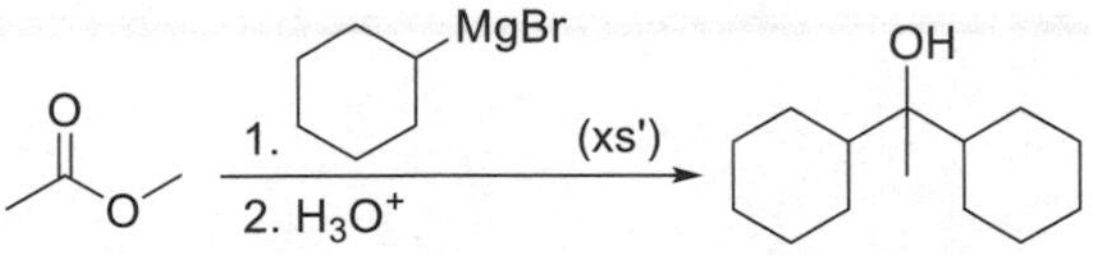

methyl acetate $\xrightarrow[\text{2. } H_3O^+]{\text{1. cyclohexyl-MgBr (xs')}}$ 1,1-dicyclohexylethanol

Ans：(D)

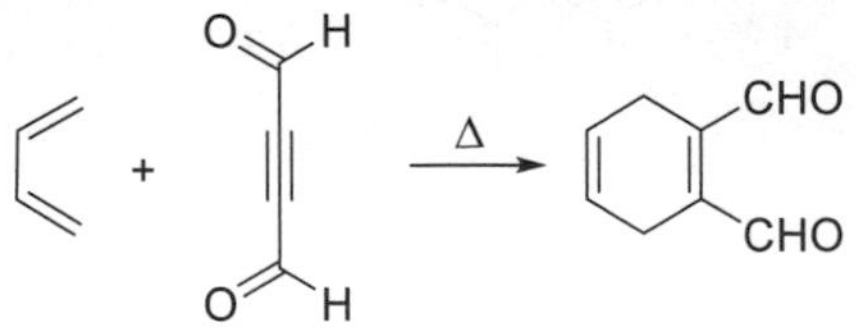

butadiene + OHC–C≡C–CHO $\xrightarrow{\Delta}$ cyclohexa-1,4-diene-1,2-dicarbaldehyde (CHO, CHO)

Ans：(E)

hexa-2,4-diene + maleic dialdehyde (CHO, CHO) $\xrightarrow{\Delta}$ dimethylcyclohexene-dicarbaldehyde (CHO, CHO) + enantiomer (CHO, CHO) (d , l)

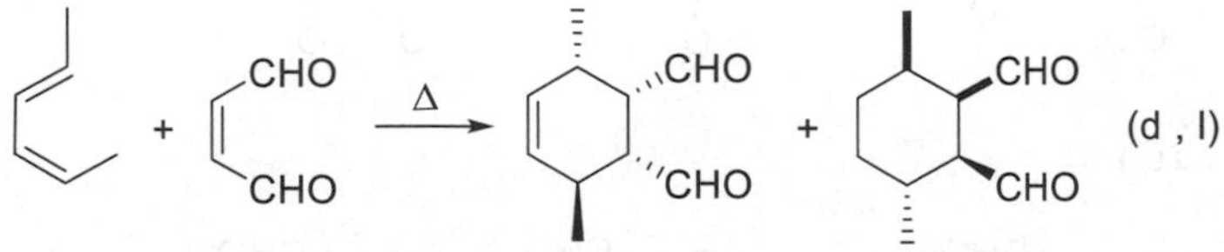

33. 下列反應式何者正確？

(A) O + CHO → O CHO

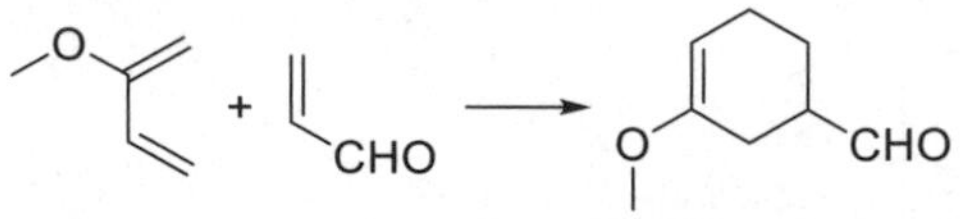

(B) O + CHO → O CHO

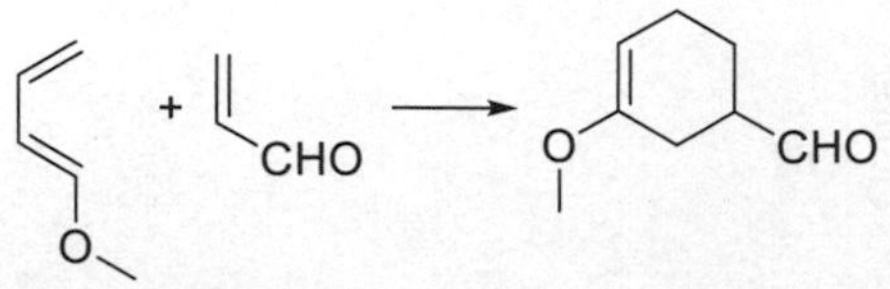

(C) + CHO CHO → CHO CHO

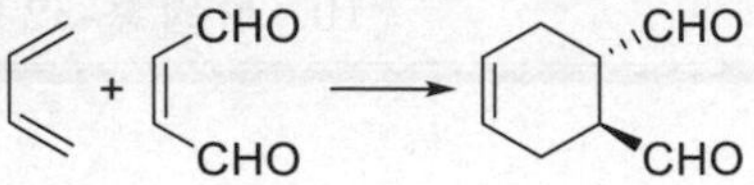

(D) + CHO CHO → CHO CHO

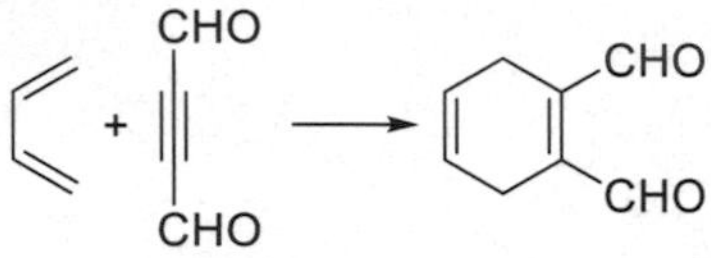

(E) + CHO CHO → CHO CHO

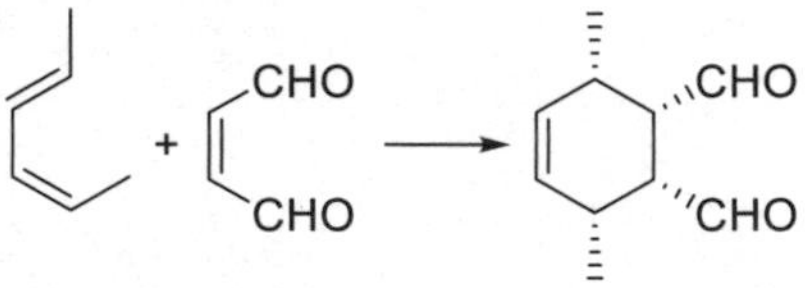

《107 中國醫-33》Ans：D

說明：

Ans：(A)

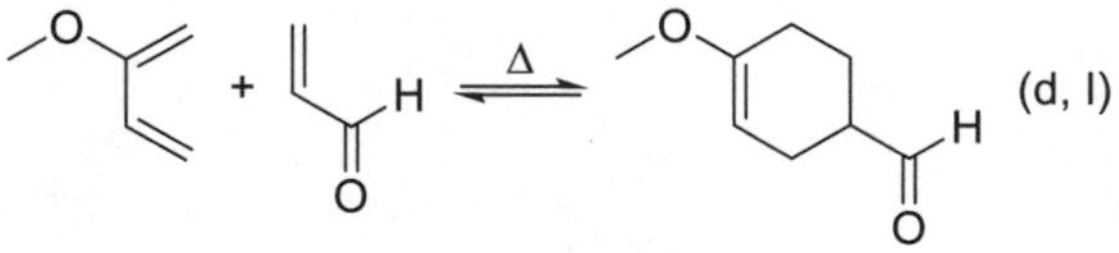

O + H O ⇌(Δ) O H O (d, l)

Ans：(B)

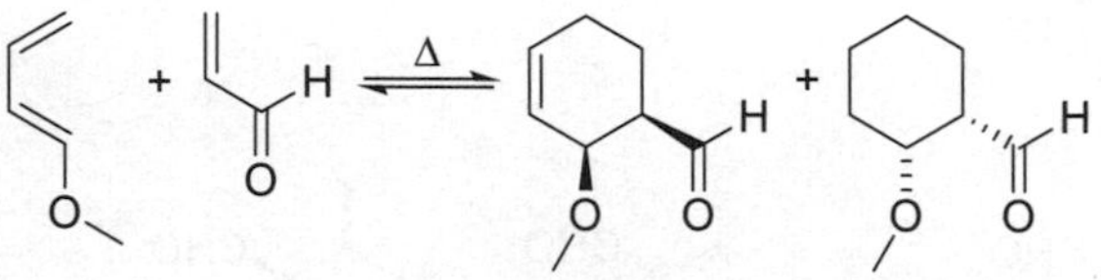

O + H O ⇌(Δ) H O O + H O O

Ans：(C)

CHO CHO + ⇌(Δ) CHO CHO + CHO CHO

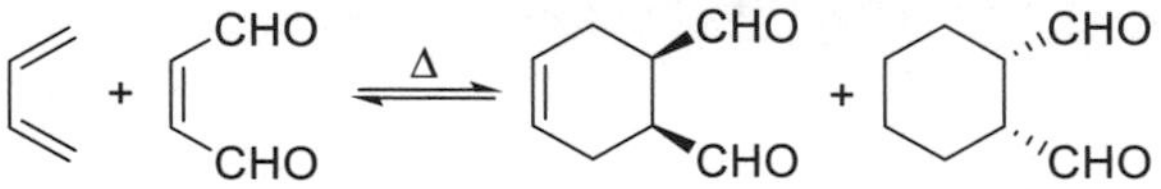

Ans：(D)

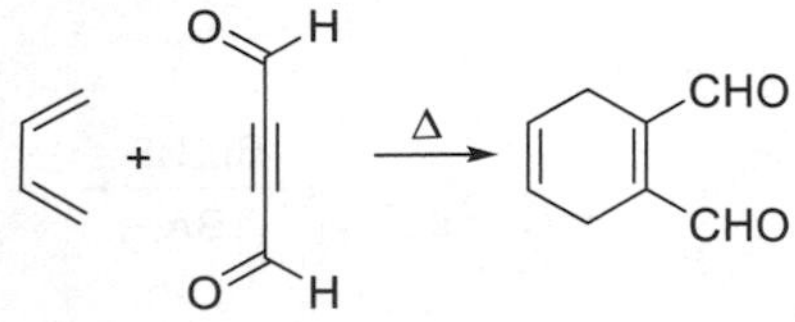

Ans：(E)

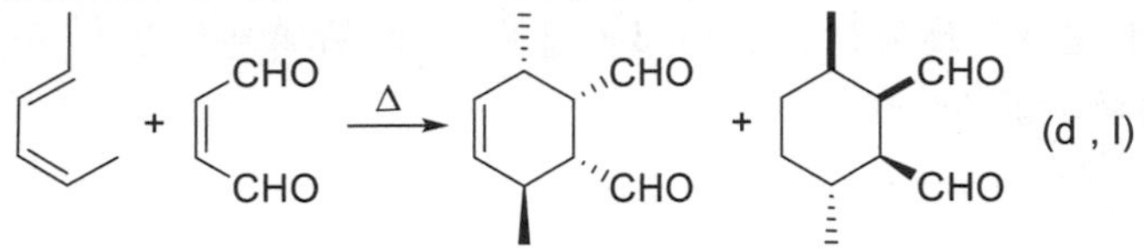

(d , l)

34. 下列反應式中，R 基團可能為何？

$NaNO_2$ / H_3O^+

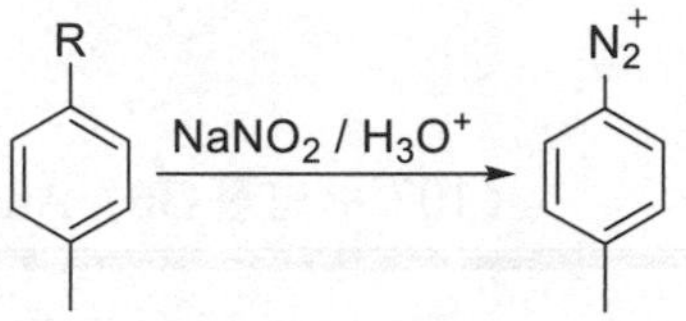

(A) $NHSO_2CH_3$　(B) NH_2　(C) NO_2　(D) $NHCOCH_3$　(E) N_3

《107 中國醫-34》Ans：B

說明：

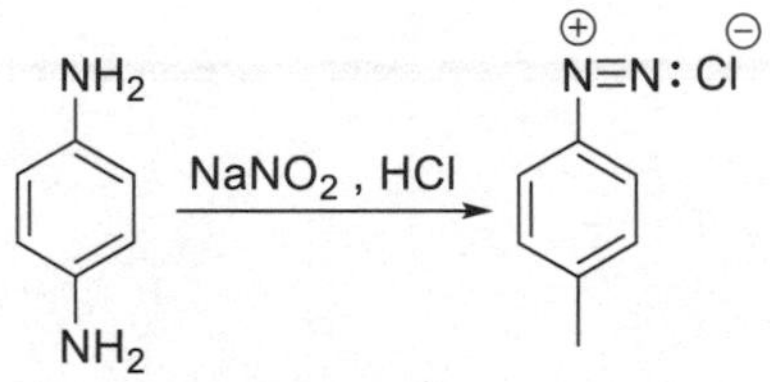

$NaNO_2$, HCl

35. 經由下列反應後生成化合物 **F**，請問化合物 **F** 之結構為何？

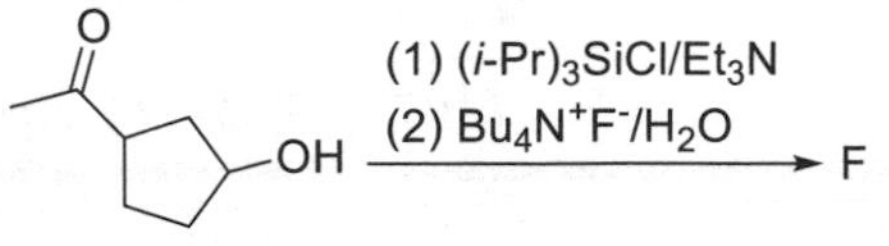

(1) $(i\text{-Pr})_3SiCl/Et_3N$
(2) $Bu_4N^+F^-/H_2O$

(A) 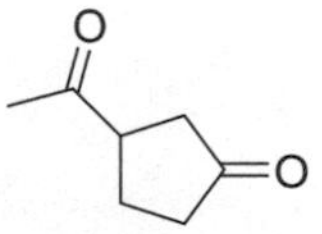　(B) 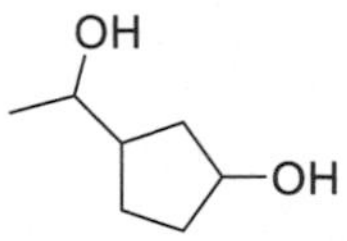　(C) 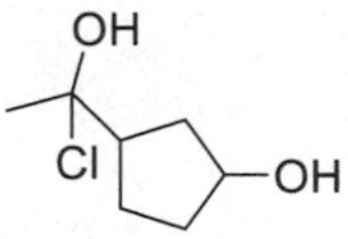　(D) 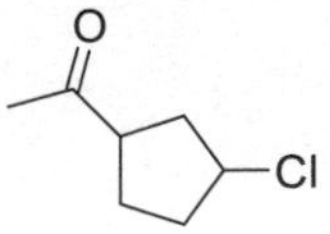　(E)

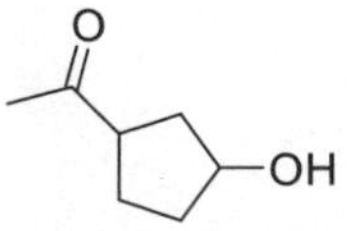

《107 中國醫-35》Ans：E

說明：

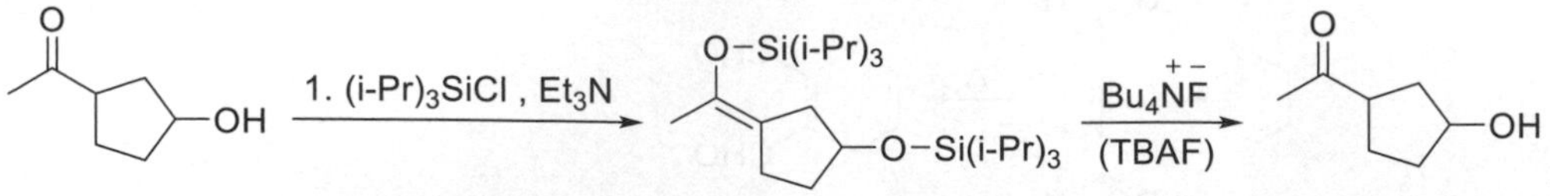

1. $(i\text{-}Pr)_3SiCl$, Et_3N；$Bu_4\overset{+}{N}\overset{-}{F}$ (TBAF)

O–Si(i-Pr)$_3$ ... O–Si(i-Pr)$_3$ ... OH

36. 有一名學生進行反應得到化合物 **J**，請問 **J** 之結構為何？

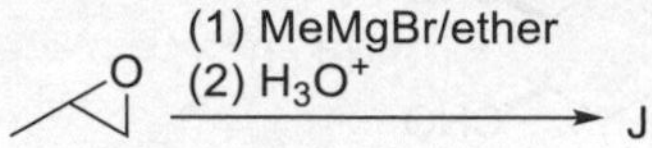

(1) MeMgBr/ether
(2) H_3O^+
→ J

(A) 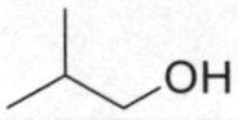 (B) 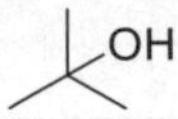 (C) 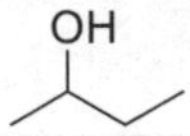 (D) 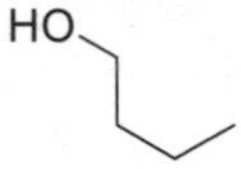 (E)

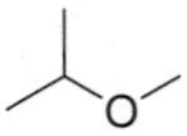

《107 中國醫-36》Ans：C

說明：

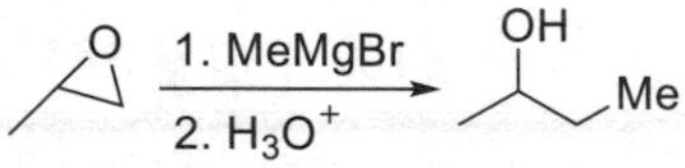

1. MeMgBr
2. H_3O^+
OH, Me

37. 下列反應方程式中，試劑 G 為何？

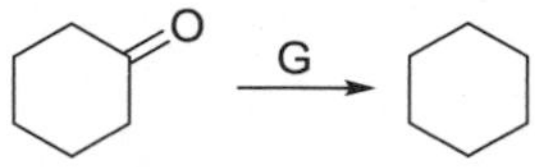

G

(A) N_2H_4, then NaOH
(B) LAH, then H_3O^+
(C) Raney nickel / H_2
(D) $Ag(NH_3)^+$ / KOH
(E) MeOH / H_3O^+

《107 中國醫-37》Ans：A

說明：

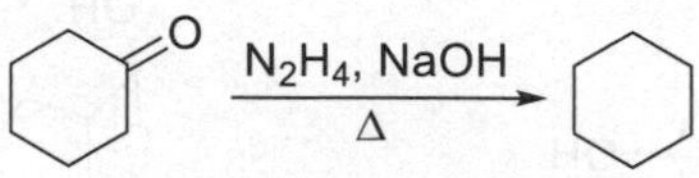

N_2H_4, NaOH
Δ
(Wolff-Kisliner reduction)

38. 某化合物 **O** 之 NMR 氫譜的數據如下所示，請推斷其結構為何？

^{1}H NMR δ (ppm) 7.28 (m, 5H), 4.59 (br, 1H), 3.91 (d, 2H), 2.28 (m, 1H), 1.2 (d, 3H)

(A) 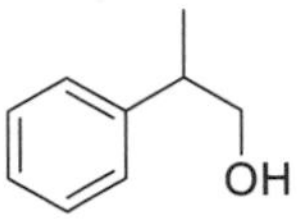 OH (B) 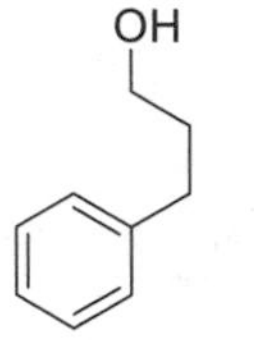 OH (C) 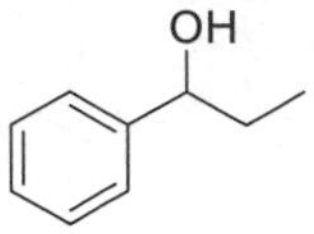 OH

(D) 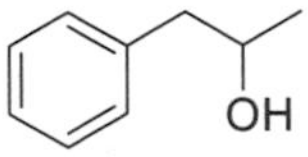 OH (E) 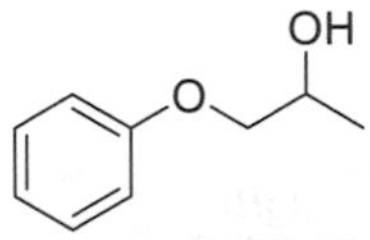 O OH

《107 中國醫-38》Ans：A

說明：

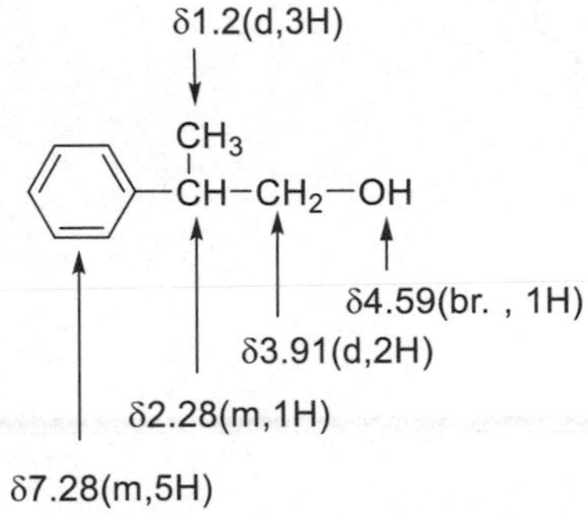

δ1.2(d,3H)

CH_3

CH–CH_2–OH

δ4.59(br. , 1H)

δ3.91(d,2H)

δ2.28(m,1H)

δ7.28(m,5H)

39. 有一位學生上網發現了一個有趣的反應式，請問化合物 **H** 之結構為何？

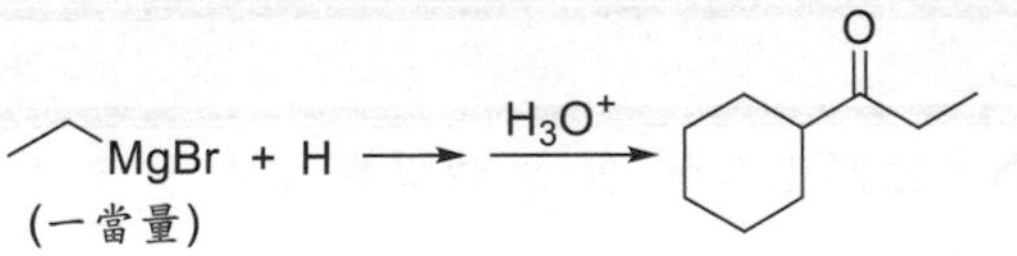

MgBr + H ⟶ H_3O^+ ⟶ O

(一當量)

(A) 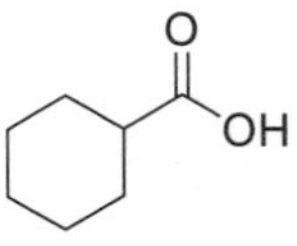 O OH (B) 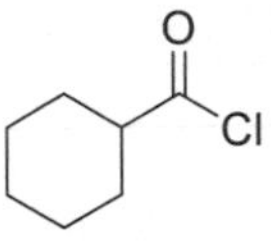 O Cl (C) 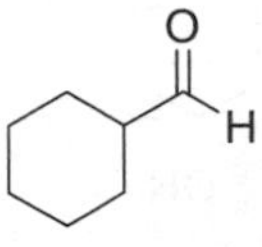 O H

(D) 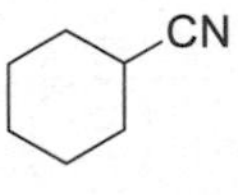 CN (E)

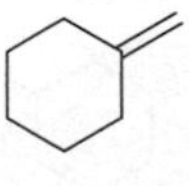

《107 中國醫-39》Ans：D

說明：

Ans：(A)

OH 1. MgBr 2. H_3O^+ → N.R

Ans：(B)

Cl 1. MgBr 2. H_3O^+ → OH

Ans：(C)

H 1. MgBr 2. H_3O^+ → OH

Ans：(D)

C≡N 1. MgBr 2. H_3O^+ → O

Ans：(E)

1. MgBr 2. H_3O^+ → N.R

40. 下列最短之鍵長(bond length)為何？

(A) C－C 鍵　(B) C＝C 鍵　(C) C＝O 鍵

(D) H－H 鍵　(E) O－H 鍵

《107 中國醫-40》Ans：D

41. 經由下列反應後生成化合物 N，請問化合物 N 之結構為何？

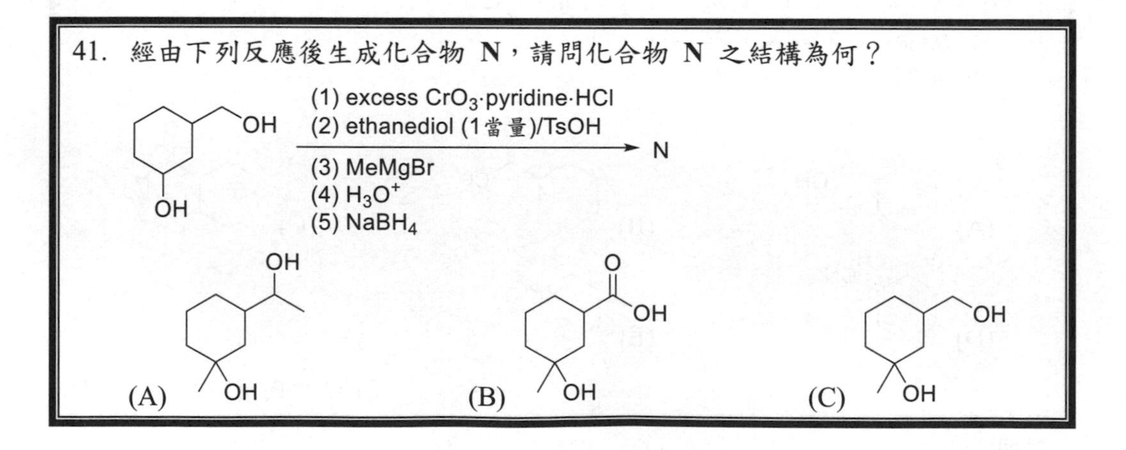

(D) 3-(1-hydroxyethyl)cyclohexan-1-ol

(E) 1-(cyclohex-3-en-1-yl)ethan-1-ol

《107 中國醫-41》Ans：C

說明：

(3-hydroxycyclohexyl)methanol —excess p.c.c→ 3-oxocyclohexane-1-carbaldehyde —(1eq.) HO‑CH₂CH₂‑OH, TsOH→ 3-(1,3-dioxolan-2-yl)cyclohexan-1-one

—1. MeMgBr 2. H_3O^+→ 3-hydroxy-3-methylcyclohexane-1-carbaldehyde —1. $NaBH_4$ 2. H_3O^+→ 3-(hydroxymethyl)-1-methylcyclohexan-1-ol

42. 經由下列反應後生成化合物 I，請問化合物 I 之結構為何？

CH_3CH_2COOH —Br_2/PBr_3→ I —H_2O→ $CH_3CHBrCOOH$

(A) $CH_3CHBrC(=O)O\text{-}PBr_2$

(B) $CH_3CHBrC(=O)Br$

(C) $CH_3CH_2C(=O)O\text{-}PBr_2$

(D) $CH_3CH_2CH(OH)O\text{-}PBr_2$

(E) CH_3CBr_2COOH

《107 中國醫-42》Ans：B

說明：

CH_3CH_2COOH —Br_2, PBr_3→ $CH_3CHBrC(=O)Br$ —H_2O→ $CH_3CHBrCOOH$

43. 下列那個反應式無法得到羧酸(carboxylic acid)類化合物？

(A) 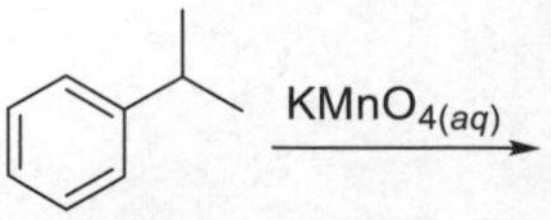 $\xrightarrow{KMnO_{4(aq)}}$

(B) 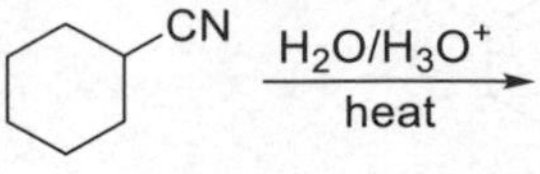 CN $\xrightarrow[\text{heat}]{H_2O/H_3O^+}$

(C) 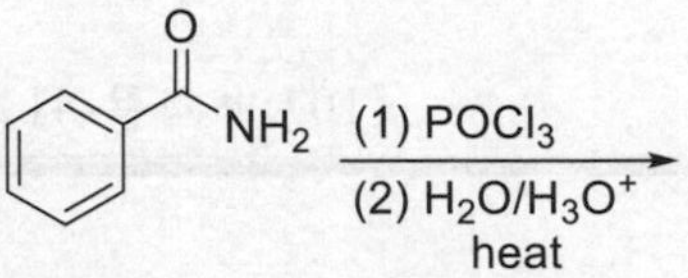 O NH$_2$ (1) $POCl_3$ (2) H_2O/H_3O^+ heat

(D) 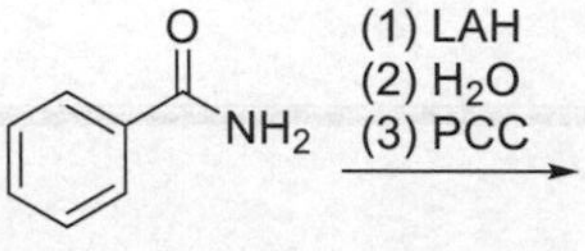 O NH$_2$ (1) LAH (2) H_2O (3) PCC

(E) 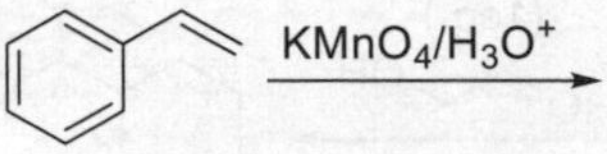 $\xrightarrow{KMnO_4/H_3O^+}$

《107 中國醫-43》Ans：D

說明：

Ans：(A)

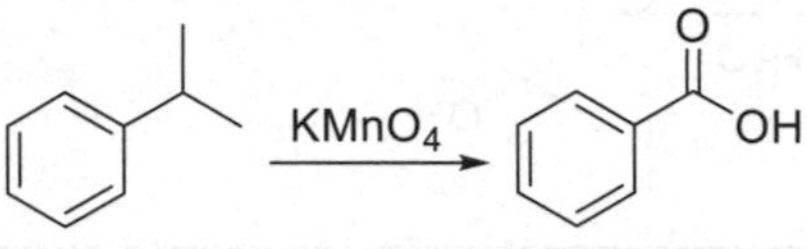

$\xrightarrow{KMnO_4}$ O OH

Ans：(B)

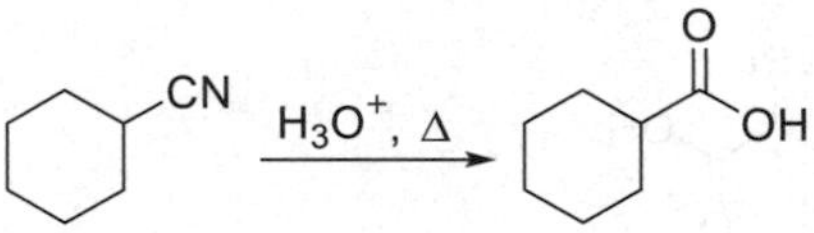

CN $\xrightarrow{H_3O^+,\ \Delta}$ O OH

Ans：(C)

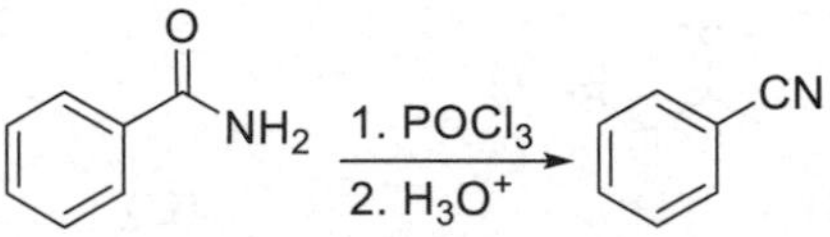

O NH$_2$ 1. $POCl_3$ 2. H_3O^+ → CN

Ans：(D)

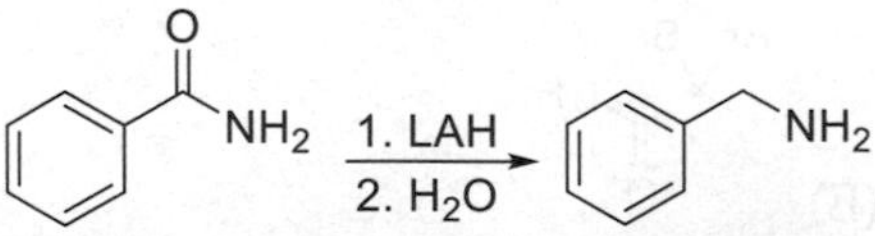

O NH$_2$ 1. LAH 2. H_2O → NH$_2$

Ans：(E)

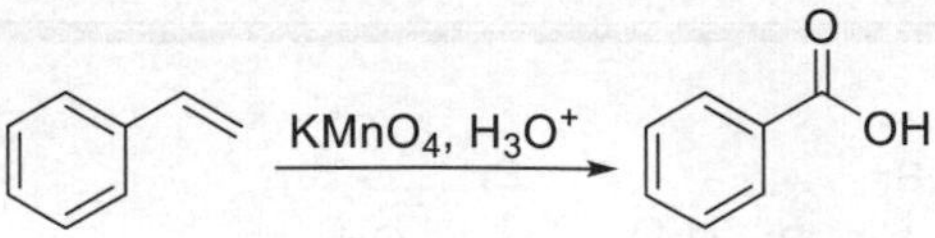

$\xrightarrow{KMnO_4,\ H_3O^+}$ O OH

44. 由下列反應後生成化合物 **R**，請問合 **R** 之結構為何？

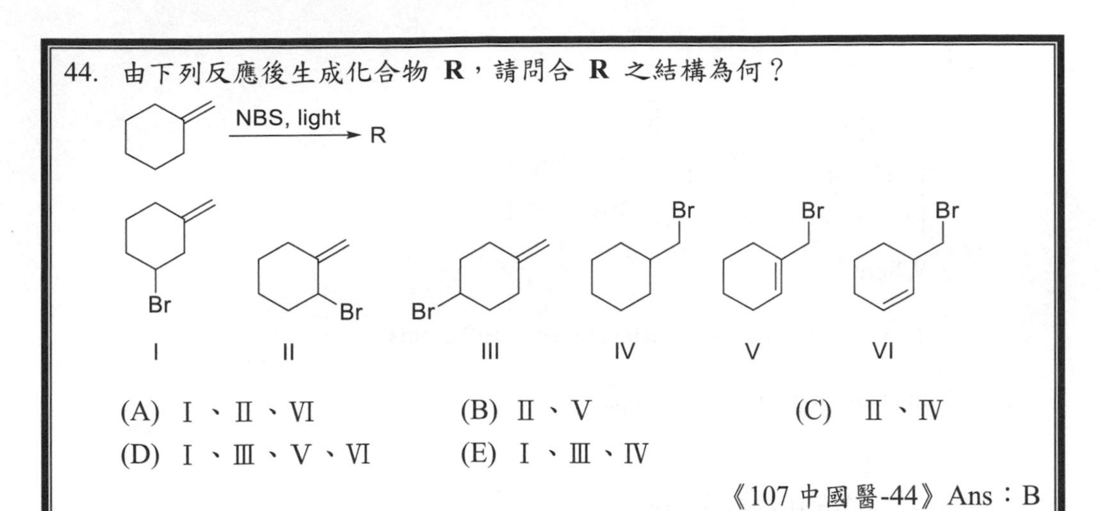

(A) Ⅰ、Ⅱ、Ⅵ　(B) Ⅱ、Ⅴ　(C) Ⅱ、Ⅳ
(D) Ⅰ、Ⅲ、Ⅴ、Ⅵ　(E) Ⅰ、Ⅲ、Ⅳ

《107 中國醫-44》Ans：B

說明：

NBS / hν → [↔] → NBS → (2-bromo-1-methylenecyclohexane) + (1-(bromomethyl)cyclohexene)

45. 下圖為某化合物 **L** 之核磁共振光譜，請問此化合物 **L** 之結構為何？

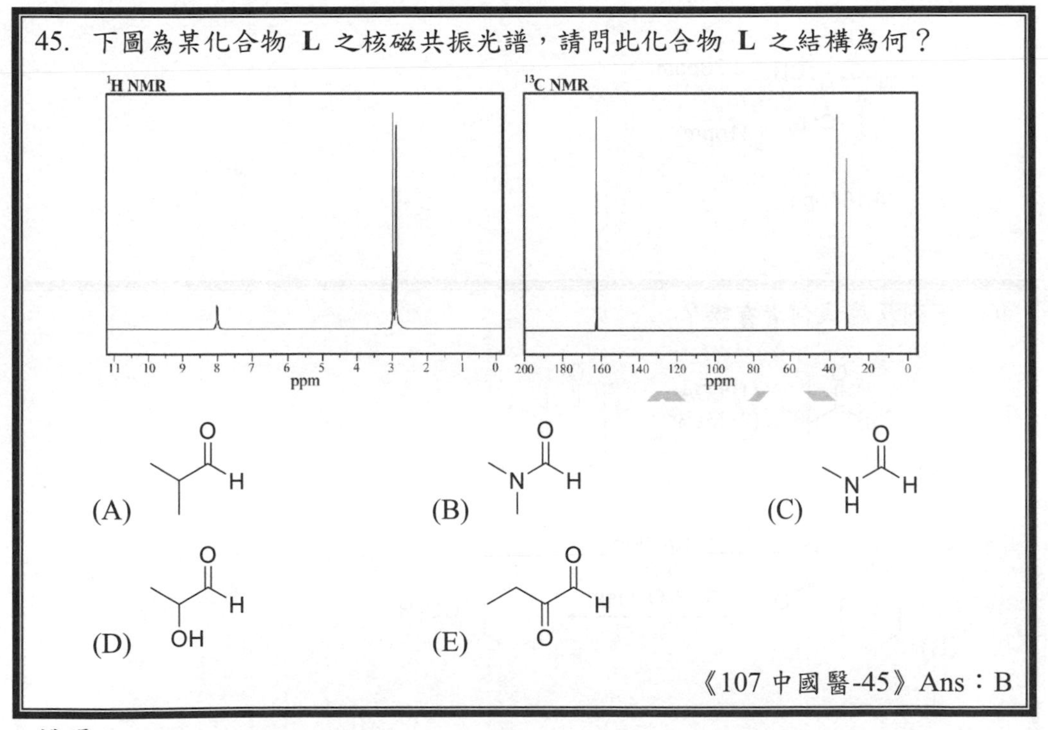

《107 中國醫-45》Ans：B

說明：

1.

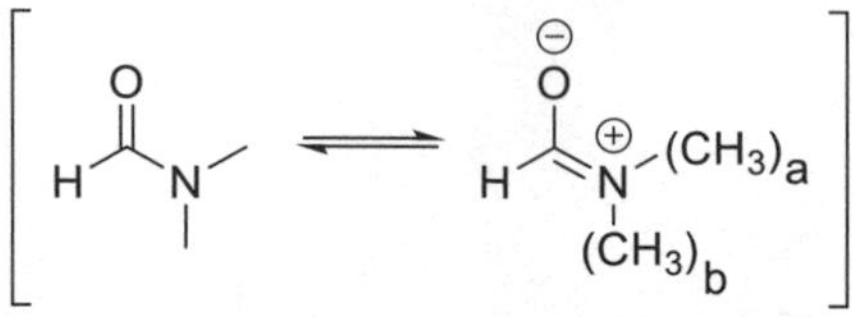

$$\left[\text{HC(=O)N(CH}_3)_2 \rightleftharpoons \text{H–C(–O}^{\ominus})\text{=N}^{\oplus}\text{(CH}_3)_a\text{(CH}_3)_b \right]$$

Where

$(CH_3)_a \neq (CH_3)_b$ ⇒ diastereotopic H/C atoms

2. diastereotopic methyl groups

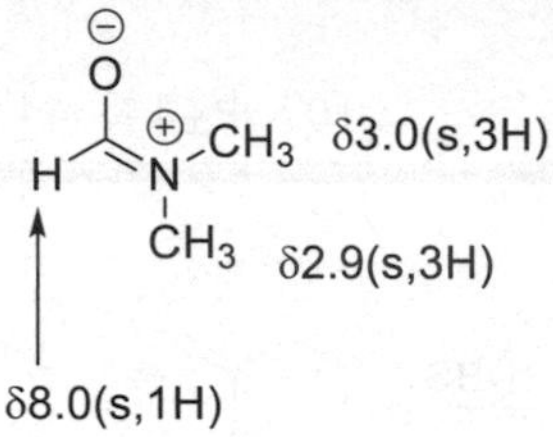

CH_3 δ3.0(s,3H)

CH_3 δ2.9(s,3H)

H δ8.0(s,1H)

3. diastereotopic Carbon-atoms

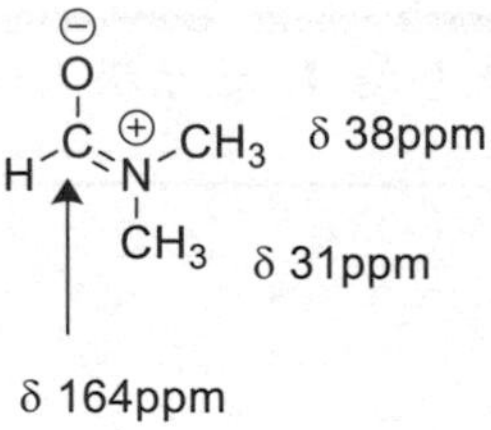

CH_3 δ 38ppm

CH_3 δ 31ppm

C δ 164ppm

46. 下列反應式何者**有誤**？

(A) (1) LDA (2) MeBr

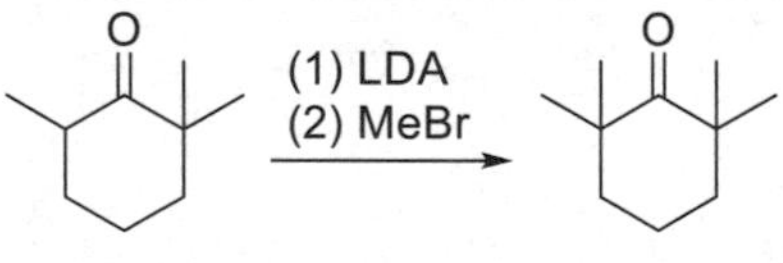

(B) (1) NaOMe (2) MeBr (3) H_3O^+/heat → CO_2H

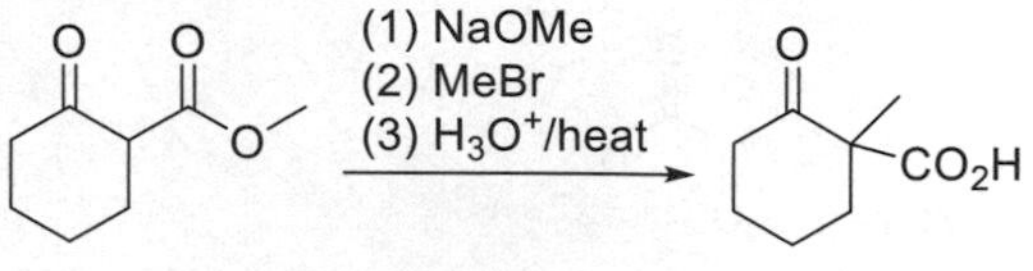

(C) + CHO NaOMe →

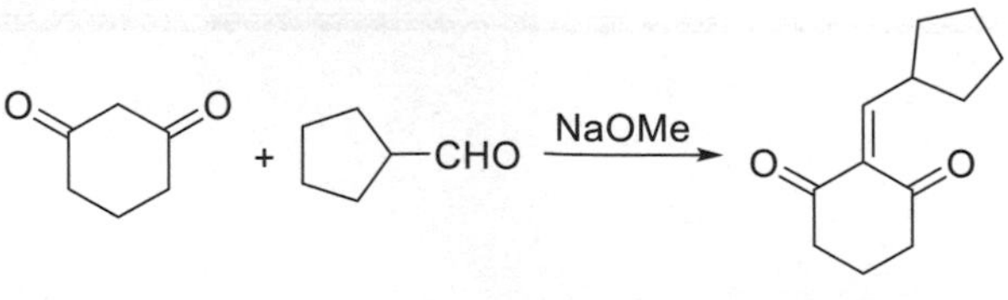

(1) $CH_3CH_2CH_2I$
(2) H_3O^+

Ph

(D)

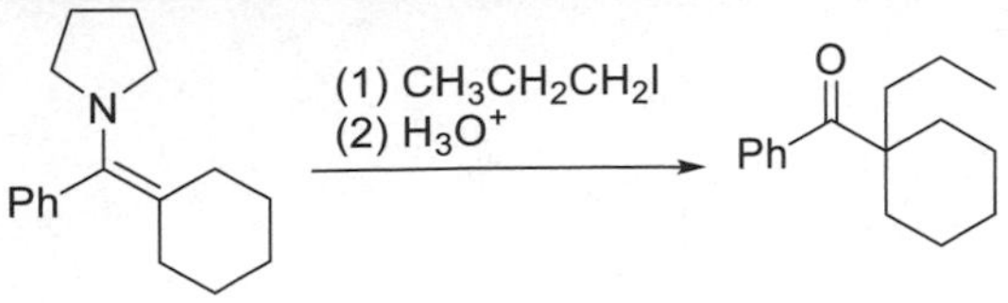

NaOH

(E)

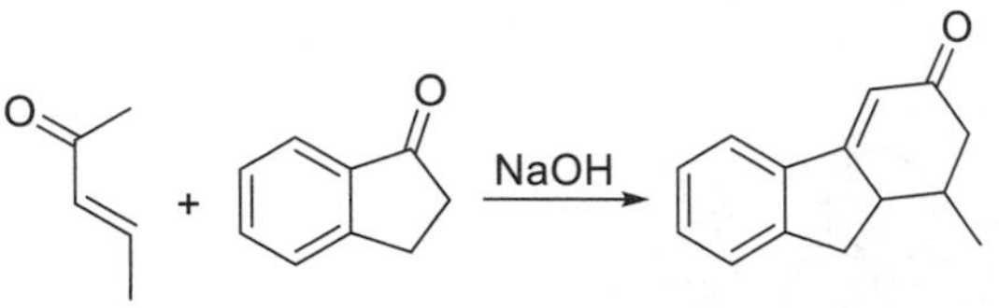

《107 中國醫-46》Ans：B

說明：

Ans：(A)

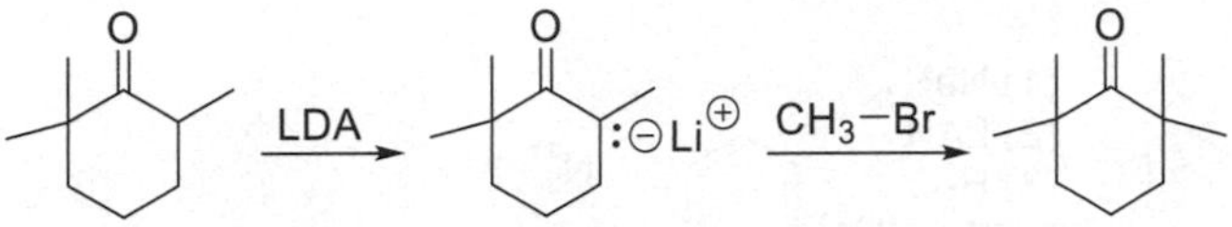

LDA　:⊖Li⊕　CH_3-Br

Ans：(B)

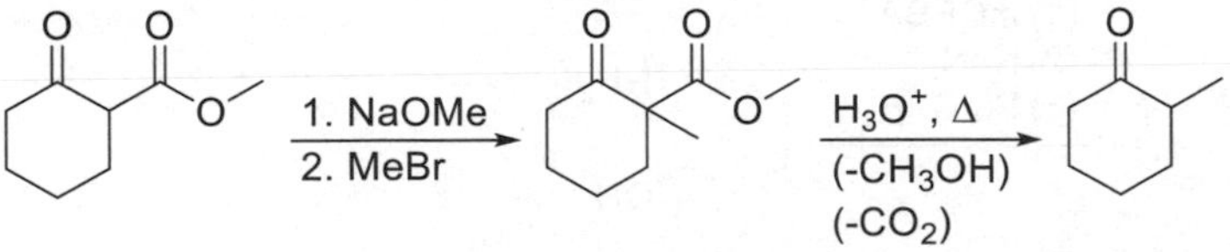

1. NaOMe
2. MeBr

H_3O^+, Δ
($-CH_3OH$)
($-CO_2$)

Ans：(C)

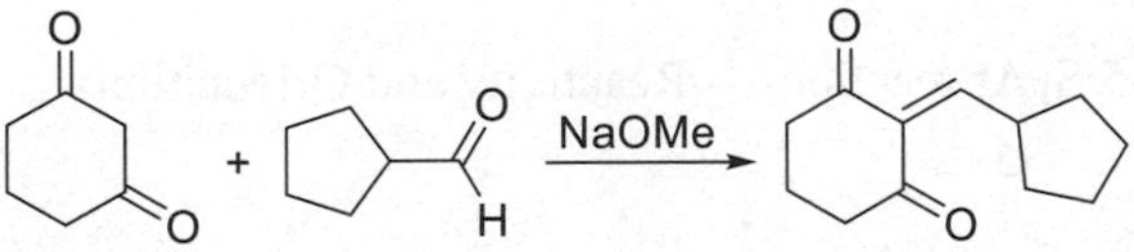

H　NaOMe

Ans：(D)

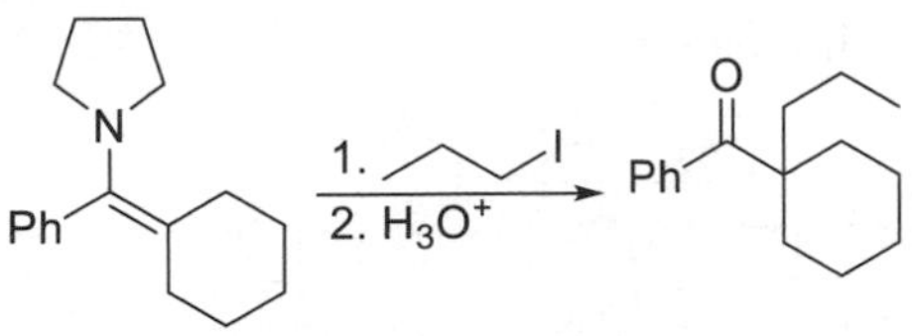

1. (I)
2. H_3O^+

Ph　Ph

Ans：(E)

NaOH

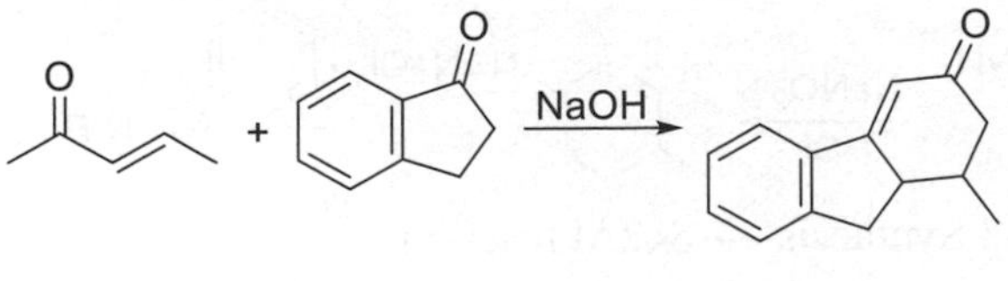

47. 下列反應式何者正確？

(A) NH_2 —(O, , $AlCl_3$)→ NH_2, O

(B) N H —(1) MeI (2) Ag_2O (3) heat→ N

(C) NH_2 —(1) $NaNO_2$/HCl (2) benzene→

(D) Br —(1) NaN_3 (2) LAH (3) H_2O→ N_2^+

(E) —(1) *m*CPBA (2) NaN_3 (3) Pd/C, H_2→ NH_2, OH

《107 中國醫-47》Ans：E

說明：

Ans：(A) (CH-5 S_EAr reaction-----Reactivity and Orientation)

NH_2 —(O, Cl, $AlCl_3$)→ N.R.

Ans：(B) (CH-2 Hoffman elimination)

N H —MeI (x's)→ ⊕ N $I^{\ominus}$ —Ag_2O , H_2O→ ⊕ N H $\bar{O}H$ —Δ→ N

Ans：(C) (CH-5 Sandmeyer Synthesis)

NH_2 —$NaNO_2$ / HCl→ $\overset{\oplus}{N}\equiv N$: $\overset{\ominus}{Cl}$ —(benzene)→ N.R

Ans：(D) (CH-2 Synthesis-----S_N2Al reaction)

Br —NaN_3→ N_3 —1. LAH 2. H_2O→ NH_2

Ans：(E) (CH-3 Epoxide formation and epoxide opening rule)

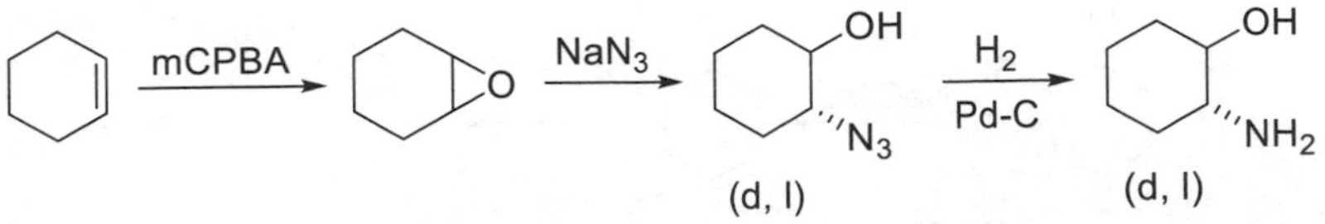

mCPBA → NaN$_3$ → (d, l) → H_2 / Pd-C → (d, l)

48. 經由下列反應後生成化合物 **Q**，請問化合物 **Q** 之結構為何？

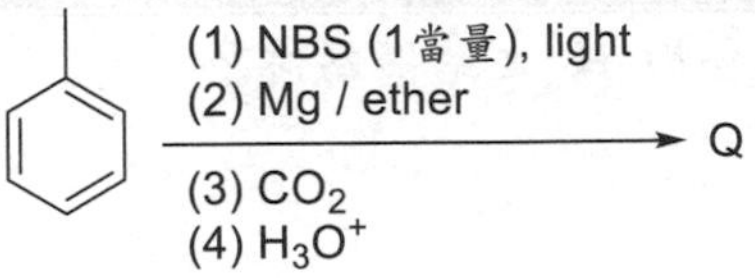

(1) NBS (1當量), light
(2) Mg / ether
(3) CO_2
(4) H_3O^+
→ Q

(A) 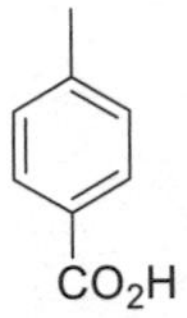 CO_2H　(B) 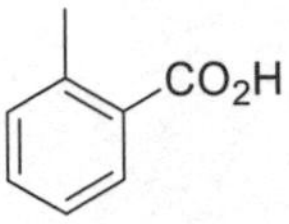 CO_2H　(C) 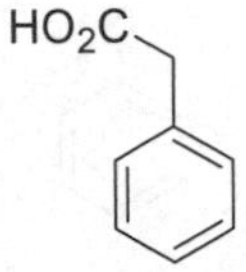 HO_2C

(D) 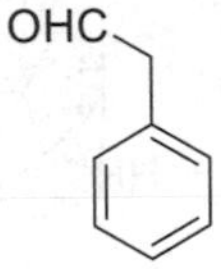 OHC　(E) 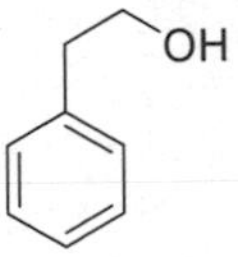 OH

《107 中國醫-48》Ans：C

說明：

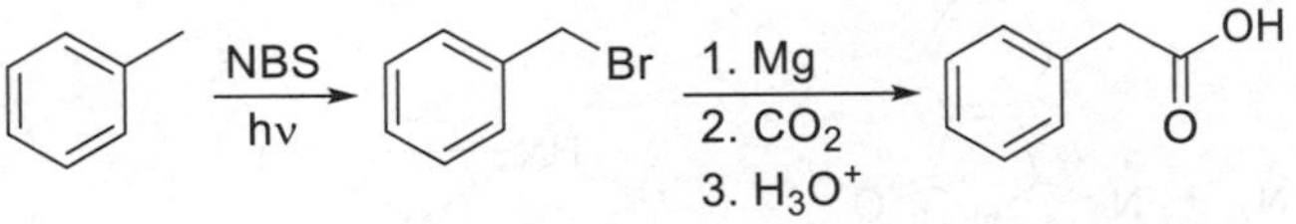

NBS / hν → Br　1. Mg　2. CO_2　3. H_3O^+ → OH, O

49. 經由下列反應後生成化合物 **P**，請問化合物 **P** 之結構為何？

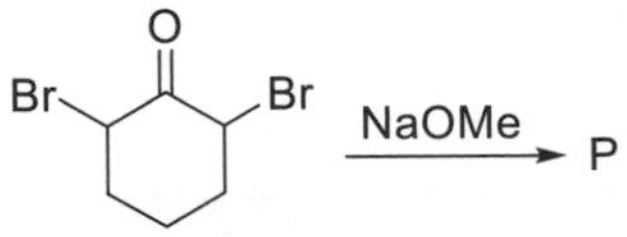

Br, O, Br　NaOMe → P

(A) 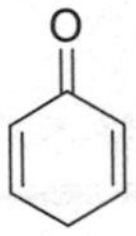 O　(B) 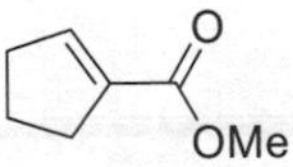 O, OMe　(C) 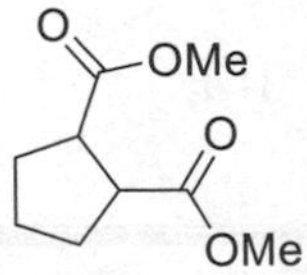 O, OMe, O, OMe

(D) 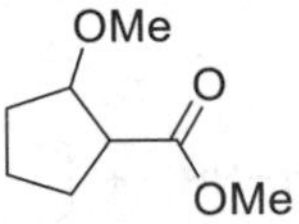 OMe, O, OMe　(E) 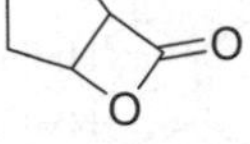 O, O

《107 中國醫-49》Ans：B

說明：

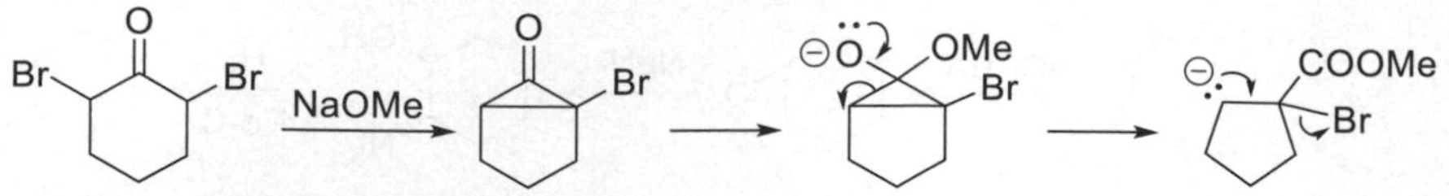

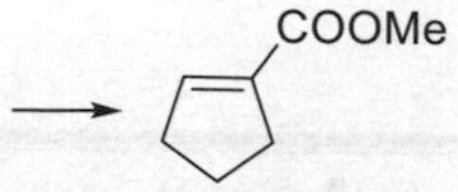

Br　O　Br　$\xrightarrow{NaOMe}$　O　Br　⟶　⊖O　OMe　Br　⟶　⊖　COOMe　Br

⟶　COOMe

50. 經由下列反應後生成化合物 **K**，請問化合物 **K** 之結構為何？

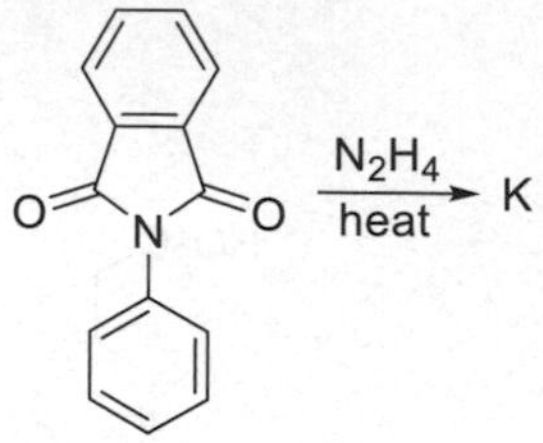

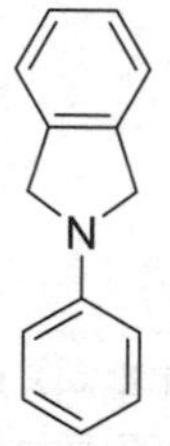

O　N　O　$\xrightarrow[heat]{N_2H_4}$ K

(A) N

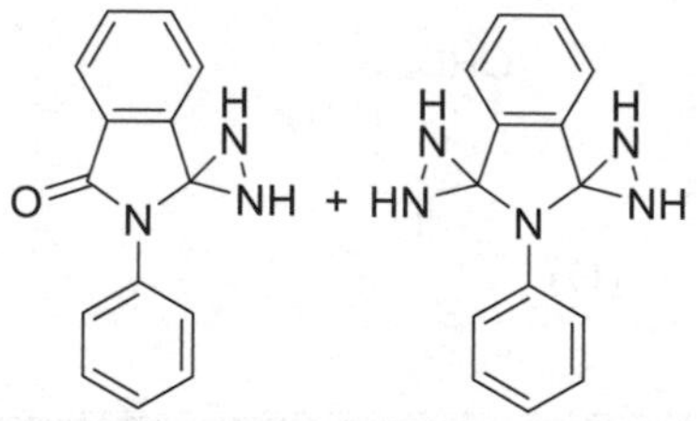

(B) O　N　H N　NH　+　HN　N　H N　NH

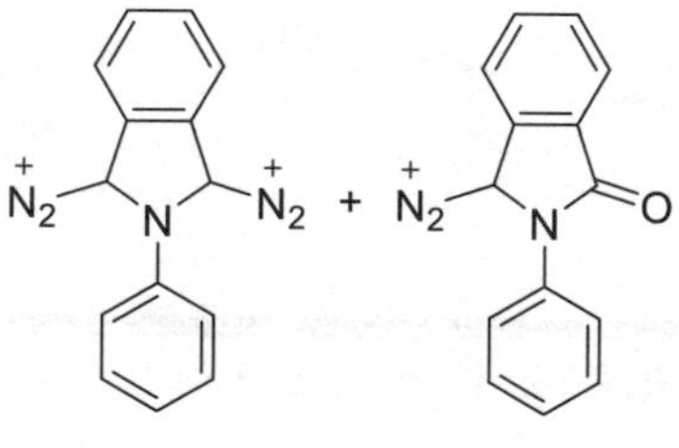

(C) $\overset{+}{N_2}$　N　$\overset{+}{N_2}$　+　$\overset{+}{N_2}$　N　O

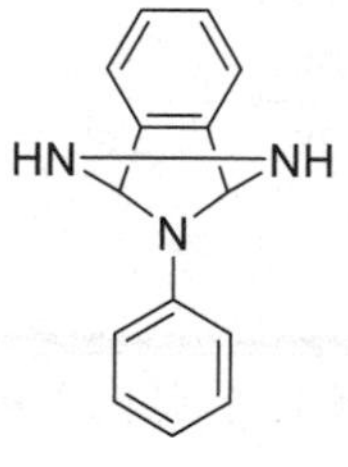

(D) HN　N　NH

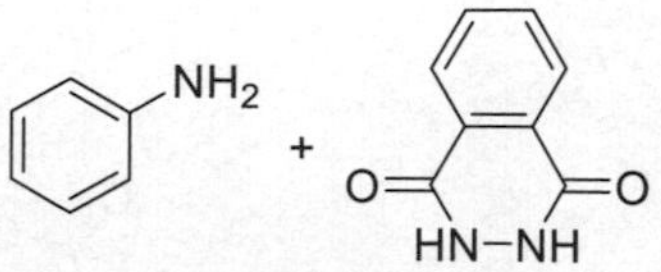

(E) NH_2　+　O　O　HN—NH

《107 中國醫-50》Ans：E

說明：

O　N—Ph　O　$\xrightarrow[(S_N2Ac)]{NH_2-NH_2}$　O　NHNH$_2$　NHPh　O　$\xrightarrow{(S_N2Ac)}$　Ph—NH$_2$　+　O　NH　NH　O

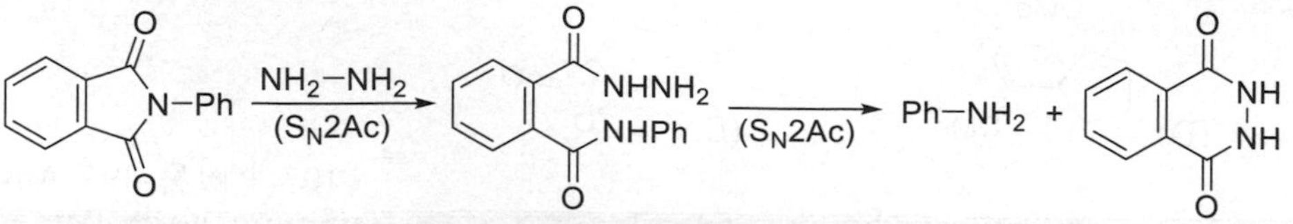

慈濟大學107學年度學士後中醫化學試題暨詳解

化學試題 **有機：林智老師解析**

01. 下列何者不是屬於與理想氣體定律(ideal gas law)相關的公式？

(A) $V_2 = \frac{T_2P_1V_1}{T_1P_2}$ (B) $\frac{PV}{RT} = n$ (C) $\frac{P_1T_1}{V_1} = \frac{P_2T_1}{V_2}$ (D) $\frac{T_1}{V_1P_1} = \frac{T_2}{V_2P_2}$

《107慈濟-01》Ans：C

02. 請由以下反應及反應熱計算出LiF(s)的格子能(lattice energy)

Li(s)的昇華熱 (sublimation energy) +166 kJ/mol

F_2(g)的鍵能 (bond energy) +154 kJ/mol

Li(g)的第一游離能 (first ionization energy) +520 kJ/mol

F(g)的電子親和能 (electron affinity) −328 kJ/mol

LiF(s)的生成熱 (enthalpy of formation) −617 kJ/mol

(A) 285 kJ/mol (B) −650 kJ/mol (C) 800 kJ/mol (D) −1052 kJ/mol

《107 慈濟-02》Ans：D

03. 某一雙原子分子的電子組態為 $(\sigma_{2s})^2(\sigma^*_{2s})^2(\sigma_{2p})^2(\pi_{2p})^4(\pi^*_{2p})^2$，該雙原子間的鍵級為何？

(A) 1.5 (B) 1.0 (C) 0.5 (D) 2.0

《107 慈濟-03》Ans：D

04. 請指出下列的電子軌域名稱 (orbital designations) 中，哪三個名稱是不存在的？ 1s, 1p, 7s, 7p, 3f, 4f, 2d

(A) 7s, 7p, 3f (B) 1p, 7s, 7p (C) 1p, 3f, 2d (D) 7s, 7p, 4f

《107 慈濟-04》Ans：C

05. 氮(N)、磷(P)、砷(As) 和氯原子(Cl) 所形成之化學鍵，其極性由大到小排列，何者正確？

(A) N−Cl, P−Cl, As−Cl (B) P−Cl, N−Cl, As−Cl

(C) As−Cl, N−Cl, P−Cl (D) As−Cl, P−Cl, N−Cl

《107 慈濟-05》Ans：D

06. 以下哪一個配位化合物具備逆磁性？

(A) $[Fe(H_2O)_6]^{2+}$(weak field)　　(B) $[Co(NH_3)_6]^{3+}$(weak field)

(C) $[Fe(CN)_6]^{4-}$(strong field)　　(D) $[Mn(CN)_6]^{2-}$(strong field)

《107 慈濟-06》Ans：C

07. 已知 X 和 Y 二元素原子的電子組態為 X：$1s^22s^22p^5$；Y：$1s^22s^22p^1$，則二元素結合成較安定化合物的實驗式為？

(A) YX_3　(B) XY　(C) XY_3　(D) YX_5

《107 慈濟-07》Ans：A

08. 有關乙酸、乙烷、二甲醚與乙醇的沸點大小順序，請問下列敘述何者正確？

(A) 乙酸＞乙醇＞乙烷＞二甲醚　　(B) 乙酸＞乙醇＞乙烷＝二甲醚

(C) 乙酸＞乙醇＞二甲醚＞乙烷　　(D) 乙醇＞乙酸＞二甲醚＞乙烷

《107 慈濟-08》Ans：C

09. 碳原子的平均質量是 12.011。假設你只能拿起一個碳原子，你拿到一個質量為 12.011 的碳原子之機會是？

(A) 0%　(B) 100%　(C) 98.89%　(D) 1.11%

《107 慈濟-09》Ans：A

10. 一反應如下：$2H_2S + SO_2 \rightarrow 3S + 2H_2O$

當 7.50g 的 H_2S 加上 12.75g 的 SO_2 開始反應，直到用完限量試劑 (limiting reagent)，請問以下結果何者正確？

(註：S 及 O 的原子量分別為 32.1，16.0 g/mol)

(A) 6.38g 的 S 產生　　(B) 10.6g 的 S 產生

(C) 剩下 0.0216 moles 的 H_2S　　(D) 剩下 1.13g 的 H_2S

《107 慈濟-10》Ans：B

11. 某金屬的晶體結構是面心立方 (face-centered cubic structure)，請問此金屬原子的半徑 (r)與單位晶格的邊長(E)的關係式為？

(A) $r = \frac{E}{2}$　(B) $r = \frac{E}{\sqrt{8}}$　(C) $r = \frac{\sqrt{3}E}{4}$　(D) $r = 2E$

《107 慈濟-11》Ans：B

12. 兩個中性原子之間的位能(E)與原子核間距(r)的關係式可以下面實驗式(Lenard-Jones empirical equation)表示

$E=\frac{A}{r^{12}}-\frac{B}{r^{6}}$ 式子中A及B為常數

假設此中性原子的 A= 4.096×10^5(kcal-Å^{12}/mol)；B= 2.00×10^2 (kcal-Å^6/mol)

請問能量最低時的原子核間距為？

(A) 1.00Å (B) 2.00Å (C) 3.00Å (D) 4.00Å

《107 慈濟-12》Ans：D

13. 科學家用X-光繞射分析一未知晶體的結構，如X-光的波長(λ)為1.54Å，在繞射光與晶面夾角為30度時產生第一亮帶，請問此晶體的單位晶格的間距？

(A) 1.54Å (B) 1.78Å (C) 3.85Å (D) 0.77Å

《107 慈濟-13》Ans：A

14. 在標準狀態下，若兩個原子可以鍵結成一穩定雙原子分子，請問此反應之反應熱、熵、及自由能的變化 (ΔH°、ΔS°、ΔG°)，其正負值依序為何？

(A) + + +
(B) + − −
(C) − − +
(D) − − −

《107 慈濟-14》Ans：D

15. 反應 $2NO + O_2 \rightarrow 2NO$ 遵循速率定律式

$$-\frac{d[O_2]}{dt}=k[NO]^2[O_2]$$

以下機制何者符合速率定律式？

(A) $NO + NO \rightarrow N_2O_2$ (慢)
$N_2O_2 + O_2 \rightarrow 2NO_2$ (快)

(B) $NO + O_2 \rightleftharpoons NO_3$ (快速平衡)
$NO_3 + NO \rightarrow 2NO_2$ (慢)

(C) $2NO \rightleftharpoons N_2O_2$ (快速平衡)
$N_2O_2 \rightarrow NO_2 + O$ (慢)
$NO + O \rightarrow NO_2$ (快)

(D) $O_2 + O_2 \rightarrow O_2 + O_2$ (慢)
$O_2 + NO \rightarrow NO_2 + O$ (快)
$O + NO \rightarrow NO_2$ (快)

《107 慈濟-15》Ans：B

16. 下列哪二種水溶液混合後，何者不會形成緩衝溶液(buffer solution)？

(A) 100 mL of 0.1 M Na_2CO_3 and 50 mL of 0.1 M HCl

(B) 100 mL of 0.1 M Na_2CO_3 and 75 mL of 0.2 M HCl

(C) 50 mL of 0.2 M Na_2CO_3 and 5 mL of 1.0 M HCl

(D) 100 mL of 0.1 M Na_2CO_3 and 50 mL of 0.1 M NaOH

《107 慈濟-16》Ans：D

17. 有一化學電池的總反應：

$3Ag_{(s)} + NO_3^-{}_{(aq)} + 4H^+{}_{(aq)} \rightarrow 3Ag^+{}_{(aq)} + NO_{(g)} + 2H_2O_{(l)}$

陽極半反應：$Ag_{(s)} \rightarrow Ag^+{}_{(aq)} + e^-$　　$\varepsilon° = -0.7990$ V

陰極半反應：$NO_3^-{}_{(aq)} + 4H^+{}_{(aq)} + 3e^- \rightarrow NO_{(g)} + 2H_2O_{(l)}$　　$\varepsilon° = 0.9644$ V

請問此電池的標準電動勢(standard cell potential)是？

(A) −1.7634 V　(B) 0.1654 V　(C) 2.0942 V　(D) 3.5268 V

《107 慈濟-17》Ans：B

18. 兩金屬離子的還原電位如下：

$Au^{3+} + 3e^- \rightarrow Au$,　$\varepsilon° = +1.50$ V

$Ni^{2+} + 2e^- \rightarrow Ni$,　$\varepsilon° = -0.229$ V

請問下列反應的自由能$\Delta G°$ (25°C時)為何？

$2Au^{3+} + 3Ni \rightarrow 3Ni^{2+} + 2Au$

(A) 1.67×10^2 kJ　(B) -7.36×10^2 kJ　(C) -1.67×10^2 kJ　(D) -1.00×10^3 kJ

《107 慈濟-18》Ans：D

19. 請問以下的分子或離子何者在基態(ground state)不是順磁性的(paramagnetic)？

(A) O_2　(B) O_2^+　(C) B_2　(D) F_2

《107 慈濟-19》Ans：D

20. 一反應如下：$2NOBr \rightarrow 2NO + Br_2$ 遵循速率定律式

$$\text{Rate} = -\frac{d[NOBr]}{dt} = k[NOBr]^2$$

其中 $k = 1.0\times10^{-5}\ M^{-1}s^{-1}$ at 25°C. NOBr 的起始濃度($[NOBr]_0$)為 1.00×10^{-1} M

請問此反應的半生期(half-life)？

(A) 5.0×10^{-1} s　(B) 6.9×10^4 s　(C) 1.0×10^{-5} s　(D) 1.0×10^6 s

《107 慈濟-20》Ans：D

21. 某原子之 2s 波函數 (Ψ_{2s}) 可以下式表示：

$$\Psi_{2s} = \frac{1}{2\sqrt{2}}(\frac{1}{a_0})^{\frac{3}{2}}[2-\frac{r}{a_0}]e^{-\frac{r}{2a_0}}$$

其中 r 是電子與原子核間距，a_0 為波爾半徑(Bohr radius; 5.29 x 10^{-11} m)

請計算此軌域的節點(node)的位置(即距離原子核多遠的地方有節點)？

(A) 5.29×10^{-11} m　(B) 2.65×10^{-11} m　(C) 7.92×10^{-11} m　(D) 1.06×10^{-10} m

《107 慈濟-21》Ans：D

22. 下列化合物中，氮(N) 原子的氧化數 (oxidation state) 都不相同：

K_3N , N_2H_4 , NH_2OH , $Ca(NO_3)_2$, N_2O_3。

以上五種化合物中，氮原子的氧化數由大到小的排列順序為：

(A) $K_3N > N_2H_4 > Ca(NO_3)_2 > NH_2OH > N_2O_3$

(B) $NH_2OH > N_2H_4 > K_3N > Ca(NO_3)_2 > N_2O_3$

(C) $N_2O_3 > Ca(NO_3)_2 > K_3N > N_2H_4 > NH_2OH$

(D) $Ca(NO_3)_2 > N_2O_3 > NH_2OH > N_2H_4 > K_3N$

《107 慈濟-22》Ans：D

23. 下列三個體積一致的密閉容器，於溫度為 0°C時分別裝了三種氣體，氣體的名稱與容器內的氣壓詳列如下：

容器 A：一氧化碳 (CO)，氣壓：760 torr

容器 B：氮氣 (N_2)，氣壓：250 torr

容器 C：氫氣 (H_2)，氣壓：100 torr

試問：在一秒鐘內，哪一個容器內的氣體碰撞該容器內壁的次數為最多？

(A) 三種都一樣多，因為是在同一溫度　(B) 容器 A

(C) 容器 B　(D) 容器 C

《107 慈濟-23》Ans：B

24. 某溶液由等體積之 1.00 M HCN (Ka＝6.2×10^{-10})與 1.00 M $HC_2H_3O_2$ (Ka＝1.8×10^{-5})水溶液混合而成，則此溶液中含量最多的三種成分，為下列何者？

(A) HCN, $HC_2H_3O_2$, H_2O　(B) CN^-, $C_2H_3O_2^-$, H_2O

(C) H^+, $C_2H_3O_2^-$, H_2O　(D) H^+, OH^-, H_2O

《107 慈濟-24》Ans：A

25. 下面化合物中箭頭所標示氫原子的化學位移，何者是正確的？

H_3C–(苯環)–$CCH_2CH_2CH_3$ (C=O)

I：H_3C；II：苯環上之H；III：CH_2（羰基旁）；IV：CH_3

a) I = 0.8-1.0, II = 6.5-8.5, III = 2.2-2.5, IV = 2.1-2.3

b) I = 0.8-1.0, II = 2.2-2.5, III = 6.5-8.5, IV = 2.1-2.3

c) I = 2.2-2.5, II = 6.5-8.5, III = 0.8-1.0, IV = 2.1-2.3

d) I = 2.2-2.5, II = 6.5-8.5, III = 2.1-2.3, IV = 0.8-1.0

(A) a (B) b (C) c (D) d

《107 慈濟-25》Ans：D

說明：

CH_3–(苯環)–$C(=O)-CH_2-CH_2-CH_3$

CH_3：δ2.4(s,3H)；苯環H：δ7.5(m,4H)；羰基旁 CH_2：δ2.3(t,2H)；末端 CH_3：δ0.9(t,3H)

26. 高分子化合物

$\left(-CH_2-CH(OH)-CH_2-O-C_6H_4-C(CH_3)_2-C_6H_4-O-CH_2-CH(OH)-CH_2-NH-CH_2CH_2-NH- \right)_n$

可以由下列哪一組試劑合成之最適合？

(A) $HO-C(=O)-C_6H_4-C(=O)-OH$ + $HOCH_2CH_2OH$

(B) $Na^{\oplus}\ {}^{\ominus}O-C_6H_4-C(CH_3)_2-C_6H_4-O^{\ominus}\ Na^{\oplus}$ + $C_1-C(=O)-C_1$

(C) $HOC(=O)CH_2CH_2CH_2CH_2C(=O)OH$ + $H_2NCH_2CH_2CH_2CH_2CH_2CH_2NH_2$

(D) $Na^{\oplus}\ {}^{\ominus}O-C_6H_4-C(CH_3)_2-C_6H_4-O^{\ominus}\ Na^{\oplus}$ + $H_2C-CH-CH_2C_1$ (環氧) + $H_2NCH_2CH_2NH_2$

《107 慈濟-26》Ans：D

說明：

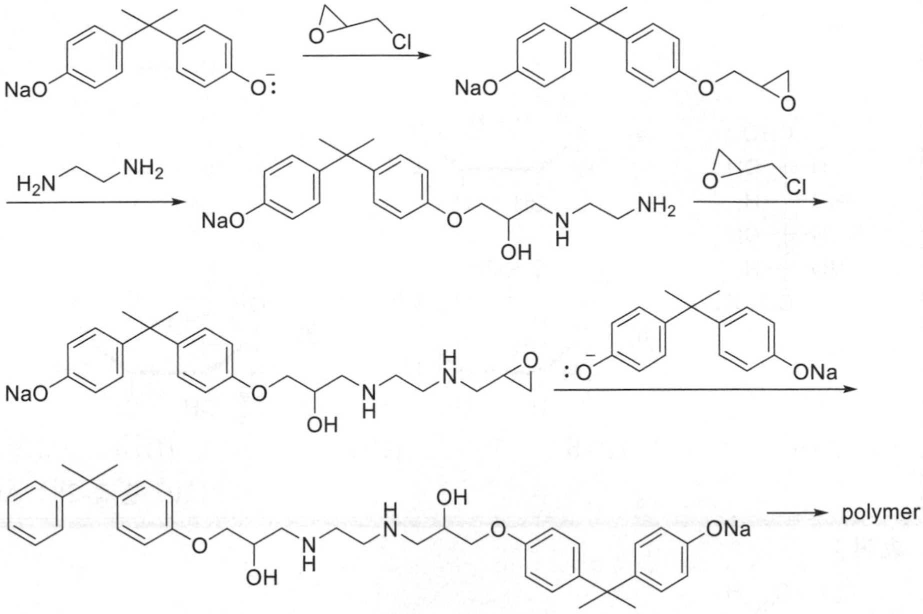

NaO—C₆H₄—C(CH₃)₂—C₆H₄—O⁻ + epichlorohydrin (Cl) → NaO—C₆H₄—C(CH₃)₂—C₆H₄—O—CH₂—epoxide

H_2N—CH₂CH₂—NH_2 → NaO—C₆H₄—C(CH₃)₂—C₆H₄—O—CH₂CH(OH)CH₂—NH—CH₂CH₂—NH_2 → (epichlorohydrin, Cl)

NaO—C₆H₄—C(CH₃)₂—C₆H₄—O—CH₂CH(OH)CH₂—NH—CH₂CH₂—NH—CH₂—epoxide + ⁻O—C₆H₄—C(CH₃)₂—C₆H₄—ONa →

C₆H₅—C(CH₃)₂—C₆H₄—O—CH₂CH(OH)CH₂—NH—CH₂CH₂—NH—CH₂CH(OH)CH₂—O—C₆H₄—C(CH₃)₂—C₆H₄—ONa → polymer

27. 哪一個化合物是下列反應的主要產物？

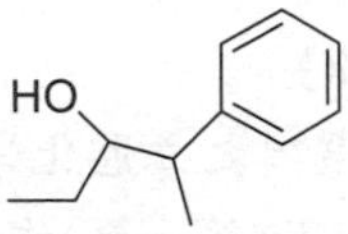

2-ethyl-2-methyloxirane + PhMgBr $\xrightarrow[(2)\ H_3O^+]{(1)\ \text{ether}}$?

(A) 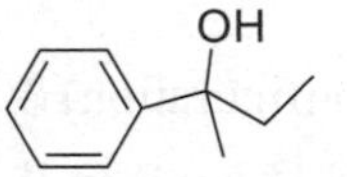 Ph—C(OH)(CH₃)—CH₂CH₃

(B) HO—CH(CH₂CH₃)—CH(CH₃)—Ph

(C) PhCH₂—C(OH)(CH₃)—CH₂CH₃

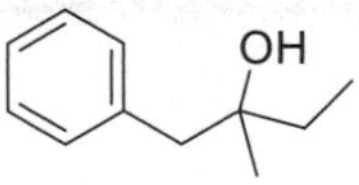

(D) 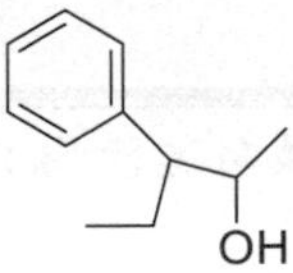 Ph—CH(CH₂CH₃)—CH(OH)—CH₃

《107 慈濟-27》Ans：C

說明：

PhMgBr + 2-ethyl-2-methyloxirane → PhCH₂—C(OMgBr)(CH₃)—CH₂CH₃ $\xrightarrow{H_3O^+}$ PhCH₂—C(OH)(CH₃)—CH₂CH₃

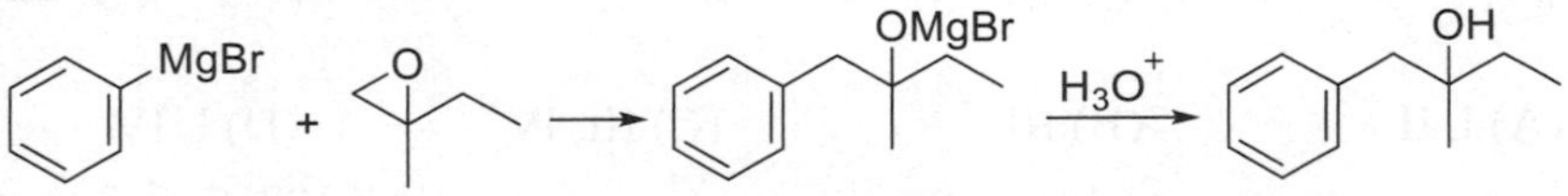

28. 單醣 L-idose 的 Fischer projection 如下，下列何者是 L-idose 形成環狀可能結構？

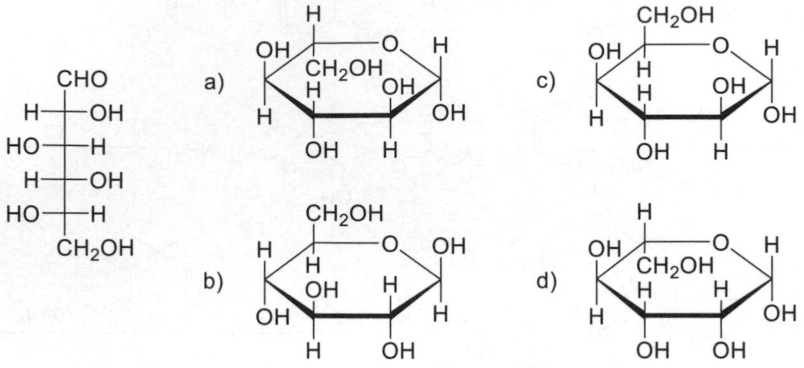

(A) a (B) b (C) c (D) d

《107 慈濟-28》Ans：C

說明：

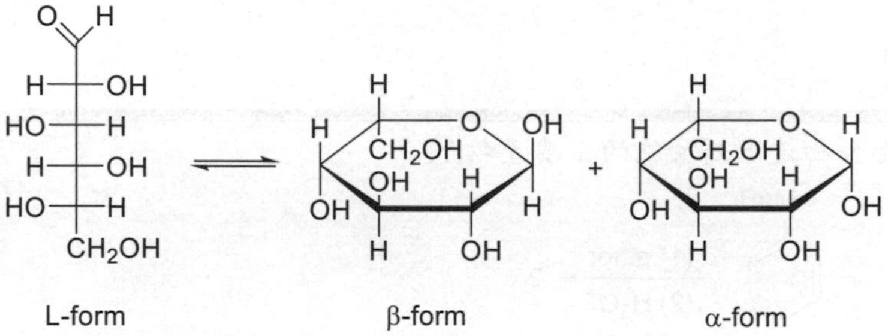

L-form β-form α-form

釋疑：《107 慈濟-28》

四個選項中，以(C)選項之立體化學組態(stereochemical configuration)最接近 L-idose，依據試卷封面(第一頁)作答說明"選擇最合適的答案"，故維持原答案。

29. 下列反應何者較傾向進行 S_N1 reaction？

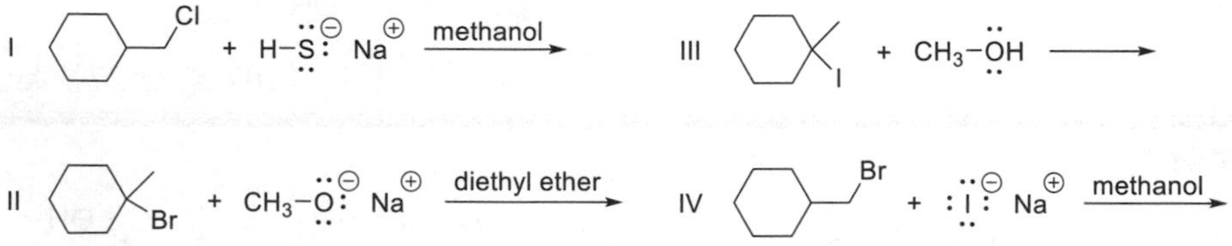

(A) I, II (B) III (C) III, IV (D) I, IV

《107 慈濟-29》Ans：B

說明：

⇒ (I) **S_N2Al reaction**

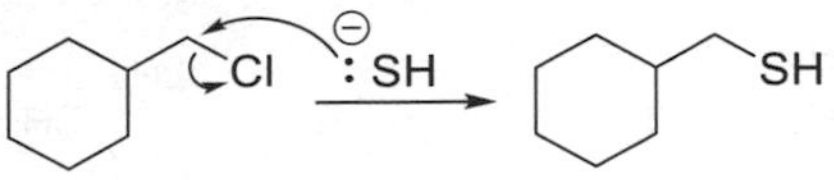

Cl, :SH⁻, SH

⇒ (II) **E2 reaction**

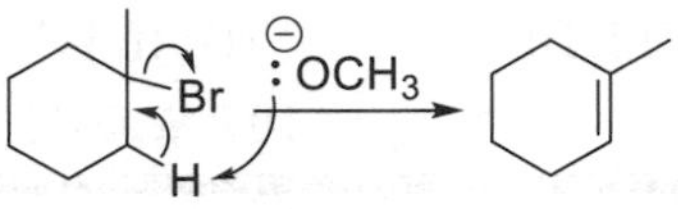

Br, :OCH$_3$⁻, H

⇒ (III) **S_N1Al reaction**

I, CH_3OH methanolysis, ⊕, CH_3OH, ⊕ OCH_3 H, -H⊕, OCH_3

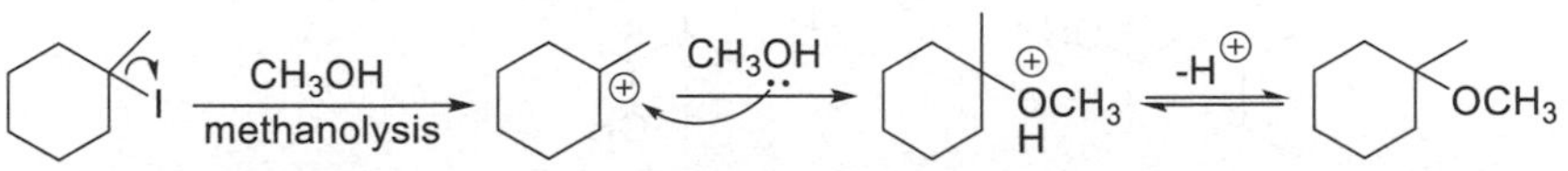

⇒ (IV) **S_N2Al reaction**

Br, :I⁻ (SN_2), I

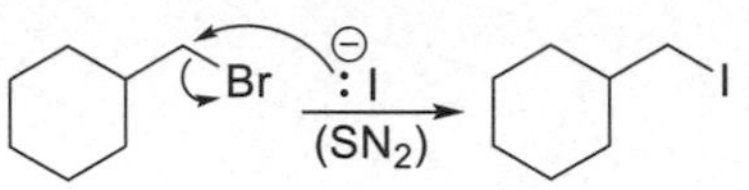

30. 下列結構何者是內消旋化合物(meso compound)？

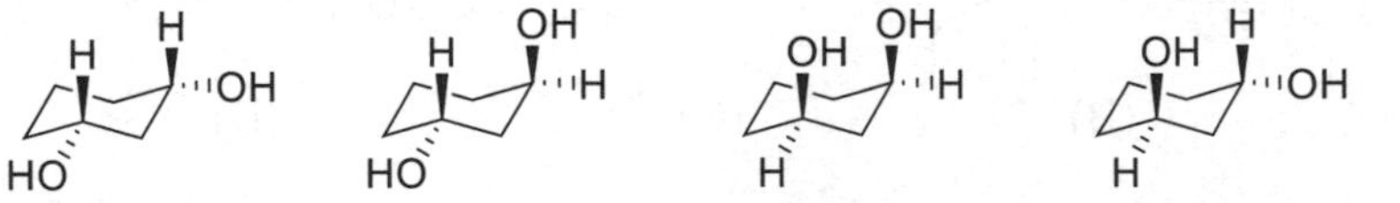

H, H, OH, HO — I
H, OH, H, HO — II
OH, OH, H, H — III
OH, H, OH, H — IV

(A) I, II　(B) II, III　(C) I, III　(D) III, IV

《107 慈濟-30》Ans：C

說明：

1. meso compound
2. Ans:

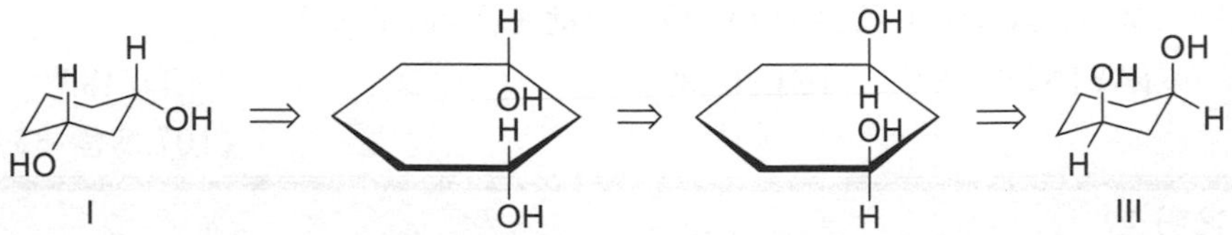

I ⇒ ⇒ ⇒ III

31. 下列化合物(I～IV)何者有立體中心(chirality center)？

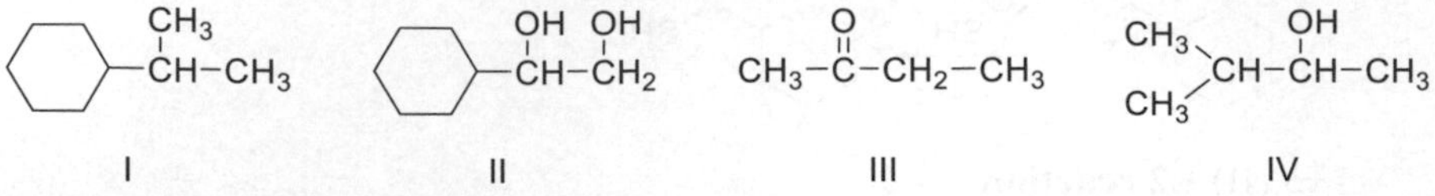

I: 環己基-CH(CH_3)-CH_3　II: 環己基-CH(OH)-CH_2(OH)　III: $CH_3-C(=O)-CH_2-CH_3$　IV: $(CH_3)_2CH-CH(OH)-CH_3$

(A) I, II　(B) III, IV　(C) I, III　(D) II, IV

《107 慈濟-31》Ans：D

說明：

II.（*標示為立體中心，OH）　IV.（*標示為立體中心，OH）

32. 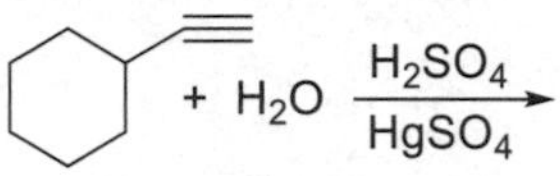 環己基乙炔 + H_2O $\xrightarrow[HgSO_4]{H_2SO_4}$

此反應的主要產物(major product)為

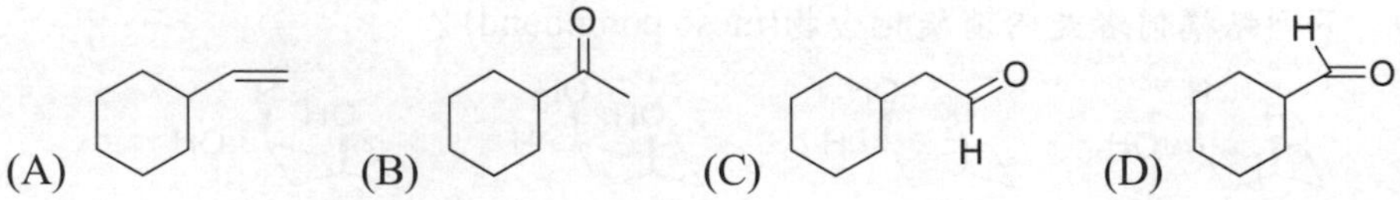

(A) 乙烯基環己烷　(B) 環己基甲基酮　(C) 環己基乙醛　(D) 環己烷甲醛

《107 慈濟-32》Ans：B

說明：

環己基乙炔 $\xrightarrow[H_2O]{HgSO_4,\ H_2SO_4}$ 烯醇（OH） ⇌ 環己基甲基酮（O）

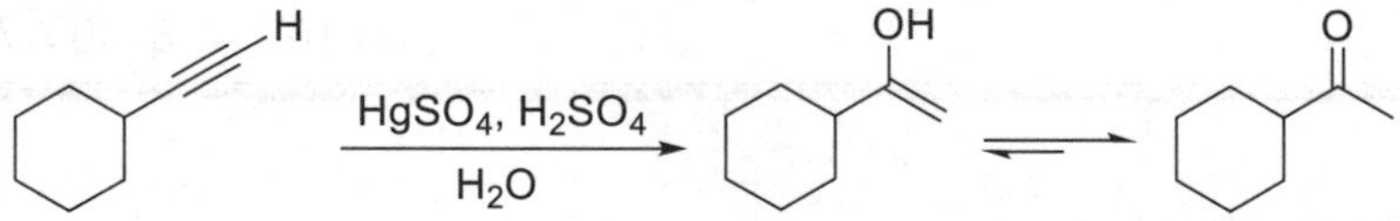

33. 臭氧(ozone) O_3 結構中 O—O—O 鍵角(bond angle)

(A) 104.9°　(B) 116.8°　(C) 120°　(D) 180°

《107 慈濟-33》Ans：B

說明：

O_3 ⟹ :O=O–O: ⟹ (3)sp^2 ⟹ Bend Shape ($\theta \le 120°$)

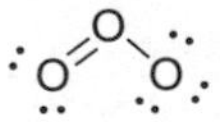

34. 足球烯(fullerene) C_{60} 是含有多少個(sigma)鍵？

(A) 70　　(B) 80　　(C) 90　　(D) 100

《107 慈濟-34》Ans：C

說明：

※ C_{60} 的旋轉視圖

通過質譜分析、X 射線分析後證明，C_{60} 的分子結構為球形 32 面體，它是由 **60 個碳原子**通過 **20 個六元環和 12 個五元環**連接而成的具有 **30 個碳碳雙鍵**以及 **90 個(sigma)鍵**的足球狀空心對稱分子，所以，富勒烯也被稱為**足球烯**。

35. (cyclohexanol, OH) $\xrightarrow[\text{heat}]{H_3PO_4}$ $\xrightarrow{RCO_3H}$ $\xrightarrow{CH_3-OH}$

下列何者為此反應的主要產物(major product)？

(A) (cyclohexene)　　(B) (epoxide: H, O, H)　　(C) (OH, H, O−CH_3, H)　　(D) (H, OH, O−CH_3, H)

《107 慈濟-35》Ans：D

說明：

(cyclohexanol, OH) $\xrightarrow[\Delta]{H_3PO_4}$ (cyclohexene) $\xrightarrow{RCO_3H}$ (epoxide, O) (meso) $\xrightarrow{CH_3OH}$ (OCH_3, H, OH, H) + (H, OCH_3, H, OH)

(d, l)-Racemate

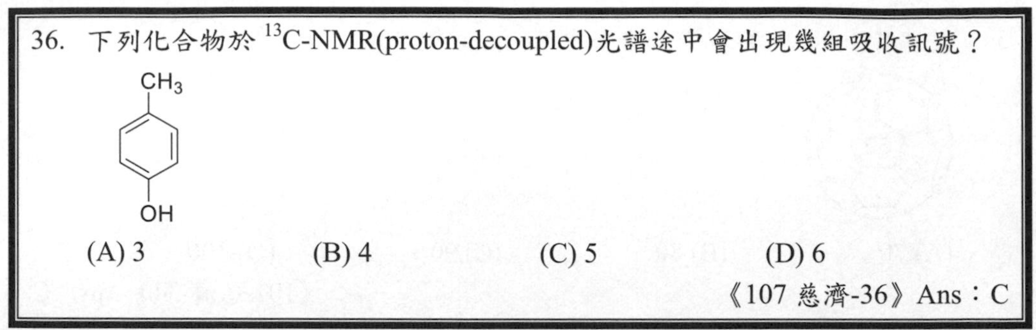

36. 下列化合物於 ^{13}C-NMR(proton-decoupled)光譜途中會出現幾組吸收訊號？

(A) 3　(B) 4　(C) 5　(D) 6

《107 慈濟-36》Ans：C

說明：

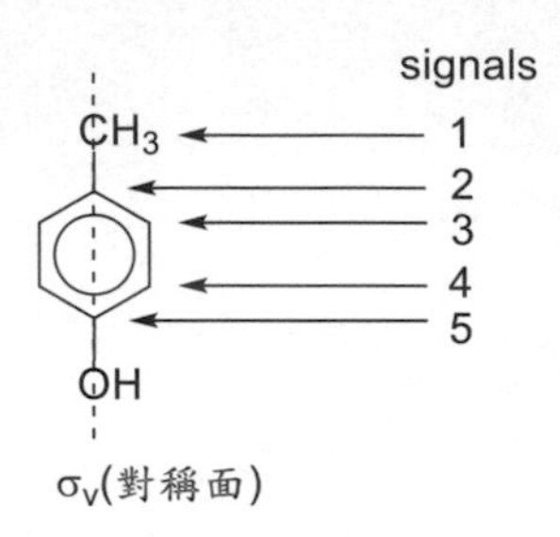

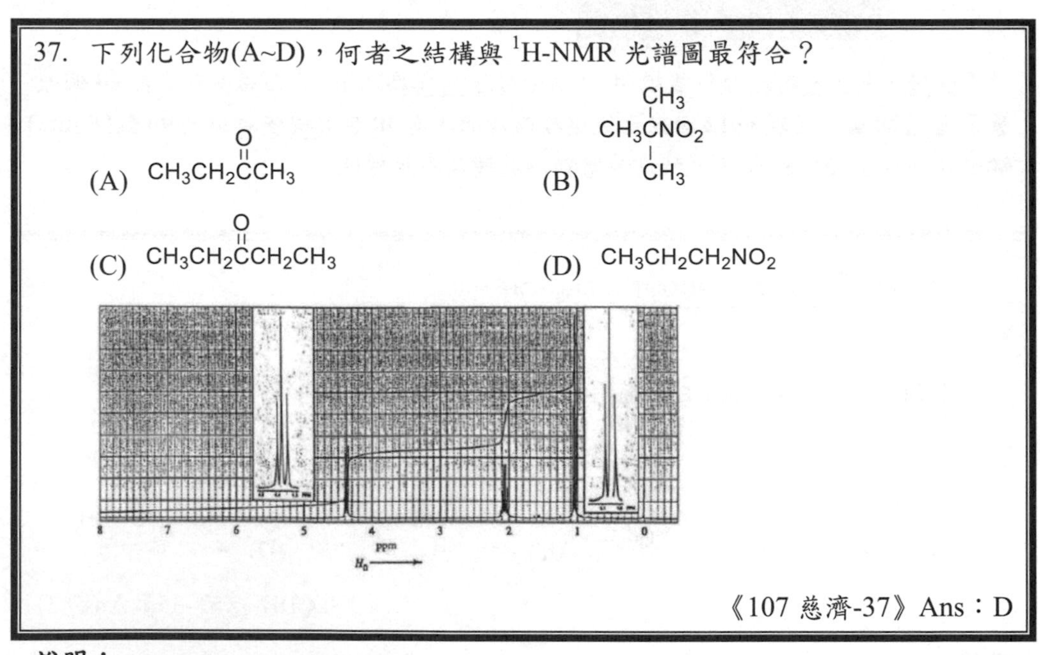

37. 下列化合物(A~D)，何者之結構與 ^{1}H-NMR 光譜圖最符合？

(A) $CH_3CH_2\overset{O}{\overset{\|}{C}}CH_3$

(B) $(CH_3)_3CNO_2$

(C) $CH_3CH_2\overset{O}{\overset{\|}{C}}CH_2CH_3$

(D) $CH_3CH_2CH_2NO_2$

《107 慈濟-37》Ans：D

說明：

$CH_3-CH_2-CH_2-NO_2$

δ 4.4ppm (t, j=7Hz, 2H)

δ 2.1 ppm (m, j≅7Hz, 2H)

δ 1.0 ppm (t, j=7Hz, 3H)

38. $C_6H_5C(=O)CH_3$ + CH_3MgBr $\xrightarrow{\text{ether}}$ $\xrightarrow{H_3O^{\oplus}}$

下列何者為此反應的主產物(major product)？

(A) $C_6H_5C(OH)(CH_3)CH_3$

(B) $C_6H_5CH(OH)CH_2CHCH_3$

(C) $C_6H_5CH(CH_3)CH_2OH$

(D) $C_6H_5CH(OH)CH_2CH_3$

《107 慈濟-38》Ans：A

說明：

$PhC(=O)CH_3$ $\xrightarrow{CH_3MgBr}$ [六元環過渡態：Br–Mg、O…Mg、CH_3、Mg、Ph–C、CH_3] $\longrightarrow$ $Ph-C(OMgBr)(CH_3)-CH_3$ $\xrightarrow{H_3O^+}$ $PhC(OH)(CH_3)CH_3$

39. butanone 以鹼(base)處理所得到的陰離子，其共振型態包含下列哪些種？

I: $^{\ominus}H_2C-C(=O)-CH_2CH_3$　II: $CH_3CH(O^{\ominus})CH_2CH_3$　III: $CH_3C(O^{\ominus})=CHCH_3$　IV: $H_3C-C(=O)-CH_2-{}^{\ominus}CH_2$　V: $CH_2=C(O^{\ominus})CH_2CH_3$

(A) II, IV, V　(B) I, III, V　(C) III, IV, V　(D) I, III, IV

《107 慈濟-39》Ans：B

說明：

butanone $\underset{}{\overset{B^{\ominus}}{\rightleftharpoons}}$ [$^{\ominus}CH_2C(=O)CH_2CH_3$ $\longleftrightarrow$ $CH_2=C(O^{\ominus})CH_2CH_3$]

butanone $\underset{}{\overset{B^{\ominus}}{\rightleftharpoons}}$ [$CH_3C(=O)CH^{\ominus}CH_3$ $\longleftrightarrow$ $CH_3C(O^{\ominus})=CHCH_3$]

40. 下面維他命 C (vitamine C)中被標示氫之 pKa 值，其大小順序為何？

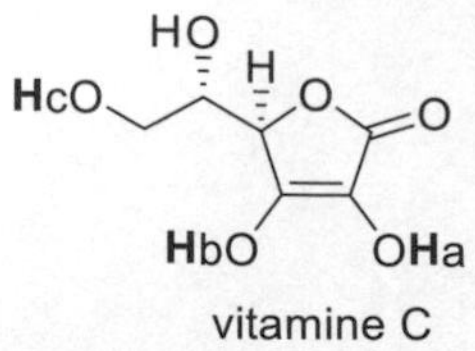

vitamine C

(A) Ha > Hb > Hc
(B) Hb > Ha > Hc
(C) Hc > Ha > Hb
(D) Hc > Ha = Hb

《107 慈濟-40》Ans：C

說明：

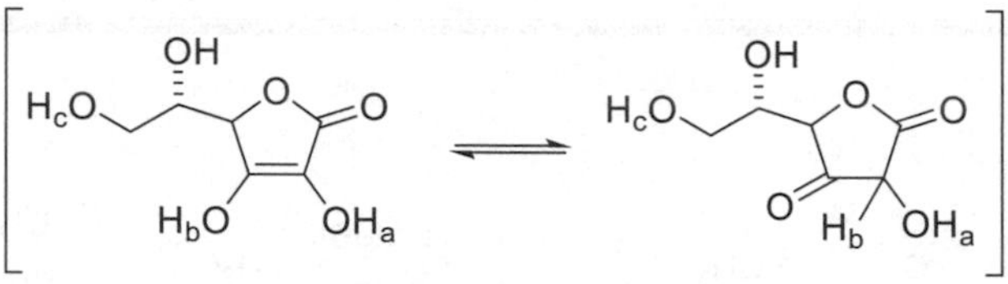

Where H_c > H_a > H_b (in the ordering of pKa)
(pKa)：(16) (15) (11)

41. 順 2-butene 及反 2-butene 之混合物與 OsO_4/NMO 進行反應，得到鄰-二醇產物。此鄰-二醇產物經由掌性管住(chiral column)的 HPLC 分離，請問最多可得到幾個化合物？

(A) 1
(B) 2
(C) 3
(D) 4

《107 慈濟-41》Ans：C

說明：

(for cis-2-butene)

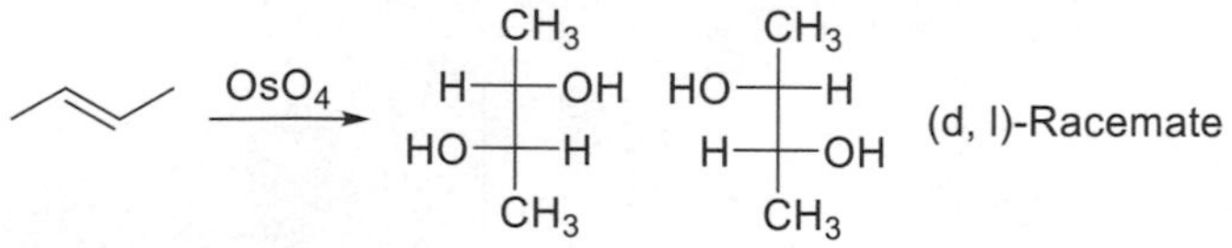

(d, l)-Racemate

42. 下面化合物可由兩個反應物相互進行「迪爾式－阿爾德」反應 (Diels-Alder reaction)而產生。

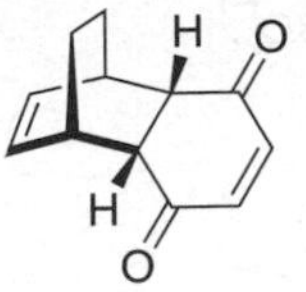

這兩個反應物是：

(A)  and 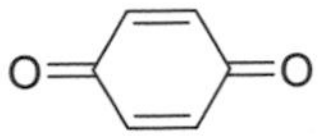 (B)  and

(C)  and 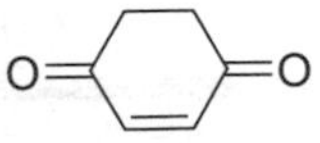 (D) 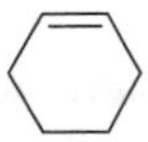 and

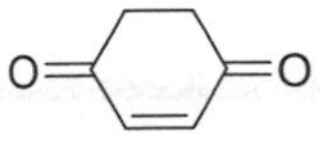

《107 慈濟-42》Ans：A

說明：

Retro-Diels-Alder reaction

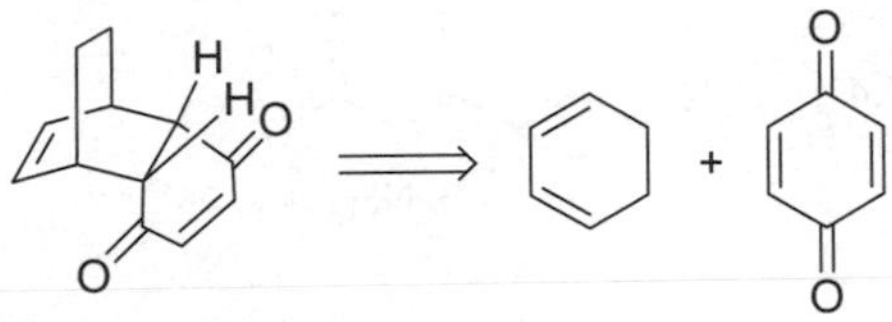

43. 請問下列分子內 Williamson 反應的主產物為何？

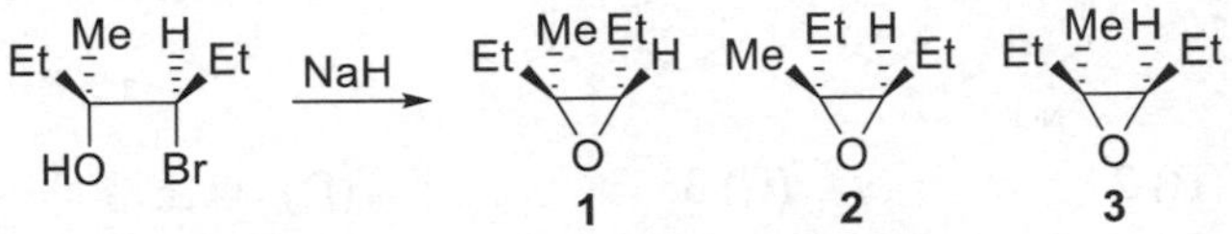

NaH

1 2 3

(A) 1 (B) 2 (C) 3 (D) 以上皆非

《107 慈濟-43》Ans：A

說明：

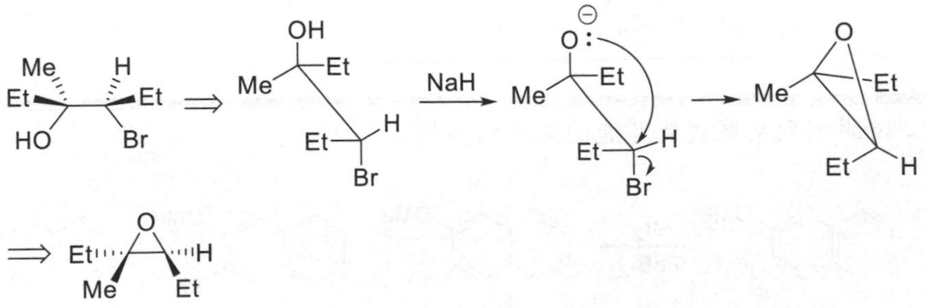

NaH

44. 胺基酸 Lysine 於 pH 7.4 的血漿中其主要結構形式是什麼？

a) $\overset{\oplus}{H_3N}CH_2CH_2CH_2CH_2CH(\overset{\oplus}{NH_3})COOH$　b) $H_2NCH_2CH_2CH_2CH_2CH(NH_2)COO^{\ominus}$

c) $\overset{\oplus}{H_3N}CH_2CH_2CH_2CH_2CH(NH_2)COO^{\ominus}$　d) $\overset{\oplus}{H_3N}CH_2CH_2CH_2CH_2CH(\overset{\oplus}{NH_3})COO^{\ominus}$

(A) a　(B) b　(C) c　(D) d

《107 慈濟-44》Ans：D

說明：

胺基酸 Lysine (pK_{a1} = 2.19, pK_{a2} = 8.95, pK_{a3} =10.53) in pH = 7.4 的血漿(緩衝溶液)中⇒ (Buffer solution)

⇒ Lyines 呈現 Cationic form

$\overset{\oplus}{H_3N}$–(CH₂)₄–CH($\oplus NH_3$)–COOH $\underset{}{\overset{pH\ 7.4}{\rightleftharpoons}}$ $\overset{\oplus}{H_3N}$–(CH₂)₄–CH($\oplus NH_3$)–$COO^{\ominus}$

45. 請問下列反應的主產物為何？

Benzophenone $\xrightarrow[H_2SO_4]{2\ HNO_3}$; 1 (3,5-dinitro), 2 (3,3'-dinitro), 3 (3,4'-dinitro); O_2N, NO_2

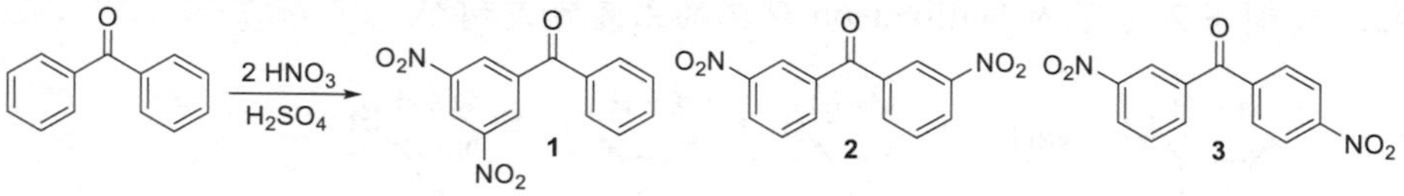

(A) 1　(B) 2　(C) 3　(D) 以上皆非

《107 慈濟-45》Ans：B

說明：

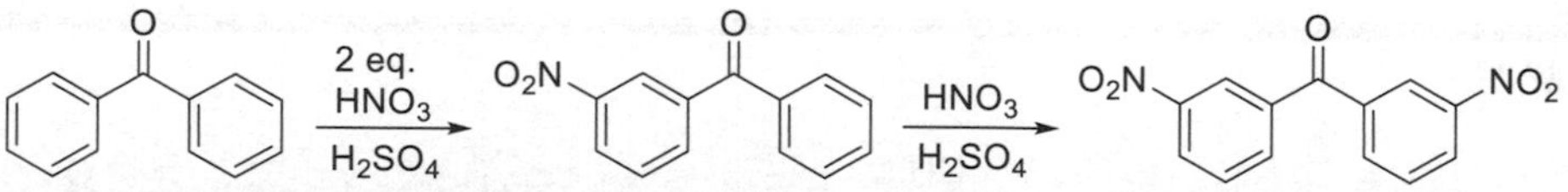

Benzophenone $\xrightarrow[H_2SO_4]{2\ eq.\ HNO_3}$ 3-O_2N-benzophenone $\xrightarrow[H_2SO_4]{HNO_3}$ 3,3'-dinitrobenzophenone (O_2N, NO_2)

46. 請問下列反應式最可能的主產物為何？

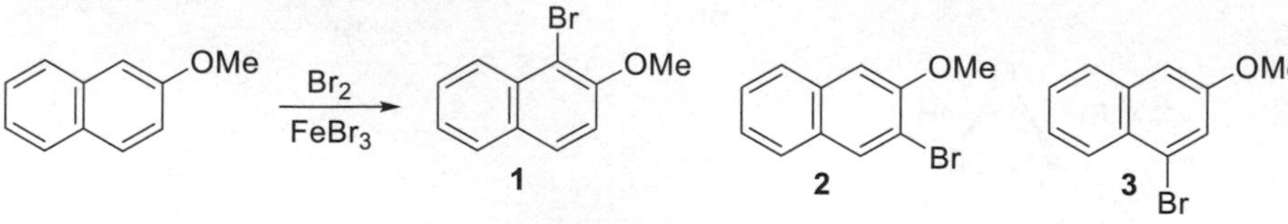

2-methoxynaphthalene (OMe) $\xrightarrow[FeBr_3]{Br_2}$ 1 (Br, OMe)　2 (OMe, Br)　3 (OMe, Br)

(A) 1　(B) 2　(C) 3　(D) 1 and 2

《107 慈濟-46》Ans：A

說明：

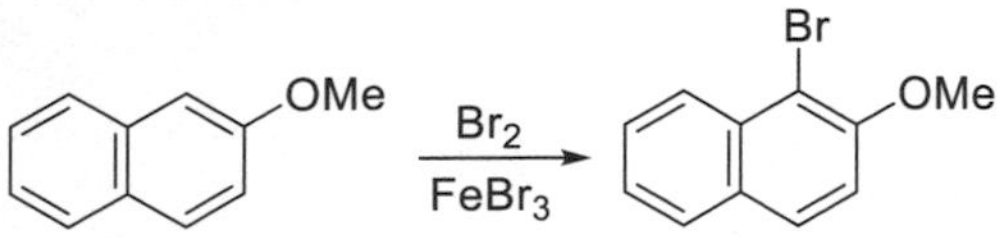

$$\text{2-methoxynaphthalene (OMe)} \xrightarrow[\text{FeBr}_3]{\text{Br}_2} \text{1-bromo-2-methoxynaphthalene}$$

47. 酸催化酯類水解(hydrolysis)反應，反應機制中較不可能的中間物(intermediate)為何？

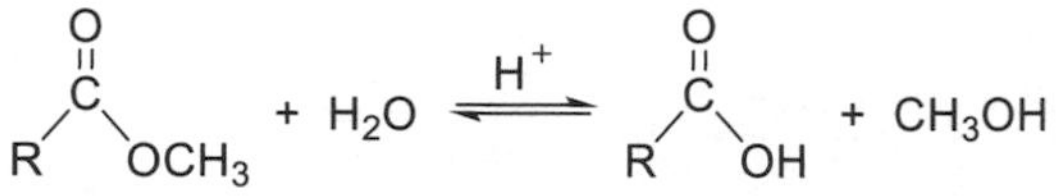

$$RC(=O)OCH_3 + H_2O \underset{}{\overset{H^+}{\rightleftharpoons}} RC(=O)OH + CH_3OH$$

(A) 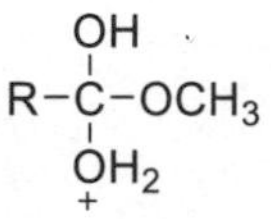 $R-C(OH)(OCH_3)-\overset{+}{O}H_2$　(B) $RC(=\overset{+}{O}H)OCH_3$　(C) $R-C(OH)_2-\overset{+}{O}(CH_3)H$　(D) 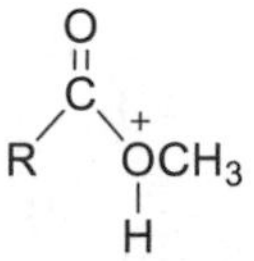 $RC(=O)\overset{+}{O}(CH_3)H$

《107 慈濟-47》Ans：D

說明：

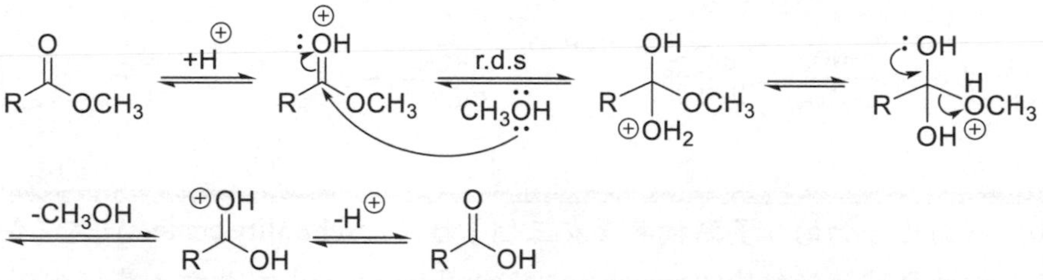

$$RC(=O)OCH_3 \underset{}{\overset{+H^{\oplus}}{\rightleftharpoons}} RC(=\overset{\oplus}{O}H)OCH_3 \underset{CH_3\ddot{O}H}{\overset{r.d.s}{\rightleftharpoons}} R-C(OH)(OCH_3)(\overset{\oplus}{O}H_2) \rightleftharpoons R-C(OH)(OH)-\overset{\oplus}{O}(H)CH_3$$

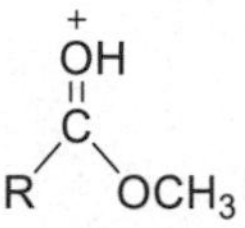

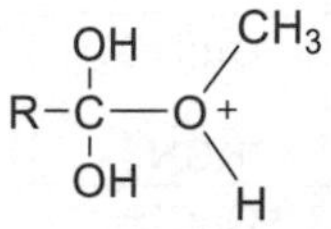

$$\underset{}{\overset{-CH_3OH}{\rightleftharpoons}} RC(=\overset{\oplus}{O}H)OH \underset{}{\overset{-H^{\oplus}}{\rightleftharpoons}} RC(=O)OH$$

48. 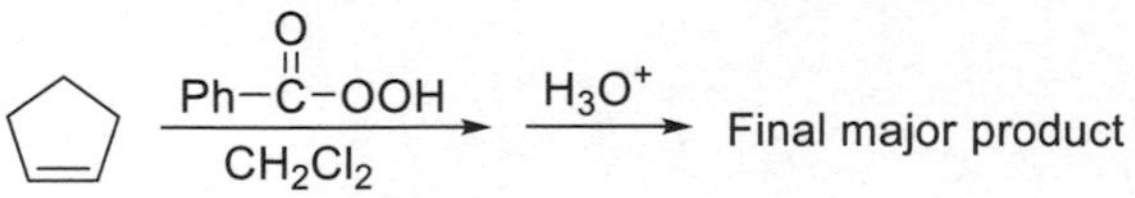 $$\text{cyclopentene} \xrightarrow[CH_2Cl_2]{Ph-C(=O)-OOH} \xrightarrow{H_3O^+} \text{Final major product}$$

以上反應式的最終主要產物(Final major product)的結構較可能是？

(A) 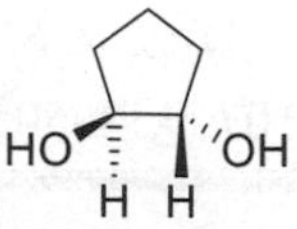 HO, OH, H, H（trans-1,2-cyclopentanediol）　(B) 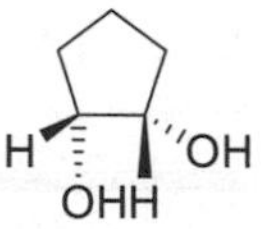 H, OH, OH, H　(C) 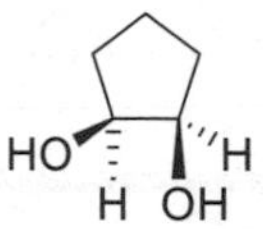 HO, H, H, OH　(D)  H, H, O（epoxide）

《107 慈濟-48》Ans：A

說明：

$$\text{cyclopentene} \xrightarrow[CH_2Cl_2]{PhCO_3H} \text{cyclopentene oxide} \xrightarrow{H_3O^{\oplus}} \text{trans-diol} + \text{trans-diol (enantiomer)}$$

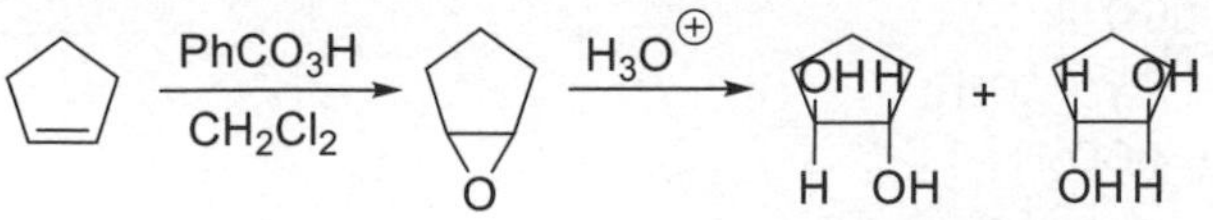

(d, l)-Racemate

49. 下列哪一組反應步驟的組合與所搭配的試劑，較適合用來把化合物{Ⅰ}轉化為化合物{Ⅱ}?

H_3C–C_6H_4–NH_2 {I} $\xrightarrow{?}\xrightarrow{?}\xrightarrow{?}$ H_3C–C_6H_4–CO_2H {II}

(A) {I} $\xrightarrow[\text{Pyridine}]{(CH_3CO)_2O}$ $\xrightarrow[CH_2Cl_2]{HCHO}$ $\xrightarrow{H_3O^+}$ {II}

(B) {I} $\xrightarrow[\text{Pyridine}]{(CH_3CO)_2O}$ $\xrightarrow[AlCl_3]{CH_3COCl}$ $\xrightarrow[H_2O]{HCO_2H}$ {II}

(C) {I} $\xrightarrow[H_2SO_4]{HNO_3}$ $\xrightarrow[Cu(NO_3)_2]{CuBr}$ $\xrightarrow[H_2O]{HCl}$ {II}

(D) {I} $\xrightarrow[H_2SO_4]{HNO_2}$ $\xrightarrow[CuCN]{KCN}$ $\xrightarrow{H_3O^+}$ {II}

《107 慈濟-49》Ans：D

說明：

$$NH_2 \xrightarrow[H_2SO_4]{HNO_2} \overset{\oplus}{N}{\equiv}N:\ HSO_4^{\ominus} \xrightarrow[Cu_2(CN)_2]{KCN} CN \xrightarrow[\Delta]{H_3O^+} COOH$$

50. 下面化合物的分子結構共含有三個掌性中心(chirality centers)，這三個掌性中心的立體化學組態(stereochemical configuration)由左至右，是下列哪一個選項？

H_2N H H N H H S O N O CH_3 CO_2H

(A) *R*, *S*, *R* (B) *S*, *R*, *R* (C) *S*, *S*, *R* (D) *S*, *R*, *S*

《107 慈濟-50》Ans：B

說明：

H_2N H H N H H S (S) (R) (R) O N O CH_3 CO_2H

義守大學107學年度學士後中醫化學試題暨詳解

化學試題 **有機：林智老師解析**

01. 將 4 克碳酸鈣和二氧化矽的混合物以過量的鹽酸進行反應，產生 0.88 克的二氧化碳。請問原始混合物中 $CaCO_3$ 的重量百分比是多少？
(C: 12; O: 16; Ca: 40)
(A) 12% (B) 25% (C) 50% (D) 75%
《107 義守-01》Ans：C

02. 一氧化碳與二氧化碳的混合物中，碳原子的重量百分率為 1/3；則在此混合物中二氧化碳的重量比率為______。(C: 12; O: 16)
(A) 7/18 (B) 9/18 (C) 10/18 (D) 11/18
《107 義守-02》Ans：D

03. 下列何者最不可能作為氧化劑？
(A) S^{2-} (B) H^{+} (C) H_2O_2 (D) Br_2
《107 義守-03》Ans：A

04. 在 0 ℃及一大氣壓下某氣體 0.625 克佔 0.5 升的體積，此氣體最可能是下列何者？ (C: 12; H: 1; O: 16; N: 14)
(A) 乙烷 (B) 乙烯 (C) 乙炔 (D) 一氧化氮
《107 義守-04》Ans：B

05. 下列何者含有最多數目的原子？(R = 0.082 atm・L/ mol・K)
(A) 1 atm, 0 ℃時 5.6 L 的氧氣 (B) 0.1 mol 的氨氣
(C) 0.5 克的氫氣 (D) 1 atm, 25 ℃時 3.0 L 的甲烷
《107 義守-05》Ans：D

06. 已知：$H_2O(l)$ $\Delta H^0_f = -68.32$ kcal/mol；$H_2O(g)$ $\Delta H^0_f = -57.8$ kcal/mol。請計算在 1 atm, 25 ℃時，水的蒸發熱(cal/g)是多少？
(A) –7006 (B) –584 (C) 584 (D) 7006
《107 義守-06》Ans：C

07. 關於下列反應，何者的$\Delta H > 0$？

I. $O_{(g)} \rightarrow O^{+}_{(g)} + e^{-}$

II. $O^{+}_{(g)} \rightarrow O_2{}^{+}_{(g)} + e^{-}$

III. $O_{(g)} + e^{-} \rightarrow O^{-}_{(g)}$

(A) I、II、III　(B) II 、III　(C) I 、III　(D) I、II

《107 義守-07》Ans：D

08. 關於 XeF_2 的形狀與中心原子的混成軌域，下列敘述何者正確？

(A) 角形，sp^3　(B) 角形，sp^2　(C) 直線形，sp　(D) 直線形，sp^3d

《107 義守-08》Ans：D

09. 下列何者的沸點最高？

(A) CH_3OH　(B) $CH_3CH_2CH_2OH$

(C) $CH_3(CH_2)_2CH_2OH$　(D) $(CH_3)_3COH$

《107 義守-09》Ans：C

10. 已知 0.1 M 單質子酸水溶液的解離度(degree of dissociation)為 1 %；則 0.4 M 的此酸水溶液______。

(A) 解離度增為 2 %　(B) 解離度仍為 1 %

(C) 解離度降為 0.5 %　(D) $[H^+] = 0.006$ M

《107 義守-10》Ans：C

11. 已知反應 A + B → C + D 的速率定律式 rate = k[A][B]，$k = 100\ M^{-1}s^{-1}$。假設進行該反應時，起始濃度$[A]_o = 0.001$ M，$[B]_o = 0.1$ M，則______。($\ln 2 = 0.693$)

(A) 100 s 時，$[A] = 10^{-4}$ M

(B) 偽一級(pseudo-first order)反應速率常數 $k_{obs} = 0.1\ s^{-1}$

(C) 此反應的半生期(half life)為 0.0693 s

(D) 若將$[A]_o$提升為 0.005 M，反應的偽一級速率常數 $k_{obs} = 50\ s^{-1}$

《107 義守-11》Ans：C

12. 已知：$A + B \rightleftharpoons C \quad K = 12$

$2A + B \rightleftharpoons D \quad K = 130$

下列敘述何者錯誤？

I. $C \rightleftharpoons A + B \quad K = 0.083$

II. $4A + 2B \rightleftharpoons 2D \quad K = 16900$

III. $A + C \rightleftharpoons D \quad K = 121$

(A) I、II (B) III (C) I (D) I、III

《107 義守-12》Ans：B

13. 下列各混合水溶液，何者可視為緩衝溶液(buffer solution)？

I. $HCl_{(aq)}$, $NaOH_{(aq)}$

II. $HNO_{3(aq)}$, $NaNO_{3(aq)}$

III. $Na_2HPO_{4(aq)}$, $NaH_2PO_{4(aq)}$

IV. $H_2SO_{4(aq)}$, $CH_3COOH_{(aq)}$

V. $CH_3COOH_{(aq)}$, $NaOH_{(aq)}$

(A) I、III (B) II 、III (C) III (D) III、V

《107 義守-13》Ans：C 或 D 皆可

14. 下列哪些變化之 ΔH 及 ΔS 皆大於零？

I. $F_{2(g)} \rightarrow 2F_{(g)}$

II. $NaOH_{(s)} + HCl_{(aq)} \rightarrow NaCl_{(aq)} + H_2O_{(l)}$

III. $NaCl_{(s)} \rightarrow Na_{(g)} + Cl_{(g)}$

IV. $Br_{2(g)} \rightarrow Br_{2(l)}$

(A) I 、II (B) I、III (C) II、III (D) I、II、IV

《107 義守-14》Ans：B

15. 下列何者不為導電聚合物(conducting polymer)？

(A) *trans*-polyacetylene (B) nylon

(C) polyaniline (D) polypyrrole

《107 義守-15》Ans：B

16. 下列各水溶液，凝固點最低者是______。

(A) 0.5m $C_{12}H_{22}O_{11}$ (sucrose) (B) 0.5m $Ca(NO_3)_2$

(C) 0.5m $NiSO_4$ (D) 0.5m Li_3PO_4

《107 義守-16》Ans：D

17. 下列哪些化合物的紅外線吸收光譜在波數(wave number)約1700 cm^{-1}有明顯的吸收峰？

I. propane　II. propene　III. propanal　IV. propanol　V. propanoic acid

(A) I、II、III　(B) I 、II　(C) III 、V　(D) IV、V

《107 義守-17》Ans：C

說明：

	官能基	紅外線吸收頻率
I		$\upsilon_{max(C-H)}$ 1460, 1380cm^{-1}
II		$\upsilon_{max(C=C)}$ 1650cm^{-1}
III	H, O	$\upsilon_{max(C=O)}$ 1725cm^{-1}
IV	OH	$\upsilon_{max(OH)}$ 3600~3000cm^{-1}(br.)
V	OH, O	$\upsilon_{max(C=O)}$ 1710cm^{-1} $\upsilon_{max(O-H)}$ 3600~2600cm^{-1}(br.)

18. 在DMSO中與sodium cyanide進行取代反應(substitution reaction)速率最快的是______。

(A) CH_3CH_2F　(B) CH_3CH_2I　(C) CH_3Cl　(D) CH_3I

《107 義守-18》Ans：D

說明：

$$CH_3I + NaCN \longrightarrow CH_3CN + NaI$$

19. 下列何者具芳香性(aromaticity)？

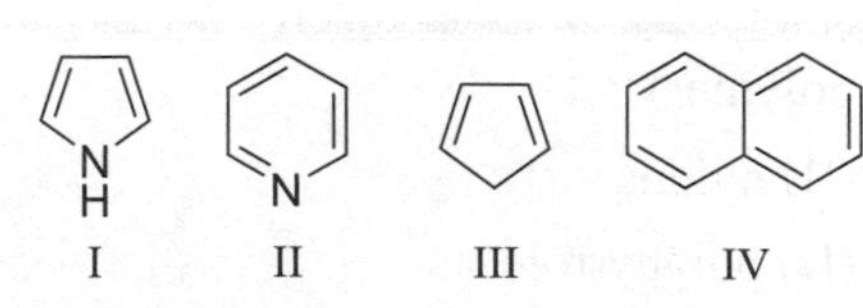

(A) I 、II　(B) II 、III　(C) I、II、IV　(D) II、IV

《107 義守-19》Ans：C

說明：

1. Huckel's rule：⇒ **a monocyclic conjugated polyene**：

(1)含有(4n+2)π電子或總數(4n+2)之π電子與未共用電子者。

(2)共平面之環狀化合物，電子雲非定域化地上下環繞。

(3)不可有π-電子斷點存在(no π-electron node)(即無電性者)。

2. Ans:

Aromatic Compound

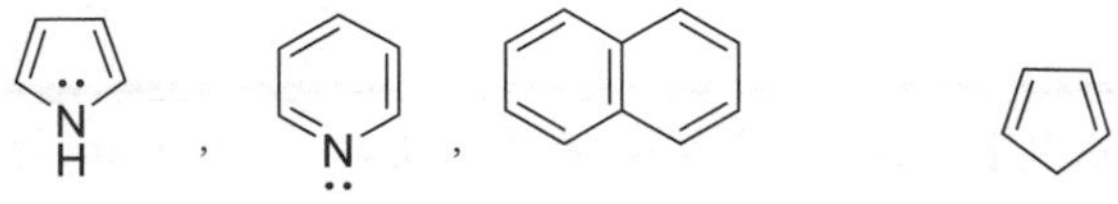

⇒ I　II　IV　v.s.　III

⇒ a conjugated compound

20. 下式反應的主產物是______。

$$CH_3CH_2CH_2\overset{O}{\overset{\|}{C}}H \xrightarrow[6\text{-}8\ °C]{KOH,\ H_2O}$$

(A) 2-hydroxy-2-methylpentanal　(B) 2-ethyl-3-hydroxyhexanal

(C) 3-ethyl-2-hydroxyhexanal　(D) 3-hydroxy-2-methylpentanal

《107 義守-20》Ans：B

說明：

1. **Self-aldol condensation-----β-hydroxy-aldehyde products**

2. Ans:(Self-Aldol condensation)

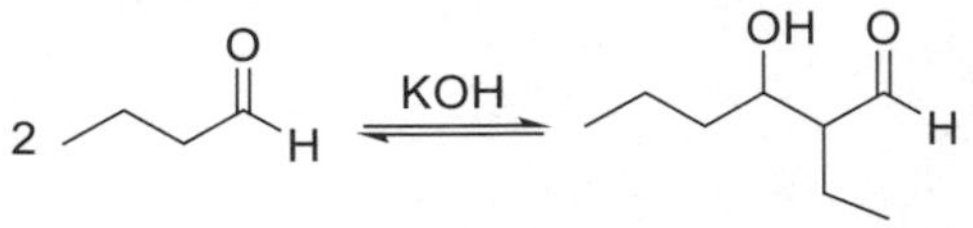

2-ethyl-3-hydroxyhexanal

21. 下列反應何者可產生二級醇？

(A) $C_6H_5\overset{O}{\overset{\|}{C}}CH_3 \xrightarrow[2.\ H^+]{1.\ CH_3MgBr}$　(B) $C_6H_5\overset{O}{\overset{\|}{C}}CH_3 \xrightarrow[2.\ H^+]{1.\ LiAlH_4}$

(C) $C_6H_5\overset{O}{\overset{\|}{C}}H \xrightarrow[2.\ H^+]{1.\ LiAlH_4}$　(D) 以上皆非

《107 義守-21》Ans：B

說明：

(A)

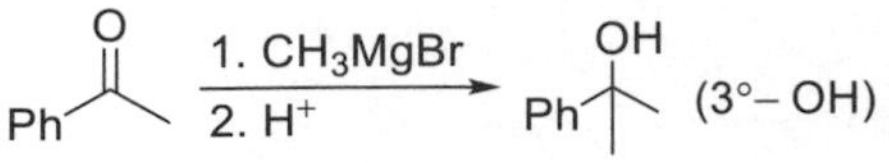

(B)

$$\text{PhCOCH}_3 \xrightarrow[\text{2. H}^+]{\text{1. LiAlH}_4} \text{PhCH(OH)CH}_3 \quad (2°-\text{OH})$$

22. 某化合物的氫核磁共振光譜(^{1}H NMR)僅具二支單峰(two singlets)，且其面積比為 2:3 (low field peak : high field peak)，請問此化合物可能是下列哪一反應之產物？

(A) p-bromotoluene (CH_3, Br) $\xrightarrow[AlCl_3]{CH_3Cl}$

(B) toluene (CH_3) $\xrightarrow[AlCl_3]{CH_3COCl}$

(C) $C(CH_3)_3$-benzene $\xrightarrow[AlCl_3]{CH_3Cl}$

(D) toluene (CH_3) $\xrightarrow[AlCl_3]{CH_3Cl}$

《107 義守-22》Ans：D

說明：

1. Friedel-Craft's reaction
2. Ans:(B)

toluene (CH_3) $\xrightarrow[AlCl_3]{CH_3COCl}$ 4-methylacetophenone (CH_3, $COCH_3$)

Ans: (C)

$C(CH_3)_3$-benzene $\xrightarrow[AlCl_3]{CH_3Cl}$ p-$C(CH_3)_3$-C_6H_4-CH_3

Ans: (D)

toluene (CH_3) $\xrightarrow[AlCl_3]{CH_3Cl}$ p-xylene (CH_3, CH_3) ← δ7.15 ppm(s, 4H) ← δ2.1 ppm(s, 6H)

23. 下列化合物皆可表示為$(CH_2)_n$，請問哪一化合物之每個(CH_2)的燃燒熱(combustion heat)最大？

(A) 環丙烷(cyclopropane)　(B) 環丁烷(cyclobutane)

(C) 環戊烷(cyclopentane)　(D) 環己烷(cyclohexane)

《107 義守-23》Ans：A

說明：

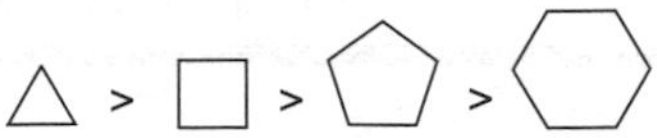

△ > □ > ⬠ > ⬡

24. 下列何組試劑最適合將 hex-3-yne 轉變成(*E*)-hex-3-ene？

(A) H_2, Pt　(B) Na, NH_3

(C) H_2, Lindlar's catalyst　(D) $HgSO_4$, H_2O

《107 義守-24》Ans：B

說明：

1. Electrophilic addition-----Hydrogenation/Birch reduction/Indirect hydration
2. Ans:

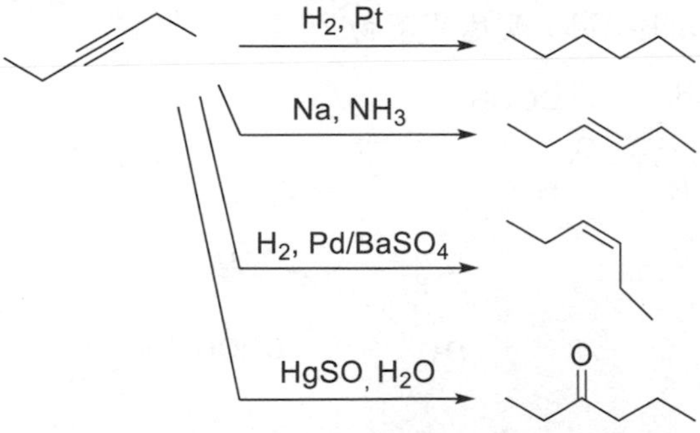

H_2, Pt

Na, NH_3

H_2, Pd/$BaSO_4$

$HgSO_4$, H_2O

25. 下列何者的名稱與化學式不相符？

(A) phenol, C_6H_5OH

(B) diethyl ether, $CH_3CH_2OCH_2CH_3$

(C) methyl acetate, $HCOOCH_2CH_3$

(D) aniline, $C_6H_5NH_2$

《107 義守-25》Ans：C

說明：

1.**nomenclature(命名):**

2. Ans: (C) Ethyl formate ⇒ H O O

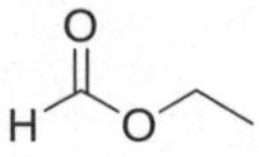

Methyl acetate ⇒ O O

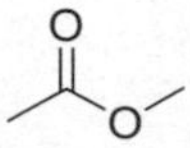

26. 下列何者為下式化合物的 IUPAC 命名？

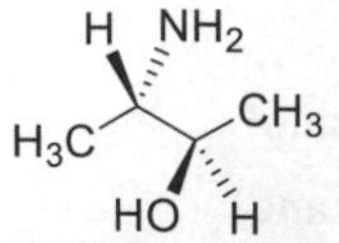

(A) (2*R*, 3*S*)-3-amino-2-butanol (B) (2*R*, 3*R*)-3-amino-2-butanol

(C) (2*S*, 3*S*)-3-amino-2-butanol (D) (2*S*, 3R)-3-amino-2-butano

《107 義守-26》Ans：A

說明：

1. **IUPAC nomenclature (命名)-----configurational nomenclature**

2. Ans:

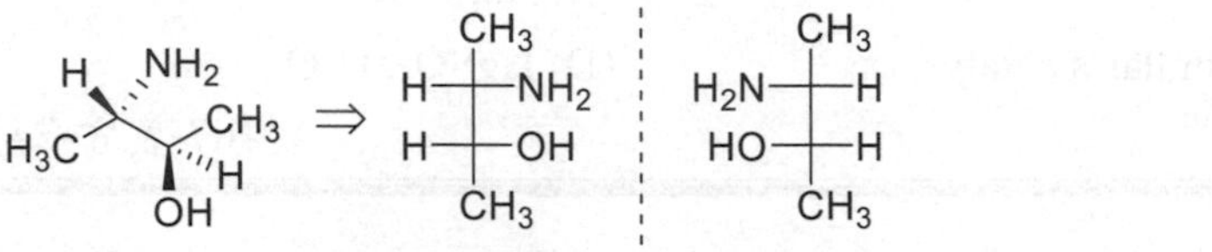

(2R, 3S) (2S, 3R)-3-amino-2-butanol

27. 下列何者可能是下式 Diels-Alder 反應的產物？

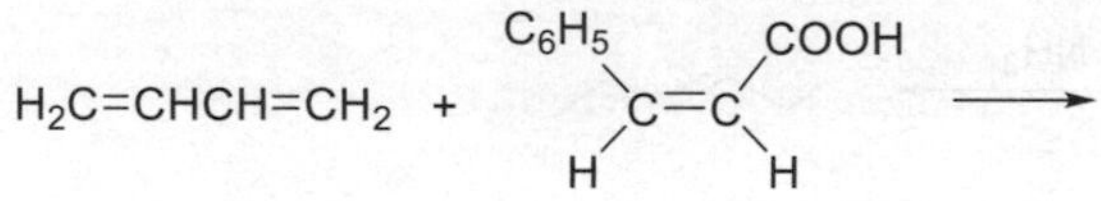

$H_2C=CHCH=CH_2$ + $C_6H_5(H)C=C(H)COOH$ ⟶

(A) 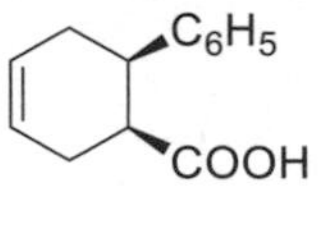 (B)

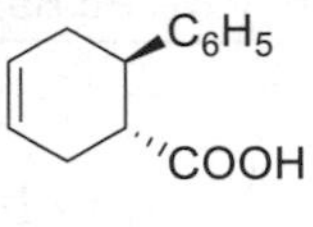

(C) 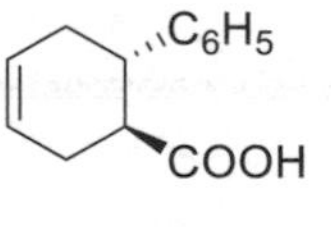 (D) 以上皆非

《107 義守-27》Ans：A

說明：

1. Normal type Diels-Alder reaction：[$4\pi_s + 2\pi_s$] cycloaddition.

2. Ans:

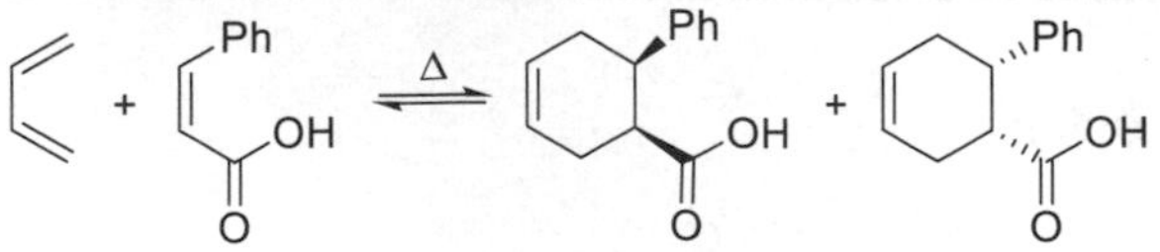

28. 胜肽鍵(peptide bond)是屬於下列何種連結？

(A) ether linkages
(B) ester linkages
(C) amide linkages
(D) imido linkages

《107 義守-28》Ans：C

29. 於 0 ℃下，indole 和 bromine 在 dioxane 中反應，下列何者為反應的主要產物？

(A) 2-bromoindole
(B) 3-bromoindole
(C) 4-bromoindole
(D) 5-bromoindole

《107 義守-29》Ans：B

說明：

1. **Indole 之位向化學(orientation): 3-director**
2. Ans:

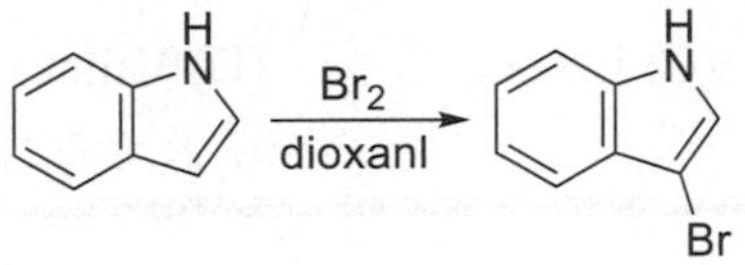

H N, Br_2, dioxanl, H N, Br

30. 當 2-methylcyclohexanone 在鹼催化下以過量 D_2O 處理，會有幾個 D 原子加入此有機化合物中？

(A) 0
(B) 1
(C) 2
(D) 3

《107 義守-30》Ans：D

說明：

1. Deuterium exchange ⇒ acid-base reaction(pKa values)
2. Ans:

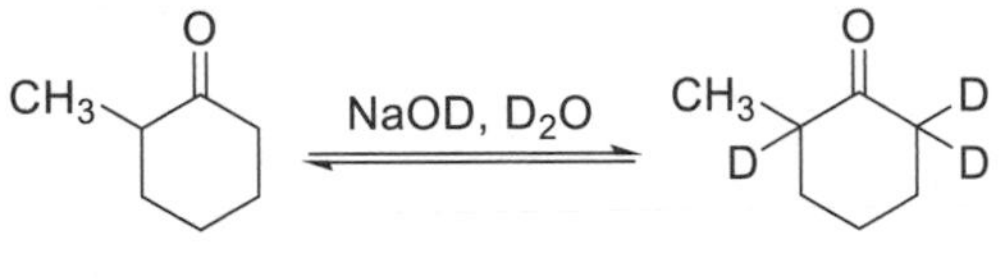

O, CH_3, NaOD, D_2O, O, CH_3, D, D, D

31. 下列何組試劑最適合用來將溴苯(bromobenzene)轉變成苯甲酸(benzoic acid)？

(A) 1. NaCN; 2. NaOH, H_2O (B) $KMnO_4$

(C) 1. Mg; 2. CO_2 然後 H_3O^+ (D) CO_2, HCl

《107 義守-31》Ans：C

說明：

1. **Grignard reagent-----Carboxylation**
2. **Ans:**

Br (bromobenzene) $\xrightarrow{\text{1. Mg; 2. } CO_2\text{; 3. } H_3O^{\oplus}}$ [MgBr → OMgBr →] OH (benzoic acid)

32. 下列何種氨基酸(amino acid)為非掌性(achiral)？

(A) Alanine (B) Glycine (C) Lysine (D) Valine

《107 義守-32》Ans：B

33. 分子式為 C_7H_8，且擁有一個四級碳原子(quaternary carbon atom)的烷類有幾種？

(A) 1 (B) 2 (C) 3 (D) 4

《107 義守-33》Ans：送分

說明：

1. C_7H_{16} ⇒ DBE = 0 ⇒ Alkanes
2. Ans:**(Isomerism)**

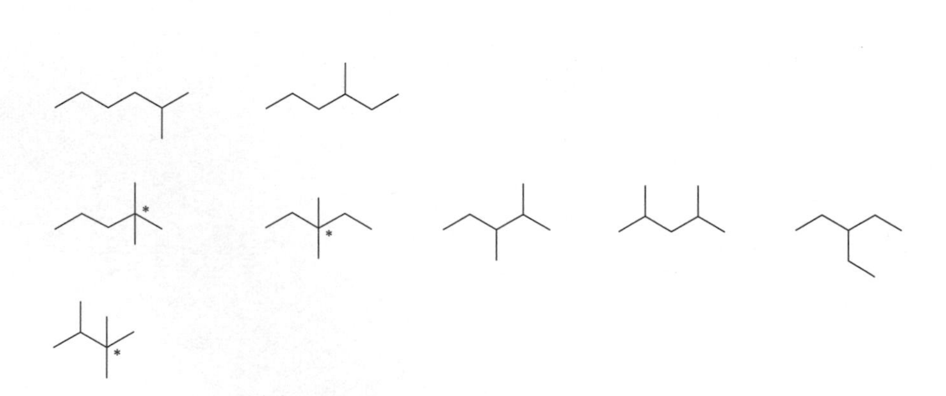

34. 在正丁烷(*n*-butane)的自由基溴化反應(free radical bromination)中，假設所得單溴取代產物的比是 93 : 7 (2-bromobutane : 1-bromobutane)，則一級氫對二級氫的相對反應性(relative reactivity)最接近下列何者？

(A) 一級氫是二級氫的 0.20 倍　　(B) 一級氫是二級氫的 0.10 倍

(C) 一級氫是二級氫的 0.05 倍　　(D) 一級氫是二級氫的 0.01 倍

《107 義守-34》Ans：C

說明：

Br_2, hν

Br

\+

Br

yield : 93% : 7%

∴ relative reactivity:

$$\Rightarrow \quad 2°\text{-H} : 1°\text{-H} = (\frac{93\%}{4}) : (\frac{7\%}{6}) = 23.25 : 1.17$$

$$\therefore \quad \frac{1°-H}{2°-H} = \frac{1.17}{23.25} \cong 20 \text{ times}$$

35. 下列何者的質譜圖在 *m/z* 58 之處有明顯的片段？

(A) $CH_3COCH_2CH_2CH_3$　　(B) $CH_3CH_2COCH_2CH_3$

(C) $(CH_3)_2CHCOCH_3$　　(D) $(CH_3)_3CCHO$

《107 義守-35》Ans：A

說明：

EI ⇒ → + $CH_2{=}CH_2$

m/z=58

36. 天然橡膠(natural rubber)是下列何種單體(monomer)的聚合物？

(A) 苯乙烯　　(B) 氯乙烯　　(C) 丁二烯　　(D) 異戊二烯

《107 義守-36》Ans：D

37. 格里納試劑(CH_3MgX)與丙酸乙酯($CH_3CH_2COOCH_2CH_3$)在乙醚中反應後以弱酸性水溶液中和，下列何者為其主要產物？

(A) $CH_3CH_2CH_2OH$　(B) CH_3CH_2COOH

(C) $CH_3CH_2CH_2OCH_2CH_3$　(D) $CH_3CH_2C(CH_3)_2OH$

《107 義守-37》Ans：D

說明：

1. Grignard reagent with esters-----3°-OH formation
2. Ans:

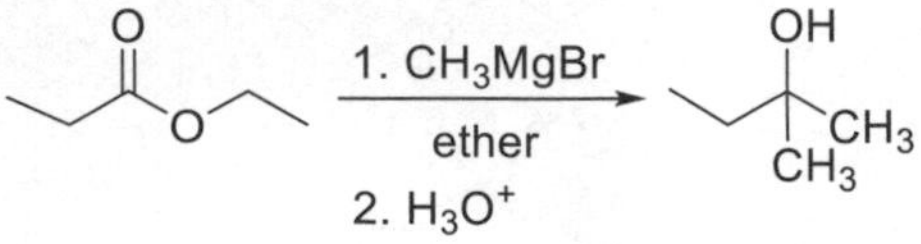

$$CH_3CH_2COOCH_2CH_3 \xrightarrow[\text{ether} \quad 2.\ H_3O^+]{1.\ CH_3MgBr} CH_3CH_2C(OH)(CH_3)CH_3$$

38. 製作手工香皂時會進行皂化反應，皂化是下列哪兩種化學品間的反應？

(A) 油脂和酸　(B) 油脂和鹼　(C) 醇和酸　(D) 葡萄糖和鹼

《107 義守-38》Ans：B

說明：

1. **皂化反應(Saponification)-----S_N2Ac reaction**
2. Ans:

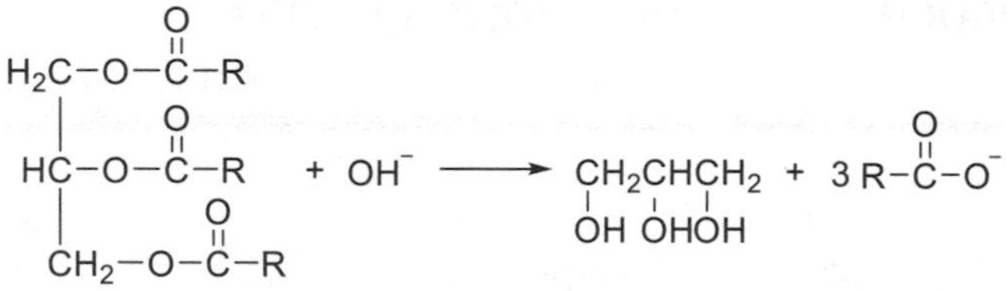

$$\begin{matrix} H_2C-O-\overset{O}{\overset{\|}{C}}-R \\ | \\ HC-O-\overset{O}{\overset{\|}{C}}-R \\ | \\ CH_2-O-\overset{O}{\overset{\|}{C}}-R \end{matrix} + OH^- \longrightarrow \underset{OH\ \ OH\ OH}{CH_2CHCH_2} + 3\,R-\overset{O}{\overset{\|}{C}}-O^-$$

39. 下列哪一原子軌域不存在？

(A) 3f　(B) 4d　(C) 5p　(D) 7s

《107 義守-39》Ans：A

40. 常溫下，含 0.073 g 某酸之溶液 25 mL 需 0.200 M 氫氧化鈉溶液 10.0 mL 以達滴定當量點，請問此酸最可能是下列何者？ (Cl: 35.5; I: 127; S: 32)

(A) HCl　(B) HI　(C) H_2SO_4　(D) CH_3CO_2H

《107 義守-40》Ans：A

41. 下列哪一鹵素(X_2)不可由其 NaX 之酸性溶液經 MnO_2 氧化而製得？

(A) I_2　(B) Br_2　(C) Cl_2　(D) F_2

《107 義守-41》Ans：D

42. 欲溶解相同莫耳數的下列鹽類，何者需水量最少？

(A) $NiCO_3$ ($K_{sp} = 1 \times 10^{-7}$)　(B) MgF_2 ($K_{sp} = 7 \times 10^{-9}$)

(C) Ag_3AsO_4 ($K_{sp} = 1 \times 10^{-22}$)　(D) $Pb_3(PO_4)_2$ ($K_{sp} = 8 \times 10^{-43}$)

《107 義守-42》Ans：B

43. 當溫度從 T_1 增加至 T_2 時，反應甲的反應速率常數增加為 2 倍；反應乙的反應速率常數增加為 4 倍。甲乙二反應之活化能分別為 a 和 b，請問 a 和 b 的關係最接近下列何者？

(A) b = 2 a　(B) b = 1.5 a　(C) a =1.5 b　(D) a = 2 b

《107 義守-43》Ans：A

44. 反應甲（A→產物）為零級反應，反應乙（A→產物）為一級反應，反應丙（A→產物）為二級反應。在相同初濃度條件下，此三反應的第一個半生期皆為 100 秒，第二個半生期依序分別為 a、b 和 c，則 a、b 和 c 的大小關係為下列何者？

(A) a > b > c　(B) a = b = c　(C) a < b < c　(D) 以上皆非

《107 義守-44》Ans：C

45. 反應 A 之速率決定步驟為“自由基和自由基碰撞”的反應，反應 B 之速率決定步驟為“自由基和分子碰撞”的反應，反應 C 之速率決定步驟為“分子和分子碰撞”的反應，此三反應之活化能依序分別為 a、b 和 c，請問 a、b 和 c 的大小關係為下列何者？

(A) a > b > c　(B) a = b = c　(C) a < b < c　(D) 以上皆非

《107 義守 45》Ans：C

46. 下列何者的偶極矩(dipole moment)不為零？

(A) BF_3　(B) XeF_4　(C) $SiCl_4$　(D) SF_4

《107 義守-46》Ans：D

47. 下列何者的沸點最低？

(A) BrCl　(B) IBr　(C) BrF　(D) ClF

《107 義守-47》Ans：D

48. 有A、B、C、D四種不同元素，如果

A + CO → AO + C

B + DO → BO + D

C + BO → CO + B

請問哪一元素的氧化物最安定？

(A) A (B) B (C) C (D) D

《107 義守-48》Ans：A

49. 已知反應（A→產物）為一級反應，不同時間下，A的濃度，[A]，隨時間變化如下表所示：

時間，s	0	5	10	15	20
[A]，M	0.200	0.140	0.100	0.071	0.050

請問，此反應的速率常數(s^{-1})最接近下列何者？

(A) 0.035 (B) 0.070 (C) 0.140 (D) 0.280

《107 義守-49》Ans：B

50. 下列何者在甲醇中進行取代反應的速率最快？ (Ph 為苯基，C_6H_5)

(A) $PhCH_2Br$ (B) Ph_3CBr

(C) $PhCH_2CH_2Br$ (D) $PhCH_2CH_2CH_2Br$

《107 義守-50》Ans：B

說明：

1. The thermodynamic stability of carbocation-----電子效應

2. Ans：

⇒ Ph_3CBr > $PhCH_2Br$ > $PhCH_2CH_2Br$ > $PhCH_2CH_2CH_2Br$

中國醫藥大學106學年度學士後中醫化學試題暨詳解

化學 試題 **有機：林智老師解析**

01. 下列化合物是以費雪(Fischer)投影方式呈現，請問Ⅰ及Ⅱ各有多少個掌性(chiral)中心？

(A) Ⅰ：0；Ⅱ：3　(B) Ⅰ：2；Ⅱ：2　(C) Ⅰ：2；Ⅱ：3

(D) Ⅰ：3；Ⅱ：2　(E) Ⅰ：3；Ⅱ：3

《106 中國-01》Ans：D

說明：

1.化合物(Ⅰ)：3個非掌性異構物(diastereomers)

2.化合物(Ⅱ)：2個非掌性異構物(diastereomers)

02. 下列四種苯甲酸化合物，酸性由大到小的順序何者正確？

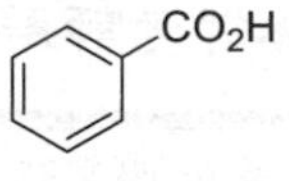

I: benzoic acid (CO_2H)　II: o-hydroxybenzoic acid (CO_2H, OH)　III: m-hydroxybenzoic acid (CO_2H, OH)　IV: p-hydroxybenzoic acid (CO_2H, OH)

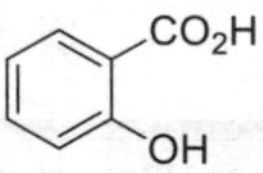

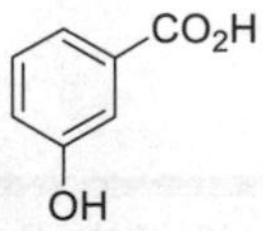

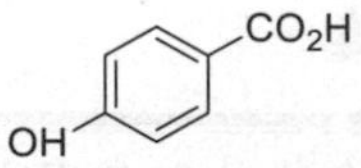

(A) I > II > III > IV　(B) I > IV > III > II　(C) II > III > I > IV
(D) II > III > IV > I　(E) III > II > IV > I

《106 中國-02》Ans：C

說明：

註：苯甲酸衍生物 (benzoic acids)與取代基/位向之酸性度：

Case A

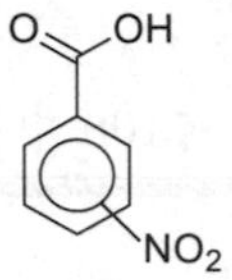

(nitrobenzoic acid, NO_2) where (pKa) o- (2.17) m-(3.45) p- (3.43) v.s COOH (benzoic acid) pKa=4.2

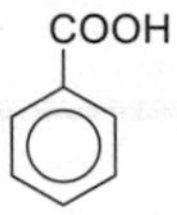

Case B

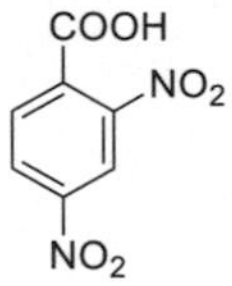

COOH, NO_2, NO_2 (2,4-dinitrobenzoic acid) pKa : (2.83) v.s COOH, O_2N, NO_2, NO_2 (2,4,6-trinitrobenzoic acid) pKa : (0.25)

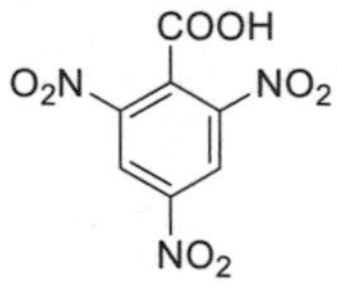

Case C

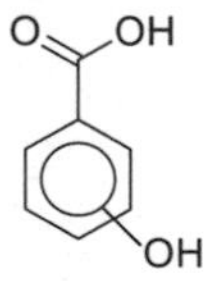

(hydroxybenzoic acid, OH) where (pKa) o- (2.98) m-(4.08) p- (4.58)

Case D

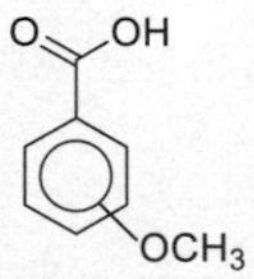

(methoxybenzoic acid, OCH_3) where (pKa) o- (4.09) m-(4.09) p- (4.47)

03. 關於去氧核醣核酸(DNA)的敘述，下列何者**錯誤**？

(A) 為掌性分子

(B) 鹼基種類共五種

(C) 醣類部分為五碳糖

(D) 組成的單體稱為核苷酸(nucleotide)

(E) 糖與糖之間用磷酸酯做連接

《106 中國-03》Ans：B

說明：

※DNA vs RNA

Case A：鹼基異同-----(T vs U)

※DNA			※RNA	
※Pyrimidine bases			※Pyrimidine bases	
cytosine (C)	thymine (	vs	cytosine (C)	uracil (U)
胞嘧啶	胸腺嘧啶		胞嘧啶	尿嘧啶
※purine bases			※purine bases	
adenine (A)	guanine (	vs	adenine (A)	guanine (G)
腺嘌呤	鳥糞嘌呤		腺嘌呤	鳥糞嘌呤

⇒關於去氧核醣核酸(DNA)的鹼基種類共四種，如上列舉

Case B：base pairing-----Each pyrimidine base forms a stable hydrogen-bonded pair with only one of the two purine bases.

(A) Thymine (or uracil in RNA) forms a base pair with adenine, joined by 2 hydrogen bonds.

(B) Cytosine forms a base pair, joined by 3 hydrogen bonds, with guanine.

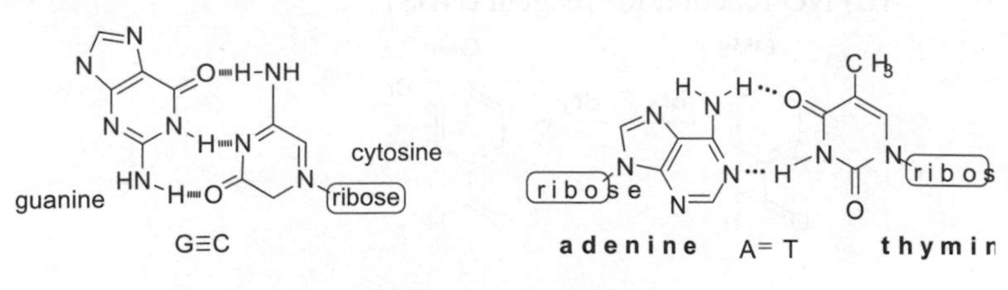

04. 下列反應何者並無涉及到自由基的生成？

(A) cyclohexane–CO_2H $\xrightarrow[2.\ Br_2,\ \Delta]{1.\ Ag_2O,\ H_2O}$ cyclohexane–Br

(B) toluene $\xrightarrow[EtOH]{Na,\ NH_{3(l)}}$

(C) $\xrightarrow[peroxide,\Delta]{HBr}$ Br

(D) $\xrightarrow[2.\ H_3O^+]{1. O_2,\ \Delta}$ HO–

(E) MeO––CHO $\xrightarrow{NBS}$ MeO––CHO (Br)

《106 中國-04》Ans：E

說明：

(A) Hunsdiecker reaction

O, OH $\xrightarrow[2.\ Br_2,\ \Delta]{1.\ Ag_2O,\ H_2O}$ Br + $CO_2(g)$

(B) Birch reduction

CH_3 $\xrightarrow[EtOH]{Na(s),\ NH_3(l)}$ CH_3

(C) Free radical addiction - Peroxide effect

$\xrightarrow{HBr}$ Br (d, l)

(D) Insertion reaction - hydroperoxide formation

$\xrightarrow{1.\ O_2,\ \Delta}$ O–OH Hydroperoxide $\xrightarrow{2.\ H_3O^+,\ \Delta}$ OH + O

(E) NO reaction for reagent (NBS)

OMe, O, H $\xrightarrow{Br_2,\ FeBr_3}$ OMe, Br, O, H

05. 完成以下反應所使用的最佳試劑為何？

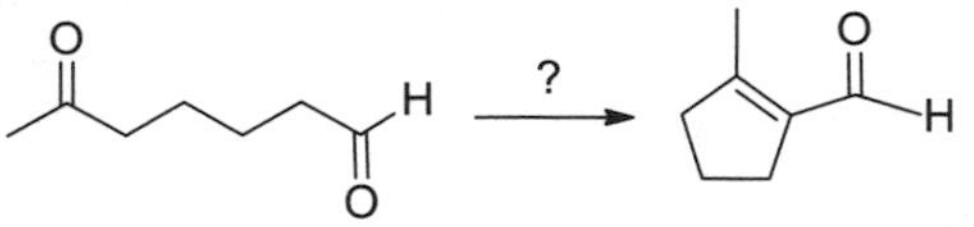

(A) t-BuOK (B) EtONa (C) $EtNH_2$ (D) Et_2NH (E) p-TsOH

《106 中國-05》Ans：D

說明：

1. Stork enam ine synthesis
2. The reactivity of carbonyl com pounds for the Addition-----Elimination

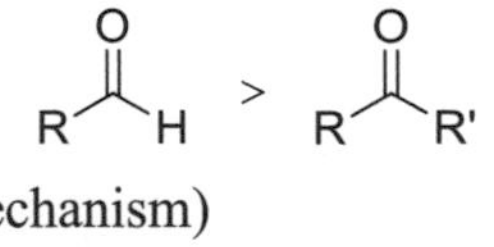

RCHO > RCOR'

3. (mechanism)

Et_2NH, $H^{\oplus}$; $+H^{\oplus}$; $-H_2O$ (水解)

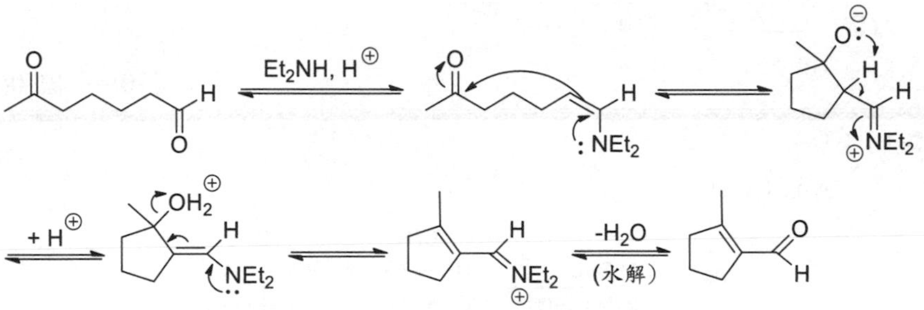

06. 下列反應何者可以得到預期的產物？

(A) 1. OsO_4 2. $NaHSO_3$ → HO, OH

(B) H_3O^+ → OH

(C) HCl, peroxide, Δ → Cl

(D) O, NH_2 1. $LiAlH_4$ 2. H_2O → OH

(E) Br, CF_3 $NaNH_2$, NH_3 → NH_2, CF_3

《106 中國-06》Ans：A

說明：

Ans：(A)

1. OsO_4 2. $NaHSO_3$ → CH_3, H—OH, HO—H, CH_3 (S,S):50% | CH_3, HO—H, H—OH, CH_3 (R,R):50%

Ans：(B)

$H^{\oplus}$ ⇌ ⊕ ⇌ ⊕ $H_2\ddot{O}$ / $-H^{\oplus}$ ⇌ OH

Ans：(C)

HCl, ROOR, Δ → Cl

Ans：(D)

O, NH_2 1. $LiAlH_4$ 2. H_2O → NH_2

Ans：(E)

CH_3, Br $NaNH_2$, NH_3 → CH_3, NH_2 + CH_3, NH_2

07. 以下化合物與氯及氯化鐵進行單一氯化反應何者為主要產物？

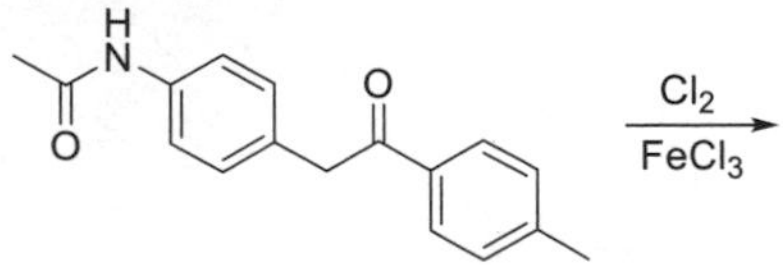

Cl_2, $FeCl_3$

(A)

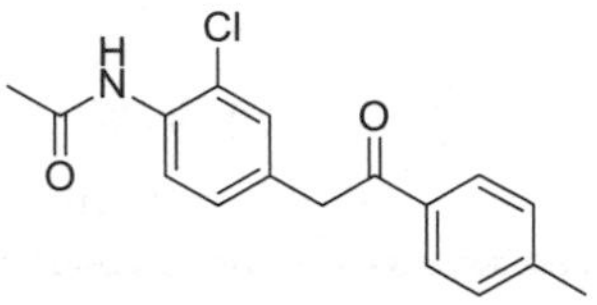

(B)

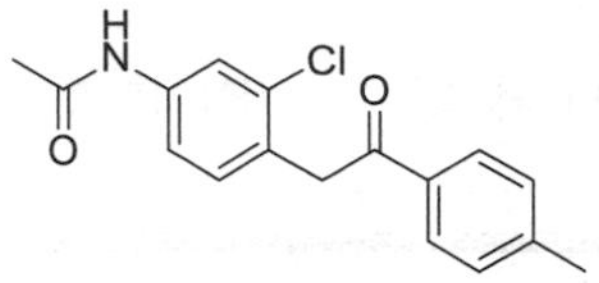

(C)

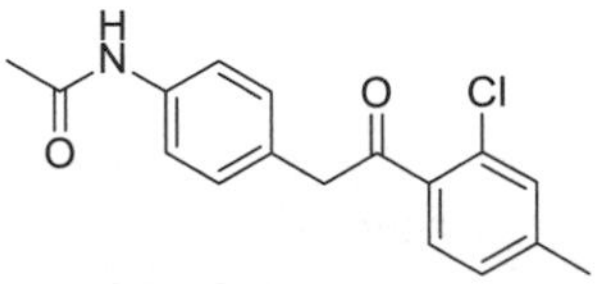

(D)

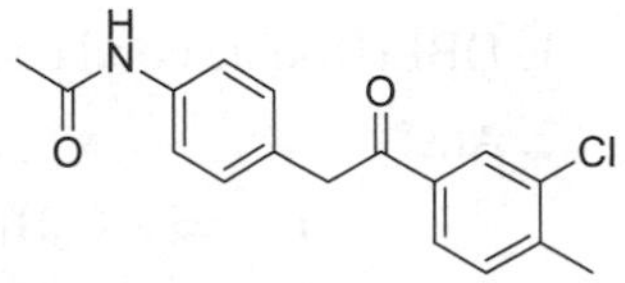

(E)

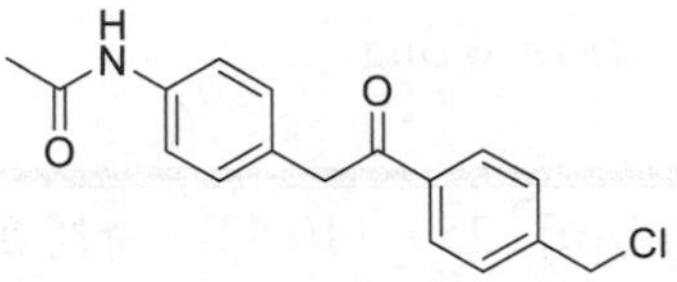

《106 中國-07》Ans：A

說明：

1. the reactivity of S_EAr reaction
2. Ans:

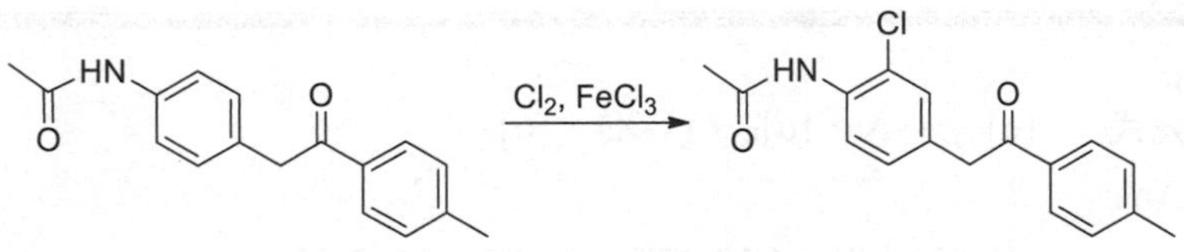

Cl_2, $FeCl_3$

08. 環己烷(Ⅰ)為單環分子，降冰片烷(norbornane；Ⅱ)為雙環分子，請問Ⅲ為幾環分子？

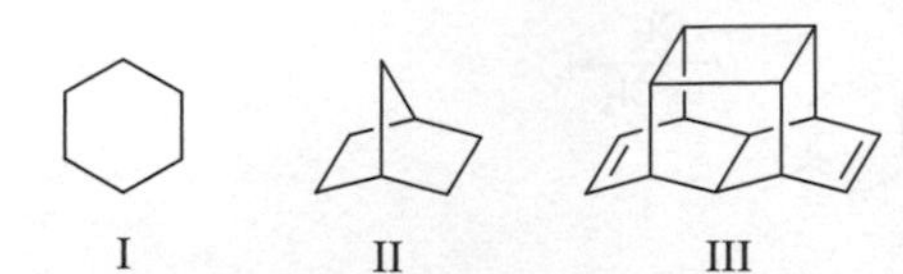

(A) 肆環　(B) 伍環　(C) 陸環　(D) 柒環　(E) 捌環

《106 中國-08》Ans：C

說明：

1. DBE(Doubie bond equivalent)
2. Ans:

Ⅰ ⇒ C_6H_{12}　DBE = 1－0(π) = 1 ring

Ⅱ ⇒ C_7H_{12}　DBE = 2－0(π) = 2 ring

Ⅲ ⇒ C_4H_{14}　DBE = 8－2(π) = 6 ring

09. 某 2-丁醇液體其比旋光值(specific rotation)為$[\alpha]^D$ 25 = +10.82°，請問在此液體中(*R*)-2-丁醇及(*S*)-2-丁醇的組成百分比分別是多少？[純(*R*)-2-丁醇比旋光值為$[\alpha]^D_{25} = -13.52°$；純(*S*)-2- 丁醇比旋光值為$[\alpha]^D_{25} = +13.52°$]

(A) *R*：10%；*S*：90%　(B) *R*：20%；*S*：80%　(C) *R*：50%；*S*：50%

(D) *R*：80%；*S*：20%　(E) *R*：90%；*S*：10%

《106 中國-09》Ans：A

說明：

1.公式　$[\alpha]_{Mix} = X \times [\alpha]_R + (1\text{-}X) \times [\alpha]_{S.}$

2. Ans:

$+10.82° = X \times (-13.25°) + (1\text{-}X) \times (+13.25°)$

∴　X = 0.10 = 10%　(R)-2-丁醇

1-X = 0.90 = 90%　(S)-2-丁醇

10. 在紅外線光譜中，下列哪一個範圍主要用來判斷雙取代苯化合物是屬於鄰位、間位或是對位？

(A) 600~1000 cm^{-1}　(B) 1400~1650 cm^{-1}　(C) 2000~2200 cm^{-1}

(D) 2700~3000 cm^{-1}　(E) 3000~3400 cm^{-1}

《106 中國-10》Ans：A

說明：

1. C-H bending vibration absorption frequency ⇒ $\nu_{max(C\text{-}H)}$: 1000 ~ 600cm^{-1}
2.鑑定烯類化合物之幾何異構物
3.鑑定取代基苯環之結構

11. 下列反應何者產物**不是**酸？

(A) 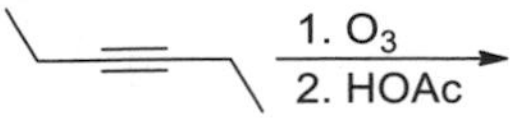 1. O_3 2. HOAc

(B) 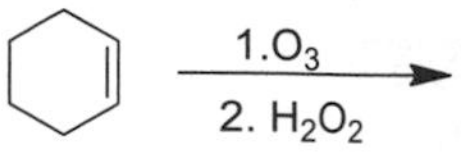 1.O_3 2. H_2O_2

(C) 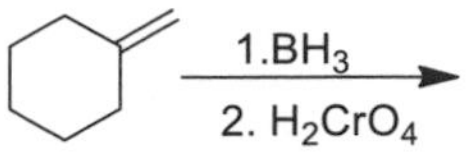 1.BH_3 2. H_2CrO_4

(D) 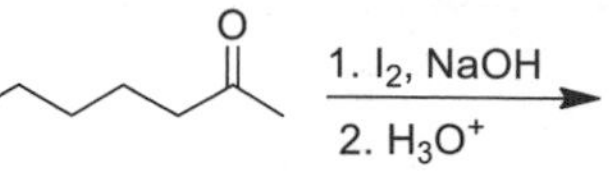 1. I_2, NaOH 2. H_3O^+

(E) 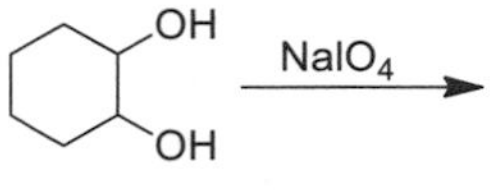 $NaIO_4$

《106 中國-11》Ans：E

說明：

Ans：(A)

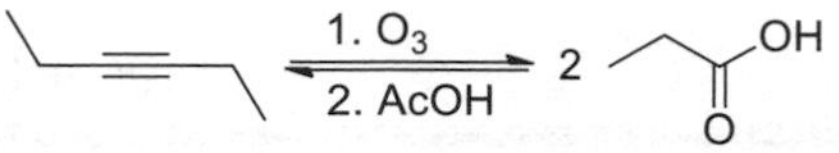

1. O_3 2. AcOH → 2 (propanoic acid)

Ans：(B)

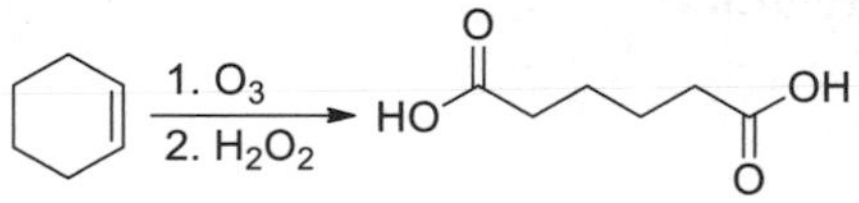

1. O_3 2. H_2O_2 → HO(C=O)–(CH₂)₄–(C=O)OH

Ans：(C)

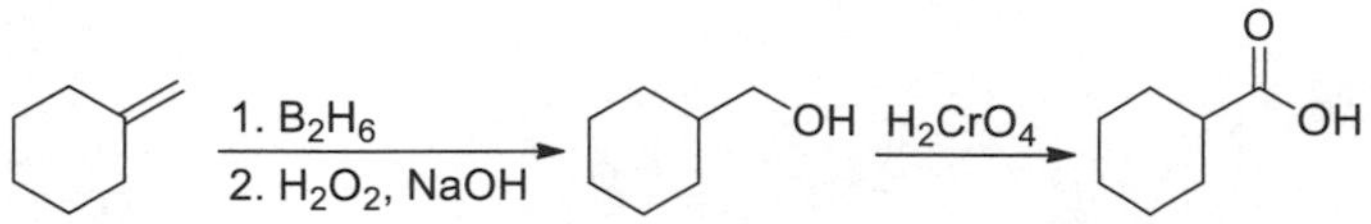

1. B_2H_6 2. H_2O_2, NaOH → cyclohexylmethanol (OH) → H_2CrO_4 → cyclohexanecarboxylic acid (OH)

Ans：(D)

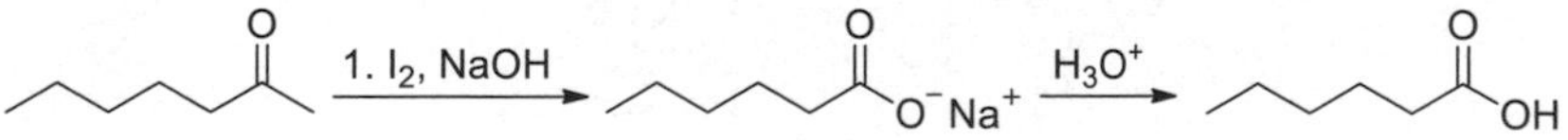

1. I_2, NaOH → O^-Na^+ → H_3O^+ → OH

Ans：(E)

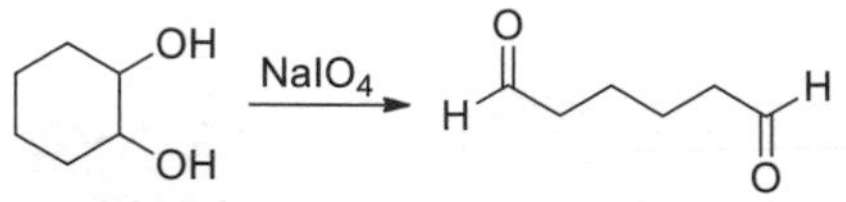

syn-1,2-diol → $NaIO_4$ → H(C=O)–(CH₂)₄–(C=O)H

釋疑：《106中國-11》

烷基硼烷(alkylborane)除了氧化變成醇之外，也可以直接被氧化成醛、酮或是酸，只要使用適當的氧化劑，不需經過醇類化合物(Brown, H. C.; Kulkarni, S. V.; Khanna, V. V.; Patil, V. D.; Racherla, U. S. “Organoboranes for Synthesis. 14. Convenient Procedures for the Direct Oxidation of Organoboranes from Terminal Alkenes to Carboxylic Acids,” J. Org. Chem. 1992, 57, 6173.)。

考生提到的是因為要得到醇類化合物，才要加入雙氧水，又因醇可以被氧化成酸，才會誤以為烷基硼烷一定要先轉變成醇才能變成酸，所以選項 C 中的試劑並無錯誤，維持原答案。

12. 將以下二酸化合物加熱後最終產物為何？

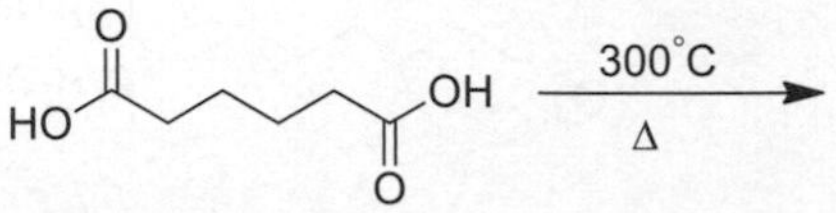

HO(O)C–(CH$_2$)$_4$–C(O)OH $\xrightarrow[\Delta]{300^\circ C}$

(A) 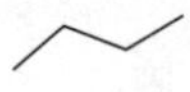 (B) 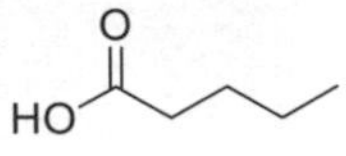 (C) 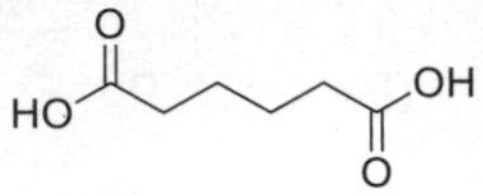 (D) 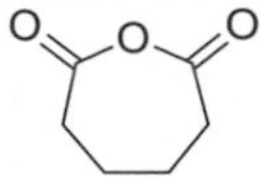 (E)

《106 中國-12》Ans：E

說明：

1.去羧基化反應(decarboxylation)

e.g. (decarboxylation)

請回答下列問題：

$HO_2C(CH_2)_4CO_2H \xrightarrow{Ba(OH)_2,\ 295^\circ}$ N (C_5H_8O) 【台大】

說明：

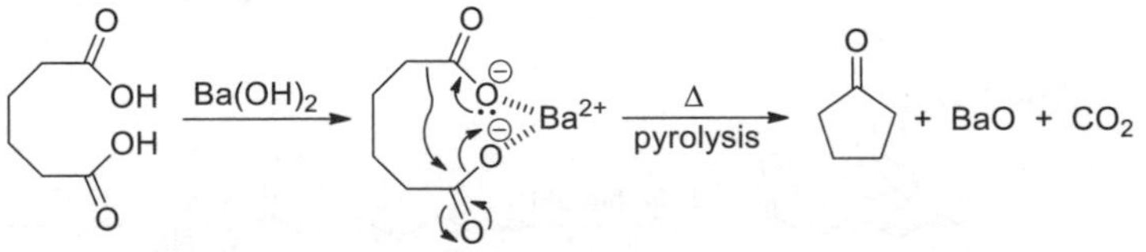

Ba(OH)$_2$ → Ba^{2+} → Δ pyrolysis → + BaO + CO_2

2.考古題：CH-6 (p.235)《台大》《97 中國》

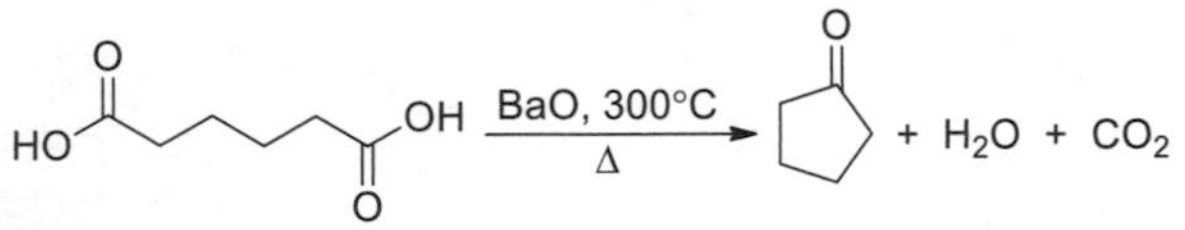

BaO, 300°C, Δ → + H_2O + CO_2

釋疑：《106中國-12》

二羧酸加熱後的產物會隨著二羧酸碳鏈長度的不同而有所不同，例如：三個碳的丙二酸加熱會脫去一分子CO_2，產生醋酸；而四個碳及五個碳的二羧酸會脫去一分子水，產生環狀酸酐(五員環及六員環)；六個碳及七個碳的會脫去水及 CO_2，產生環酮(五員環及六員環)；所以並非所有二羧酸加熱都會產生酸酐，原因在於成環時環的大小，一般是以形成五員環及六員環會比較容易，如果1,6-己二酸脫水產生酸酐，那酸酐將會是七員環，這在成環反應中是不容易進行的。

考生提到的Ruzicka cyclization 是用於形成更大環的酮類(10~18員環, Ruzieka, L.;

Stoll, M.; Schinz, H. *Helv. Chem. Acta* **1926**, *9*, 249.)所用到的反應，需要加入ThO_2試劑，原因是大環不易生成，所以需要加入額外試劑讓反應比較容易進行；當然在1,6-己二酸的加熱反應中也可以加入這些試劑讓反應速率變快或是提高產率，但在形成五員環及六員環時這些添加試劑並不是必要的(因本來就容易形成)。

所以1,6-己二酸在加熱的條件下，無論是否有無這些添加劑都不會產生酸酐，所以維持原答案。

13. 以下烯炔化合物利用 Grubbs 試劑進行複分解反應(metathesis)，得到的產物為何？

Ph Ph O PCy3 Cl Ru Cl Ph PCy3

(A) (B) (C) (D) (E)

《106 中國-13》Ans：A

說明：

1. **Grubbs' catalyst**

e.g.1(Grubbs' catalyst)

HO OTBS O O S N Grubbs' catalyst + H H H H

e.g.2 (Grubbs' catalyst)

OAc OAc O Grubbs' catalyst

PR3 H Ru Cl Cl R PR3

《說明》Grubbs' catalyst:

2. Ans:

Ph Ph H O Grubb's Catalyst

※資料： **Grubbs' catalyst**

1. First-generation Grubbs catalyst　　Second-generation Grubbs catalyst

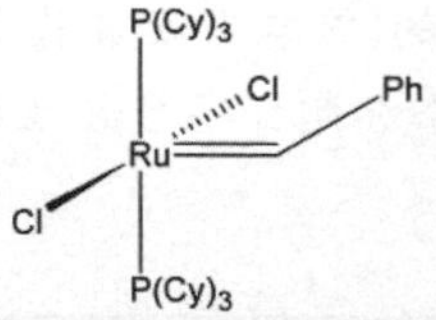

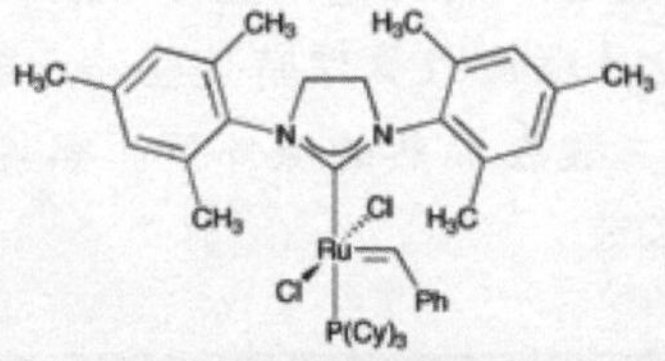

2. First-generation　　　　　　econd-generation Hoveyda–Grubbs catalyst

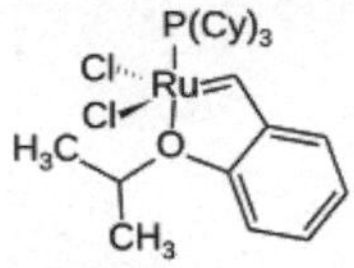

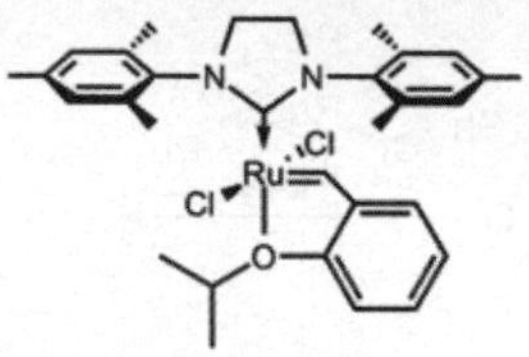

在該催化劑的作用下，下圖所示的有親水性季銨鹽基團的末端雙烯在水中便可發生關環複分解反應生成一個取代的環戊烯。

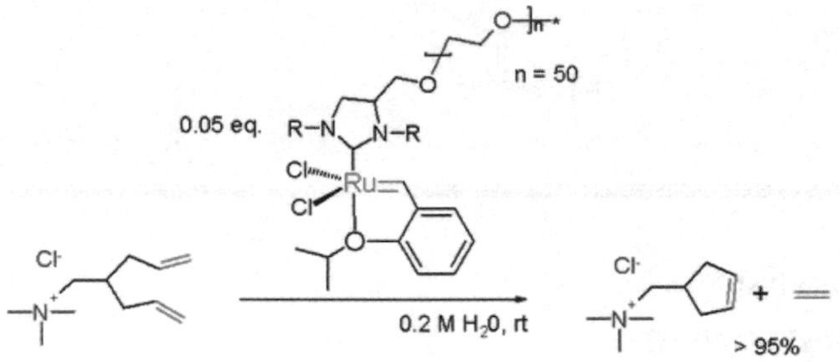

0.05 eq.　n = 50

0.2 M H_2O, rt　　> 95%

14. 將 2.43 克的鎂與 50.0 毫升的 3.0 M 鹽酸作用後，所產生的氫氣重量是多少？(H = 1.0 g/mol; Mg = 24.3 g/mol)

(A) 0.075 克　(B) 0.100 克　(C) 0.150 克
(D) 0.200 克　(E) 0.300 克

《106 中國-14》Ans：C

15. 於含有醋酸銀固體的飽和醋酸銀水溶液中加入氨(NH_3)或是硝酸(HNO_3)，對醋酸銀溶解度的影響，下列敘述何者正確？(醋酸銀 $K_{sp}=1.9\times10^{-3}$)

(A) 二者均會減少溶解度
(B) 氨會增加溶解度；硝酸會減少溶解度
(C) 氨會增加溶解度；硝酸不影響
(D) 氨會減少溶解度；硝酸會增加溶解度
(E) 二者均會增加溶解度

《106 中國-15》Ans：E

16. 下列反應中 A–A 鍵能為 A–B 鍵能的一半，已知 B–B 的鍵能為+419kJ/mol，請問 A–A 的鍵能為多少？

$$A_2 + B_2 \rightarrow 2AB \quad \Delta H = -415\ kJ$$

(A) −415 kJ/mol　(B) 208 kJ/mol　(C) 278 kJ/mol
(D) 627 kJ/mol　(E) 834 kJ/mol

《106 中國-16》Ans：C

17. 下列五種化合物中，偶極矩(dipole moment)為零的有多少個？

BH_3　NO_2　SF_6　XeF_6　PCl_5

(A) 1　(B) 2　(C) 3　(D) 4　(E) 5

《106 中國-17》Ans：C

18. 下列關於碳六十(C_{60})的敘述何者錯誤？

(A) 又可稱[60]富烯([60]fullerene)

(B) 為一種碳的同素異形體(allotrope)

(C) 所有碳均為 sp^2 混成軌域

(D) 在碳核磁共振光譜中只有一種訊號

(E) 為球狀分子，且由 20 個五員環及 12 個六員環所構成

《106 中國-18》Ans：E

說明：

1. 在富勒烯的發現之前，碳的同素異形體的只有石墨、鑽石、無定形碳（如炭黑和炭），它的發現極大地拓展了碳的同素異形體的數目。巴基球和巴基管獨特的化學和物理性質以及在技術方面潛在的應用，引起了科學家們強烈的興趣，尤其是在材料科學、電子學和奈米技術方面。

2. C_{60} 的旋轉視圖

3. C_{60} 是富勒烯家庭中相對最容易得到、最容易提純和最廉價的。
通過質譜分析、X 射線分析後證明，C_{60} 的分子結構為球形 32 面體，它是由 **60 個碳原子**通過 **20 個六元環和 12 個五元環**連接而成的具有 30 個碳碳雙鍵的足球狀空心對稱分子，所以，富勒烯也被稱為**足球烯**。
C_{60} 有 1812 種個異構體。

19. 請問 N_2 與 N_2O 的逸散(effusion)速率比值(N_2/N_2O)為何？
(N_2 = 28 g/mol; N_2O = 44 g/mol)
(A) 0.64 (B) 0.80 (C) 1.25 (D) 1.57 (E) 1.61
《106 中國-19》Ans：C

20. 有一苯及甲苯的混合溶液，在其溶液上的蒸氣中發現苯的莫耳分率為 0.600，請問甲苯在溶液中的莫耳分率為何？(純苯的蒸氣壓為 750 torr；甲苯的蒸氣壓為 300 torr)
(A) 0.286 (B) 0.375 (C) 0.400 (D) 0.600 (E) 0.625
《106 中國-20》Ans：E

21. 下列平衡反應在 640 K 下的平衡常數 $K_p = 2.3\times10^6$，請問在同樣溫度下此反應的平衡常數 K_c 為多少？
$H_{2(g)} + O_{2(g)} \rightleftarrows H_2O_{2(g)}$
(A) 3.1×10^4 (B) 4.4×10^4 (C) 2.3×10^6 (D) 1.2×10^8 (E) 1.7×10^8
《106 中國-21》Ans：D

22. 下列五種化合物之 0.10 M 水溶液，其 pH 值由低到高的順序，下列何者正確？
NaF，$NaC_2H_3O_2$，C_5H_5NHCl，KOH，HCN.
(HCN : $K_a = 6.2\times 10^{-10}$；
HF : $K_a = 7.2\times 10^{-4}$；
$HC_2H_3O_2$: $K_a = 1.8\times 10^{-5}$；
C_5H_5N : $K_b = 1.7\times 10^{-9}$)
(A) $C_5H_5NHCl < HCN < NaC_2H_3O_2 < NaF < KOH$
(B) $C_5H_5NHCl < HCN < NaF < NaC_2H_3O_2 < KOH$
(C) $KOH < NaC_2H_3O_2 < NaF < HCN < C_5H_5NHCl$
(D) $HCN < C_5H_5NHCl < NaF < NaC_2H_3O_2 < KOH$
(E) $NaF < NaC_2H_3O_2 < HCN < C_5H_5NHCl < KOH$
《106 中國-22》Ans：B

23.下列反應所生成的產物其順式與反式的比例為何？

$$[Co(NH_3)_5Cl]^{2+} + Cl^- \rightarrow [Co(NH_3)_4Cl_2]^+ + NH_3$$

(A) 1:1　(B) 1:2　(C) 1:4　(D) 2:1　(E) 4:1

《106 中國-23》Ans：E

24. 反應 A → B + C 為零級反應，在 25 ℃下此反應的速率常數為 4.8×10^{-2} mol/L•s。假設 A 的初始濃度為 2.2 M，請問反應 6 秒後 B 的濃度是多少？

(A) 4.8×10^{-2}M　(B) 1.1×10^{-1}M　(C) 2.9×10^{-1} M
(D) 6.4×10^{-1} M　(E) 2.2 M

《106 中國-24》Ans：C

25. 某弱酸 HA 於 27 ℃下，在水中解離反應的 ΔH 及 ΔS 分別為−8.0 kJ/mol 及−70 J•K/mol，請問此反應的 ΔG 為多少？

(A) –29 kJ/mol　(B) –13 kJ/mol　(C) –6.1 kJ/mol
(D) +13 kJ/mol　(E) +29 kJ/mol

《106 中國-25》Ans：D

26. 根據下列各反應式，何者為最強的還原劑？

$Cl_2 + 2e^- \rightarrow 2Cl^-$，E° = +1.36 V
$Mg^{2+} + 2e^- \rightarrow Mg$，E° = −2.37 V
$2H^+ + 2e^- \rightarrow H_2$，E° = 0.00 V

(A) Mg　(B) Mg^{2+}　(C) H_2　(D) Cl_2　(E) Cl^-

《106 中國-26》Ans：A

27. 考慮 O_2 與 NO 的分子軌域能階圖，下列敘述何者正確？

Ⅰ.兩者皆具有順磁性 (paramagnetic)
Ⅱ.O_2 的化學鍵強度大於 NO 的化學鍵強度
Ⅲ.NO 為同核雙原子分子
Ⅳ.NO 的電子游離能小於 NO^+的電子游離能

(A) 僅Ⅰ正確　(B) Ⅰ與Ⅱ正確　(C) Ⅰ與Ⅳ正確
(D) Ⅱ與Ⅲ正確　(E) 僅Ⅳ正確

《106 中國-27》Ans：C

28. 薄層層析法 (thin-layer chromatography, TLC)是經常用於分辨溶液中是經常用於分辨溶液中含有多少種溶質的物質分離方法。下列為對薄層層析法的敘述，何者錯誤？

(A) 在展開過程中(development)，展開槽內的溶劑稱為移動相(mobile phase)

(B) 將樣品點到 TLC 片上時，樣品點大一點比較容易觀察

(C) TLC 片上所塗佈的白色粉末稱為靜相(stationary phase)

(D) 不可用手觸摸 TLC 片表面，且在其表面做記號時應使用鉛筆

(E) 點樣品時，樣品點的大小必須愈小且濃度不能太稀

《106 中國-28》Ans：B

說明：

⇒ (B)將樣品點到 TLC 片上時，樣品點大一點比較容易觀察 ⇒ incorrect
(E)點樣品時，樣品點的大小必須愈小且濃度不能太稀 ⇒ correct

29. Ni^{2+}錯化合物為八面體結構，下列敘述何者正確？

(A) 其強場(strong field)與弱場(weak field)錯化合物皆為逆磁性(diamagnetic)

(B) 強場錯化合物為逆磁性，弱場錯化合物為順磁性

(C) 強場錯化合物為順磁性，弱場錯化合物為逆磁性

(D) 其強場與弱場錯化合物皆為順磁性

(E) 其強場與弱場錯化合物皆不具順磁性及逆磁性

《106 中國-29》Ans：D

30. 有兩個測量結果所得到的數值分別為 23.68 與 4.12。請問這兩個數值相加時，所得的結果應有幾位有效位數(significant figures)？又相乘時所得結果應有幾位有效位數？(相加有效位數放在前面；相乘放在後面)

(A) 3；3　(B) 4；4　(C) 3；4　(D) 4；3　(E) 5；3

《106 中國-30》Ans：D

31. 下列分子中，共有幾個分子其所有組成的原子皆在同一平面？

$H_2C{=}CH_2$　F_2O　H_2CO　NH_3　CO_2　$BeCl_2$

(A) 2　(B) 3　(C) 4　(D) 5　(E) 6

《106 中國-31》Ans：D

32. 硝酸(nitric acid)做為原料，可生產很多的化合物如染料(dye)及肥料(fertilizer)，其中第一步反應為氨(ammonia)的氧化反應如下：

$$4NH_{3(g)} + 5O_{2(g)} \rightarrow 4NO_{(g)} + 6H_2O_{(g)}，$$

請計算此反應的標準焓($\Delta H°_{rxn}$)(standard enthalpy of reaction)是多少？

[其中 NO(g) ($\Delta H°_f = 90$ kJ/mol)，$O_{2(g)}$ ($\Delta H°_f = 0$ kJ/mol)，$H_2O_{(g)}$ ($\Delta H°_f = -242$ kJ/mol)，$NH_{3(g)}$ ($\Delta H°_f = -46$ kJ/mol)]

(A) −1192 kJ (B) −908 kJ (C) −106 kJ (D) +184 kJ (E) +378 kJ

《106 中國-32》Ans：B

33. 某分子基態(ground state)的電子組態為$(\sigma2s)^2(\sigma2s^*)^2(\pi2p_y)^1(\pi2p_x)^1$，請問此分子為下列何者？

(A) Li_2^+ (B) C_2 (C) Be_2 (D) B_2 (E) N_2

《106 中國-33》Ans：D

34. 兩個反應式

$$Cu_2O_{(s)} + 1/2\ O_{2(g)} \rightarrow 2CuO_{(s)} \quad \Delta H° = -144\ kJ$$

$$Cu_2O_{(s)} \rightarrow Cu_{(s)} + CuO_{(s)} \quad \Delta H° = +11\ kJ$$

請計算 $CuO_{(s)}$生成的標準焓(standard enthalpy of formation , $\Delta H°_f$)是多少？

(A) −166 kJ (B) −155 kJ (C) −133 kJ (D) +155 kJ (E) +299 kJ

《106 中國-34》Ans：B

35. 下列化學反應達到平衡後，若降低此系統之壓力，系統將如何變化？

$$4NH_{3(g)} + 5O_{2(g)} \rightleftharpoons 4NO_{(g)} + 6H_2O_{(g)}$$

(A) 水蒸氣將變成液態水
(B) 更多的 NO 分子生成
(C) 更多的氧氣分子生成
(D) 不會有任何變化
(E) 更多的 NH_3 分子生成

《106 中國-35》Ans：B

36. 下列何者最難生成格里納試劑(Grignard reagent)？

(A) 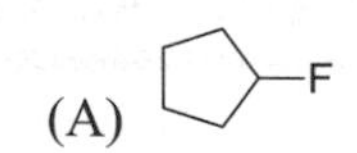

(B) Br
(C) 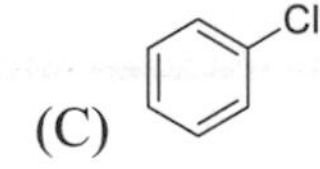

(D) I
(E) Br

《106 中國-36》Ans：A

說明：

⇒元素效應(elementary effect)

37. 下列哪個取代基鍵結在環己烷環(cyclohexane ring)上，可被命名為“cyclohexyl alkane”？

(A) tert-butyl (B) 2-methylpentyl (C) cyclopentyl (D) octyl (E) hexyl

《106 中國-37》Ans：D

說明：

※Nomenclature of cycloalkanes

Ex.1 下列化合物正確的 IUPAC 系統命名為何？

CH_3 CH_2CH_3 H_3C

(A) 1,4-dimethyl-2-ethylcyclopentane

(B) 1,3-dimethyl-4-ethylcyclopentane

(C) 1-ethyl-2,4-dimethylcyclopentane

(D) 1-ethyl-3,5-dimethylcyclopentane

《101 慈》Ans : (C)

※Nomenclature of cycloalkanes

Ex.2 下列哪一個化合物的名稱符合 IUPAC (International Union of Pure and Applied Chemistry)的命名規則?

(A) 2-ethyl-1-methylcyclohexane (B) 2-isopropylpentane

(C) 3-chloro-2-methylhexane (D) 2,4,4-trimethylpentane

《94 中》Ans: (C)

※Nomenclature of cycloalkanes

Ex.3 What is the IUPAC name of the following compound?

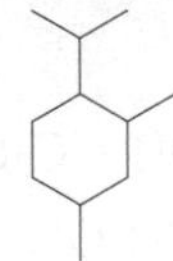

(A) 1-isopropyl-4,6-dimethylcyclohexane

(B) 1-isopropyl-2,4-dimethylcyclohexane

(C) 4-isopropyl-1,3-dimethylcyclohexane

(D) 4-isopropyl-1,5-dimethylcyclohexane

(Br)Ans:B

38. 萘(naphthalene)的溴化反應會有幾種單取代產物？

(A) 2 (B) 3 (C) 4 (D) 6 (E) 8

《106 中國-38》Ans: A

說明：

1. Equivalent /non-equivalent hydrogen atom(s)

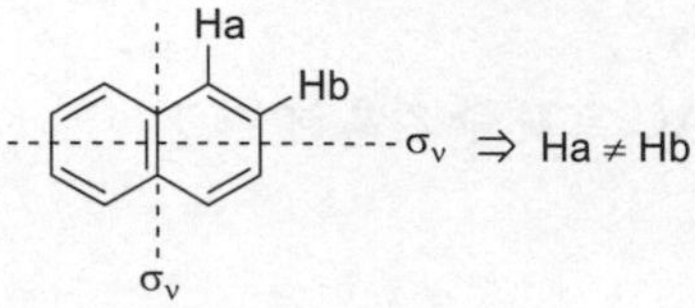

Ha, Hb, σ_v ⇒ Ha ≠ Hb, σ_v

2. Korner method -----isomerism

e.g. (Korner method -----isomerism)

When naphthnalene is treated with nitric acid at 50°C to give nitronaphthalene. Please explain why. 【台大】

說明：

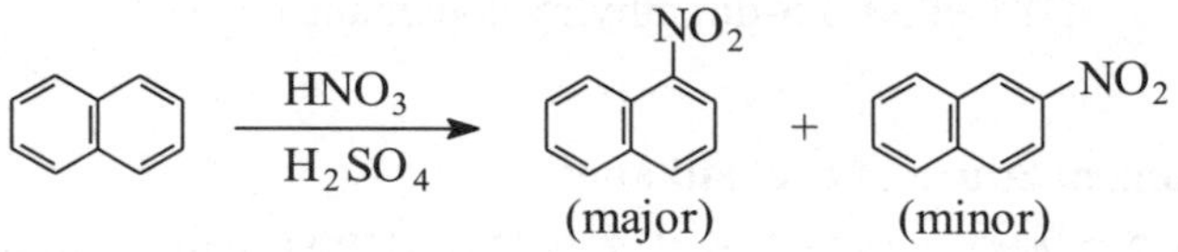

$\xrightarrow[H_2SO_4]{HNO_3}$ NO_2 (major) + NO_2 (minor)

3. Ans:

$\xrightarrow[FeBr_3]{Br_2}$ Br + Br

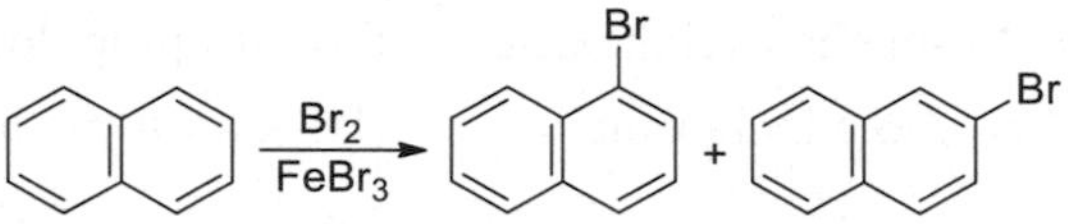

39. 四種化合物分別為 KNO_3、CH_3OH、C_2H_6 及 Ne，其沸點由低到高的順序，下列何者正確？

(A) $C_2H_6 < Ne < CH_3OH < KNO_3$ (B) $KNO_3 < CH_3OH < C_2H_6 < Ne$

(C) $Ne < CH_3OH < C_2H_6 < KNO_3$ (D) $Ne < C_2H_6 < CH_3OH < KNO_3$

(E) $Ne < C_2H_6 < KNO_3 < CH_3OH$

《106 中國-39》Ans：D

40. NCO^-離子(cyanate ion)之路易士結構式(Lewis structure)為 $[:\ddot{N}—C≡O:]^-$，請問其中 N 的 formal charge 及 oxidation number 各為多少？(formal charge 放在前面；oxidation number 放在後面)

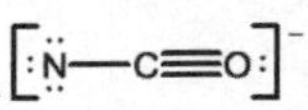

(A) 1；0 (B) −1；1 (C) −2；−3 (D) −1；−2 (E) +1；−2

《106 中國-40》Ans：C

41. 下列何種原因造成過渡金屬錯化合物具有顏色？

(A) 彎曲形式震動(bending vibrations)

(B) d 軌域間的電子躍遷

(C) p 軌域間的電子躍遷

(D) 伸張形式震動(stretching vibrations)

(E) s 軌域間之電子躍遷

《106 中國-41》Ans：B

42. 當有機分子以紫外光照射(ultraviolet radiation)吸收能量後，下列敘述何者正確？

Ⅰ.可增加官能基的分子運動(molecular motions)

Ⅱ.可將電子從一分子軌域激發至另一分子軌域

Ⅲ.可翻轉(flip)原子核的自旋

Ⅳ.可將一分子的電子轉換(strip)形成自由基陽離子(radical cation)

(A) Ⅰ與Ⅲ正確　(B) Ⅱ與Ⅲ正確　(C) 僅Ⅱ正確

(D) 僅Ⅲ正確　(E) 僅Ⅳ正確

《106 中國-42》Ans：C

說明：

1.※前言：電磁輻射(electromagnetic radiation)

cosmic-ray	r-ray	x-ray	UV	visible	IR	micro-wave	radio-wave
			far / near		near / far		
		10nm		380nm	780nm	1x10^6 nm	

(a)價電子激發-----吸收 UV 及 visible

(b)分子振動--------吸收 IR

(c)分子轉動--------吸收 microwave

(d)核磁共振--------吸收 Radiowave

2. Ultraviolet and Visible spectra----- Basic concept

大多數有機化合物分子能吸收光譜中的紫外線的輻射範圍。經由有機化合物分子構造內的電子激發至較高能階狀態可吸收可見光/紫外光。

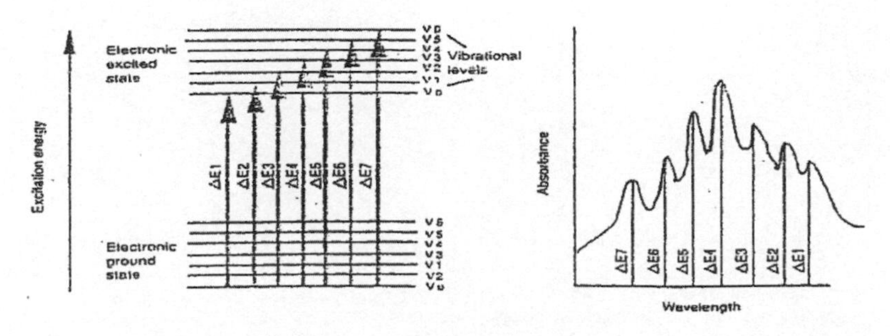

43. 羧酸衍生物(carboxylic acid derivatives)進行親核醯基取代反應(nucleophilic acyl substitution)，其反應性由高到低的順序，下列何者正確？

$H_3C-C(=O)-O-C(=O)-CH_3$ (I)　$H_3C-C(=O)-N(CH_3)_2$ (II)　$H_3C-C(=O)-OCH_3$ (III)　$(H_3C)_2HC-C(=O)-OCH_3$ (IV)

(A) I＞II＞III＞IV　(B) I＞III＞IV＞II　(C) II＞IV＞III＞I
(D) II＞I＞III＞IV　(E) I＞IV＞II＞III

《106 中國-43》Ans：B

說明：

1.※酸衍生物之親核性加成/取代反應之相對反應活性(Reactivity)

$CH_3C(=O)OC(=O)CH_3$ > $CH_3C(=O)OCH_3$ > $PhC(=O)OCH_3$ > $CH_3C(=O)N(CH_3)_2$

2.考古題《103西》

※Reactivity of S_N2Ac reaction

Ex. What is the order of decreasing reactivity towards nucleophilic acyl substitution for the carboxylic acid derivatives below

$H_3C-C(=O)-O-C(=O)-CH_3$ (**I**)　$H_3C-C(=O)-N(CH_3)_2$ (**II**)　$H_3C-C(=O)-OCH_3$ (**III**)　$Ph-C(=O)-OCH_3$ (**IV**)

(A) I > II > III > IV　(B) I > III > IV > II　(C) II > IV > III > I
(D) II > I > III > IV　(E) III > IV > I > II

《103 西》Ans：B

44. 下列哪一個烷烴(alkanes)具有最高的沸點？

(A) heptane

(B) 2-methylhexane

(C) 2,3-dimethylpentane

(D) 2,2,3-trimethylbutane

(E) 全部皆有相同的分子量，所以具有非常相近的沸點

《106 中國-44》Ans：A

說明：

1.分子間作用力：分散力(London dispersion force)

(a)非極性分子化合物，分子量相近似時環烷接觸面積(↑)，則分散力(↑) ⇒沸點(Bp)(↑)

∴ >

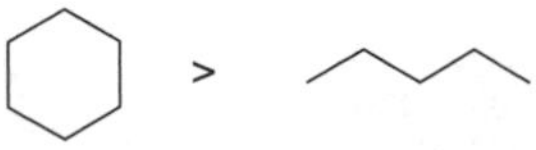

(b)同分異構物(C_5H_{12})：

∴ > >

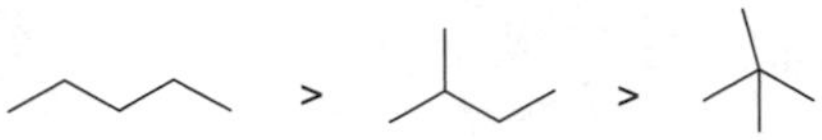

(c)同理：

∴ > > >

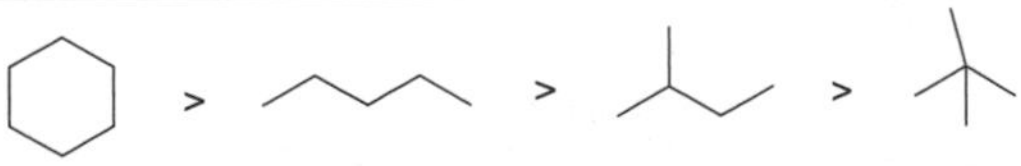

2. Ans：沸點(Boiling point)大小判定

∴ > > >

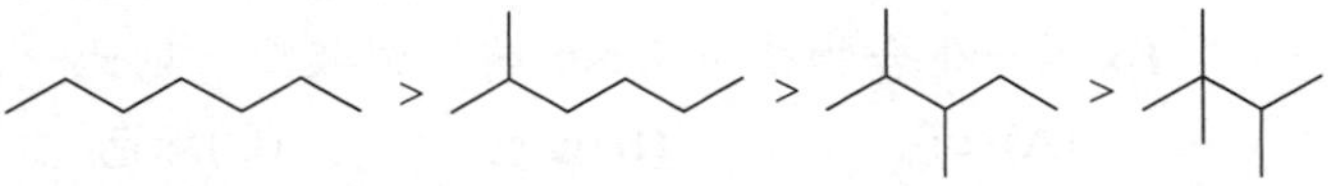

3.考古題《105 義守》

Ex.1 下列化合物中，在常壓下，何者沸點最高？

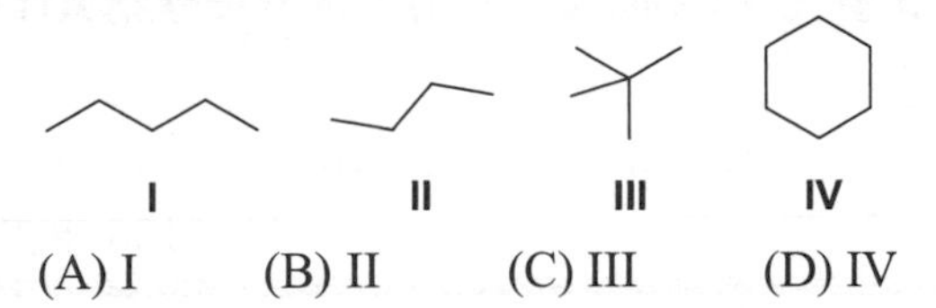

(A) I (B) II (C) III (D) IV

《105 義守》Ans：D

45. 下表為各種不同化合物之紫外光/可見光光譜的最大吸收波長(λmax)，何種化合物為黃色？

化合物	I	II	III	IV	V
λ_{max} (nm)	165	305	440	650	790

(A) I　(B) II　(C) III　(D) IV　(E) V

《106 中國-45》Ans：C

說明：

※光譜原理-----互補色

1.互補色：分子吸收部分可見光之後，所呈現的顏色(互補色)。

2.判定原則：

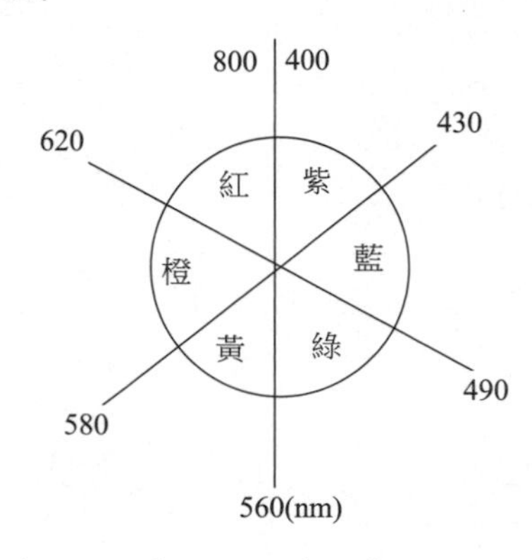

3. Ans：考古題**《96/105 中國》**

※UV-Vis Spectrum-----紫外可見光之互補色(光譜原理)

Ex.某一化合物在 450 nm 有一吸收峰，則此一化合物的顏色為？

(A)紅色　(B)藍色　(C)綠色　(D)青色

《96 中》 Ans : (A)

46. 下列哪一個分子以共振型式 (resonance form)之路易士結構式(Lewis structure)表示為最佳？

(A) CH_4　(B) O_3　(C) NH_4^+　(D) HCN　(E) CO_2

《106 中國-46》Ans：B

47. 有一化合物紅外線光譜圖如下，可知此化合物含有下列何種官能基？

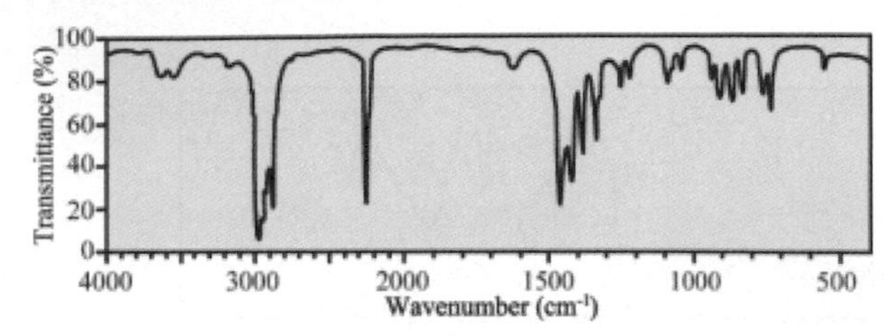

(A) carboxylic acid (B) aldehyde (C) halide (D) alcohol (E) nitrile

《106 中國-47》Ans：E

說明：

1. IR spectroscopy-----principle

   The infrared spectra of molecules gives us some information about molecular structures. The origin of the spectra is due to vibrational modes

2. Ans: ⇒ $\nu_{max(C\equiv N)}$ **2250** cm^{-1}

48. 有一化合物可能含有下列部分結構，其核磁共振光譜圖如下，請選出此化合物全部所含有的部分結構？

Ⅰ. aromatic Ⅱ. aldehyde

Ⅲ. para disubstituted benzene Ⅳ. ethyl substituent

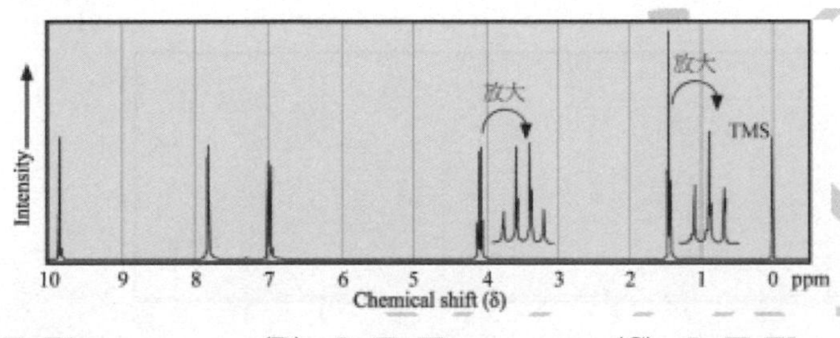

(A) Ⅰ,Ⅱ,Ⅳ (B) Ⅰ,Ⅱ,Ⅲ (C) Ⅰ,Ⅲ,Ⅳ

(D) Ⅰ,Ⅱ,Ⅲ,Ⅳ (E) Ⅱ,Ⅲ,Ⅳ

《106 中國-48》Ans：D

說明：

1.化合物結構式(structure)

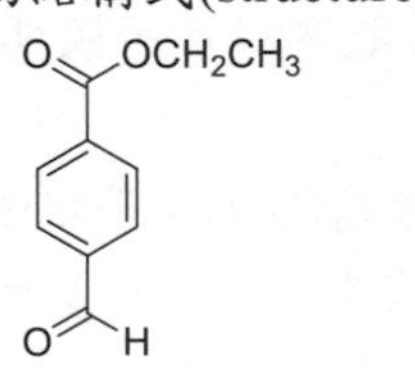

2. ^{1}H-NMR deta analysis: (δ-value:ppm)

   δ 9.8 (s,1H,-CH=O)；δ 7~8 (dd,4H,AA'BB'-pattern)；δ 4.1 (q,2H,$-CH_2-$)；δ 1.4 (t,3H,$-CH_3$).

49. 下圖為樣品的紅外線光譜圖，下列何者特徵峰可用來判斷羧酸(carboxylic acid)官能基？

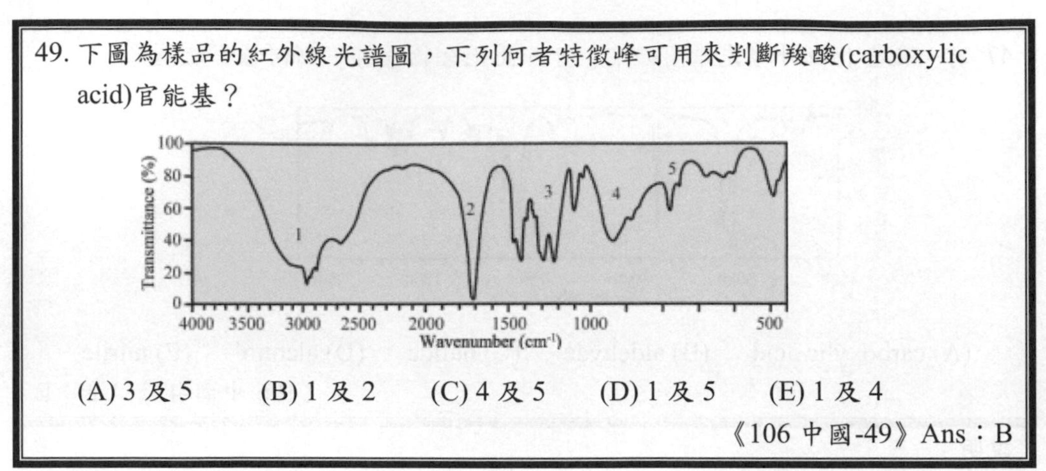

(A) 3 及 5　(B) 1 及 2　(C) 4 及 5　(D) 1 及 5　(E) 1 及 4

《106 中國-49》Ans：B

說明：

1. IR spectroscopy-----principle

The infrared spectra of molecules gives us some information about molecular structures. The origin of the spectra is due to vibrational modes

2. Ans: $\Rightarrow$ $\nu_{max(COOH)}$ 3600~2500 cm^{-1}(broad peak)

$\Rightarrow$ $\nu_{max(C=O)}$ 1710 cm^{-1}

50. 樣品中加入 D_2O 時，下面核磁共振光譜圖中，哪個訊號(peak)最有可能會消失？

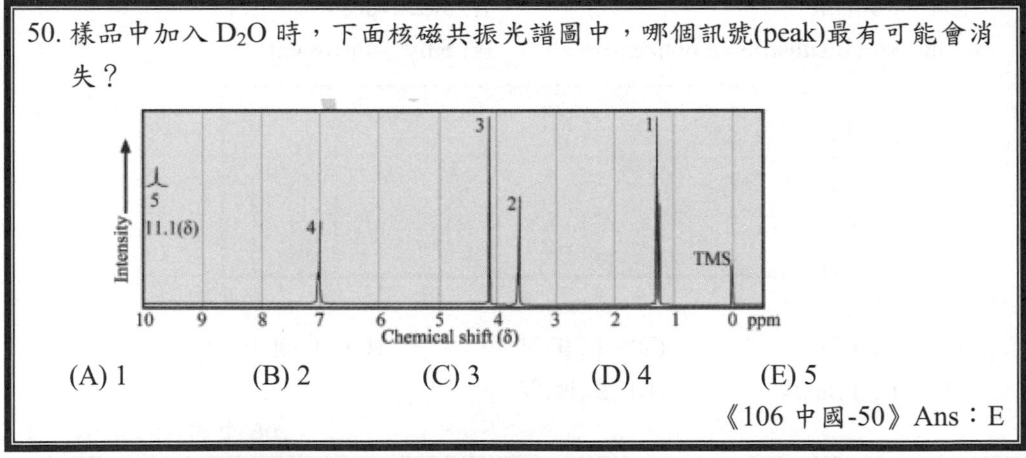

(A) 1　(B) 2　(C) 3　(D) 4　(E) 5

《106 中國-50》Ans：E

說明：

1.化學互換通常發生在醇類化物，尤其是環境溫度升高時，它會造成去偶合的現象，就是該堆吸收不產生分裂，只觀察到單一根吸收，因此 NMR 應盡可能在低溫下操作。

2.在測定核磁共振氫譜時，為了確定醇的羥基(OH)質子訊號，可加入少量的 Deuterium oxide，則羥基質子訊號會消失。因為羥基之氫原子換成氘(deuterium)，則第一個峰在光譜的這個位置會消失。

3. Ans:

δ 11.1ppm (s,-COOH)

慈濟大學 106 學年度學士後中醫化學試題暨詳解

化學 試題 **有機：林智老師解析**

01. 下列化合物中，何者的臨界溫度(critical temperature)最高？
(A) CBr_4 (B) CCl_4 (C) CH_4 (D) H_2
《106 慈濟-01》Ans：A

02. 在賈凡尼電池(galvanic cell)中，$Al_{(s)}$ | Al^{3+}(aq, 1.0 M) || Cu^{2+}(aq, 1.0 M) | $Cu_{(s)}$。
下面何者會增加 電池的電位(cell potential)？
I. 稀釋 Al^{3+} 溶液至 0.0010 M
II. 稀釋 Cu^{2+} 溶液至 0.0010 M
III. 增加 Al(s) 電極的表面積
(A) 只有 I (B) 只有 II (C) 只有 III (D) 只有 I 和 III
《106 慈濟-02》Ans：A

03. 核磁共振光譜儀無法測量下列哪種原子核？
(A) ^{14}N (B) ^{2}H (C) ^{32}S (D) ^{31}P
《106 慈濟-03》Ans：C

說明：

Ans：(A) $^{14}_{7}N \Rightarrow I=\frac{1}{2}$ active neuclus

Ans：(B) $^{2}_{1}H \Rightarrow I=\frac{1}{2}$ active neuclus

Ans：(C) $^{32}_{16}S \Rightarrow I=0$ inactive neuclus

Ans：(D) $^{31}_{15}P \Rightarrow I=\frac{1}{2}$ active neuclus

04. 下列電子組態何者代表激發態的氧原子？
(A) $1s^2 2s^2 2p^2$ (B) $1s^2 2s^2 2p^2 3s^2$ (C) $1s^2 2s^2 2p^1$ (D) $1s^2 2s^2 2p^4$
《106 慈濟-04》Ans：B

05. 根據分子軌域理論預測氧氣(O_2)具有順磁性。其最佳之理由為何？

(A) 氧氣的鍵級(bond order)等於 2

(B) 鍵結軌域(bonding orbitals)中的電子數大於反鍵結軌域(antibonding orbitals)中的電子數

(C) π_{2p} 分子軌域的能量高於 σ_{2p} 分子軌域的能量

(D) 氧氣的分子軌域中有兩個未成對的電子

《106 慈濟-05》Ans：D

06. 下列原子的半徑大小順序，何者正確(由小到大排列)？

(A) O < F < S < Mg < Ba　(B) F < O < S < Mg < Ba

(C) F < O < Mg < S < Ba　(D) O < F < S < Ba < Mg

《106 慈濟-06》Ans：B

07. 利用分子軌域模型(molecular orbital model)預測 O_2^{2-} 離子的鍵級(bond order)

(A) 1.5　(B) 2　(C) 1　(D) 2.5

《106 慈濟-07》Ans：C

08. 氯化銀在下列哪一種水溶液中的溶解度會最高？

(A) 0.020 M NH_3　(B) 0.20 M HCl　(C) 純水　(D) 0.20 M NaCl

《106 慈濟-08》Ans：A

09. 下列哪一個固體具有最高的熔點(melting point)？

(A) NaF　(B) NaCl　(C) NaBr　(D) NaI

《106 慈濟-09》Ans：A

10. 若 A → B 之反應速率為一級(first-order)，下列何選項作圖可得直線？〔註：t 是反應時間〕

(A) $\ln[A]_t, \frac{1}{t}$　(B) $\ln[A]_t, t$　(C) $\frac{1}{[A]_t}, t$　(D) $[A]_t, t$

《106 慈濟-10》Ans：B

11. 硝酸根離子(NO_3^-)上，氮之形式電荷(formal charge)是多少？

(A) −1　(B) 0　(C) +1　(D) +2

《106 慈濟-11》Ans：C

12. 當有 0.010 莫耳的下列化合物分別溶解於 1.0 公升的水中。請由高至低排列出其導電度。

(1) $BaCl_2$ (2) $K_4[Fe(CN)_6]$ (3) $[Cr(NH_3)_4Cl_2]Cl$ (4) $[Fe(NH_3)_3Cl_3]$。

(A) 2 > 1 > 3 > 4 (B) 3 > 1 > 4 > 2 (C) 4 > 2 > 3 > 1 (D) 1 > 4 > 3 > 2

《106 慈濟-12》Ans：A

13. 利用產生不溶於水的四苯基硼酸鉀鹽(tetraphenyl borate salt, $KB(C_6H_5)_4$)來分析不純的 K_2O 樣品中的 K 含量，得沉澱物 $KB(C_6H_5)_4$ 的質量為 1.57 g。（莫耳質量：$KB(C_6H_5)_4$ = 358.3 g/mol、K_2O = 94.2 g/mol）請問樣品中 K_2O 的質量可以從下面哪一算式獲得？

(A) $\frac{(1.57)(94.2)}{358.3}$ g (B) $\frac{358.3}{(1.57)(94.2)}$ g (C) $\frac{(1.57)(94.2)}{2(358.3)}$ g (D) $\frac{2(358.3)}{(1.57)(94.2)}$ g

《106 慈濟-13》Ans：C

14. 在恆定的溫度和壓力下，對於系統中之自發過程，哪一項是真實的？

I. $\Delta S_{sys} + \Delta S_{surr} > 0$ II. $\Delta G_{sys} < 0$

(A) 只有 I (B) 只有 II

(C) I 和 II 兩者都是 (D) I 和 II 兩者都不是

《106 慈濟-14》Ans：C

15. 用 1.000 M HCl 溶液滴定某弱鹼 1.000 g，得如右圖所示之 滴定曲線。請問此弱鹼最可能是下面哪一個？

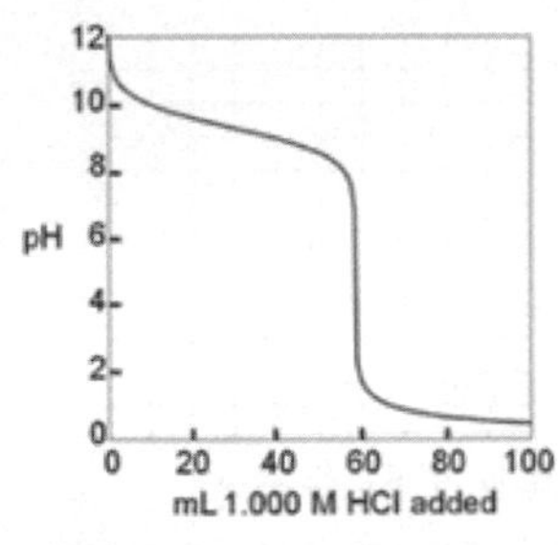

(A) 氨(Ammonia, NH_3) (NH_4^+, $pK_a = 9.3$)

(B) 苯胺(Aniline, $C_6H_5NH_2$) ($C_6H_5NH_3^+$, $pK_a = 4.6$)

(C) 羥胺(Hydroxylamine, NH_2OH) (NH_3OH^+, $pK_a = 6.0$)

(D) 聯胺(Hydrazine, H_2NNH_2) ($H_2NNH_3^+$, $pK_a = 8.12$)

《106 慈濟-15》Ans：A

16. 一位學生利用標準化的氫氧化鈉溶液，滴定 25.00 mL 食用醋，使用酚酞作為指示劑，測定食用醋樣品的醋酸濃度。下面哪一項誤差會造成食用醋的醋酸含量偏低？

(A) NaOH 標準溶液放置一段時間後，從空氣中吸收二氧化碳

(B) 當記錄終點的時機是溶液變成深紅色而不是淡粉紅色

(C) 在加入 NaOH 溶液之前，滴定錐形瓶中的食用醋用蒸餾水稀釋

(D) 當從容量瓶轉移到滴定時，有些食用醋溢出

《106 慈濟-16》Ans：D

17. 對於下面反應中 ΔS^o 為負值，哪一選項是最佳的解釋？

$CaSO_{4(s)} \rightarrow Ca^{2+}{}_{(aq)} + SO_4{}^{2-}{}_{(aq)}$ $\Delta S^o = -143\ J\ mol^{-1}\ K^{-1}$

(A) Ca^{2+}和 $SO_4{}^{2-}$離子在水溶液中比在晶格中有更多的排列(arrangement)方式

(B) 固體的 $CaSO_4$ 是網狀共價(network covalent)固體，但是在水溶液中分離成離子

(C) Ca^{2+}和 $SO_4{}^{2-}$離子與水分子有緊密的水合(solvation)，當固體溶解時，減少水分子排列方式的數量

(D) 硫酸鈣固體以放熱方式溶解在水中，導致熵(entropy)的增加

《106 慈濟-17》Ans：C

18. 甲醇(CH_3OH)的樣品被導入具有可移動活塞的真空容器中。當溫度保持在 50 ℃時，測得的壓力與容器體積的關係如右圖所示。下面何者的敘述是正確的？

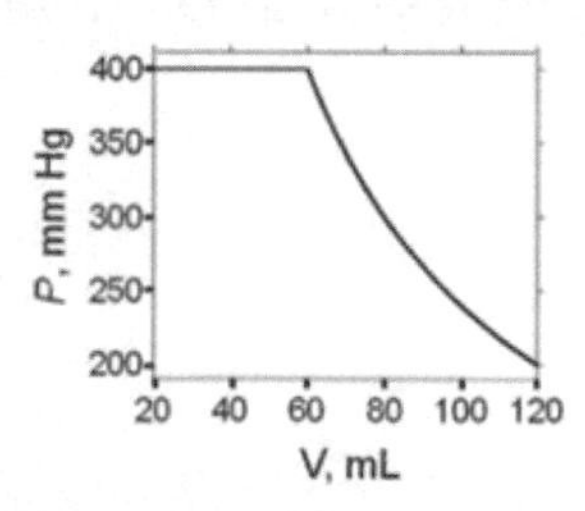

I. 體積小於 60 mL 時，只有液態甲醇存在。

II. 體積大於 60 mL 時，只有氣態甲醇存在。

(A) 只有 I 是正確　　(B) 只有 II 是正確

(C) I 和 II 兩者都正確　　(D) I 和 II 兩者都不正確

《106 慈濟-18》Ans：B

19. 下圖是吸光度(absorbance)對 Co(II)濃度(mg/mL)的標準校準曲線(standard calibration curve)。取 0.50 mL 未知濃度的 Co(II)溶液，並稀釋至 10.0 mL 測試其吸光度為 0.564。此未知溶液中 Co(II)離子的濃度是多少？

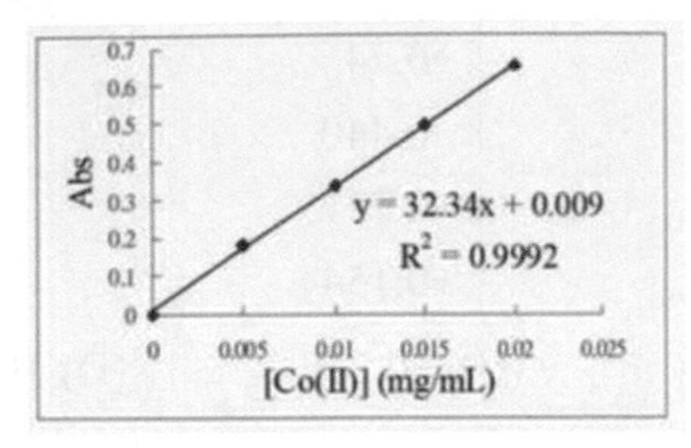

(A) 0.017 mg/mL (B) 0.17 mg/mL (C) 0.34 mg/mL (D) 0.56 mg/mL

《106 慈濟-19》Ans：C

20. 若"測定速率定律"的實驗，$S_2O_8^{2-} + 2I^- \rightarrow 2SO_4^{2-} + I_2$ 的反應速率式已被測定為 rate = $k[S_2O_8^{2-}]^{1.1}[I^-]^{0.94}$。根據下面的數據，三次試驗(trial)的初始速率其大小順序為何？

Trial No.	0.20 M NaI (mL)	0.20 M NaCl (mL)	0.0050 M $Na_2S_2O_3$ (mL)	2% starch (mL)	0.10 M K_2SO_4 (mL)	0.10 M $K_2S_2O_8$ (mL)
1	2.0	2.0	1.0	1.0	2.0	2.0
2	2.0	2.0	1.0	1.0	0	4.0
3	4.0	0	1.0	1.0	2.0	2.0

(A) 試驗 2 > 試驗 3 > 試驗 1 (B) 試驗 3 > 試驗 1 > 試驗 2
(C) 試驗 1 > 試驗 3 > 試驗 2 (D) 試驗 2 > 試驗 1 > 試驗 3

《106 慈濟-20》Ans：A

21. 對於滴定反應 A + B → C，其中 A=分析物、B=滴定劑、C =產物，根據下表吸光度的訊息，用分光光度計以 550 nm 為光源偵測滴定溶液，請問下面哪一個圖形最可能是滴定曲線？

物質	吸收波長 (nm)
A	400-600 , 700-800
B	< 400 , 500-700
C	< 400

(A) 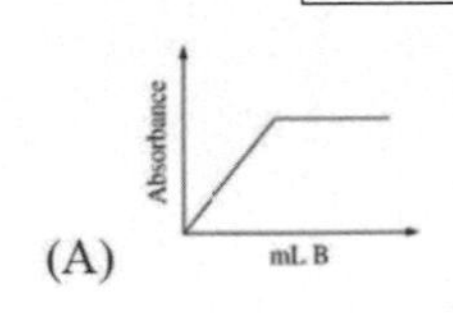

(B) 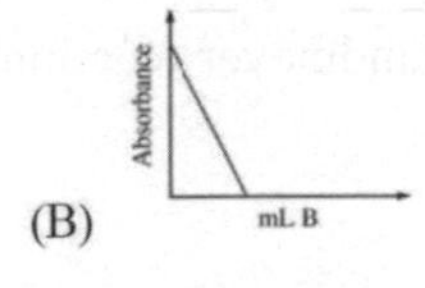

(C) 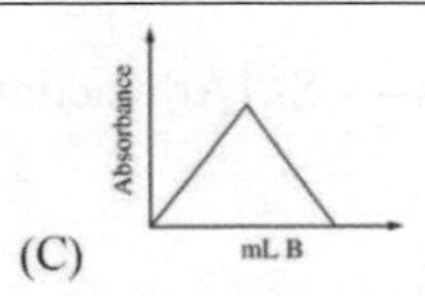

(D) 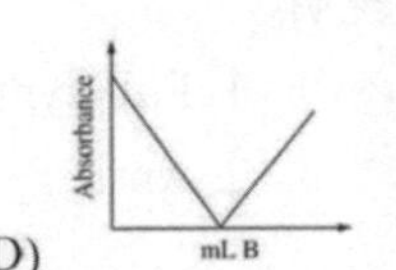

《106 慈濟-21》Ans：D

22. 利用下表預估以下反應的標準電池電位應為多少？

$Sn^{2+}_{(aq)} + 2Fe^{3+}_{(aq)} \longrightarrow 2Fe^{2+}_{(aq)} + Sn^{4+}_{(aq)}$

Half-reaction	E^0(V)
$Cr^{3+}_{(aq)} + 3e^- \longrightarrow Cr_{(s)}$	−0.74
$Fe^{2+}_{(aq)} + 2e^- \longrightarrow Fe_{(s)}$	−0.440
$Fe^{3+}_{(aq)} + e^- \longrightarrow Fe^{2+}_{(aq)}$	+0.771
$Sn^{4+}_{(aq)} + 2e^- \longrightarrow Sn^{2+}_{(aq)}$	+0.154

(A) +1.388 (B) +0.617 (C) −0.255 (D) +0.925

《106 慈濟-22》Ans：B

23. Co-60 可藉由 3 個核反應：中子捕捉(neutron capture)、β-放射(β-emission)、中子捕捉(neutron capture)而產生。請問此產生 Co-60 的起始反應物應為下列何者？

(A) ^{58}Ni (B) ^{59}Co (C) ^{58}Fe (D) ^{62}Ni

《106 慈濟-23》Ans：C

24. 下列的反應試劑何者最適合用來進行以下的反應？

Benzene → 3-chlorobenzylamine (Cl, CH_2NH_2)

(A) $\xrightarrow[FeCl_3]{Cl_2} \xrightarrow[KCN]{CuCN} \xrightarrow[Ni]{H_2}$

(B) $\xrightarrow[H_2SO_4]{HNO_3} \xrightarrow[HCl]{Fe} \xrightarrow[FeCl_3]{Cl_2} \xrightarrow[\text{2. CuCN, KCN}]{\text{1. } HNO_2, H_2SO_4} \xrightarrow{H_3O^+}$

(C) $\xrightarrow[H_2SO_4]{HNO_3} \xrightarrow[FeCl_3]{Cl_2} \xrightarrow[HCl]{Fe} \xrightarrow[\text{2. CuCN, KCN}]{\text{1. } HNO_2, H_2SO_4} \xrightarrow[\text{2. } H_2O]{\text{1. } LiAlH_4}$

(D) $\xrightarrow[FeCl_3]{Cl_2} \xrightarrow[H_2SO_4]{HNO_3} \xrightarrow[HCl]{Fe}$

《106 慈濟-24》Ans：C

說明：

1. Full synthesis-----S_N1Ar reaction (Sandmeyer reaction)
2. Ans:

$$\text{Benzene} \xrightarrow[H_2SO_4]{HNO_3} \text{nitrobenzene} \xrightarrow[FeCl_3]{Cl_2} \text{m-chloronitrobenzene} \xrightarrow[HCl]{Fe} \text{m-chloroaniline} \xrightarrow[H_2SO_4]{HNO_2} \text{m-ClC}_6H_4N_2^+Cl^-$$

$$\xrightarrow[KCN]{CuCN} \text{m-ClC}_6H_4CN \xrightarrow[2.\ H_2O]{1.\ LiAlH_4} \text{m-ClC}_6H_4CH_2NH_2$$

25. 下列化合物哪些屬於 meso compound？

(I) cis-1,3-cyclohexanediol (HO, OH both wedged)　(II) trans-1,3-cyclohexanediol (HO wedged, OH hashed)　(III) Fischer projection: OH / H–C–CH_3 / H–C–CH_3 / OH　(IV) 3,6-dimethyl-1,4-dioxane-2,5-dione

(A) II、IV　(B) II、III　(C) I、III、IV　(D) I、III

《106 慈濟-25》Ans：D

說明：

Ans：(I)　cis-1,3-cyclohexanediol with mirror plane σ_v　⇒ meso compcound

Ans：(Ⅲ)　Fischer projection (OH / H–CH_3 / H–CH_3 / OH) with mirror plane σ_v　⇒ meso compcound

26. 下列哪一個反應不會產生醛或酮的產物？

〔註 DIBAH：diisobutylaluminum hydride, PCC：pyridinium chlorochromate〕

(A) cyclohexyl–$COOCH_3$ $\xrightarrow[2)\ H_3O^+]{1)\ DIBAH,\ toluene,\ -78^\circ C}$

(B) 1-methylcyclopentanol $\xrightarrow[CH_2Cl_2]{PCC}$

(C) 3-hexyne $\xrightarrow[HgSO_4]{H_3O^+}$

(D) 1-methylcyclopentene $\xrightarrow[2)\ Zn,\ CH_3CO_2H]{1)\ O_3}$

《106 慈濟-26》Ans：B

說明：

Ans：(A) (methyl benzoate) —1. DIBAL, toluene, -78°C; 2. H_3O^+→ benzaldehyde

Ans：(B) (1-methylcyclopentanol, 3°–OH) —PCC, CH_2Cl_2→ N.R.

Ans：(C) (3-hexyne) —$HgSO_4$, H_2SO_4, H_2O→ (3-hexanone)

Ans：(D) (1-methylcyclopentene) —1. O_3; 2. Zn, AcOH→ (5-oxohexanal)

27.下列選項中的反應試劑何者最適合用來進行以下的反應？

(3-bromopentane) ⟶ (3-deuteriopentane)

(A) KOH followed by BD_3/THF (B) KOH followed by $NaBH_4$

(C) Mg/ether followed by D_2O (D) $NaNH_2$ followed by D_2/Pd

《106 慈濟-27》Ans：C

說明：

1. Synthesis of organolithium ⇒ via acid-base reaction
2. Grignard reagent(RMgBr/R-Li)之合成用法：

$$RMgBr + D_2O \longrightarrow RD + DOMgBr$$

3. Grignard reagent-----deuterium synthesis
4. Ans:

(3-bromopentane) —Mg(s), ether→ (3-pentylmagnesium bromide) —D_2O→ (3-deuteriopentane) + DOMgBr

5. Ex. isotope-labelled synthesis

(2-butanol, OH) —PBr_3→ (2-bromobutane, Br) —1. Mg; 2. D_2O→ (2-deuteriobutane, D)

28. 下面哪一種化合物顯示出光學活性(optical activity)？

(A) 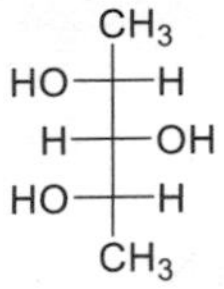 (B) 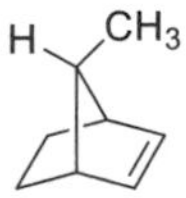 (C) 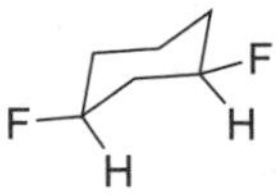 (D)

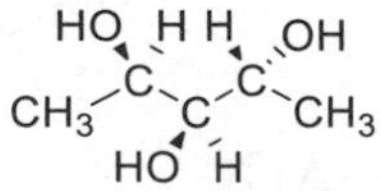

《106 慈濟-28》Ans：D

說明：

1. chiral molecule ⇒ Ans: (D)

⇒ 具有光學活性分子(optical active molecule)

2. achiral molecule ⇒ Ans: (A)、(B)、(C) ⇒ σ_v -operation

⇒ Ans：(A), (B), (C) 不具光學活性 (optical inactive molecule)

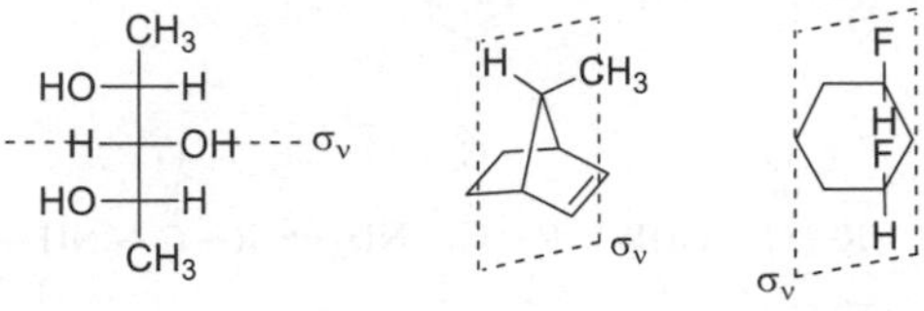

(A) (B) (C)

29. 何者為下列反應的主要產物？

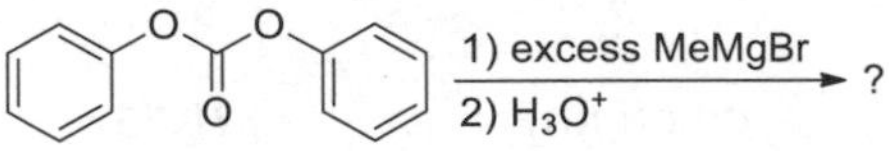

1) excess MeMgBr 2) H_3O^+ → ?

(A)  (B) 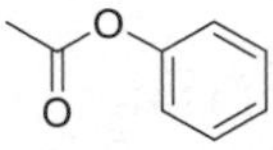 (C)  (D)

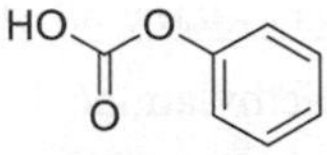

《106 慈濟-29》Ans：A

說明：

1. Grinard reagent

2. Ans:

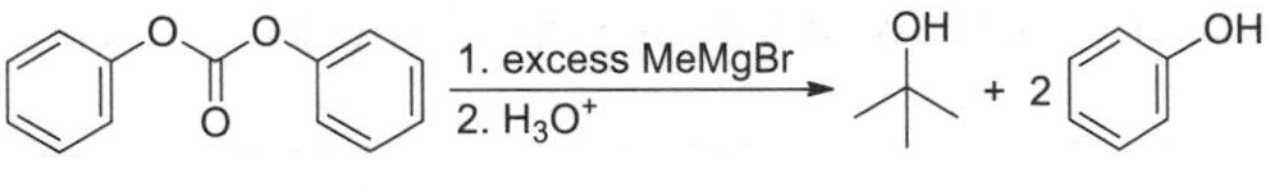

1. excess MeMgBr 2. H_3O^+ → + 2

30. 下列化合物中有四個氮原子，請問哪一個氮原子鹼度(basicity)較高？

(A) N^1　(B) N^2　(C) N^3　(D) N^4

《106 慈濟-30》Ans：B

說明：

1.鹼性度大小預估：

e.g.1 (the order of basicity of amines)

(a)

$R_3N > R_2NH > RNH_2 > NH_3 >$ PhNR₂ > PhNHR > PhNH₂

(b)

$> R-C(=O)-NR_2 > R-C(=O)-NHR > R-C(=O)-NH_2 > R-C(=O)-NH-C(=O)-R$

e.g.2 (表：烷胺(Alkylamine)之鹼性度(pK_a of ammonium ion))

命　　名	結　　構	pK_a of ammonium ion
Ammonia	$:NH_3$	**9.26**
Primary alkylamine		
Ethylamine	$CH_3CH_2\ddot{N}H_2$	**10.75**
Secondary alkylamine		
Diethylamine	$(CH_3CH_2)_2\ddot{N}H$	**10.94**
Cyclic secondary alkylamine		
Pyrrolidine	:NH (ring)	**11.27**
Tertiary alkylamine		
Triethylamine	$(CH_3CH_2)_3N:$	**10.75**

e.g.3 (the relative basicity of heterocyclic nitrogen)

pKa = 0.4　5.2　7.2　2.5　2.1　1.1　0.6

2. Ans：(B) ⇒ (B) N^2 > (C) N^3 > (D) N^4 > (A) N^1 ⇒ 咪唑(imidazole)

※Isomerism----- stereoisomers(chiral center)

31. 可待因(codeine)分子的結構如下。此分子結構中共有幾個不對稱中心(chirality center)碳？

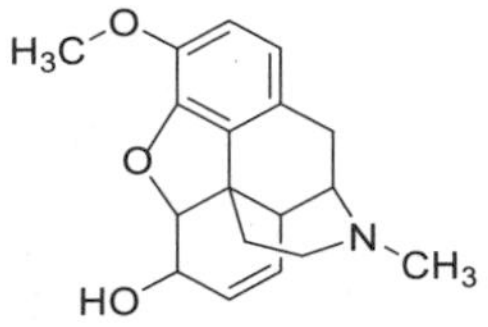

(A) 3 個　(B) 4 個　(C) 5 個　(D) 0 個

《106 慈濟-31》Ans：C

說明：

1. 可待因(codeine)分子結構中共有 5 個不對稱中心(chirality centers)碳。
2. Ans:

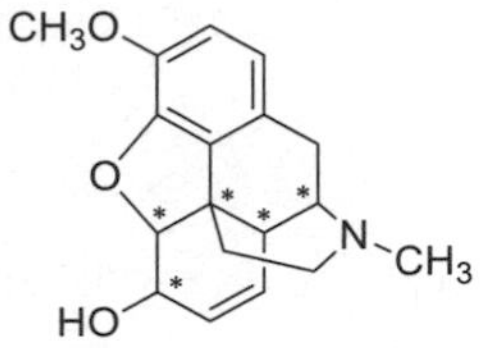

$\Rightarrow n = 5 \Rightarrow 2^n$ stereomers $\Rightarrow$ 32 stereomers

32. 酵素 aconitase 可催化 aconitic acid 分子上的雙鍵進行水分子的加成反應(alkene hydration)，得到產物 citric acid 和 isocitric acid (如下式)，其中 citric acid 沒有光學活性，而 isocitric acid 具有光學活性。試推測 citric acid 的結構為何？

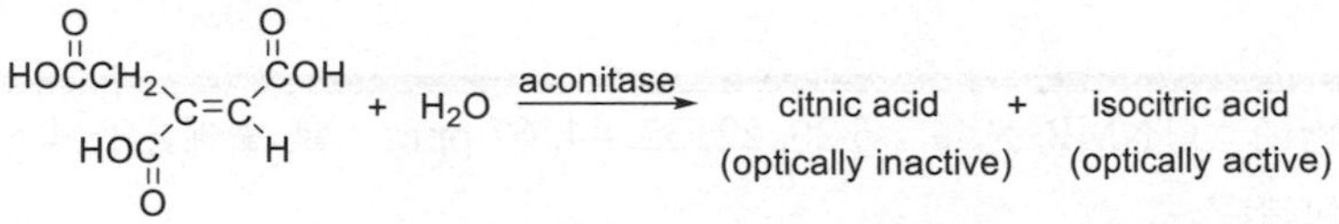

aconitic acid + H_2O $\xrightarrow{\text{aconitase}}$ citric acid (optically inactive) + isocitric acid (optically active)

(A) 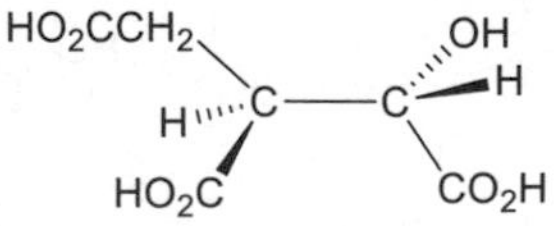　(B)

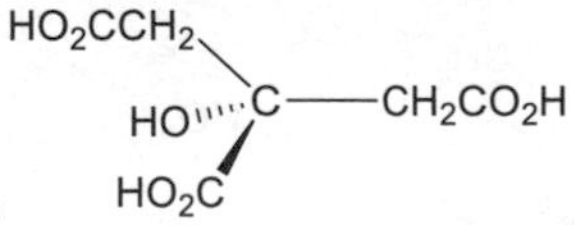

(C) 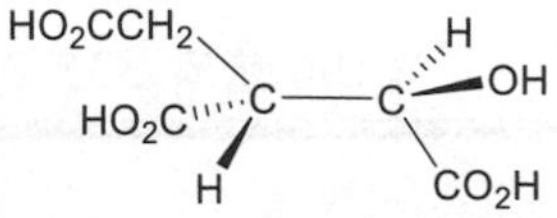　(D) 以上皆非

《106 慈濟-32》Ans：B

說明：

1. 從生成物推測

Path(a)
H_2O, aconitase

Ans : (C)

Ans : (D) (d,l)

Path(b)
H_2O, aconitase

Ans : (B)

Ans : (B)

2. path (a) ⇒ (1) Anti-addition
(2) Anti-Markovnikov's rule
(3) Optical active product

path (b) ⇒ (1) Anti-addition 與否 (不可知？)
(2) Markovnkikov's rule
(3) Optical inactive product (可確定)

3. Ans：(B) 但唯一為 Optical inactive product 亦可以確認。
4. 因為主題生成物有 Citric acid [O. I]，及 isocitric acid [O. A]，可以確認 Ans：(D)以上皆非，絕對不對。
5. 那麼 Path (b)-(1)或許可以認定為 Anti-addition，因為生成物同時有 Path (a)之結論(確定)。

33. 某化合物的 ^{13}C NMR 光譜：δ 20, 22, 32, 44, 67 ppm。試推測此化合物最可能為下列何者？

(A) (B) (C) (D)

《106 慈濟-33》Ans：A

說明：

1. ^{13}C NMR 光譜：δ 20, 22, 32, 44, 67 ppm。⇒ __4__ signals
2. Equivalent/non-equivalent carbon-atoms
3. Ans:

δ(ppm): 67, 20, 44, 32, 22

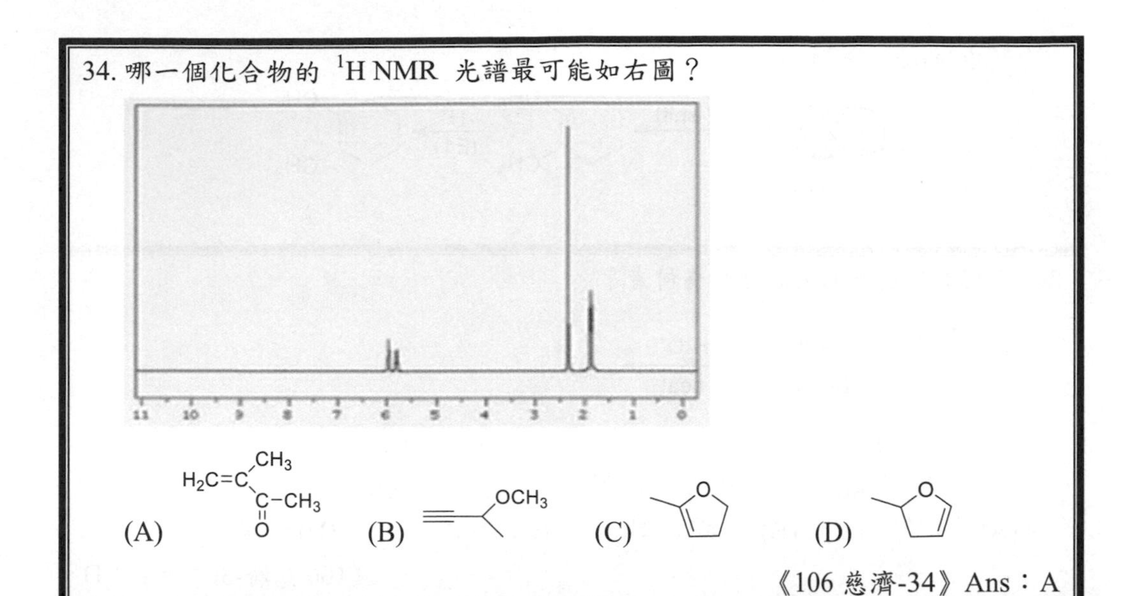

說明：

1. <u>4</u> signals

H_a, H_b, $(CH_3)_d$, O, $(CH_3)_c$

$H_a \neq H_b$ (non-equivalent)

$\therefore \ \delta_{Ha} \neq \delta_{Hb}$, $J_{HaHb} \fallingdotseq 1 \sim 3$ Hz

2. Ans：

$\delta \sim 6.0$ ppm (d, J = 1~3Hz, H_b)

$\delta \sim 5.8$ ppm (d, J = 1~3Hz, H_a)

δ 2.4 ppm (s, $(CH_3)_c$)

δ 1.9 ppm (dd, $(CH_3)_d$)

35. 如下圖之碳陽離子結構中，哪一個鍵最有可能發生重排而產生另一個碳陽離子？

A, CH_3, ⊕, H, B, D, C, H

(A) A (B) B (C) C (D) D

《106 慈濟-35》Ans：C

說明：

1.轉移基之能力 (Migratory aptitude)：

$\Rightarrow$ 3°− ＞ 2°− ＞ 1°− ＞ $-CH_3$ ＞ −H

2. Ans:

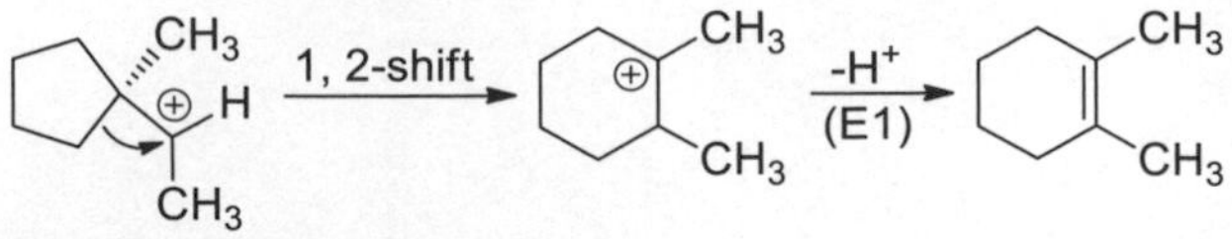

CH3 ⊕ H CH3 —1, 2-shift→ ⊕ CH3 CH3 —$-H^+$ (E1)→ CH3 CH3

36. 預測下列反應的主要產物為何者？

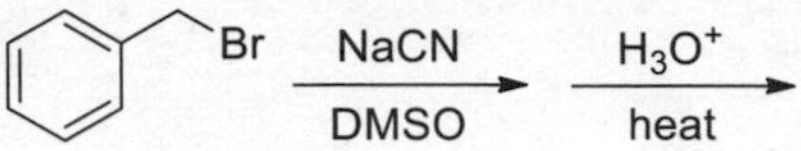

Br —NaCN / DMSO→ —H_3O^+ / heat→

(A) 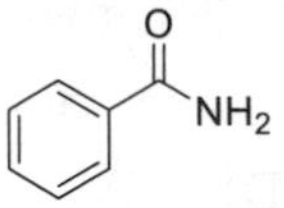 O NH2 (B) 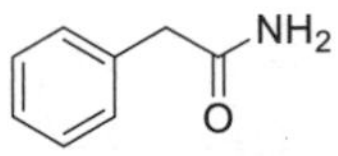 NH2 O (C) 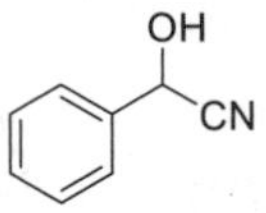 OH CN (D) 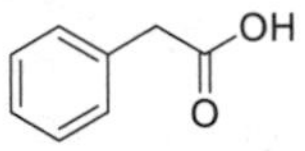 OH O

《106 慈濟-36》Ans：D

說明：

1. Full synthesis-----S_N2Al reaction ,then hydrolysis(S_N2Ac) into acid

2. Ans:

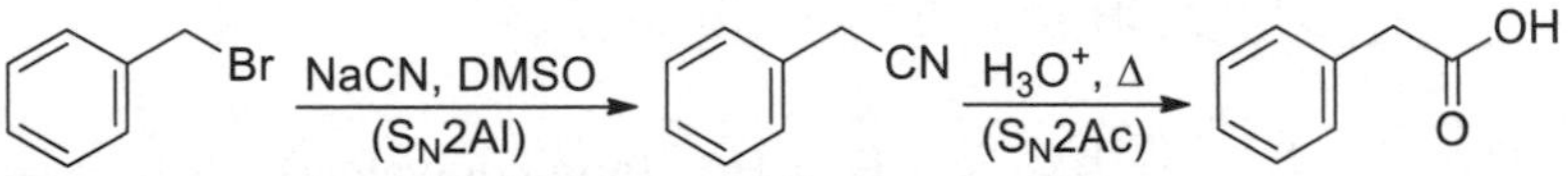

Br —NaCN, DMSO (S_N2Al)→ CN —H_3O^+, Δ (S_N2Ac)→ OH O

37. 下列化合物的酸性由弱到強排列依序為？

(A) 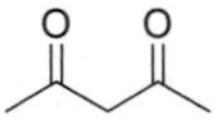 O O (B) 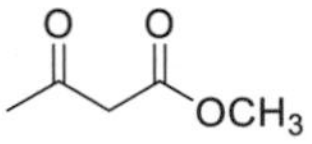 O O OCH3 (C) 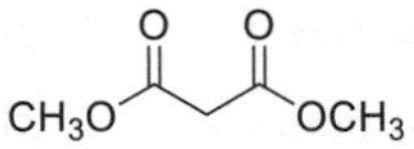 CH3O O O OCH3 (D) 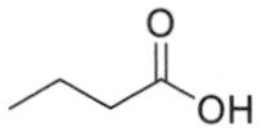 O OH

(A) A < B < C < D　　(B) B < A < C < D

(C) C < A < B < D　　(D) C < B < A < D

《106 慈濟-37》Ans：D

說明：

1.酸性度(acidity) (↑)-----羧酸的 pKa 值(↓)

2.拉電子效應(−I, −M) (↑)----- 酸性度(acidity) (↑)

3. Ans:

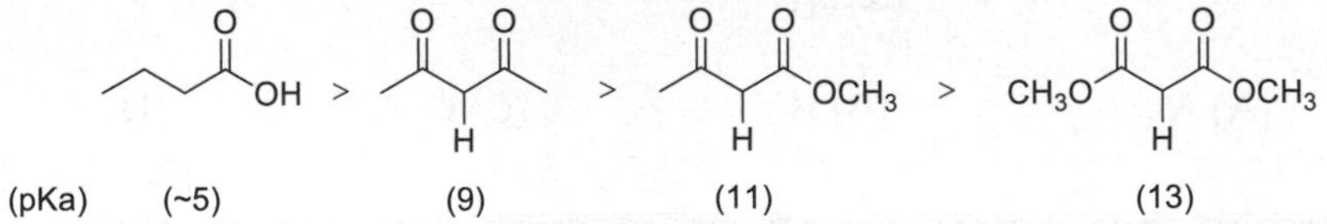

O OH > O O H > O O OCH3 H > CH3O O O OCH3 H

(pKa) (~5) (9) (11) (13)

38. 下列反應式中的主要產物為何者？

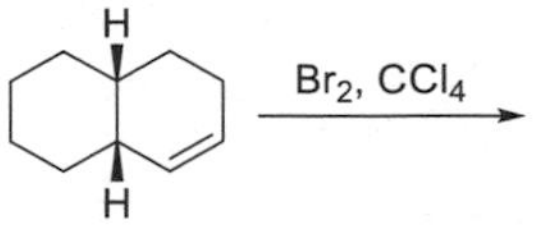

Br₂, CCl₄ →

(A) 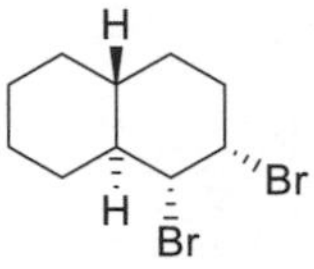 (B) 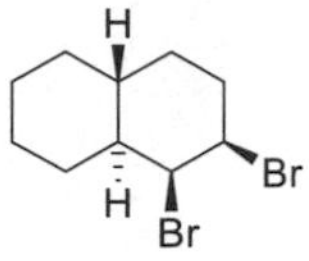 (C) 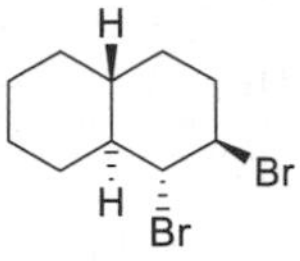 (D)

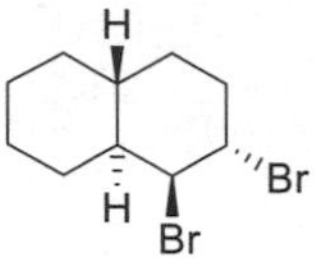

《106 慈濟-38》Ans：D

說明：

1. Electrophilic addition -----followed by the diaxial openning rule
2. Ans: (diaxial openning rule)

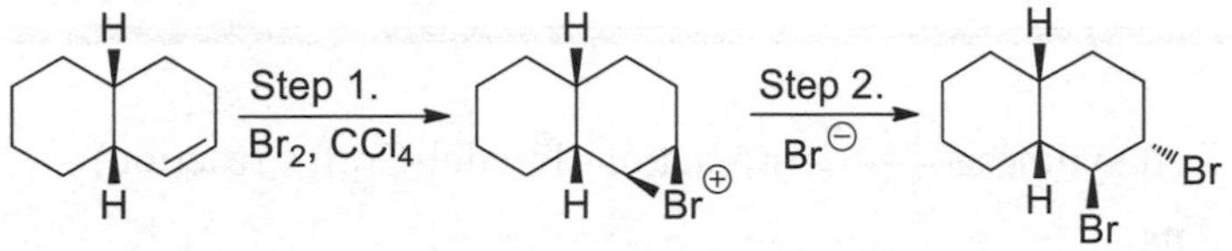

Step 1. Br_2, CCl_4 → Step 2. $Br^{\ominus}$ →

39. 哪項為下列反應式的最有可能之產物？〔註 LDA：lithium diisopropylamide, $LiN(i\text{-}C_3H_7)_2$〕

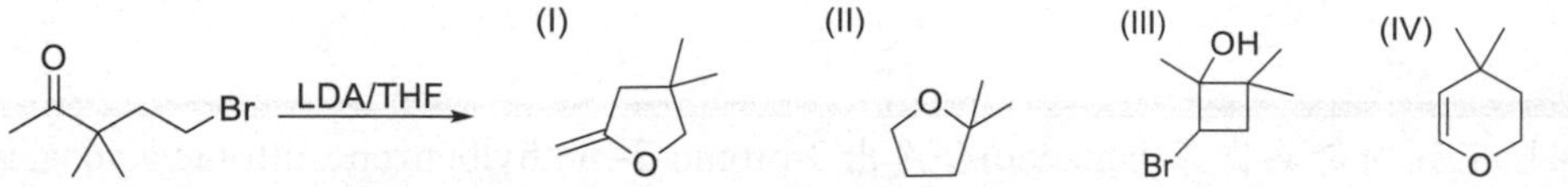

LDA/THF →

(I) (II) (III) (IV)

(A) I (B) II (C) III (D) IV

《106 慈濟-39》Ans：B

說明：

1. Carbanion chemistry-----α- alkylation
2. Ans: (NGP theory-----cyclization)

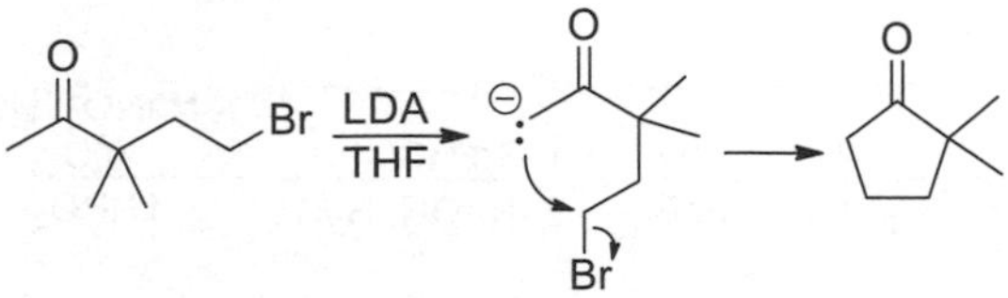

LDA / THF →

40. 哪一種反應條件最適合下列反應？

benzene $\xrightarrow{?}$ propylbenzene

(I) $\xrightarrow[AlCl_3]{CH_3CH_2CH_2Cl}$

(II) $\xrightarrow[AlCl_3]{CH_3COCl}$ $\xrightarrow[Pd/C]{H_2}$

(III) $\xrightarrow[AlCl_3]{CH_3CH_2COCl}$ $\xrightarrow[KOH\ /\ heat]{H_2NNH_2}$

(IV) $\xrightarrow[AlCl_3]{CH_3CH_2COCl}$ $\xrightarrow[2.\ H_3O^+]{1.\ LiAlH_4,\ ether}$

(A) I　　(B) II　　(C) III　　(D) IV

《106 慈濟-40》Ans：C

說明：

1. Full synthesis-----S_EAr reaction (Friedel-Craft's reaction)
2. Ans:

$$\text{benzene} \xrightarrow[\substack{AlCl_3 \\ (S_EAr)}]{CH_3CH_2COCl} \text{propiophenone} \xrightarrow[\substack{KOH,\ \Delta \\ (Wolff\text{-}Kishner)}]{NH_2NH_2} \text{propylbenzene}$$

41. 下列何者為從苯(benzene)合成出 3-bromo-2-methylbenzenesulfonic acid 之最佳途徑？

(I) $\xrightarrow[AlCl_3]{CH_3Cl}$ $\xrightarrow[H_2SO_4]{SO_3}$ $\xrightarrow[FeBr_3]{Br_2}$

(II) $\xrightarrow[AlCl_3]{CH_3Cl}$ $\xrightarrow[H_2SO_4]{HNO_3}$ $\xrightarrow[FeBr_3]{Br_2}$ $\xrightarrow[H_2SO_4]{SO_3}$ $\xrightarrow[2.\ NaOH,\ H_2O]{1.\ Sn/HCl}$ $\xrightarrow[2.\ H_3PO_2]{1.\ NaNO_2,\ HCl,\ 0^\circ C}$

(III) $\xrightarrow[AlCl_3]{CH_3Cl}$ $\xrightarrow[H_2SO_4]{SO_3}$ $\xrightarrow[H_2SO_4]{HNO_3}$ $\xrightarrow[FeBr_3]{Br_2}$ $\xrightarrow[2.\ NaOH,\ H_2O]{1.\ Sn/HCl}$ $\xrightarrow[2.\ H_3PO_2]{1.\ NaNO_2,\ HCl,\ 0^\circ C}$

(IV) $\xrightarrow[H_2SO_4]{HNO_3}$ $\xrightarrow[2.\ NaOH,\ H_2O]{1.\ Sn/HCl}$ $\xrightarrow[AlCl_3]{CH_3Cl}$ $\xrightarrow[FeBr_3]{Br_2}$ $\xrightarrow[H_2SO_4]{SO_3}$ $\xrightarrow[2.\ H_3PO_2]{1.\ NaNO_2,\ HCl,\ 0^\circ C}$

(A) I　　(B) II　　(C) III　　(D) IV

《106 慈濟-41》Ans：B

說明：

1. Full synthesis-----S_N1Ar reaction (Sandmeyer reaction)
2. Ans:

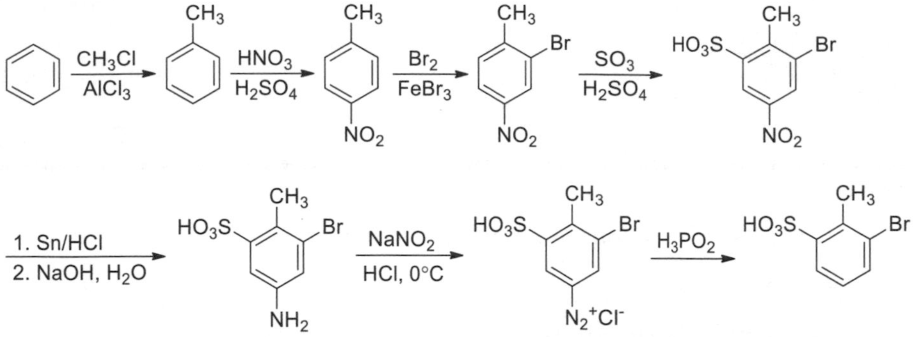

Benzene →(CH_3Cl / $AlCl_3$) toluene →(HNO_3 / H_2SO_4) 4-nitrotoluene →(Br_2 / $FeBr_3$) 2-bromo-4-nitrotoluene →(SO_3 / H_2SO_4) (HO_3S, CH_3, Br, NO_2)

→(1. Sn/HCl / 2. NaOH, H_2O) (HO_3S, CH_3, Br, NH_2) →($NaNO_2$ / HCl, 0°C) (HO_3S, CH_3, Br, $N_2^+Cl^-$) →(H_3PO_2) (HO_3S, CH_3, Br)

42. 下列反應式之主要產物為何者？

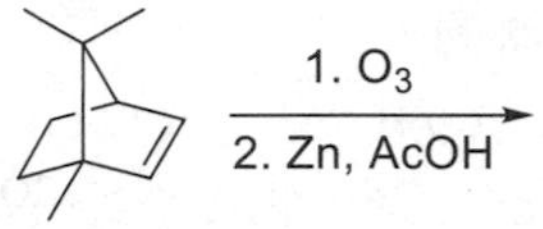

(bicyclic alkene) →(1. O_3 / 2. Zn, AcOH)

(A) 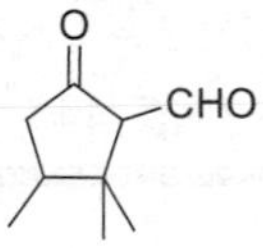 (cyclopentanone with O, CHO) (B) 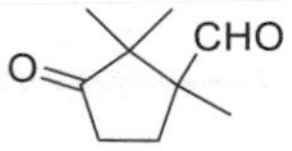 (O=, CHO) (C) 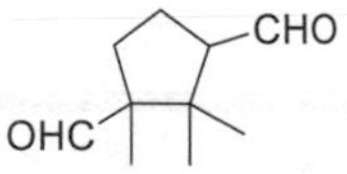 (CHO, OHC) (D) 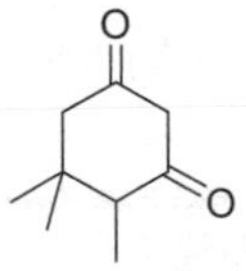 (O, O)

《106 慈濟-42》Ans：C

說明：

1. Ozonolysis
2. Ans:

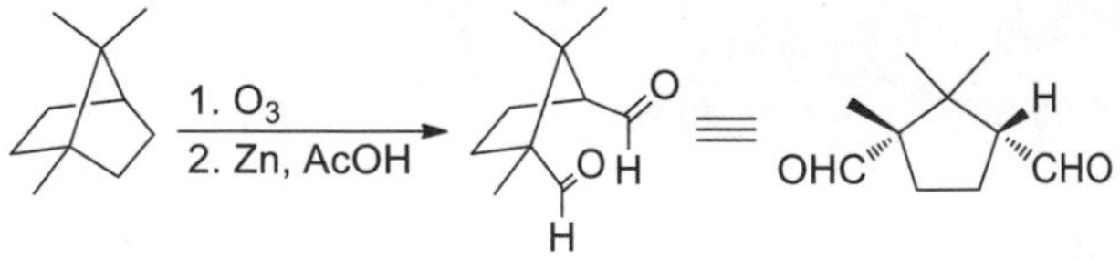

→(1. O_3 / 2. Zn, AcOH) (O, H, O, H) ≡ OHC, H, CHO

43. 選項中，哪一個是反應式之主要產物？

(tert-butyl bromide) + HC≡C:⁻Na⁺ ⟶ ?

(A) (3,3-dimethyl-1-butyne)　(B) (propene) + HC≡CH　(C) (3,3-dimethyl-1-butene)　(D) (isobutylene) + HC≡CH

《106 慈濟-43》Ans：D

說明：

1. S_N2 vs. E2 reaction 確認 ⇒ E2 reaction

2. Ans:

$$(CH_3)_3CBr + HC{\equiv}C{:}^-\ Na^+ \xrightarrow{E2} (CH_3)_2C{=}CH_2 + HC{\equiv}CH$$

44. 下列羧酸化合物請依羧酸的 pKa 值，由高至低排列。

(1) $ClCH_2CH_2CH_2CO_2H$　(2) $CH_3CH_2CH_2CO_2H$　(3) $CH_3CH_2CHClCO_2H$　(4) $CH_3CHClCH_2CO_2H$

(A) 1 > 2 > 3 > 4　(B) 3 > 2 > 1 > 4　(C) 4 > 3 > 1 > 2　(D) 2 > 1 > 4 > 3

《106 慈濟-44》Ans：D

說明：

1.酸性度(acidity) (↑)-----羧酸的 pKa 值(↓)

2.拉電子誘導效應(－I) (↑)----- 酸性度(acidity) (↑)

3. Ans:

Acidity :	$CH_3CH_2CHClCOOH$	>	$CH_3CHClCH_2COOH$	>	$ClCH_2CH_2CH_2COOH$	>	$CH_3CH_2CH_2COOH$
pKa :	(2.83)		(3.98)		(~)		(4.81)

4.※**參考考題：**

※The pK_a of the acid -----Acid constants

Ex. Which of the acids below would have the strongest conjugate base?

(A) CH_3CH_2OH　pK_a = 18

(B) CH_3CO_2H　pK_a = 4.75

(C) $ClCH_2CO_2H$　pK_a = 2.81

(D) Cl_2CHCO_2H　pK_a = 1.29

(E) Cl_3CCO_2H　pK_a = 0.66

(S_9)Ans: A

說明：

1.酸性度(acidity) (↑)-----羧酸的 pKa 值(↓)

2.拉電子誘導效應(−I)(↑)-----酸性度(acidity)(↑)

3. Ans:

Acidity: $Cl_3CCO_2H > Cl_2CHCO_2H > ClCH_2CO_2H > CH_3CO_2H$

pKa: (0.66) (1.29) (2.81) (4.75)

45. 選項中，哪一個最可能是下列反應式的主要產物？

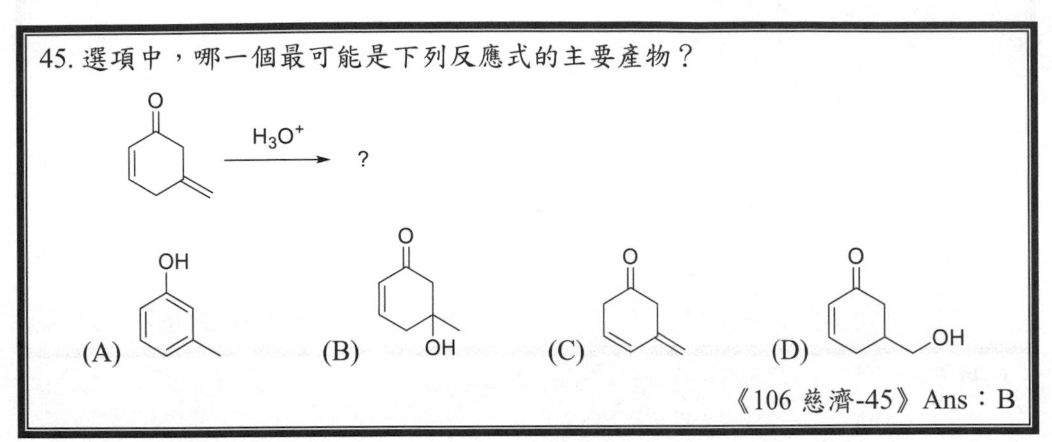

《106 慈濟-45》Ans：B

說明：

1. Electrophilic addition-----acid-catalystic hydration

2. Ans:

3.如下釋疑

釋疑：《106慈濟-45》

反應過程中產生之三級碳陽離子(tertiary carbocation)，雖然有可能藉由破壞C-H bond而產生(A)選項之結構，但與水分子之lone pair結合之活化能較低，所以(B)選項為主要產物，故維持原答案。

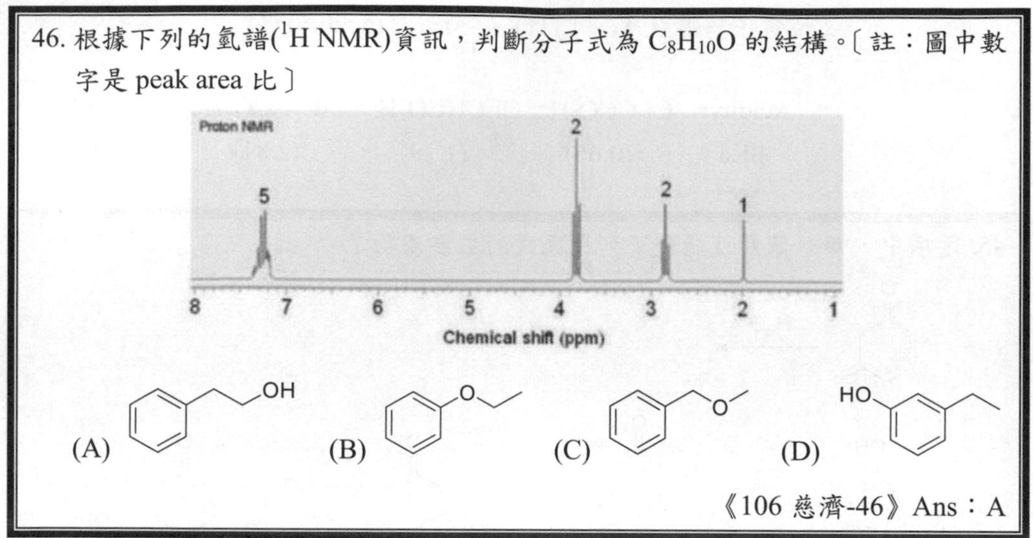

46. 根據下列的氫譜(^{1}H NMR)資訊，判斷分子式為 $C_8H_{10}O$ 的結構。〔註：圖中數字是 peak area 比〕

(A) (B) (C) (D)

《106 慈濟-46》Ans：A

說明：

1. Ans:

Ph—CH_2—CH_2—OH

7.25 3.8 2.8 2.0 δ (ppm)

2. data analysis

   δ 7.25 ppm (m, Aromatic H)

   δ 3.8 ppm (t, J = 7~8 Hz, 2H)

   δ 2.8 ppm (t, J = 7~8 Hz, 2H)

   δ 2.0 ppm (s, br. , OH)

47. 下列以 Fischer projection 呈現的結構哪一個化合物是 (2S, 3S)-2-amino-3-hydroxybutanoic acid？

(A) CO_2H; H—C—NH_2; H—C—OH; CH_3

(B) CO_2H; H—C—NH_2; HO—C—H; CH_3

(C) CO_2H; H_2N—C—H; HO—C—H; CH_3

(D) CO_2H; H_2N—C—H; H—C—OH; CH_3

《106 慈濟-47》Ans：C

說明：

1. **Fiesher 投射法(Fiesher projection)**
2. Ans：(A) ⇒ (2R, 3R)-2-amino-3-hydroxybutanoic acid

   Ans：(B) ⇒ (2R, 3S)-2-amino-3-hydroxybutanoic acid

   Ans：(C) ⇒ (2S, 3S)-2-amino-3-hydroxybutanoic acid

   Ans：(D) ⇒ (2S, 3R)-2-amino-3-hydroxybutanoic acid

48. 請問下列何者為 cis-1-tert-Butyl-4-methylcyclohexane 最穩定的構形 (conformation)。

(A) 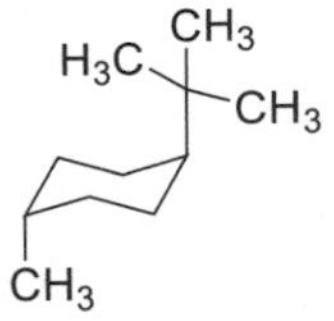 H_3C, CH_3, CH_3, CH_3

(B) 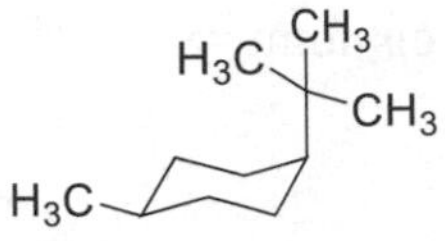 H_3C, CH_3, CH_3, H_3C

(C) 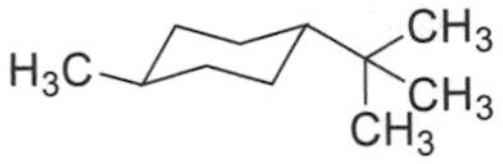 H_3C, CH_3, CH_3, CH_3

(D) 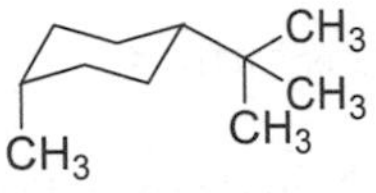 CH_3, CH_3, CH_3, CH_3

《106 慈濟-48》Ans：D

說明：

1. The most stable conformation
2. Table

單取代環己烷之立體扭曲能量(kcal/mol)		
H, G ⇌ H, H, G		
G(取代基)	一組扭曲*	二組扭曲*
CH_3	0.90	1.8
CH_2CH_3	0.95	1.9
$CH(CH_3)_2$	1.10	2.2
$C(CH_3)_3$	2.70	5.4

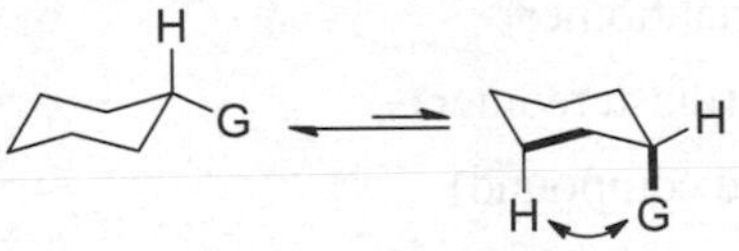

3. Ans：(calculation)

cis-1-tert-Butyl-4-methylcyclohexane

CH_3, CH_3, CH_3, CH_3 ⇄ H_3C, H_3C, CH_3, CH_3

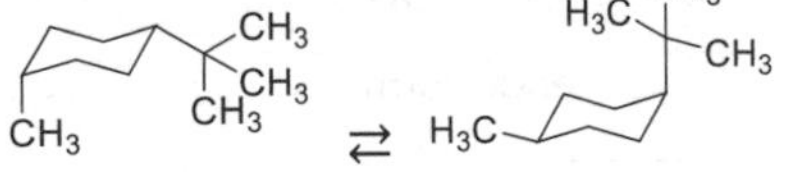

$\therefore\ \Delta^{\circ}_{strain} = 3.6$ kcal/mol

trans-1-tert-Butyl-4-methylcyclohexane

H, CH_3, H ⇌ H, H, CH_3

5.4+1.8=7.2

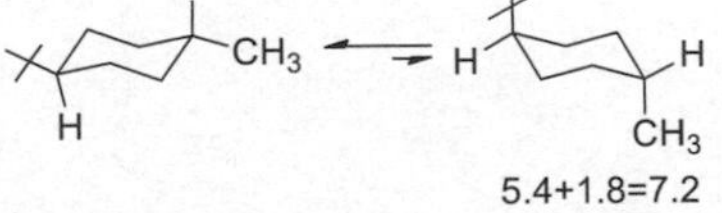

$\therefore\ \Delta^{\circ}_{strain} = 7.2$ kcal/mol

4. Ans：(thermodynamic stability)

cis-form ⇒ Ans:(D) > Ans:(B)

Trans form ⇒ Ans:(C) > Ans:(A)

5.題目定調在 cis-form，所以 Ans：(D) 確定

49. 下列兩分子關係為何？

(A) 互為鏡像異構物(enantiomer)

(B) 互為非鏡像異構物(diastereomer)

(C) 相同的化合物(same compound)

(D) 互為組成異構物(constitutional isomer)

《106 慈濟-49》Ans：B

說明：

1. Geometric / configurational diastereomers

2. Ans:

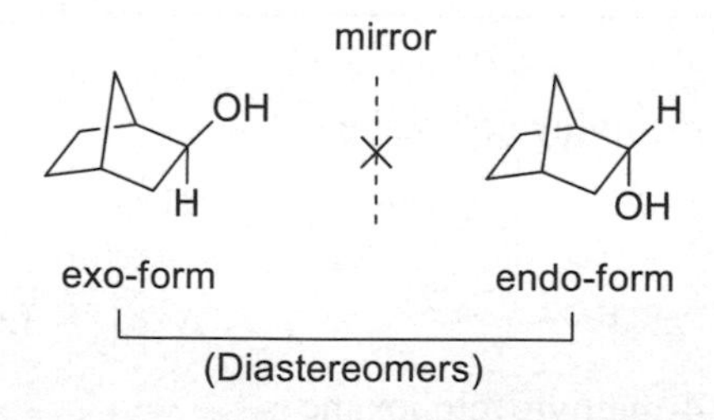

50. 下列反應式之主要產物，何者較正確？

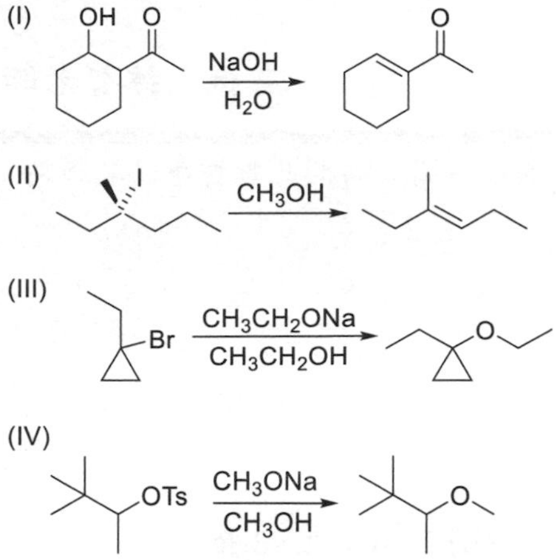

(I) NaOH / H_2O

(II) CH_3OH

(III) CH_3CH_2ONa / CH_3CH_2OH

(IV) OTs; CH_3ONa / CH_3OH

(A) I　　(B) II　　(C) III　　(D) IV

《106 慈濟-50》Ans：A

說明：

Ans：(I) NaOH (E1CB)

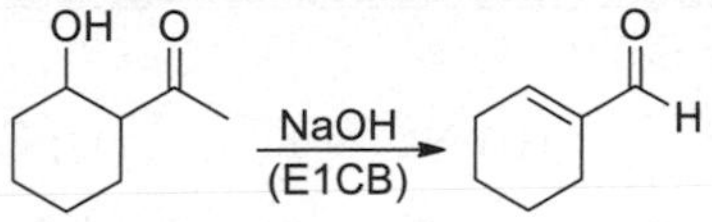

Ans：(II) CH_3OH (S_N1Al) OCH_3 + CH_3O

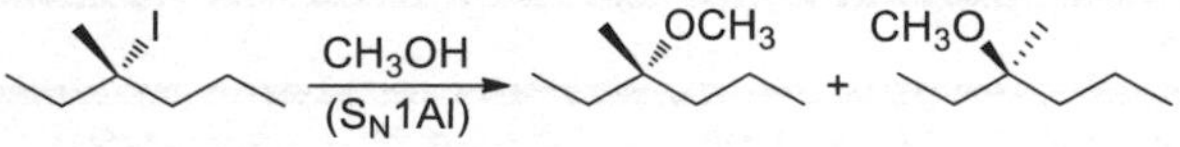

Ans：(III) NaOEt, EtOH (E2)

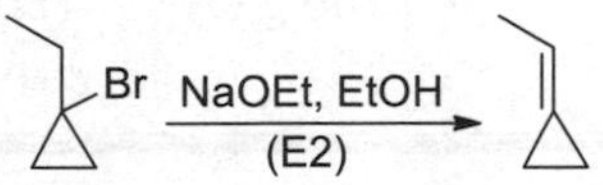

Ans：(IV) OTs NaOCH$_3$, CH_3OH (E2)

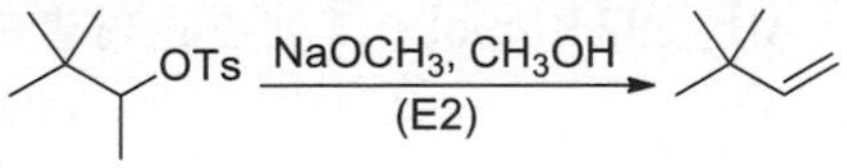

義守大學 106 學年度學士後中醫化學試題暨詳解

化學 試題 **有機：林智老師解析**

01. 進行酸鹼滴定實驗時，滴定管的讀數如下圖，請問此數據應該記錄為 _____mL，有效數字有 _____位？

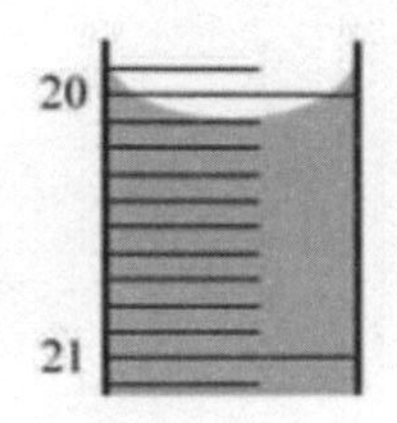

(A) 20.1 mL，3 位 (B) 20.10 mL，3 位
(C) 20.10 mL，4 位 (D) 20.100 mL，5 位

《106 義守-01》Ans：C

02. 下列哪一組是等電子(isoelectronic)？
(A) K^+和 Cl^- (B) Zn^{2+}和 Cu^{2+} (C) Na^+和 K^+ (D) Cl^-和 S

《106 義守-02》Ans：A

03. 下列哪種氣體在 25 °C 和 1.00 atm 下佔據最小的體積？
(A) 100 g C_2H_6 (B) 100 g SO_2 (C) 100 g O_3 (D) 100 g O_2

《106 義守-03》Ans：B

04. $N_{2(g)} + 3H_{2(g)} \rightleftharpoons 2NH_{3(g)}$，$\Delta H = -92$ kJ/mol。下列敘述何者可以增加 NH_3 的產量？
(I) 加溫 (II) 降溫 (III) 加壓 (IV) 減壓
(A) 只有 I (B) 只有 II (C) I 和 III (D) II 和 III

《106 義守-04》Ans：D

05. 置氮氣於固定容積的密封容器中，由 25 °C 加熱至 250 °C，下列哪一性質的值不變？
(A) 氮氣分子與容器碰撞的平均強度 (B) 氮氣的壓力
(C) 氮氣分子的平均速度 (D) 氮氣的密度

《106 義守-05》Ans：D

06. 將 100 g 溫度為 95 °C 的金屬置入 100 mL 溫度為 25 °C 的水中，下列何種金屬讓水溫上升最少？

（金屬的比熱如下表）

金屬	I	II	III	IV
比熱(J/g·°C)	0.129	0.237	0.385	0.418

(A) I (B) II (C) III (D) IV

《106 義守-06》Ans：A

07. 有關 PF_3 分子，下列敘述何者正確？

(I) 三角平面形狀

(II) P 原子上有一對未共用電子

(III) P 原子為 sp^2 混成軌域

(IV) 極性分子

(V) 極性共價鍵

(A) I, IV, V (B) II, III, IV (C) I, II, IV (D) II, IV, V

《106 義守-07》Ans：D

08. ClF_3 內中心原子上之電子對排列的幾何形狀為

(A) 八面體 (B) 三角錐體 (C) 四面體 (D) 雙三角錐體

《106 義守-08》Ans：D

09. IF_5 是_____型的化合物，它的幾何形狀是_____。

(A) 分子,雙三角錐 (B) 分子,四方角錐

(C) 離子,四方角錐 (D) 離子,雙三角錐

《106 義守-09》Ans：B

10. 在催化條件下，氨氣與氧氣反應生成一氧化氮和水。產生一莫爾的一氧化氮需要消耗多少莫爾的氧氣？

(A) 0.625 (B) 1.25 (C) 2.50 (D) 3.75

《106 義守-10》Ans：B

11. 有多少個軌域具有以下量子數：$n = 3, l = 2, m_l = 2$？

(A) 1 (B) 3 (C) 5 (D) 7

《106 義守-11》Ans：A

12. 下列哪一項代表 Ni^{2+}基態的電子組態？（Ni 的原子序為 28）

(A) $[Ar]4s^2 3d^8$　(B) $[Ar]4s^0 3d^8$　(C) $[Ar]4s^2 3d^6$　(D) $[Ar]4s^0 3d^{10}$

《106 義守-12》Ans：B

13. 請問 $K_3[Fe(CN)_6]$的正確命名為何？

(A) potassium hexacyanoiron(II)

(B) tetrapotassium hexacyanoiron(II)

(C) potassium hexacyanoferrate(III)

(D) tetrapotassium hexacyanoferrate(III)

《106 義守-13》Ans：C

14. 已知反應 A → P，rate = k[A]。若 A 的濃度減半，則半生期將

(A) 變為 2 倍　(B) 變為 1/2　(C) 變為 1/4　(D) 維持不變

《106 義守-14》Ans：D

15. Cs-131 原子核的半生期為 30 年。一個 Cs-131 樣品經過 120 年後剩下 3.1 公克，此樣品的原始質量大約為多少公克？

(A) 12　(B) 25　(C) 50　(D) 100

《106 義守-15》Ans：C

16. 氣體反應 $2NO_{(g)} + 2H_{2(g)} \rightarrow N_{2(g)} + 2H_2O_{(g)}$的起始反應速率的數據如下：

$[NO]_0$ (M)	$[H_2]_0$ (M)	起始反應速率(M/s)
0.20	0.30	0.0180
0.20	0.45	0.0270
0.40	0.30	0.0720

此反應的速率常數值為何？

(A) 0.35　(B) 1.1　(C) 1.5　(D) 6.9

《106 義守-16》Ans：C

17. 臭氧 O_3 在大氣中被破壞的反應機制如下：

(i) $O_3 + NO \rightarrow NO_2 + O_2$　慢

(ii) $NO_2 + O \rightarrow NO + O_2$　快

請問此反應中催化劑及中間產物分別為何？

(A) O，O_2　(B) O_2，O　(C) NO，NO_2　(D) NO_2，NO

《106 義守-17》Ans：C

18. 氫氧化鋅在 25 °C 之溶解度為 3.7×10^{-4} g/L，則溶解度積常數(K_{sp})的值是多少？（鋅的原子量為 65.38 g/mol）

(A) 1.26×10^{-17}　(B) 5.1×10^{-17}　(C) 2.0×10^{-16}　(D) 3.8×10^{-15}

《106 義守-18》Ans：C

19. 使用 4.0 安培的電流電解熔融鹽 MCl，通電 16.0 分鐘產生 1.56 公克金屬，這個金屬 M 是？（法拉第常數 F = 96500 C/mol）

(A) Li（原子量 6.94 g/mol）　(B) Na（原子量 22.99 g/mol）

(C) K（原子量 39.10 g/mol）　(D) Rb（原子量 85.47 g/mol）

《106 義守-19》Ans：C

20. 在 25 °C 時，$CH_{4(g)} + N_{2(g)} + 164\ kJ \rightarrow HCN_{(g)} + NH_{3(g)}$ 反應之$\Delta G° = 158$ kJ/mol，請計算 25 °C 時 此反應的$\Delta S°$ (J/K·mol)。

(A) 6　(B) 20　(C) 530　(D) 550

《106 義守-20》Ans：B

21. 利用下列各化合物的燃燒熱(ΔH_c)：

$C_4H_{4(g)}$ 的$\Delta H_c = -2341$ kJ/mol；$H_{2(g)}$ 的$\Delta H_c = -286$ kJ/mol；$C_4H_{8(g)}$ 的$\Delta H_c = -2755$ kJ/mol，計算 $C_4H_{4(g)} + 2H_{2(g)} \rightarrow C_4H_{8(g)}$ 的反應熱(ΔH_{rxn}) = ？

(A) −5382 kJ　(B) −158 kJ　(C) −128 kJ　(D) 128 kJ

《106 義守-21》Ans：B

22. 當一個穩定的雙原子分子由其組成的原子發生自發性反應而形成，此反應的$\Delta H°$、$\Delta S°$及$\Delta G°$的符號 依序為下列哪個選項？

(A) + + +　(B) − − −　(C) + − +　(D) − + −

《106 義守-22》Ans：B

23. 下列哪一個離子固體有最大的晶格能(lattice energy)？

(A) SrO　(B) NaF　(C) $CaBr_2$　(D) CsI

《106 義守-23》Ans：A

24. 假設臭氧分解反應之反應機制如下：

$$O_3 \underset{k_{-1}}{\overset{k_1}{\rightleftharpoons}} O_2 + O \quad 快$$

$$O + O_3 \xrightarrow{k_2} 2O_2 \quad 慢$$

當臭氧濃度加倍且氧氣的濃度減半時，瞬間反應速率

(A) 維持不變　(B) 變為 2 倍　(C) 變為 4 倍　(D) 變為 8 倍

《106 義守-24》Ans：D

25. 將下列物質溶於 5 L 的水中可形成緩衝溶液，請問哪一組的緩衝溶液 pH 值為 5.05？ (NH_4^+的 $pK_a = 9.24$；$C_5H_5NH^+$的 $pK_a = 5.23$；$\log(2/3) = -0.176$；$\log(3/2) = 0.176$)

(A) 1.0 mol NH_3 及 1.5 mol NH_4Cl

(B) 1.5 mol NH_3 及 1.0 mol NH_4Cl

(C) 1.5 mol C_5H_5N 及 1.0 mol C_5H_5NHCl

(D) 1.0 mol C_5H_5N 及 1.5 mol C_5H_5NHCl

《106 義守-25》Ans：D

26. 此化合物正確名稱為：

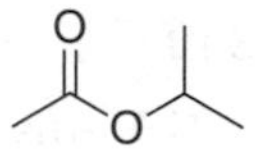

(A) n-propyl acetate　(B) ethyl propanoate

(C) isopropyl acetate　(D) isopropyl formate

《106 義守-26》Ans：C

說明：

1. IUPAC nomenclature
2. Ans:

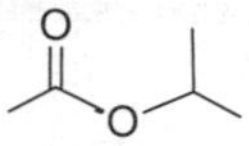

⇒ isopropyl acetate ⇒ 乙酸異丙酯

27. 下列何者為$(CH_3)_2CHCH_2CH_2OH$的 IUPAC 命名？

(A) isopentyl alcohol　(B) 3-methyl-1-butanol

(C) 3,3-dimethyl-1-propanol　(D) 2-isopropyl-1-ethanol

《106 義守-27》Ans：(B)

說明：

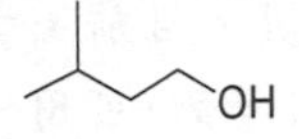

1. IUPAC name ⇒ 3-methyl-1-butanol (3-甲基-1-丁醇)
2. Commom name ⇒ isopentyl alcohol (異戊基醇)

28. 下列何者為加成聚合物？

I. polypropylene　　II. Teflon　　III. Nylon

(A) 只有 I　(B) 只有 II　(C) 只有 III　(D) I 和 II

《106 義守-28》Ans：D

說明：

1.生活上用到的保鮮膜是由PE製成，而有些做菜用的鍋子，則常會覆蓋上一層鐵氟龍(Teflon)。PE和鐵氟龍都是人工合成的聚合物，它們是由單體經聚合反應而製得，單體各為

PE (polyethene)： **$n\ CH_2=CH_2 \longrightarrow -[CH_2-CH_2]_n-$**

Teflon(tetrafluoroethene)： **$n\ CF_2=CF_2 \longrightarrow -[CF_2-CF_2]_n-$**

PP (polypropylene)： **$n\ CH_2=CHCH_3 \longrightarrow -[CH_2-CHCH_3]_n-$**

2.**※Polymerization of alkene derivatives ----- Free radical addition**

3. Ans:(D) I. polypropylene 、 II. Teflon

III. Nylon ⇒ **Polymerization of acyl derivatives---condensation**

4. Ex.(**※ Polymerization of alkene derivatives ----- Free radical additio**

Ex.下列何者是聚氯烯(PVC)的單元體(Monomer)？

(A) $CH_2=CH_2$　(B) $CF_2=CF_2$　(C) $CH_2=CHCl$

(D) $CH_2=CHCH_3$　(E) $CH_2=CHC_6H_5$

《87 中》Ans : (C)

29. Ziegler-Natta 催化劑如 $TiCl_4/Al(CH_2CH_3)_3$，可用於製備下列何者？

(A) polyethylene　(B) cyclopropane　(C) alcohol　(D) carbene 或 carbenoid

《106 義守-29》Ans：A

說明：

※齊格勒-納塔催化劑(Ziegler-Natta catalyst)

1. ※歷史

1950年代德國化學家卡爾·齊格勒合成了這一催化劑，並將其用於聚乙烯的生產，得到了支鏈很少的高密度聚乙烯；義大利化學家居里奧·納塔將這一催化劑用於聚丙烯生產，發現得到了高聚合度，高規整度的聚丙烯。

齊格勒-納塔催化劑是一種有機金屬催化劑，用於合成非支化、高立體規整性的聚烯烴，又稱**齊格勒-納塔引發劑**，屬於配位聚合引發劑。

兩位科學家因此項貢獻於 1963 年獲得諾貝爾化學獎。目前。齊格勒-納塔引發劑是配位陰離子聚合中數量最多的一類引發劑，可用於 α-烯烴、二烯烴、環烯烴的定向聚合。

2.※主要組分

齊格勒-納塔催化劑是一種二元體系，由元素周期表中 IV~VIII B 族過渡金屬化合物是主引發劑與 I~III **A 族金屬烷基化合物**是助引發劑所組成，具有引發 **α-烯烴**進行配位聚合的活性，典型的如四氯化鈦-三乙基鋁 **$[TiCl_4-Al(C_2H_5)_3]$**。

3.※應用 -----polymerization

Ziegler–Natta catalysts are used to polymerize terminal alkenes (ethylene and alkenes with the vinyl double bond):

$$\mathbf{n\ CH_2{=}CHR \rightarrow -[CH_2-CHR]n-}$$

※Esterification vs Saponification

30. 三酸甘油脂可由以下哪兩種化合物製備？

(A) 羧酸和胺　(B) 羧酸和醇　(C) 醇和醛　(D) 醇和酮

《106 義守-30》Ans：B

說明：

1. (Hydrolysis of Acid derivatives----- Saponification)

$$\begin{array}{l} H_2C-O-\overset{O}{\overset{\|}{C}}-R \\ \ | \\ HC-O-\overset{O}{\overset{\|}{C}}-R \\ \ | \\ CH_2-O-\overset{O}{\overset{\|}{C}}-R \end{array} + OH^- \longrightarrow \underset{OH\ \ OH\ OH}{CH_2CHCH_2} + 3\,R-\overset{O}{\overset{\|}{C}}-O^-$$

2.Ans: (B) 羧酸和醇

31. 下列酮類化合物，何者最容易與水互溶？

(A) acetone　(B) cyclohexanone　(C) 2-butanone　(D) 3-butanone

《106 義守-31》Ans：A

說明：

1. like dissolved like rule.(Solubility in H_2O)
2. Ans:

⇒ acetone > 2-butanone > cyclohexanone

32. 前列腺素的前驅物為花生四烯酸（分子式為 $C_{20}H_{32}O_2$），其為一非環羧酸 (acyclic carboxylic acid)，結構中不具有 C≡C 參鍵，請問該分子含有多少雙鍵？

(A) 2　　(B) 3　　(C) 4　　(D) 5

《106 義守-32》Ans：D

說明：

1. the degree of unsaturation (DBE)
2. $C_{20}H_{32}O_2$ ⇒ DBE = 5
3. 非環羧酸(acyclic carboxylic acid)且結構中不具有 C≡C 參鍵

⇒ ∴ 5 雙鍵結構

※資料：前列腺素(Prostaglandin)

※前列腺素 PGE_1 的化學結構

前列腺素(Prostaglandin，簡稱：PG)是一類具有五員脂肪環、帶有兩個側鏈(上側鏈 7 個碳原子、下側鏈 8 個碳原子)的 20 個碳的酸。是一類激素(hormone)。

※生物合成

1. 在研究**花生四烯酸**生物合成和 PG 衍生物生物代謝時發現，PG 與導致**炎症**有關，血栓素 A（TXB）則是促使血小板凝聚形成血栓的原因。
2. 這一發現不但解釋了非甾體抗炎藥的作用機制，同時發現了**阿司匹林(aspirin)**作為預防血栓的新功能。

※資料來源：(醫學生物化學)

1. 花生四烯酸（Arachidonyl-CoA），具有四個不飽和雙鍵
2. Arachidonyl-CoA 可以轉換變成人體內許多的賀爾蒙

(A)構成前列腺素（prostalandins）：前列腺素有很多種，例如 PGA_1、PGA_2、PGE_1、PGE_2、$PGF_{1\alpha}$、$PGF_{2\alpha}$……，主要參與體內的發炎反應

(B)由食物獲得的亞麻油酸、花生四烯酸、α-亞麻脂酸經修飾後，由下列環氧化酵素(cyclooxygenase)、脂肪氧化酵素(lipoxygenase)兩種酵素催化：

酵素	產物	作用
環氧化酵素 (cyclooxygenase)	前列腺素(prostaglandins，PG)	參與發炎反應
	血栓素(thromboxane，TX)	可促使血小板凝集
脂肪氧化酵素 (lipoxygenase)	白三烯素(leukotrienes，LT)	與支氣管平滑肌上的白三烯受體結合會引起支氣管痙攣，造成氣喘

33. 下列哪個化合物的 ^{1}H NMR 光譜最符合下面數據？

δ 2.25 (singlet, 3H), 5.20 (singlet, 1H), 6.72 (doublet, 2H), 7.00 (doublet, 2H)

(A) 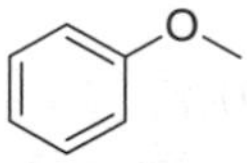 (B) 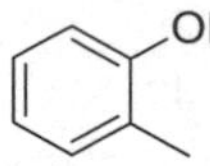 (C) 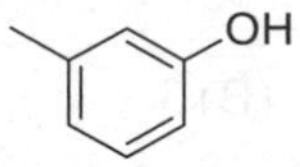 (D)

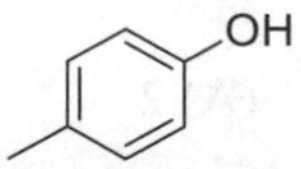

《106 義守-33》Ans：D

說明：

1. ^{1}H NMR 光譜-----有機化合物之結構鑑定
2. Ans:

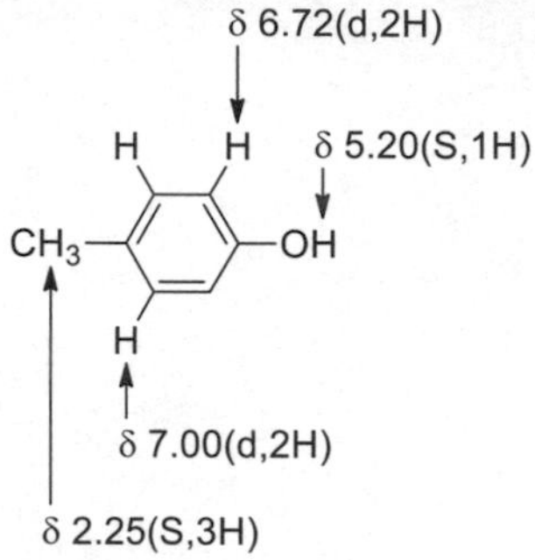

δ 6.72(d,2H)

δ 5.20(S,1H)

δ 7.00(d,2H)

δ 2.25(S,3H)

34. C_6H_{14} 有多少個結構異構物？

(A) 4 (B) 5 (C) 6 (D) 7

《106 義守-34》Ans：B

說明：

1. C_6H_{14} ⇒ DBE = 0
2. Ans: (B) ⇒ 5 isomers

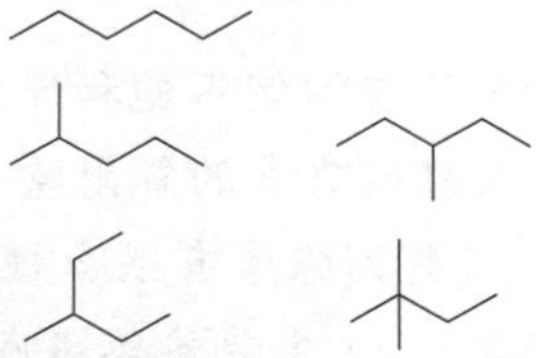

※Polymerization-----有機玻璃(Plexiglas)

35. 有機玻璃(Plexiglas)為何種高分子？

(A) 聚醯胺(polyamide)

(B) 聚酯(polyester)

(C) 聚碳酸酯(polycarbonate)

(D) 聚甲基丙烯酸甲酯(polymethylmethacrylate)

《106 義守-35》Ans：D

說明：

1. monomer：聚甲基丙烯酸甲酯的單體為甲基丙烯酸甲酯(MMA，壓克力單體)。

甲基丙烯酸甲酯(methyl methacrylate, MMA)是一種有機物，無色液體，分子式為 $CH_2{=}C(CH_3)COOCH_3$。

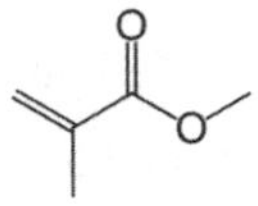

⇒將甲基丙烯酸(MAA)與甲醇酯化形成的，它是生產透明塑料聚甲基丙烯酸甲酯(PMMA)的單體

2. 聚甲基丙烯酸甲酯(polymethylmethacrylate)(PMMA)

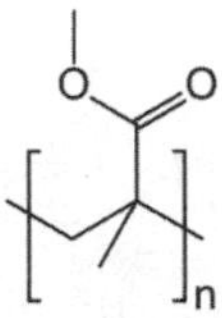

n

3. 用途

(1)甲基丙烯酸甲酯主要應用於生產聚甲基丙烯酸甲酯塑料。

(2)甲基丙烯酸甲酯也用於生產甲基丙烯酸甲酯-丁二烯-苯乙烯樹脂(MBS)的共聚物，該樹脂是 PVC 塑料的改性劑。

(3)聚甲基丙烯酸甲酯和其共聚物主要應用於製造水性塗層，例如房屋的乳膠漆以及粘帖劑。

(4)現代對甲基丙烯酸甲酯的應用是將其製作成盤狀以使光可以水平的通過計算機液晶屏幕或者電視機螢幕。

(5)甲基丙烯酸甲酯也用來作為防止解剖器官腐蝕的塗層，如用於心臟冠狀動脈的防腐。

36. 下列化合物何者在紫外光的吸收波長最長？

(A) 2-丁烯　(B) 1,3-丁二烯　(C) 1,3-己二烯　(D) 苯

《106 義守-36》Ans：D

說明：

1. 紫外光光度計(UV spectroscopy)

⇒ 共軛系統越長，紫外光的吸收波長越長。

2. Ans: (D)

⇒ ＞ ＞ ＞

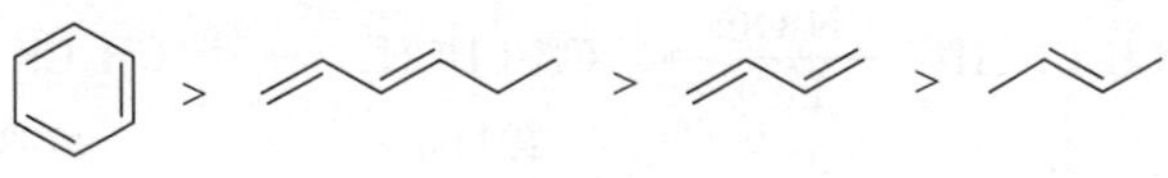

37. DNA 序列 AAT CGG ATC TAG 的互補核酸序列為何？

(A) AAT CGG ATC TAG (B) TTA CGG TAC ATG

(C) AAT GCC ATG ATC (D) TTA GCC TAG ATC

《106 義守-37》Ans：D

說明：

1.※base pairing-----Each pyrimidine base forms a stable hydrogen-bonded pair with only one of the two purine bases.

(A) Thymine (or uracil in RNA) forms a base pair with adenine, joined by 2 hydrogen bonds.

(B) Cytosine forms a base pair, joined by 3 hydrogen bonds, with guanine.

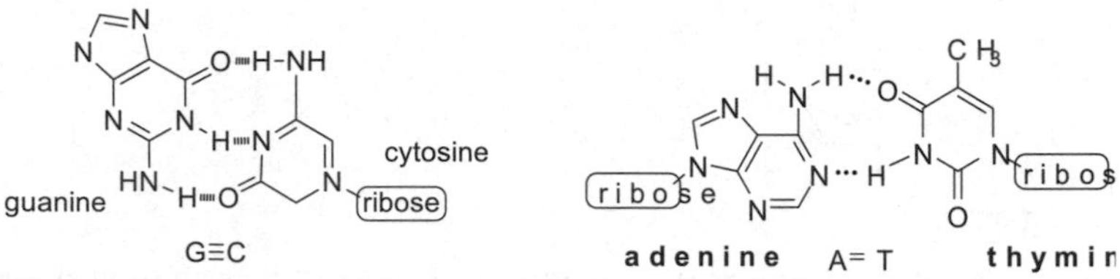

guanine cytosine ribose G≡C

ribose adenine A= T thymine ribose CH_3

2. Ans:

⇒ DNA 序列 AAT CGG ATC TAG 的互補核酸序列為：

⇒ Ans: (D) TTA GCC TAG ATC

3.※Biochemistry-----遺傳密碼

38. 請選出烷基鹵化物(RX)與鹼(base)進行 E2 反應的速率定律式。

(A) rate = k[RX] (B) rate = k[RX][base]

(C) rate = $k[RX]^2$ (D) rate = k[base]

《106 義守-38》Ans：B

說明：

1.動力學 (kinetics)：

⇒ **Rate = k [R-X] [Base] 為雙分子脫去反應**

⇒ 反應速率證明為二級反應，與鹼類之濃度、強度成正比關係。

2. S_N2 vs E2 確認-----確認 E2 reaction

e.g.

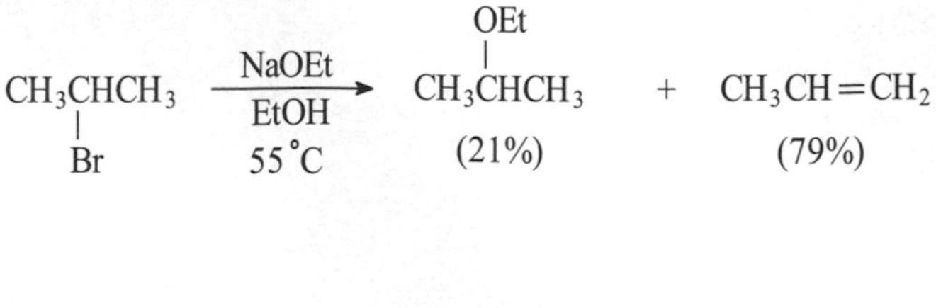

$$CH_3CH(Br)CH_3 \xrightarrow[EtOH,\ 55^\circ C]{NaOEt} CH_3CH(OEt)CH_3\ (21\%) + CH_3CH{=}CH_2\ (79\%)$$

39. 下列有關 Diels-Alder 反應之敘述何者是錯的？

(A) 反應具有立體特異性(stereospecific)

(B) 反應機制只有一個步驟

(C) 反應機制會產生一共振穩定的碳陽離子(carbocation)

(D) 二烯必須是共軛二烯(conjugated diene)

《106 義守-39》Ans：C

說明：

※Normal type Diels-Alder reaction：[$4\pi_s + 2\pi_s$] cycloaddition.

(1)反應之特徵：

(a)可逆反應(reversible)。

(b)單一協同步驟(a concerted reaction)，且不具極性之過渡狀態。

(c)沒有溶媒效應(non-solvent effect)。

(d)立體專一性 (stereospecificity)之特性。

(2) Diene ⇒ (a) s-cis form. (b) donating substituent.

(3) Dienophile ⇒ withdrawing substituent.

(4) Stereospecific Syn- addition. ⇒ (a) endo principle. (b) cis-principle.

(5) Regioselectivity ⇒ ortho-/para-rule

40. Millad NX8000 為一透明劑(其結構如下)常添加於聚丙烯使結晶均勻分布達到透明。如果將此試 劑以酸進行催化反應，會得到何種產物？

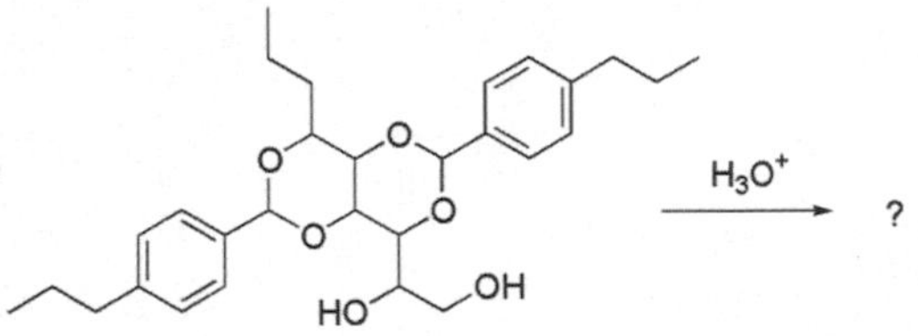

$\xrightarrow{H_3O^+}$?

(A) 醛及醇 (B) 酮及羧酸 (C) 烷及烯類 (D) 醚及醇

《106 義守-40》Ans：A

說明：

1. the hydrolysis of acetal ⇒ 醛及醇

2. Ans:

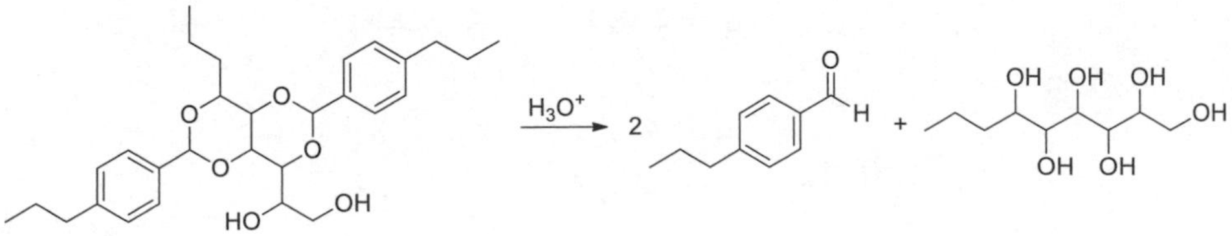

$\xrightarrow{H_3O^+}$ 2 (H) + (OH OH OH OH OH OH)

41. 請選出下列反應之最終產物。

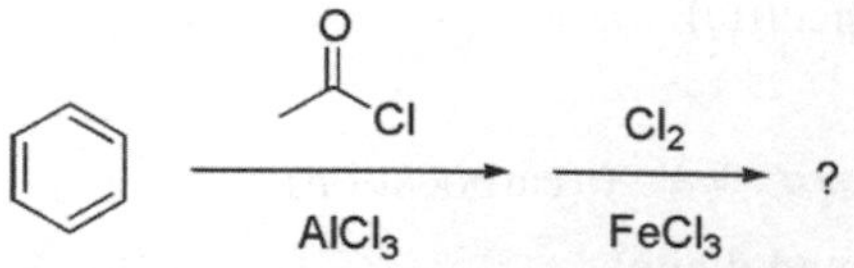

Benzene $\xrightarrow[AlCl_3]{CH_3COCl}$ $\xrightarrow[FeCl_3]{Cl_2}$?

(A) ortho and para-chloroacetophenone

(B) meta-chloroacetophenone

(C) ortho and para-chlorobenzaldehyde

(D) meta-chlorobenzaldehyde

《106 義守-41》Ans：B

說明：

1. Synthesis ⇒ via Friedel-Craft alkylation

2. Ans:

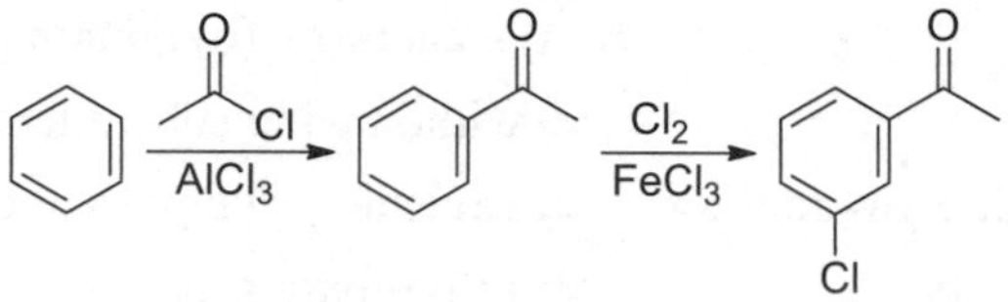

Benzene $\xrightarrow[AlCl_3]{CH_3COCl}$ acetophenone $\xrightarrow[FeCl_3]{Cl_2}$ meta-chloroacetophenone (Cl)

42. 請選出下列反應之產物。

sec-butyllithium (Li) $\xrightarrow{H_2O}$?

(A) 2-butanol (OH) (B) butane (H) (C) 2-butanone (O) (D) 2-butyl hydroperoxide (OOH)

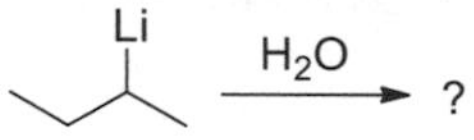

《106 義守-42》Ans：B

說明：

1. Synthesis of organolithium ⇒ via acid-base reaction

2. Grignard reagent(RMgBr/R-Li)之合成用法：

$$RMgBr + D_2O \longrightarrow RD + DOMgBr$$

3. Ex. isotope-labelled synthesis

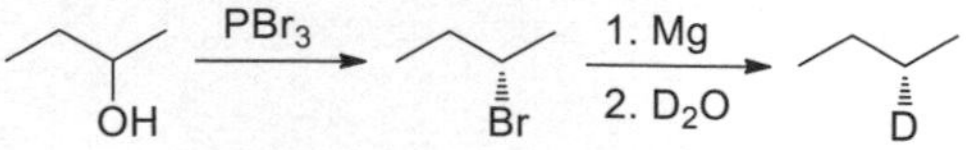

2-butanol (OH) $\xrightarrow{PBr_3}$ 2-bromobutane (Br) $\xrightarrow[2.\ D_2O]{1.\ Mg}$ 2-deuteriobutane (D)

4. Ans:

sec-butyllithium (Li) $\xrightarrow{H-O-H}$ butane (H) + $Li^{\oplus}OH^{\ominus}$

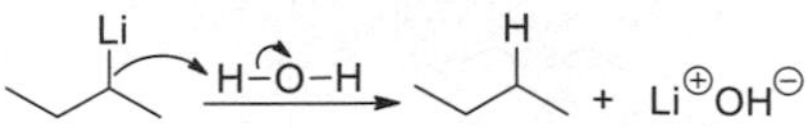

43. 請選出下列反應之試劑。

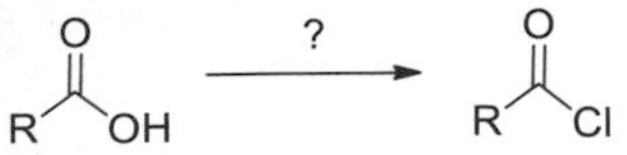

R–C(=O)–OH —?→ R–C(=O)–Cl

(A) HCl (B) NaCl, H_2O (C) $SOCl_2$ (D) Cl_2

《106 義守-43》Ans：C

說明：

1. S_N2Ac reaction
2. Ans:

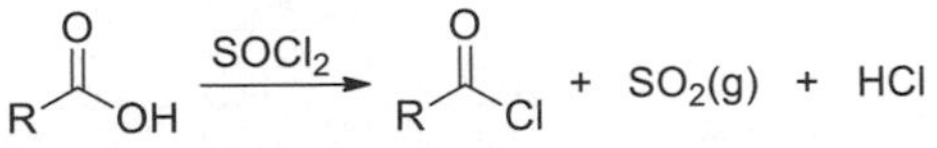

R–C(=O)–OH —$SOCl_2$→ R–C(=O)–Cl + $SO_2(g)$ + HCl

44. 請選出下列反應的最終產物。

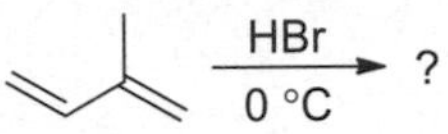

(isoprene) —HBr, 0 °C→ ?

(A) 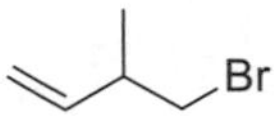 (B) 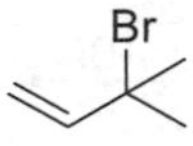 (C) 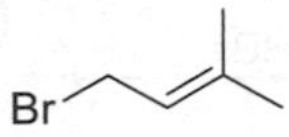 Br (D) 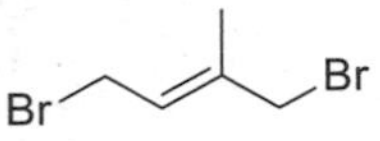 Br Br

《106 義守-44》Ans：B

說明：

1. Electrophilic addition-----competition reaction
2. Ans:

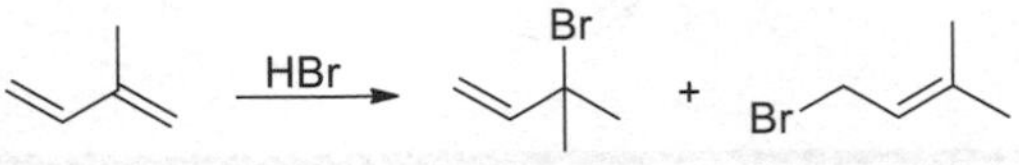

—HBr→ (Br) + Br

$T_1 = 0°C$ ⇒ 動控生成物 (熱控生成物)

釋疑：《106義守-44》

1.此為低溫反應，反應機構如下：

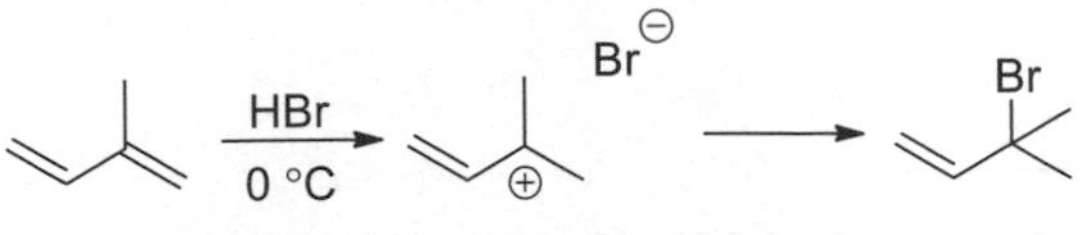

—HBr, 0 °C→ A (⊕) $Br^{\ominus}$ → Br

起始物進行親電子反應生成中間物A，根據 Markovnikov's rule，羰陽離子(carbocation)的穩定度是3° > 2° > 1°，中間物A的正電荷因三級碳及allylic位置可優先被穩定，並不需要再異構化，尤其是低溫反應。所以只有(B)產物產生。

2.請參考：

(1) Organic Chemistry，作者: Graham Solomons, Craig Fryhle, Scott Snyder，第11版，P. 343。

(2) Chem. Zentralbl., **1900**, 71, 331.

45. 下列何者為(R)-2-bromopentane ((R)-2-溴戊烷)與 NaCN (氰化鈉)在 DMSO 中反應的主要產物？

(A) (R)-2-cyanopentane

(B) racemic mixture of 2-cyanopentane

(C) (S)-2-cyanopentane

(D) trans-2-pentene

《106 義守-45》Ans：C

說明：

1. S_N2Al reaction
2. Ans:

Br, H (R-form) —NaCN / DMSO→ CN (S-form)

3. Alcohols ⟶Alkyl halides

OH, H —HBr→ ⊕OH₂, H —:Br⊖→ Br

—TsCl, pyr.→ OTs, H —:Br⊖→ Br

—PBr_3→ $OPBr_2$, H —:Br⊖→ Br

46. 請選出產物 Y。

$$H_3C-C\equiv C-CH_3 \xrightarrow[\text{Lindlar Pd}]{H_2} X \xrightarrow{Br_2} Y$$

(A) 2-bromobutane

(B) meso-2,3-dibromobutane

(C) 2,3-dibromo-2-butene

(D) racemic (2R,3R)-2,3-dibromobutane 和(2S,3S)-2,3-dibromobutane

《106 義守-46》Ans：D

說明：

1. Synthesis ⇒ application of alkynes
2. Ans:

$$H_3C-C\equiv C-CH_3 \xrightarrow[\text{Lindlar Pd}]{H_2} \text{(cis-2-butene)} \xrightarrow{Br_2}$$

CH_3 / H—Br / Br—H / CH_3 ; CH_3 / Br—H / H—Br / CH_3 (d,l)-racemate

47. 請選出下列一連串反應之最終產物。

$$\text{cyclopentanone} \xrightarrow[\text{CH}_3\text{OH}]{\text{NaBH}_4} \xrightarrow[\text{heat}]{\text{H}_2\text{SO}_4}$$

(A) cyclopentene oxide (B) cyclopentene

(C) cyclopentane (D) cis-1,2-cyclopentanediol

《106 義守-47》Ans：B

說明:

1. Synthesis ⇒ application of alkynes
2. Ans:

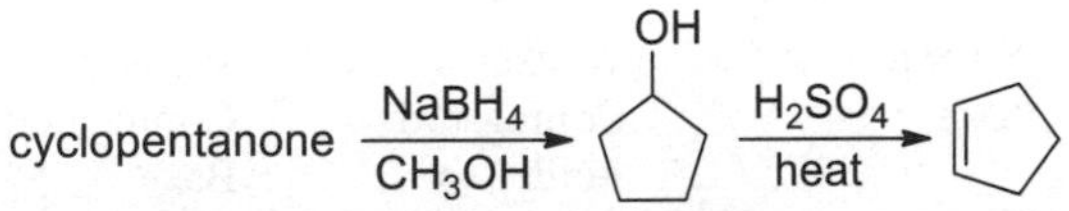

$$\text{cyclopentanone} \xrightarrow[\text{CH}_3\text{OH}]{\text{NaBH}_4} \text{cyclopentanol (OH)} \xrightarrow[\text{heat}]{\text{H}_2\text{SO}_4} \text{cyclopentene}$$

48. 下列化合物中標示的氫原子，何者酸度(acidity)最大？

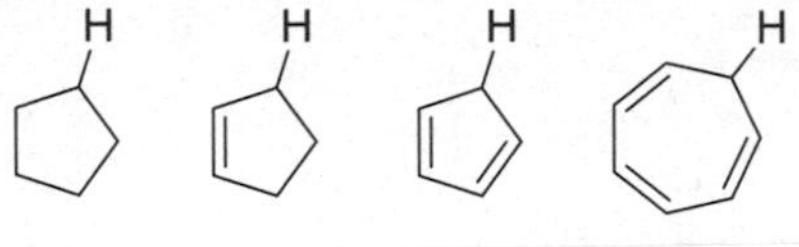

H H H H

1 2 3 4

(A) 1 (B) 2 (C) 3 (D) 4

《106 義守-48》Ans：C

說明：

1. Acidity ⇒ pKa values
2. Ans:

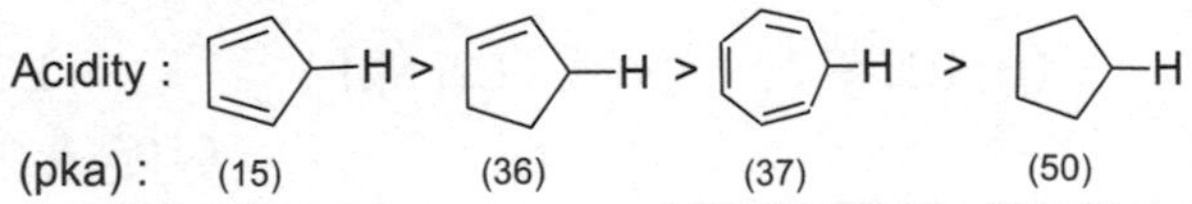

Acidity : cyclopentadiene–H > cyclopentene–H > cycloheptatriene–H > cyclopentane–H

(pka) : (15) (36) (37) (50)

49. 當 2-甲基環己酮(2-methylcyclohexanone)與過量的重水(D_2O)進行鹼催化，每一分子的 2-甲基環己酮有多少氫原子會被置換成氘原子？

(A) 0 (B) 1 (C) 2 (D) 3

《106 義守-49》Ans：D

說明：

1. Deuterium exchange ⇒ acid-base reaction(pKa values)

理論上，用 Bronsted-Lowry Acid Base Concept 之共軛酸鹼反應概念，反應物必趨向於較弱之共軛酸或共軛鹼(weaker conjugated acid or base)。

$$\underset{\text{Strong acid}}{H{-}A} + \underset{\text{Strong base}}{:B^{\ominus}} \overset{Keq}{\rightleftharpoons} \underset{\text{Weaker Conjugated Acid}}{H{-}B^{\ominus}} + \underset{\text{Weaker Conjugated Base}}{A^{\ominus}} \quad Keq >> 1$$

因此假使金屬與質子置換後所產生之共軛酸比原來之化合物酸性較弱者(即其 pka 值較大)，那麼，反應有利於置換反應，相反的，則置換反應不產生作用。

2.Ans:

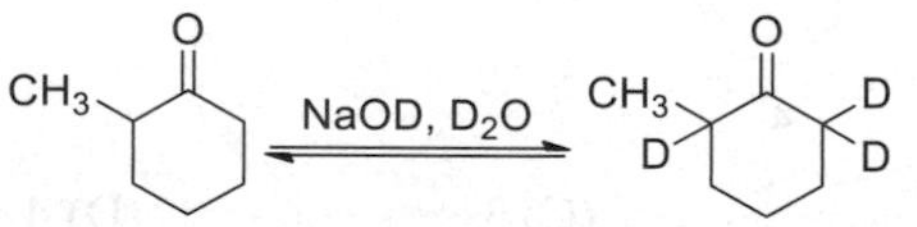

CH_3, O — NaOD, D_2O ⇌ — CH_3, O, D, D, D

50. 下列反應所得之兩個產物的反應路徑分別為_____及_____。

Br — CH_3ONa / CH_3OH → (alkene) + (ether, O)

(A) E1, S_N1 (B) E1, S_N2 (C) E2, S_N1 (D) E2, S_N2

《106 義守-50》Ans：D

說明：

1. E2 vs S_N2 competition ⇒ acid-base reaction (pKa values)
2. Ans:

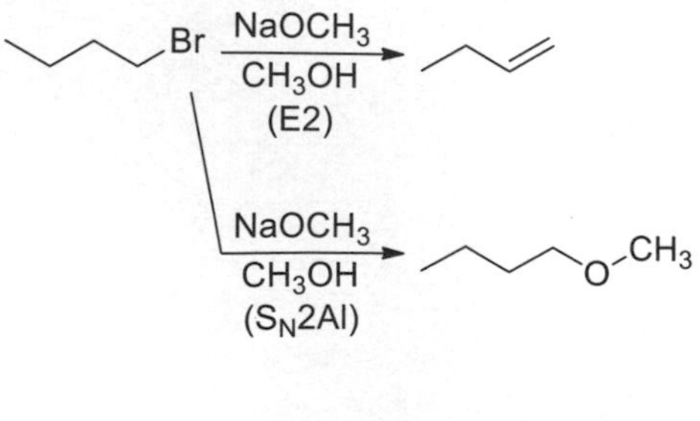

Br — $NaOCH_3$ / CH_3OH (E2) → (alkene)

Br — $NaOCH_3$ / CH_3OH (S_N2Al) → O — CH_3

中國醫藥大學 105 學年度學士後中醫化學試題暨詳解

化學 試題 **有機：林智老師解析**

01. 在氫原子系統中，比較電子在下列不同的能階中躍遷(transition)，何者需要最大的能量？
(A) n = 1 to n = 2 (B) n = 2 to n = 3 (C) n = 3 to n = 4
(D) n = 5 to n = 6 (E) n = 6 to n = 7

《105 中國-01》Ans：A

02. 符合量子數(quantum numbers)為 $n = 2$，$\ell = 1$，$m_\ell = 1$ 的原子軌域(atomic orbital)有多少個？
(A) 0 (B) 1 (C) 3 (D) 5 (E) 7

《105 中國-02》Ans：B

03. 根據分子軌域理論(molecular orbital theory)，下列物質何者最不可能存在？
(A) Li_2 (B) Be_2 (C) B_2 (D) C_2 (E) N_2

《105 中國-03》Ans：B

04. 血液酒精濃度(BAC)的含量可以經由測量呼氣酒精濃度(BrAC)得知，此一方法所根據的定律是：
(A) 波以耳定律 (Boyle's law) (B) 查理定律 (Charles's law)
(C) 亞佛加厥定律 (Avogadro's law) (D) 亨利定律 (Henry's law)
(E) 赫斯定律 (Hess's law)

《105 中國-04》Ans：D

05. 下列有關氧(O_2)和臭氧(O_3)的敘述，何者有誤？
(A) 氧氣在液態和固態下的顏色均為藍色
(B) 氧分子具有順磁的(paramagnetic)性質
(C) 臭氧分子具有逆磁的(diamagnetic)性質
(D) 臭氧是一種非極性(nonpolar)分子
(E) 臭氧分子的結構為彎曲型(bent geometry)

《105 中國-05》Ans：D

06. 錯合物$[ML_6]^{n+}$的磁性性質與配位基(L)的種類無關的金屬離子是：
(A) Cr^{3+} (B) Cr^{2+} (C) Fe^{3+} (D) Fe^{2+} (E) Co^{2+}

《105 中國-06》Ans：A

07. 三種染料物質之顏色分別為：Ⅰ. 綠色、Ⅱ. 藍色、Ⅲ. 黃色，請問此三種物質之吸收波長 由大至小的順序為何？

(A) Ⅰ>Ⅱ>Ⅲ　(B) Ⅲ>Ⅰ>Ⅱ　(C) Ⅱ>Ⅰ>Ⅲ　(D) Ⅱ>Ⅲ>Ⅰ　(E) Ⅲ>Ⅱ>Ⅰ

《105 中國-07》Ans：A

08. 下列光譜方法中，何者最能有效區別化合物 $ClCH_2{-}C(Cl)_2{-}CH_3$ 和 $Cl_2CH{-}C(Cl)H{-}CH_3$？

(A) 核磁共振光譜 (^{1}H nmr)　(B) 紅外光譜 (IR)
(C) 紫外-可見光譜 (UV-Vis)　(D) 質譜 (Mass)
(E) 螢光光譜 (Fluorescence)

《105 中國-08》Ans：A

說明：

1. ^{1}H-NMR spectrum data

$ClCH_2$-C(Cl)$_2$-CH_3 ⇒ 2 signals ⇒ δ ~4.0 ppm(2H , s)

vs.

Cl_2CH-C(Cl)H-CH_3 ⇒ 3 signals ⇒ δ~4.0 ppm(1H , d , J = 7Hz)

2. Ans:

Cl—CH_2—CCl_2—CH_3　VS　Cl_2CH—CHCl—CH_3

δ~4.0(2H,S)　δ1.6(3H,S)

δ1.2(3H,d,J=7~8Hz)
δ2.8(1H,quintet)
δ~4.0(1H,d, J=7~8Hz)

釋疑：《105中國-08》

雖然選項中之光譜方法對此二化合物均有不同程度之區別能力，然而最佳之選擇為核磁共振光譜，因此維持原答案。

09. 化合物 *cis*-1,3-dimethylcyclohexane 的最穩定結構為何？

(A) H_3C　CH_3

(B)
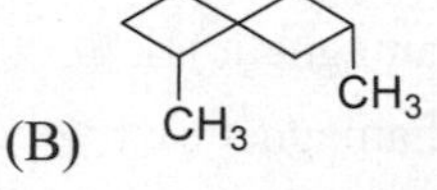

(C)
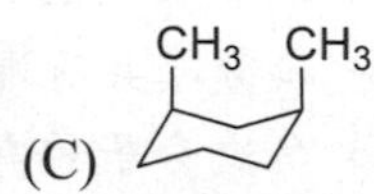

(D) CH_3　CH_3

(E) CH_3　CH_3

《105 中國-09》Ans：A

說明：

1.構形異構物之相對穩定性

2. diequatorial methyl substituents in cis-1.3-dimethylcyclohexane

3. ΔH^0_{strain} = 0 kcal/mole

10. 下列化合物中，何者的碳原子是以 sp^2 混成軌域(hybridization)的形式與周遭原子進行鍵結？

(A) H_2CO　(B) CH_2Cl_2　(C) CH_4　(D) CO_2　(E) CCl_4

《105 中國-10》Ans：A

11. 下述化合物中，(A) ~ (E)代表不同位置的碳所鍵結的氫，何者具有最強的酸性？

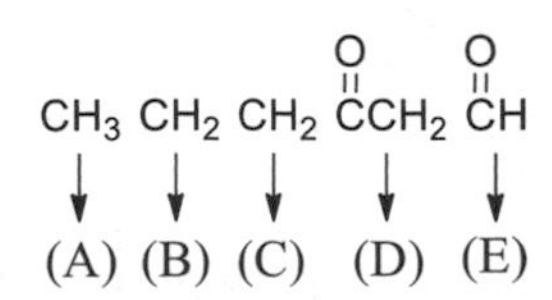

《105 中國-11》Ans：D

說明：

1. Acidic methyl proton 之酸性度

$H_3C-C(=O)-H$ > $H_3C-C(=O)-R$ > $H_3C-C(=O)-OR$

pKa:　(18)　(19)　(23)

2. Activeted methylene proton 之酸性度

$HC(=O)-CH_2-C(=O)-CH_3$

pKa　(≈ 8~9)

3. Ans：(D)

12. 於實驗過程中，當皮膚接觸到酸性溶液時最有效又安全之處理方法是：

(A) 用紙巾擦乾皮膚

(B) 用硫酸鈉($Na_2(SO)_{4(s)}$)粉末塗抹皮膚

(C) 用氨水($NH_{(aq)}$)沖洗皮膚

(D) 先用清水再用氫氧化鈉($NaOH_{(aq)}$)水溶液沖洗皮膚

(E) 先用清水再用碳酸氫鈉($NaHCO_{3(aq)}$)水溶液沖洗皮膚

《105 中國-12》Ans：E

13. 有一個三質子酸(H_3A)，其酸解離常數分別為：$K_{a1} = 1.0 \times 10^{-2}$，$K_{a2} = 1.0 \times 10^{-6}$，$K_{a3} = 1.0 \times 10^{-10}$，當溶液中之主產物為 H_2A^- 時，其 pH 值範圍為何？

(A) 1 ~ 3　(B) 3 ~ 5　(C) 5 ~ 7　(D) 7 ~ 9　(E) 9 ~ 11

《105 中國-13》Ans：B

14. 下列物質中，何者為最強的氧化劑？

(A) O_2^+　(B) O_2　(C) O_2^-　(D) O_2^{2-}　(E) OH^-

《105 中國-14》Ans：A

15. 根據下列所提供的鍵能數據，求出化學反應 $CH_4 + Cl \rightarrow CH_3Cl + H$ 的反應熱是多少？

鍵結	H–H	Cl–Cl	H–C	H–Cl	C–Cl	
鍵能	435	243	414	431	331	(kJ/mol)

(A) 275 kJ/mol　(B) 109 kJ/mol　(C) 83 kJ/mol

(D) –83 kJ/mol　(E) –109 kJ/mol

《105 中國-15》Ans：C

說明：

1.鍵能($\Delta H^0_{dissociation}$)(kJ/mol)

$$CH_3—H + \cdot Cl \longrightarrow CH_3—Cl + \cdot H$$

(+414)　　(-331)

2. Ans:(Hess's law)

$\therefore \quad \Delta H^0_{rxn} = (+414) \times 1 + (-331) \times 1 = +83(KJ/mol)$

釋疑：《105中國-15》

依據題目所提供之資訊，本題答案無誤。

至於同學質疑此化學式是否成立，則是另外一個議題，與本題無關。

16. 下列化合物中，何者與 CH_3NH_2 反應後的產物為 $CH_3CH_2CH_2CH{=}NCH_3$？

(A) $CH_3CH_2CH_2CHO$　(B) $CH_3CH_2CH_2COOH$

(C) $CH_3CH_2CH_2COOCH_3$　(D) $CH_3CH_2CH_2CONH_2$

(E) $CH_3CH_2CH_2C{\equiv}N$

《105 中國-16》Ans：A

說明：

1. Shiff base formation

2. Retro-synthesis:

$CH_3CH_2CH_2CH{=}NCH_3 \Rightarrow CH_3CH_2CH_2CHO + CH_3NH_2$

3. Ans: (A)

17. 下列化合物中，何者是對掌(chiral)物質？

(A) cis-1,2-dimethylcyclopropane (H₃C, CH₃ / H, H)　(B) trans-1,2-dimethylcyclopropane (H₃C, H / H, CH₃)　(C) 4-methylcyclohexanol (OH, CH₃)

(D) $CH_3(H)C=C(H)CH_3$ (cis)　(E) $CH_3(H)C=C(H)CH_3$ (trans)

《105 中國-17》Ans：B

說明：

1. chiral molecule ⟹ Ans: (B)
2. achiral molecule ⟹ Ans: (A) ⟹ σ_v -operation
   Ans: (C)(D)(E) ⟹ geometric isomer(s)

釋疑：《105中國-17》

題意清晰，答案無誤。

18. 合成右方聚合物之原料為何？ $[CH_2-C(H)=C(Cl)-CH_2]_n$

(A) $CH_3(H)C=C(Cl)CH_3$　(B) $H_2C=C(H)-C(Cl)=CH_2$　(C) $H_2C=CH_2$ 和 $H_2C=CHCl$

(D) $HOH_2C(H)C=C(Cl)CH_2OH$　(E) $H_2C=O$ 和 $HC\equiv CCl$

《105 中國-18》Ans：B

說明：

1. Retro-synthesis:

$[CH_2-C(H)=C(Cl)-CH_2]_n \Rightarrow$ $H_2C=CH-C(Cl)=CH_2$ (neoprene)

2. sythesis

$n\ H_2C=CH-C(Cl)=CH_2 \xrightarrow[h\nu]{AIBN} [CH_2-C(H)=C(Cl)-CH_2]_n$

19. 下列物質中，何者的碳原子只以一級碳(primary carbon)的形式呈現？

(A) 甲烷(methane)　(B) 乙炔(acetylene)

(C) 乙烷(ethane)　(D) 丙烷(propane)

(E) 甲基環己烷(methylcyclohexane)

《105 中國-19》Ans：C

說明：

1. Classification of carbon-atom(s)
2. Ans：

(A) CH_4

(B) H－C≡C－H　⇒　3°-C

(C) CH_3-CH_3　⇒　1°-C

(D) $CH_3CH_2CH_3$　⇒　1°-C 及 2°-C

(E) (methylcyclohexane structure, CH_3)　⇒　1°-C, 2°-C 及 3°-C

20. 下列物質中，何者含有果糖 (fructose) 的成分？

(A) 直鏈澱粉(amylose)　(B) 支鏈澱粉(amylopectin)

(C) 麥芽糖(maltose)　(D) 蔗糖(sucrose)

(E) 纖維素(cellulose)

《105 中國-20》Ans：D

說明：

※Carbohydrate：碳水化合物

1. carbohydrate----結構特徵

Case A：碳水化合物的分類

(A)簡單醣類化合物(Simple Carbohydrate)：單醣類(Monosaccharide)

(B)複雜醣類化合物(Complex Carbohydrate)

(1) Disaccharide(兩個單醣結合)：ie **蔗糖，乳糖，麥芽糖**。

⇒雙醣經水解反應可分解出兩個單醣者(ie. 蔗糖、麥芽糖、及乳糖)

(a)蔗糖(sucrose)：α-葡萄糖及β-果糖經縮合反應脫水而成。

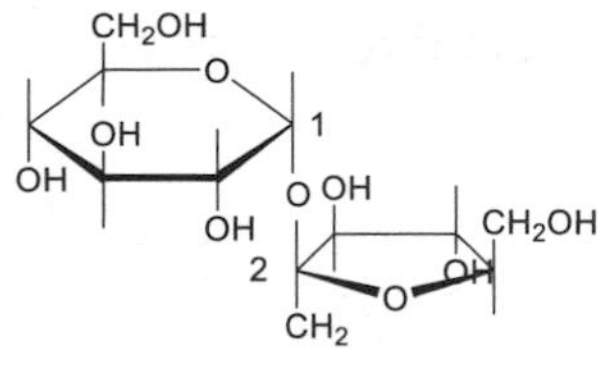

CH_2OH O 1 OH OH O OH OH CH_2OH 2 OH O CH_2

⇒ α-D-葡萄糖 ＋**β-D-果糖**

(蔗糖)

(b)麥芽糖(maltose)：由α-及β-半乳糖縮合反應脫水而生成。

CH_2OH O OH 1 OH O OH CH_2OH O OH OH OH

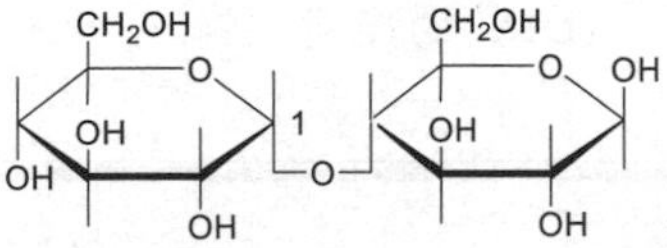

⇒ α-D-葡萄糖 ＋β-D-葡萄糖

(麥芽糖)

(c)乳糖(Lactose)：由α-葡萄糖及β-半乳糖縮合反應脫水而生成。

CH_2OH O OH OH OH CH_2OH O OH O OH OH

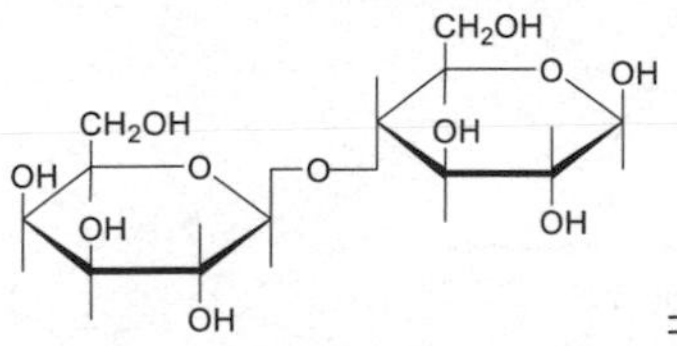

⇒ **α-D-半乳糖** ＋β-D-葡萄糖

(乳糖)

(2) Oligosaccharide(3-10 單醣結合)

(3) Polysaccharide(＞10 單醣結合)

Case B：**Natural polymers**

(1) 肝醣(glycogen) (動物)：葡萄糖轉化成肝醣高分子化合物。

(2) 澱粉(starch) (植物)：葡萄糖轉化成澱粉高分子化合物。

(3) 纖維素(fiber)(植物結構)：葡萄糖的高分子化合物。

(4) 幾丁質(Chiten)(甲殼類動物外骨骼)：類似纖維素的碳水化合物。

21. 下圖是反應物 A、產物 B 與過渡態 C 在化學反應過程中的相關能量變化圖 (energy profile)，下列何者決定反應速率的大小？

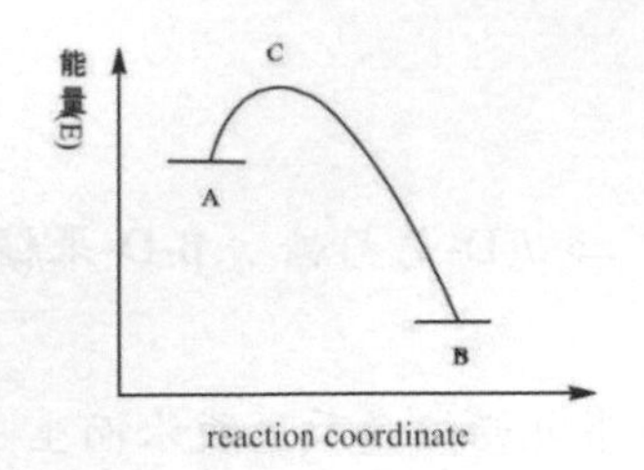

(A) A 的能量　　(B) B 的能量　　(C) C 和 A 的能量差
(D) B 和 A 的能量差　　(E) C 的能量

《105 中國-21》Ans：C

說明：

1.能圖(energy diagram)

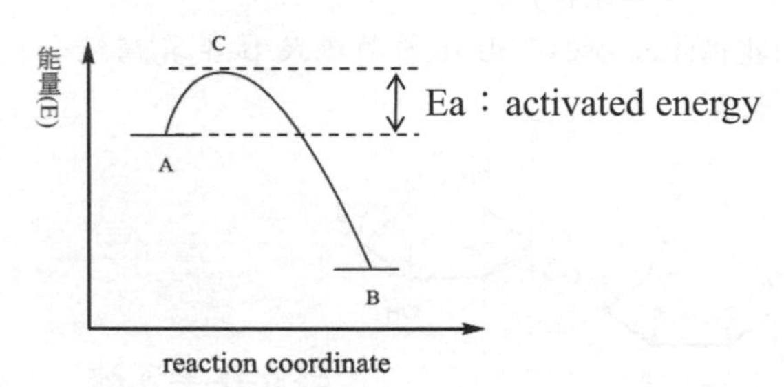

2. for reaction　$A \rightarrow B$　⇒　rate law $= k[A]^m$

3. Arrhenius equation　⇒　rate $= A \cdot e^{-\frac{Ea}{RT}}$

$\therefore$　rate $\propto \frac{1}{Ea}$ (成反比例關係)

4. Ans：(C) ⇒ 反應速率決定步驟(rate-determining step)：$A \rightarrow B$

22. 有關正在使用中的伏打電池 (voltaic cell)，下列敘述何者正確？

(A) $\Delta G > 0$；$E = 0$　　(B) $\Delta G < 0$；$E < 0$　　(C) $\Delta G = 0$；$E > 0$
(D) $\Delta G < 0$；$E > 0$　　(E) $\Delta G > 0$；$E > 0$

《105 中國-22》Ans：D

23. 下列等體積的混合溶液中，何者為酸性緩衝溶液 (buffered solution)？

(A) 0.10 M HCl + 0.10 M $NaOH$　　(B) 0.10 M HCl + 0.10 M $NaCl$
(C) 0.10 M HCO_2H + 0.10 M $NaHCO_2$　　(D) 0.10 M NH_3 + 0.10 M NH_4Cl
(E) 0.10 M Na_2HPO_4 + 0.10 M Na_3PO_4

《105 中國-23》Ans：C

24. 下列化合物中，何者最難被氧化？

(A) CH_3CH_2OH　(B) $(CH_3)_2CHOH$　(C) $(CH_3)_3COH$

(D) CH_3CHO　(E) CH_3CH_2CHO

《105 中國-24》Ans：C

說明：

1.氧化反應分類

$$RCH_2OH \xrightarrow{[O]} RCHO \xrightarrow{[O]} RCOOH$$

$$RCH(OH)R' \xrightarrow{[O]} RCOR' \xrightarrow{[O]} \text{N.R.}$$

$$R_3COH \xrightarrow{[O]} \text{N.R.}$$

2. ∴ Ans: (C) ⇒ 不起反應

25. 下列五種化合物 I ~ V 在相同條件下進行 S_N2 反應時，反應速率由慢至快依序為：

Ⅰ CH_3Br　Ⅱ $CH_3CHBrCH_3$　Ⅲ $CH_3CH_2CH_2Br$

Ⅳ CH_3CH_2Br　Ⅴ $(CH_3)_3CBr$

(A) Ⅰ<Ⅱ<Ⅲ<Ⅳ<Ⅴ　(B) Ⅰ<Ⅳ<Ⅲ<Ⅱ<Ⅴ　(C) Ⅱ<Ⅴ<Ⅲ<Ⅳ<Ⅰ

(D) Ⅴ<Ⅱ<Ⅳ<Ⅲ<Ⅰ　(E) Ⅴ<Ⅱ<Ⅲ<Ⅳ<Ⅰ

《105 中國-25》Ans：E

說明：

1. S_N2Al reaction favor steric factor

2. the relative reactivity of S_N2Al reaction is

$$CH_3Br > CH_3CH_2Br > CH_3CH_2CH_2Br > (CH_3)_2CHBr > (CH_3)_3CBr$$

26. 任何氣體凝結成液體時，下列有關熱力學參數ΔH 和ΔS 的敘述何者正確？

(A) ΔH 為正值，ΔS 為正值　(B) ΔH 為負值，ΔS 為正值

(C) ΔH 為負值，ΔS 為負值　(D) ΔH 為正值，ΔS 為負值

(E) ΔH 為零，ΔS 亦為零

《105 中國-26》Ans：C

27. 下列敘述何者不在道耳敦原子理論(Dalton's atomic theory)中出現？

(A) 物質由不可分割的原子組成

(B) 同種元素的原子都相同包括質量及其他所有性質

(C) 化合物組成之原子之間有最小整數比

(D) 原子在化學反應中維持自己原本特性不被破壞

(E) 同位素是質子數相同，中子數不同的原子

《105 中國-27》Ans：E

28. 下列分子中的指定原子，何者**不遵守**八隅體規則(Octet rule)？

(A) NNO (中心 N-原子)

(B) BF_3 (B-原子)

(C) H_2CCCH_2 (中心 C-原子)

(D) PF_3 (P-原子)

(E) H_2CNCl (中心 N-原子)

《105 中國-28》Ans：B

說明：

1. Lewis electron-dot structure ⟹ octet rule

Ans：(A) ⟹ :N≡N−Ö:

Ans：(B) $\Rightarrow m + n = \frac{3+3}{2} = 3(SP^2) \Rightarrow$ F−B(−F)−F ⟹平面三角形

Ans：(C) ⟹ $H_2C=C=CH_2$

Ans：(D) $\Rightarrow m+n = \frac{5+3}{2} = 4(sp^3) \Rightarrow$ PF_3 ⟹ 三角形

Ans：(E) ⟹ $H_2C=N-Cl$

2. Ans：(B) is the best choice

29. 根據價殼層電子對斥力理論 (The Valence Shell Electron Pair Repulsion theory, VSEPR)，下列關於分子形狀的敘述中，何者有誤？

(A) OF_2 是線形(linear)

(B) SF_4 是蹺蹺板形(seesaw)

(C) ClF_3 是扭曲 T-形(distorted T-shape)

(D) BeH_2 是線形(linear)

(E) PF_5 是雙三角錐形(trigonal bipyramidal)

《105 中國-29》Ans：A

30. 下列敘述何者有誤？
(A) 黑斯熱反應定律(Hess's law)指出，可以透過個別反應方程式相加(或相減)及其已知相對應的ΔH 值相加(或相減)，以得到總體反應的ΔH 值
(B) 所有反應相對應的ΔH 值必須在其標準狀態，亦即在個別熱焓量(焓，enthalpy)的絕對值的狀態下，才能相加(或相減)
(C) 黑斯熱反應定律的基礎是熱焓量為狀態函數(state function)
(D) 狀態函數是和所採取的反應路徑無關的函數
(E) 系統作功(δ_w)，功不是狀態函數

《105 中國-30》Ans：B

31. 有一化合物其組成成分為二個氮及一個氧。下列排列方式中，何者最正確且最為穩定？
(A) $\overset{1-}{N}=\overset{1+}{N}=\overset{0}{O}$ (B) N=N 環與 O 相連之三元環 (C) $\overset{0}{N}\equiv\overset{1+}{N}-\overset{1-}{O}$ (D) $\overset{1-}{N}=\overset{2+}{O}=\overset{1-}{N}$ (E) $\overset{0}{N}\equiv\overset{2+}{O}-\overset{2-}{N}$

《105 中國-31》Ans：C

32. 以下是一個簡化的氫分子軌域能量圖，氫分子(H_2)軌域是由氫原子(H_a和 H_b)軌域線性組合而成。從下圖可看出反鍵結軌域能量差距($\Delta E_{antibonding}$)的絕對值，稍微比鍵結軌域能量差距($\Delta E_{bonding}$)的絕對值要來得大些，$|\Delta E_{antibonding}| > |\Delta E_{bonding}|$。利用下圖來預測，純粹從穩定能量的角度考量，下列敘述何者有誤？

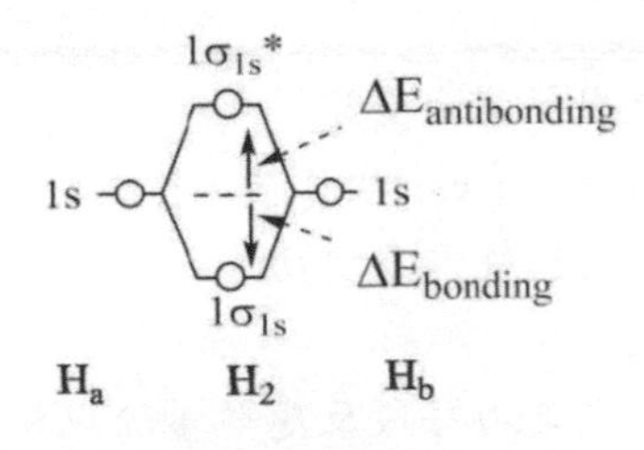

(A) H_2^+是可能穩定存在的
(B) H_2^-是可能穩定存在的
(C) H_2^-比 He_2^+來得穩定
(D) He_2^+是可能穩定存在的
(E) 將兩個 He 結合成 He_2 不可能存在

《105 中國-32》Ans：C

33. 下列有關苯(C_6H_6)分子的相關敘述中，何者**有誤**？

(A) 苯分子特別穩定是因為具有芳香性(aromaticity)

(B) 苯分子上的六個碳-碳鍵都是等長的

(C) 苯的三取代分子如 $C_6H_3Cl_3$ 會有三個結構異構物

(D) 甲苯($C_6H_5CH_3$)在 ^{1}H NMR 光譜圖上，其八個氫的化學位移都出現在 6~8 ppm 範圍

(E) 苯分子的結構特性可以用下面的路易士共振圖(Lewis resonance structure)

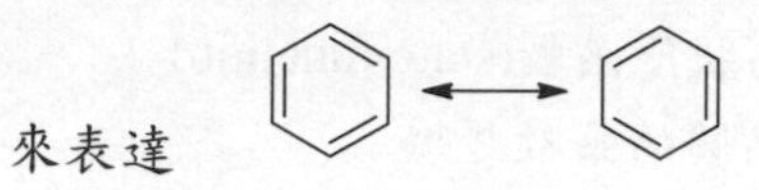

來表達

《105 中國-33》Ans：D

說明：

1. Ans:(A)/(B)/(E)

⇒ 具有芳香性(aromaticity)

⇒ 六個碳-碳鍵鍵長(bond length)均等長。

2. Ans:(C) ⇒ $C_6H_3Cl_3$ 具有三個結構異構物。

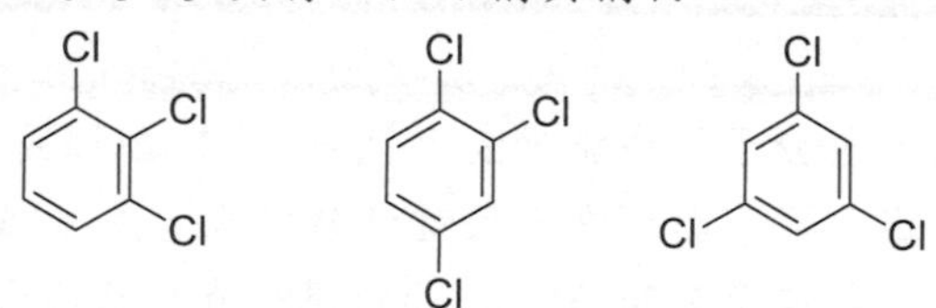

3. Ans: (D) ⇒ ^{1}H NMR spectrum

⇒六個對等氫原子的化學位移(δ7.15 ppm,6H,s)

34. 下列有關亂度(熵，entropy，ΔS)的敘述中，何者**有誤**？

(A) 一個系統經過不可逆過程(irreversible process)操作後，其總亂度必然增加

(B) 從一反應的亂度改變，可以計算出此系統作多少功

(C) 0 ℃液態的水比 0 ℃的冰亂度要大

(D) 在可逆反應過程中，系統亂度的改變是由每段反應熱量除以相對應溫度的值之總和

(E) 當膨脹過程為等溫且為可逆，體積由($V_1 \rightarrow V_2$)，其亂度變化的計算公式為$\Delta S = n\,R\,\ln(V_2/V_1)$。(R 是氣體常數；ln 是自然對數。)

《105 中國-34》Ans：B

35. 下列有關一級反應 (first order reaction) 的敘述中，何者**<u>有誤</u>**？

(A) $t_{1/2} = \ln(2)/k$ ($t_{1/2}$：半衰期；k：速率常數)

(B) $t_{1/2}$ 的值越大，表示初始速率越快

(C) 一級反應的半衰期和反應物本質有關

(D) 放射性物質的衰變現象是一級反應

(E) 一級反應的半衰期和反應物濃度無關

《105 中國-35》Ans：B

36. 下列有關化學反應的敘述中，何者正確？

(A) **平衡常數**與活化能(activation energy)成反比關係

(B) 隨著反應溫度提高，反應往前方向進行速率也提高，且一定會使反應**平衡常數**增大

(C) 在表達**平衡常數**的式子中，催化劑的濃度項可以出現

(D) 在反應速率表示式中，催化劑的濃度項不可以出現

(E) 繪製 lnK 對 1/T 作圖的圖上(lnK 為縱軸；1/T 為橫軸)，其直線展現的斜率(slope)代表 $-\Delta H^o/R$。(K 是**平衡常數**；T 是溫度；ln 是自然對數；R 是氣體常數)

《105 中國-36》Ans：E

37. 下列有關路易士酸和鹼 (Lewis acids and bases)的敘述中，何者**<u>有誤</u>**？

(A) 某些路易士酸也可能同時視為布朗斯特-羅雷(Brønsted-Lowry)酸

(B) 當考量立體障礙(steric effect)因素時，$B(CH_3)_3$ 和 NF_3 反應比和 $N(CH_3)_3$ 反應放出更多熱量

(C) 當 NR_3 上的取代基(R)變大，使分子幾乎成為平面三角形時，其鹼性會變弱

(D) BF_3 為比 BH_3 更強的路易士酸

(E) NF_3 為比 $N(CH_3)_3$ 更強的路易士鹼

《105 中國-37》Ans：E

說明：

1.誘導效應(inductive effect)

2. Step1：混成軌域相同

Step2：中心原子相同

Step3：取代基不同

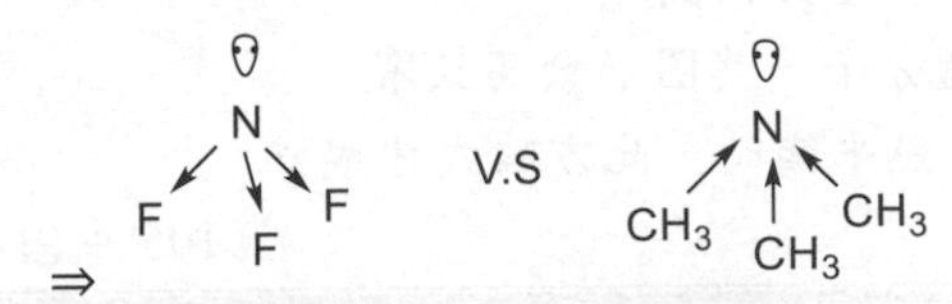

3. Ans： NF_3 < $N(CH_3)_3$ (in basicity)

38. 下列氯化乙醯(acetyl chloride)的相關反應，何者反應產物**有誤**？

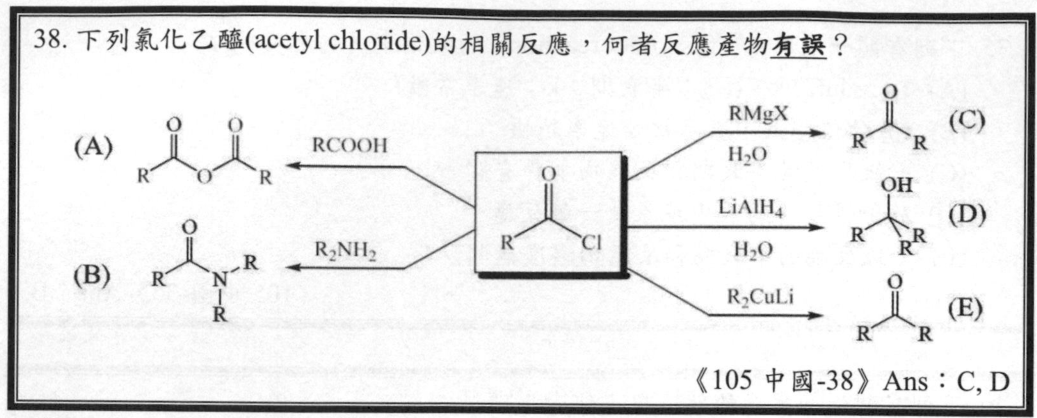

《105 中國-38》Ans：C, D

說明：

Ans：(A) RCOOH ,pyridine

Ans：(B) R_2NH

Ans：(C) 1. RMgx 2. H_2O

Ans：(D) 1. $LiAlH_4$ 2. H_2O

Ans：(E) 1. R_2CuLi 2. H_2O

釋疑：《105中國-38》

答案更正為(C)和(D)。在繪(D)反應圖時有些 H 被誤繪成 R。

39. 馬克斯威爾-波茲曼 (Maxwell-Boltzmann) 的氣體分子速率分佈方程式如下。以溫度(T)為橫軸，以 f(u)為縱軸作圖。下列敘述何者**有誤**？

$$f(u)=4\pi\left(\frac{m}{2\pi k_B T}\right)^{3/2} u^2 \exp(-mu^2/2k_B T)$$

(A) 相對而言，氣體溫度低時，其圖形高且窄；溫度高時，圖形矮且寬

(B) 氣體分子愈重，其平均速率越慢

(C) 氣體分子速率分佈和壓力無關

(D) 分子量愈大的氣體分子，其圖形愈高且窄

(E) 在總體氣體分子達熱平衡時，此方程式才成立

《105 中國-39》Ans：無解

40. 下列有關氧化還原反應(oxidation-reduction reactions)和酸鹼反應(acid-base reactions)的敘述中，何者**有誤**？

(A) 化學反應中涉及原子的氧化數(oxidation number)改變之反應稱為氧化還原反應

(B) 根據路易士(Lewis)酸鹼定義，鹼提供電子，酸接受電子

(C) BF_3 和 NF_3 反應生成 $F_3B:NF_3$ 是酸鹼反應，從形式電荷(formal charge)的觀點來看，也可視為氧化還原反應

(D) 在 NaO_2 中的氧原子其氧化數是−2

(E) 氧原子的氧化數在從 CO 氧化成 CO_2 過程中並沒有改變

《105 中國-40》Ans：D

41. 下列敘述何者有誤？

(A) 「波以耳定律(Boyle's law)」是指定量氣體在定溫下的壓力和體積成反比

(B) 「定組成定律(The law of Definite Proportion)」是指一化學物質的組成元素之間有一定比例，且不論來源為何

(C) 「倍比定律(The law of Multiple Proportions)」是指不同化學物可能由相同元素組 成，化學物中元素之間有簡單整數比

(D) 「查理定律(Charles's law)」是指在定壓下，定量氣體的體積與絕對溫度成正比

(E) 「亞佛加厥假說(Avogadro's law)」是指相同「體積」的不同氣體，在相同的「溫度」及「壓力」下，含有相同「數目」的原子

《105 中國-41》Ans：E

42. 下列有關雜環化合物上 N1 的路易士鹼性大小的敘述中，何者**有誤**？

(A) 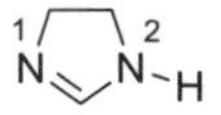 比 N2 大

(B) 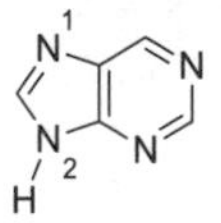 比 N2 小

(C) 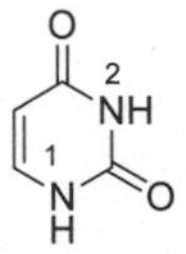 比 N2 大

(D) 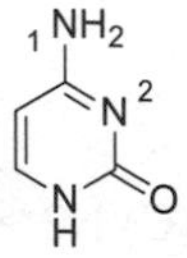 比 N2 大

(E) 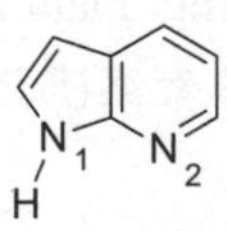 比 N2 大

《105 中國-42》Ans：BCDE

說明：

1.Guanidines are very strong bases：

guanidine: pK_a 13.6

⇒說明:

2. Amidine： **Ex. Amidine bases：**

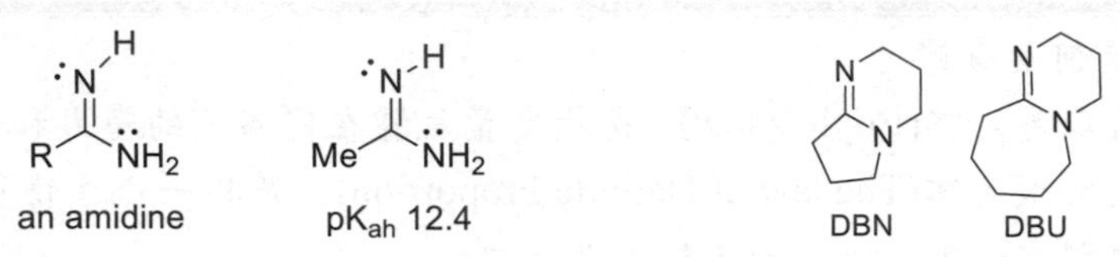

⇒說明:

3. Imidazoline：

imidazoline (pK_{aH} 11) imidazole (pK_{aH} 7.1) pyridinium cation

4. Pyridine：

pyridine pK_{aH} 5.2 pyridinium cation

釋疑：《105中國-42》

正確的 N 鹼性大小：

(A) N1 > N2; (B) N1 > N2; (C) N2 > N1; (D) N2 > N1; (E) N2 > N1

比較難判定的(C)和(D)選項請參考所附一篇期刊論文(J. Chem. Eng. Data 2004, 49, 256-261)。題目原意為應選何者正確？誤植為何者有誤？更正答案為(B)或(C)或(D)或(E)

43. 下列有關硼氫化反應 (hydroboration reaction) 的敘述中，何者**有誤**？

(A) 硼氫化反應遵循馬爾科夫尼科夫機制(Markovnikov mechanism)

(B) 常用於硼氫化反應的反應劑是 B_2H_6

(C) B_2H_6 試劑對水及空氣都很穩定，因此被選為反應試劑

(D) 硼氫化反應的其他反應劑是 H_2O_2 及 OH^-

(E) 硼氫化反應最終的結果等於是在原來的烯類上加上 H_2O

《105 中國-43》Ans：AC

說明：

1. 氫硼化反應機構 (mechanism)

⇒(a)反應機構為氫陰離子轉移結果 (Hydride transfer mechanism)。

(b)不具重排反應(non-rearrangement)：影響因素有電子效應與立體效應。

(c)立體化學 (stereospecificity)：Syn-Addition。

(d)位向化學 (regioselectivity)：Anti-Markovnikov's orientation。

e.g.1

(1) $CH_3CH_2CH_2CH{=}CH_2 \xrightarrow{B_2H_6} \left[\begin{array}{l} CH_3CH_2CH_2\overset{\delta+}{C}H \cdots CH_2 \\ \qquad\qquad\quad \vdots \qquad \vdots \\ \qquad\qquad\quad H \cdots \overset{\delta-}{B}-H \\ \qquad\qquad\qquad\quad | \\ \qquad\qquad\qquad\quad H \end{array} \right]^{\ddagger}$

$\longrightarrow CH_3CH_3CH_2\underset{\displaystyle H}{\underset{|}{C}H}-CH_2-BH_2 \rightarrow\rightarrow (CH_3CH_2CH_2CH_2)_3B$

(2) in order to increase the regioselectivity.⇒ chemoselective method:

⇒ change the diborane to the high steric hindranced agents.

⇒用以增加硼烷本身之立體障礙，此即所謂 steric factor 之應用。

e.g.2 (the reactivity of diene ⇒ isolated diene)

(4-vinylcyclohexene, CH_2) $\xrightarrow[\text{reverse add'n}]{R_2BH}$ (CH_2-BR_2) $\xrightarrow[< 50°]{H_2O_2,\ NaOH}$ (CH_2OH)

2. Ans:(A) Anti-Markovnikov's orientation

釋疑：《105中國-43》

答案更正為(A)、(C)。硼氫化反應遵循 anti-Markovnikov mechanism。

44. 下列分子中，何者的鹼性最低？

(A) (B) (C) (D) (E)

《105 中國-44》Ans：D

說明：

1.鹼性度(basicity)大小判定

e.g.1 (表：烷胺(Alkylamine)之鹼性度(pK_a of ammonium ion))

命　　名	結　　構	pK_a of ammonium ion
Ammonia	$:NH_3$	**9.26**
Primary alkylamine		
Ethylamine	$CH_3CH_2\ddot{N}H_2$	**10.75**
Secondary alkylamine		
Diethylamine	$(CH_3CH_2)_2\ddot{N}H$	**10.94**
Cyclic secondary alkylamine		
Pyrrolidine	:NH	**11.27**
Tertiary alkylamine		
Triethylamine	$(CH_3CH_2)_3N:$	**10.75**

e.g.2 (the relative basicity of heterocyclic nitrogen)

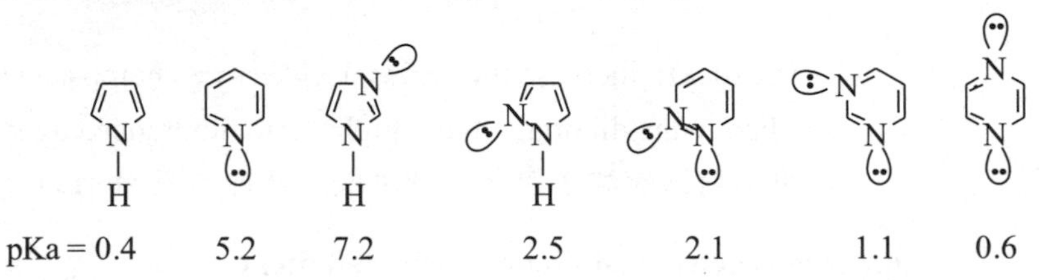

2. Ans:(D)

⇒ the basicity of pyridine(pKa = 0.4) is decreased by the aromaticity

釋疑：《105中國-44》

原答案誤植，正確答案改成(D)。

45. 根據卡恩-英戈爾德-普雷戈爾德式序列規則 (Cahn-Ingold-Prelog sequence rules，或簡稱為 CIP sequence rules)，下列有關有機化合物為 R-構型或 S-構型的敘述中，何者有誤？

(A) CH_3 / Cl–C–OH / H　R-form

(B) Ph–N(OH)(CH_3)　S-form

(C) CH_3 / Ph–C–OH / C≡N　S-form

(D) O=P(H_3C)(OH)(Ph)　R-form

(E) z ⟶ PPh$_2$ / PPh$_2$ ⟶ S-form

《105 中國-45》Ans：B

說明：

1. R-/S-configuration-----CIP rule
2. Ans:(B) ⇒ R-form
   - (1) fluxional molecule
   - (2) Ans：

$$Ph-N(OH)(CH_3)\ \ \underset{}{\overset{K_{eq}=1}{\rightleftharpoons}}\ \ Ph-N(CH_3)(OH)$$

(R-form)　　　　(S-form)

3. Ans:(D) ⇒ S-form

⇒ P-dπ 鍵結的取代基團：兩原子不可視為重覆 (以單鍵結處理)。

$$-\ddot{S}=O \Longrightarrow -\ddot{S}^{+}-O^{-}$$

$$-S=CH_2 \Longrightarrow -S^{+}-CH_2^{-}$$

$$-P=O \Longrightarrow -P^{+}-O^{-}$$

$$-P=CH_2 \Longrightarrow -P^{+}-CH_2^{-}$$

釋疑：《105中國-45》

題目並沒有提及快速 inversion 的現象，應該根據題目所繪的分子型狀作答。(E) 項分子是在不對稱合成中常用的雙牙配位基，可以判斷 R 或 S。維持原答案。

46. 下列為格里納試劑(Grignard reagent, RMgX)參與相關反應的結果，何者反應結果**有誤**？

(A) RH ← H_2O or MeOH ← RMgX

(B) RCOOH ← 1. CO_2 2. H_3O^+ ← RMgX

(C) ROH ← 1. O_2 2. H_3O^+ ← RMgX

(D) RMgX → 1. R'(C=O)R'' 2. H_2O → R—C(R')(R'')—OH

(E) RMgX → 1. R'(C=O)H 2. H_2O → R—C(R')(H)—OH

《105 中國-46》Ans：C

說明：

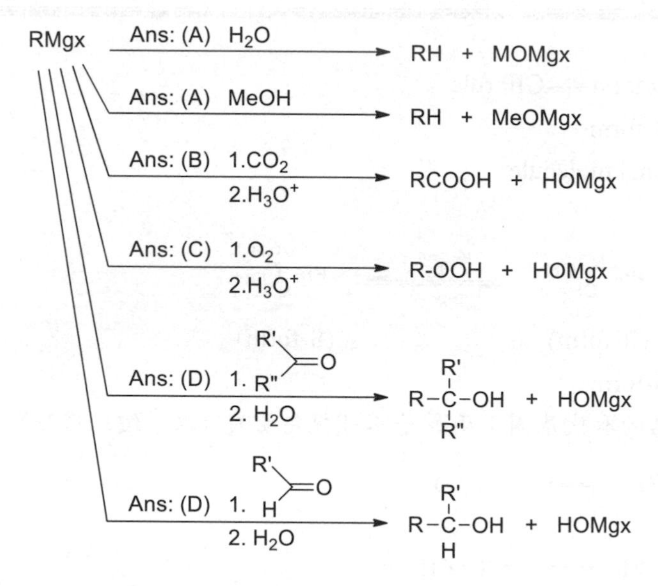

釋疑：《105中國-46》

有關 C 選項的疑問

$$RMgX + O_2 \rightarrow R\ (radical) + O_2\ (radical) + MgX \rightarrow ROOMgX$$

接著，ROOMgX 再和酸反應形成 ROOH。

$$ROOMgX + H_3O^+ \rightarrow ROOH + HO\text{-}MgX + H^+$$

此產物(ROOH)和 C 選項的 ROH 不同。

當然如果 ROOMgX 再和另外一當量的 RMgX 反應形成 ROMgX，再酸化後會形成 ROH。

$$ROOMgX + RMgX \rightarrow ROMgX + H_3O^+ \rightarrow ROH$$

因為是單選題，所以考生應該要選最可能出錯的 C 選項。

47. 下列有關有機化合物或基團其相對應 ¹H NMR 光譜圖中，何者有誤？

(A) 乙基($-CH_2CH_3$)的 ¹H NMR 光譜

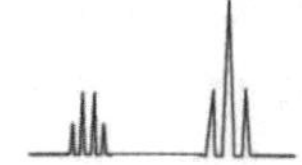

(B) 異丙基($-CH(CH_3)_2$)的 ¹H NMR 光譜

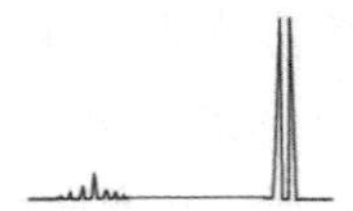

(C) 4-硝基甲苯(1-Me,4-NO_2-C_6H_4)的 ¹H NMR 光譜

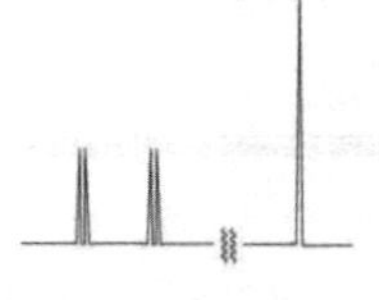

(D) 溴化乙烯(CH_2=CHBr)的 ¹H NMR 光譜

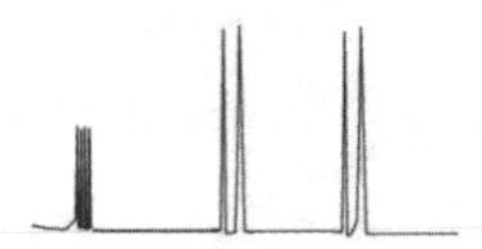

(E) 3,5-二溴化甲苯(3,5-dibromo-toluene)的 ¹H NMR 光譜

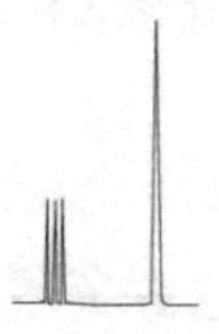

《105 中國-47》Ans：E

說明：

⇒ Ans：(D)與 Ans：(E) 皆錯

1. Ans：(D) ⇒ (ABX vs. AMX pattern)

2.比較：AMX-pattern (Phenyl vinyl sulfoxide)

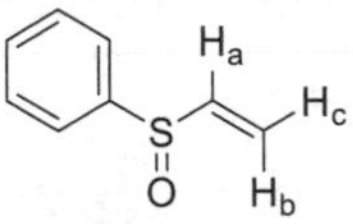

釋疑：《105中國-47》

第 47 題中選擇明顯的錯誤選項是(E)。至於提問者有關(D)的疑問，因為耦合常數(coupling constant)小的緣故，所以右邊兩根 doublet 沒有再繪出更細的 doublet of doublets，應可理解。應該選擇明顯錯誤的選項(E)。

48. 下列敘述何者**有誤**？

(A) 電子效應(electronic effect)主要是因為原子間的電負度(electronegativites)大小不同導致推(或拉)電子密度強弱不同所造成

(B) 立體障礙效應(steric hindrance effect)是因為基團所涵蓋空間大小不同所造成

(C) 胺類(R_3N)當 R 為拉電子基，電子效應使中心氮原子電子減少，造成鹼性下降；反之，當 R 為推電子基時其鹼性上升

(D) 胺類(R_3N)當 R 為大取代基，立體障礙效應使 R 基互相推擠，極端的情形是，中心氮原子的混成從 sp^3 往 sp 方向改變，造成鹼性下降

(E) 胺類(R_3N)當 R 為大取代基時，由於立體障礙效應使 R_3N 和 BR_3 形成 $R_3N：BR_3$ 鍵結的強度不如預期

《105 中國-48》Ans：D

說明：

1. steric hindranced effect
2. Ans:

$^tBu_3N$: ⇒ $^tBu–N(Bu^t)_2$ (sp^2混成軌域)

vs.

H_3N : ⇒ NH_3 (sp^3混成軌域)

釋疑：《105中國-48》

電子效應(electronic effect)是通稱，包含誘導效應(Inductive effects)及共振效應(Resonance effects)。A 選項的講法為一般性的講法，沒有刻意去區分兩者，A 選項並沒有錯。維持原答案。

49. 下列有關苯(benzene, C_6H_6)的敘述中，何者**有誤**？

(A) 苯環的碳上有六個 p 軌域可組合成六個 π 軌域

(B) 苯環的最高佔據分子軌域(highest occupied molecular orbital, HOMO)是簡併狀態(degenerate)，其中之一軌域可如下圖：

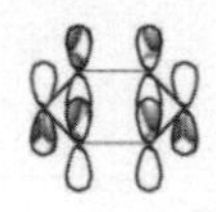

(C) 苯環的最低非佔據分子軌域(lowest unoccupied molecular orbital, LUMO)軌域是簡併狀態，其中之一軌域可如下圖：

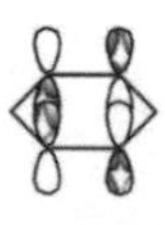

(D) 苯環上有雙鍵，但是很難像烯類的雙鍵一樣可以進行加成反應(addition reaction)

(E) 苯環上的 6 個氫在 ^{1}H NMR 光譜只顯示一根吸收峰，是因為 6 個氫為化學等值(chemical equivalent)

《105 中國-49》Ans：B

說明：

1. Frontier Molecular Orbital theory (FMO)
2. Ans：(molecular orbitals of benzene)

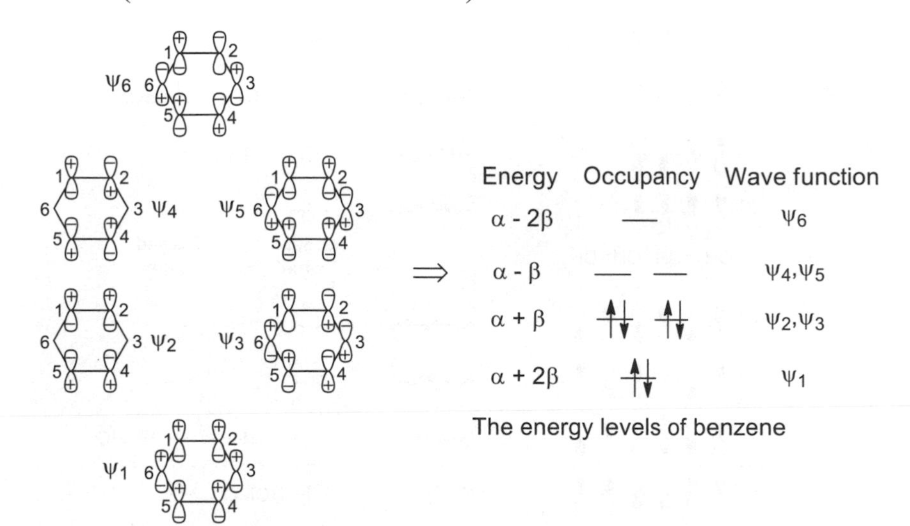

Molecular orbitals of benzene (atomic orbital representation)

The energy levels of benzene

50. 下列有關 1,3-丁二烯(1,3-butadiene)的敘述中，何者**有誤**？

(A) 1,3-丁二烯的反式(trans-form)比順式(cis-form)在能量上較為穩定

(B) 1,3-丁二烯的最高佔據分子軌域(HOMO) 如下圖：

(C) 1,3-丁二烯的最低非佔據分子軌域(LUMO)如下圖：

(D) 1,3-丁二烯可以和烯類(alkene)反應形成環己烯(cyclohexene)

(E) 在低溫−15°C及氯仿存在下 1,3-丁二烯可以和 Cl_2 反應形成 3,4-二氯-1-丁烯(3,4-dichloro-1-butene)和 1,4-二氯-2-丁烯(1,4-dichloro-2-butene)，前者產率小於後者

《105 中國-50》Ans：E

說明：

1. Ans:(A)

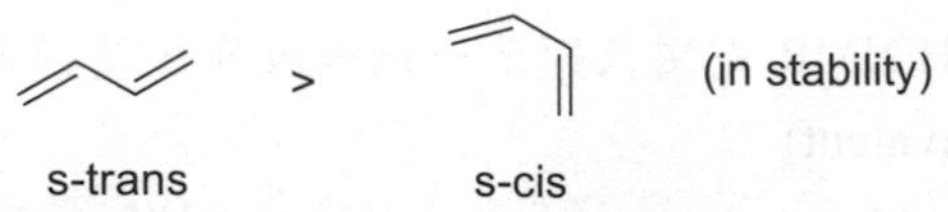

s-trans > s-cis (in stability)

2. Ans：(B)/(C)

※Frontier molecular orbital theory(FMO):(n 代表 2p 軌域的數目)

圖(一)：n = 4 與 n = 6 個分子軌域示性圖

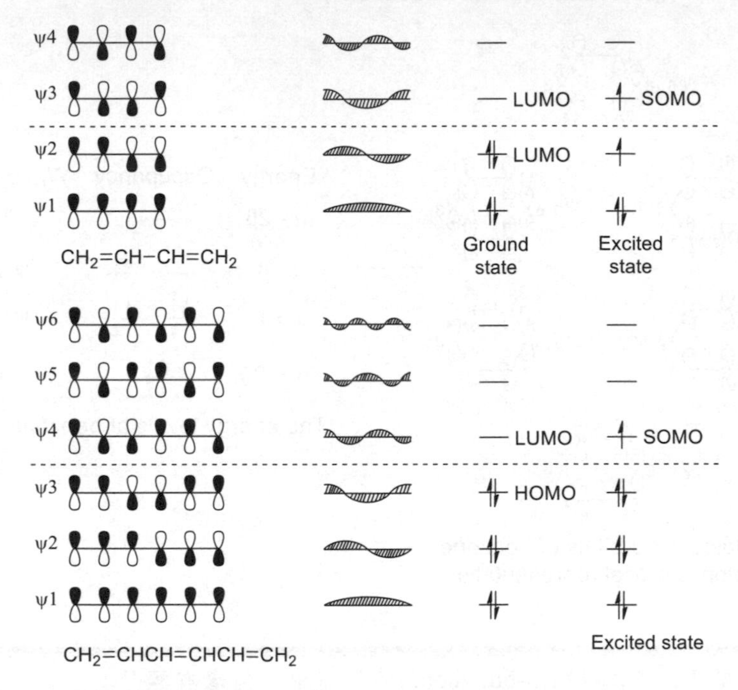

3. Ans：(D) Diels-Alder reaction

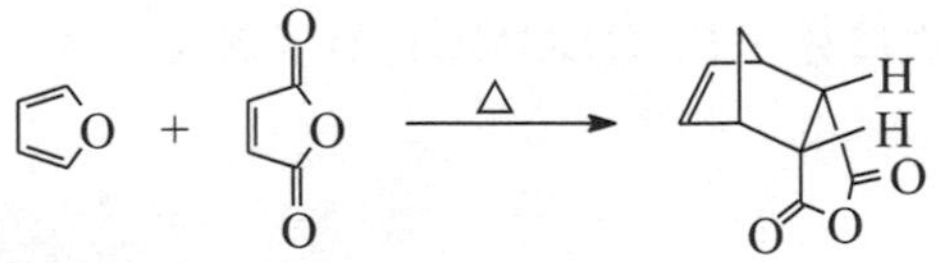

O + O O O —△→ H H O O O

4. Ans：(E) Kinetically controlled process

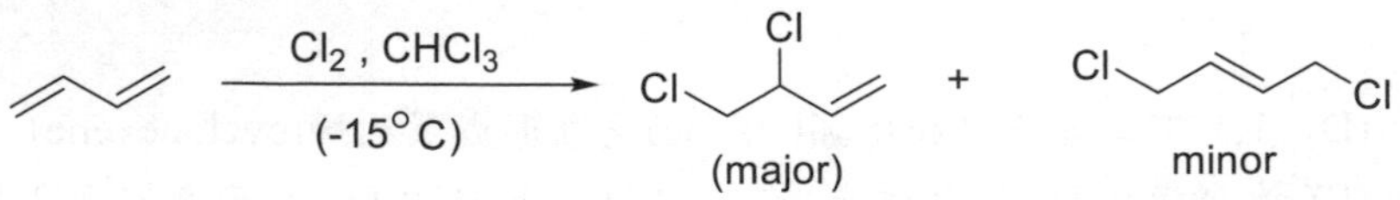

Cl_2 , $CHCl_3$ (-15° C) → Cl Cl (major) + Cl Cl minor

慈濟大學 105 學年度學士後中醫化學試題暨詳解

化學 試題 **有機：林智老師解析**

01. 一般而言，原子直徑的數量級約為多少公尺 (m) ？
(A) 10^{-7} (B) 10^{-10} (C) 10^{-13} (D) 10^{-15}

《105 慈濟-01》Ans：B

02. 下列哪一個原子或離子的半徑最大？
(A) O^{2+} (B) O^{+} (C) O (D) O^{-}

《105 慈濟-02》Ans：D

03. 在氫原子主量子數 n = 3 的殼層中，軌域能量的高低順序為何？
(A) 3s < 3p < 3d (B) 3s > 3p > 3d (C) 3s < 3p =3d (D) 3s = 3p = 3d

《105 慈濟-03》Ans：D

04. XeF_4 的分子結構為何？
(A) 平面四方形 (B) 正四面體 (C) 線形 (D) 蹺蹺板形

《105 慈濟-04》Ans：A

05. 在金屬表面發生的催化反應，當表面吸附滿反應物時，其速率定律為幾級的反應？
(A) 零級 (B) 一級 (C) 二級 (D) 三級

《105 慈濟-05》Ans：A

06. 在溫度為 300 K 時，若一吸熱化學反應的焓變量 $\Delta H° = 300$ kJ/mol，則此反應造成環境的熵變量 $\Delta S°_{surr}$ = ？
(A) +1 kJ/(K · mol) (B) −1 kJ/(K · mol)
(C) +0.5 kJ/(K · mol) (D) −0.5 kJ/(K · mol)

《105 慈濟-06》Ans：B

07. 若一個化學反應的焓變量 $\Delta H° < 0$，熵變量 $\Delta S° < 0$，則此反應？
(A) 在任何溫度皆屬於自發反應 (spontaneous reaction)
(B) 在高溫時屬於自發反應
(C) 在低溫時屬於自發反應

(D) 在任何溫度皆不屬於自發反應

《105 慈濟-07》Ans：C

08. 在溫度為 300 K 時，氬氣的平均動能約為多少？(氣體常數 R 約為 8.3 J/(K · mol))

(A) 2.5 kJ/mol (B) 3.7 kJ/mol (C) 5.0 kJ/mol (D) 1.2 kJ/mol

《105 慈濟-08》Ans：B

09. Ti 原子有 22 個質子，則 Ti^{2+} 基態的電子組態為何？

(A) $[Ar]4s^2$ (B) $[Ar]4s^13d^1$ (C) $[Ar]3d^2$ (D) $[Ar]4s^14p^1$

《105 慈濟-09》Ans：C

10. N_2^+ 的鍵級 (bond order) 為何？

(A) 3 (B) 5/2 (C) 2 (D) 3/2

《105 慈濟-10》Ans：B

11. 分子從三重激發態 (triplet excited state) 發光後，躍遷回單重基態 (singlet ground state) 的過程，稱為？

(A) 螢光 (fluorescence) (B) 磷光 (phosphorescence)

(C) 受激發射 (stimulated emission) (D) 內轉換 (internal conversion)

《105 慈濟-11》Ans：B

12. 若 A、B 兩分子的直徑分別為 d_A 和 d_B，其碰撞截面 (collision cross-section) 為 πd^2，則 $d = $？

(A) $d_A - d_B$ (B) $(d_A - d_B)/2$ (C) $d_A + d_B$ (D) $(d_A + d_B)/2$

《105 慈濟-12》Ans：D

13. NH_3、PH_3、和 AsH_3 的鍵角大小順序為何？

(A) $NH_3 > PH_3 > AsH_3$ (B) $NH_3 = PH_3 = AsH_3$

(C) $NH_3 < PH_3 < AsH_3$ (D) $NH_3 > AsH_3 > PH_3$

《105 慈濟-13》Ans：A

14. 假設 ^{14}C 的半衰期為 5730 年，若測得一樣品中的 ^{14}C 濃度為原有 ^{14}C 的八分之一，則依實驗數據推估，此樣品的生成年代為何？

(A) 716 年前　(B) 45840 年前　(C) 11460 年前　(D) 17190 年前

《105 慈濟-14》Ans：D

15. 理想氣體在進行等溫膨脹的過程中，其內能 (internal energy) 的變化情形為何？

(A) 會持續變大　(B) 會持續變小

(C) 會維持不變　(D) 會先變大再變小

《105 慈濟-15》Ans：C

16. 對於重量莫耳濃度 (0.01 m) 相同的下列稀溶液，蒸氣壓最高的是：

(A) 醋酸溶液　(B) $CaCl_2$ 溶液　(C) 蔗糖溶液　(D) NaCl 溶液

《105 慈濟-16》Ans：C

17. 血液的 pH 值是藉由碳酸緩衝系統 (H_2CO_3/HCO_3^-) 維持於 pH 7.40。據此，血液中的 HCO_3^-/H_2CO_3 比例為何？ (H_2CO_3 之 $pKa_1 = 6.35$)

(A) 0.89　(B) 11.22　(C) 0.18　(D) 0.089

《105 慈濟-17》Ans：B

18. $[Cr(en)_3]^{3+}$ 錯合物中，Cr 的配位數 (coordination number) 為何？
(en = ethylenediamine; $H_2NCH_2CH_2NH_2$)

(A) 0　(B) 3　(C) 4　(D) 6

《105 慈濟-18》Ans：D

19. 臭氧 (ozone) 的路易士結構如圖所示，從左至右，三個氧原子的形式電荷 (formal charge) 分別爲：

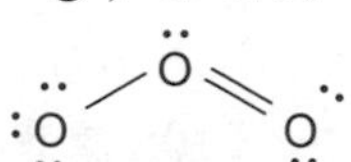

(A) +1，−1， 0　(B) −1，+1，0　(C) 0，+1，−1　(D) +1，+1，0

《105 慈濟-19》Ans：B

20. 哪一組結構不能互稱爲共振式結構 (resonance structures)？

(A) 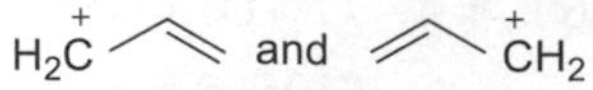 $H_2\overset{+}{C}$ ⁄⁀ and ⁀⁄ $\overset{+}{C}H_2$ (B) 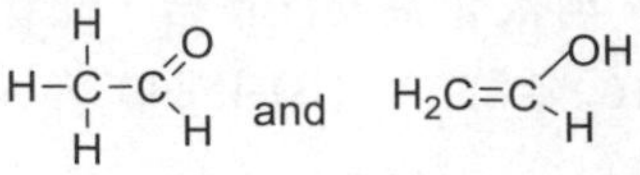 H–C(H)(H)–C(=O)H and $H_2C{=}C(OH)H$

(C) 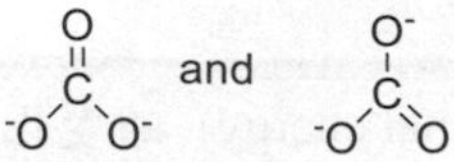 ^-O–C(=O)–O^- and ^-O–C(–O^-)=O (D) 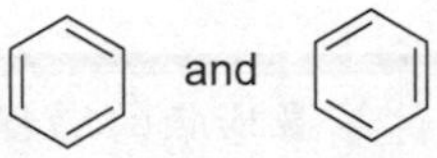 benzene and benzene

《105 慈濟-20》Ans：B

說明：

1. Resomers

Ans：(A)

Ans：(C)

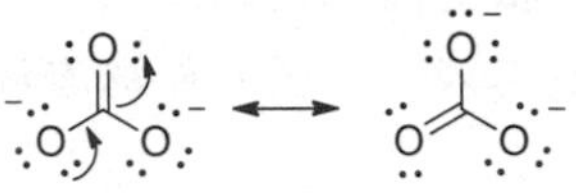

Ans：(D)

2. Tautomers

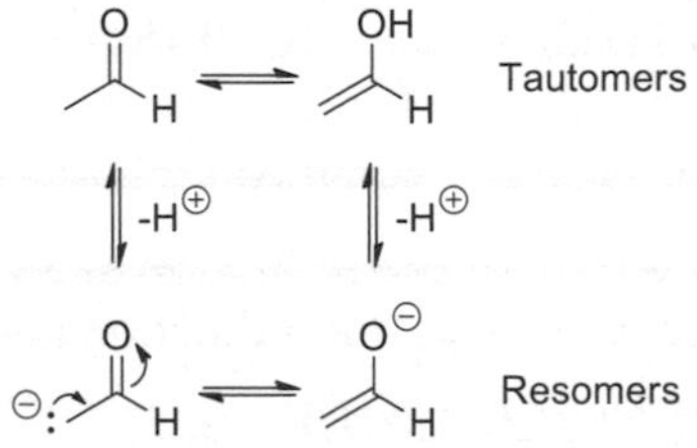

Tautomers

-H⊕ -H⊕

Ans：(B)

Resomers

21. 哪一個分子，不存在分子間氫鍵作用 (intermolecular hydrogen bonding interaction)？

(A) H_2O (B) 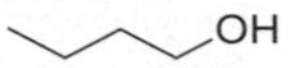 ⁄⁀⁄⁀OH (C) 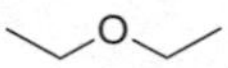 ⁀O⁀ (D) 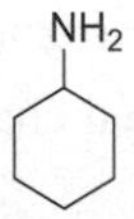 NH_2-cyclohexane

《105 慈濟-21》Ans：C

說明：

1.定義：分子間氫鍵作用 (intermolecular hydrogen bonding interaction)

※當氫原子與 F、N、O 原子結合成共價鍵時，由於氫原子帶很大的部份正電荷，所以可與具有電子對的原子產生很大的吸引力，此稱氫鍵。

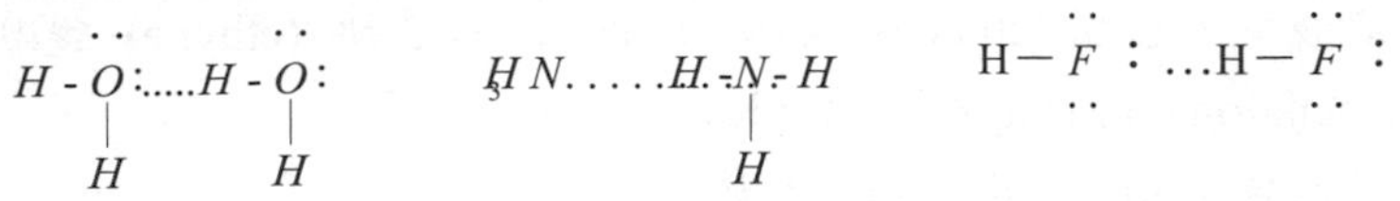

2. Ans:(C) 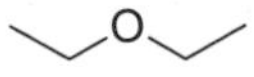 ⇒ a low polar aprotic solvent

22. 下列分子哪一個的偶極矩 (dipole moment) 不為零？ (A) O=C=O (B) CCl_4 (C) 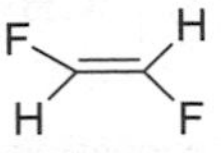 (D) 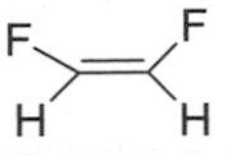 《105 慈濟-22》Ans：D

說明：

1.偶極矩(dipole moment)判定：

※影響分子極性之因素有

(a) 鍵結極性(Bond polarity)

(b) 鍵角大小(Bond angle)

(c) 向量和

2. Ans：

Step 1. 全對稱分子：CO_2 (sp) ⇒直線形 ⇒ (μ=0 Debye)

CCl_4 (sp^3) ⇒四面形 ⇒ (μ=0 Debye)

Step 2. 向量和等於零：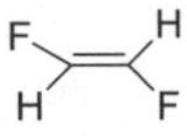(中心點對稱) ⇒ (μ=0 Debye)

Step 3. 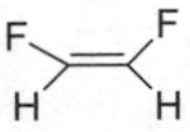 ⇒ 向量和不等於零 ⇒ ((μ≠ 0 Debye)

23. 哪一種分子間的作用力 (intermolecular interaction) 最弱？ (A) ion-ion interaction (B) van der Waals force (C) Dipole-dipole (D) Hydrogen bonding 《105 慈濟-23》Ans：B

說明：

1. intermolecular interaction force

2. Ans：(A) ion-ion interaction force

(C) Dipole-dipole interaction force

(D) Hydrogen bonding interaction force

(B) Van der Waal's interaction force

24. 水溶液中，乙烷 (ethane)，乙烯 (ethene) 和乙炔 (ethyne) 酸離解常數 (acid dissociation constant: Ka) 的 pKa 值如下：

乙烷：50；乙烯：44；乙炔：25

據此，這些分子共軛鹼 (conjugate base) 的鹼性，由弱到強的順序為：

(A) $^{-}{:}CH_2CH_3 < ^{-}{:}CH{=}CH_2 < ^{-}{:}C{\equiv}CH$

(B) $^{-}{:}CH_2CH_3 < ^{-}{:}C{\equiv}CH < ^{-}{:}CH{=}CH_2$

(C) $^{-}{:}C{\equiv}CH < ^{-}{:}CH_2CH_3 < ^{-}{:}CH{=}CH_2$

(D) $^{-}{:}C{\equiv}CH < ^{-}{:}CH{=}CH_2 < ^{-}{:}CH_2CH_3$

《105 慈濟-24》Ans：D

說明：

1.共軛酸鹼對理論(Conjugated Acid-Base Concept)

2. Ans：

$$CH_3CH_3 < CH_2{=}CH_2 < CH{\equiv}CH \quad \text{(Acidity)}$$

$$pK_a: (50) \quad (44) \quad (25)$$

$$\downarrow\uparrow -H^+ \quad \downarrow\uparrow -H^+ \quad \downarrow\uparrow -H^+$$

$$CH_3\ddot{C}H_2^{\ominus} > CH_2{=}\ddot{C}H^{\ominus} > CH{\equiv}C{:}^{\ominus} \quad \text{(Basicity)}$$

25. 在下列反應中，BF_3 是作爲：

$$CH_3\ddot{\underset{..}{O}}CH_3 + BF_3 \longrightarrow CH_3\overset{+}{O}(^{-}BF_3)CH_3$$

(A) 路易士酸 (Lewis acid)

(B) 路易士鹼 (Lewis base)

(C) 布朗士特酸 (Brønsted-Lowry Acid)

(D) 布朗士特鹼 (Brønsted-Lowry base)

《105 慈濟-25》Ans：A

說明：

1. Lewis Acid-Base Concept

2. Ans：

$$CH_3-\ddot{\underset{..}{O}}-CH_3 + BF_3 \rightleftharpoons CH_3-\overset{\oplus}{\ddot{O}}(-{}^{\ominus}BF_3)-CH_3$$

Base　　acid　　Lewis A-B pair

26. 對於化合物 trans-1-tert-butyl-4-methylcyclohexane，其最穩定的構象式(conformation)是：

***trans*-1-*tert*-butyl-4-methylcyclohexane**

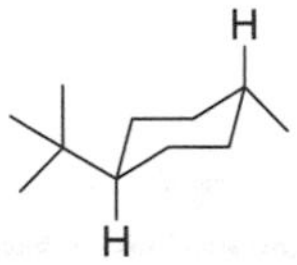

(A) 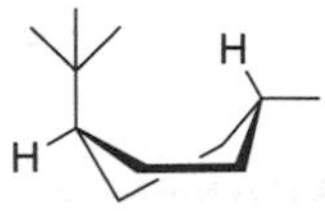 (B) 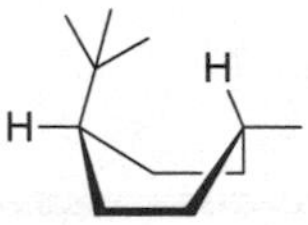 (C) 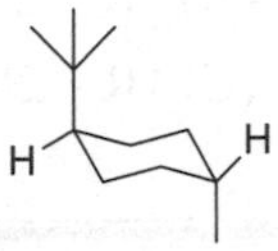 (D)

《105 慈濟-26》Ans：A

說明：

1. The most stable conformation
2. Table

單取代環己烷之立體扭曲能量(kcal/mol)		
G(取代基)	一組扭曲*	二組扭曲*
CH_3	0.90	1.8
CH_2CH_3	0.95	1.9
$CH(CH_3)_2$	1.10	2.2
$C(CH_3)_3$	2.70	5.4

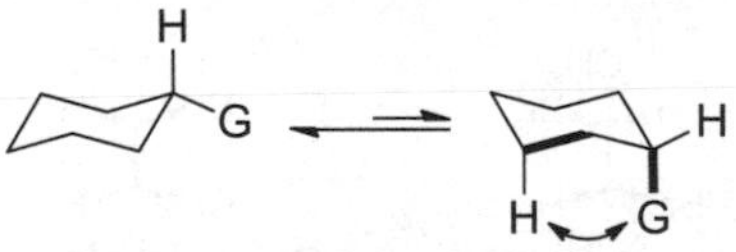

3. Ans：

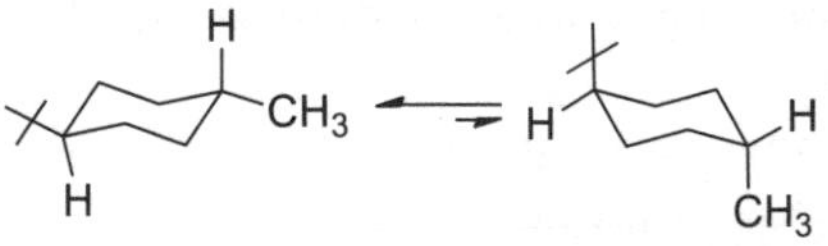

5.4+1.8=7.2

$\therefore \quad \Delta^{\circ}_{strain} = 7.2$ kcal/mol

27. 天然薄荷醇(-)-menthol 的結構如圖所示，其 C-1，C-2，C-5 位的絕對構型 (absolute configuration) 分別是：

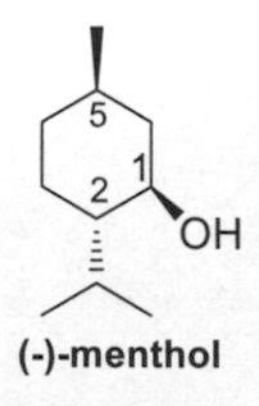

(A) 1R，2S，5S　　(B) 1S，2S，5R
(C) 1R，2R，5R　　(D) 1R，2S，5R

《105 慈濟-27》Ans：D

說明：

1. R- / S- configuration ⇒ CIP rule
2. Ans: (D) ⇒ 1R，2S，5R

28. 下列哪一個化合物有掌性中心 (chirality center) 但沒有光學活性 (optical activity)？

(A) CH_3; Br, H; H, Br; CH_3　(B) CH_3; H, Br; Br, H; CH_3　(C) CH_3; Br, H; Br, H; CH_3　(D) CH_3; Br, Br; H, H; CH_3

《105 慈濟-28》Ans：C

說明：

1. Chirality (光學活性)
2. Ans：

(A) (2R, 3S)　(B) (2S, 3R)　(C) (2R, 3S)　(D) (no chiral center)

(A), (B): (Enantiomer)　(C): (meso)

29. 關於 CH_3CH_2Cl 的高解析度氫核磁共振光譜 (^1H NMR)，下列的敘述何者正確？

(A) CH_3 的 H 有 3 個訊號(a triplet)，CH_2 的 H 有 4 個訊號(a quartet)
(B) CH_3 的 H 有 4 個訊號(a quartet)，CH_2 的 H 有 3 個訊號(a triplet)
(C) CH_3 的 H 有 3 個訊號(a triplet)，CH_2 的 H 有 2 個訊號(a doublet)
(D) CH_3 的 H 有 2 個訊號(a doublet)，CH_2 的 H 有 3 個訊號(a triplet)

《105 慈濟-29》Ans：A

說明：

1. 氫核磁共振光譜(^{1}H NMR)

2. Ans：

CH_3-CH_2-Cl

δ 3.47(2H, q, J=7Hz)

δ 1.33(3H, t, J=7Hz)

30. Chloramphenicol 爲一抗菌藥物，其結構如圖所示

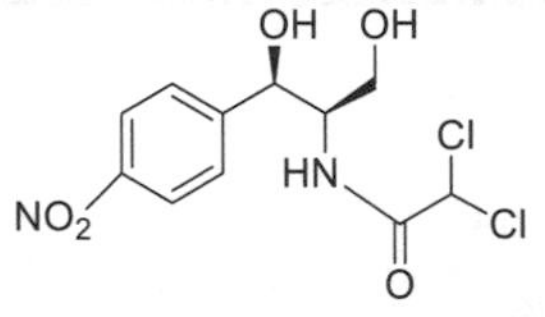

OH OH
Cl
HN
NO_2
Cl
O

Chloramphenicol

下列哪一個為上面結構的鏡像立體異構物 (enantiomer)？

(A) 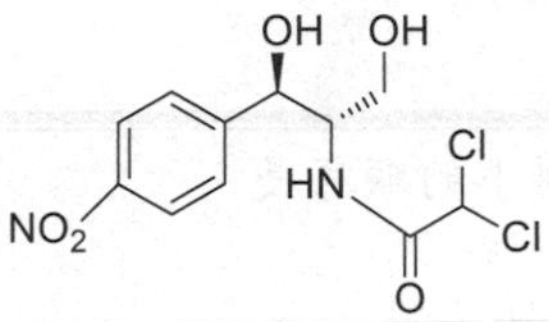 OH OH, Cl, HN, NO_2, Cl, O

(B) 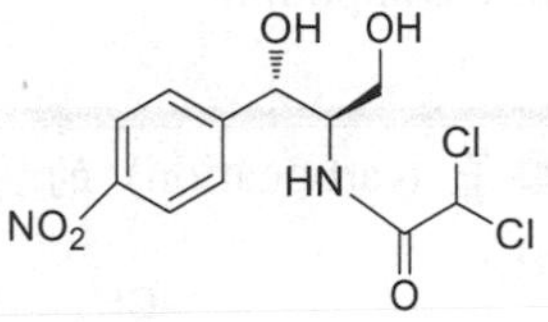 OH OH, Cl, HN, NO_2, Cl, O

(C) 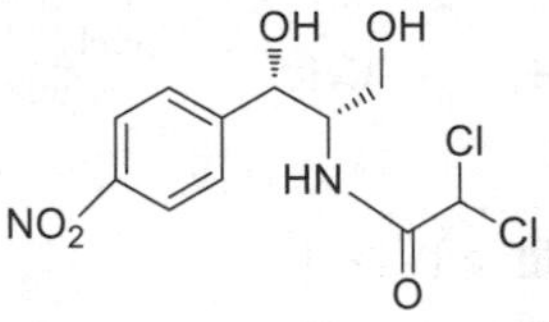 OH OH, Cl, HN, NO_2, Cl, O

(D) 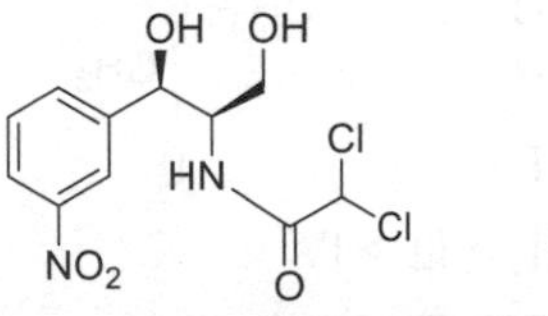 OH OH, Cl, HN, NO_2, Cl, O

《105 慈濟-30》Ans：C

說明：

1. R- / S- Configuration (解決方法)

2. Ans：

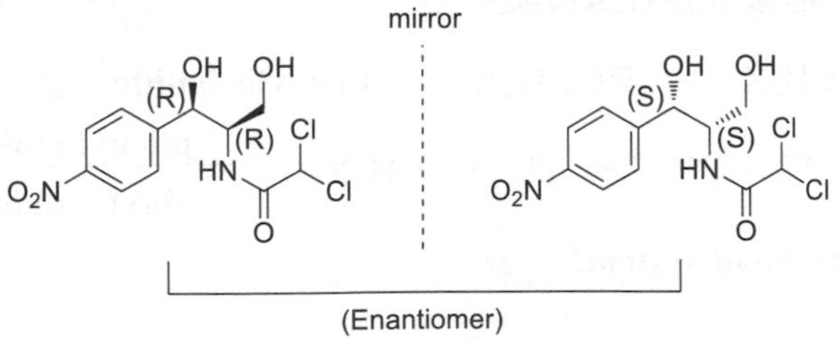

mirror

OH OH, (R), (R), Cl, HN, O_2N, Cl, O

OH OH, (S), (S), Cl, HN, O_2N, Cl, O

(Enantiomer)

31. 下列化合物中，如果 I 的比旋光度數值爲+1.64{ specific rotation, [α] = +1.64 }，在相同的溫度和光源下，化合物 II 的比旋光度爲何？等量 I 和 II 混合物的比旋光度爲何？

I　　II

(A) −1.64，0　(B) 0，+1.64　(C) +1.64，−1.64　(D) 以上皆非

《105 慈濟-31》Ans：A

說明：

1.比旋光度 (specific rotation)預估：

2. Ans：(1) $[\alpha]_I = +1.64°$ ∴ $[\alpha]_{II} = -1.64°$

(2) $X_I = 50\%$ $X_{II} = 50\%$

∴ $[\alpha]_{racemate} = (+1.64° \times 50\%) + (-1.64° \times 50\%) = 0°$

3. racemic compound

32. 下列碳陽離子 (carbocation) 的穩定性，由大到小的順序是：

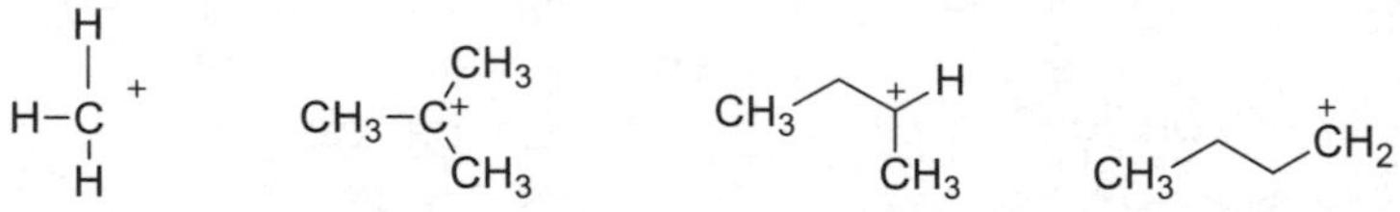

I: H_3C^+　II: $(CH_3)_3C^+$　III: $CH_3CH_2C^+H(CH_3)$　IV: $CH_3CH_2CH_2\overset{+}{C}H_2$

(A) I > II > III > IV　(B) II > III > IV > I

(C) IV > III > II > I　(D) II > III > I > IV

《105 慈濟-32》Ans：B

說明：

1. The thermodynamic stability of carbocation-----電子效應

＊<u>S_N1Al 反應之相對反應速率</u>：

⇒ R_2NCH_2X > $ROCH_2X$ > Benzylic halide ≧ Allylic halide > 3° > 2° > 1° > CH_3X > { phenyl halide, vinyl halide } > bridgehead system.

2. Ans：

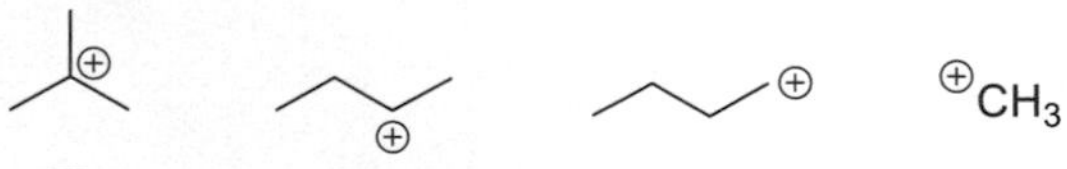

II　III　IV　I ($^{\oplus}CH_3$)

33. 在甲醇溶液中，下列化合物哪一個最容易進行 S_N1 型的取代反應？

(A) 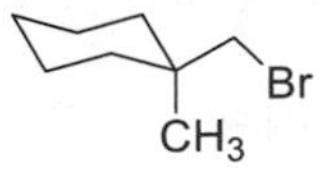 Br, CH_3
(B) 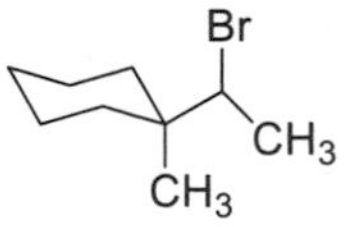 Br, CH_3, CH_3
(C) 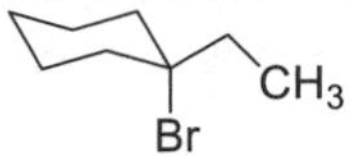 CH_3, Br
(D) 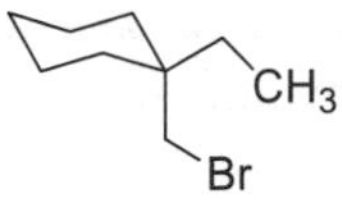 CH_3, Br

《105 慈濟-33》Ans：C

說明：

1. S_N1A1 reaction----- The thermodynamic stability of carbocation (intermediate)
2. Ans：(The reactivity of S_N1A1 reaction)

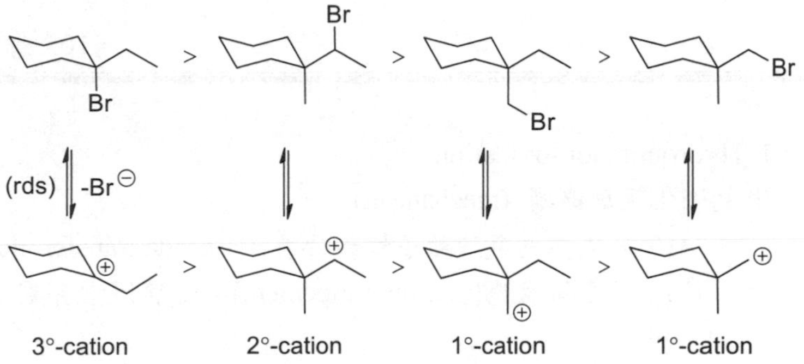

Br > Br > Br > Br

(rds) -Br⊖

⊕ > ⊕ > ⊕ > ⊕

3°-cation 2°-cation 1°-cation 1°-cation

34. 下列分子哪一個不能被鉻酸 (chromic acid: H_2CrO_4) 氧化成酮或酸？

(A) 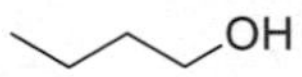 OH (B) 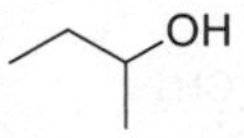 OH (C) 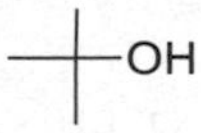 OH (D) 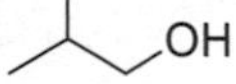 OH

《105 慈濟-34》Ans：C

說明：

1. oxidation with chromic acid (Jone's reagent)
2.氧化反應分類

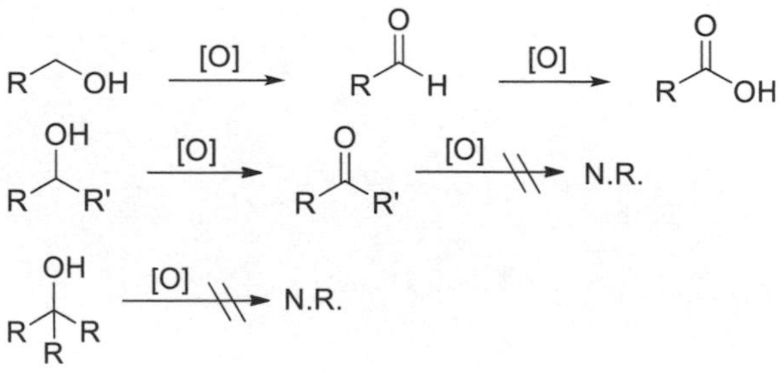

R OH —[O]→ R(C=O)H —[O]→ R(C=O)OH

R CH(OH) R' —[O]→ R(C=O)R' —[O]—//→ N.R.

R, R, R C–OH —[O]—//→ N.R.

3. Ans：(The reactivity of oxidation)

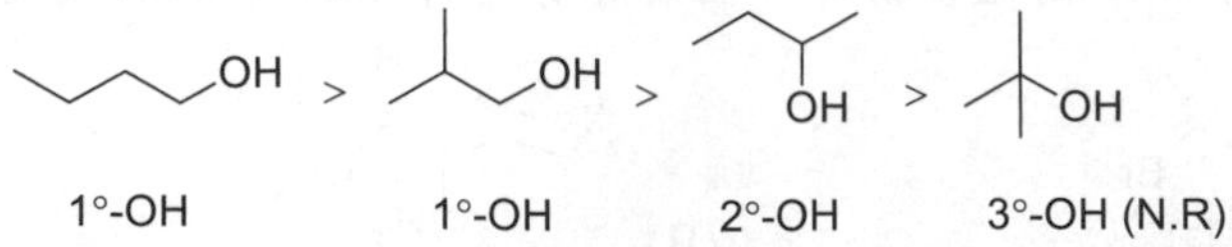

1°-OH > 1°-OH > 2°-OH > 3°-OH (N.R)

35. 下列硼氫加成反應 (hydroboration reaction)，哪一個化合物為主產物？

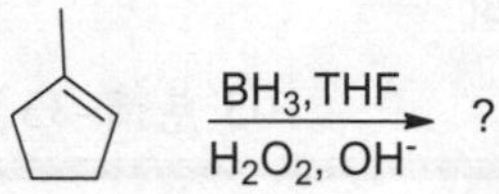

$\xrightarrow[H_2O_2,\ OH^-]{BH_3,THF}$?

(A) 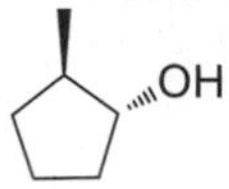 (B) 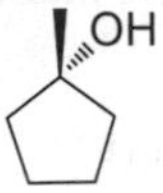 (C) 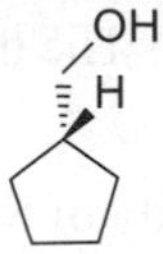 (D)

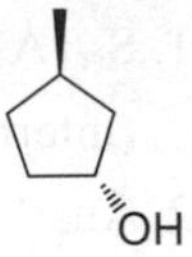

《105 慈濟-35》Ans：A

說明：

1. Hydroboration-oxidation

※氫硼化反應機構 (mechanism)

⇒ (a)反應機構為氫陰離子轉移結果 (Hydride transfer mechanism)。

(b)不具重排反應(non-rearrangement)：影響因素有<u>電子效應與立體效應</u>。

(c)立體化學 (stereospecificity)：Syn-Addition。

(d)位向化學 (regioselectivity)：Anti-Markovnikov's orientation。

2. Ans：

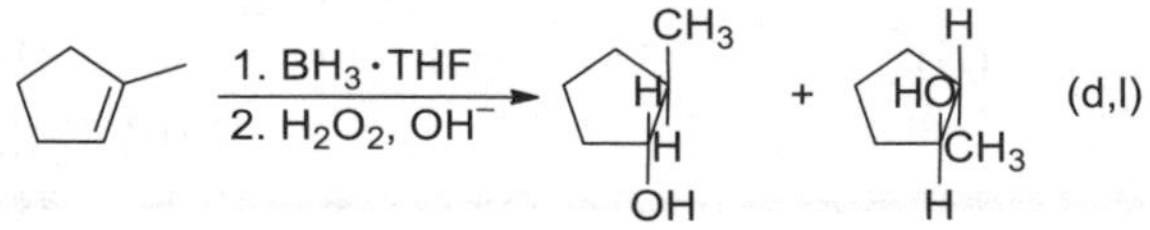

$\xrightarrow[2.\ H_2O_2,\ OH^-]{1.\ BH_3 \cdot THF}$ + (d,l)

36. 根據 Hückel 規則，下列哪一個化合物不屬於芳香類化合物 (aromatic compound) ？

(A)  (B) 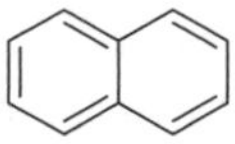 (C) 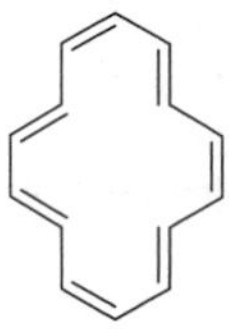 (D)

《105 慈濟-36》Ans：D

說明：

1. Aromaticity ----- Hiickel's rule

※Huckel's rule：⇒ a monocyclic conjugated polyene：

(1) Huckel's rule：含有(4n+2)π電子或總數(4n+2)之π電子與未共用電子者。

(2)共平面之環狀化合物，電子雲非定域化地上下環繞。

(3)不可有π-電子斷點存在(no π-electron node)(即無電性者)。

2. Ans：

⇒ 4π electron ⇒ Anti-Aromatic Compound

37. 硝基苯 (nitrobenzene) 與 H_2SO_4/HNO_3 作用，下列哪一個化合物爲主產物？

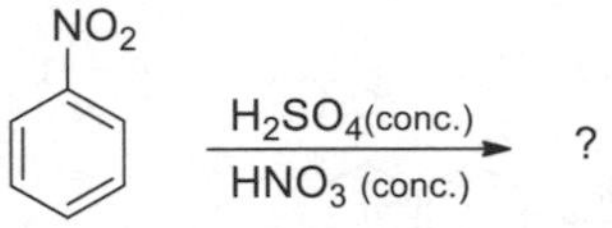

NO_2 — H_2SO_4(conc.) / HNO_3 (conc.) → ?

(A) 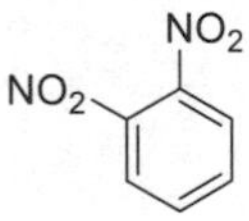 NO_2 NO_2 (B) 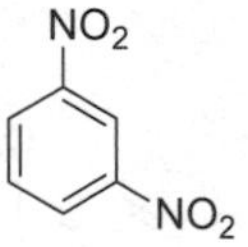 NO_2 NO_2 (C) 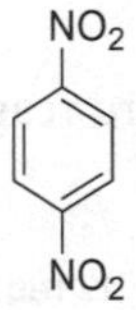 NO_2 NO_2 (D) 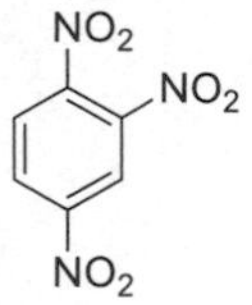 NO_2 NO_2 NO_2

《105 慈濟-37》Ans：B

說明：

1. Electrophilic aromatic Substitution (S_EAr)-----reactivity and orientation

2. Ans：

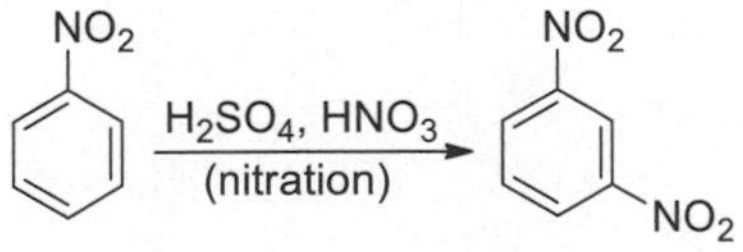

NO_2 — H_2SO_4, HNO_3 (nitration) → NO_2 NO_2

38. 下列哪一個反應不能作為 2-phenylpropan-2-ol 的合成方法？

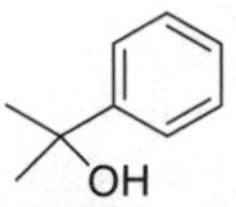

2-phenylpropan-2-ol

(A) 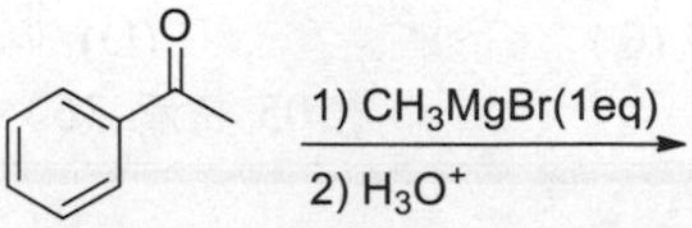 [acetophenone] 1) CH_3MgBr(1eq) 2) H_3O^+ →

(B) 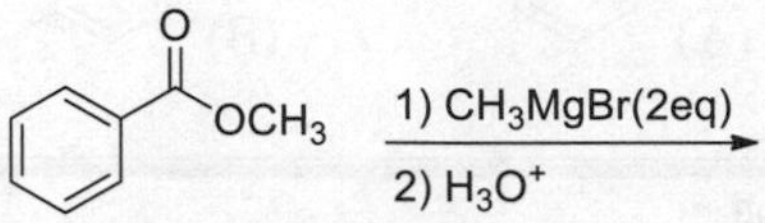 [methyl benzoate, OCH_3] 1) CH_3MgBr(2eq) 2) H_3O^+ →

(C) 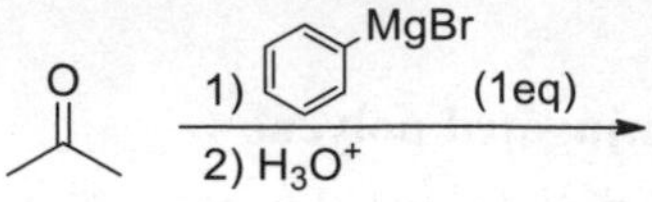 [acetone] 1) [PhMgBr] (1eq) 2) H_3O^+ →

(D) 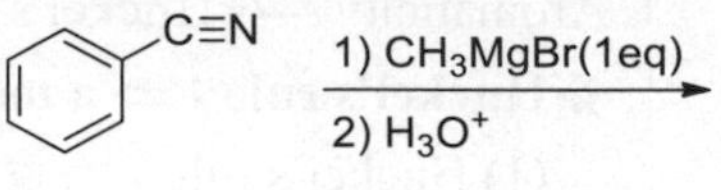 [benzonitrile, C≡N] 1) CH_3MgBr(1eq) 2) H_3O^+ →

《105 慈濟-38》Ans：D

說明：

1. Retro-synthesis
2. Ans：(synthesis)

(A) Grignard reagent

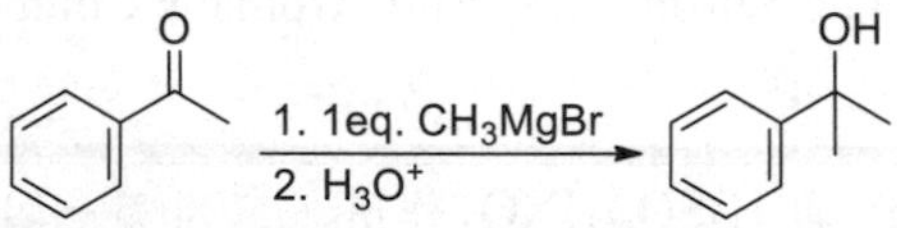

[acetophenone] 1. 1eq. CH_3MgBr 2. H_3O^+ → [2-phenylpropan-2-ol, OH]

(B) Grignard reagent

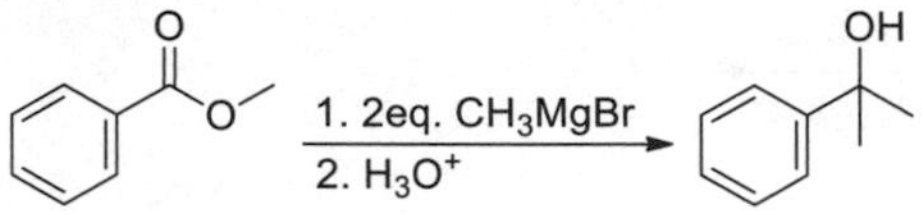

[methyl benzoate] 1. 2eq. CH_3MgBr 2. H_3O^+ → [2-phenylpropan-2-ol, OH]

(C) Grignard reagent

[acetone] 1. 1eq. [PhMgBr] 2. H_3O^+ → [2-phenylpropan-2-ol, OH]

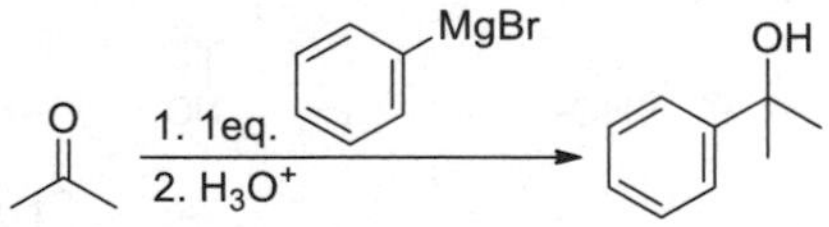

(D) Grignard reagent

[benzonitrile, C≡N] 1. 1eq. CH_3MgBr 2. H_3O^+ → [N−MgBr imine intermediate] → [acetophenone]

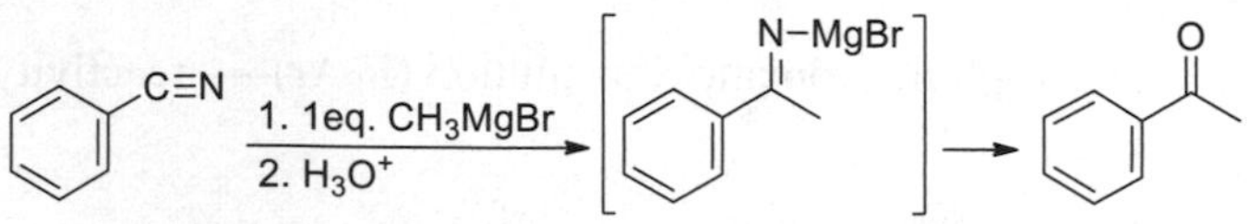

39. 在酸催化條件下，丙醛分子進行自身醛醇縮合反應(self aldol condensation)，生成化合物的結構爲：

(A) OH, H, O　(B) OH, H, O　(C) H, OH, O　(D) H, OH, O

《105 慈濟-39》Ans：C

說明：

1. Self-aldol condensation
2. Ans：

O, H $\xrightarrow{H^+, \Delta}$ OH, O, H

3. Mechanism

O, H $\xrightarrow{H^+}$:OH, H + O, H ⇌ $^{\ominus}$O, $^{\oplus}$OH, H ⇌ OH, O, H

40. C_4H_9Br 的 4 個異構物中，哪一個之 ^1H NMR 光譜如下？

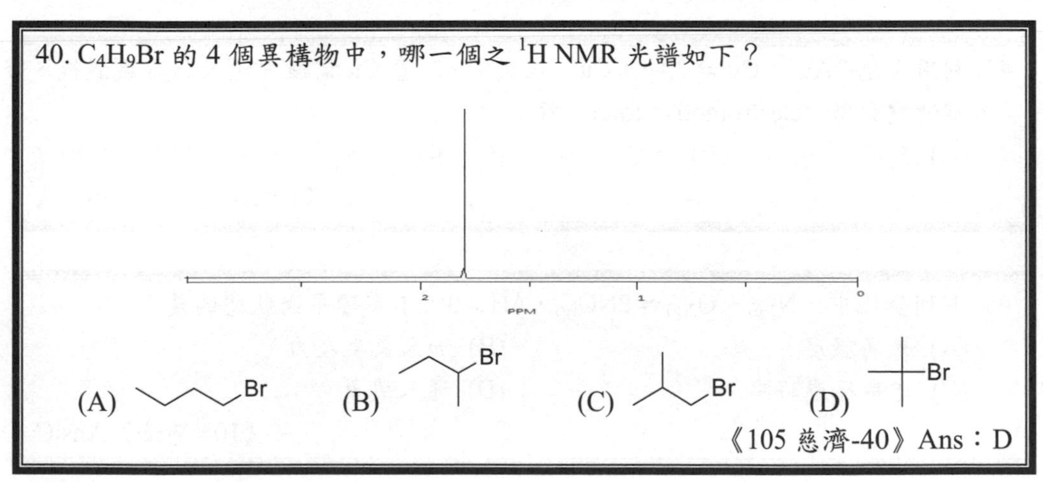

《105 慈濟-40》Ans：D

說明：

1. Isomerism of C_4H_9Br (DBE = 0)
2. Equivalent / non-equivalent proton
3. Ans：^1H NMR δ1.7 ppm (9H, s)

41. 某溶液中含有 Ag^+、Pb^{2+}、Ba^{2+} 離子，且濃度相同，往溶液中滴加 K_2CrO_4 試劑，各離子開始沉澱的順序爲：[已知溶度積 (solubility product)：Ksp (Ag_2CrO_4) = 1.12×10^{-12}，Ksp ($BaCrO_4$) =1.17×10^{-10}，Ksp ($PbCrO_4$) =1.77×10^{-14}]

(A) $PbCrO_4$ 然後 $BaCrO_4$ 然後 Ag_2CrO_4

(B) $PbCrO_4$ 然後 Ag_2CrO_4 然後 $BaCrO_4$

(C) Ag_2CrO_4 然後 $PbCrO_4$ 然後 $BaCrO_4$

(D) 無法判斷

《105 慈濟-41》Ans：D

42. 由以下的半反應之還原電位，推測何者爲最强之還原劑 (reducing agents) ：

$MnO_4^-(aq) + 8H^+(aq) + 5e^- \rightarrow Mn^{2+}(aq) + 4\ H_2O$ $E^o red = +1.15\ V$

$Fe^{3+}(aq) + e^- \rightarrow Fe^{2+}(aq)$ $E^o red = +0.77\ V$

$2H^+(aq) + 2e^- \rightarrow H_2(g)$ $E^o red = 0.00\ V$

(A) Fe^{3+} (B) Fe^{2+} (C) H_2 (D) Mn^{2+}

《105 慈濟-42》Ans：C

43. 利用反應 $2Ag^+ + Cu \rightleftharpoons 2Ag + Cu^{2+}$ 組成電池，當 Cu 電極中通入 H_2S 氣體後，電池電動勢 (electromotive force) 將：

(A) 升高 (B) 降低 (C) 不變 (D) 變化難以判斷

《105 慈濟-43》Ans：A

44. 下列變化中，$N_{2(g)} + O_{2(g)} \rightleftharpoons 2NO_{(g)}$，$\Delta H>0$，不影響平衡狀態的是：

(A) 升高溫度 (B) 加大氮氣壓力

(C) 延長反應時間 (D) 通入氧氣

《105 慈濟》Ans:C

45. 下列何者反應條件不屬於一般苯 (benzene) 的親電子芳香性取代反應 (electrophilic aromatic substitution reaction)？

(A) $Br_2/FeBr_3$　　(B) HNO_3/H_2SO_4

(C) Acetic anhydride/$AlCl_3$　　(D) $Na/NH_3(l)$，EtOH

《105 慈濟-45》Ans：D

說明：

1. S_EAr reaction
2. Ans：

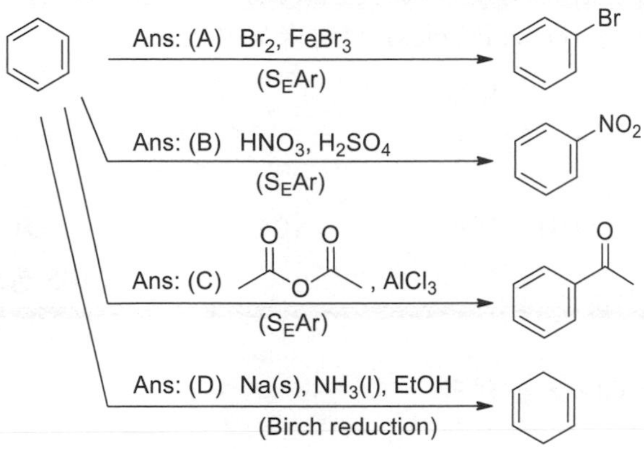

Ans: (A) Br_2, $FeBr_3$ (S_EAr)

Ans: (B) HNO_3, H_2SO_4 (S_EAr)

Ans: (C) O O, AlCl$_3$ (S_EAr)

Ans: (D) Na(s), NH_3(l), EtOH (Birch reduction)

46. 下列 Birch 還原反應的最後產物為何？

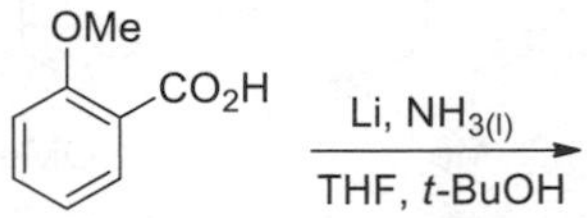

OMe CO$_2$H Li, $NH_{3(l)}$ THF, *t*-BuOH

(A) 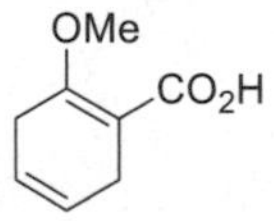 OMe CO$_2$H　(B) 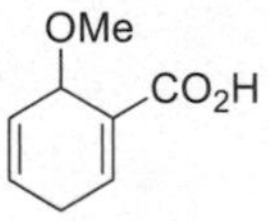 OMe CO$_2$H　(C) 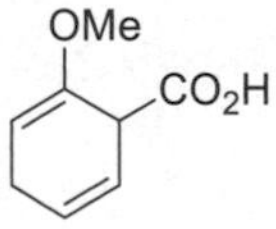 OMe CO$_2$H　(D) 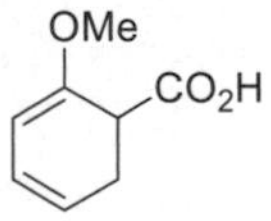 OMe CO$_2$H

《105 慈濟-46》Ans：C

說明：

1. Birch reduction － reactivity / regioselectivity

※By the addition of electrons in presence of proton source---($Na_{(s)}/NH_{3(l)}$，EtOH)

(1)相對反應活性：由於反應中間體為陰離子自由基的形式存在，取代基之推、拉電子效應，可影響其相對反應活性，其結果如下式：

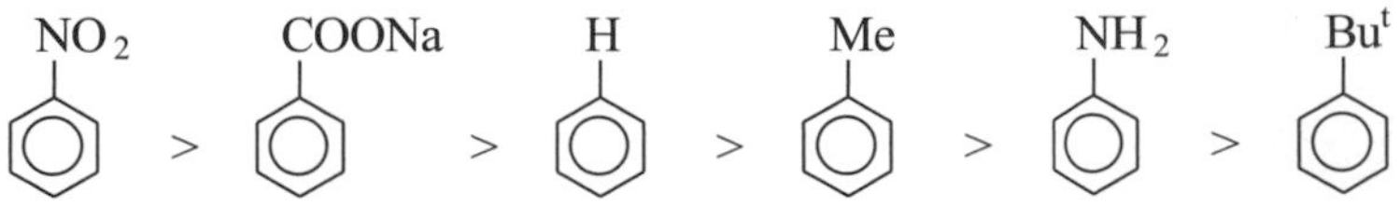

NO_2 > COONa > H > Me > NH_2 > Bu^t

(**2**)特殊取代條件下，依相對強的反應活性為位向選擇之依據。

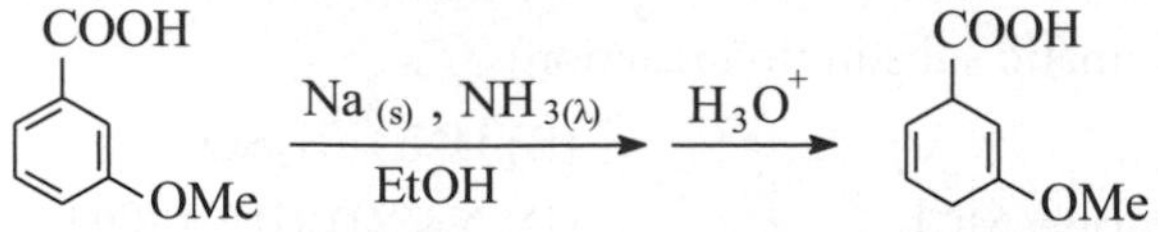

COOH, OMe —[$Na_{(s)}$, $NH_{3(\lambda)}$ / EtOH]→ —[H_3O^+]→ COOH, OMe

2. Ans：

OMe, COOH —[$Li_{(s)}$, $NH_{3(l)}$ / THF, ^tBuOH]→ OMe, COOH

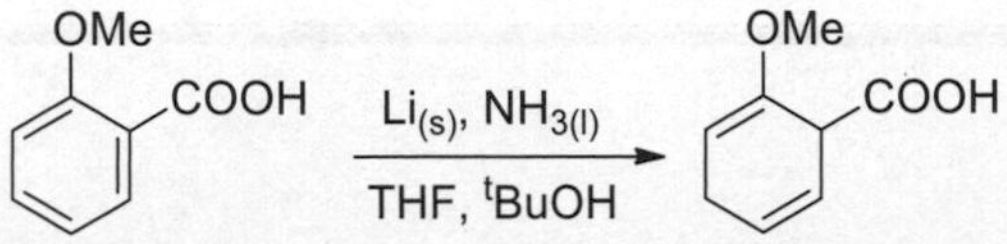

47. 下列苯甲酸衍生物 (benzoic acids) 中何者的酸性最弱？

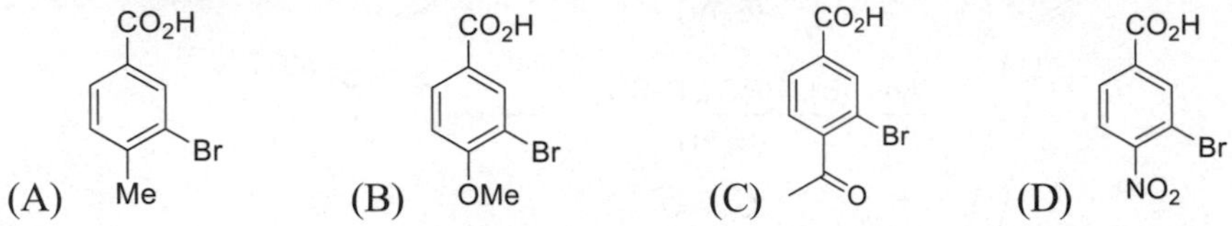

(A) CO_2H, Br, Me (B) CO_2H, Br, OMe (C) CO_2H, Br, O (D) CO_2H, Br, NO_2

《105 慈濟-47》Ans：B

說明：

1.酸性度(Acidity)大小判定

2. Ans：

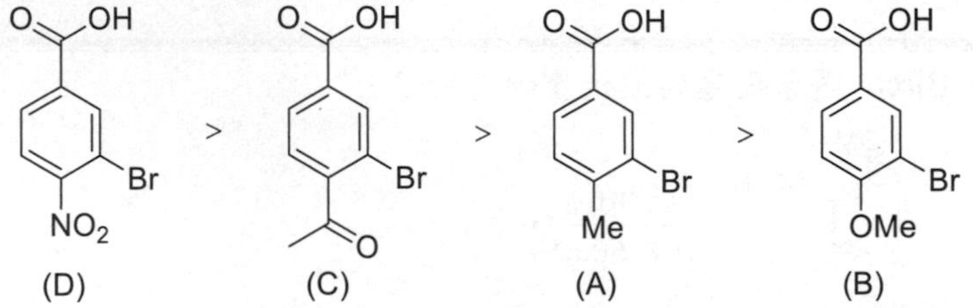

(D) O, OH, Br, NO_2 > (C) O, OH, Br, O > (A) O, OH, Br, Me > (B) O, OH, Br, OMe

48. 下列有關 α-胺基酸(α-amino acid)及蛋白質(protein)的敘述何者不正確？

(A) 羧酸的 α-碳上接一個胺基(NH_2)的化合物稱為 α-胺基酸

(B) 蛋白質是由不同種類的 α-胺基酸經脫水聚合而成的醯胺高分子聚合物

(C) 蛋白質可經分子內或分子間的醯胺基氫鍵形成螺旋、摺板、或其他結構

(D) 所有的天然 α-胺基酸均為對掌性 (chirality) 結構

《105 慈濟-48》Ans：D

說明：

1. α-胺基酸的分類(only 20 α-amino acids are abundantly found in proteins) These twenty α-amino acids differ f rom each other only in the identity of the side chain (the R group, highlighted).

Case (1) : α-Amino acids with nonpolar side chains

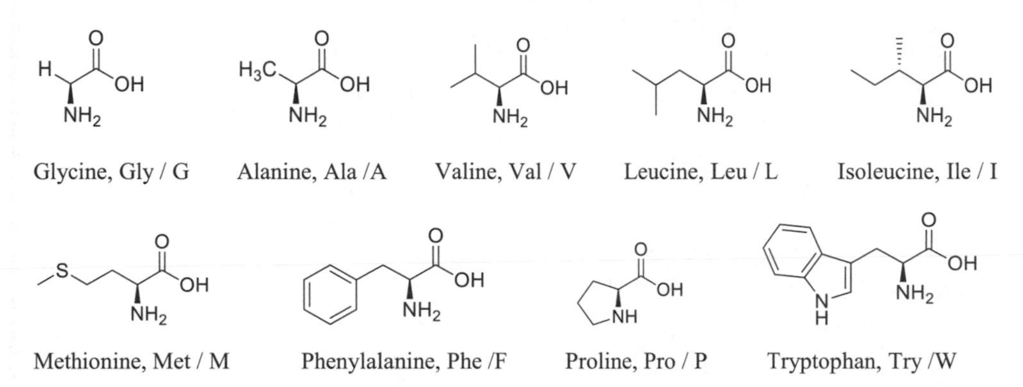

Case (2) : α-Amino acids with polar side chains

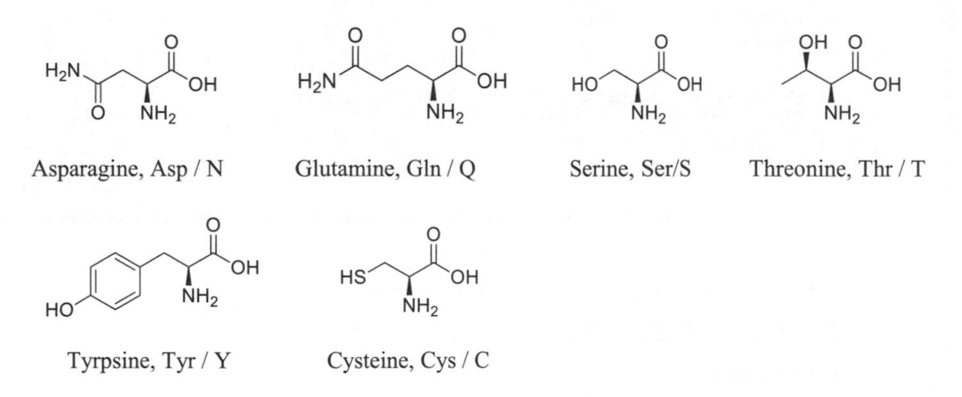

Case (3) : α-Amino acids with acidic side chains

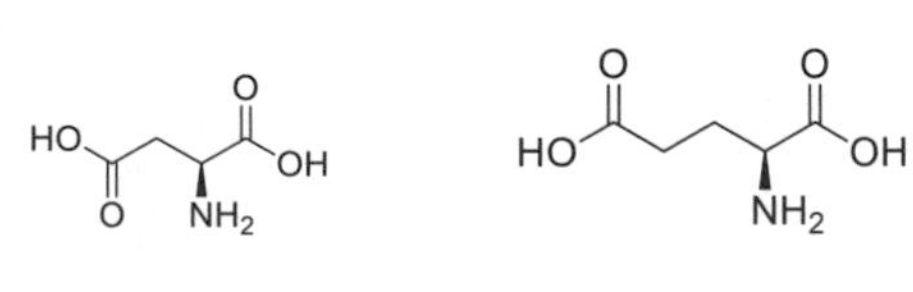

Aspartic acid, Asp / D　　Glutamic acid, Glu / E

Case (4) : α-Amino acids with basic side chains

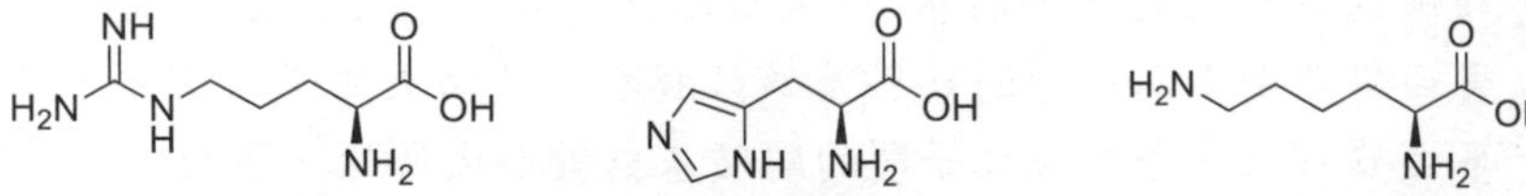

Arginine, Arg / R　　Histidine, His / H　　Lysine, Lys / K

2. Ans：其中唯一不具對掌性(chirality)結構為：

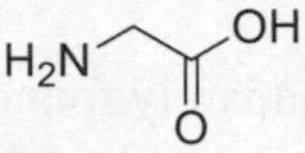

glycine

49. 下列何者反應步驟條件可以從起始物 A 合成出黃體酮 (progesterone)？

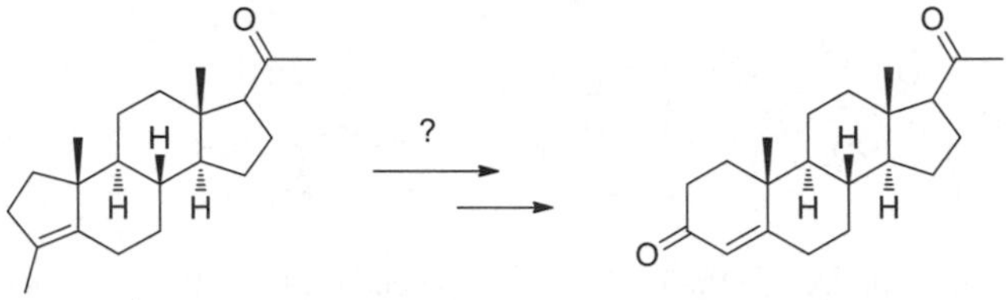

A　　progesterone

(A) 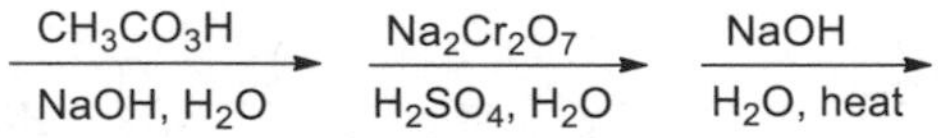 $\xrightarrow[NaOH,\ H_2O]{CH_3CO_3H}$ $\xrightarrow[H_2SO_4,\ H_2O]{Na_2Cr_2O_7}$ $\xrightarrow[H_2O,\ heat]{NaOH}$

(B) 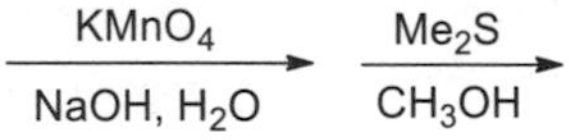 $\xrightarrow[NaOH,\ H_2O]{KMnO_4}$ $\xrightarrow[CH_3OH]{Me_2S}$

(C) 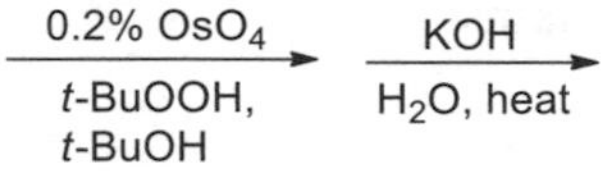 $\xrightarrow[t\text{-}BuOOH,\ t\text{-}BuOH]{0.2\%\ OsO_4}$ $\xrightarrow[H_2O,\ heat]{KOH}$

(D) 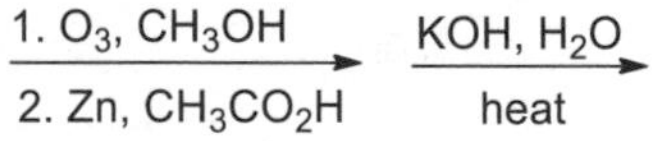 $\xrightarrow[2.\ Zn,\ CH_3CO_2H]{1.\ O_3,\ CH_3OH}$ $\xrightarrow[heat]{KOH,\ H_2O}$

《105 慈濟-49》Ans：D

說明：

1. Functional group interconversion (FGI)
2. Retro-symthesis－intramolecular aldol condensation
3. Synthesis

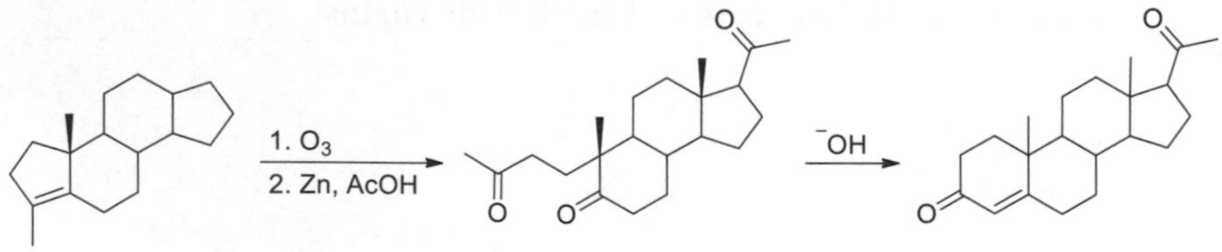

$\xrightarrow[2.\ Zn,\ AcOH]{1.\ O_3}$ $\xrightarrow{^-OH}$

50. 有關於此化合物之酸鹼強弱之敘述，何者正確？

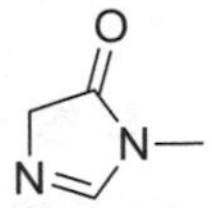

(A) CH_3 (methyl)的質子酸性最強

(B) CH_2 (methylene)的質子酸性最強

(C) CH (vinyl)的質子酸性最強

(D) 此化合物中各種質子的酸性皆相同

《105 慈濟-50》Ans：B

說明：

1.鹼性度(Basicity) ----- Aromaticity

2. Ans：

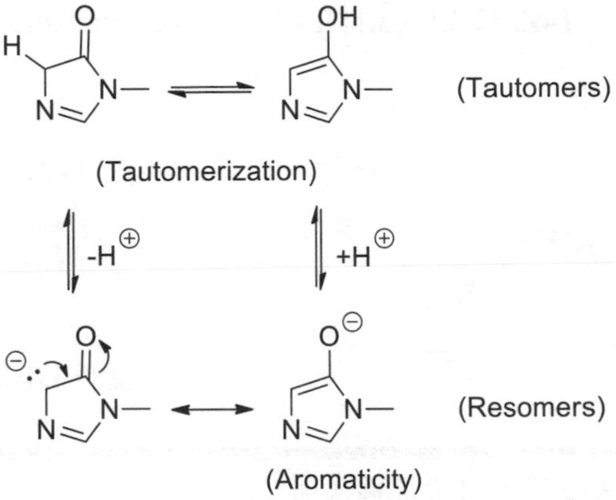

(Tautomers)

(Tautomerization)

$-H^{\oplus}$ $+H^{\oplus}$

(Resomers)

(Aromaticity)

義守大學 105 學年度學士後中醫化學試題暨詳解

化學 試題 **有機：林智老師解析**

01. 對人體有益的二十碳五烯酸（Eicosapentaenoic acid, 簡稱 EPA）和二十二碳六烯酸（Docosahexaenoic acid, 簡稱 DHA）皆屬於 omega-3 長鏈不飽和酸，它們雙鍵的立體化學是＿＿＿。

(A) 皆是順式(cis-form) (B) 皆是反式(trans-form)

(C) cis-form > trans-form (D) cis-form < trans-form

《105 義守-01》Ans：A

說明：

1. Eicosapentaenic acid，簡稱 EPA ⇒ all Z-form pentaene
   ⇒ (5Z, 8Z, 11Z, 14Z, 17Z,)-5,8,11,14,17-eicosapentaenoic acid
2. Ans:

簡稱 DHA

02. 下列化合物中，在常壓下，何者沸點最高？

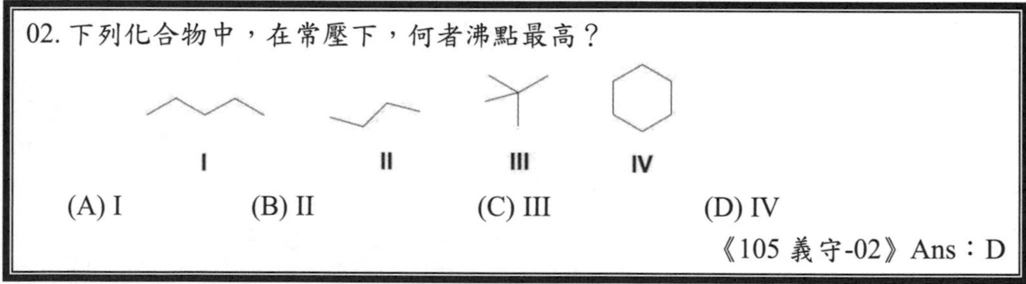

(A) I (B) II (C) III (D) IV

《105 義守-02》Ans：D

說明：

1.分子間作用力：分散力(London dispersion force)

(a)非極性分子化合物，分子量相近似時環烷接觸面積(↑)，則分散力(↑)
⇒沸點(Bp)(↑)

∴ 

(b)同分異構物(C_5H_{12})

∴ > >

2. Ans：同理

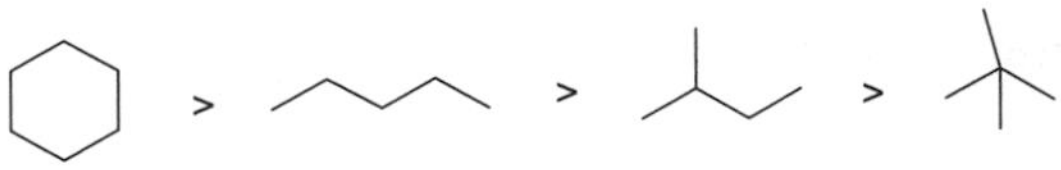

(cyclohexane) > (n-pentane) > (2-methylbutane) > (2,2-dimethylpropane)

03. 天然橡膠是一種聚合物(polymer)，下列何者是它的單體(monomer)？

(A) Acrylic acid　　(B) 1, 3-Butadiene
(C) 2-Methyl-1, 3-butadiene　　(D) Vinyl chloride

《105 義守-03》Ans：C

說明：

1. Nature rubber ⇒ 光合作用(free radical addition)

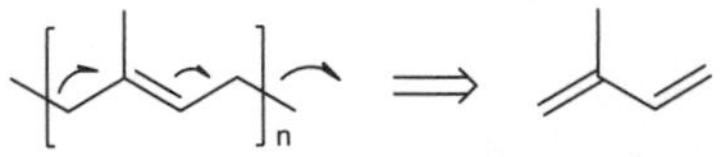

n ⇒ isoprene (2-methyl-1,3-butadiene)

2. Radical = Rad·

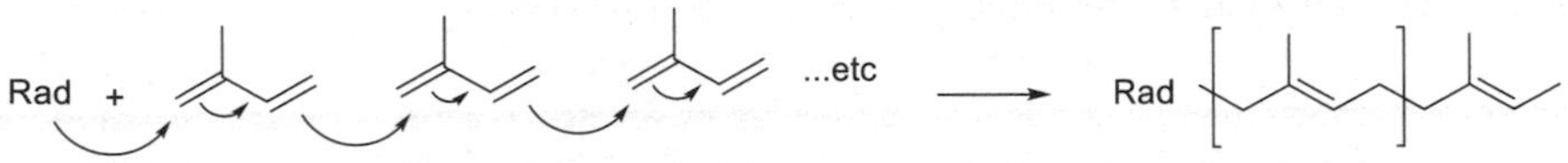

Rad + ...etc ⟶ Rad

04. Amoxicillin 是一種青黴素抗生素，迄今使用於臨床治療細菌感染，其結構式中具有四個對掌中心(chiral centers)，依據 Cahn-Ingold-Prelog 規則，對於其組態(configuration)的描述，下列何者正確？

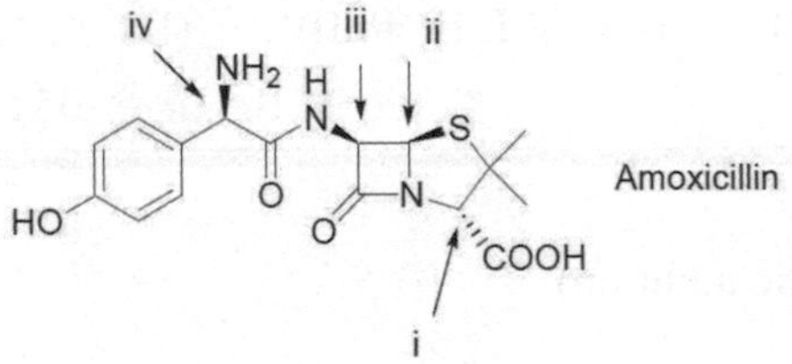

iv iii ii NH_2 H N S HO O O N COOH i Amoxicillin

(A) i (R), ii (R), iii (R), iv (R)　　(B) i (S), ii (S), iii (S), iv (S)
(C) i (R), ii (R), iii (S), iv (S)　　(D) i (S), ii (R), iii (R), iv (R)

《105 義守-04》Ans：D

說明：

1. R-/S-Configuration ----- CIP rule
2. Ans：⇒ I (S) , ii (R) , iii (R) , iv (R)
3.比較：

Ex.環醯胺類稱為__________。

(A) lactones　　(B) lactams　　(C) lacrimals　　(D) imides

《101 義守》Ans:(B)

《說明》

(1) the structure of **penicillin V**

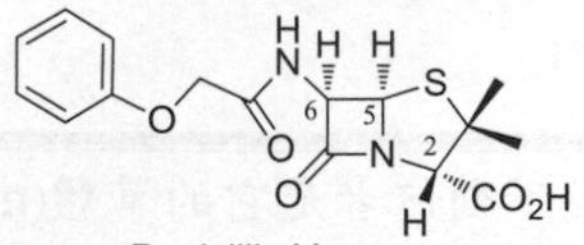

Penicillin V

(2) Ans: (B) ⇒ β-lactams (2 (R), 5 (R), 6 (R))

釋疑：《105義守-04》

對掌中心 i 它的 configuration 是 *S*。因為它連接 N,C,C,H. 氮(N)是最大; 再來比碳 一個接(O,O,O)，一個接(C,C,S) 接硫(S)的碳較大。因為對掌中心 i 的氫是朝上, 所以它的 configuration 是 *S*

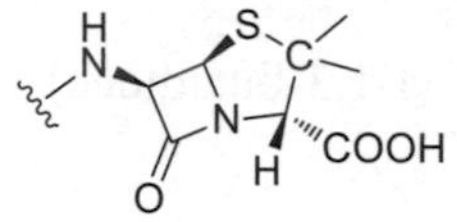

McMurry, Org Chem. 8e,Page 172.正確答案為(D)無誤。

05. 下列烯類化合物中，何者與 HCl 進行親核性加成反應(nucleophilic addition)會產生 3-chloro-3-methylhexane？

I II III IV

(A) 僅 I 和 II (B) 僅 II 和 III (C) 僅 I, II 和 III (D) 以上皆是

《105 義守-05》Ans：C

說明：

1.親電子加成反應(Electrophilic addition)

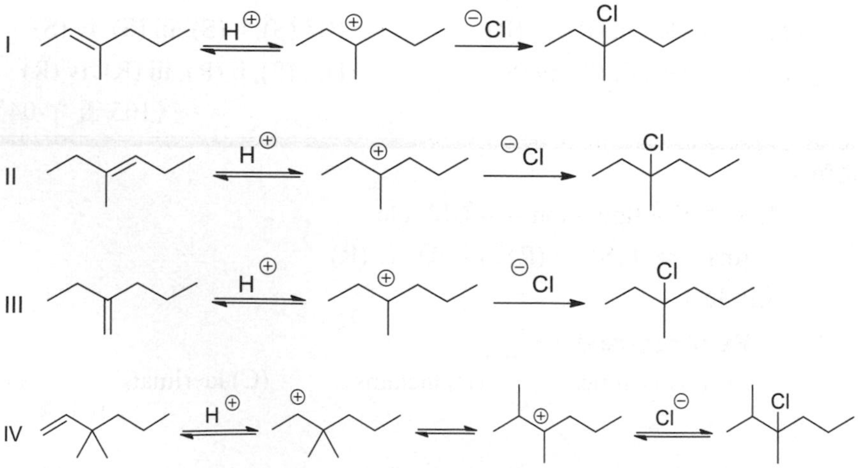

06. 下列化合物中，在常溫常壓下，何者可以與水互溶(miscible)？

I: benzene　II: $H_3C-C(=O)-OC_2H_5$　III: $H_3C-C(=O)-OH$　IV: $H_3C-CH_2-CH_2-OH$

(A) 僅 I 和 II　(B) 僅 II 和 III　(C) 僅 III 和 IV　(D) 僅 I 和 IV

《105 義守-06》Ans：C

說明：

1. solubility rule：like dissolved like
2. solvent：H_2O ⇒ a polar protic solvent
3. Ans： ⇒ a high polar solute containing hydrogen-bonding force

CH_3COOH > $CH_3CH_2CH_2OH$ (soluble in H_2O)

07. 請選擇最佳試劑以進行下列反應。

1-ethylcyclohexene $\xrightarrow{?}$ 1-ethylcyclohexanol (C_2H_5, OH)

(A) 1. $Hg(OAc)_2$, H_2O；2. $NaBH_4$　(B) 1. BH_3 THF；2. H_2O_2, OH^-

(C) H_2O, OH^-　(D) 以上皆非

《105 義守-07》Ans：A

說明：

1. Ans：(A)

1-ethylcyclohexene $\xrightarrow[2.\ NaBH_4]{1.\ Hg(OAc)_2,\ H_2O}$ 1-ethylcyclohexanol

1-ethylcyclohexene $\xrightarrow[2.\ H_2O_2,\ OH^-]{1.\ BH_3,\ THF}$ trans-2-ethylcyclohexanol

2. Ans：(C) ⇒ no reaction

※Synthesis-----Bromination

08. 下列一連串的反應，其最終的有機產物為何？

cis-$H_3C(H)C=C(H)CH_3$ $\xrightarrow{Br_2}$ $\xrightarrow{2\ NaNH_2}$ $\xrightarrow[EtOH]{Na,\ NH_3}$?

I: $H_3C(Br)C=C(NH_2)CH_3$　II: $H_3C(H)C=C(NH_2)CH_3$　III: $H_3C(H_2N)C=C(H)CH_3$　IV: $H_3C(H)C=C(H)CH_3$ (trans)

(A) I　(B) II　(C) III　(D) IV

《105 義守-08》Ans：D

說明：

1. Full synthesis-----Cis-/Trans-form transformation
2. Ans:

$$\text{cis-2-butene} \xrightarrow[CCl_4]{Br_2} CH_3CHBr-CHBrCH_3 \xrightarrow[NaNH_2]{2eq.} CH_3-C\equiv C-CH_3 \xrightarrow[NH_3,\ EtOH]{Na_{(s)}} \text{trans-2-butene}$$

09. 下列的反應，何者是它的有機產物？

$$\text{3-chlorotoluene} \xrightarrow{Cl_2\ /\ FeCl_3} ?$$

I: 2,5-dichlorotoluene (Cl, CH_3, Cl); II: 3,5-dichlorotoluene; III: 3,4-dichlorotoluene; IV: 2,3-dichlorotoluene

(A) I + II (B) I + III (C) I + IV (D) II + III

《105 義守-09》Ans：B

說明：

1. S_EAr reaction ⇒ reactivity and orientation
2. reactivity：$-CH_3 > -Cl$
3. orientation：$-CH_3$ ⇒ ortho-/paraa-director
4. Ans：

$$\text{3-chlorotoluene} \xrightarrow{Cl_2\ ,\ FeCl_3} \text{I (2,5-dichlorotoluene)} + \text{II (3,4-dichlorotoluene)}$$

10. 試問苯胺(aniline)進行下列一連串反應的最終有機產物為何？

$$\text{aniline } (NH_2) \xrightarrow[H_2SO_4]{HNO_2} \xrightarrow{CuCN} \xrightarrow[\text{ether}]{PhMgBr} \xrightarrow{H_3O^+} ?$$

(A) Benzophenone (B) Biphenyl (C) Benzonitrile (D) Diphenylmethane

《105 義守-10》Ans：A

說明：

1. Full synthesis -----S_N1Al reaction (Sandmeyer reaction)
2. Ans： ⇒ Benzophenone formation

NH_2 —(HNO_2 / H_2SO_4)→ $N_2^{\oplus}\ HSO_4^{\ominus}$ —CuCN→ CN —(1. phMgBr / 2. H_3O^+)→ (benzophenone)

11. 下列四個化合物，試問那組命名是正確的？

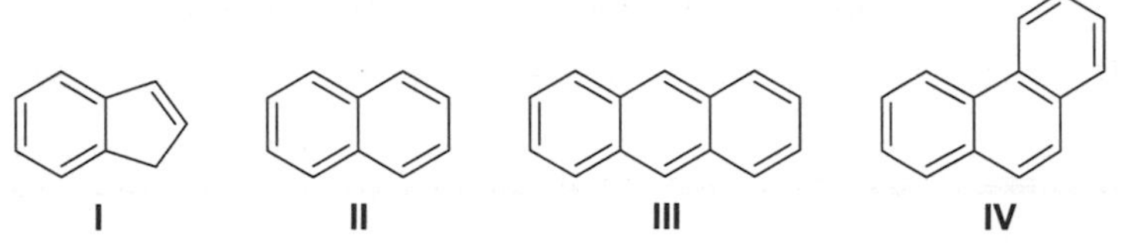

(A) I = Indene, II = Naphthalene, III = Anthracene, IV = Phenanthrene

(B) I = Naphthalene, II = Indene, III = Phenanthrene, IV = Anthracene

(C) I = Phenanthrene, II = Biphenyl, III = Triphenyl, IV = Isotriphenyl

(D) I = Benzofuran, II = Naphthalene, III = Anthracene, IV = Phenanthrene

《105 義守-11》Ans：A

說明：

1. Nomenclature
2. Ans：

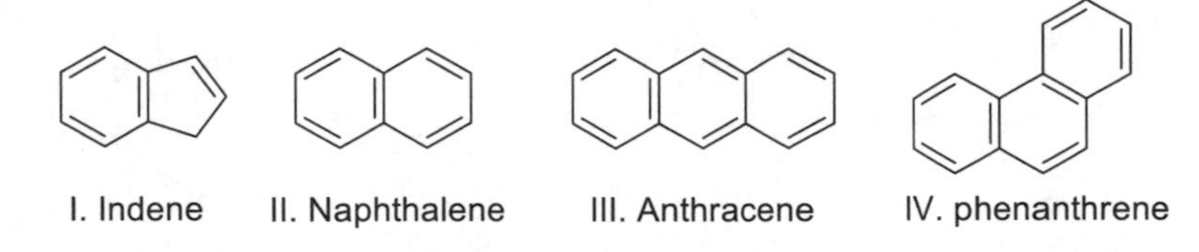

3. Benzofuran ⇒ (O)

12. 試問下列一連串的反應，何者是最終有機產物？

(Ph–CH₂CH₂–Br) —NaN_3→ —(1. $LiAlH_4$ / 2. H_2O)→ ?

I: NHNH$_2$　II: NH$_2$　III: NOH　IV: NOH

(A) I　(B) II　(C) III　(D) IV

《105 義守-12》Ans：B

說明：

1. Full synthesis-----S_N2A1 and then reduction-amination
2. Ans：

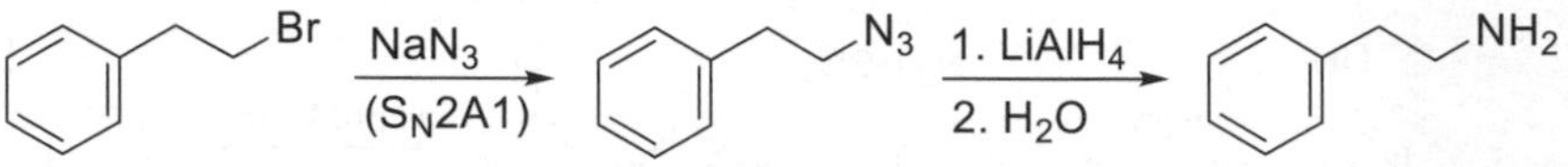

13. 下列化合物皆是天然物的成分，存在於不同的植物中，試問何者是具有生物活性(physiologically active)的胺類(amines)？

I. Morphine　II. Caffeine　III. Quinine　IV. Atropine

(A) 僅 I 和 II　(B) 僅 II 和 III　(C) 僅 III 和 IV　(D) 以上皆是

《105 義守-13》Ans：D

說明：

1. Ans:

⇒ 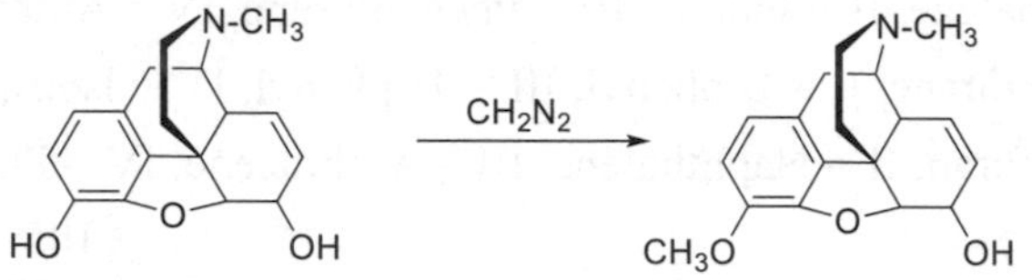

Morphine　Codeine

2. Quinine：

⇒ 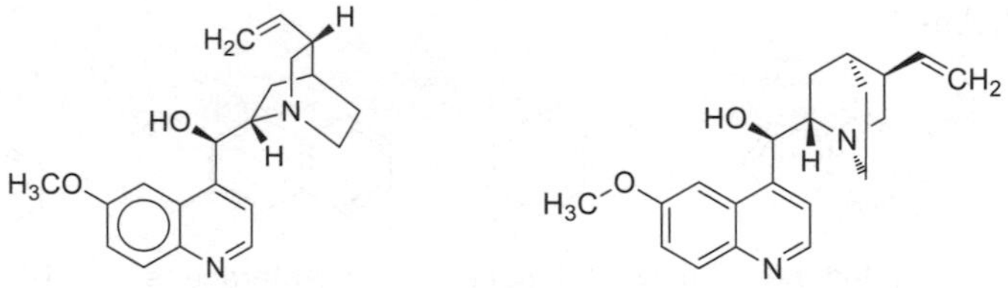

3. Atropine (IUPAC name：10*H*-phenothiazine)：abbreviated PTZ

⇒ 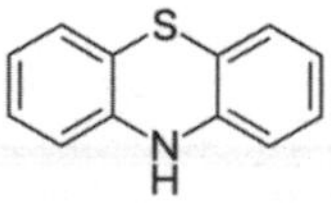

Atropine

4.茶葉中含有咖啡因(Caffeine)，茶鹼及可可鹼。所以茶具有提神、強心及利尿的效果。

⇒ 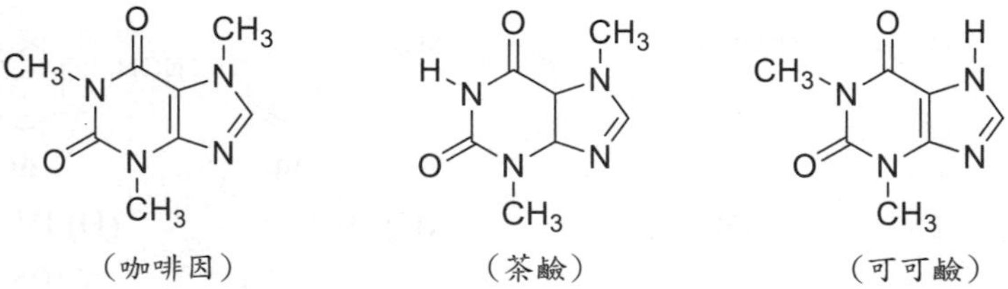

14. 組織胺(histamine)在體內釋出時，會增加鼻黏液的分泌，呼吸道會收縮。它的構造中有三個氮原子，其鹼性大小順序是 。

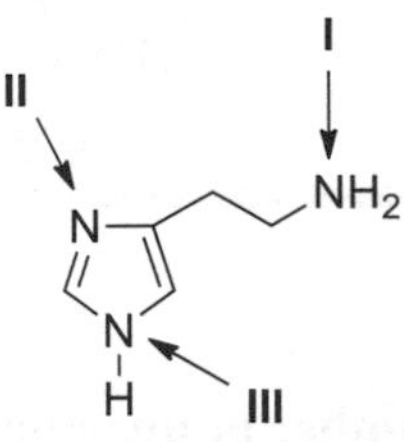

(A) I > II > III (B) II > I > III (C) III > I > II (D) I > III > II

《105 義守-14》Ans：A

說明：

1.鹼性度大小預估：

e.g.1 (表：烷胺(Alkylamine)之鹼性度(pK_a of ammonium ion))

命　名	結　構	pK_a of ammonium ion
Ammonia	$:NH_3$	**9.26**
Primary alkylamine		
Ethylamine	$CH_3CH_2\ddot{N}H_2$	**10.75**
Secondary alkylamine		
Diethylamine	$(CH_3CH_2)_2\ddot{N}H$	**10.94**
Cyclic secondary alkylamine		
Pyrrolidine	NH	**11.27**
Tertiary alkylamine		
Triethylamine	$(CH_3CH_2)_3N:$	**10.75**

e.g.2 (the relative basicity of heterocyclic nitrogen)

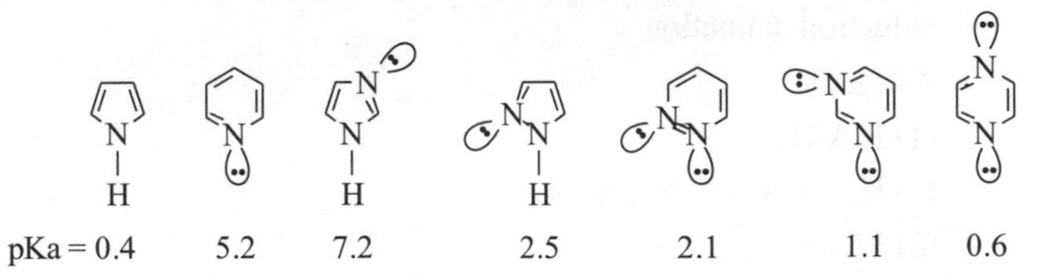

2. Ans：(A) ⇒ I > II > III

15. 辣椒素(capsaicin)的分子式是 $C_{18}H_{27}NO_3$，試問它的不飽和度(degree of unsaturation)等於多少？

(A) 3　(B) 4　(C) 5　(D) 6

《105 義守-15》Ans：D

說明：

1.不飽和數(degree of unsaturation)預估

⇒ **DBE: Double Bond Equivalents (the number of unsaturation)**

⇒ (A) for $C_aH_bO_cX_f$

$$\Rightarrow \text{DBE} = \frac{(2a+2)-(b+f)}{2}$$

⇒ (B) for $C_aH_bO_cN_d$

$$\Rightarrow \text{DBE} = \frac{(2a+2)-(b-d)}{2}$$ *where N is trivalent

2. Ans：

$$\text{DBE} = \frac{\left[(18\times 2)+2\right]-27+1}{2} = 6$$

16. 試問 nitrobenzene 還原成 aniline，需要以下何種試劑？

$$C_6H_5\text{-}NO_2 \xrightarrow{?} C_6H_5\text{-}NH_2$$

I. H_2, Pt　II. Fe, H_3O^+　III. $SnCl_2$, H_3O^+

(A) 僅 I　(B) 僅 II　(C) 僅 III　(D) 以上皆可

《105 義守-16》Ans：D

說明：

1. reduction-amination

2.試劑整理：

(1) $LiAlH_4$

(2) H_2 / pd-C (作為還原劑)

(3) Metal(Sn,Fe.---etc)/H_3O^+

(4) Metallic ion (Sn^{+2} ,Zn^{+2})/ H_3O^+

(5) H_2S,NH_3

3. Ans：

$$\text{C}_6\text{H}_5\text{-NO}_2 \xrightarrow{H_2,\ pt} \text{C}_6\text{H}_5\text{-NH}_2$$

1. Fe , H_3O^+
2. $NaOH_{(aq)}$

1. $SnCl_2$, H_3O^+
2. $NaOH_{(aq)}$

1. $LiAlH_4$
2. H_2O

H_2S , NH_3

17. 試問下列化合物，何者不會被 $KMnO_4$ 氧化成為 benzoic acid？

I: $C_6H_5CH_3$ II: $C_6H_5CH_2CH_3$ III: $C_6H_5CH(CH_3)_2$ IV: $C_6H_5C(CH_3)_3$

(A) I (B) II (C) III (D) IV

《105 義守-17》Ans：D

說明：

1.**醇類化合物的氧化反應（Oxidation of alcohol）**

$$1°-OH \xrightarrow{[O]} \text{Aldehyde} \xrightarrow{[O]} \text{Carboxylic Acid}$$

$$2°-OH \xrightarrow{[O]} \text{Ketone}$$

$$3°-OH \xrightarrow{[O]} \text{N.R.}$$

2. Ans：

$C_6H_5CH_3$ —(1. $KMnO_4$, $NaOH^-$ 2. H_3O^+)→ C_6H_5COOH

$C_6H_5CH_2CH_3$ → C_6H_5COOH

$C_6H_5CH(CH_3)_2$ → C_6H_5COOH

$C_6H_5C(CH_3)_3$ —//→ N.R

18. 下列反應是合成止痛藥 fenbufen 的方法，試問以下試劑哪一個可得到預期產物？

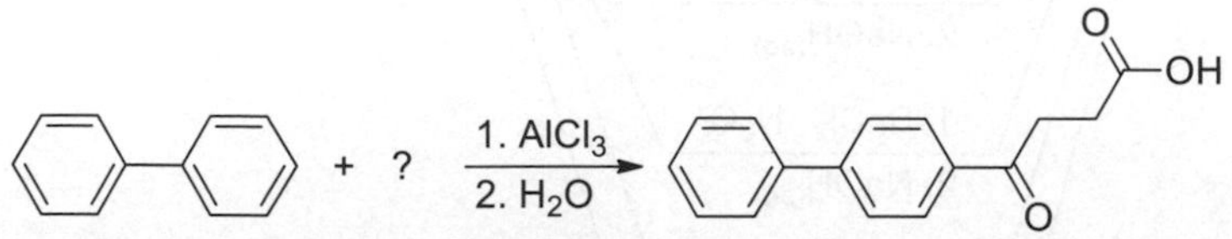

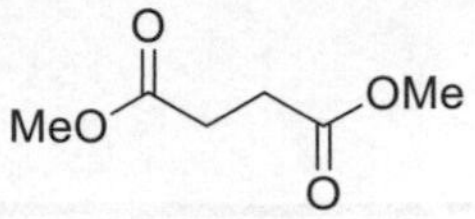

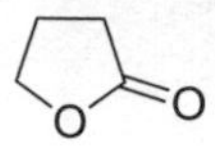

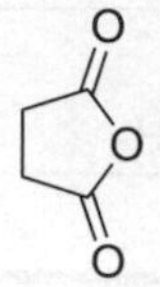

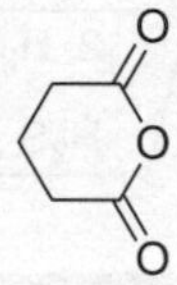

1. $AlCl_3$ / 2. H_2O

I　II　III　IV

(A) I　(B) II　(C) III　(D) IV

《105 義守-18》Ans：C

說明：

1. Retro-synthesis ----- para-controlled method

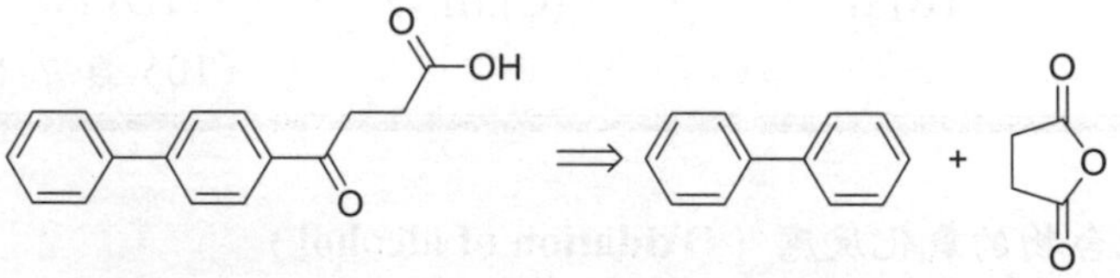

2. Haworth synthesis ----- Friedel-Crafts acylation

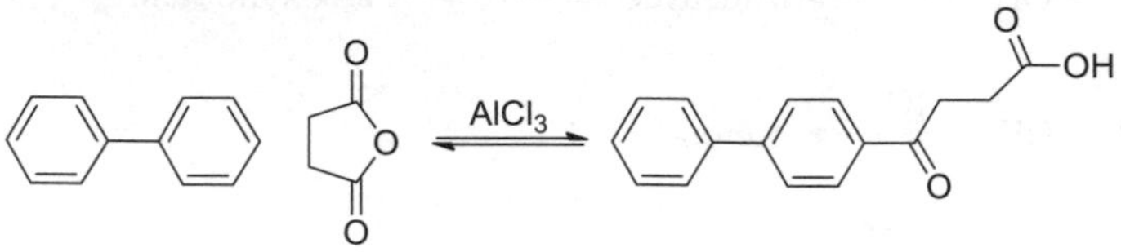

$AlCl_3$

19. 試問下列反應中，何者是主要產物？

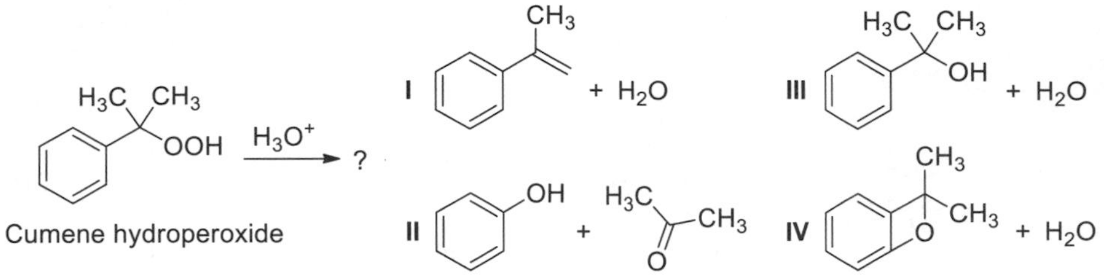

Cumene hydroperoxide $\xrightarrow{H_3O^+}$?

I + H_2O

II + H_3C–CO–CH_3

III + H_2O

IV + H_2O

(A) I (B) II (C) III (D) IV

《105 義守-19》Ans：B

說明：

1. Hydroperoxide rearrangement
2. Mechanism：

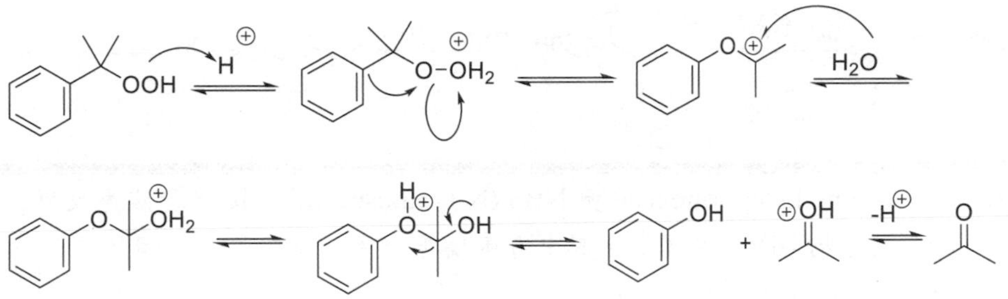

20. 2-Methyl-2,5-pentanediol 以硫酸處理進行脫水反應，下列何者是主要產物？

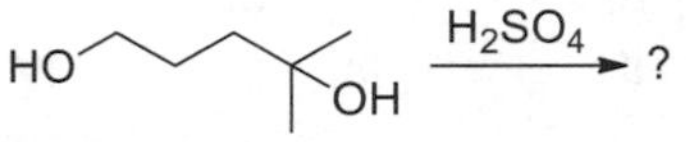

2-Methyl-2,5-pentanediol $\xrightarrow{H_2SO_4}$?

(A) 2,2-Dimethyltetrahydrofuran (B) 2,2-Dimethylfuran
(C) 2-Methylpenten-2-ol (D) 2-Methyl-1,4-pentadiene

《105 義守-20》Ans：A

說明：

1. NGP (Neighboring Group Participation) theory
2. Ans：(mechanism)

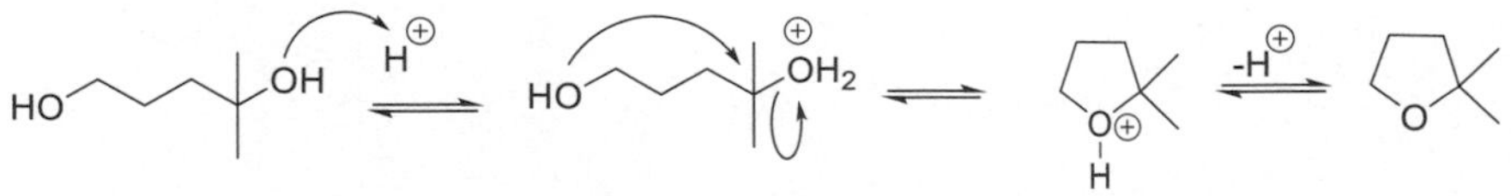

21. 試問下列反應中，何者是主要產物？

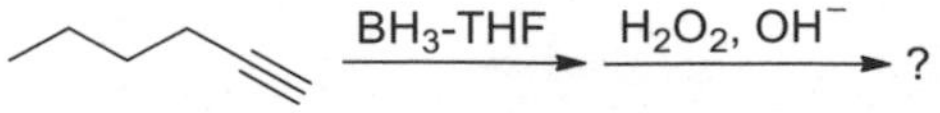

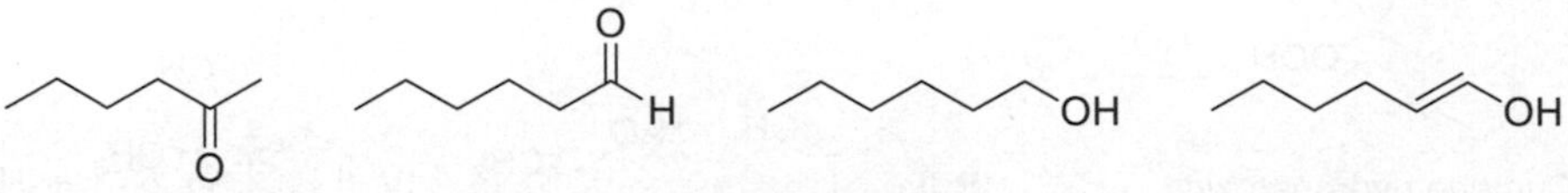

I　　　II　　　III　　　IV

(A) I　　(B) II　　(C) III　　(D) IV

《105 義守-21》Ans：B

說明：

1. Hydorboration-oxidation of alkyne
2. Ans :

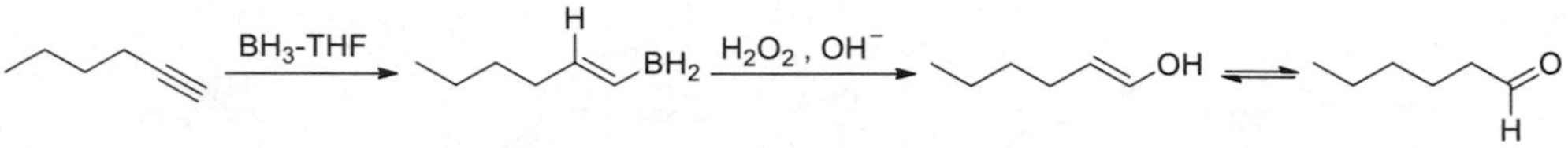

22. 當 4,4-dimethylcyclohexene 與 NBS (N-bromosuccinimide)進行照光反應，會得到下列產物 I-IV。事實上，其中有兩個是一樣，試問是哪兩個？

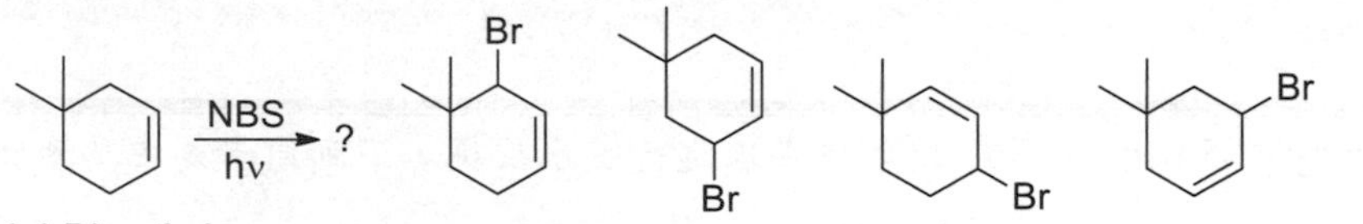

4,4-Dimethyl-cyclohexene　　I　　II　　III　　IV

(A) I 和 II　　(B) II 和 III　　(C) I 和 III　　(D) II 和 IV

《105 義守-22》Ans：D

說明：

1. Allylic free radical substitution
2. Ans：

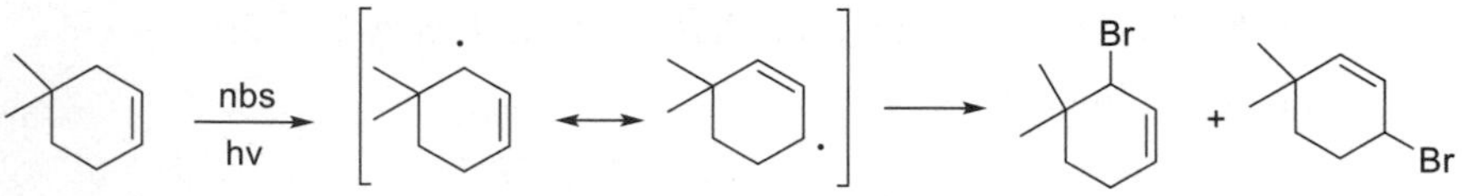

23. 下列基本骨架(skeleton)是存在於天然物的成分中，且常具有生物活性，試問何者是異黃酮素(isoflavone)的基本骨架？

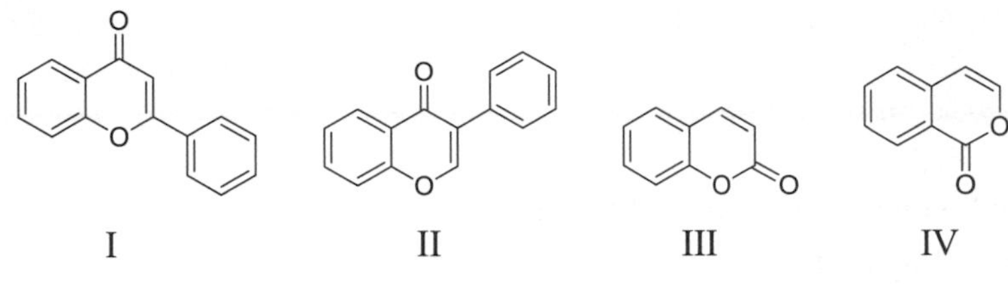

(A) I　(B) II　(C) III　(D) IV

《105 義守-23》Ans：B

說明：

1. Flavonoid structure：

⇒ Flavonoids (or bioflavonoids) are a class of plant and fungus secondary metabolites.According to the IUPAC nomenclature, they can be classified into:

(1)※flavonoids or bioflavonoids　**(2)※isoflavonoids**　**(3)※neoflavonoids**

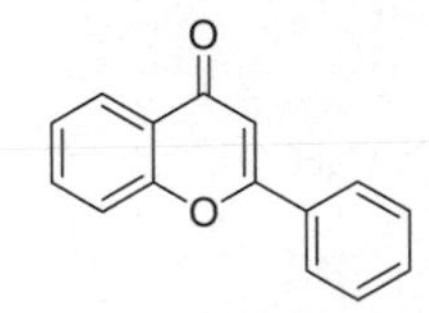

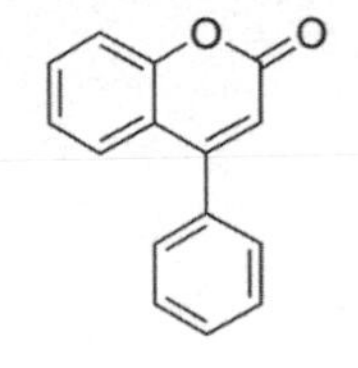

2. Ans：異黃酮素(isoflavone)

釋疑：《105義守-23》

Isoflavone = 3-phenyl-4H-1-benzopyran-4-one，正確答案更正為(B)。

24. 依據醇類通常的斷裂模式，2-methyl-3-pentanol ($M^{+\cdot} = 102$)在質譜(EI-mass spectrometer)的斷裂，下列何者是其特徵碎片(fragment)的 m/z 值？

(A) 84, 73, 59　　(B) 84, 70, 50　　(C) 80, 63, 59　　(D) 84, 63, 50

《105 義守-24》Ans：A

說明：

1. the fragmentation of mass spectrum
2. M-18 fragment

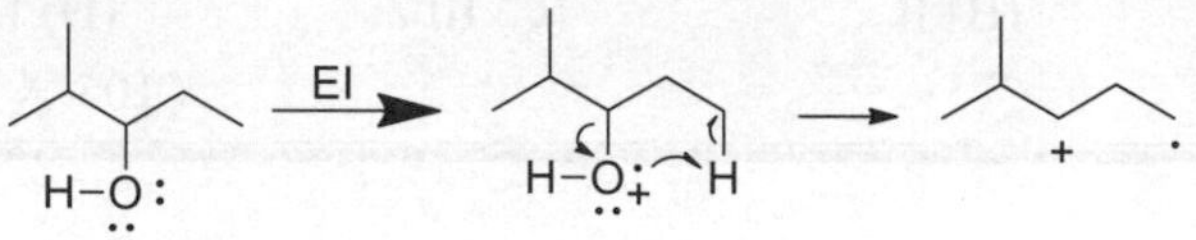

EI → m/e 84

3. β-heterolytic fission

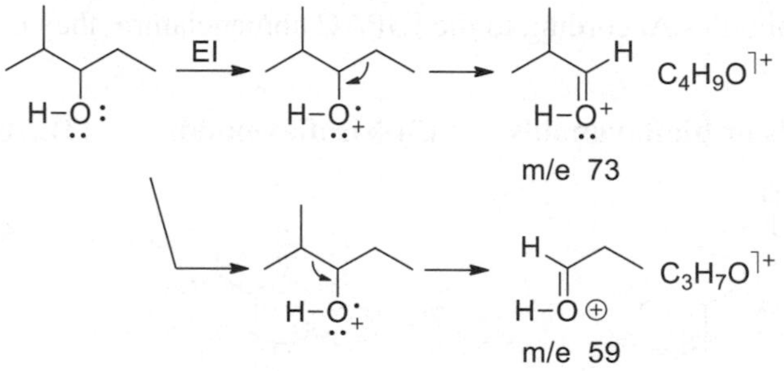

EI → m/e 73 $C_4H_9O]^+$

→ m/e 59 $C_3H_7O]^+$

25. 下列化合物中，何者符合以下條件：分子式 $C_5H_{12}O$, 1H-NMR 光譜顯示在 δ0.92 (3H, t, J = 7 Hz), 1.20(6H, s), 1.50 (2H, q, J = 7 Hz), 1.64 (1H, br s, D_2O exchangeable)。

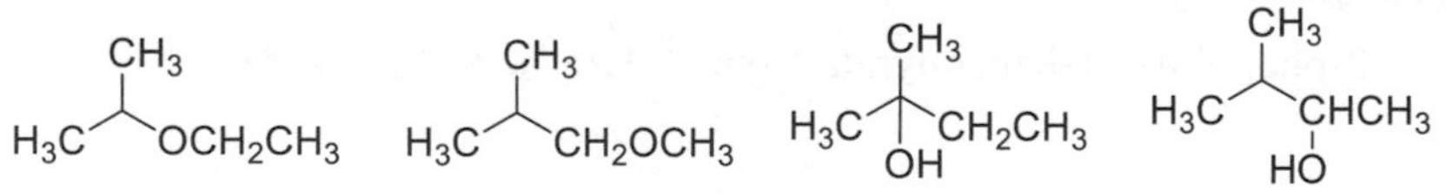

I: $(CH_3)_2CH–OCH_2CH_3$　II: $(CH_3)_2CH–CH_2OCH_3$　III: $(CH_3)_2C(OH)–CH_2CH_3$　IV: $(CH_3)_2CH–CH(OH)CH_3$

(A) I　　(B) II　　(C) III　　(D) IV

《105 義守-25》Ans：C

說明：

1. ^1H NMR spectrum
2. $C_5H_{12}O$ ⇒ DBE=0 (saturated molecule) ⇒ ∴ 非醇即醚類化合物

3. Ans:

$$CH_3C(CH_3)(OH)CH_2CH_3 \xrightleftharpoons{D_2O} CH_3C(CH_3)(OD)CH_2CH_3$$

δ 0.92 (3H, t, J=7Hz)

δ 1.50 (2H, q, J=7Hz), (disappeared)

δ 1.62 (1H,br.s)

δ 1.20 (6H,s)

26. 下列哪一個固體的熔點最高？

(A) NaI (B) NaF (C) MgO (D) $MgCl_2$

《105 義守-26》Ans：C

27. 依據化學反應式：

$2ClO_{2(aq)} + 2OH^-_{(aq)} \quad ClO_2^-{}_{(aq)} + ClO_3^-{}_{(aq)} + H_2O_{(l)}$

進行動力學研究，獲得如下數據，下列何者為該反應速率方程式(rate law)?

Exp	$[ClO_2]$ (M)	$[OH^-]$ (M)	$-\Delta[ClO_2]/\Delta t$ (M/s)
1	0.0500	0.100	5.75×10^{-2}
2	0.100	0.100	2.30×10^{-1}
3	0.100	0.0500	1.15×10^{-1}

(A) rate = $k[ClO_2][OH^-]$

(B) rate = $k[ClO_2]^2[OH^-]$

(C) rate = $k[ClO_2][OH^-]^2$

(D) rate = $k[ClO_2]^2[OH^-]^2$

《105 義守-27》Ans：B

28. 某氣體在 25 °C、760 mmHg 佔的體積是 1.40×10^3 mL，則該氣體在相同溫度、380 mmHg 佔的體積是多少？

(A) 2,800 mL (B) 2,100 mL (C) 1,400 mL (D) 1,050 mL

《105 義守-28》Ans：A

29. 下列水溶液在室溫(25 °C)下，何者具有最高滲透壓？

(A) 0.2 M KBr (B) 0.2 M ethanol (C) 0.2 M Na_2SO_4 (D) 0.2 M KCl

《105 義守-29》Ans：C

30. 利用阿瑞尼斯方程式(Arrhenius equation, $k = Ae^{-Ea/RT}$)，以 ln k 對 1/T 作圖，其斜率等於。

(A) –k (B) k (C) Ea (D) –Ea/R

《105 義守-30》Ans：D

說明(A)：(Kinetics)

1. **Arrhenius Equation** ----- k 與溫度(℃)的關係(勿論是吸熱或放熱反應)

$$\mathbf{k = A \cdot e^{-Ea/RT}} \quad \Rightarrow \quad \ln k = -\frac{Ea}{R} \cdot \frac{1}{T} + C$$

2. Figure

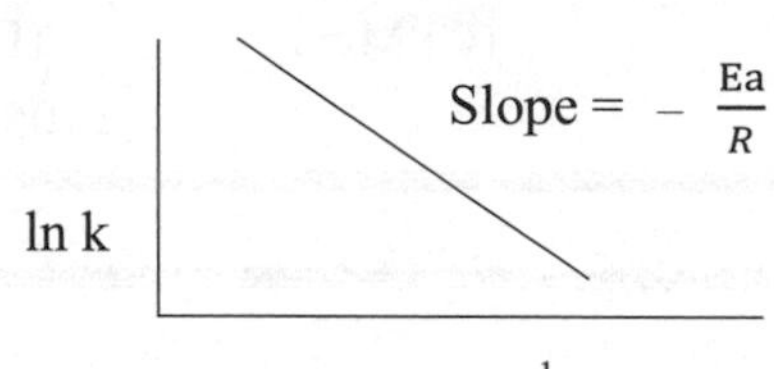

3. Where T= absolute temperature (K)
A= collision frequency
Ea= activated energy (kcal/mol)
R= 1.987 cal/mol · K
k= rate constant

4. k、T 與 Ea 之間的計算

$$\log\frac{k_1}{k_2} = \log\frac{R_1}{R_2} = -\frac{Ea}{2.303R}\left(\frac{1}{T_1} - \frac{1}{T_2}\right)$$

31. 假設等濃度的共軛酸鹼對，下列那一組適宜製備 pH 9.2–9.3 的緩衝溶液？

(A) CH_3COONa/CH_3COOH ($Ka = 1.8 \times 10^{-5}$)

(B) NH_3/NH_4Cl ($Ka = 5.6 \times 10^{-10}$)

(C) NaOCl/HOCl ($Ka = 3.2 \times 10^{-8}$)

(D) $NaNO_2/HNO_2$ ($Ka = 4.5 \times 10^{-4}$)

《105 義守-31》Ans：B

32. 在 25 °C，下列何者具有最大的熵值(entropy, S°)？

(A) $CH_3OH_{(l)}$　(B) $CO_{(g)}$　(C) $MgCO_{3(s)}$　(D) $H_2O_{(l)}$

《105 義守-32》Ans：B

33. 配位化合物$[Cr(NH_3)(en)_2Cl]Br_2$其金屬原子的配位數(C.N.)和氧化數(O.N.)分別是。

(A) C.N. = 6; O.N. = +4　(B) C.N. = 6; O.N. = +3

(C) C.N. = 5; O.N. = +2　(D) C.N. = 4; O.N. = +2

《105 義守-33》Ans：B

34. 下列何者屬於氧化還原反應？

I. $Zn_{(s)} + Cu^{2+}_{(aq)} \rightarrow Zn^{2+}_{(aq)} + Cu_{(s)}$

II. $2\ Na_{(s)} + Cl_{2(aq)} \rightarrow 2NaCl_{(s)}$

III. $2\ Mg_{(s)} + O_{2(g)} \rightarrow 2\ MgO$

(A) 僅 I 和 II　(B) 僅 I 和 III　(C) 僅 II 和 III　(D) I, II 和 III 皆是

《105 義守-34》Ans：D

35. 下列哪些化合物屬於線型的分子形狀？

I. N_2　II. H_2S　III. CO_2

(A) 僅 I 和 II　(B) 僅 I 和 III　(C) 僅 II 和 III　(D) I, II 和 III 皆是

《105 義守-35》Ans：B

36. 下列何者可溶於四氯化碳(CCl_4)？

(A) NaCl　(B) CS_2　(C) NH_3　(D) 以上皆可

《105 義守-36》Ans：B

說明：

1. Solubility rule ⇒ like dissolved like
2. Solvent：a non-polar aprotic solvent
3. Solute：Ans: (B) CS_2 ⇒ S=C=S ⇒ a non-polar solute
4. NaCl：a ionic compound
NH_3：a polar protic solvent

⇒ to be insoluble in CCl_4 solvent

37. 下列針對電磁波光譜(electromagnetic spectrum)，波長由小至大的排列順序何者正確？

(A) Gamma Rays < X-rays < Ultraviolet Radiation < Visible Light < Infrared Radiation < Microwaves < Radio Waves

(B) Visible Light < Infrared Radiation < Microwaves < Radio Waves < Gamma Rays < X-rays < Ultraviolet Radiation

(C) Radio Waves< X-rays < Ultraviolet Radiation < Visible Light < Infrared Radiation < Microwaves < Gamma Rays

(D) Gamma Rays < X-rays < Visible Light < Ultraviolet Radiation < Infrared Radiation < Microwaves < Radio Waves

《105 義守-37》Ans：A

說明：

1.光線(電磁波)的波長依從短到長排列大致如下：

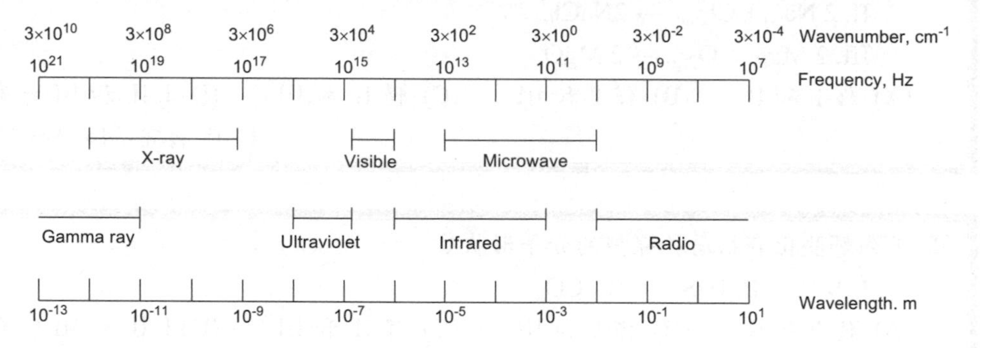

⇒電磁波(electromagnetic spectrum)波長之長短：

radio waves ＞ infra-red ＞ visible ＞ ultra-violet ＞ x-ray

2. Ans:

⇒ The ordering of wavelength for electromagnetic spectrum:

⇒ γ-ray > X-ray > UV > visible light > IR > microwaves > radio waves

38. 下列何者是製備 2.00 升 0.100 M Na_2CO_3(分子量 106)水溶液的正確方法？

(A) 秤取 10.6 g Na_2CO_3 並加入 2.00 升的水

(B) 秤取 21.2 g Na_2CO_3 並加入 2.00 升的水

(C) 秤取 10.6 g Na_2CO_3 並加入水直到最終體積為 2.00 升

(D) 秤取 21.2 g Na_2CO_3 並加入水直到最終體積為 2.00 升

《105 義守-38》Ans：D

39. 針對反應式：$NH_4^+{}_{(aq)} + H_2O_{(aq)} \rightleftharpoons NH_{3(aq)} + H_3O^+{}_{(aq)}$，下列何者正確？

(A) NH_4^+是酸，H_2O 是其共軛鹼　(B) H_2O 是鹼，NH_3 是其共軛酸

(C) NH_4^+是酸，H_3O^+是其共軛鹼　(D) H_2O 是鹼，H_3O^+是其共軛酸

《105 義守-39》Ans：D

40. $LiOH_{(s)} \rightleftharpoons Li^+{}_{(aq)} + OH^-{}_{(aq)}$, Keq = 4.6×10^{-3}，反應平衡時$[OH^-] = 0.042$ M，則 $[Li^+]$ =_______。

(A) 0.11 M　(B) 0.0046 M　(C) 0.042 M　(D) 沒有[LiOH]值無法計算

《105 義守-40》Ans：A

41. 完成下列反應式：

$${}^{231}_{90}Th \rightarrow \_\_\_\_ + {}^{227}_{88}Ra$$

(A) 正電子(positron)　(B) beta 粒子　(C) alpha 粒子　(D) gamma 粒子

《105 義守-41》Ans：C

42. 針對平衡反應 $2SO_{2(g)} + O_{2(g)} \rightleftharpoons 2SO_{3(g)}$, $\Delta H^\circ_{rxn} = -198$ kJ/mol，下列哪個因素會增加其平衡常數？

(A) 降低溫度　(B) 加入 SO_2 氣體　(C) 移除氧氣　(D) 加入催化劑

《105 義守-42》Ans：A

43. 解離 0.0070%的 0.10 M HCN 溶液，其 pH 值是_______。(log7 = 0.8451)

(A) 1.00　(B) 0.00070　(C) 3.15　(D) 5.15

《105 義守-43》Ans：D

44. 已知三種反應式與反應熱如下：

$C_{(graph)} + O_2 \rightarrow CO_{2(g)}$ $\Delta H° = -393.5$ kJ/mol

$H_{2(g)} + (1/2)O_2 \rightarrow H_2O_{(l)}$ $\Delta H° = -285.8$ kJ/mol

$CH_3OH_{(l)} + (3/2)O_{2(g)} \rightarrow CO_{2(g)} + 2H_2O_{(l)}$ $\Delta H° = -726.4$ kJ/mol

計算 CH_3OH 的標準生成焓(standard enthalpy of formation)。

(A) −1,691.5 kJ/mol (B) −238.7 kJ/mol (C) 1,691.5 kJ/mol (D) 47.1 kJ/mol

《105 義守-44》Ans：B

45. 下圖果糖(D-fructose)結構中，共有多少對掌中心(chiral centers)與立體異構物(stereoisomers)？

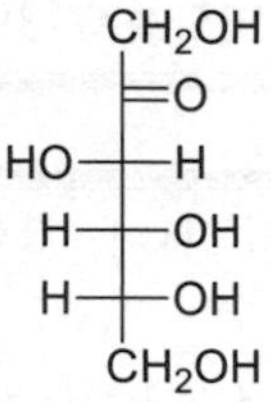

```
   CH2OH
     =O
HO ─┼─ H
 H ─┼─ OH
 H ─┼─ OH
   CH2OH
```

(A) 2 個對掌中心，4 個立體異構物

(B) 3 個對掌中心，8 個立體異構物

(C) 3 個對掌中心，7 個立體異構物

(D) 4 個對掌中心，16 個立體異構物

《105 義守-45》Ans：**B**

說明：

1. D-fructose

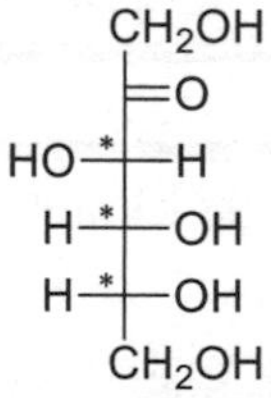

```
   CH2OH
     =O
HO ─*─ H
 H ─*─ OH
 H ─*─ OH
   CH2OH
```

2. Ans: ⇒ <u>3</u> chiral centers = 2^3 = 8 stereomers

釋疑：《105義守-45》

請參考"Garey, Organic Chemisty, 9th edition, section 7.14"，針對 Multiple Chirality Centers and stereoisomers 的說明：A molecule with n stereocenters can have a maximum of 2^n stereoisomers. 例如附圖

Molecules with Multiple Chirality Centers

Steroids also contain multiple stereocenters.

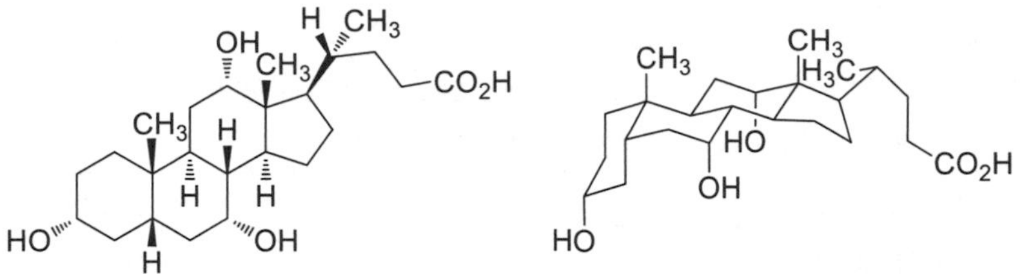

Cholic acid shown here has 11 stereocenters and potentially 2^{11} or 2048 stereoisomers. Only one has been isolated from natural sources.

本題題幹是問“共有多少對掌中心(chiral centers)與立體異構物(stereoisomers)？”，並非“與果糖互為立體異構物的數目為何?”顯然本題是檢視chiral centers的數目及立體異構物數目，因此3個chiral centers，無meso form，理論上應有$2^3 = 8$個立體異構物。維持原答案(B)。

46. 一個化合物可能是環壬烷(cyclononane)或環癸烷(cyclodecane)，則下列哪一種技術最適合鑑別該化合物？

(A) IR 光譜　(B) Mass 光譜　(C) ^{1}H NMR 光譜　(D) ^{13}C NMR 光譜

《105 義守-46》Ans：B

說明：

1. Mass spectroscope　⇒　分子量測定
2. Ans:

   環壬烷(cyclononane:　C_9H_{18})　⇒　$M^{+\cdot}$ 126

   環癸烷(cyclodecane:　$C_{10}H_{20}$)　⇒　$M^{+\cdot}$ 140

47. 下列化合物何者在 UV 光譜的吸收波長最短？

(A) 1-decene (B) 1,3-decadiene (C) 1,3,5-decatriene (D) 1,4-decadiene

《105 義守-47》Ans：A

說明：

1. UV spectrum ⇒ 共軛系統測定
2. ※雙鍵共軛愈多會有較長的吸收波長及較大的吸收強度。

(表)多烯化合物的最大吸收波長及吸收強度

polyene 化合物	λmax	A（1%, 1cm）
$CH_3(CH{=}CH)_3CH_3$	275	2800
$CH_3(CH{=}CH)_4CH_3$	310	6300
$CH_3(CH{=}CH)_5CH_3$	342	9000
$CH_3(CH{=}CH)_6CH_3$	380	9800

(表)Absorption data for two conjugated chromophores

共軛系統	舉例	λ_{max}（nm）	$\log\varepsilon_{max}$
—HC＝CH—C＝C—	1,3-Butadiene	217	4.3
—HC＝CH—C≡C—	1-Butene-3-yne	208-241（f）	
—HC＝CH—CH＝O	Crotonaldehyde	220, 322	4.2, 1.5
O＝CH—CH＝O	Glyoxal	268	0.8
—HC＝CH—C≡N	Acrlonitrile	216	1.7

3. Ans: (C) ⇒在 UV 光譜的吸收波長最長

λ_{max} : 272 nm

ε_{max} : 25000

48. 有關以下化合物結構的 IR 圖譜，下列敘述何者正確？

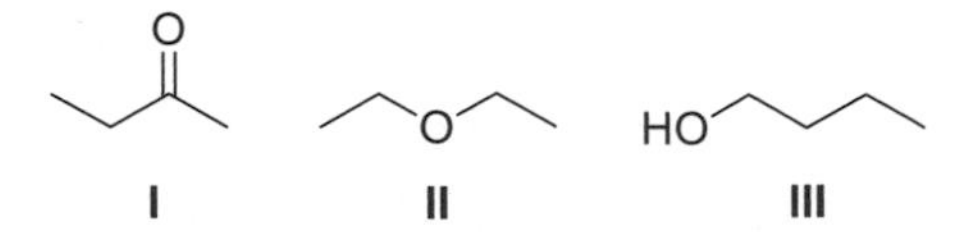

(A) I 在 2950 cm^{-1} 和 1200 cm^{-1} 有強的吸收訊號

(B) II 在 2950 cm^{-1} 和 2250 cm^{-1} 有強的吸收訊號

(C) III 在 2950 cm^{-1} 和 3200–3600 cm^{-1} 有強的吸收訊號

(D) 以上 A 和 C 正確

《105 義守-48》Ans：C

說明：

1. IR(infra-red) spectrum ----- 官能基鑑定
2. Ans:

I. $\nu_{max(c=o)}$ 1715 cm^{-1}

II. $\nu_{max(c-o)}$ 1200 cm^{-1}

III. $\nu_{max(H-o)}$ 3600~3000 cm^{-1}

$\nu_{max(c-H)}$ 2950, 2850 cm^{-1}

$\nu_{max(c-o)}$ 1200 cm^{-1}

49. 下列光譜技術中，何者與電磁波和有機化合物的作用無關？

(A) NMR 光譜　(B) IR 光譜　(C) Mass 光譜　(D) UV 光譜

《105 義守-49》Ans：C

說明：

1.電磁波應用技術與質譜(M.S)無關

2.硬式質譜採用 EI-MS spectroscopy

3.**離子源分類為硬性離子源（hard ionization）及軟性離子源（soft ionization）：**

(1)硬離子源(如下 a 圖)：

可傳遞較大能量給形成的離子，因此處於高激發能量態，能量衰減引起鍵的斷裂，及產生離子碎片。質譜分析中使用之硬性離子化法，包括：電子撞擊法，Electron impact (EI-MS) method

(2)軟離子源(如下 b 圖)：

發生的斷碎較少，只產生分子離子峰及其它峰。質譜分析中使用之軟性離子化法。

包括：快速原子撞擊法，Fast atom bombardment（FAB）method；磁場去吸附法，Field desorption（FD）method；雷射去吸附法，Laser desorption（LD）method

50. 以下化合物無法進行狄耳士-阿德爾反應(Diels-Alder reaction)的主要原因是______。

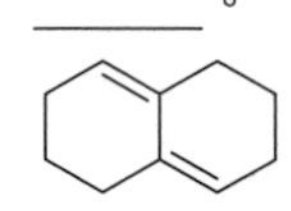

(A) 因為該化合物不是共軛雙烯烴(conjugated diene)

(B) 因為該化合物沒有拉電子基(electron withdrawing groups)

(C) 因為該化合物沒有推電子基(electron donating groups)

(D) 因為該化合物無法形成 s-cis conformation

《105 義守-50》Ans：D

說明：

1.**※Normal type Diels-Alder reaction：[$4\pi_s + 2\pi_s$] cycloaddition.**

(1)反應之特徵：立體專一性 (stereospecificity)之特性。

(2) Diene ⇒ (a) s-cis form. (b) donating substituent.

(3) Dienophile ⇒ withdrawing substituent.

(4) Stereospecific Syn- addition. ⇒ (a) endo principle. (b) cis-principle.

(5) Regioselectivity ⇒ ortho-/para-rule

2. Ans: (D)

因為該化合物無法形成 s-cis conformation ⇒ s-trans conformation

中國醫藥大學 104 學年度學士後中醫化學試題暨詳解

化學 試題 **有機：林智老師解析**

亞佛加厥常數 $N = 6.02 \times 10^{23}\ mol^{-1}$
氣體常數 $R = 0.082\ L\cdot atm/K\cdot mol = 8.31\ J/K\cdot mol$
法拉第常數 $F = 96500\ C/mol$
普朗克常數 $h = 6.63 \times 10^{-34}\ J\cdot s$
光速 $c = 3.00 \times 10^{8}\ m/s$

01. 有一個氣體在溫度為 300 K，壓力為 1 大氣壓(atm)時，密度為 1.62 g/L。已知原子量：C = 12 g/mol；N = 14 g/mol；O = 16 g/mol；Ne = 20 g/mol；Ar = 40 g/mol。請問此氣體可能為下列何者？
(A) Ne (B) Ar (C) O_2 (D) CO_2 (E) N_2
《104 中國-01》Ans：B

02. 有一個化學反應，其反應方程式為 $BrO_3^-{}_{(aq)} + 5Br^-{}_{(aq)} + 6H^+{}_{(aq)} \rightarrow 3Br_{2(l)} + 3H_2O_{(l)}$ 此化學反應的反應速率和反應物的濃度關係如下：

實驗	BrO_3^-的濃度	Br^-的濃度	H^+的濃度	反應速率(莫耳/公升・秒)
1	0.1 M	0.1 M	0.1 M	8×10^{-4}
2	0.2 M	0.1 M	0.1 M	1.6×10^{-3}
3	0.2 M	0.2 M	0.1 M	3.2×10^{-3}
4	0.1 M	0.1 M	0.2 M	3.2×10^{-3}

若反應速率式 $Rate = k\,[BrO_3^-]^a\,[Br^-]^b\,[H^+]^c$，請問 a + b + c = ？
(A) 2 (B) 3 (C) 4 (D) 5 (E) 6
《104 中國-02》Ans：C

03. 可以用量子數 $n = 4$、$l = 3$、$m_s = -1/2$ 來描述的電子有幾個？
(A) 0 (B) 1 (C) 5 (D) 7 (E) 10
《104 中國-03》Ans：D

04. 由三種不同胺基酸組成的三胜肽(tripeptide)，有幾種可能的序列(sequence)？

(A) 1　(B) 2　(C) 3　(D) 5　(E) 6

《104 中國-04》Ans：E

說明：

1. probability
2. 三種不同胺基酸組成

H_2N–CH(R_1)–COOH (1)　H_2N–CH(R_2)–COOH (2)　H_2N–CH(R_3)–COOH (3)

3. Ans:

(1) 1-2-3　H_2N–CH(R_1)–CO–NH–CH(R_2)–CO–NH–CH(R_3)–COOH

(2) 1-3-2　H_2N–CH(R_1)–CO–NH–CH(R_3)–CO–NH–CH(R_2)–COOH

(3) 3-1-2　H_2N–CH(R_3)–CO–NH–CH(R_1)–CO–NH–CH(R_2)–COOH

(4) 3-2-1　H_2N–CH(R_3)–CO–NH–CH(R_2)–CO–NH–CH(R_1)–COOH

(5) 2-1-3　H_2N–CH(R_2)–CO–NH–CH(R_1)–CO–NH–CH(R_3)–COOH

(6) 2-3-1　H_2N–CH(R_2)–CO–NH–CH(R_3)–CO–NH–CH(R_1)–COOH

05. 電解硫酸銅溶液時，要析出 a 克的銅需要 b 庫侖電量，若 1 個電子之電量為 d 庫侖，且銅之原子量為 c 克/莫耳，則下列何者為亞佛加厥數之計算式？

(A) $\frac{bc}{ad}$　(B) $\frac{bc}{2ad}$　(C) $\frac{2bc}{ad}$　(D) $\frac{bd}{2ac}$　(E) $\frac{2ac}{bd}$

《104 中國-05》Ans：B

06. 關於鉛蓄電池放電的過程，下列敘述何者正確？

(A) 陰極反應為 $Pb_{(s)} + HSO_4^-{}_{(aq)} \rightarrow PbSO_{4(s)} + H^+{}_{(aq)} + 2e^-$

(B) 陽極反應為 $PbO_{2(s)} + 3H^+{}_{(aq)} + HSO_4^-{}_{(aq)} + 2e^- \rightarrow PbSO_{4(s)} + 2H_2O_{(l)}$

(C) 全反應為 $Pb_{(s)} + PbO_{2(s)} + 2H^+{}_{(aq)} + 2\,HSO_4^-{}_{(aq)} \rightarrow 2PbSO_{4(s)} + 2H_2O_{(l)}$

(D) 此反應為自發反應，是電能轉變成化學能的過程

(E) 鉛蓄電池無法充電再生

《104 中國-06》Ans：C

07. 請用分子軌域模型(molecular orbital model)預測 O_2^+ 及 O_2^-離子的鍵級(bond order)分別為

(A) 1，1.5　(B) 1.5，2　(C) 1.5，2.5　(D) 2.5，1.5　(E) 2.5，3

《104 中國-07》Ans：D

08. 在 25 ℃，有一罐裝汽水，汽水上方 CO_2 的壓力為 6 atm，若 CO_2 的亨利定律常數為 3×10^{-2} mol/L · atm，且大氣中 CO^2 的壓力為 4×10^{-4} atm，請計算汽水開瓶後，汽水中 CO_2 的平衡濃度為何？

(A) 1.2×10^{-5} M　(B) 2×10^{-3} M　(C) 0.18 M　(D) 6 M　(E) 240 M

《104 中國-08》Ans：A

09. 有一個化學反應 $aR_{(g)} \rightleftharpoons bP_{(g)}$，反應到達平衡時，在定壓的狀況下，突然降低溫度，反應速率趨勢圖如圖一所示；反應到達平衡時，在定溫的狀況下，突然增加壓力，反應速率趨勢圖如圖二所示。

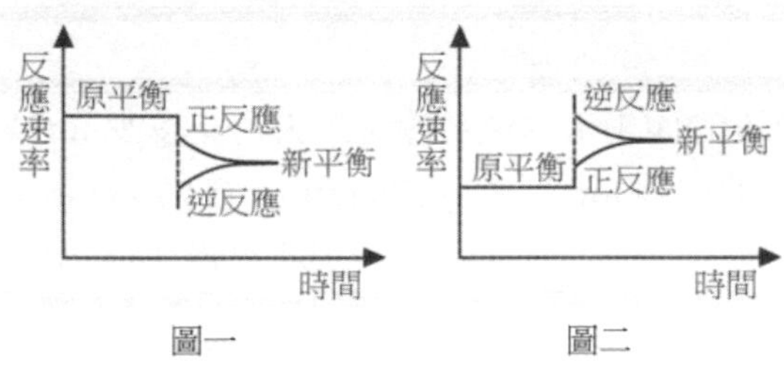

圖一　圖二

可知此反應為下列何者？

(A) 放熱反應，且 a < b　(B) 吸熱反應，且 a < b

(C) 放熱反應，且 a > b　(D) 吸熱反應，且 a > b

(E) 吸熱反應，且 a = b

《104 中國-09》Ans：A

10. 將 0.5 莫耳非揮發且不會解離的溶質溶解在 3 莫耳的溶劑中，請問此溶液的蒸氣壓與純溶劑的蒸氣壓之比為何？

(A) 1:3　(B) 1:7　(C) 2:3　(D) 5:6　(E) 6:7

《104 中國-10》Ans：E

11. 取 5.6 克鐵礦溶於濃鹽酸中，然後在溶液中加入 NH_3，此時溶液中的 Fe^{3+} 會產生三氧化二鐵(Fe_2O_3)沉澱，經過過濾、清洗及烘乾，三氧化二鐵的重量為 1.6 克。若鐵礦中，鐵以四氧化三鐵(Fe_3O_4)的形式存在，請計算鐵礦中四氧化三鐵的重量百分比為何？(分子量 Fe_2O_3：160 g/mol；Fe_3O_4：232 g/mol)

(A) 6%　(B) 28%　(C) 32%　(D) 36%　(E) 50%

《104 中國-11》Ans：B

12. U-238 原子核經過 _______ 次 α 衰變及 6 次 β 衰變後，生成 Pb-206 原子核。

(A) 2　(B) 4　(C) 6　(D) 8　(E) 10

《104 中國-12》Ans：D

13. 依據波爾模型，氫原子電子能階為 $E_n = -2.178 \times 10^{-18} (\frac{1}{n^2})$ J，若要將基態氫原子的電子移到無限遠處，請計算 ΔE 為何？

(A) -6.626×10^{-34} J　(B) -2.178×18^{-18} J　(C) 6.626×10^{-34} J

(D) 6.626×10^{-12} J　(E) 2.178×18^{-18} J

《104 中國-13》Ans：E

14. 在 27 ℃室溫下，0.01 M 的氯化鈉(NaCl)水溶液的滲透壓大約是多少 torr？

(A) 0.245 torr　(B) 15.6 torr　(C) 374 torr　(D) 520 torr　(E) 748 torr

《104 中國-14》Ans：C

15. 下面的高分子是由哪些單體(monomer)聚合而成的？

$$\left[-O-CH(CH_3)-C(=O)-O-CH(CH_3)-C(=O)-O-CH(CH_3)-C(=O)- \right]_n$$

Ⅰ. $HO-C(=O)-CH(CH_3)-C(=O)-OH$　　Ⅱ. $HO-CH(CH_3)-C(=O)-OH$　　Ⅲ. $HO-CH(CH_3)-CH_2-OH$

(A) Ⅰ　(B) Ⅱ　(C) Ⅲ　(D) Ⅰ和Ⅲ　(E) Ⅱ和Ⅲ

《104 中國-15》Ans：B

說明：

1. Polymerization via condensation
2. Ans:

$$\left[-O-CH(CH_3)-C(=O)- \right]_n \Rightarrow H-O-CH(CH_3)-C(=O)-O-H$$

Polymer　　monomer

16. 有一瓶酒，其中乙醇的體積百分比濃度為 23 % (v/v)，請計算乙醇的體積莫耳濃度(Molarity)為何？ (水的密度= 1.0 g/cm^3，乙醇的密度= 0.80 g/cm^3，乙醇的分子量= 46 g/mol)

(A) 0.4 M　(B) 4.0 M　(C) 8.0 M　(D) 12.0 M　(E) 16.0 M

《104 中國-16》Ans：B

17. 若化學反應 A + 2B → C + D 的反應速率式為 Rate = $k[A]^2[B]$。下列三組反應機制，有哪幾個是合理的？

Ⅰ. A + B ⇄ E (fast)
　 E + B → C + D (slow)

Ⅱ. A + B ⇄ E (fast)
　 E + A → C + D (slow)

Ⅲ. A + A ⇄ E (fast)
　 E + B → C + D (slow)

(A) 只有 I 合理　(B) 只有 II 合理　(C) 只有 III 合理
(D) I 和 II 合理　(E) II 和 III 合理

《104 中國-17》Ans：E

18. 水的蒸氣壓(P_{vap})與絕對溫度(T)之間的關係，下列敘述何者正確？

(A) 以 $\ln(P_{vap})$對(1/T)作圖，圖形為直線，且斜率 <0

(B) 以 $\ln(P_{vap})$對(1/T)作圖，圖形為直線，且斜率 >0

(C) 以 P_{vap} 對 T 作圖，圖形為直線，且斜率 <0

(D) 以 P_{vap} 對 T 作圖，圖形為直線，且斜率 >0

(E) 以(P_{vap})對 T^2 作圖，圖形為直線，且斜率 >0

《104 中國-18》Ans：A

19. $NH_2-CH_2-CH_2-NH-CH_2-CH_2-NH_2$ 可做為配位基(ligand)，和金屬離子形成配位化合物，請問此配位基和金屬離子最多可形成多少個共價鍵？

(A) 0　(B) 2　(C) 3　(D) 4　(E) 6

《104 中國-19》Ans：C

20. 有一個 0.1 M 的弱酸溶液(HA)，酸解離常數 $K_a = 4 \times 10^{-5}$，請計算此弱酸在溶液中的解離百分比為何？

(A) 0.02%　(B) 0.2%　(C) 2%　(D) 4%　(E) 8%

《104 中國-20》Ans：C

21. 下列分子何者是極性分子？

(A) PBr_3　(B) SO_3　(C) CS_2　(D) CH_4　(E) SiF_4

《104 中國-21》Ans：A

22. 有一個化學反應如下：

$$H_2C{=}CH_2\,(g) + F_2\,(g) \longrightarrow H{-}CHF{-}CHF{-}H\,(g) \quad \Delta H = -549\ \text{kJ}$$

已知 C−C 的鍵能為 347 kJ/mol，C=C 的鍵能為 614 kJ/mol，F−F 的鍵能為 154 kJ/mol，請問 C−F 的鍵能為何？

(A) 64 kJ/mol　(B) 485 kJ/mol　(C) 768 kJ/mol

(D) 961 kJ/mol　(E) 1115 kJ/mol

《104 中國-22》Ans：B

說明：

1. Hess's law

2. $\Delta H^\circ_{rxn} = [(+\Delta H^\circ_{C=C} \times 1) + (+\Delta H^\circ_{F\text{-}F} \times 1)] + [(-\Delta H^\circ_{C\text{-}C} \times 1) + (-\Delta H^\circ_{C\text{-}F} \times 2)]$

$\therefore\ -549\ KJ = [(+614 \times 1)KJ + (+154 \times 1)KJ] + [(-347 \times 1)KJ + (-\Delta H^\circ_{C\text{-}F} \times 2)KJ]$

$\therefore \Delta H^\circ_{C\text{-}F} = -485\ KJ/mole$

23. 有一個由 A 和 B 兩元素組成的化合物，化合物的單元晶格(unit cell)如下圖：

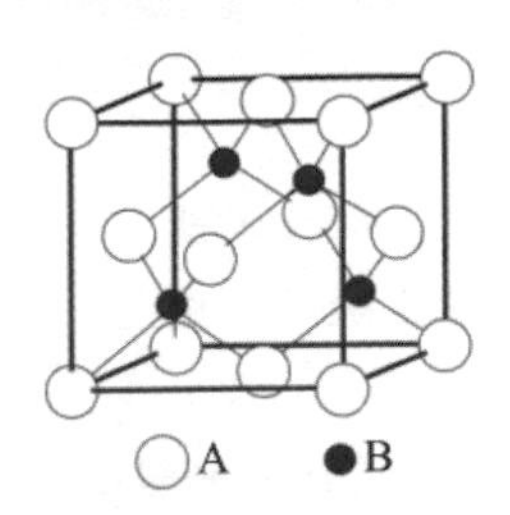

此化合物的化學式為何？

(A) AB　(B) A_2B　(C) AB_2　(D) A_3B　(E) A_4B

《104 中國-23》Ans：A

24. 鼓風爐中以 CO 為還原劑，可將氧化鐵還原成鐵元素，其反應如下：

$Fe_2O_{3(s)} + 3CO_{(g)} \rightarrow 2Fe_{(s)} + 3CO_{2(g)}$　　$\Delta H° = -23$ kJ

$3Fe_2O_{3(s)} + CO_{(g)} \rightarrow 2Fe_3O_{4(s)} + 3CO_{2(g)}$　　$\Delta H° = -39$ kJ

$Fe_3O_{4(s)} + CO_{(g)} \rightarrow 3FeO_{(s)} + CO_{2(g)}$　　$\Delta H° = 18$ kJ

請計算反應 $FeO_{(s)} + CO_{(g)} \rightarrow Fe_{(s)} + CO_{2(g)}$的 $\Delta H°$為何？

(A) –66 kJ　(B) –33 kJ　(C) –11 kJ　(D) 11 kJ　(E) 66 kJ

《104 中國-24》Ans：C

25. 有一個化學反應 $Br_{2(l)} \rightarrow Br_{2(g)}$，已知此反應的 $\Delta H°= 31.0$ kJ/mol，$\Delta S°= 93.0$ J/K．mol，請計算液態 Br_2 的沸點為何？

(A) 0 K　(B) 273 K　(C) 333 K　(D) 610 K　(E) 666 K

《104 中國-25》Ans：C

26. 分子式為 $H_6N_4O_3$ 的分子其不飽和度(degree of unsaturation)為何？

(A) 0　(B) 1　(C) 2　(D) 3　(E) 4

《104 中國-26》Ans：A

說明：

1.不飽和度(the degree of unsaturation index)

2. the degree of unsaturation = DBE = [(2 × 0 + 2) - 6 + 4]/2 = 0

3. Ans:

H‒N‒O‒N‒O‒N‒O‒N‒H (each N bearing H)

(Saturated compound)

27. 右側化合物在氫及碳核磁共振光譜圖中各有幾種不同的化學位移訊號？

(A) 氫：3 種；碳：3 種　　(B) 氫：4 種；碳：3 種

(C) 氫：5 種；碳：5 種　　(D) 氫：6 種；碳：5 種

(E) 氫：10 種；碳：5 種

《104 中國-27》Ans：A

說明：

1. Equivalent / non-equivalent atoms
2. Ans:

H_a, H_b, $(CH_3)_c$, H_a, $(CH_3)_c$, H_b

$\Rightarrow$ C_2-operation

$\therefore$ ^{1}H-NMR $\Rightarrow$ 3 signals

^{13}C-NMR $\Rightarrow$ 3 signals

$\Rightarrow$ H, C_a, H, $(CH_3)_c$, H, C_b, C_b, $(CH_3)_c$, H

28. 根據國際純化學與應用化學聯盟(IUPAC)的系統命名規則，下列烷類分子其正確名稱為何？

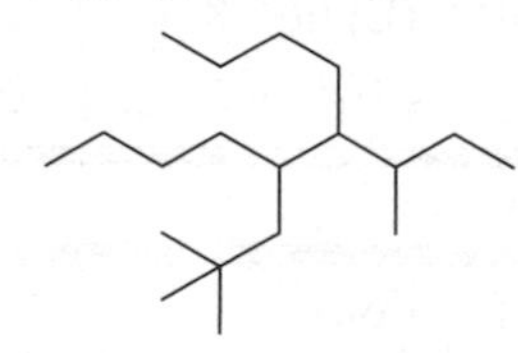

(A) 5-sec-butyl-6-neopentyldecane

(B) 5-neopentyl-6-sec-butyldecane

(C) 6-neopentyl-5-sec-butyldecane

(D) 6-sec-butyl-5-neopentyldecane

(E) 3-methyl-5-neopentyl-4-propylnonane

《104 中國-28》Ans：A

說明：

1. 命名(nomenclature)
2. Ans:

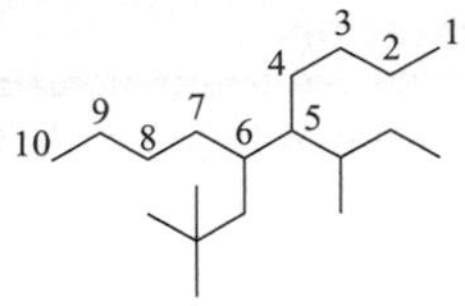

10 9 8 7 6 5 4 3 2 1

⇒ 5-sec-butyl-6-neopentyldecane

29. 以下分子共有多少個掌性中心(chiral center)？

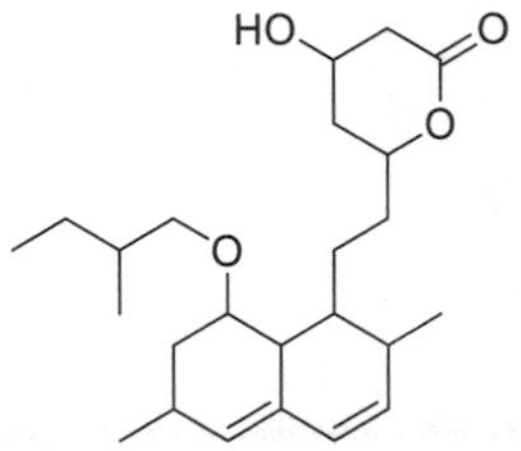

HO O O

(A) 6 (B) 7 (C) 8 (D) 9 (E) 10

《104 中國-29》Ans：C

說明：

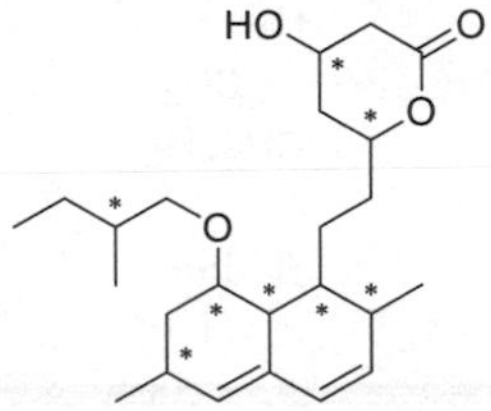

⇒ n = 8 (chiral centers)

※Nucleophilic substitution-----Nucleophilicity

30. 四種鹵素離子在質子性溶劑(protic solvent)中的親核性(nucleophilicity)強弱依序為：

(A) $F^- > Cl^- > Br^- > I^-$ (B) $F^- > I^- > Br^- > Cl^-$

(C) $F^- > Cl^- > I^- > Br^-$ (D) $I^- > Br^- > Cl^- > F^-$

(E) $F^- = Cl^- = Br^- = I^-$

《104 中國-30》Ans：D

說明：

1. Nucleophilicity (↑) ⇒ polarization (↑)
2. Ans: (D) ⇒ $I^- > Br^- > Cl^- > F^-$ (in protic solvent)
3. 比較: ⇒ $F^- > Cl^- > Br^- > I^-$ (in aprotic solvent)

※Transformation----- Fischer/ Newman representation

31. 下列分子分別以費雪(Fischer)投影及紐曼(Newman)投影方式呈現，請問其掌性中心的絕對組態為何？

OH
H—┼—$CHCl_2$
CH_2Br
I

H
Br, CH_3
H_3C, H
H
II

(A) I：*S*；II：*S*　　(B) I：*R*；II：*R*
(C) I：*R*；II：*S*　　(D) I：*S*；II：*R*
(E) I：*E*；II：*Z*

《104 中國-31》Ans：C

說明：

1. the transformation of the 3°-representation
2. Ans:

①
OH
④ H—┼—$CHCl_2$ ③
CH_2Br
②

v.s

H
Br, CH_3
H_3C, H
H

≡ H
Br—┼—CH_3
CH_2CH_3

I : R-form　　II : S-form

32. E-3-己烯先後與間-氯過氧苯甲酸(mCPBA)及酸性水溶液進行反應，最後生成的產物為何？

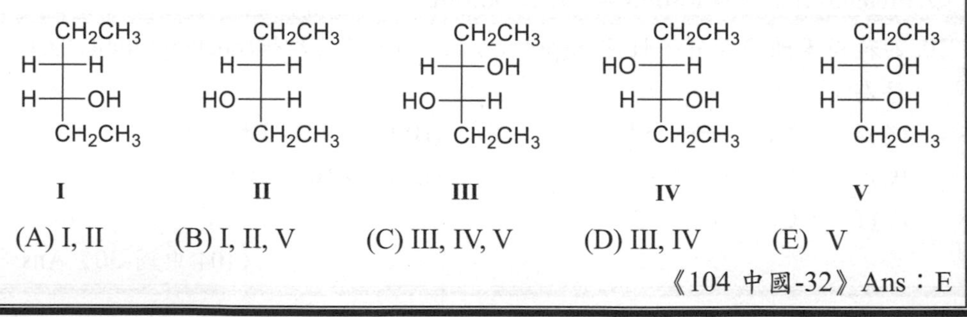

(A) I, II　(B) I, II, V　(C) III, IV, V　(D) III, IV　(E) V

《104 中國-32》Ans：E

說明：

1. **Trans-1,2,-diol formation** ⇒ (Symmetry) ⇒ trans + Anti- ⇒ meso compound
2. Ans:

1. mCPBA
2. H_3O^+

CH_2CH_3
H—┼—OH
H—┼—OH
CH_2CH_3

33. 辛士柏試驗(Hinsberg test)主要是用來區分何種有機化合物？

(A) 醇類　(B) 胺類　(C) 酚類　(D) 醛類　(E) 羧酸

《104 中國-33》Ans：B

說明：

1. **Hinsberg test**：一級，二級，三級胺(1°，2°，3°-amine)之磺醯化反應常用來做為鑑定用，所用試劑為苯磺醯氯化合物(Benzenesulfonyl chloride)：($PhSO_2Cl$; KOH)。

Hinsberg test 一覽表

	RNH_2 (1°-amine)	R_2NH (2°-amine)	R_3N (3°-amine)
$phSO_2Cl$	+	+	−
KOH	+	−	−
HCl	+	−	+

34. 某有機化合物在質譜中所顯示的部分訊號如下，其中 m/z = 84 為此化合物的分子離子(molecular ion)訊號，請問此化合物最有可能的分子式為何？

m/z	intensity
84 $M^{+\cdot}$	10.00
85	0.56
86	0.04

(A) $C_4H_6O_2$　(B) C_5H_8O　(C) $C_5H_{10}O$　(D) C_5H_{24}　(E) C_6H_{12}

《104 中國-34》Ans：B

說明：

1. MS spectrum-----isotope abundance
2. Ans:

假設分子式為 $C_xH_yO_nN_z$

Step 1. $\frac{(M+1)}{M}\times 100\% = \left(\frac{0.56}{10.00}\right)\times 100\% = 1.1x\% + 0.36z\%$

$\because$ Nitroqen rule ⇒ z = 0

$\therefore$ x = 5

Step 2. $\frac{(M+2)}{M}\times 100\% = \frac{(1.1x)^2}{200}\% + 0.20n\%$

代入 (x = 5)

$\therefore$ n = 1

Step 3. $C_5H_yO_1$ ($M^+ = 84$) $\therefore$ y = 8

因此確認分子式為 C_5H_8O

35. 以下四種酚類化合物(I –Ⅳ)其酸性由高到低依序為：

I: HO–C6H5　II: HO–C6H4–Me　III: HO–C6H4–Cl　IV: HO–C6H4–NO_2

(A) Ⅱ ＞ Ⅰ ＞ Ⅲ ＞ Ⅳ　(B) Ⅳ ＞ Ⅰ ＞ Ⅱ ＞ Ⅲ
(C) Ⅳ ＞ Ⅰ ＞ Ⅲ ＞ Ⅱ　(D) Ⅳ ＞ Ⅲ ＞ Ⅰ ＞ Ⅱ
(E) Ⅳ ＞ Ⅲ ＞ Ⅱ ＞ Ⅰ

《104 中國-35》Ans：D

說明：

1. the ordering of acidity
2. Ans:

p-NO_2-phenol > p-Cl-phenol > phenol (H) > p-CH_3-phenol

pKa ≈ 3.43　4.00　10.0　10.19

36. 下列化合物利用過量的鹼性過錳酸鉀進行氧化，最後產物為何？

4-isopropylacetophenone $\xrightarrow[2.\ H_3O^+]{1.\ KMnO_4,\ HO^-,\ \Delta}$

(A) HO(O=)C–C6H4–CH(CH_3)$_2$
(B) HO(O=)C–C6H4–C(CH_3)$_2$OH
(C) HO(O=)C–C6H4–C(=O)OH
(D) CH_3C(=O)–C6H4–C(CH_3)$_2$OH
(E) CH_3C(=O)–C6H4–C(=O)OH

《104 中國-36》Ans：C

說明：

1. the side-chain oxidation of benzene
2. Ans:

4-isopropylacetophenone $\xrightarrow[2.\ H_3O^{\oplus}]{1.\ KMnO_4,\ ^{\ominus}OH,\ \Delta}$ HOOC–C6H4–COOH

37. 以下反應何者無法用來形成六員環(6-membered ring)？
(A) Robinson annulation (B) Aldol condensation
(C) Dieckmann condensation (D) Diels-Alder reaction
(E) Sandmeyer reaction

《104 中國-37》Ans：E

說明：

(A) Robinson annulation

※Robinson annulaton

碳陰離子視為親核子對 α, β-不飽和醛(酮、酯)類化合物之加成反應(1,4-addition)，用以合成 1,5-diketone 之化合物，其相對之環化反應稱為 Robinson 環化反應。

e.g.1 (Robinson annulation)

Predict the major product of the following reaction.

$$CH_3\overset{O}{\overset{\|}{C}}-C\equiv CH + \text{(2-methylcyclohexanone)} \xrightarrow[EtOH]{NaOEt} ?$$

(B) Aldol condensation

※交錯醛醇縮合反應(crossed Aldol condensation)：

係由於其他具有 acidic α-proton 之醛類化合物，可能發生自身 Aldol condensation 結果導致反應之副產物太多，而合成之生成物產率相對降低。因此，取其中之一種不具有 α-H 之醛類化合物進行**交錯**醛醇縮合反應。

e.g.2

$$ph-\overset{O}{\overset{\|}{C}}-H + CH_3CH_2-\overset{O}{\overset{\|}{C}}-H \xrightarrow[10°C]{OH^-} phCH=\underset{CH_3}{\underset{|}{C}}\overset{O}{\overset{\|}{C}}H$$

(C) Dieckmann condensation

※分子內Claisen縮合反應：Dieckmann condensation

為分子內Claisen condensation (<u>**Intramolecular Claisen condensation**</u>)

形成環化之β-keto ester .⇒ favor five-or six-membered ring cyclization

e.g.3

$$EtO\overset{O}{\overset{\|}{C}}(CH_2)_4COOEt \xrightarrow[EtOH]{NaOEt} \text{2-(ethoxycarbonyl)cyclopentanone} \xrightarrow[\Delta]{H_3O^+} \text{cyclopentanone}$$

(D) Diels-Alder reaction

※**Normal type Diels-Alder reaction：[$4\pi_s + 2\pi_s$] cycloaddition.**

(1)反應之特徵：

(a)<u>可逆反應(reversible)</u>。

(b)<u>單一協同步驟(a</u> concerted reaction)。

(c)沒有溶媒效應(non-solvent effect)。

(d)<u>立體專一性 (stereospecificity)</u>之特性。

(2) Diene ⇒ (a) s-cis form. (b) donating substituent.

(3) Dienophile ⇒ withdrawing substituent.

(4) Stereospecific Syn- addition. ⇒ (a) endo principle.
(b) cis-principle.

(5) Regioselectivity ⇒ ortho-/para-rule

e.g.4

heat

(E) Sandmeyer reaction

※**Nucleophilic Substitution of Arenediazonium Salts----S_N1Ar**

<u>**Sandmeyer reaction**</u>：芳香重氮鹽在芳香族化合物合成上擔任重要中間體角色，因為經由重氮鹽中間體透過官能基轉換，這種過程稱其為 S_N1Ar-mechanism。如下式：

⇒ S_N1Ar-mechanism：係脫去-加成步驟(Elimination-Addition process)

Table **Diazonium Salt Reactions (Sandmeyer reaction)**

1. $phN_2HSO_4 + H_3PO_2 + H_2O \longrightarrow ph-H$
2. $phN_2HSO_4 + H_2O \longrightarrow ph-OH$
3. $phN_2Cl(Br) \xrightarrow{Cu_2Cl_2(Cu_2Br_2)} ph-Cl(-Br)$
4. $phN_2HSO_4 + KI \longrightarrow ph-I$
5. $phN_2Cl \xrightarrow[(2)\ \triangle]{(1)\ HBF_4} ph-F$
6. $phN_2Cl + Cu_2(CN)_2 \longrightarrow ph-CN$

* 稱為 **Sandmeyer reaction**.

38. 1-甲基環己烯與次氯酸反應後的產物為何？

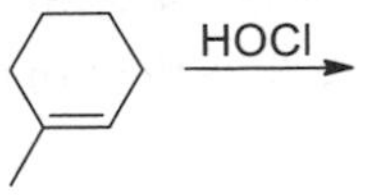

HOCl →

(A) 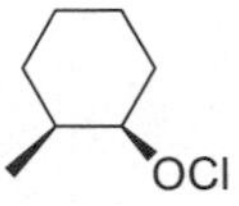 OCl (B)  OCl (C) 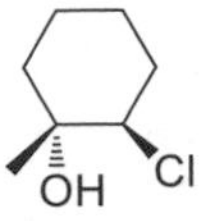 OH Cl (D) 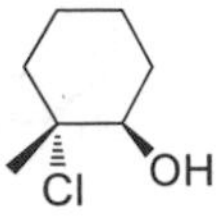 Cl OH (E) 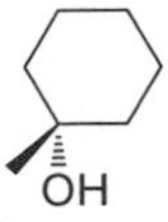 OH

《104 中國-38》Ans：C

說明：

1. Electrophilic addition-----chlorohydrin formation
2. Chlorohydrin formation-----Markovnikov's rule
3. Diaxial openning rule-----stereospecific anti-addition
4. Ans:

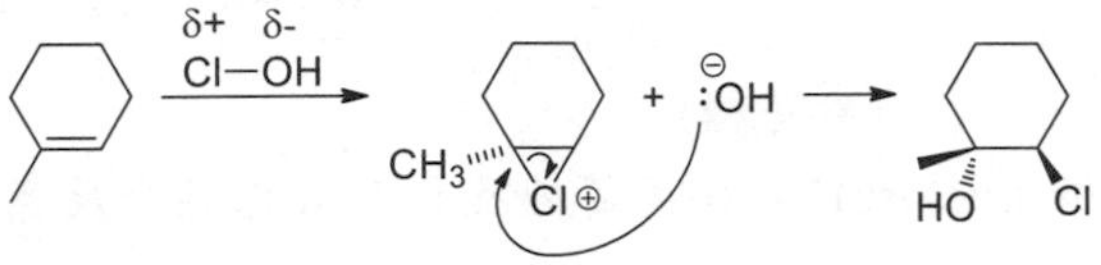

δ+ δ- Cl—OH → CH_3 Cl⊕ + :OH⊖ → HO Cl

39. 右列五種醣類何者為雙醣？

Ⅰ：果糖　　Ⅱ：蔗糖　　Ⅲ：乳糖　　Ⅳ：葡萄糖　　Ⅴ：麥芽糖

(A) Ⅰ，Ⅳ　　(B) Ⅱ，Ⅲ　　(C) Ⅰ，Ⅱ，Ⅲ

(D) Ⅱ，Ⅲ，Ⅴ　　(E) Ⅰ，Ⅱ，Ⅲ，Ⅴ

《104 中國-39》Ans：D

說明：

※Carbohydrate：碳水化合物

⇒碳水化合物的分類

(A)簡單醣類化合物(Simple Carbohydrate)：單醣類(Monosaccharide)

e.g.

$C_6H_{12}O_6$ + 6 O_2 ⇌ (oxidation / photosynthesis) 6 CO_2 + 6 H_2O + energy

glucose

D-galactose: CHO; H—OH; HO—H; HO—H; H—OH; CH_2OH — the OH group is on the right

L-galactose: CHO; HO—H; H—OH; H—OH; HO—H; CH_2OH

L-galactose mirror image of D-galactose

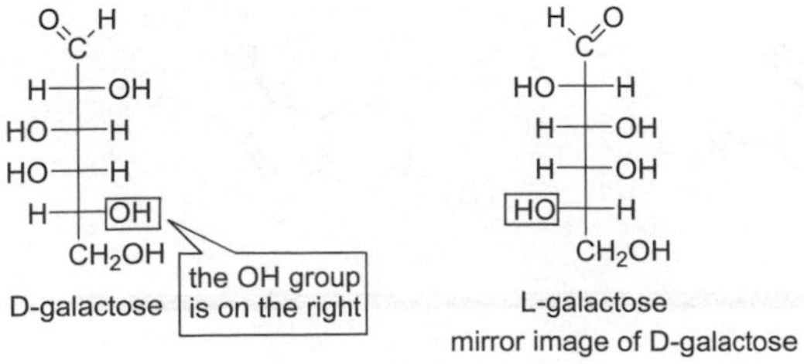

(B) Disaccharide(兩個單醣結合) ⇒ ie **蔗糖，乳糖，麥芽糖**。

⇒雙醣經水解反應可分解出兩個單醣者(ie. 蔗糖、麥芽糖、及乳糖)

(a)蔗糖(sucrose)：α-葡萄糖及 β-果糖經縮合反應脫水而成。

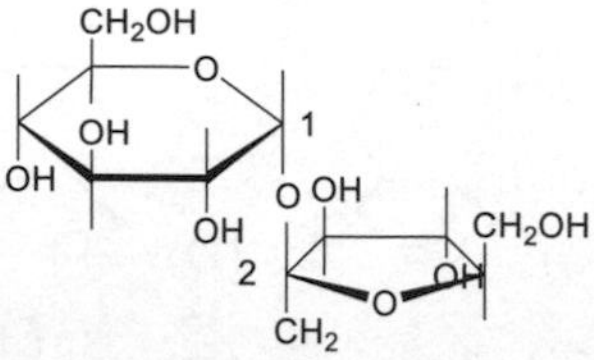

CH_2OH O 1 OH OH OH O OH CH_2OH 2 O OH CH_2

⇒ α-D-葡萄糖 ＋β-D-果糖

(蔗糖)

(b)麥芽糖(maltose)：由 α-及 β-半乳糖縮合反應脫水而生成。

CH_2OH O 1 OH OH OH O CH_2OH O OH OH OH

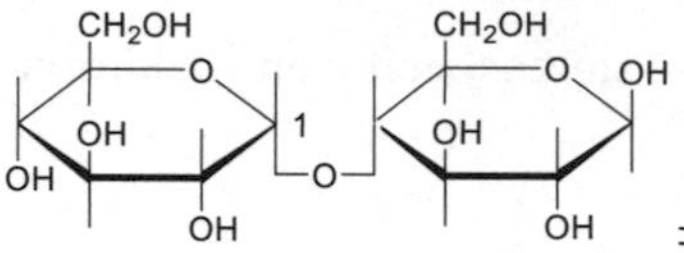

⇒ α-D-葡萄糖 ＋β-D-葡萄糖

(麥芽糖)

(c)乳糖(Lactose)：由 α-葡萄糖及 β-半乳糖縮合反應脫水而生成。

CH_2OH O OH OH OH OH O CH_2OH O OH OH OH

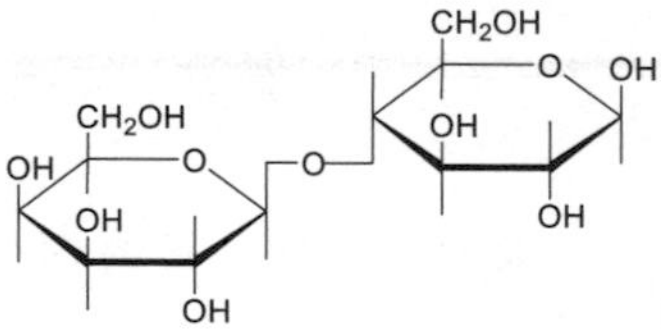

⇒ α-D-半乳糖 ＋β-D-葡萄糖

(乳糖)

---

40. 下列化合物進行一系列反應後，最終產物為何？

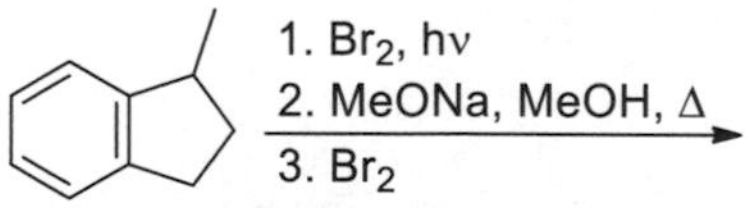

1. Br_2, hν
2. MeONa, MeOH, Δ
3. Br_2

(A) 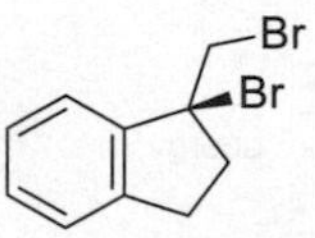 Br Br　(B) 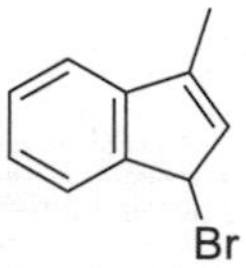 Br　(C) 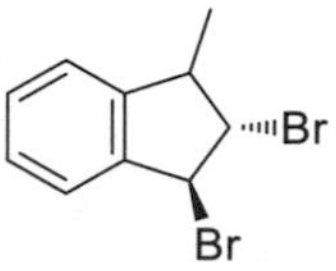 Br Br

(D) 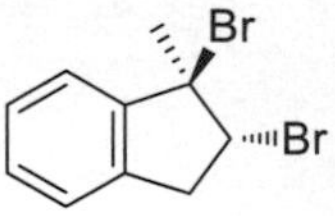 Br Br　(E) 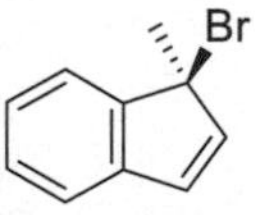 Br

《104 中國-40》Ans：D

說明：

1. Synthesis via Free radical substitution

2. Ans:

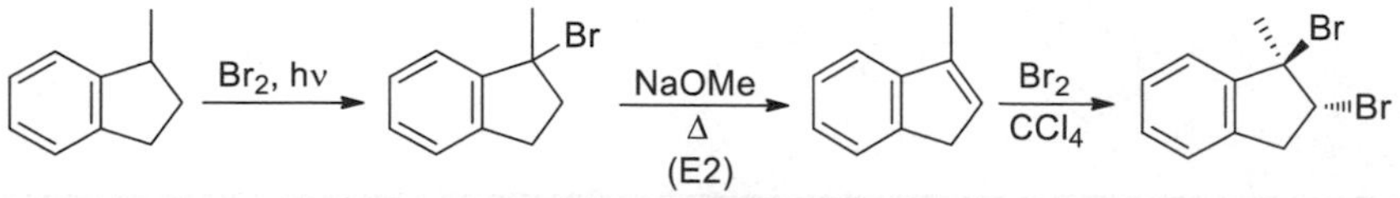

Br_2, hν → ; NaOMe, Δ (E2) → ; Br_2, CCl_4 →

41. 2-甲氧基萘與溴及溴化鐵進行溴化反應，請問主要生成的單一溴化產物為何？

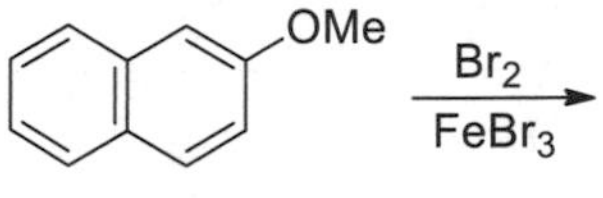

OMe; Br_2 / $FeBr_3$ →

(A) 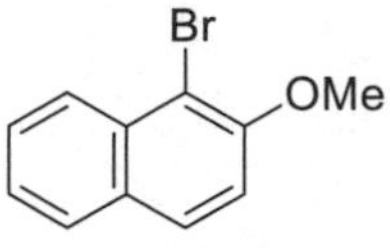 Br, OMe (B) 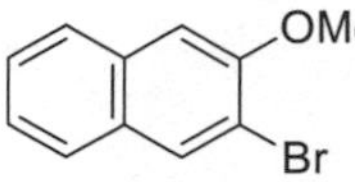 OMe, Br (C) 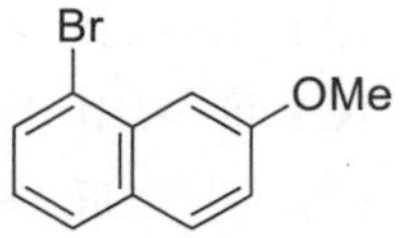 Br, OMe

(D) 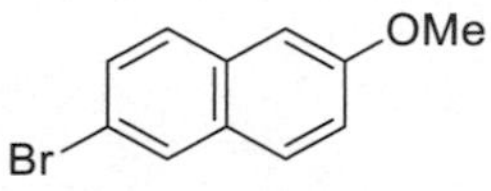 Br, OMe (E) 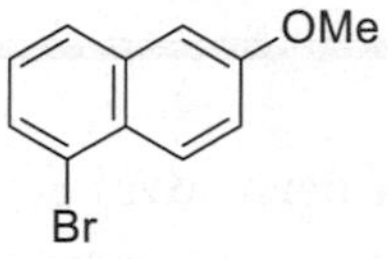 OMe, Br

《104 中國-41》Ans：A

說明：

1. the orientation of electrophilic aromatic substitution(S_EAr)

2. Ans:

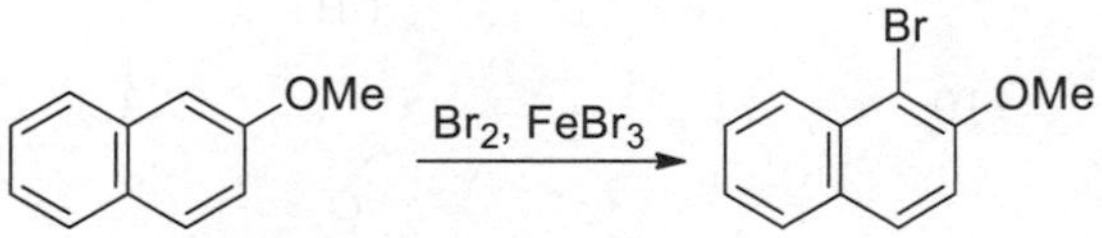

OMe; Br_2, $FeBr_3$ → Br, OMe

42. 甲苯經由 Birch 還原後所得之產物為何？

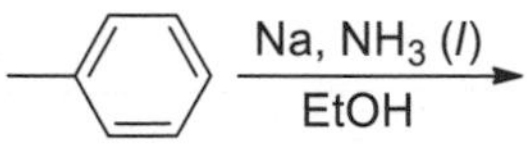

Na, NH_3 (*l*) / EtOH →

(A) 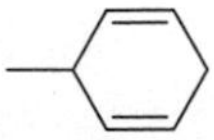 (B) 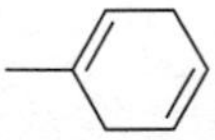 (C) 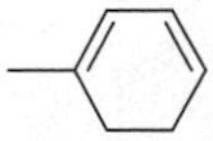 (D) 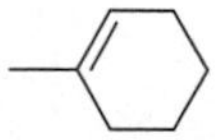 (E)

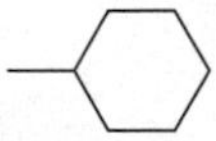

《104 中國-42》Ans：B

說明：

1. Birch reduction-----1,4-addition

2. Ans:

CH_3 —— $Na_{(s)}$, $NH_{3(l)}$ / EtOH ——> CH_3

43. 下列四種不同的雙烯(I – Ⅳ)與馬來酐(maleic anhydride)進行 Diels-Alder 反應，其反應性由高到低依序為：

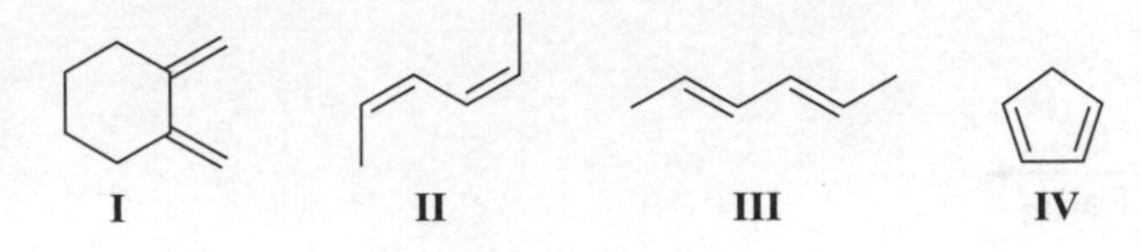

(A) Ⅰ > Ⅳ > Ⅲ > Ⅱ
(B) Ⅲ > Ⅱ > Ⅰ > Ⅳ
(C) Ⅲ > Ⅱ > Ⅳ > Ⅰ
(D) Ⅳ > Ⅰ > Ⅲ > Ⅱ
(E) Ⅳ > Ⅲ > Ⅰ > Ⅱ

《104 中國-43》Ans：D

說明：

1.**二烯衍生物 (Diene derivatives)**

於 Normal Diels-Alder reaction 中：

電子豐盈的二烯類衍生物，其相對反應活性(relative reactivity)較高。

※Summary : (The relative reactivity of diene derivatives)

> OMe > CH_3 CH_3 > CH_3 ≒ CH_3 >

1348 110 12 5 3.3 2.2

> > X > O OEt > NO_2

2.0 1.0 0.1 ~0.01 ~0.001

2. Ans:

> > >

IV I III II

44. 關於下列反應何者最終產物不是胺類化合物？

(A) PhC(=O)NH_2 $\xrightarrow{\text{1. LiAlH}_4\text{; 2. H}_2\text{O}}$

(B) PhCN $\xrightarrow{\text{1. DIBAL-H; 2. H}_3\text{O}^+}$

(C) $PhCH_2N_3$ $\xrightarrow{\text{PPh}_3\text{, H}_2\text{O}}$

(D) PhC(=O)Cl $\xrightarrow{\text{1. NaN}_3\text{; 2. }\Delta\text{; 3. H}_2\text{O}}$

(E) 1-Cl-2-CF_3-benzene $\xrightarrow{\text{NaNH}_2\text{, NH}_3}$

《104 中國-44》Ans：B

說明：

(A) **Reduction-amination**

PhC(=O)NH_2 $\xrightarrow{\text{1. LAH; 2. H}_2\text{O}}$ $PhCH_2NH_2$

Cf. (Nitrile application)

$(CH_3)_2CHCH_2CH_2Br$ $\xrightarrow{\text{KCN}}$ $(CH_3)_2CHCH_2CH_2CN$ $\xrightarrow{\text{1. LAH; 2. H}_3\text{O}^{\oplus}}$ $(CH_3)_2CHCH_2CH_2CH_2NH_2$

(B) **Reduction-amination**

PhCN $\xrightarrow{\text{1. DIBAL-H; 2. H}_3\text{O}^{\oplus}}$ PhCHO

(C) **Staudinger reaction**

$PhCH_2\overset{\ominus}{N}-\overset{\oplus}{N}{\equiv}N{:}$ + $:PPh_3$ ⟶ $PhCH_2\overset{\ominus}{N}-N{=}N-\overset{\oplus}{P}Ph_3$ ⟶ four-membered P–N–N–N intermediate (PPh_3) ⟶

$PhCH_2N{=}PPh_3$ $\xrightarrow[\text{(Hydrolysis)}]{\text{H}_2\text{O}}$ $PhCH_2NH_2$ + $O{=}PPh_3$

(D) **Curtius rearrangement**

PhC(=O)Cl $\xrightarrow[(S_N2Ac)]{:N_3^{\ominus}}$ PhC(=O)$-N-\overset{\oplus}{N}{\equiv}N{:}$ $Cl^{\ominus}$ $\xrightarrow{\Delta}$ $Ph-\ddot{N}{=}C{=}O$ $\xrightarrow{\text{H}_2\text{O}}$ $Ph-NH_2$

(E) **S_NAr-----Benzyne intermediate**

1-Cl-2-CF_3-benzene $\xrightarrow[\text{(ElCB)}]{\text{NaNH}_2}$ 3-CF_3-benzyne $\xrightarrow[(S_NAr)]{:NH_2^{\ominus}}$ 3-CF_3-aniline + 2-CF_3-aniline

45. 四種含氮化合物(Ⅰ－Ⅳ)，鹼性由大到小依序為：

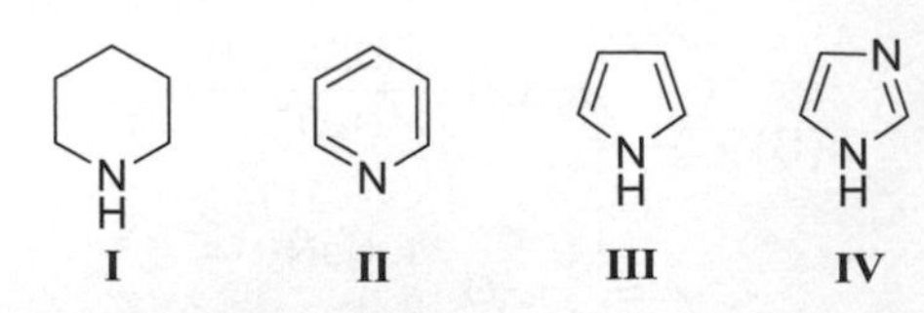

(A) Ⅰ ＞ Ⅱ ＞ Ⅲ ＞ Ⅳ　　(B) Ⅰ ＞ Ⅱ ＞ Ⅳ ＞ Ⅲ

(C) Ⅰ ＞ Ⅲ ＞ Ⅳ ＞ Ⅱ　　(D) Ⅰ ＞ Ⅳ ＞ Ⅱ ＞ Ⅲ

(E) Ⅳ ＞ Ⅰ ＞ Ⅱ ＞ Ⅲ

《104 中國-45》Ans：D

說明：

1. the ordering of basicity
2. Ans:

pKa　11.3 ＞ 7.2 ＞ 5.24 ＞ 0.4

46. 下列化合物在加熱條件下會產生何種產物？

$\xrightarrow{\Delta}$

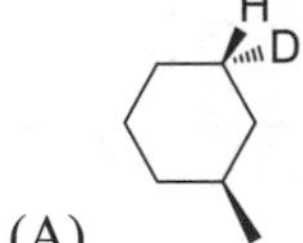

(A)

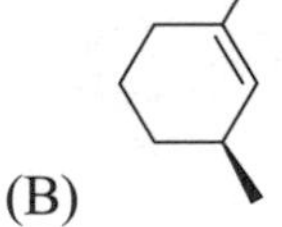

(B)

(C)

(D)

(E)

《104 中國-46》Ans：C

說明：

1. Cope elimination -----stereospecific Syn-elimination

2.位向化學(Regiochemistry)

$$\Rightarrow \begin{cases} 1^\circ\text{–H} > 2^\circ\text{–H} > 3^\circ\text{–H} \\ 1^\circ\text{–L} > 2^\circ\text{–L} > 3^\circ\text{–L} \end{cases}$$

3. Ans:

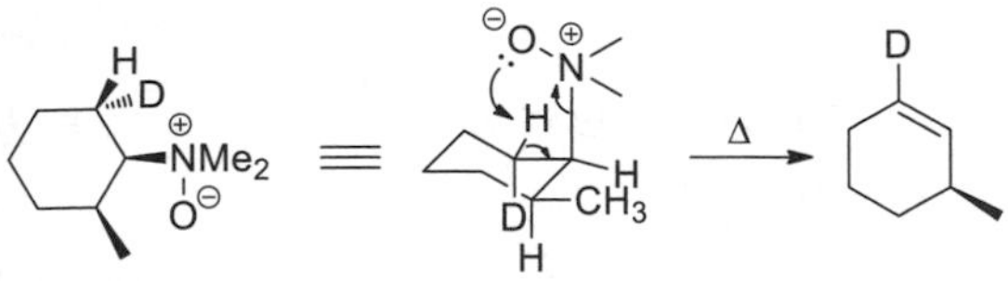

47. 巴豆酸甲酯(methyl crotonate)與(2E,4E)-2,4-己二烯進行 Diels-Alder 反應所生成的主要產物為何？

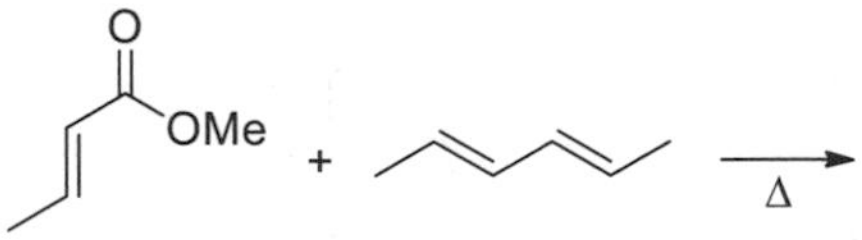

(A)

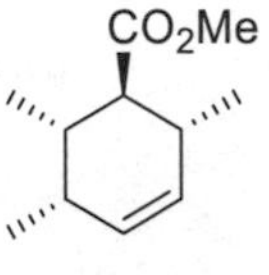

(B)

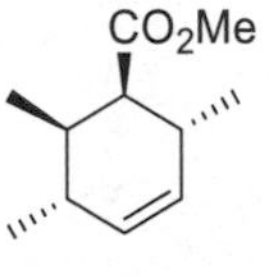

(C)

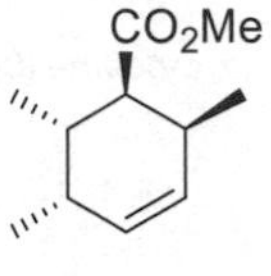

(D)

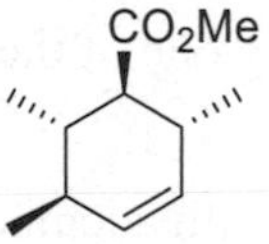

(E)

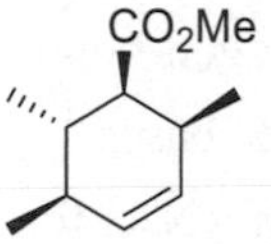

《104 中國-47》Ans：E

說明：

1. (1) Stereospecific Syn- addition. ⇒ (a) endo principle. (b) cis-principle.
(2) Regioselectivity ⇒ ortho-/para-rule
(3) Comformational factor ⇒ kinetically controlled process

2. Ans:

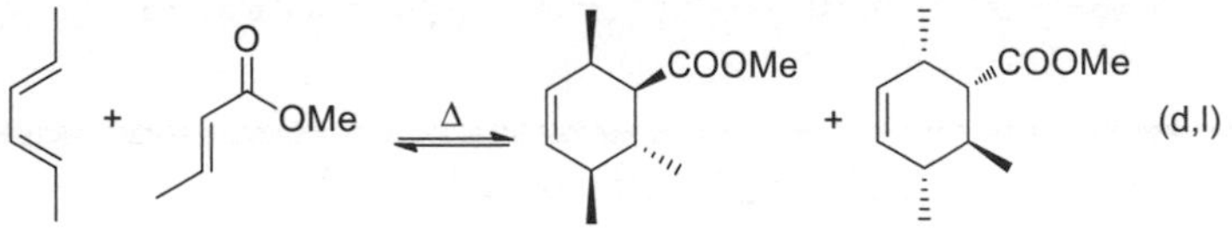

(d,l)

48. 去氧核醣核酸(DNA)中的鹼基對(base pair)彼此之間是靠哪種作用力結合在一起？

(A) 靜電吸引力　　(B) 離子－偶極力　　(C) 分散力
(D) 共價鍵　　(E) 氫鍵

《104 中國-48》Ans：E

說明：

Case A：DNA 鹼基

※Pyrimidine bases　　vs　　※purine bases

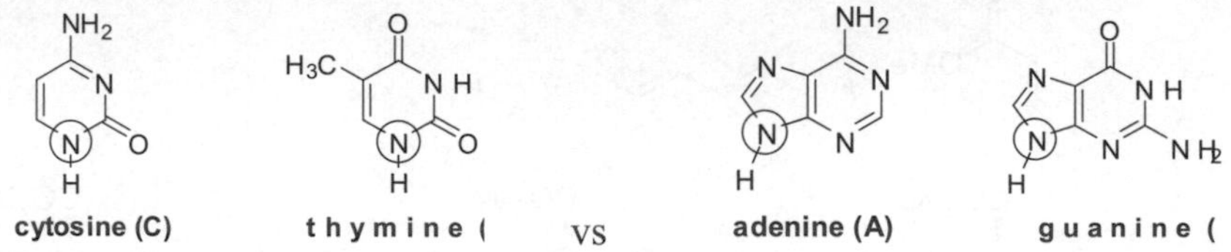

cytosine (C)　thymine (　vs　adenine (A)　guanine (

胞嘧啶　胸腺嘧啶　vs　腺嘌呤　鳥糞嘌呤

Case B：base pairing-----Each pyrimidine base forms a stable hydrogen-bonded pair with only one of the two purine bases.

(A) Thymine (or uracil in RNA) forms a base pair with adenine, joined by 2 hydrogen bonds.

(B) Cytosine forms a base pair, joined by 3 hydrogen bonds, with guanine.

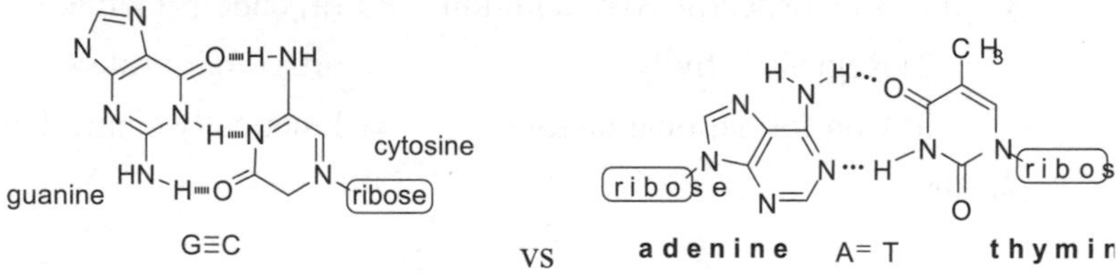

guanine　cytosine　ribose　G≡C　vs　ribose　adenine　A= T　ribos　thymin

49. 關於下列反應何者不是經過苯炔(benzyne)中間體？

(A) m-$CF_3C_6H_4Br$ $\xrightarrow[\text{liq. } NH_3]{NaNH_2}$ m-$CF_3C_6H_4NH_2$

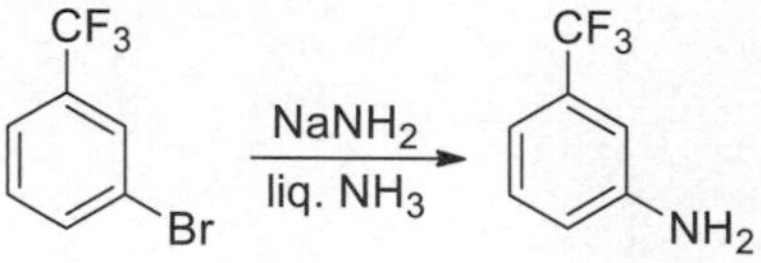

(B) C_6H_5Cl $\xrightarrow[2.\ H_3O^+]{1.\ NaOH,\ \Delta}$ C_6H_5OH

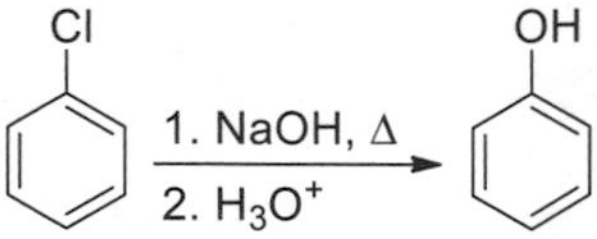

(C) OMe, I, OTf — MeO, OMe / n-BuLi → OH, OMe, OMe

(D) $CO_2^{\ominus}$, $N_2^{\oplus}$ — (furan) / Δ → O

(E) NO_2, Cl — 1. NaOH(aq), Δ / 2. H_3O^+ → NO_2, OH

《104 中國-49》Ans：E

說明：

(A) S_N2Ar-----Benzyne intermediate

CF_3, Br — $NaNH_2$ / $NH_{3(l)}$ → CF_3 — $^{\ominus}NH_2$ → CF_3, NH_2 + CF_3, NH_2

(B) S_N2Ar-----Benzyne intermediate

Cl — NaOH / Δ(340°C) → — $^{\ominus}OH$ → $O^{\ominus}$ — $H_3O^{\oplus}$ → OH

(C) S_N2Ar-----Benzyne intermediate,then $[2\pi_s+2\pi_s]$ cycloaddition

OMe, I, OT_f — $^nBu^{\ominus}Li^{\oplus}$ → OMe + MeO, OMe → OMe, OMe, OMe

(D) S_N2Ar-----Benzyne intermediate

O, $O^{\ominus}$, $N^{\oplus}{\equiv}N$ — Δ → + O → O

(E) S_N2Ar-----aryl halides

NO_2, Cl — $^{\ominus}$NaOH / (S_N2Ar) → NO_2, Cl, OH → NO_2, OH — ^{-}OH → NO_2, O^{-} — $H_3O^{\oplus}$ → NO_2, OH

50. 以下反應何者可以得到預期產物？

(A) NaOEt / EtOH, Δ

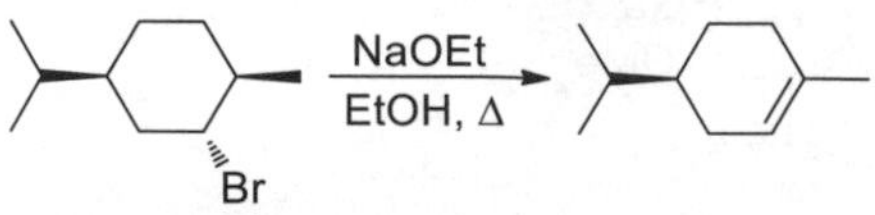

(B) Jones → CHO

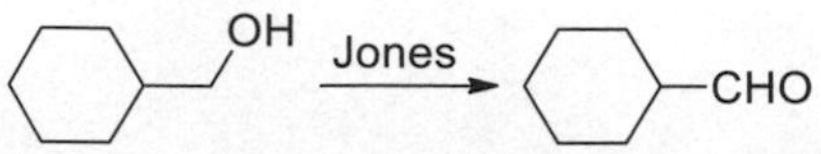

(C) Cl / $AlCl_3$

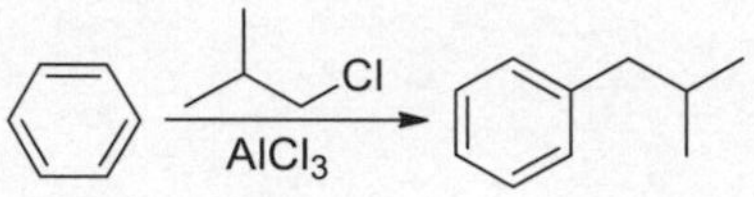

(D) *m*CPBA (1 eq)

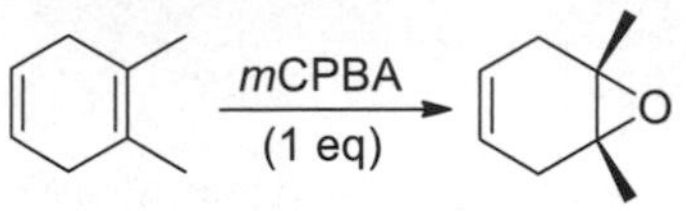

(E) NaOMe / MeOH → OMe

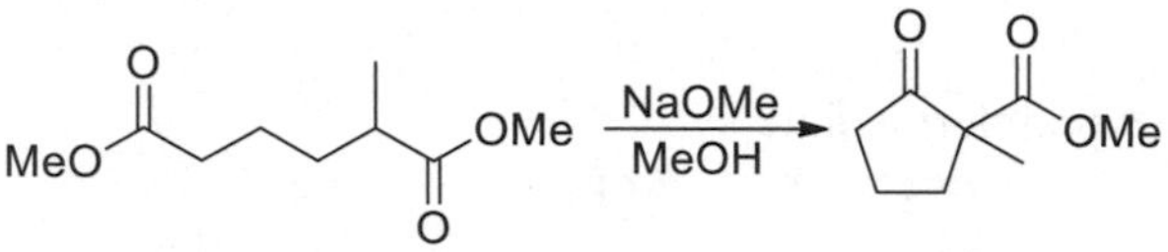

《104 中國-50》Ans：D

說明：

(A) E2 reaction

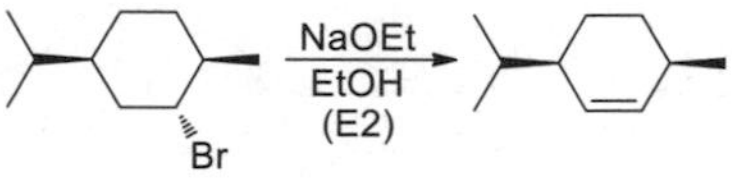

NaOEt / EtOH (E2)

(B) John's oxidation

CrO_3, H_2SO_4 (Jones)

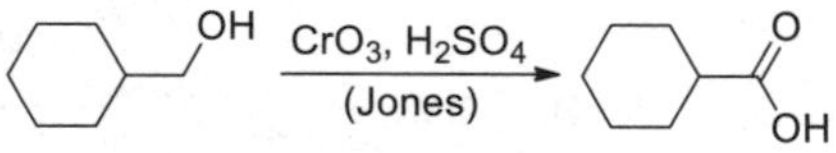

(C) Friedel-Craft's alkylation

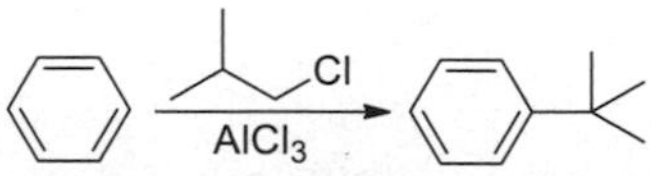

Cl / $AlCl_3$

(D) Epoxide formation via peracids(mCPBA)

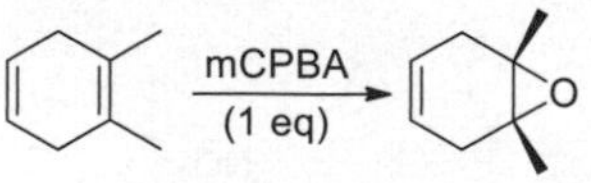

mCPBA (1 eq)

(E) Dieckmann condensation

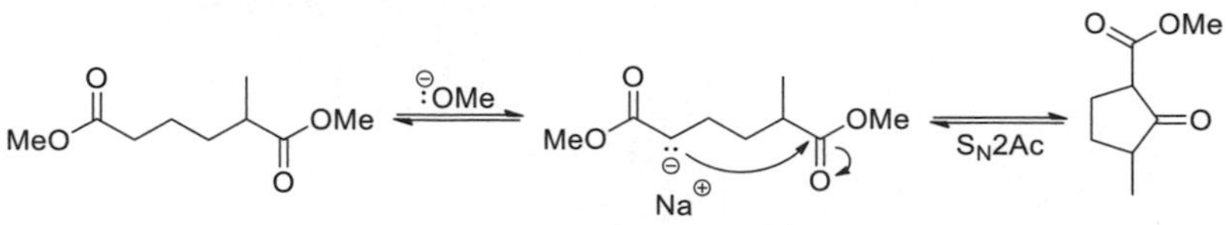

$^{\ominus}$OMe ; S_N2Ac

慈濟大學104學年度學士後中醫化學試題暨詳解

化學 試題 **有機：林智老師解析**

01. 下列數據是測量 $2Fe(CN)_6^{3-} + 2I^- \rightarrow 2Fe(CN)_6^{4-} + I_2$ 的反應速率，由該數據中，此反應之速率定律(rate law)為何？

Run	$[Fe(CN)_6^{3-}]_0$	$[I^-]_0$	$[Fe(CN)_6^{4-}]_0$	$[I_2]_0$	Initial Rate (M/s)
1	0.01	0.01	0.01	0.01	1×10^{-5}
2	0.01	0.02	0.01	0.01	2×10^{-5}
3	0.02	0.02	0.01	0.01	8×10^{-5}
4	0.02	0.02	0.02	0.01	8×10^{-5}
5	0.02	0.02	0.02	0.02	8×10^{-5}

(A) $\frac{\Delta[I_2]}{\Delta t} = k[Fe(CN)_6^{3-}]^2[I^-]^2[Fe(CN)_6^{4-}]^2[I_2]$

(B) $\frac{\Delta[I_2]}{\Delta t} = k[Fe(CN)_6^{3-}]^2[I^-][Fe(CN)_6^{4-}][I_2]$

(C) $\frac{\Delta[I_2]}{\Delta t} = k[Fe(CN)_6^{3-}]^2[I^-]$

(D) $\frac{\Delta[I_2]}{\Delta t} = k[Fe(CN)_6^{3-}][I^-]^2$

《104慈濟-01》Ans：C

02. Calcium bisulfate的化學式為何？

(A) $Ca(SO_4)_2$ (B) CaS_2 (C) Ca_2HSO_4 (D) $Ca(HSO_4)_2$

《104慈濟-02》Ans：D

03. KNO_3, CH_3OH, C_2H_6及Ne的沸點由低至高次序為何？

(A) $Ne < CH_3OH < C_2H_6 < KNO_3$

(B) $KNO_3 < CH_3OH < C_2H_6 < Ne$

(C) $Ne < C_2H_6 < KNO_3 < CH_3OH$

(D) $Ne < C_2H_6 < CH_3OH < KNO_3$

《104慈濟-03》Ans：D

04. 對大部分Zn^{2+}的錯化合物都不呈現顏色，其可能的原因為何？

(A) Zn^{2+}為順磁性(paramagnetism)

(B) Zn^{2+}的錯化合物會產生“d orbital splittings”的現象，以至於吸收了所有的可見光

(C) Zn^{2+}為d_{10}的離子，以至於它不吸收可見光

(D) Zn^{2+}不屬於過渡金屬

《104慈濟-04》Ans：C

05. $Co(CN)_6^{4-}$的結晶配位場(crystal field)能階為何？(CN^-為具strong field的配位基)

(A) 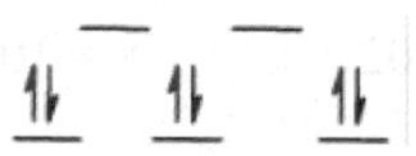
— —
⇅ ⇅ ⇅

(B) 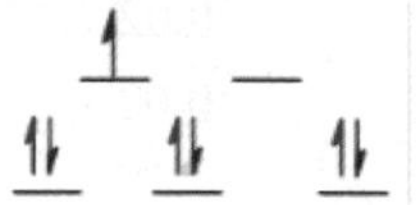
↑ —
⇅ ⇅ ⇅

(C) 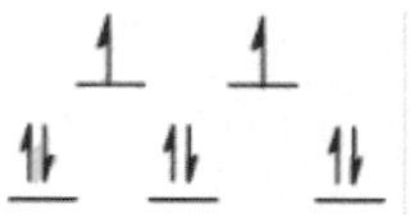
↑ ↑
⇅ ⇅ ⇅

(D) 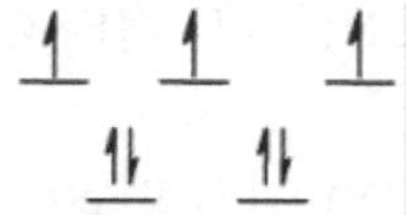
↑ ↑ ↑
⇅ ⇅

《104慈濟-05》Ans：B

06. 下列鹵化氫化合物的水溶液，何者酸性最強？

(A) HF (B) HCl (C) HBr (D) HI

《104慈濟-06》Ans：D

07. 原子核 $^{12}_{7}N$ 極不穩定，容易進行下列何種衰變？

(A) β^- (B) β^+ (C) σ (D) α

《104慈濟-07》Ans：B

08. 已知$PbO(s) + CO(g) \rightarrow Pb(s) + CO_2(g)$, $\Delta H°_f = -131.4$ kJ; $\Delta H°_f$ for $CO_2(g) =$ -393.5 kJ/mol; $\Delta H°_f$ for $CO(g) = -110.5$ kJ/mol。計算氧化鉛($PbO(s)$)的標準生成焓(standard enthalpy of formation, $\Delta H°_f$)。

(A) −151.6 kJ/mol (B) −283.0 kJ/mol

(C) +283.0 kJ/mol (D) −372.6 kJ/mol

《104慈濟-08》Ans：A

09. 在任何溫度下，任一化學反應一定會自發(spontaneous)的條件，為下列何者？

(A) $\Delta H > 0, \Delta S > 0$　(B) $\Delta H = 0, \Delta S < 0$

(C) $\Delta S = 0, \Delta H > 0$　(D) $\Delta H < 0, \Delta S > 0$

《104慈濟-09》Ans：D

10. 某一化學反應其化學反應方程式為 $A \rightarrow B + C$，將反應物A 之濃度取倒數後，對反應之時間作圖($1/[A]_t$ vs. time)，得到一條斜率為正的直線，此化學反應的反應級數(reaction order)為幾級？

(A) 0　(B) 1　(C) 2　(D) 3

《104慈濟-10》Ans：C

11. 下列何者為最強之還原劑(reducing agent)？

(已知$Ag^+(aq) + e^- \rightarrow Ag(s)$ $E° = 0.80$ V；$Fe^{3+}(aq) + e^- \rightarrow Fe^{2+}(aq)$ $E° = 0.77$ V；$Cu^{2+}(aq) + 2e^- \rightarrow Cu(s)$ $E° = 0.34$ V)

(A) Ag　(B) Cu^{2+}　(C) Fe^{2+}　(D) Cu

《104慈濟-11》Ans：D

12. 下圖為一級反應(first-order reaction)之反應物濃度(Molar concentration of reactant)對時間(Time)之作圖，在曲線上之A, B, C三個時間點，那一點之反應速率最大？

(A) A　(B) B　(C) C　(D) 以上皆非

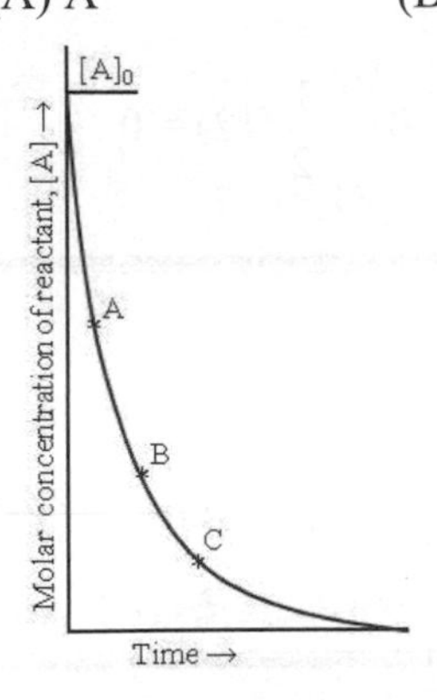

《104慈濟-12》Ans：A

13. 在25 °C時，下列何者的熵(entropy)最高？

(A) $CO(g)$　(B) $CH_4(g)$　(C) $NaCl(s)$　(D) $H_2O(l)$

《104慈濟-13》Ans：B

14. 下圖為某種鈉鹽(Na_2X)以 HCl 滴定之滴定曲線。在III時，溶液中主要之滴定產物為何？

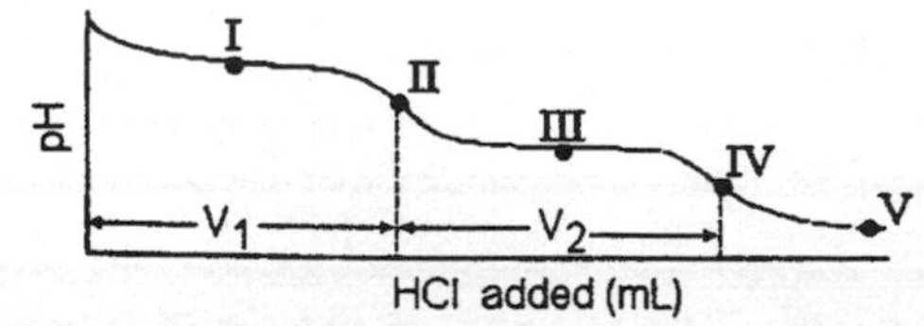

(A) X^{2-} 及 HX^{-}　　(B) HX^{-}　　(C) HX^{-} 及 H_2X　　(D) H_2X

《104慈濟-14》Ans：C

15. 硫酸根離子(SO_4^{2-})之路易士結構式(Lewis structure)如下，其中硫原子的形式電荷(formal charge)為何？

$$\left[\begin{array}{c} O \\ \| \\ O-S-O \\ \| \\ O \end{array}\right]^{2-}$$

(A) −2　　(B) 0　　(C) +2　　(D) +4

《104慈濟-15》Ans：B

說明：

1.路易士結構式(Lewis structure)----- 形式電荷(formal charge)

2. Ans:

$$SO_4^{2-} \Rightarrow \left[\begin{array}{c} O \\ \| \\ O-S-O \\ \| \\ O \end{array}\right]^{2-} \quad \therefore\ Q_f(s) = 6 - 0 - \frac{1}{2}(12) = 0$$

16. 下列何者是HNO_2之路易士結構式(Lewis structure)？

(A) 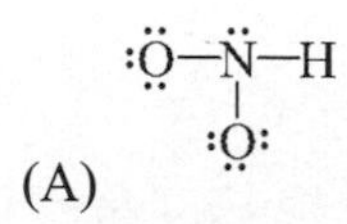

(B) O=N(−H)=O

(C) O=N−O−H

(D) O−N−O−H

《104 慈濟-16》Ans：C

說明：

1.路易士結構式(Lewis structure)----- 形式電荷(formal charge)

2. HNO_2 (總價電子數 $= Et = 1 + 5 + 6\times2 = 18\ e^-$)

3. Ans:

H−Ö−N̈=Ö: ⇒ sp^2 hybridization

⇒ 分子形狀：角型

⇒ H−Ö−N(=Ö:) (N 上有一孤對電子)

17. 下圖為硫之相圖(phase diagram of sulfur)，下列敘述何者為正確？

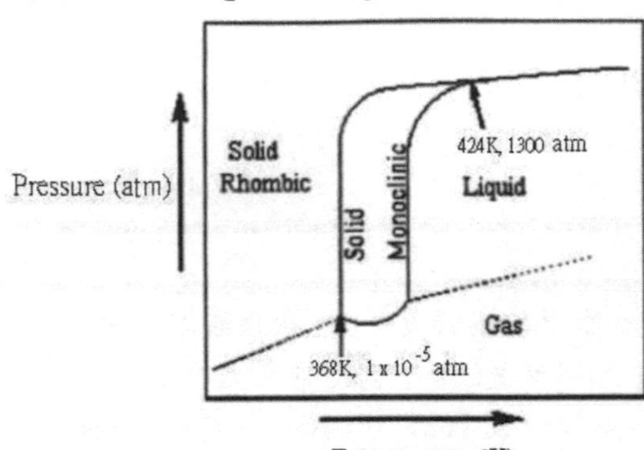

(A) 硫有2個三相點　　(B) 硫有3個三相點

(C) 單斜硫(monoclinic sulfur)不會昇華　　(D) 硫有0個三相點

《104慈濟-17》Ans：B

18. NH_3與O_2反應產生NO_2與H_2O。假定反應完成後，得到27.0 g的H_2O還剩下8.52 g的NH_3，最初約使用多少克的NH_3？

(A) 17.0 g　　(B) 25.5 g　　(C) 34.1 g　　(D) 68.0 g

《104慈濟-18》Ans：B

19. 水溶液中混有Ag^+、Ba^{2+} 與Ni^{2+}三種陽離子。利用NaCl、Na_2SO_4與Na_2S等三種不同溶液來有效分離水溶液中的陽離子，加入的順序為何？

(A) Na_2SO_4, NaCl, Na_2S　　(B) Na_2SO_4, Na_2S, NaCl

(C) Na_2S, NaCl, Na_2SO_4　　(D) NaCl, Na_2S, Na_2SO_4

《104慈濟-19》Ans：A

20. 有一化學反應：$H_2(g) + O_2(g) \rightleftharpoons H_2O_2(g)$。試問此反應在溫度600K下，其平衡常數($K$)與分壓平衡常數($K$p)的關係式為下列何者？(R為氣體常數)

(A) $K\text{p} = K(600\text{R})$　(B) $K = K\text{p}(600\text{R})^2$

(C) $K\text{p} = K(600\text{R})^2$　(D) $K = K\text{p}(600\text{R})$

《104慈濟-20》Ans：D

21. 欲製備pH 5.0的緩衝溶液，使用下列那一種酸及其鈉鹽最合適？

(A) monochloroacetic acid ($K_a = 1.35 \times 10^{-3}$)

(B) nitrous acid ($K_a = 4.0 \times 10^{-4}$)

(C) propanoic acid ($K_a = 1.3 \times 10^{-5}$)

(D) benzoic acid ($K_a = 6.4 \times 10^{-5}$)

《104慈濟-21》Ans：C

22. 在相同溫度下，氯化銀(AgCl)在水中的溶解度是A，在強酸溶液中的溶解度是B，在高濃度的氨(NH_3)溶液中溶解度是C。下列何者正確？

(A) C＞A＞B　(B) C＞B＞A　(C) C＞A ≈ B　(D) A ≈ B ≈ C

《104慈濟-22》Ans：C

23. 在25.0 °C與1大氣壓(atm)下，興登堡號飛船充滿氫氣(H_2)時約需要2.1×10^8 L。當飛船氣體完全燃燒後，大約產生多少能量？

(已知 $H_2(g) + 1/2\ O_2(g) \rightarrow H_2O(l), \Delta H = -286$ kJ)

(A) 2.46×10^9 kJ　(B) 3.82×10^{10} kJ

(C) 8.89×10^8 kJ　(D) 7.88×10^{10} kJ

《104慈濟-23》Ans：A

24. 在25 °C下進行三種反應，反應方程式與反應熱如下所示：

$$2C_2H_2 + 5O_2 \rightarrow 4CO_2 + 2H_2O \quad \Delta H = -2600\text{ kJ}$$

$$C + O_2 \rightarrow CO_2 \quad \Delta H = -394\text{ kJ}$$

$$2H_2 + O_2 \rightarrow 2H_2O \quad \Delta H = -572\text{ kJ}$$

下列反應的反應熱(ΔH)是多少？

$$2C + H_2 \rightarrow C_2H_2$$

(A) 226 kJ　(B) −226 kJ　(C) 2422 kJ　(D) −2422 kJ

《104慈濟-24》Ans：A

25. 根據下列數據計算甲酸(HCOOH)的正常沸點(normal boiling point)為何？

	ΔH°_f (kJ/mol)	S° (J/(mol K))
HCOOH(l)	−410	130
HCOOH(g)	−363	251

(A) 115 °C (B) 135 °C (C) 82 °C (D) 173 °C

《104慈濟-25》Ans：A

26. 那一個是下述化合物正確命名？

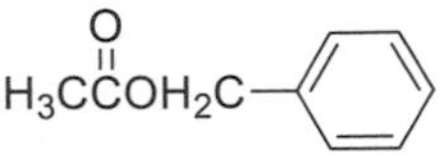

$H_3C\overset{O}{\overset{\|}{C}}OH_2C-C_6H_5$

(A) phenyl acetate (B) methyl benzoate

(C) methyl phenylacetate (D) benzyl acetate

《104慈濟-26》Ans：D

說明：

1.命名(nomenclature)

2. Ans:

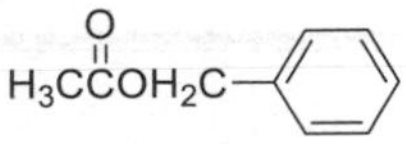

$H_3C\overset{O}{\overset{\|}{C}}OH_2C-C_6H_5$ ⇒ benzyl acetate

27. 何者為L-構型的胺基酸？

(A) 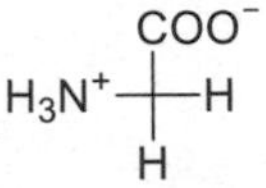 Fischer projection: top COO^-, left H_3N^+, right H, bottom H

(B) 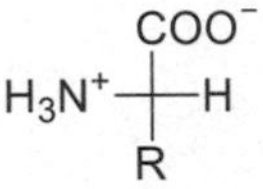 Fischer projection: top COO^-, left H_3N^+, right H, bottom R

(C) 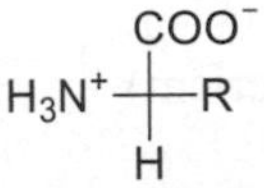 Fischer projection: top COO^-, left H_3N^+, right R, bottom H

(D) 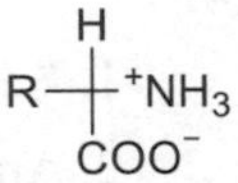 Fischer projection: top H, left R, right $^+NH_3$, bottom COO^-

《104慈濟-27》Ans：B

說明：

1. L-/D-構型的胺基酸

2. Ans:

(A) achiral molecule

(B) (S)-configuration

(C) (R)-configuration

(D) (R)-configuration

釋疑：《104 慈濟-27》

答案(B)是 L-構型胺基酸。維持原答案。

28. 下列為β-胡蘿蔔素的結構，其上含有幾個 isoprene 的單元？

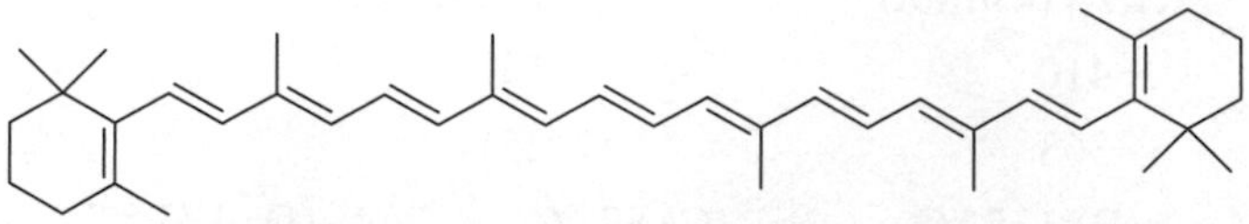

(A) 8　　(B) 7　　(C) 6　　(D) 5

《104慈濟-28》Ans：A

說明：

1. β-carotene為tetraterpene ⇒ $(C_5\text{-}C_5)_4$

∴ $4 \times 2 = 8$ isoprene (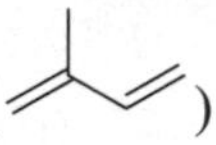)

2. Ans:

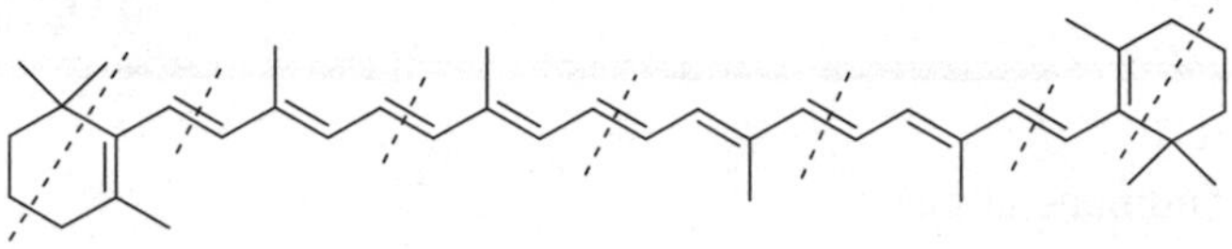

29. 化學式為$C_5H_{11}Cl$ 的異構物有幾個？

(A) 6　　(B) 7　　(C) 8　　(D) 9

《104慈濟-29》Ans：C

說明：

1.異構物(isomerism)

2. Ans:

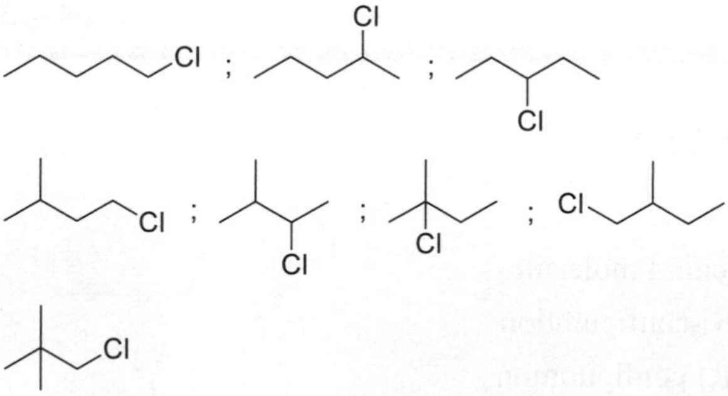

Cl ; Cl ; Cl

Cl ; Cl ; Cl ; Cl

Cl

釋疑：《104 慈濟-29》

一般異構物是指結構異構物(化學式為 $C_5H_{11}Cl$ 的異構物共有 8 個)，若包含立體異構物(化學式為 $C_5H_{11}Cl$ 的異構物共有 11 個)，因此最合適的答案為(C) 8。維持原答案。

30. 下列化合物進行S_N1取代反應(S_N1 substitution)，其反應性次序由大而小排列何者正確？

I：Benzyl chloride　　II：*p*-Chlorobenzyl chloride

III：*p*-Methoxybenzyl chloride　　IV：*p*-Methylbenzyl chloride

V：*p*-Nitrobenzyl chloride

(A) III ＞ IV ＞ I ＞ II ＞ V　　(B) IV ＞ I ＞ III ＞ II ＞ V

(C) V ＞ III ＞ II ＞ I ＞ IV　　(D) III ＞ I ＞ IV ＞ II ＞ V

《104慈濟-30》Ans：A

說明：

※S_N1Al reaction----the relative stability of benzylic carbocations intermidiate

1. S_N1Al 反應之相對反應速率：

$\Rightarrow$ **$R_2NCH_2X > ROCH_2X >$ Benzylic halide ≧ Allylic halide > 3° > 2° > 1° > CH_3X > { phenyl halide / vinyl halide } > bridgehead system.**

2. The relative stability of carbocation intermediate

※ S_N1Al 反應機構如下：

$$\overset{\delta+}{R}-\overset{\delta-}{X} \xrightleftharpoons{rds} R^{+} + X^{-} \xrightarrow{Nu:^{-}} R-Nu$$

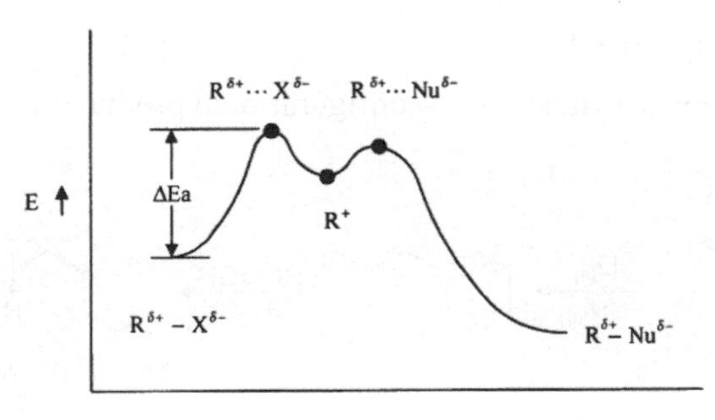

$\Rightarrow$ The relative stability of carbocation intermediate-----Hammond postulate

3. Ans:

$MeO-C_6H_4-CH_2Cl > CH_3-C_6H_4-CH_2Cl > C_6H_5-CH_2Cl > Cl-C_6H_4-CH_2Cl > O_2N-C_6H_4-CH_2Cl$

31. 下列那一個鹼的鹼性(base)強度最強？

(A) $LiN(i\text{-}C_3H_7)_2$　(B) NaC≡CH　(C) $NaOCH_3$　(D) $NaNH_2$

《104慈濟-31》Ans：A

說明：

1. conjugated Acid-Base concept
2. Acidity：CH_3OH ＞ HC≡CH ＞ NH_3 ＞ $H\text{-}N(i\text{-}C_3H_7)_2$
   Basicity：$NaOCH_3$ ＜ NaC≡CH ＜ $NaNH_2$ ＜ $LiN(i\text{-}C_3H_7)_2$

32. 下列合成路徑有關產物 A 與產物 B 的敘述有幾個是正確的？

$$C_6H_5-C{\equiv}C-CH_3 \xrightarrow{Li,\ NH_3} A \xrightarrow[CH_2Cl_2]{RCO_3H} B$$

I. A產物為*trans* form

II. B產物含有(1*S*,2*S*)-1-Phenyl-1,2-expoxypropane

III. B產物含有(1*R*,2*R*)-1-Phenyl-1,2-expoxypropane

IV. B產物含有(1*S*,2*R*)-1-Phenyl-1,2-expoxypropane

V. B產物含有(1*R*,2*S*)-1-Phenyl-1,2-expoxypropane

(A) 1　(B) 2　(C) 3　(D) 4

《104 慈濟-32》Ans：C

說明：

1.正確的答案：I、III、& V

2. 1,2-expoxypropane synthesis-----configurational product(s)

3. Ans:

$\xrightarrow[NH_{3(l)}]{Li_{(s)}}$　$\xrightarrow[CH_2Cl_2]{RCOOH}$　H, O, CH_3, H　(d, l)

Trains-(1R, 2R) + (1S, 2S)

33. 下列消去反應(Elimination Reaction)所產生的主要產物，那一個不正確？

(A) 1-Chloro-1-methylcyclohexane $\xrightarrow{\text{KOH (Ethanol)}}$ 1-Methylcyclohexene

(B) 3-Bromo-2-methylpentane $\xrightarrow{\text{KOH (Ethanol)}}$ 2-Methylpent-2-ene

(C) (1-Bromoethyl)cyclohexane $\xrightarrow{\text{KOH (Ethanol)}}$ Ethylidencyclohexane

(D) *trans*-1-Bromo-2-methylcyclohexane $\xrightarrow{\text{KOH (Ethanol)}}$ 1-Methylcyclohexene

《104 慈濟-33》Ans：D

說明：

1. E2反應之立體專一性化學(stereospecific chemistry)

⇒(a) favor a **staggered conformation**.

(b) **stereospecific Anti-periplanar relationship**.

2. E2反應之位向化學(Regiochemistry)--Saytzeff's v.s. Hofmann's orientation

⇒ **Saytzeff's orientation :** $1°-H > 2°-H > 3°-H$; $3°-L > 2°-L > 1°-L$

Hofmann's orientation : $1°-H > 2°-H > 3°-H$

3.Ans:

(A) Cl, KOH, EtOH, (E2) (1-methylcyclohexene)

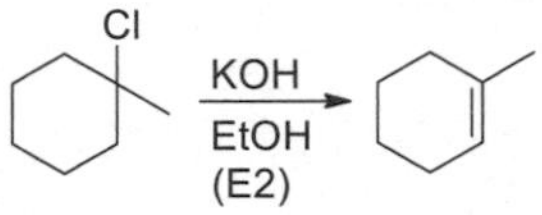

(B) Br, KOH, EtOH, (E2) (2-methyl-2-pentene)

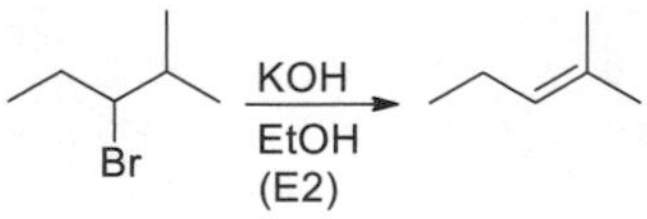

(C) Br, KOH, EtOH, (E2) (Ethylidinecyclohexane)

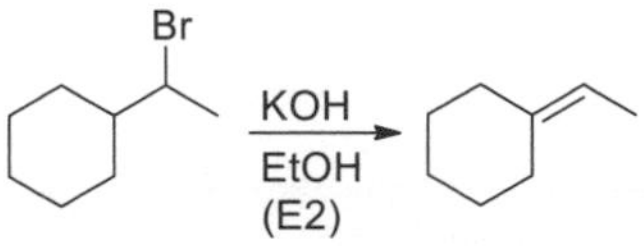

(D) Br ≡ HO:⁻ H, CH_3, H, H, H, Br; KOH, EtOH, (E2) CH_3 (3-methylcyclohexene)

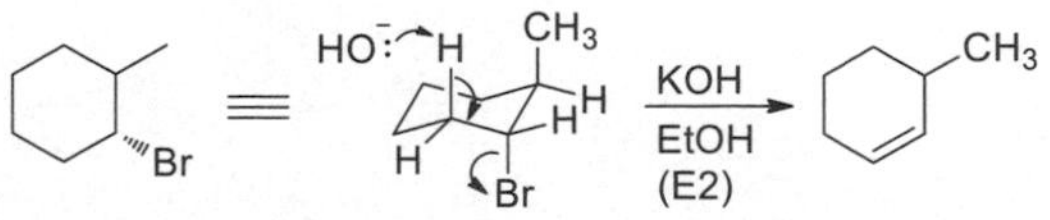

34. 下列化合物有芳香性(aromaticity)的有幾個？

I: Cyclopentadienyl cation　　II: Cyclohepatrienyl anion

III: Furan　　IV: Cyclopropenyl cation

V: Pyrrole　　VI: Imidazole

(A) 3　　(B) 4　　(C) 5　　(D) 6

《104慈濟-34》Ans：B

說明：

1.芳香性(aromaticity)-----Fuckel's rule

2. Ans:

I：
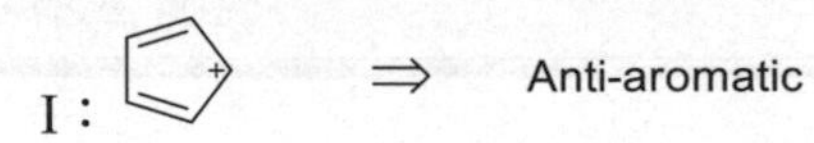

II： :⊖ ⇒ Aromatic

III： :O: ⇒ Aromatic

IV： ⇒ Aromatic

V： :N–H ⇒ Aromatic

VI： :N :NH ⇒ Aromatic

35. 下列反應的產物何者正確？

(A) NO₂-benzene → 1. $CH_3CH_2CH_2Cl$, $AlCl_3$ 2. HNO_3, H_2SO_4 → product with NO_2, O_2N, $CH_2CH_2CH_3$

(B) Cl-benzene → 1. $CH_3CH_2CH_2Cl$, $AlCl_3$ 2. Cl_2, $FeCl_3$ → product with Cl, Cl, $CH_2CH_2CH_3$

(C) SO_3H / $CH_2CH_2CH_3$ benzene → Cl_2 / $FeCl_3$ → product with Cl, SO_3H, $CH_2CH_2CH_3$

(D) → HBr (no peroxides) → product with Br

《104慈濟-35》Ans：D

說明：

1. S_EAr reaction-----reactivity vs. orientation / free radical addition

2. Ans:

(A) NO_2 → Cl, $AlCl_3$ → N.R

(B) Cl → Cl, $AlCl_3$ → Cl → Cl_2, $FeCl_3$ → Cl, Cl

(C) SO_3H → Cl_2, $FeCl_3$ → Cl, SO_3H

(D) HBr → ⊕ → :Br⊖ → Br

36. 下列反應的主要產物，何者有誤？

(A) 1-Methylcyclohexene $\xrightarrow[THF]{BH_3}$ $\xrightarrow[NaOH]{H_2O_2}$ *cis*-2-Methylcyclohexanol

(B) 1-Methylcyclohexene $\xrightarrow[Pyridine]{OsO_4}$ $\xrightarrow[H_2O]{NaHSO_3}$ 1-Methylcyclohexane-1,2-diol

(C) 1-Methylcyclohexanol $\xrightarrow[50\ °C]{H_3O^+,\ THF}$ 1-Methylcyclohexene

(D) 1-Methylcyclohexanol $\xrightarrow[Pyridine]{POCl_3}$ 1-Methylcyclohexene

《104慈濟-36》Ans：A

說明：

1.綜合題-----electrophilic addition /S_N1CA vs. E2 reaction

2. Ans:

(A) Hydroboration-oxidation-----stereospecific Syn-addition

$\xrightarrow[THF]{BH_3}$ $\xrightarrow[NaOH]{H_2O_2}$ + (d, l)

(B) 1,2-Diol formation----- stereospecific Syn-addition

$\xrightarrow[pyridine]{OsO_4}$ $\xrightarrow[H_2O]{NaHSO_3}$ + (d, l)

(C) E1CA reaction-----rearrangement

OH $\xrightarrow{H^{\oplus}}$ OH_2 $\xrightarrow{-H_2O}$ H $\xrightarrow{-H^{\oplus}}$

(D) S_N2Al /E2 competition reaction-----limitation

OH $\xrightarrow{POCl_3}$ $OPOCl_2$ $\xrightarrow{S_N2}$

37. 下列反應的主要產物，何者有誤？

(A) 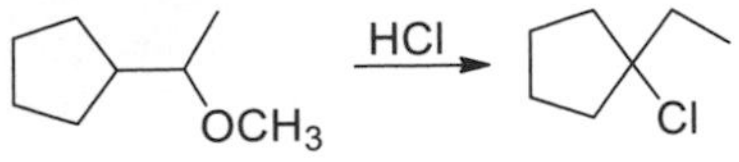 HCl

(B) 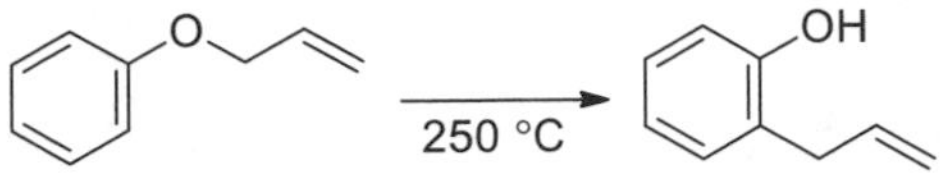 250 °C

(C) NaOEt / EtOH

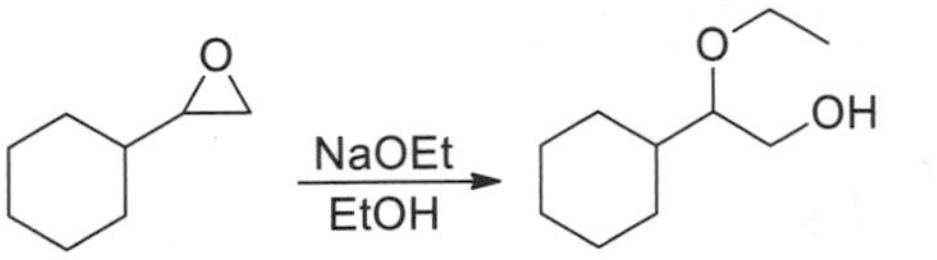

(D) 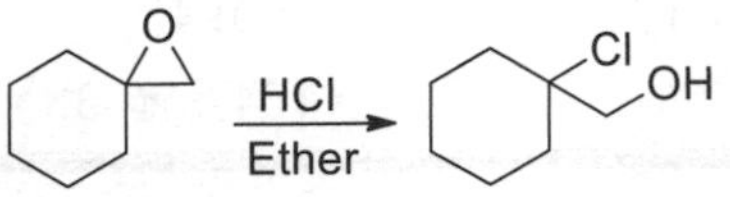 HCl / Ether

《104慈濟-37》Ans：C

說明：

1.綜合題

2. Ans:

(A) S_N1CA reaction and then 1,2-rearrangement

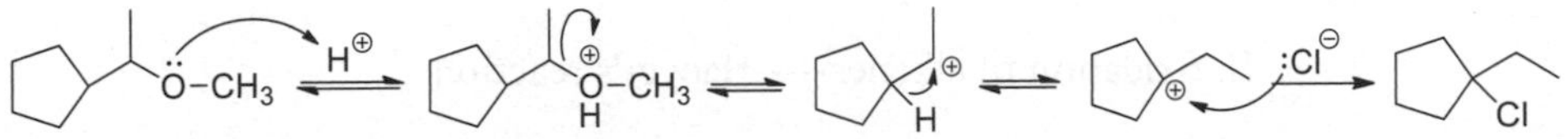

(B) Claisen rearrangement-----[3,3] sigmatropic rearrangement

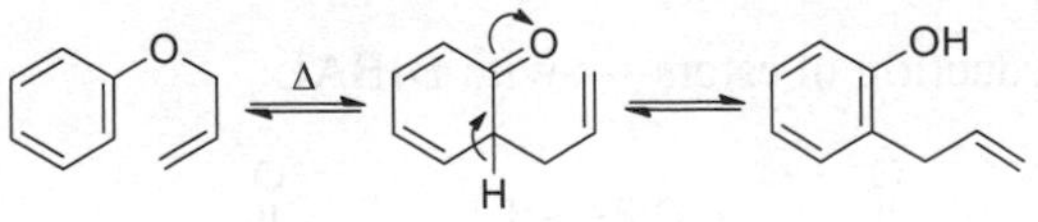

(C) Epoxide openning rule-----base-catalystic condition

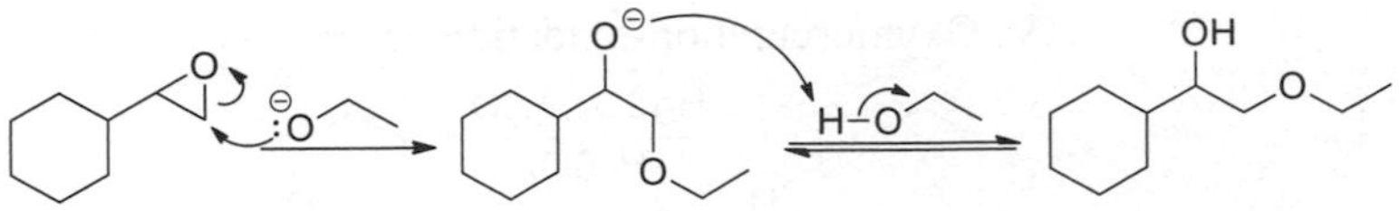

(D) Epoxide openning rule-----acid-catalystic condition

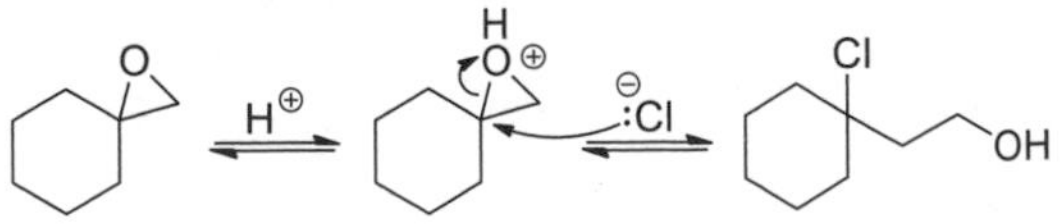

釋疑：《104 慈濟-37》

答案更正為(C)。

38. 下列有幾種反應可用來製造butanal？

PCC: Pyridinium chlorochromate

DIBAH: Diisobutylaluminum hydride

I. $CH_3CH_2CH_2CH_2OH \xrightarrow[CH_2Cl_2]{PCC}$

II. $CH_3CH_2CH{=}CH_2 \xrightarrow{KMnO_4,\ H_3O^+}$

III. $CH_3CH_2CH_2CO_2CH_3 \xrightarrow[2.\ H_3O^+]{1.\ DIBAH,\ toluene}$

IV. $CH_3CH_2C{\equiv}CH \xrightarrow[HgSO_4]{H_2O,\ H_2SO_4}$

(A) 1 (B) 2 (C) 3 (D) 4

《104慈濟-38》Ans：B

說明：

1.綜合題

2. Ans:

I. oxidation of primary alcohols-----PCC (pyridinium chorochromate)

$$CH_3CH_2CH_2CH_2OH \xrightarrow[CH_2Cl_2]{PCC} CH_3CH_2CH_2CHO$$

II. oxidation of alkenes-----Baeyer's reaction

$$CH_3CH_2CH{=}CH_2 \xrightarrow{KMnO_4,\ H^+} CH_3CH_2COOH + CO_{2(g)}$$

III. reduction of esters-----with DIBAL

$$CH_3CH_2CH_2COOCH_3 \xrightarrow[2.\ H_3O^{\oplus}]{1.\ DIBAL\text{-}H} CH_3CH_2CH_2CHO$$

IV. Oxymercuration-oxidation

$$CH_3CH_2C{\equiv}CH \xrightarrow[H_2SO_4]{HgSO_4,\ H_2O} CH_3CH_2COCH_3$$

39. 下列醛類對親核加成(nucleophilic addition)反應的反應性大小排列，何者正確？

I. *p*-Nitrobenzaldehyde　　II. *p*-Bromobenzaldehyde

III. Benzaldehyde　　IV. *p*-Methoxybenzaldehyde

(A) I > IV > II > III　　(B) I > II > III > IV

(C) IV > III > II > I　　(D) I > III > II > IV

《104慈濟-39》Ans：B

說明：

1.**※Reactivity of nucleophilic acyl Addition-----hydration**

表：醛/酮化合物於 PH = 7 形成水合化合物之比例(%)

CH_2O	$\xrightarrow{H_2O}$	$CH_2(OH)_2$	(~100)
CH_3CHO	$\xrightarrow{H_2O}$	$CH_3CH(OH)_2$	(~58)
CCl_3CHO	$\xrightarrow{H_2O}$	$CCl_3CH(OH)_2$	(~100)
CH_3COCH_3	$\xrightarrow{H_2O}$	$(CH_3)_2C(OH)_2$	(~0)
CF_3COCF_3	$\xrightarrow{H_2O}$	$(CF_3)_2C(OH)_2$	(~100)
phCHO	$\xrightarrow{H_2O}$	$phCH(OH)_2$	(~0)

⇒影響因素：電子效應 vs.立體效應(steric effect and electronic effect)

e.g.1

$$H-C(=O)-H \rightleftharpoons H_2C(OH)_2 \quad (\sim100\%)$$

$$Bu^t-C(=O)-Bu^t \rightleftharpoons ({}^tBu)_2C(OH)_2 \quad (0\%)$$

$$Cl_3C-CHO \rightleftharpoons Cl_3C-CH(OH)_2 \quad (\sim100\%)$$

2. Ans:(電子效應)

4-nitrobenzaldehyde (O_2N) > 4-bromobenzaldehyde (Br) > benzaldehyde (H) > 4-methoxybenzaldehyde (MeO)

40. 下列合成反應的主要產物為X，有關X產物的描述有幾項是正確的？

2-methylcyclopent-2-en-1-one (CH_3) $\xrightarrow[\text{2. } H_3O^+]{\text{1. } Li(CH_3CH_2CH_2)_2Cu\text{, ether}}$ X

I. X產物含有−OH基

II. X產物含有(C＝C)雙鍵

III. X產物是酮類

IV. X可經由 $POCl_3$ 作用，產生脫水反應

V. X可經由 H_2NNH_2 (KOH) 作用，反應後的產物為烯類

(A) 1　　(B) 2　　(C) 3　　(D) 4

《104慈濟-40》Ans：A

說明：

1. Michael addition,then Wolff-Kishner reduction

2. Ans：

2-methylcyclopent-2-en-1-one $\xrightarrow[\text{2. } H_3O^+]{\text{1. (propyl)}_2\text{CuLi}}$ X (2-methyl-3-propylcyclopentanone) $\xrightarrow[\Delta]{N_2H_4\text{, KOH}}$ 1-methyl-2-propylcyclopentane

41. $C_6H_5CHBr_2$與NaOH進行反應，則穩定性較高的主要產物為何？

(A) $C_6H_5CH(OH)_2$ (B) Benzaldehyde

(C) Benzoate (D) $C_6H_5CH(OH)Br$

《104慈濟-41》Ans：B

說明：

1. Hydrolysis of benzyl halides

Toluene (CH_3) —Cl_2/hν→ CH_2Cl (Benzyl chloride) —Cl_2/hν→ $CHCl_2$ (Benzal chloride) —Cl_2/hν→ CCl_3

Benzyl chloride —NaOH, H_2O→ CH_2OH; Benzal chloride —NaOH, H_2O→ benzaldehyde (C(=O)H); CCl_3 —NaOH, H_2O→ benzoic acid (C(=O)OH)

2. Ans:(S_N2Al reaction ,and then neighboring group participation)

PhCHBr₂ + :OH⁻ ⇌ PhCH(OH)Br —:OH⁻⇌ PhCH(O⁻)Br ⇌ PhCHO

42. 有機分子$C_6H_{12}O_3$，其^{1}H NMR光譜數據: δ : 2.2 (3H, singlet)、δ : 2.7 (2H, doublet)、δ : 3.4 (6H, singlet)、δ : 4.8 (1H, triplet)。此分子最有可能的結構為何？

(A) $CH_3OCH_2CH(OCH_3)C(=O)CH_3$

(B) $(CH_3O)_2CHCH_2C(=O)CH_3$

(C) $H_3COCH_2CH{=}C(OCH_3)_2$

(D) 以上皆非

《104慈濟-42》Ans：B

說明：

1. $C_6H_{12}O_3$ (DBE = 1)

2. ^{1}H-NMR Spectroscopy

$(CH_3O)_2$ (3.4) – CH (4.8) – CH_2 (2.7) – C(=O) – CH_3 (2.2)

43. 下列合成反應正確的有幾個？

I. 1. NaOH, H_2O 2. H_3O^+ → CH_2OH

II. 1. KCN, THF 2. CH_3MgBr, ether → H_3O^+ →

III. 1. Mg, ether 2. CO_2, ether → H_3O^+ → CO_2H

IV. 1. KCN, THF 2. H_3O^+ → 1. $LiAlH_4$ 2. H_3O^+ → NH_2

(A) 1 (B) 2 (C) 3 (D) 4

《104慈濟-43》Ans：C

說明：

1.綜合題

2. Ans:

I. (Favorsky-like rearrangement)

Br, 1. NaOH, H_2O 2. $H_3O^{\oplus}$ → OH

II. (Nitrile application)

Br, 1. KCN (S_N2A1) → CN, 2. CH_3MgBr 3. $H_3O^{\oplus}$ → O

III. (Carboxylation via Grignard reagent)

Br, 1. Mg 2. CO_2 3. H_3O^+ → OH, O

IV. (Nitrile application)

Br, KCN → CN, 1. LAH 2. $H_3O^{\oplus}$ → NH_2

釋疑：《104 慈濟-43》

I.的正確產物如下

I. Br, 1. NaOH, H_2O 2. H_3O^+ → CO_2H

IV 的反應條件中之 H_3O^+是用來中和反應結束時的鹼性溶液，若要將 CN 水解成酸需加熱，所以 IV 是正確的。正確答案為(C)。維持原答案。

44. 下列分子可進行鹵仿反應(haloform reaction)的有幾個？

I. CH_3COCH_3 II. Acetophenone III. $CH_3C\equiv N$

IV. Malonic ester V.

(A) 2 (B) 3 (C) 4 (D) 5

《104慈濟-44》Ans：B

說明：

1. Positive holoform reaction ⇒ methyl ketone
2. Ans:

I. 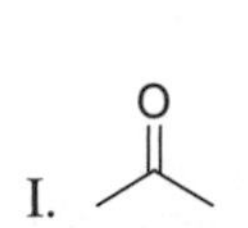 II. 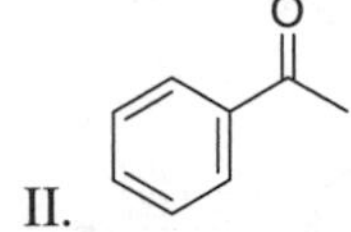 III.

45. 下列分子不能進行自身醛醇縮合(aldol self-condensation)反應有幾個？

I. Trimethyl acetaldehyde II. Cyclobutanone

III. Benzophenone (Diphenyl ketone) IV. Pentan-3-one

V. Decanal VI. 3-Phenylprop-2-enal

(A) 2 (B) 3 (C) 4 (D) 5

《104慈濟-45》Ans：B

說明：

1.**Self-aldol condensation**-----II. Cyclobutanone、IV. Pentan-3-one、V. Decanal

2. Ans:

II.

IV.

V.

3. Ans: **Cannizzaro reaction**

I. Trimethyl acetaldehyde、

III. Benzophenone (Diphenyl ketone)、

VI. 3-Phenylprop-2-enal

46. 下列合成反應，所使用的試劑與反應條件何者有誤？

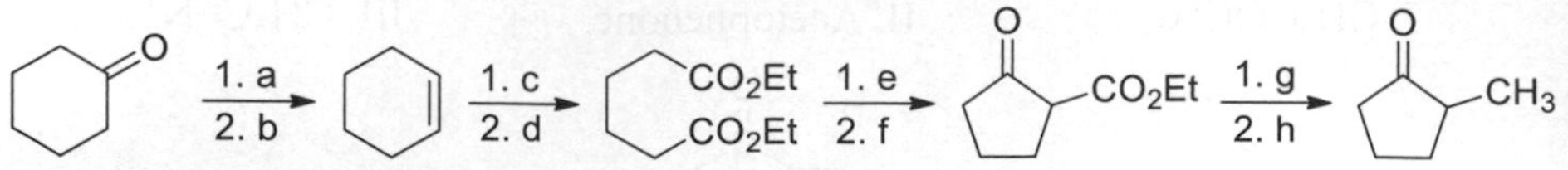

(A) a: $LiAlH_4$, then H_3O^+; b: $POCl_3$, pyridine

(B) c: O_3, then Zn/H_3O^+; d: CH_3CH_2OH, H^+

(C) e: NaOEt; f: H_3O^+

(D) g: NaOEt, then CH_3Br; h: H_3O^+, heat

《104慈濟-46》Ans：B

說明：

1. Full synthesis----- via Dieckmann condensation
2. Ans:

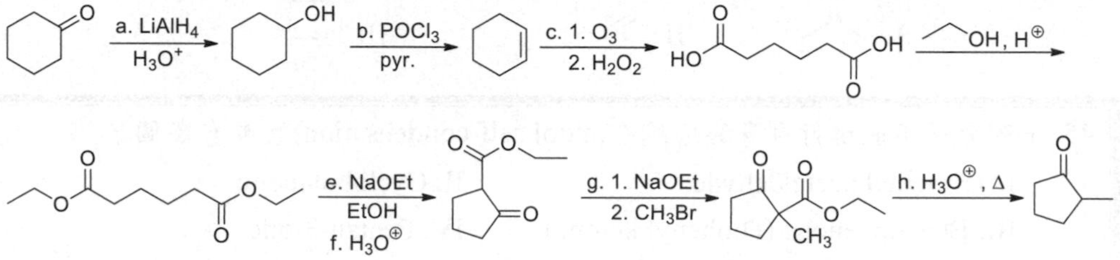

釋疑：《104 慈濟-46》

下圖中 **I-P** 上的-CO_2Et 酯基，遇到 C 選項的 f(即 H_3O^+)是用來將鈉鹽中和產生 **II-P** 產物，不是將酯基水解成羧酸。維持原答案(B)。

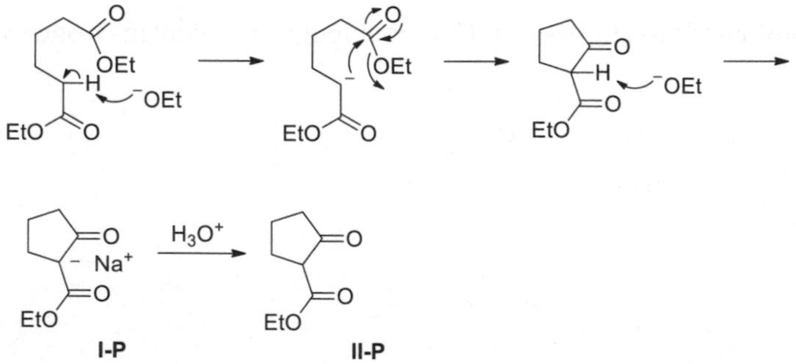

I-P　　II-P

47. 下列合成反應的主要產物，有幾個是錯的？

I. Br–C₆H₄–NH₂ $\xrightarrow[\text{Ether}]{CH_3MgBr}$ $\xrightarrow{H_3O^+}$ H_3C–C₆H₄–NH_2

II. Br–C₆H₄–NH₂ $\xrightarrow[AlCl_3]{CH_3CH_2Cl}$ Br–C₆H₃(–NH_2)(–CH_2CH_3)

III. $CH_3CH_2CH_2CH_2CONH_2 \xrightarrow[H_2O]{Br_2,\ NaOH} CH_3CH_2CH_2CH_2NH_2$

IV. $CH_3CH_2CH_2CH_2CHO \xrightarrow[\text{2. } NaBH_3CN]{\text{1. } NH_3} CH_3CH_2CH_2CH_2CH_2NH_2$

(A) 1　　(B) 2　　(C) 3　　(D) 4

《104慈濟-47》Ans：B

說明：

1.綜合題

2. Ans:

I. the limitation of Grignard reaction

Br–C₆H₄–NH_2 $\xrightarrow[\text{ether}]{CH_3MgBr}$ Br–C₆H₄–NH–Mg–Br $\xrightarrow{H_3O^+}$ Br–C₆H₄–$NH_3^{\oplus}$

II. the limitation of Friedel-Crafts alkylation/acylation

Br–C₆H₄–NH_2 $\xrightarrow{\text{Cl, } AlCl_3}$ N.R

III. Hofmann rearrangement

$CH_3CH_2CH_2CH_2C(=O)NH_2 \xrightarrow[\text{(Hofman rearrangement)}]{Br_2,\ NaOH} CH_3CH_2CH_2CH_2NH_2$

IV. Leuckart reaction

$CH_3CH_2CH_2CH_2C(=O)H \xrightarrow[\text{2. } NaBH_3CN]{\text{1. } NH_3} CH_3CH_2CH_2CH_2CH_2NH_2$

(Leuckart reaction)

48. 下列分子經由Hofmann Elimination後的主要產物，何者有誤？

(A) piperidine $\xrightarrow[\text{2. } Ag_2O,\ H_2O,\ \text{heat}]{\text{1. Excess } CH_3I}$ 1,4-pentadiene + $(CH_3)_3N$ + H_2O

(B) cyclohexylamine (NH_2) $\xrightarrow[\text{2. } Ag_2O,\ H_2O,\ \text{heat}]{\text{1. Excess } CH_3I}$ cyclohexene + $(CH_3)_3N$

(C) N-ethylcyclohexylamine ($NHCH_2CH_3$) $\xrightarrow[\text{2. } Ag_2O,\ H_2O,\ \text{heat}]{\text{1. Excess } CH_3I}$ cyclohexene + $(CH_3)_2NCH_2CH_3$

(D)

$CH_3CH_2CH_2\underset{}{C}H(NH_2)CH_2CH_2CH_2CH_3 \xrightarrow[\text{2. } Ag_2O,\ H_2O,\ \text{heat}]{\text{1. Excess } CH_3I} (CH_3)_3N + CH_3CH_2CH{=}CHCH_2CH_2CH_3$

《104慈濟-48》Ans：C

說明：

1. E2反應之立體專一性化學(stereospecific chemistry)

⇒(a) favor a **staggered conformation**.

(b) **stereospecific Anti-periplanar relationship**.

2. E2反應之位向化學(Regiochemistry)--Saytzeff's v.s.Hofmann's orientation

⇒ { **Saytzeff's orientation : 3° –H > 2° –H > 1° –H**

Hofmann's orientation : { 1° –H > 2° –H > 3° –H ; 3° –L > 2° –L > 1° –L }

3.Ans:

(A)

piperidine $\xrightarrow{\text{1. excess, } CH_3I}$ N,N-dimethylpiperidinium $I^{\ominus}$ $\xrightarrow{\text{2. } Ag_2O,\ H_2O}$ N,N-dimethylpiperidinium $OH^{\ominus}$ $\xrightarrow{3.\ \Delta}$ $CH_2{=}CHCH_2CH_2CH_2N(CH_3)_2$

$\xrightarrow{\text{(repeat)}}$ $CH_2{=}CHCH_2CH_2CH_2N^{\oplus}(CH_3)_3\ I^{\ominus}$ ⟶ $CH_2{=}CHCH_2CH_2CH_2N^{\oplus}(CH_3)_3\ OH^{\ominus}$ $\xrightarrow{\Delta}$ 1,4-pentadiene

(B)

cyclohexylamine (NH_2) $\xrightarrow{\text{1. excess, } CH_3I}$ cyclohexyl-$N^{\oplus}(CH_3)_3\ I^{\ominus}$ $\xrightarrow{Ag_2O,\ H_2O}$ cyclohexyl-$N^{\oplus}(CH_3)_3\ OH^{\ominus}$ $\xrightarrow{\Delta}$ cyclohexene

(C)

cyclohexyl-NH-ethyl $\xrightarrow[CH_3\text{–}I]{\text{1. excess}}$ cyclohexyl-$N^{\oplus}(CH_3)_2(C_2H_5)\ I^{\ominus}$ $\xrightarrow[H_2O]{\text{2. } Ag_2O}$ cyclohexyl-$N^{\oplus}(CH_3)_2(C_2H_5)\ OH^{\ominus}$ $\xrightarrow{3.\ \Delta}$ cyclohexyl-$N(CH_3)_2$ + $CH_2{=}CH_2$

(D)

$$\text{heptan-4-amine} \xrightarrow[CH_3I]{1.\ excess} \text{N}^{\oplus}(CH_3)_3\ I^{\ominus} \xrightarrow[H_2O]{2.\ Ag_2O} \text{N}^{\oplus}(CH_3)_3\ OH^{\ominus} \xrightarrow{3.\ \Delta} \text{hept-3-ene}$$

49. 下列合成反應的最終產物為何？

$$HC\equiv CH \xrightarrow[2.\ CH_3CH_2CH_2Br,\ THF]{1.\ NaNH_2,\ NH_3} \xrightarrow[\text{Lindlar catalyst}]{H_2} \xrightarrow[2.\ NaBH_4]{1.\ Hg(OAc)_2,\ H_2O/THF}$$

(A) Pentan-1-ol (B) Pentan-2-ol (C) Pentan-1-one (D) Pentan-2-one

《104慈濟-49》Ans：B

說明：

1. Full syntjesis

2. Ans:

$$H-C\equiv CH \xrightarrow[2.\ \text{1-bromopropane}]{1.\ NaNH_2} H-C\equiv C-CH_2CH_2CH_3 \xrightarrow[Pd/BaSO_4]{H_2} \text{pent-1-ene} \xrightarrow[2.\ NaBH_4]{1.\ Hg(OAc),\ H_2O} \text{pentan-2-ol (OH)}\ \ (d, l)$$

50. 有機分子$C_{10}H_{12}O_2$，其 ^{1}H NMR光譜數據: δ: 1.20 (3H, triplet)、δ: 2.93 (2H, quartet)、δ: 3.84 (3H, singlet)、δ: 6,91 (2H, doublet)、δ: 7.93 (2H, doublet)。此分子最有可能的結構為何？

(A) $H_3C-C_6H_4-\overset{O}{\overset{\|}{C}}-OCH_2CH_3$

(B) $H_3CH_2CO-C_6H_4-\overset{O}{\overset{\|}{C}}-CH_3$

(C) $H_3CO-C_6H_4-\overset{O}{\overset{\|}{C}}-CH_2CH_3$

(D) $H_3CH_2C-C_6H_4-\overset{O}{\overset{\|}{C}}-OCH_3$

《104慈濟-50》Ans：C

說明：

1. $C_{10}H_{12}O_2$ (DBE = 5)

2. ^{1}H-NMR Spectroscopy

⇒ δ: 1.20 (3H, triplet)、δ: 2.93 (2H, quartet)、δ: 3.84 (3H, singlet)、δ: 6.91 (2H, doublet)、δ: 7.93 (2H, doublet)

3. Ans:

CH_3-O (3.84) $-C_6H_4-C(=O)-CH_2-CH_3$; CH_2 (2.93), CH_3 (1.20); H (7.93); H (6.91)

義守大學104學年度學士後中醫化學試題暨詳解

化學 試題 **有機：林智老師解析**

01. 0.1 M的醋酸鈉(CH_3COONa)水溶液中，下列何者正確？
(A) $[CH_3COO^-] > [Na^+]$ (B) $[H^+] > [OH^-]$
(C) $[Na^+] > [OH^-]$ (D) $[H^+] > [CH_3COOH]$
《104義守-01》Ans：C

02. 乙醇燃燒時的反應如右：$C_2H_5OH + a\ O_2 \rightarrow b\ CO_2 + c\ H_2O$ (H: 1；O: 16)
式中a、b、c為該反應經平衡後的係數；若完全燃燒 1 mol的乙醇，下列何者錯誤？
(A) $b + c = 5$ (B) $a = 3.5$
(C) 產生54克的水 (D) 產生44.8 L的CO_2 (S.T.P.)
《104義守-02》Ans：B

03. 已知某反應$A \rightarrow B + C$的速率常數為$0.01\ Ms^{-1}$ (25 ℃)；某生進行該反應時，起始濃度$[A]_o = 0.1$ M，則下列何者正確？
(A) 速率定律式 rate = k
(B) integrated rate law $[A]_t - [A]_o = kt$
(C) 反應的半衰期 $t_{1/2} = 69$ s
(D) 10秒時，$[A] = 0.025$ M
《104義守-03》Ans：A

04. 已知過氧化氫的分解反應的反應機制如下：
(1) $H_2O_2 + I^- \rightarrow H_2O + IO^-$ (slow, rate constant k_1)
(2) $H_2O_2 + IO^- \rightarrow H_2O + O_2 + I^-$ (fast, rate constant k_2)
下列何者錯誤？
(A) I^-是中間產物
(B) rate = $k_1[H_2O_2][I^-]$
(C) 總反應為：$2\ H_2O_2 \rightarrow 2\ H_2O + O_2$
(D) 速率決定步驟是反應(1)
《104義守-04》Ans：A

05. 下列何者當混合後可以成為一緩衝溶液(buffer solution)？

(A) 30.0 mL 0.10 M NaOH，10.0 mL 0.10 M CH_3COOH

(B) 15.0 mL 0.10 M NaOH，15.0 mL 0.10 M CH_3COOH

(C) 15.0 mL 0.10 M NaOH，20.0 mL 0.10 M CH_3COOH

(D) 10.0 mL 0.10 M NaOH，5.0 mL 0.10 M CH_3COONa

《104義守-05》Ans：C

06. 以0.08 M的氫氧化鈉水溶液滴定100 mL，0.08 M的弱酸(HA，$K_a = 10^{-6}$)水溶液，當滴定達當量點時弱酸水溶液的pH值為若干？($\log_{10} 2 = 0.3010$，$\log_{10} 3 = 0.4771$)

(A) 10.7　(B) 9.3　(C) 8.7　(D) 7.3

《104義守-06》Ans：B

07. 以氫氧化鈉水溶液滴定一弱酸(HA)水溶液，其滴定當量點預期為pH = 9.0，下列何者是最適宜的指示劑(indicator)？

(A) Methyl orange，$pK_a = 3.47$　(B) Methyl red，$pK_a = 5.1$

(C) Bromothymol blue，$pK_a = 7.1$　(D) Phenolphthalein，$pK_a = 9.3$

《104義守-07》Ans：D

08. 下列何者在水中的溶解度最高？

(A) $BaCO_3$，$K_{sp} = 5.0 \times 10^{-9}$　(B) CaF_2，$K_{sp} = 3.9 \times 10^{-11}$

(C) $PbCrO_4$，$K_{sp} = 2.8 \times 10^{-13}$　(D) $Al(OH)_3$，$K_{sp} = 1.3 \times 10^{-33}$

《104義守-08》Ans：B

09. 關於下列化合物中心原子的混成軌域(hybridization orbital)，何者正確？

(A) O_3，sp^3　(B) CO_3^{2-}，sp^3　(C) I_3^-，sp　(D) NO_2^-，sp^2

《104義守-09》Ans：D

10. 下列物質中，中心原子的混成軌域屬於sp^2 者共有幾個？

BH_3　HCN　SO_3　NH_3　C_2H_4　CH_3^+

(A) 4　(B) 3　(C) 2　(D) 1

《104義守-10》Ans：A

11. 下列物質的幾何形狀是直線形的共有幾個？

HOCl　HCN　CS_2　NH_3　H_2SO_3

(A) 4　(B) 3　(C) 2　(D) 1

《104義守-11》Ans：C

12. 假設某金屬的結構為面心立方單位晶格(face-centered cubic unit cell)，其晶格的邊長是600 pm；該金屬原子的半徑是 ______。

(A) 3 Å　(B) 2.6 Å　(C) 2.1 Å　(D) 1.4 Å

《104義守》Ans：C

13. 某金屬的結構為面心立方單位晶格，其晶格的邊長是360 pm；該金屬的密度是8.96 g cm^{-3}；該金屬最可能是 ______。(N : 6.02×10^{23})

(A) Cu (63.5)　(B) Ag (108)　(C) Au (197)　(D) Cs (133)

《104義守-13》Ans：A

14. 某化合物經定量分析發現其中含：49.5% C；5.15% H；28.9% N；16.5% O；若其分子量是194，則 ______。(C: 12；N: 14)

(A) 簡式 C_5H_7NO　(B) 分子式 $C_4H_5NO_2$

(C) 分子式 $C_8H_{10}N_4O_2$　(D) 分子式 $C_{11}H_{18}N_2$

《104義守-14》Ans：C

15. 氫溴酸水溶液，重量百分率是48 %，密度是1.05 g/cm^3。此氫溴酸水溶液的體積莫耳濃度是 ______。(Br：80)

(A) 18.0 M　(B) 11.6 M　(C) 6.22 M　(D) 5.12 M

《104義守-15》Ans：C

16. 僅含有$NaHCO_3$及Na_2CO_3兩化合物的某試料，若以0.035 mol HCl(aq)恰可將其完全反應並生成0.025 mol的CO_2。請問該試料中原含有Na_2CO_3多少mol？

(A) 0.030 mol　(B) 0.025 mol　(C) 0.015 mol　(D) 0.010 mol

《104義守-16》Ans：D

17. 某含氦與氬的氣體混合物，在1 atm、300 K時其密度是0.9 g/L，則下列何者正確？(He: 4；Ar: 40) (R = 0.082 L · atm / mol · K)

(A) 氦氣的分壓0.68 atm　　(B) 氬氣的分壓0.68 atm
(C) 氦氣的莫耳分率0.42　　(D) 氦氣的莫耳分率0.5

《104義守-17》Ans：D

18. 燃料置於裝置活塞的鋼瓶內，體積0.255 L，外壓1 atm。燃燒後體積膨脹至1.45 L，並釋放875 J的熱。此燃料的內能變化，ΔE，是____。(1 atm · L = 101.3 J)

(A) 996 J　　(B) 754 J　　(C) −754 J　　(D) −996 J

《104義守-18》Ans：D

19. 已知：

$$\frac{1}{2}A \rightarrow B \qquad \Delta H = 150\ kJ$$

$$3B \rightarrow 2C + D \qquad \Delta H = -125\ kJ$$

$$E + A \rightarrow 2D \qquad \Delta H = 350\ kJ$$

則 $B + D \rightarrow E + 2C$　　$\Delta H =$ ______。

(A) 525 kJ　　(B) 325 kJ　　(C) −175 kJ　　(D) −325 kJ

《104義守-19》Ans：C

20. 天然橡膠是由何種單體結合而成的聚合物？

(A) 乙烯　　(B) 氯乙烯　　(C) 異戊二烯　　(D) 氯丁二烯

《104義守-20》Ans：C

說明：

1. Polymerization-----via Free radical addition
2. Ans：

n ⇒ (2-methyl-1,3-butadiene)
(isopentadiene)

21. 某電化學電池如右所示：Zn(s) | Zn^{2+}(aq) || Cu^{2+}(aq) | Cu(s)；下列何者正確？

(A) 氧化半反應是：Cu(s) → Cu^{2+}(aq) + 2 e^-

(B) 還原半反應是：Zn^{2+}(aq) + 2 e^- → Zn(s)

(C) 鋅為還原劑

(D) 總反應是：Zn^{2+}(aq) + Cu(s) → Cu^{2+}(aq) + Zn(s)

《104義守-21》Ans：C

22. 某電化學電池如下所示：

Fe(s) | Fe^{2+}(aq) || MnO_4^-(aq), H^+(aq), Mn^{2+}(aq) | Pt(s)

下列何者可以提升電池的電位？

(A) 增加[Fe^{2+}(aq)]　(B) 降低[MnO_4^-(aq)]

(C) 增加[H^+(aq)]　(D) [H^+(aq)]不會影響電池的電位

《104義守-22》Ans：C

23. 關於乾冰(dry ice)的昇華現象，下列何者正確？

(A) $\Delta H > 0$，$\Delta S > 0$　(B) $\Delta H > 0$，$\Delta S < 0$

(C) $\Delta H < 0$，$\Delta S < 0$　(D) $\Delta H < 0$，$\Delta S > 0$

《104義守》Ans：A

24. 週期表第三週期的某元素其游離能如下：IE_1（第一游離能）= 578 kJ/mol，IE_2 = 1820 kJ/mol，IE_3 = 2750 kJ/mol，IE_4 = 11600 kJ/mol；此元素最可能是？

(A) Al　(B) S　(C) P　(D) Si

《104義守-24》Ans：A

25. 硼有兩種同位素，^{10}B 及 ^{11}B，而硼的平均原子量為10.8。下列何者正確？

I. 均含有相同的電子數　II. 均含有相同的質子數

III. 均含有相同的中子數　IV. ^{11}B在自然界的含量佔80%

V. ^{10}B在自然界的含量佔80%

(A) I、II　(B) I、II、IV　(C) I、II、V　(D) III、V

《104義守-25》Ans：B

26. 有四個酮化物，其中一個它的^{13}C-nmr 光譜顯示有五支信號，試問哪個酮化物是符合此^{13}C-nmr 光譜？

(A) 4,4-dimethylcyclohexanone (B) 3,3-dimethylcyclohexanone

(C) 2,2-dimethylcyclohexanone (D) 2,2,4,4-tetramethylcyclohexanone

《104義守-26》Ans：A

說明：

(A) 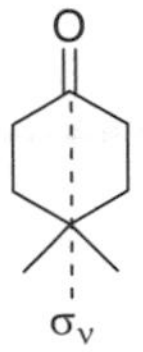 ⟹ 5 signals (σ_v)

(B) 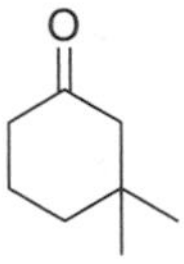 ⟹ 7 signals

(C) 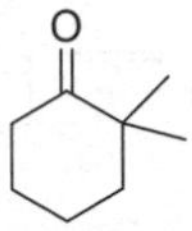 ⟹ 7 signals

(D) 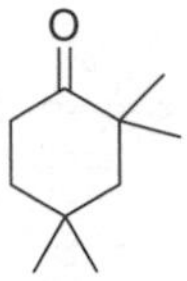 ⟹ 8 signals

27. 選擇最佳試劑以完成下列的化學反應。

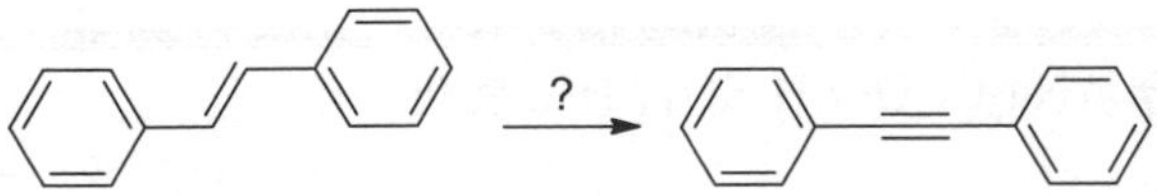

(stilbene) —?→ (diphenylacetylene)

(A) Na, NH_3 (B) i. $Hg(OAc)_2$, H_2O; ii $NaBH_4$

(C) i. Br_2, ii. 2 KOH (D) i. BH_3, ii. H_2O_2/OH^-

《104義守-27》Ans：C

說明：

1. **Synthetic Strategy**

※Synthetic Strategy----- convert cis-2-butene to trans-2-butene

Ex.1 Which reaction sequence would convert cis-2-butene to trans-2-butene?

(A) Br_2/CCl_4; then 2 $NaNH_2$; then H_2/Ni_2B(P-2)

(B) Br_2/CCl_4; then 2 $NaNH_2$; then Li/liq. NH_3

(C) H_3O^+, heat; then cold dilute $KMnO_4$

(D) HBr; then $NaNH_2$; then H_2, Pt

(E) None of these

(S_9)Ans: B

2. Ans:

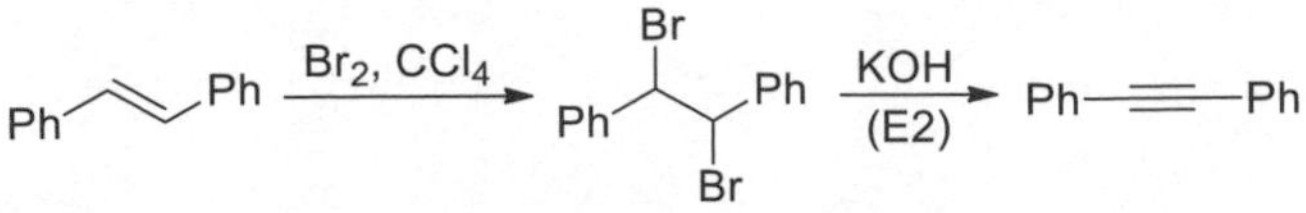

Ph–CH=CH–Ph —Br_2, CCl_4→ Ph–CHBr–CHBr–Ph —KOH (E2)→ Ph–C≡C–Ph

28. 以下構造式(I - IV)中，哪個是下列反應的主要有機產物？

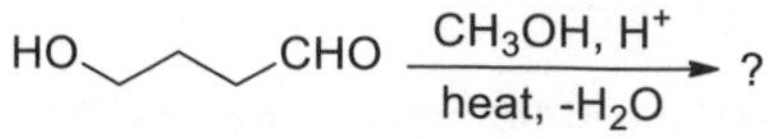

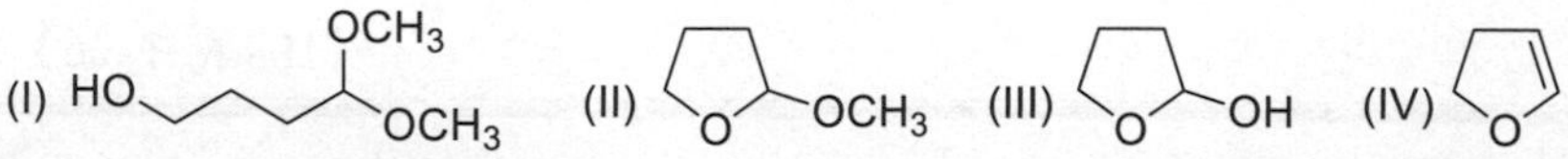

HO–CH₂CH₂CH₂–CHO $\xrightarrow[\text{heat, -}H_2O]{CH_3OH,\ H^+}$?

(I) $HO(CH_2)_3CH(OCH_3)_2$ (II) 2-methoxytetrahydrofuran (–OCH_3) (III) 2-hydroxytetrahydrofuran (–OH) (IV) 2,3-dihydrofuran

(A) I (B) II (C) III (D) IV

《104義守-28》Ans：B

說明：

1. cyclic acetllization-----NGP theory
2. Ans:

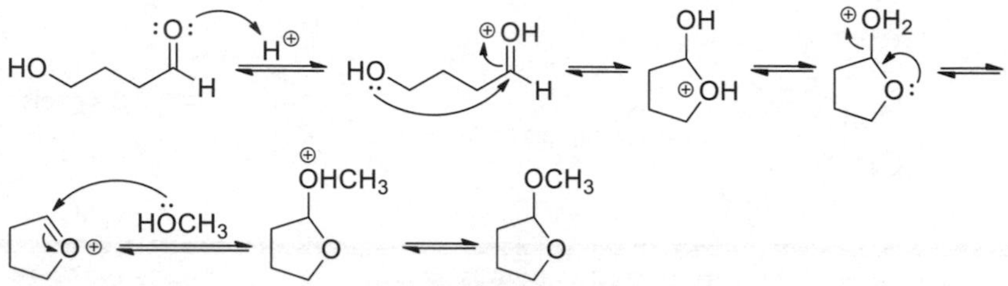

$$HO\sim\sim CHO \xrightleftharpoons{H^{\oplus}} \ldots \rightleftharpoons \ldots \rightleftharpoons \ldots \rightleftharpoons \ldots \xrightleftharpoons{H\ddot{O}CH_3} \ldots \overset{\oplus}{O}HCH_3 \rightleftharpoons \ldots OCH_3$$

29. 下列化合物中，何者會被$Na_2Cr_2O_7$ / H_2SO_4 / H_2O氧化？

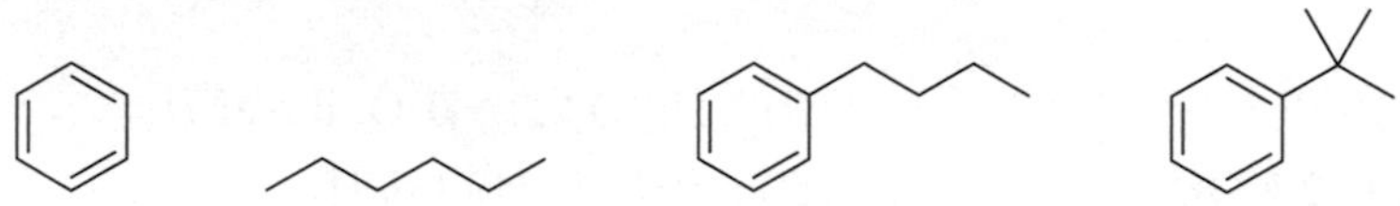

I (benzene) II (hexane) III (butylbenzene) IV (tert-butylbenzene)

(A) I (B) II (C) III (D) IV

《104義守-29》Ans：C

說明：

1. the side-chain oxidation of benzene
2. Ans:

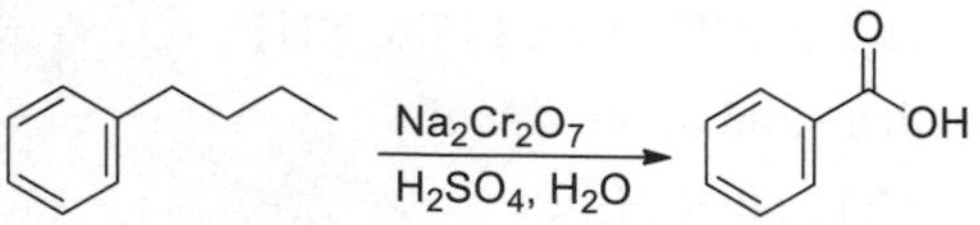

$$\text{butylbenzene} \xrightarrow[H_2SO_4,\ H_2O]{Na_2Cr_2O_7} \text{benzoic acid (PhCOOH)}$$

30. 下列構造式(I - IV)中，哪個是以下反應的主要有機產物？

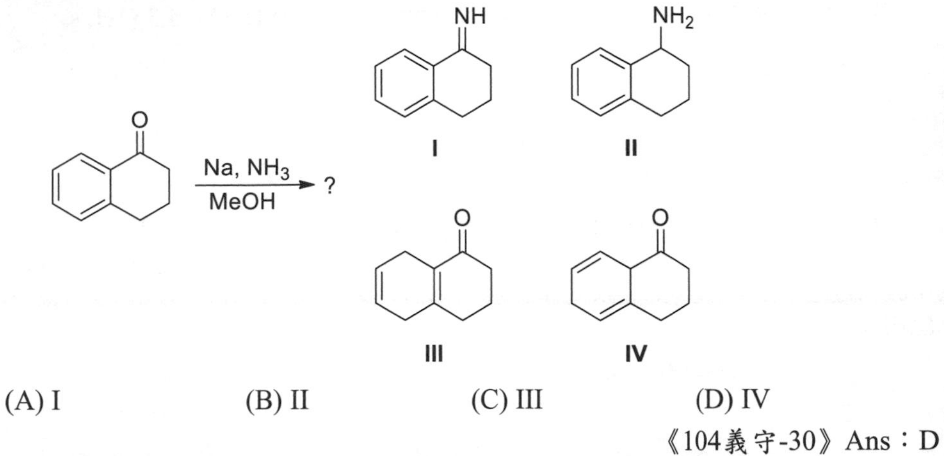

(A) I (B) II (C) III (D) IV

《104義守-30》Ans：D

說明：

1. Birch reduction-----1,4-addition
2. Ans:

$\xrightarrow[\text{MeOH}]{Na_{(s)},\ NH_{3(l)}}$

31. 從乙炔(ethyne)為起始物，合成正辛烷(*n*-octane)。下列合成步驟，何者是正確？

(A) i. $NaNH_2$; ii. $CH_3(CH_2)_4CH_2Br$; iii. H_2/Pd-C

(B) i. $NaNH_2$; ii. $CH_3(CH_2)_3CH_2Br$; iii. H_2/Pd-C

(C) i. NaOH; ii. $CH_3(CH_2)_4CH_2Br$; iii. H_2/Pd-$BaSO_4$

(D) i. NaOH; ii. $CH_3(CH_2)_3CH_2Br$; iii. H_2/Pd-C

《104義守》Ans：A

說明：

H−C≡C−H $\xrightarrow[\text{2. }\sim\sim\sim\text{Br}]{\text{1. }NaNH_2,\ NH_3}$ H−C≡C−$(CH_2)_5CH_3$ $\xrightarrow{H_2,\ Pd\text{-}C}$ n-octane

?

n-octane ⟹ H−C≡C−$(CH_2)_5CH_3$ ⟹ H−C≡C:$^{\ominus}$ + $^{\oplus}$$(CH_2)_5CH_3$ ⟹ $CH_3(CH_2)_5$Br

32. 下列四種化合物，其分子式皆為$C_5H_{10}Br_2$，其中哪個它的^{1}H-NMR光譜數據是符合如下所示？　化學位移(chemical shift)：δ 1.0 (9H, s)，5.3 (1H, s)。

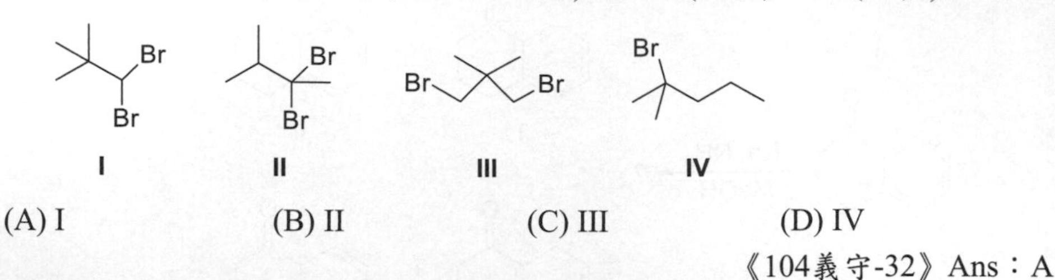

(A) I　　(B) II　　(C) III　　(D) IV

《104義守-32》Ans：A

說明：

1. $C_5H_{10}Br_2$ (DBE = 0)
2. Ans:

Br Br H ⇒ 2 signals ⇒ δ 5.3 (1H, s), δ 1.0 (9H, s)

33. 下列四組構造式中，哪些組是互為非鏡相異構物(diastereomers)？

I
COOH / H—OH / HO—H / COOH　　COOH / H—OH / HO—H / COOH

II
COOH / H—OH / H—OH / COOH　　COOH / HO—H / HO—H / COOH

III
COOH / H—OH / HO—H / COOH　　COOH / H—OH / H—OH / COOH

IV
COOH / HO—H / H—OH / COOH　　COOH / HO—H / HO—H / COOH

(A) I, II　　(B) I, IV　　(C) II, III　　(D) III, IV

《104義守-33》Ans：D

說明：

1. classification of optical isomer
2. Ans:

I. (2R, 3R) v.s (2R, 3R) ⇒ identical compounds
II. (2R, 3S) v.s (2S, 3R) ⇒ meso compounds
III. (2R, 3R) v.s (2R, 3S) ⇒ diastereomers
IV. (2S, 3S) v.s (2S, 3R) ⇒ diastereomers

34. 有未知化合物，其分子式C_3H_3Br，IR光譜顯示在3300 cm^{-1} (m)，2225 cm^{-1} (m-w)有特徵吸收。下列化合物中，何者符合以上IR光譜？

I 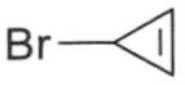　II 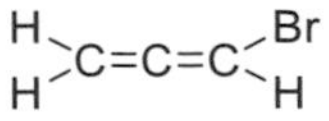　III 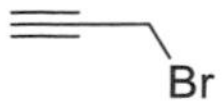　IV

(A) I　(B) II　(C) III　(D) IV

《104義守-34》Ans：D

說明：

1. C_3H_3Br (DBE = 2)
2. IR spectrum　ν_{max}(≡C–H) 3300 cm^{-1}
   ν_{max}(C≡C) 2225 cm^{-1}
3. Ans:　⇒　terminal alkyne 確認

35. 有未知化合物，它的^{1}H-NMR光譜數據顯示四個信號(4 signals)。下列化合物中，何者符合以上^{1}H-NMR光譜？

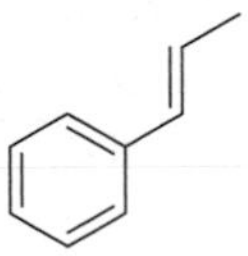

I 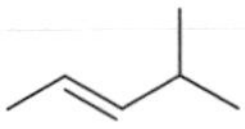　II 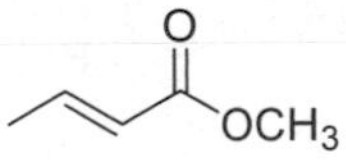　III 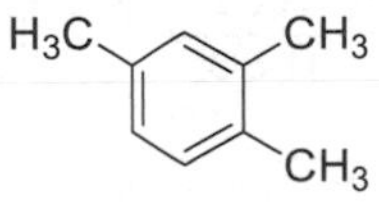　IV

(A) I　(B) II　(C) III　(D) IV

《104義守-35》Ans：C

說明：

1. ^{1}H-NMR 光譜-----equivalent/non- equivalent
2. Ans:

I ⇒ 6 signals

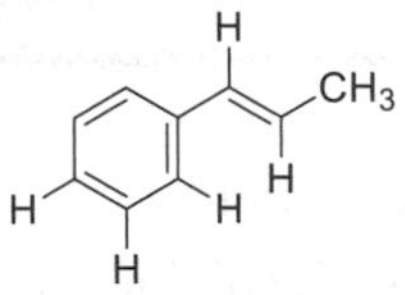

II ⇒ 5 signals

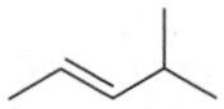

III ⇒ 4 signals

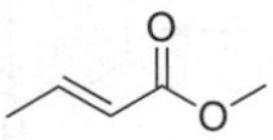

IV ⇒ 6 signals

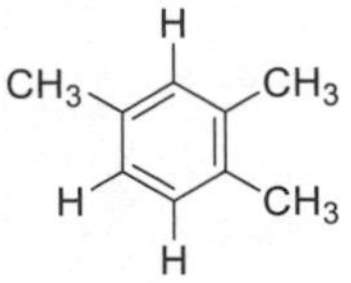

36. 構造式(I - IV)，哪個是下列反應的主要有機產物？

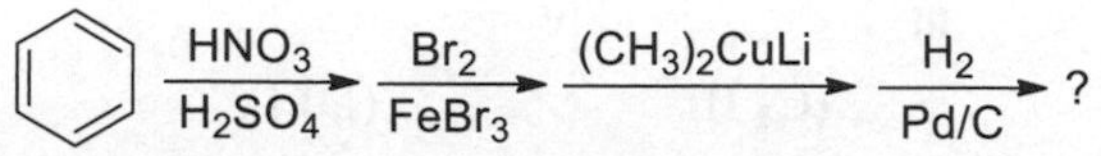

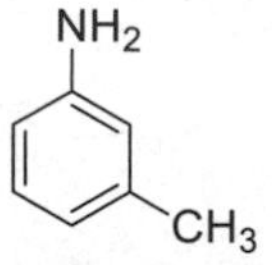

$$\text{benzene} \xrightarrow[H_2SO_4]{HNO_3} \xrightarrow[FeBr_3]{Br_2} \xrightarrow{(CH_3)_2CuLi} \xrightarrow[Pd/C]{H_2} ?$$

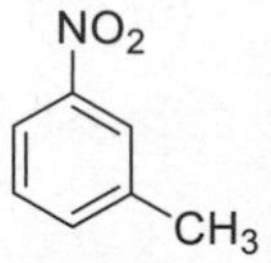

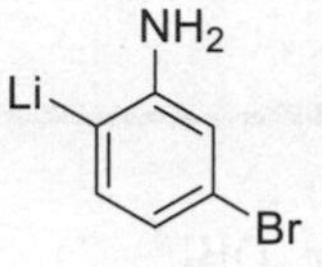

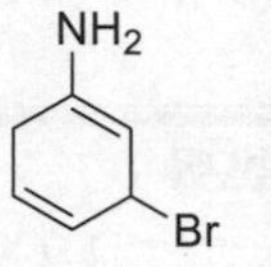

I: NH_2, CH_3 (aromatic ring)
II: NO_2, CH_3
III: NH_2, Li, Br
IV: NH_2, Br

(A) I (B) II (C) III (D) IV

《104義守-36》Ans：A

說明：

1. Full synthesis
2. Ans:

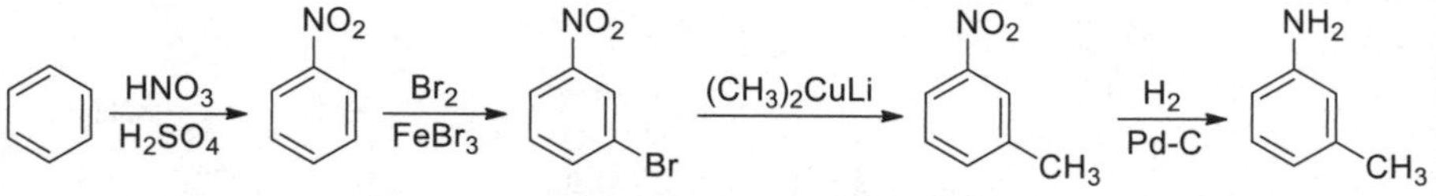

$$\text{benzene} \xrightarrow[H_2SO_4]{HNO_3} \text{(NO}_2\text{)} \xrightarrow[FeBr_3]{Br_2} \text{(NO}_2\text{, Br)} \xrightarrow{(CH_3)_2CuLi} \text{(NO}_2\text{, CH}_3\text{)} \xrightarrow[Pd\text{-}C]{H_2} \text{(NH}_2\text{, CH}_3\text{)}$$

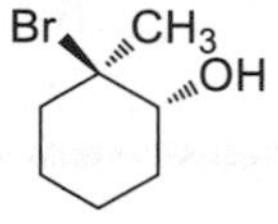

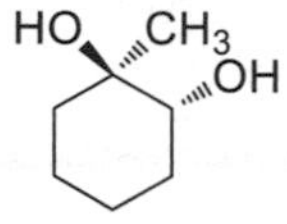

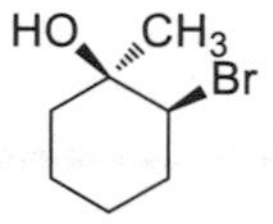

37. 構造式(I - IV)中，哪個是下列反應的主要有機產物？

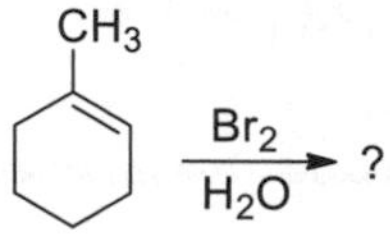

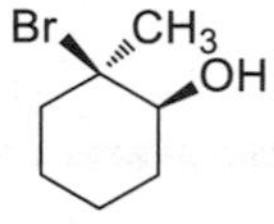

$$CH_3\text{-cyclohexene} \xrightarrow[H_2O]{Br_2} ?$$

I: Br, CH_3, OH
II: Br, CH_3, OH
III: HO, CH_3, OH
IV: HO, CH_3, Br

(A) I (B) II (C) III (D) IV

《104義守-37》Ans：C

說明：

1. Electrophilic addition-----bromohydrin formation
2. Diaxial openning rule-----stereospecific anti-addition
3. Ans:

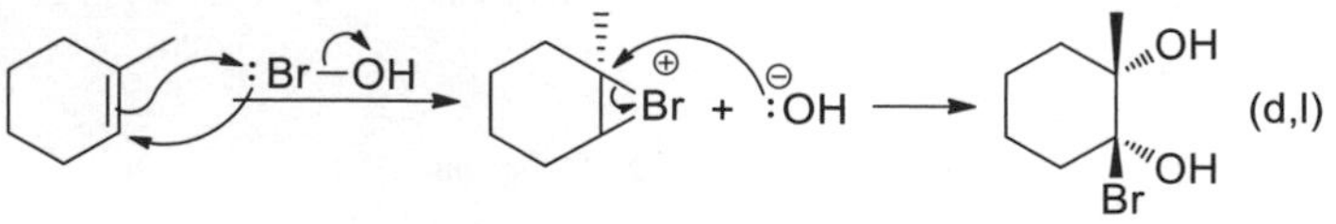

: Br—OH → $Br^{\oplus}$ + $^{\ominus}$:OH → OH, OH, Br (d,l)

38. 下列化合物中，其碳-氫鍵(I - IV)（箭頭所示）的強弱順序為？

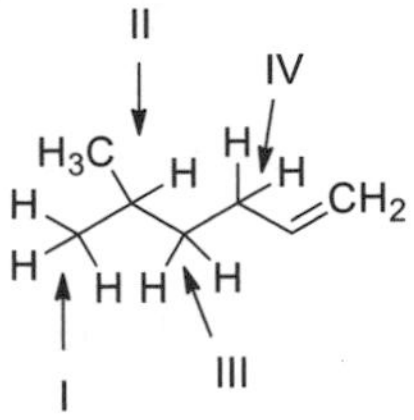

(A) I > II >III > IV　　(B) I > III >II > IV

(C) IV > III >II > I　　(D) III > II > I > IV

《104義守-38》Ans：B

說明：

1.表：均勻斷裂之鍵結解離能(ΔH^{o}_{D}, Kcal/mol.)

CH_3–H	(sp^3)*	(104)	$CH_2 = CHCH_2$–H	(allylic 1°-H)$^{+}$	(88)
CH_3CH_2–H	(1°-H)$^{+}$	(98)	$C_6H_5CH_2$–H	(benzylic 1°-H)$^{+}$	(85)
$CH_3CH_2CH_2$–H	(1°-H)$^{+}$	(98)			
$(CH_3)_2CH$–H	(2°-H)$^{+}$	(95)	$CH_2 = CH$–H	(vinylic)(sp^2)*	(108)
$(CH_3)_3C$–H	(3°-H)$^{+}$	(92)	C_6H_5–H	(phenylic)(sp^2)	(110)

*SP^3混成軌域，SP^2混成軌域之碳原子。$^{+}$為1°-H，2°-H，3°-H不同級數氫原子。

2. Ans: (B) ⇒ I > III >II > IV

39. Simvastatin，構造式如下，是一種降血脂藥，它是光學活性化合物，試問其構造式中有多少個不對稱碳(chiral center)？

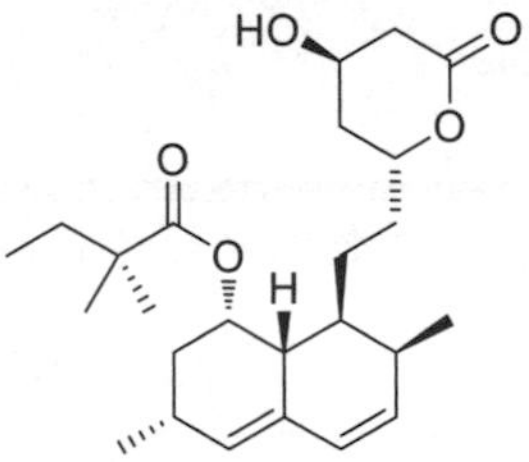

Simvastatin

(A) 4　　(B) 5　　(C) 6　　(D) 7

《104義守-39》Ans：D

說明：

1. stereogenic center-----不對稱碳(chiral center)

2. Ans:

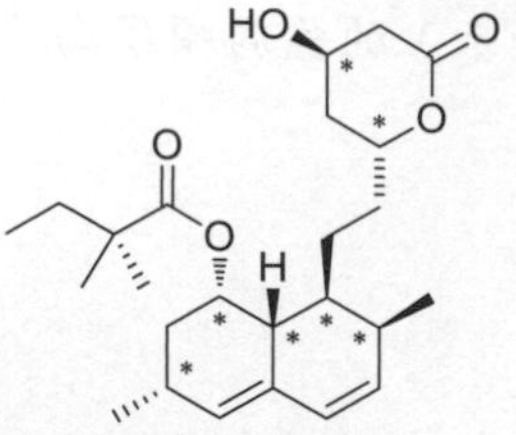

$\Rightarrow$ 7 chiral center $\Rightarrow 2^7 = 128$ stereomers

40. 下列的兩個confomational isomers，conformer I與conformer II以Newman projection表示如下：試問其能量差異為何？(已知：H↔H eclipsed = 4.0 kJ/mol，H↔CH_3 eclipsed = 6.0 kJ/mol，CH_3↔CH_3 eclipsed = 11.0 kJ/mol，CH_3↔CH_3 gauge = 3.8 kJ/mol；ϕ = dihedral angle)

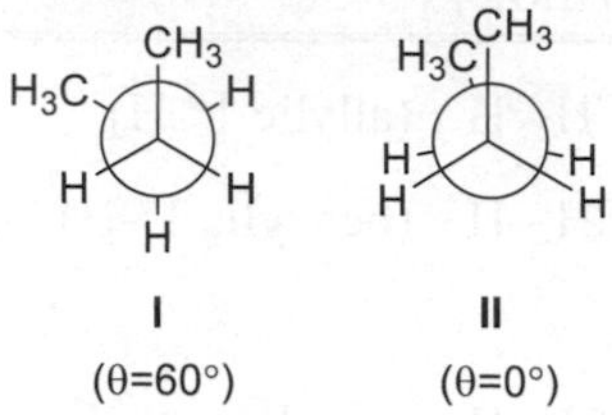

I (θ=60°) II (θ=0°)

(A) I比II安定15.2 kJ/mol (B) I比II安定10.2 kJ/mol

(C) I比II安定11.2 kJ/mol (D) I比II安定3.8 kJ/mol

《104義守-40》Ans：A

說明：

1.摩爾扭曲能(molar heat of strain：$\Delta H°_{strain}$)

2. Ans:

I $\Delta H°_{strain(I)} = 3.8$ KJ/mole

II $\Delta H°_{strain(II)} = 11.0 + (4\times2) = 19.0$ KJ/mole

∴ 能量差 = 19.0 − 3.8 = 15.2 KJ/mole

41. 下列一聯串反應（如下所示），構造式(I - IV)中，何者為其最終產物？

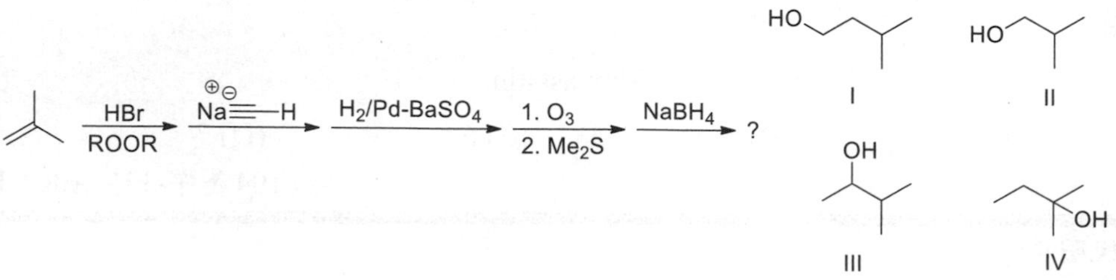

HBr / ROOR → $Na^{\oplus}$ $^{\ominus}$≡—H → H_2/Pd-$BaSO_4$ → 1. O_3 2. Me_2S → $NaBH_4$ → ?

I II III IV

(A) I (B) II (C) III (D) IV

《104義守-41》Ans：A

說明：

1. Full synthesis

2. Ans:

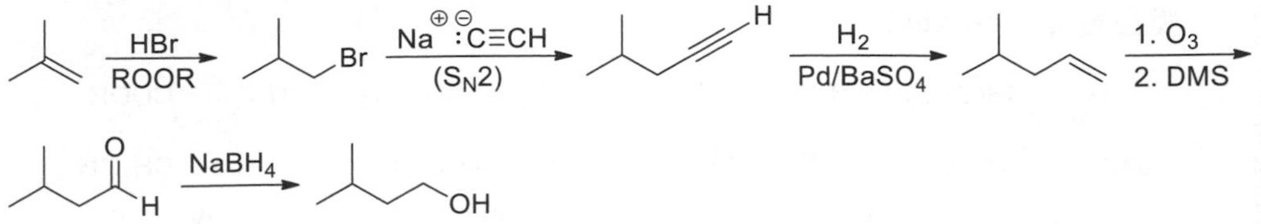

$\text{(CH}_3)_2\text{C=CH}_2 \xrightarrow[\text{ROOR}]{\text{HBr}} \text{(CH}_3)_2\text{CHCH}_2\text{Br} \xrightarrow[(S_N2)]{Na^{\oplus}\ {}^{\ominus}\!:C\equiv CH} \text{(CH}_3)_2\text{CHCH}_2\text{C}\equiv\text{CH} \xrightarrow[\text{Pd/BaSO}_4]{H_2} \text{(CH}_3)_2\text{CHCH}_2\text{CH=CH}_2 \xrightarrow[\text{2. DMS}]{\text{1. O}_3}$

$\text{(CH}_3)_2\text{CHCH}_2\text{CHO} \xrightarrow{\text{NaBH}_4} \text{(CH}_3)_2\text{CHCH}_2\text{CH}_2\text{OH}$

42. 嗎啡(morphine)其構造式如下，對於嗎啡的描述何者正確？

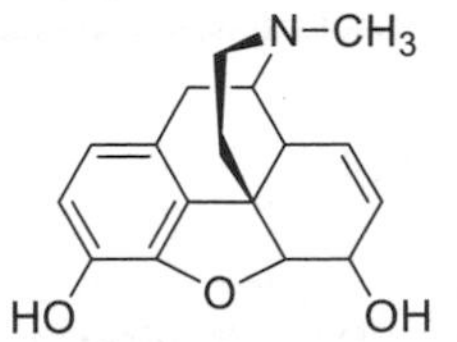

(A) 它屬於3°氨(amine)，是一種生物鹼(alkaloid)，味苦，有強力的止痛作用
(B) 它有五個不對稱中心(chiral center)，理論上應該有32個立體異構物
(C) 與CH_2N_2反應會得到可待因(codeine)，可待因是具有止咳作用
(D) 以上皆是

《104義守-42》Ans：D

說明：

1.嗎啡(morphine)與柯打因(codeine)，鎮痛藥物
2.可待因是具有止咳作用

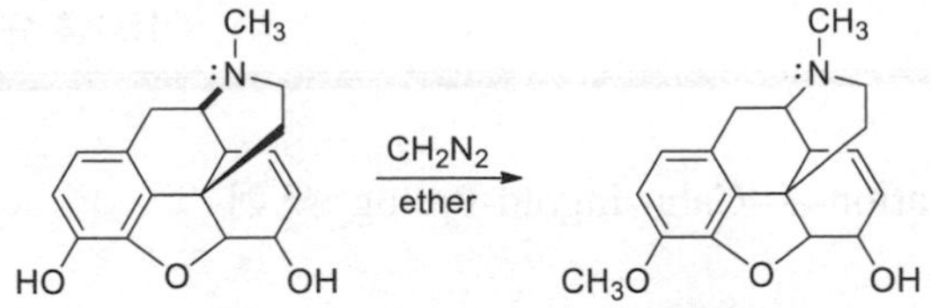

morphine $\xrightarrow[\text{ether}]{CH_2N_2}$ codeine

3. Alkaloid (3°-amine): n = 5 (chiral centers) ⇒ $2^n = 2^5 = 32$ (stereomers)

釋疑：《104 義守-12》

理論上立體異構物的數目是= 2^n，有 meso compound 時，是< 2^n。本題目是檢視 chiral centers 的數目，嗎啡有五個 chiralcenters，理論上立體異構物的數目是= 2^5=32。而非固定 C-9，C-13 再討論其立體異構物。維持原答案(D)。

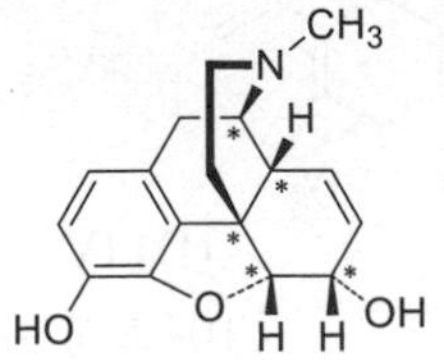

morphine

There are five chiralitv centers in morphine.
It has 2^5 stereoisomers in principle.

43. 下列多取代的烯類中，依據Cahn-Ingold-Prelog規則，它們的組態(configuration)哪些是屬於Z-form？

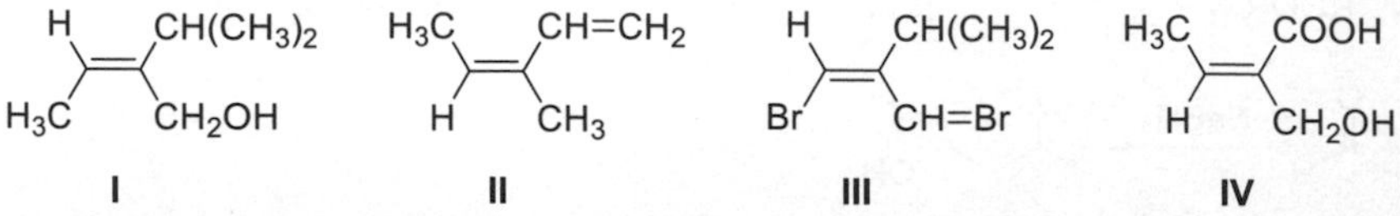

I: H, $CH(CH_3)_2$ / H_3C, CH_2OH　II: H_3C, $CH{=}CH_2$ / H, CH_3　III: H, $CH(CH_3)_2$ / Br, $CH{=}Br$　IV: H_3C, COOH / H, CH_2OH

(A) I, II　(B) II, III　(C) III, IV　(D) 以上皆是Z-form

《104義守-43》Ans：D

說明：

1. E-/Z-configuration-----Cahn-Ingold-Prelog 規則
2. Ans:

I. Z-form ; **II.** Z-form ; **III.** Z-form ; **IV.** Z-form

44. 指認下列分子(I - IV)其組態(configuration)是屬於*R* or *S*-configuration。

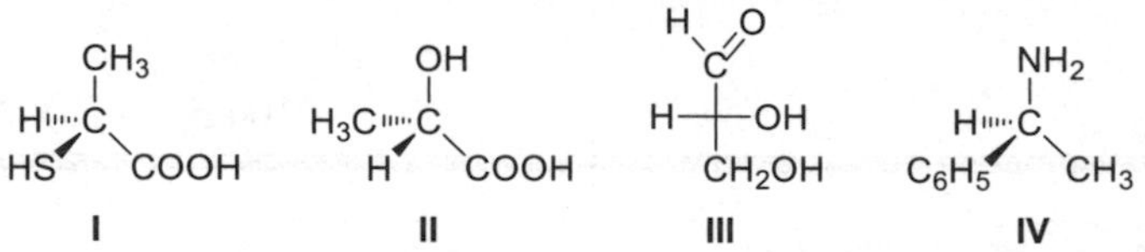

I: CH_3, H, HS, COOH　II: OH, H_3C, H, COOH　III: H–C=O, H, OH, CH_2OH　IV: NH_2, H, C_6H_5, CH_3

(A) I = *S*, II = *S*, III = *R*, IV = *S*　(B) I = *S*, II = *R*, III = *R*, IV = *S*
(C) I = *R*, II = *S*, III = *S*, IV = *S*　(D) I = *R*, II = *R*, III = *R*, IV = *S*

《104義守-44》Ans：A

說明：

1. *R* or *S*-configuration-----Cahn-Ingold-Prelog 規則
2. Ans:

I (*S*)；II (*S*)；III(*R*)；IV(*S*)

45. 化合物(I - IV)中，何者是下列反應的主要有機產物？

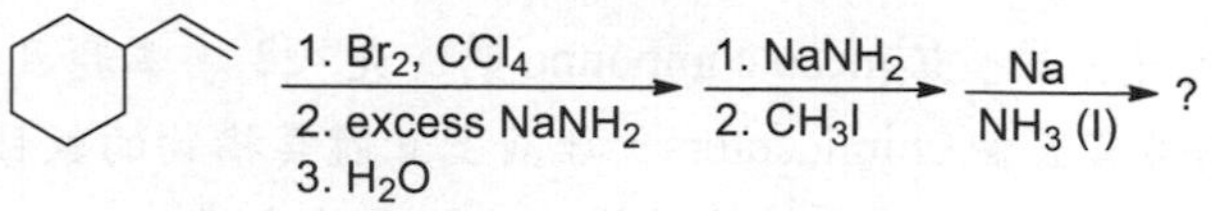

1. Br_2, CCl_4 2. excess $NaNH_2$ 3. H_2O → 1. $NaNH_2$ 2. CH_3I → Na / NH_3 (l) → ?

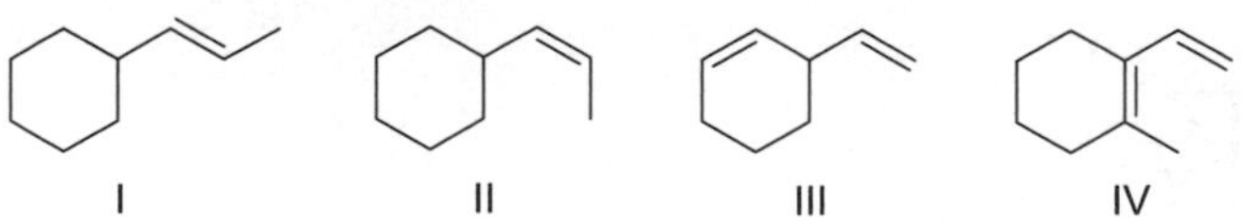

I　II　III　IV

(A) I　(B) II　(C) III　(D) IV

《104義守-45》Ans：A

說明：

1. Full synthesis
2. Ans:

Br₂ / CCl₄ → excess NaNH₂ → H₂O → 1. NaNH₂, 2. CH₃—I (S_N2) → Na(s) / NH₃(l)

46. 下列試劑(I - III)中，何者可進行以下反應？

reagent(s): R → S

Reagent(s)：**I.** HBr，**II.** (a) TsCl, pyridine, (b) NaBr，**III.** PBr_3，**IV.** 以上皆是

(A) I (B) II (C) III (D) IV

《104義守-46》Ans：D

說明：

1. S_N2Al reaction-----stereospecific inversion of configuration
2. Ans:

HBr; TsCl, pyr.; PBr_3

釋疑：《104 義守-46》

請參考 David Klein, "Organic Chemistry" p.611，要產生碳陽離子進行 S_N1 是要 3°-醇。維持原答案(D)。

47. 有一化合物其分子式$C_{10}H_{14}$，它的^{1}H-NMR數據如下：δ 1.2 (d)，2.3 (s)，2.8 (sept)，7.1 (m)。下列構造式中，何者是此化合物？

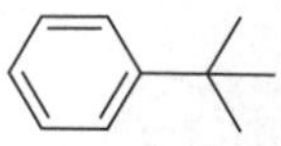

I 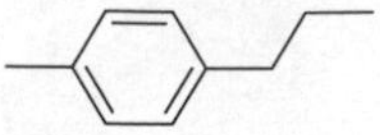　　II 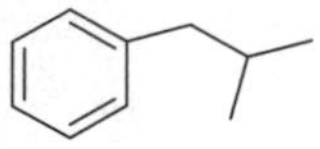　　III 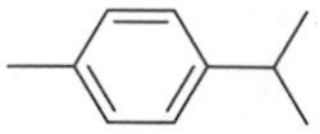　　IV

(A) I　　(B) II　　(C) III　　(D) IV

《104義守》Ans：D

說明：

1. $C_{10}H_{14}$ (DBE = 4)

2. III： 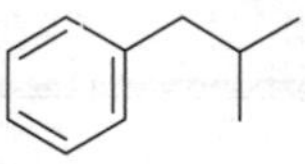 ⇒ 3 signals ⇒ δ 7.1 ppm (5H, m)
δ 2.4 ppm (2H, d)
δ 1.5 ppm (1H, m)
δ 0.9 ppm (6H, m)

∴ error

3. IV： CH_3 ⇒ 3 signals ⇒ δ 7.1 (4H, m)
δ 2.8 (1H, sept.)
δ 2.3 (3H, s)
δ 1.2 (6H, d)

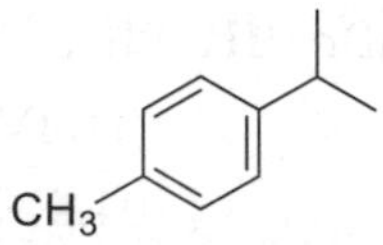

∴ correct answer

釋疑：《104 義守-47》

本題是簡單的 ^{1}H-NMR 知識，化合物 I-III 絕不符合 δ1.2(d)，2.3 (s)，2.8 (sept)，7.1 (m)。只有化合物 IV 的 chemical shifts 與 splitting pattern 是符合。至於 7.1 (m)是苯環上的氫重疊(overlapping)而取中間值。又考生質疑 δ 2.3(s)應該是 2.3 (dd)此質疑是錯，苯環的氫不可能在 δ 2.3 出現。本題是 *p*-substituted benzene 的 ^{1}H-NMR，其苯環的氫理論上是 2 組，每一組是 doublet (d)，也非 double doublet (dd)。但其化學位移重疊時一般用 multiplet (m)表示。維持原答案(D)。

48. 構造式(I - IV)中，何者是下列反應的最終主要產物？

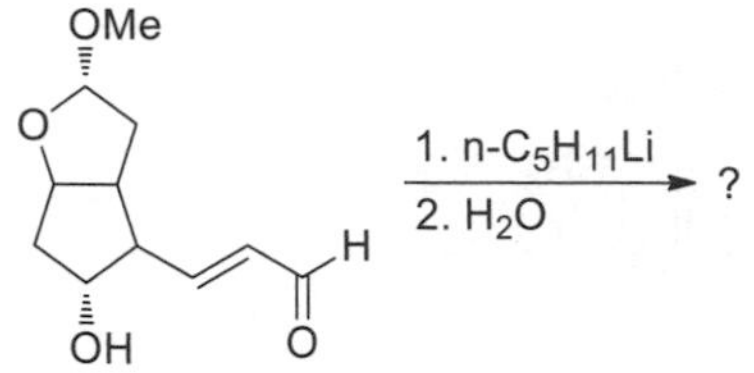

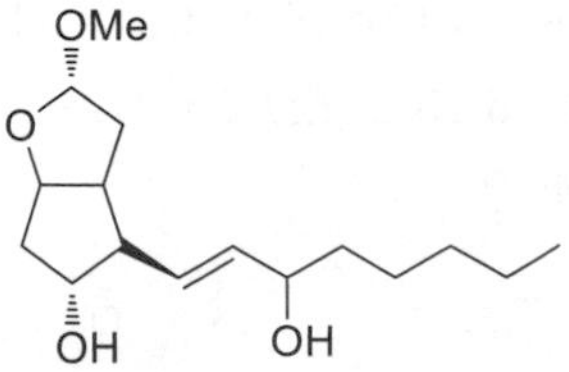

1. n-$C_5H_{11}Li$
2. H_2O

I 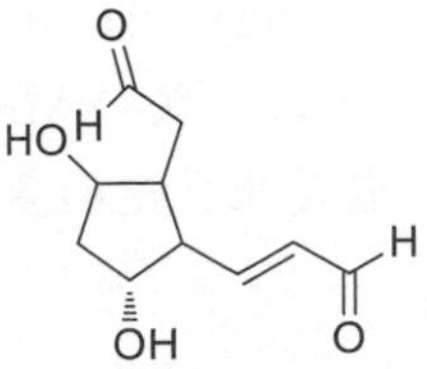 II 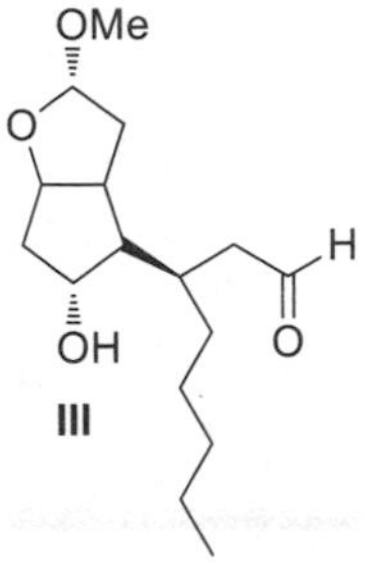 III 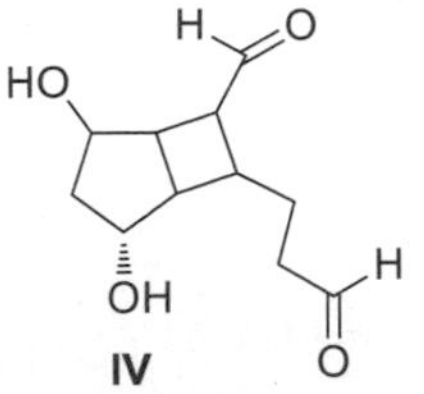 IV

(A) I (B) II (C) III (D) IV

《104義守-48》Ans：A

說明：

1.※**Organolithium compounds-----1,2-addition**

2. Ans:

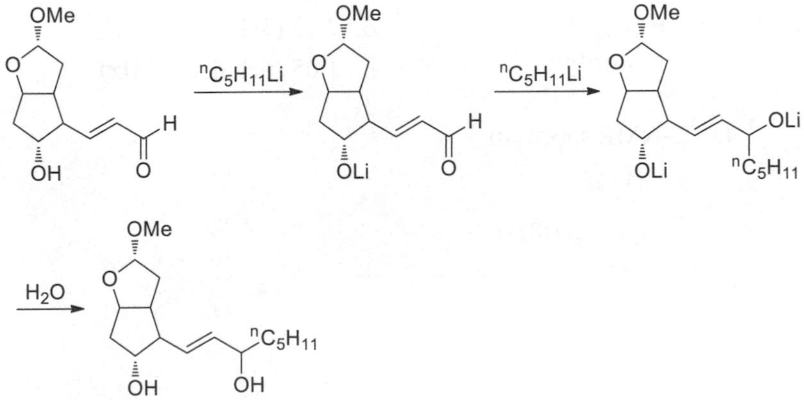

$^nC_5H_{11}Li$ → $^nC_5H_{11}Li$ → H_2O →

釋疑：《104 義守-48》

本題是測試基本 organic lithium 與 α-unsaturated carbonyl compound 進行的是 1,2-addition，而不是 1,4-addition。有機鋰一般是用 excess 量。不會只進行酸鹼中和反應。何況本題是要最終主要產物，其中並無回收原料的選項。維持原答案(A)。

49. 下列有機反應得到的產物，其光譜數據如下：EI-MS: $M^+ = 86$；IR：1715 cm^{-1} (strong)；^{1}H-NMR：δ 1.05 (6H, d, $J = 7$ Hz)，2.12 (3H, s)，2.67 (1H, septet, $J = 7$ Hz)；^{13}C-NMR：δ 18.2，27.2，41.6，211.2。試問下列構造式(I–V)中，何者是此反應的產物？

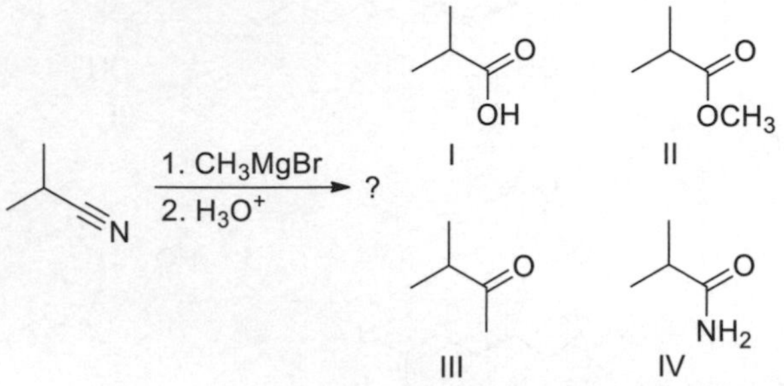

1. CH_3MgBr 2. H_3O^+ → ?

I (OH)　II (OCH_3)　III　IV (NH_2)

(A) I　(B) II　(C) III　(D) IV

《104義守-49》Ans：C

說明：

1. EI-MS spectrometer；$M^+ = 86$　∴ Ans：D (error)
2. IR spectrum ν_{max}(C=O) 1715cm^{-1} (non-conjugated ketone)
3. ^{1}H-NMR spectrum

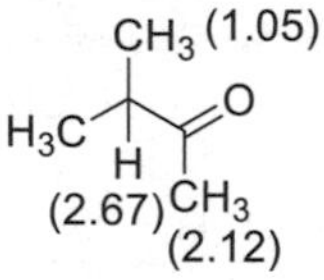

CH_3 (1.05)　H_3C　H (2.67)　CH_3 (2.12)　O

⇒ δ 2.67 (1H, Sept, J = 7Hz)
δ 2.12 (3H, s)
δ 1.05 (6H, d, J = 7Hz)

4. ^{13}C-NMR spectrum

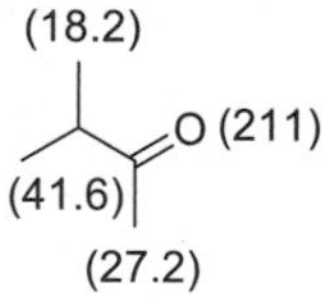

(18.2)　O (211)　(41.6)　(27.2)

50. 下列反應條件，何者最適合完成以下的合成？

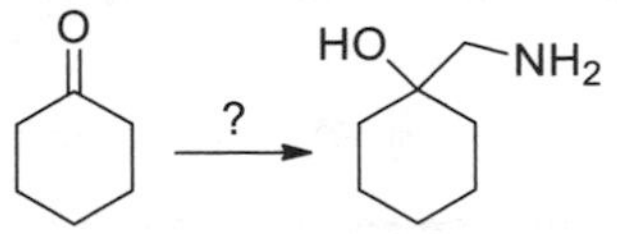

(A) CH_3NH_2, acid catalyst

(B) $CH_2=NH$, acid catalyst

(C) (i) NH_3 acid catalyst；(ii) CH_2I_2 & Zn(Cu)

(D) (i) HCN & NaCN；(ii) $LiAlH_4$ in ether

《104義守-50》Ans：D

說明：

1. cyanohydrin formation,and then reduction-amination
2. Ans:

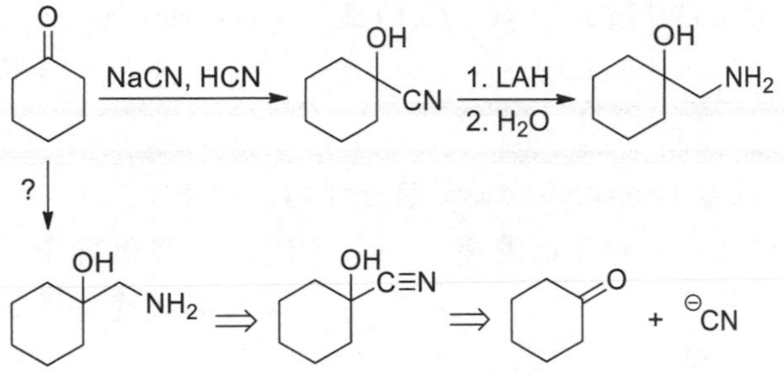

NaCN, HCN; 1. LAH 2. H_2O

中國醫藥大學103學年度學士後中醫化學試題暨詳解

化學 試題 **有機：林智老師解析**

01. 下列反應中，3.0莫耳的甲與2.0莫耳的乙反應生成4.0莫耳的丙，請問此反應的產率是多少？

    2 甲 + 乙 → 3 丙 + 丁

    (A) 50% (B) 67% (C) 75% (D) 89% (E) 100%

    《103中國-01》Ans：D

02. 假設燒杯中含有0.24M的氯化鈉水溶液130.0 mL，幾天後發現氯化鈉水溶液的濃度變成0.41M，請問總共蒸發掉多少的水？

    (A) 30 mL (B) 53.9 mL (C) 76.1 mL (D) 100 mL (E) 129 mL

    《103中國-02》Ans：B

03. 根據布忍斯特-羅雷(Brønsted-Lowry)酸鹼理論，酸是：

    (A) 可以增加溶液中氫離子的濃度 (B) 可以提供質子
    (C) 可以接受質子 (D) 可以接受電子對
    (E) 可以提供電子對

    《103中國-03》Ans：B

說明：

Definition：Brønsted-Lowry acid：donate proton ie. $HCl_{(aq)} \rightleftharpoons H^+_{(aq)} + Cl^-_{(aq)}$

Brønsted-Lowry base：accept proton ie. $H_2O_{(aq)} + H^+_{(aq)} \rightleftharpoons H_3O^+_{(aq)}$

04. 對於中性水溶液，下列何者一定成立？

    (A) pH = 7.00 (B) $[H^+] = 1\times10^{-7}$M (C) $[H^+] = 0$ M
    (D) $[H_2O] = 1\times10^{-14}$ (E) $[H^+] = [OH^-]$

    《103中國-04》Ans：E

05. 下列哪一種溶液組合，何者在pH = 4.74時會有比較好的緩衝能力(buffer capacity)？(CH_3CO_2H：K_a=1.8 × 10^{-5}；NH_3：K_b=1.8 × 10^{-5})

    (A) 0.10 M CH_3CO_2H 及 0.10 M CH_3CO_2Na
    (B) 5.0 M CH_3CO_2H 及 5.0 M NH_4Cl
    (C) 0.10 M NH_3 及 0.10 M NH_4Cl
    (D) 5.0 M CH_3CO_2H 及 5.0 M NH_3
    (E) 5.0 M CH_3CO_2H 及 5.0 M CH_3CO_2Na

    《103中國-05》Ans：E

06. 水溶液中含有Ag^{+}、Pb^{2+}及Ni^{2+}離子，另外分別有NaCl、Na_2SO_4及Na_2S三種水溶液，為了能依序分離這三個陽離子，NaCl、Na_2SO_4及Na_2S加入的先後順序應該為何？

(A) Na_2SO_4，NaCl，Na_2S
(B) Na_2SO_4，Na_2S，NaCl
(C) Na_2S，NaCl，Na_2SO_4
(D) NaCl，Na_2S，Na_2SO_4
(E) NaCl，Na_2SO_4，Na_2S

《103中國-06》Ans：A

07. 有甲及乙兩種液體，甲液體的蒸氣壓為X，乙液體的蒸氣壓為Y，且X＞Y。混合兩液體後發現溶液上蒸氣中含有50%的甲，請問此時溶液中甲液體的莫耳分率為何？

(A) Y/(2X+ 2Y)
(B) X/(2X+ 2Y)
(C) X/(X+ Y)
(D) Y/(X+ Y)
(E) Y/(2X+ Y)

《103中國-07》Ans：D

08. 氮氣與氫氣反應生成氨氣，假設在200 °C下將1.1大氣壓的氮氣與2.1大氣壓的氫氣於密閉系統下混合，最後達到平衡時容器內的總壓為2.2大氣壓，請問此時氫氣的分壓是多少？

(A) 0.0 大氣壓
(B) 0.5 大氣壓
(C) 0.6 大氣壓
(D) 0.7 大氣壓
(E) 2.1 大氣壓

《103中國-08》Ans：C

09. 請由下列數據計算N_2分子的鍵能：

NH_3的莫耳生成熱(ΔH_f°)= −46 kJ/mol
N–H的鍵能= 391 kJ/mol
H–H的鍵能= 432 kJ/mol

(A) 479kJ/mol
(B) 958 kJ/mol
(C) 1004kJ/mol
(D) 1096kJ/mol
(E) 1140 kJ/mol

《103中國-09》Ans：B

10. 在電化電池中的兩個半反應如下：

$Sn^{2+} + 2e^- \rightarrow Sn \quad E^\circ = -0.14\ V$

$Cu^{2+} + 2e^- \rightarrow Cu \quad E^\circ = +0.34\ V$

在標準情況下，下列敘述何者正確？

(A) Sn 在陽極產生，Cu^{2+}在陰極產生
(B) Sn 在陽極產生，Cu 在陰極產生
(C) Cu^{2+}在陽極產生，Sn 在陰極產生

(D) Cu 在陽極產生，Sn^{2+}在陰極產生

(E) Sn^{2+}在陽極產生，Cu

《103中國-10》Ans：E

11. 液態水於−10 °C下凝固成冰，此過程之ΔH、ΔS及ΔG的值分別是？

(A) +、−及0　(B) −、+及0　(C) −、+及−

(D) +、−及−　(E) −、−及−

《103中國-11》Ans：E

12. 下列三個平衡反應，第一及第二個反應的平衡常數分別為10^2及10^{-4}，請問第三個反應的平衡常數為何？

① $A_{2(g)} + B_{2(g)} \rightleftarrows 2AB_{(g)}$

② $2A_{2(g)} + C_{2(g)} \rightleftarrows 2A_2C_{(g)}$

③ $A_2C_{(g)} + B_{2(g)} \rightleftarrows 2AB_{(g)} + (1/2)C_{2(g)}$

(A) 10^{-4}　(B) 10^{-2}　(C) 10^2　(D) 10^4　(E) 10^6

《103中國-12》Ans：D

13. 當分子被電磁光譜中的哪個部分照射到會造成分子的轉動？

(A) 紫外光　(B) 紅外光　(C) 微波　(D) 可見光　(E) X 射線

《103中國-13》Ans：C

說明：

1. electromagnetic wave

cosmic-ray	r-ray	x-ray	UV		visible	IR		micro-wave	radio-wave
			far	near		near	far		
		10nm		380nm	780nm		1×10^6 nm		

2. Ans:

(A) 紫外光、可見光 ⇒ 電子能態轉移(electronic state transition)

(B) 紅外光 ⇒ 振動能態轉移(vibrational state transition)

(C) 微波 ⇒ 轉動能態轉移(rotational state transition)

(D) X射線 ⇒ X光繞射儀(X-ray diffraction)

釋疑：《103 中國-13》

紅外光包含遠紅外光(FIR)、中紅外光(MIR)及近紅外光(NIR)，根據文獻，紅外光部分只有遠紅外光會造成分子的轉動，並不是所有的紅外光都會造成分子的轉動，答案選項為紅外光，並不是遠紅外光。且題目是問“會”造成分子的轉動，不是“可能會”。維持原答案。

14. 量子數為$n=4$，$l=3$，$ml=0$含有多少電子？

(A) 0　(B) 2　(C) 6　(D) 10　(E) 14

《103中國-14》Ans：B

15. 當$2HI \rightarrow H_2 + I_2$為二級反應(second-order reaction)時，於下列作圖中何者會成一直線？

(A) 1/[HI] vs. 時間　(B) log[HI] vs.時間　(C) [HI] vs.時間

(D) ln[HI] vs.時間　(E) $[HI]^2$ vs.時間

《103中國-15》Ans：A

16. 在何種反應級數(reaction order)中，反應的半生期(half-life)與起始物的濃度無關？

(A) 零級反應　(B) 一級反應　(C) 二級反應

(D) 三級反應　(E) 四級反應

《103中國-16》Ans：B

17. 某單一原子的重量為5.81×10^{-23} g，則此原子應是下列何者？

(A) ^{35}Cl　(B) ^{80}Br　(C) ^{103}Rh　(D) ^{45}Sc　(E) ^{58}Ni

《103中國-17》Ans：A

18. 氟原子具有9個電子，在其s軌域中含有多少電子？

(A) 0　(B) 2　(C) 4　(D) 6　(E) 9

《103中國-18》Ans：C

19. 下列元素何者的電負度(electronegativity)最小？

(A) 氮　(B) 磷　(C) 砷　(D) 錫　(E) 碘

《103中國-19》Ans：D

20. 溶液中的碘離子可以藉由加入少量澱粉溶液和下列何種試劑檢驗？

(A) H_2S 水溶液　(B) Cr^{2+}水溶液　(C) 過氧化氫水溶液

(D) 氯化銨水溶液　(E) SO_2 水溶液

《103中國-20》Ans：C

21. 鹵素中何者的鍵能最大？

(A) F_2　(B) Cl_2　(C) Br_2　(D) I_2　(E) 鍵能皆相同

《103中國-21》Ans：B

22. 在$KrCl_4$中，Cl－Kr－Cl的鍵角最接近幾度？

(A) 60° (B) 90° (C) 109° (D) 120° (E) 150°

《103中國-22》Ans：B

23. 下列哪一個金屬離子具有d^6的電子組態？

(A) Mn^{2+} (B) Ni^{2+} (C) Fe^{3+} (D) Ti^{2+} (E) Co^{3+}

《103中國-23》Ans：E

24. 在I_3^-的路易士(Lewis)結構中，中心碘原子含有多少個未鍵結電子？

(A) 0 (B) 2 (C) 3 (D) 6 (E) 10

《103中國-24》Ans：D

25. 維他命B_{12}含有下列哪種金屬離子？

(A) 鎂 (B) 鐵 (C) 鈷 (D) 銅 (E) 鋅

《103中國-25》Ans：C

26. DNA序列GAC TAC GTT AGC的互補核酸序列為何？

(A) GAC TAC GTT AGC (B) TCA GCA TGG CTA

(C) CGA ATG CAT CAG (D) GCG AAA GGG TTA

(E) CTG ATG CAA TCG

《103中國-26》Ans：E

說明：

1.※base pairing-----Each pyrimidine base forms a stable hydrogen-bonded pair with only one of the two purine bases.

(A) Thymine forms a base pair with adenine, joined by 2 hydrogen bonds.

(B) Cytosine forms a base pair, joined by 3 hydrogen bonds, with guanine.

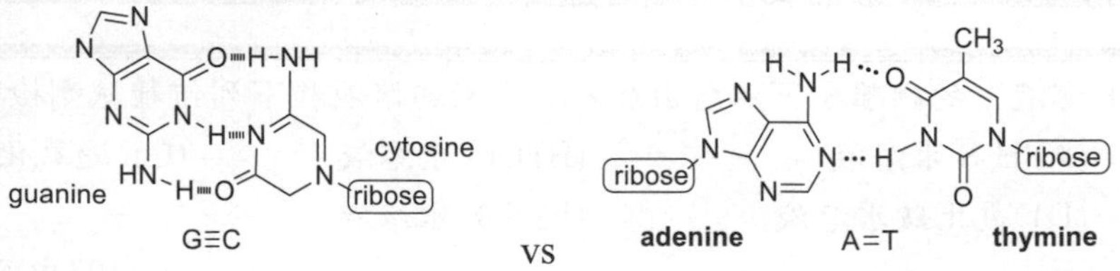

guanine cytosine ribose G≡C vs ribose adenine A=T thymine ribose CH_3

2. Ans:

⇒ DNA 序列 GACTAC GTTAGC 的互補核酸序列為：

⇒ Ans:(E) CTGATG CAATCG

3.※Biochemistry-----遺傳密碼

27. 下列化合物依據酸度值(pK_a value)，由小到大的排列順序何者正確？

H_3C–OH (I)　benzoic acid (II)　H_3C–CO–CH_3 (III)　phenol (IV)

(A) Ⅱ<Ⅳ<Ⅰ<Ⅲ　(B) Ⅲ<Ⅱ<Ⅰ<Ⅳ　(C) Ⅰ<Ⅲ<Ⅳ<Ⅱ

(D) Ⅳ<Ⅱ<Ⅲ<Ⅰ　(E) Ⅰ<Ⅳ<Ⅱ<Ⅲ

《103中國-27》Ans：A

說明：

1. Acidity： ⇒ Ⅲ < Ⅰ < Ⅳ < Ⅱ

benzoic acid > phenol > ethanol > acetone

pKa ≈ 4~5　10　16　20

2. Ans: (A) ⇒ pKa = Ⅱ < Ⅳ < Ⅰ < Ⅲ

28. 下列關於 1-己炔(1-hexyne)的化學反應何者正確？

(A) Bu–C≡CH $\xrightarrow[\text{ether}]{\text{HBr (2.0 eq)}}$ Bu–CH(H)–CH(Br)(H) with Br, Br

(B) Bu–C≡CH $\xrightarrow[\text{HgSO}_4]{\text{H}_2\text{SO}_4\text{, H}_2\text{O}}$ Bu–CH$_2$–CHO

(C) Bu–C≡CH $\xrightarrow[\text{Lindlar catalyst}]{\text{H}_2}$ Bu–CH$_2$–CH$_2$–H

(D) Bu–C≡CH + PhI $\xrightarrow[\text{CuI, NEt}_3]{\text{Pd(0)}}$ Bu–C≡C–Ph

(E) Bu–C≡CH $\xrightarrow[\text{2) CH}_2\text{=CHBr}]{\text{1) NaNH}_2}$ Bu–C≡C–CH=CH$_2$

《103中國-28》Ans：D

說明：

1.綜合題

2. Ans:

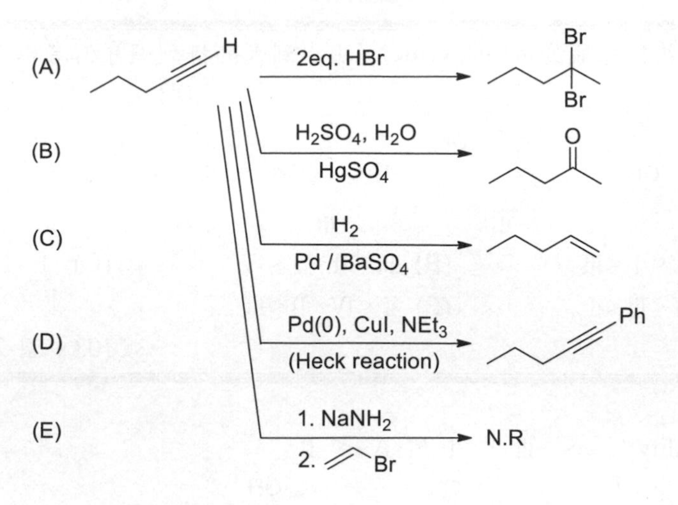

29. 下列有機化合物何者不是聚合物？

(A) 蛋白質　　(B) 纖維素　　(C) 蔗糖
(D) 天然橡膠　　(E) 去氧核醣核酸

《103中國-29》Ans：C

說明：

※Carbohydrate：碳水化合物

1.carbohydrate----結構特徵

Case A：碳水化合物的分類

(A)簡單醣類化合物(Simple Carbohydrate)：單醣類(Monosaccharide)

(1)單醣按照官能基不同分類

(a) polyhydroxy aldehyde(aldose) i.e. D-glucose (aldohexose)

(b) polyhydroxy ketone(ketose) i.e. D-fructose(ketohexose)

(2)單醣按照碳數不同分類：Triose、Tetrose、Pentose、Hexose、heptose

(B)複雜醣類化合物(Complex Carbohydrate)

(1) Disaccharide(兩個單醣結合)：ie **蔗糖，乳糖，麥芽糖**。

⇒雙醣經水解反應可分解出兩個單醣者(ie. 蔗糖、麥芽糖、及乳糖)

(a)蔗糖(sucrose)：α-葡萄糖及 β-果糖經縮合反應脫水而成。

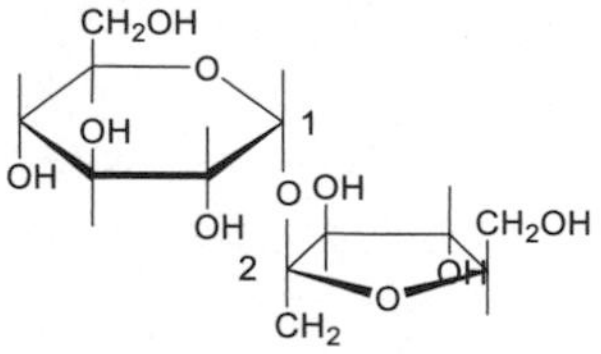

⇒ α-D-葡萄糖 ＋β-D-果糖

(蔗糖)

(b)麥芽糖(maltose)：由 α-及 β-半乳糖縮合反應脫水而生成。

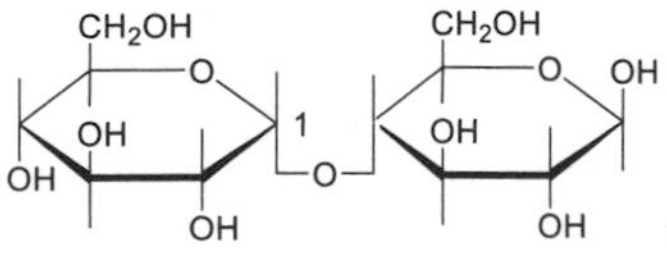

⇒ α-D-葡萄糖 ＋β-D-葡萄糖

(麥芽糖)

(c)乳糖(Lactose)：由 α-葡萄糖及 β-半乳糖縮合反應脫水而生成。

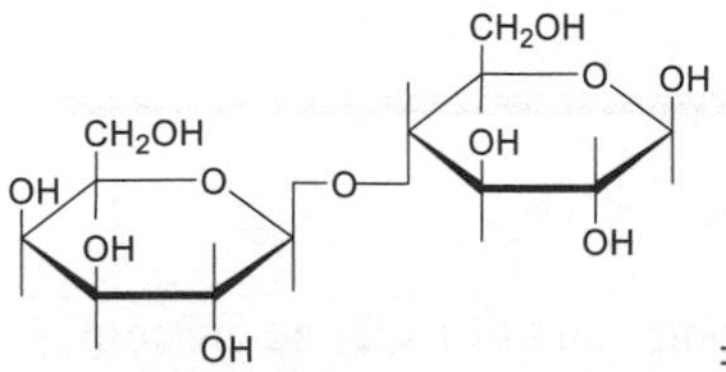

⇒ α-D-半乳糖 ＋β-D-葡萄糖

(乳糖)

(2) Oligosaccharide(3-10 單醣結合)

(3) Polysaccharide(＞10 單醣結合)

Case B：Natural polymers

(1) 肝醣(glycogen) (動物)：葡萄糖轉化成肝醣高分子化合物。

(2) 澱粉(starch) (植物)：葡萄糖轉化成澱粉高分子化合物。

(3) 纖維素(fiber)(植物結構)：葡萄糖的高分子化合物。

(4) 幾丁質(Chiten)(甲殼類動物外骨骼)：類似纖維素的碳水化合物。

30. 維他命C的化學結構如下所示，請問碳2與碳3的絕對組態為何？

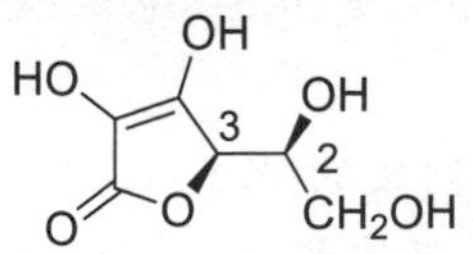

(A) 2*R*, 3*R* (B) 2*Z*, 3*E* (C) 2*R*, 3*S* (D) 2*E*, 3*Z* (E) 2*S*, 3*R*

《103中國-30》Ans：E

說明：

1. R-/S-configuration-----CIP rule
2. Ans:

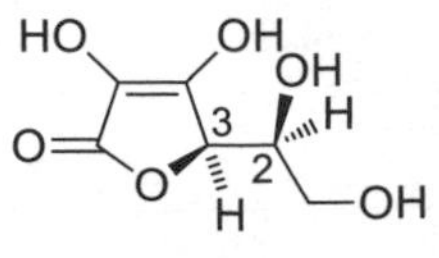

(2S, 3R)

31. 關於咪唑(imidazole)(如下圖)分子的敘述何者錯誤？

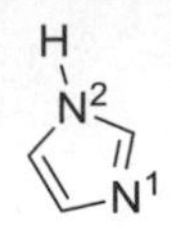

(A) 它是芳香性分子

(B) 具有 6 個 π 電子

(C) N^2 比 N^1 鹼度較高

(D) 它是鹼性分子

(E) N^1 的孤對電子(long pair electron)較 N^2 的孤對電子有較高的親核性

《103中國-31》Ans：C

說明：

1. Ans:

(A) Aromatic compound [4n + 2] πe^- system

(B) n = 1 ; $6\pi e^-$ system

(C) Basity : N_1 (pKa' = 7.2) ＞ N_2 (pKa' = 0.4)

(D) Basic heteroarene

(E) Nucleophilicity : N_1 ＞ N_2 (lone pair electron)

2.**結構與性質：**

1.咪唑為平面五元環狀化合物，易溶於水（以無限比例）和其它極性溶劑。

2.咪唑的兩個氮原子間存在永久偶極，極性很強，偶極矩為3.61D，並且分子間存在氫鍵作用力，導致了咪唑具有反常高的沸點（256℃）。

3.分子中存在一個6電子共軛π鍵，故具有典型的芳香性。與氫以σ鍵相連的氮原子提供一對電子，環內其餘四個原子各提供一個電子成鍵。

3.兩性化合物：咪唑具有兩性，即同時表現出酸性與鹼性。

1.作為一種酸，在N-1上可解離質子。咪唑的pK_a是14.5，它的酸性比羧酸、酚類與醯亞胺弱，但稍微比醇強。

2.作為鹼，呈現鹼性的原子為N-3。咪唑的共軛酸的$pKa_{,\ BH^+}$大約是7，使咪唑鹼性比吡啶強約六十倍以上，可以和無機酸生成穩定且易溶於水的鹽。

32. 關於下列含苯環分子(benzene ring molecules)的化學反應何者正確？

(A) 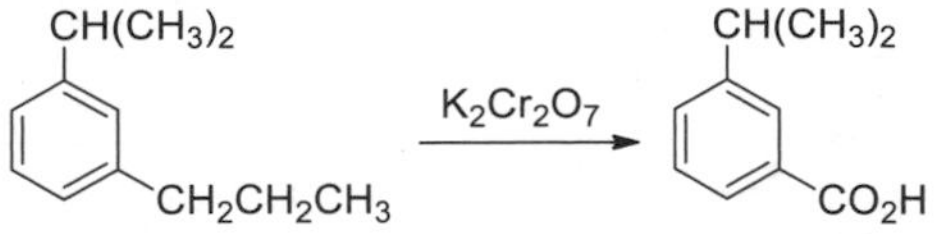 $CH(CH_3)_2$ / $CH_2CH_2CH_3$ —$K_2Cr_2O_7$→ $CH(CH_3)_2$ / CO_2H

(B) 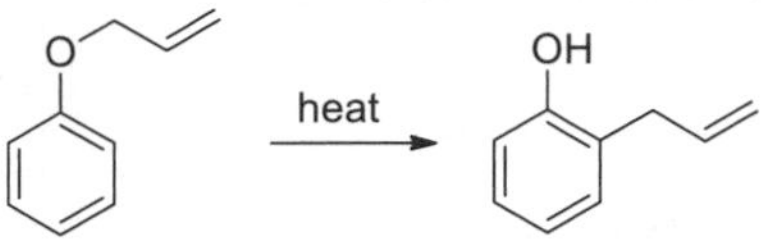 O —heat→ OH

(C) 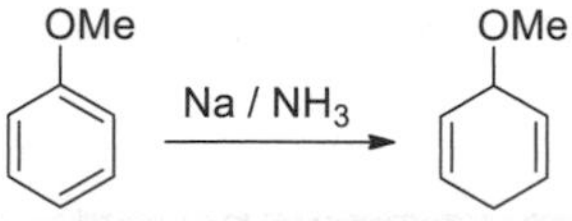 OMe —Na / NH_3→ OMe

(D) 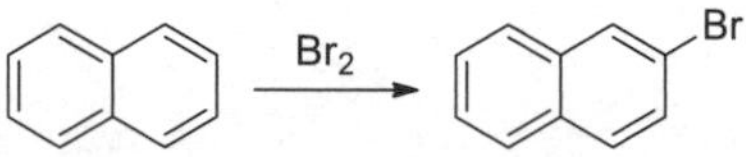 —Br_2→ Br

(E) 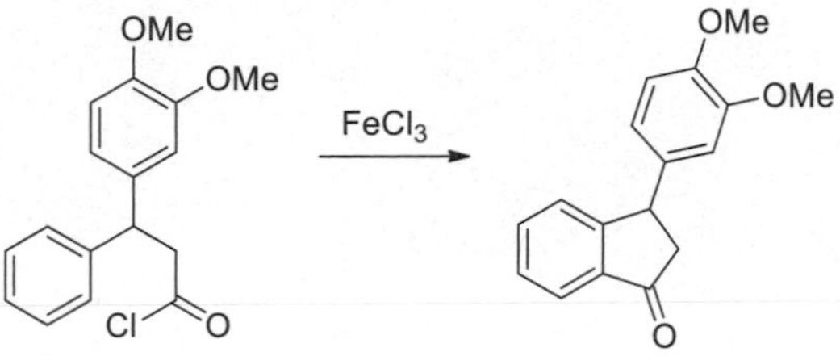 OMe, OMe, Cl, O —$FeCl_3$→ OMe, OMe, O

《103中國-32》Ans：B

說明：

1.綜合題

2. Ans:

(A) (Side-chain oxidation of the benzene ring)

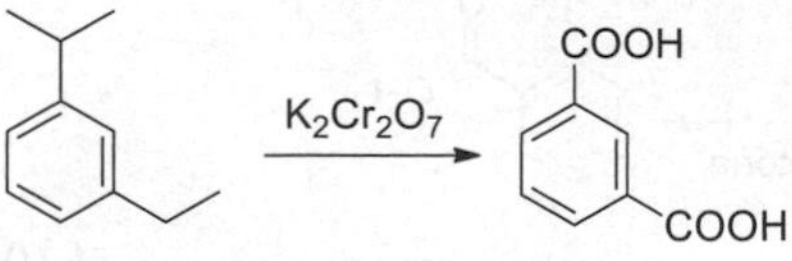

—$K_2Cr_2O_7$→ COOH, COOH

(B) (Claisen/Cope rearrangement)

O —Δ→ OH + OH

(Claisen) (Cope) rearrangement

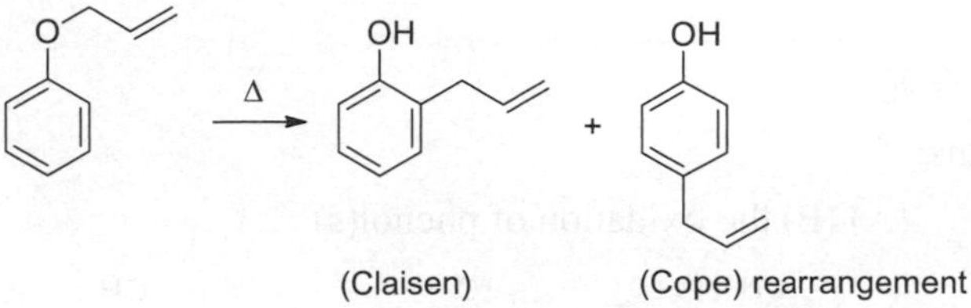

(C) (Birch reduction)

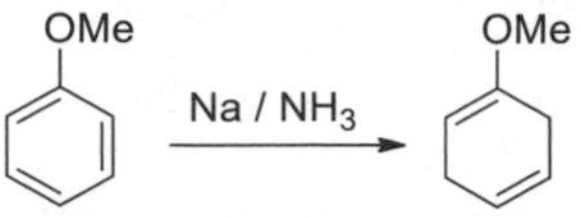

OMe —Na / NH_3→ OMe

(D) (S_EAr reaction-----bromination)

$$\text{naphthalene} \xrightarrow{Br_2,\ FeBr_3} \text{1-bromonaphthalene}$$

(E) (S_EAr reaction-----Friedel-Crafts acylation)

$$\text{3-(3,4-dimethoxyphenyl)-3-phenylpropanoyl chloride} \xrightarrow{FeCl_3} \text{5,6-dimethoxy-3-phenyl-1-indanone}$$

33. 下列氧化反應中何者是錯誤的？

(A) $\text{phenol} \xrightarrow{Na_2Cr_2O_7} \text{1,4-benzoquinone}$

(B) $\text{hydroquinone} \xrightarrow{Na_2Cr_2O_7} \text{1,4-benzoquinone}$

(C) $\text{cyclohexanethiol (SH)} \xrightarrow{Br_2} \text{cyclohexanesulfonic acid } (SO_3H)$

(D) $\text{1-butanol (OH)} \xrightarrow{\text{Dess-Martin Periodinane}} \text{butanal}$

(E) $\text{benzyl alcohol (OH)} \xrightarrow[H_3O^+,\ \text{acetone}]{CrO_3} \text{benzoic acid}$

《103中國-33》Ans：C

說明：

1.綜合題

2. Ans:

(A) (B) the oxidation of phenol(s)

$$\text{phenol (OH)} \xrightarrow{K_2Cr_2O_7} \text{1,4-benzoquinone} \xleftarrow{Na_2Cr_2O_7} \text{hydroquinone (OH, OH)}$$

(C) the oxidation of thiol

Cyclohexyl-SH $\xrightarrow[(Br-OH)]{Br_2, H_2O}$ Cyclohexyl-S-S-Cyclohexyl

(D) the oxidation of primary alcohol with Dess-Martin periodinane

Butanol (OH) $\xrightarrow[\text{Peroidinane}]{\text{Dess-Martin}}$ Butanal (O, H)

(E) the oxidation of primary alcohol with Jone's reagent

Benzyl alcohol (OH) $\xrightarrow[\text{Jone's oxidation}]{CrO_3, H_3O^+}$ Benzoic acid (O, OH)

34. 下列化合物有接近的分子量(molecular weight)，請依照沸點(boiling point)由低到高排列。

I	II	III	IV
H_3C–CH_2–OH	H_3C–O–CH_3	H_3C–CH_2–CH_3	H–C(=O)–OH
M. W.: 46.07	M. W.: 46.07	M. W.: 44.10	M. W.: 46.02

(A) Ⅰ<Ⅱ<Ⅲ<Ⅳ (B) Ⅳ<Ⅱ<Ⅲ<Ⅰ (C) Ⅲ<Ⅱ<Ⅰ<Ⅳ

(D) Ⅱ<Ⅳ<Ⅲ<Ⅰ (E) Ⅲ<Ⅰ<Ⅱ<Ⅳ

《103中國-34》Ans：C

說明：

1.分子量相近似

2. Ans:

H–C(=O)–OH > ethanol (OH) > dimethyl ether (O) > propane

35. 薄荷酮(carvone)是薄荷精油中的主成份，其結構如下。請問下列敘述何者錯誤？

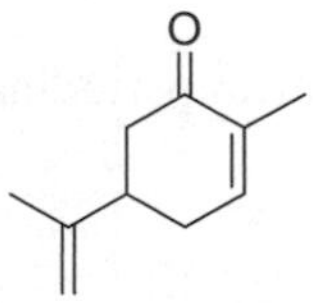

(A) 薄荷酮與甲基鋰(MeLi)反應生成的化合物甲，在紅外線光譜(Infrared spectrum)中3200-3500 cm^{-1}有一寬廣吸收波峰

(B) 上述化合物甲與二氯亞碸($SOCl_2$)反應得到化合物乙，在氫核磁共振光譜(^{1}H NMR spectrum)化學位移(chemical shift)大約5-6 ppm之間的波峰積分值共為4個氫數值

(C) 將薄荷酮以金屬鈉在液態氨的條件下(Na in $NH_{3(l)}$)進行反應所得到的化合物丙，在質譜(Mass spectrum)上的分子母峰(molecular ion)值為152

(D) 上述化合物丙，在碳核磁共振光譜(^{13}C NMR spectrum)化學位移大約200 ppm有一吸收峰，此吸收峰在化合物丙與甲醇在酸性的條件下反應得到化合物丁後會消失

(E) 將化合物丙進行臭氧化反應(ozonolysis)，得到的產物在碳核磁共振光譜化學位移大約200 ppm附近可以觀察到3個吸收峰

《103中國-35》Ans：E

說明：

1. experimental process-----Synthesis,then the identification of organic compound(s)
2. Ans:

(A)

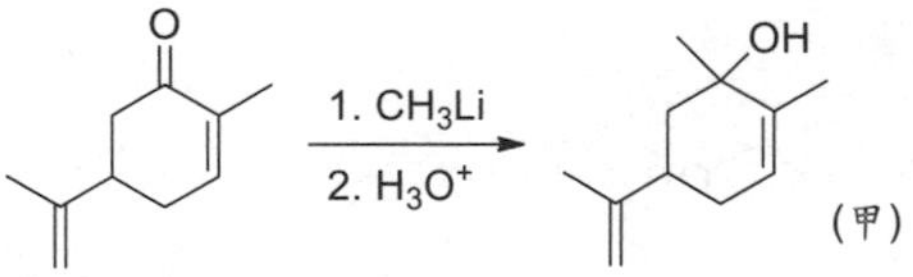

1. CH_3Li
2. H_3O^+

(甲)

ν_{max}(O−H) 3600~3000 cm^{-1}

(B)

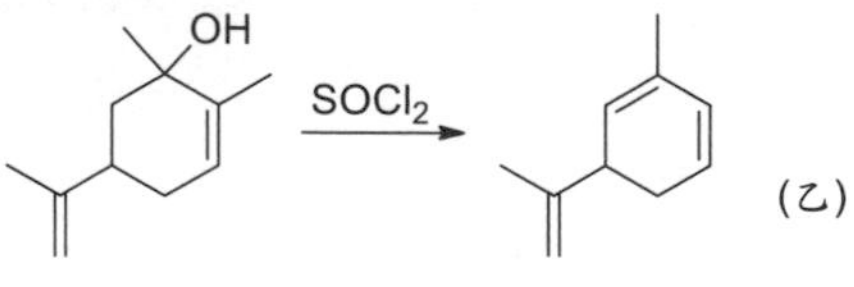

$SOCl_2$

(乙)

δ5~6ppm (4 signals)

(C)

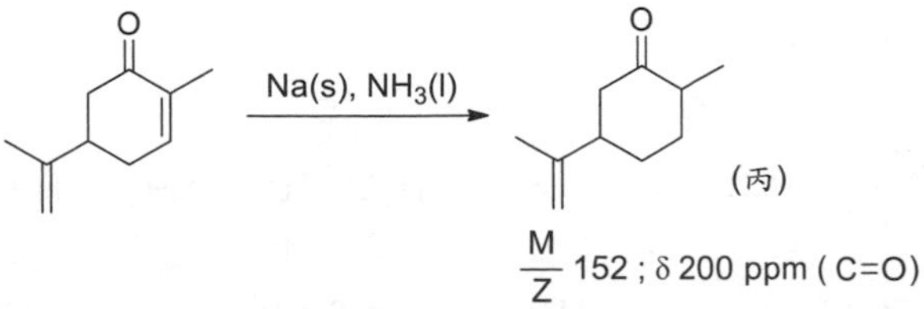

Na(s), NH_3(l)

(丙)

$\frac{M}{Z}$ 152 ; δ 200 ppm (C=O)

(D)

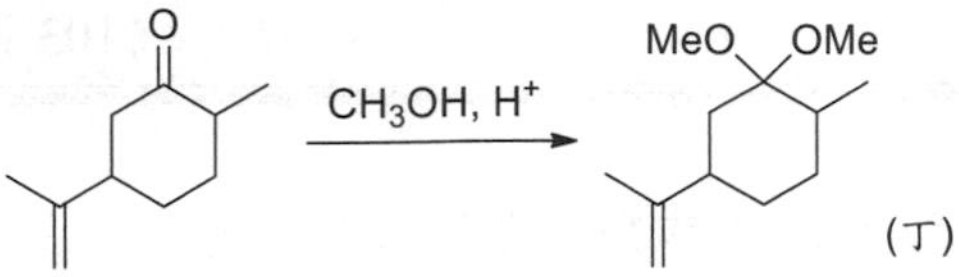

CH_3OH, H^+

MeO OMe

(丁)

(E)

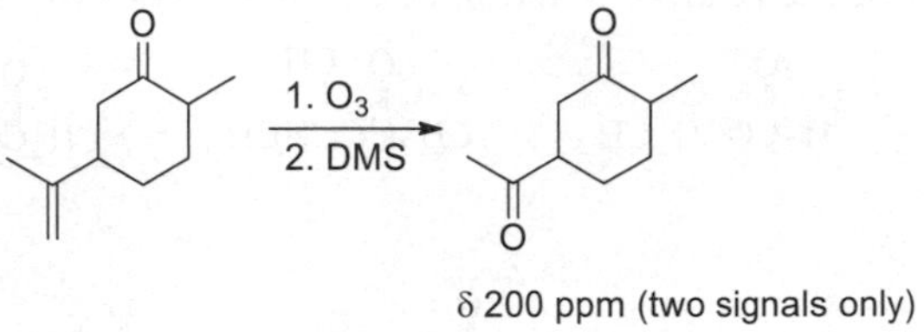

1. O_3
2. DMS

δ 200 ppm (two signals only)

釋疑：《103 中國-35》

$SOCl_2$ 與一級或二級醇反應主要是生成取代產物，而與三級醇反應通常都是消去產物而非取代產物，原因是三級醇與 $SOCl_2$ 反應時，經由 S_N2 反應生成三級氯是不容易發生的，因為 S_N2 取代反應不會發生在一具有三級離去基的化合物上。薄荷酮與甲基鋰反應所生成的化合物甲是屬於三級醇，所以，這時 S_N2 的競爭反應 E2 反應會比較容易發生而產生雙鍵化合物。其發生途徑如下所示。維持原答案。

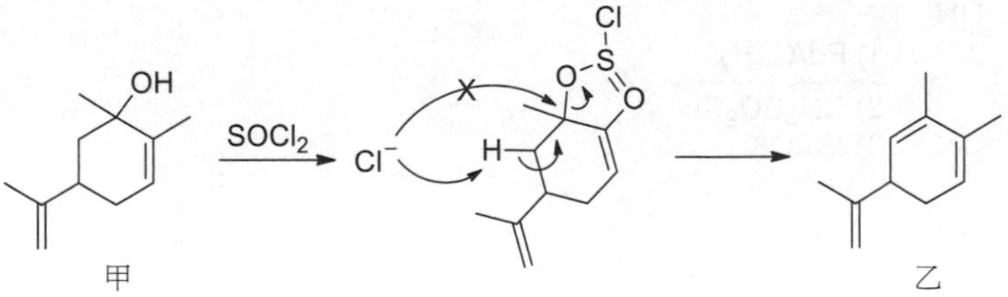

OH $SOCl_2$ Cl^- H Cl S O O

甲 乙

36. 下列酯類化合物與氫氧化鈉(NaOH)進行皂化反應(saponification)，反應性由低到高排列為？

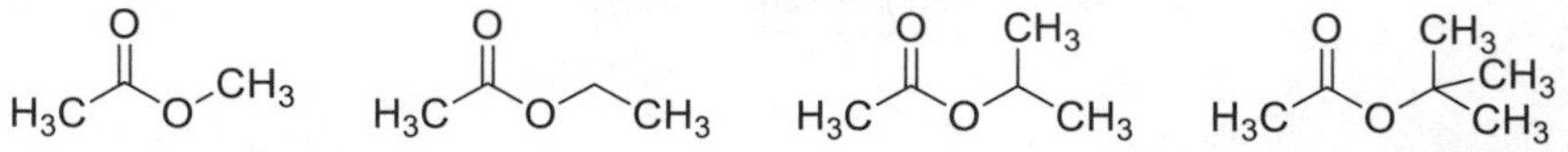

(I) $H_3C-C(=O)-O-CH_3$　(II) $H_3C-C(=O)-O-CH_2CH_3$　(III) $H_3C-C(=O)-O-CH(CH_3)_2$　(IV) $H_3C-C(=O)-O-C(CH_3)_3$

(A) Ⅳ<Ⅲ<Ⅱ<Ⅰ　(B) Ⅳ<Ⅰ<Ⅲ<Ⅱ　(C) Ⅳ<Ⅱ<Ⅰ<Ⅲ
(D) Ⅱ<Ⅰ<Ⅲ<Ⅳ　(E) Ⅲ<Ⅱ<Ⅳ<Ⅰ

《103中國-36》Ans：A

說明：

1.皂化反應(saponification)：酯類化合物水解反應

2**.**皂化反應之相對速率⇒立體效應(Steric factor)

e.g. (the order of the relative reaction rate of hydrolysis of ester).

(a) CH_3COCH_3 > $CH_3COCH_2CH_3$ > $CH_3COCH(CH_3)CH_3$ > $CH_3COC(CH_3)_2-CH_3$

(b) $HCOCH_3$ > CH_3COCH_3 > $CH_3CH_2COCH_3$ > $(CH_3)_2CHCOCH_3$ > $(CH_3)_3CCOCH_3$

3. Ans:

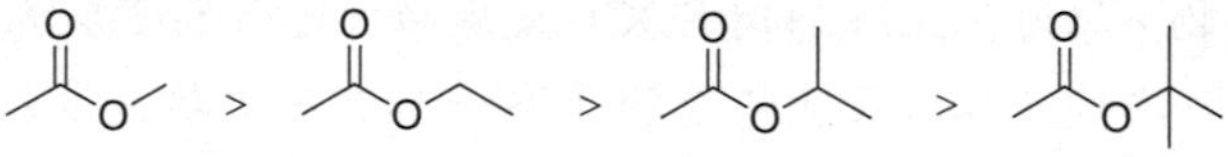

CH_3COOCH_3 > $CH_3COOCH_2CH_3$ > $CH_3COOCH(CH_3)_2$ > $CH_3COOC(CH_3)_3$

37. 下列化學反應的最終產物為何？

OH-substituted bicyclic alkene: 1) Pd/C, H_2 2) CH_3SO_2Cl 3) tBuOK → ?

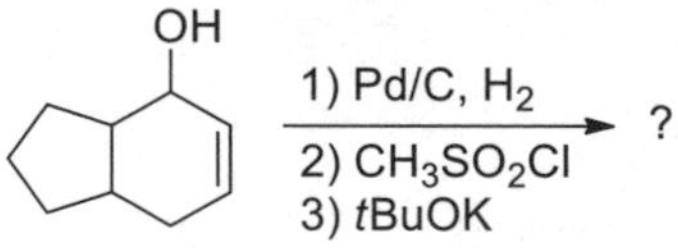

(A) 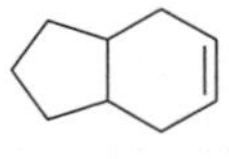　(B) 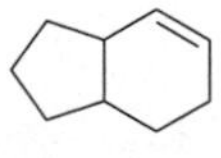　(C) 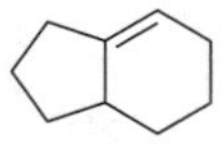
(D) 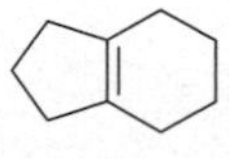　(E)

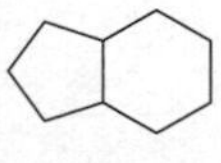

《103中國-37》Ans：B

說明：

1.立體效應(steric effect)

2. Ans:

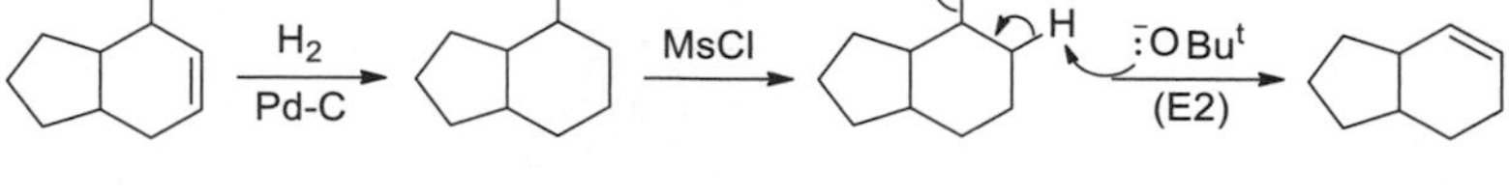

OH → (H_2, Pd-C) → OH → (MsCl) → OMs, H → ($:\!\bar{O}Bu^t$, (E2)) → product

38. 下列何者與甲醇鈉(NaOMe)的反應速率最快？

(A) 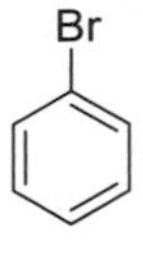 (B) 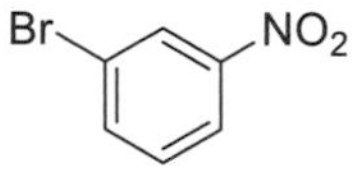 (C)

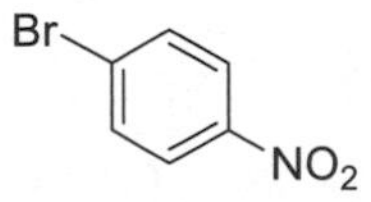

(D) 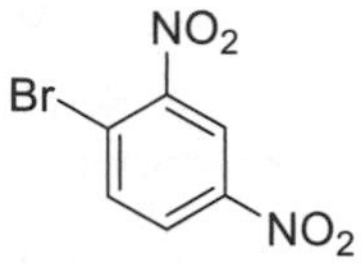 (E)

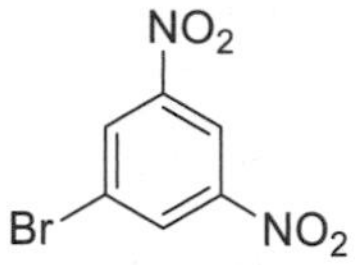

《103中國-38》Ans：D

說明：

1.※強拉電子基之相對反應活性

⇒ (a) electron-withdrawing group stabilize the Meisenheimer anion intermediate

(b) the substituents is ortho-/para- to the leaving group

(1)強拉電子基之相對反應活性(G = electron-withdrawing group)

⇒ the relative reactivity is

$$Ar-\overset{\oplus}{N}(CH_3)_3 > Ar-NO_2 > Ar-SO_3H > Ar-COOH > Ar-CHO \approx Ar-COR > Ar-CN > Ar-X$$

(2) X = halide ⇒ the relative reactivity of aryl halide is

$$Ar-F > Ar-Cl > Ar-Br > Ar-I \text{ for } S_N2Ar$$

2. S_N2Ar reaction ⇒ ortho-/para-director

3. Ans:

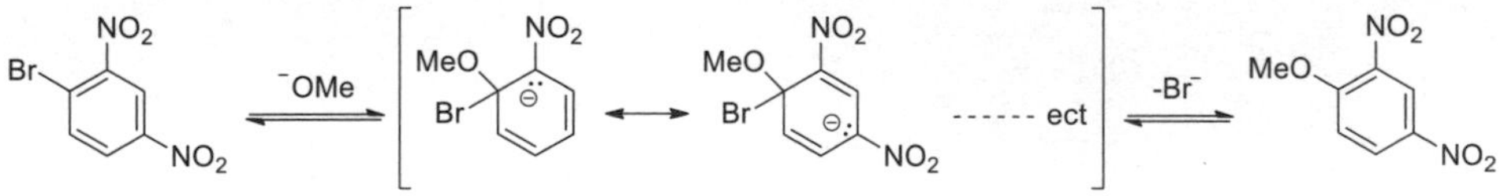

Br, NO_2, NO_2 —$^-$OMe⇌ [MeO, Br, NO_2, ⊖ ⟷ MeO, Br, NO_2, ⊖, NO_2 ------ ect] —-Br$^-$⇌ MeO, NO_2, NO_2

39. 下列化合物為常見的過渡金屬配位基(ligand)，其配位數由少到多的排列為何？

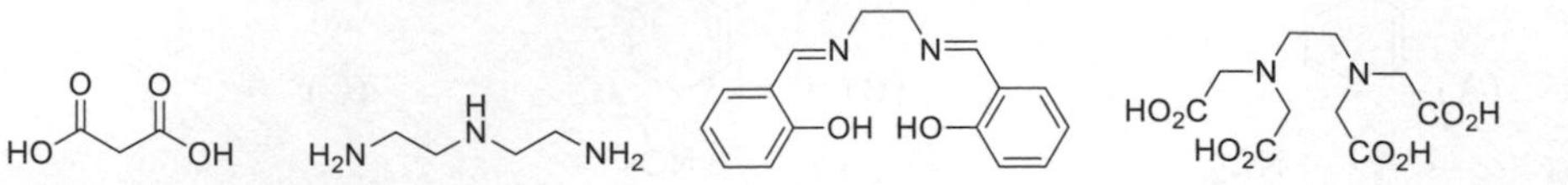

I Oxalic acid　II Diethylenetriamine　III Salen　IV Ethylenediaminetetraacetic acid

(A) Ⅰ<Ⅱ<Ⅲ<Ⅳ　(B) Ⅰ<Ⅲ<Ⅱ<Ⅳ　(C) Ⅳ<Ⅰ<Ⅱ<Ⅲ

(D) Ⅲ<Ⅳ<Ⅱ<Ⅰ　(E) Ⅲ<Ⅰ<Ⅳ<Ⅱ

《103中國-39》Ans：A

說明：

1.過渡金屬配位基(ligand)-----Polydentates(多芽團)

2. Ans: (A)

⇒ Ⅰ(雙芽團)<Ⅱ (三芽團)< Ⅲ (四芽團)< Ⅳ (六芽團)

(40~42為題組)

請判斷下列合成反應主要產物Ⅰ、Ⅱ、Ⅲ結構為何。

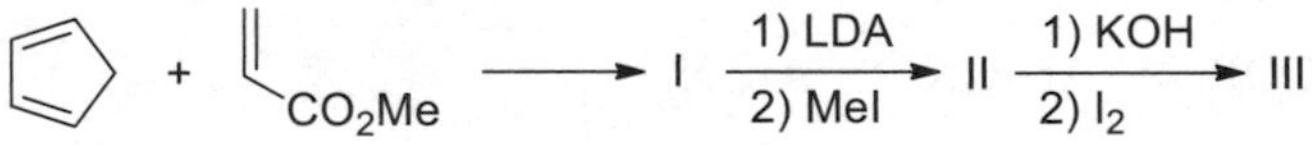

$$\text{cyclopentadiene} + \text{CH}_2\text{=CHCO}_2\text{Me} \longrightarrow \text{I} \xrightarrow[\text{2) MeI}]{\text{1) LDA}} \text{II} \xrightarrow[\text{2) I}_2]{\text{1) KOH}} \text{III}$$

40. 化合物 I 的結構為何？

(A) 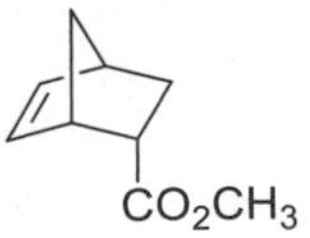 CO_2CH_3　(B) 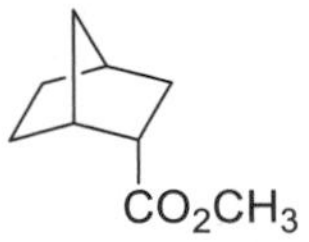 CO_2CH_3　(C) 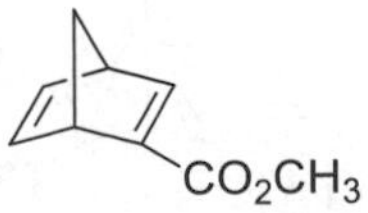 CO_2CH_3

(D) 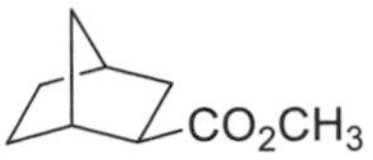 CO_2CH_3　(E) 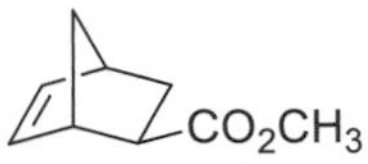 CO_2CH_3

《103中國-40》Ans：A

說明：

1.※Normal type Diels-Alder reaction：[$4\pi_s + 2\pi_s$] cycloaddition.

(1) Diene ⇒ (a) s-cis form. (b) donating substituent.

(2) Dienophile ⇒ withdrawing substituent.

(3) Stereospecific Syn-addition. ⇒ (a) endo principle. (b) cis-principle.

(4) Regioselectivity ⇒ ortho-/para-rule

2. Ex.40-Ex.42解析

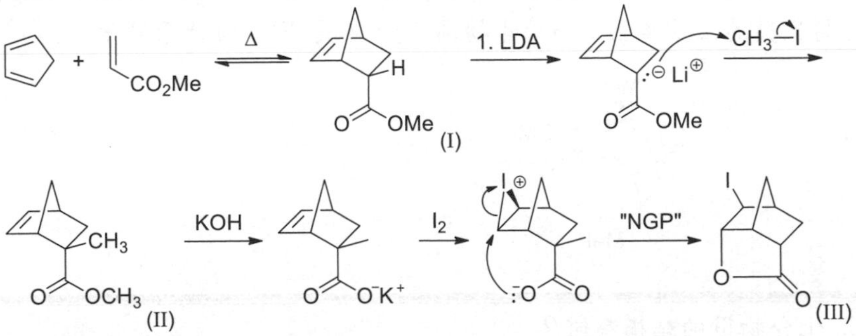

+ CO_2Me —Δ→ H, O OMe (I) —1. LDA→ ⊖ Li⊕, O OMe —CH_3–I→

CH_3, O OCH_3 (II) —KOH→ O O^-K^+ —I_2→ I⊕, :O⁻ O —"NGP"→ I, O, O (III)

3. Ans:(A)

41. 化合物Ⅱ的結構為何？

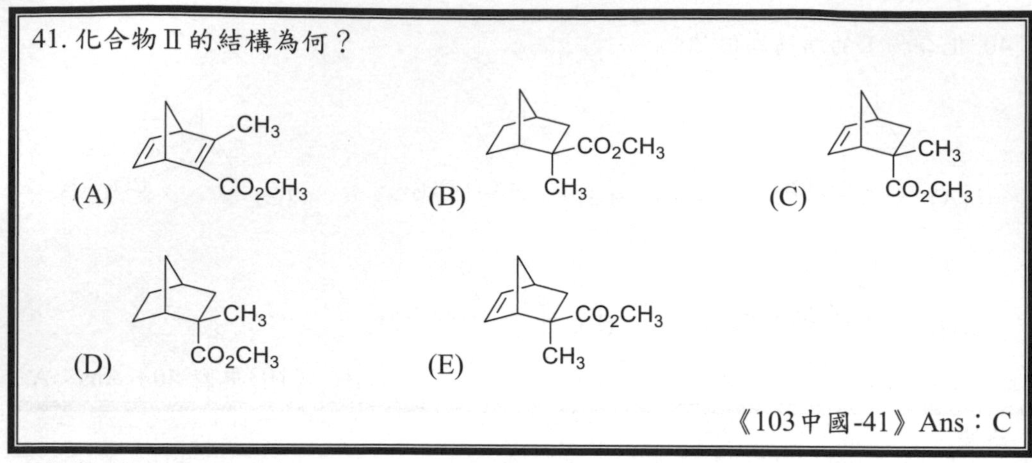

《103中國-41》Ans：C

說明：(如上：Ex.40)

1.參考上題(reaction attacking at the least steric hindered site is favored)

2. Ans:(C)

釋疑：《103 中國-41》

雖然 enolate 本身為平面形的結構，可以從 exo 或是 endo 位向攻擊，但是 MeI 比較容易從 exo face approach，因為 exo face 在空間上的立體障礙較小，而題目是問反應的主要產物，所以產物為(C)，不是(E)。維持原答案。

42. 化合物Ⅲ的結構為何？

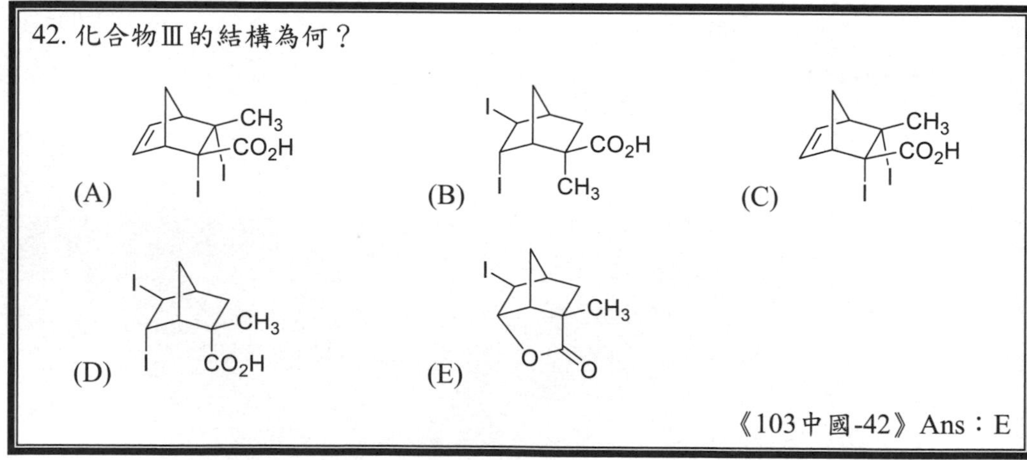

《103中國-42》Ans：E

說明：(如上：Ex.40)

1. Iodination reaction attacking at the least steric hindered site is favored

2. Neighboring group participation theory -----N.G.＝carboxylate(-COO$^-$)

3. Ans:(E)

43. 下列化學反應最終的產物為何？

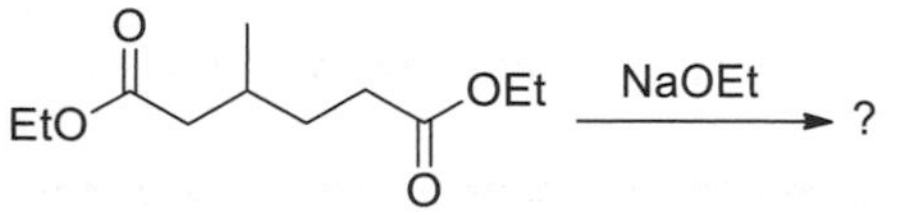

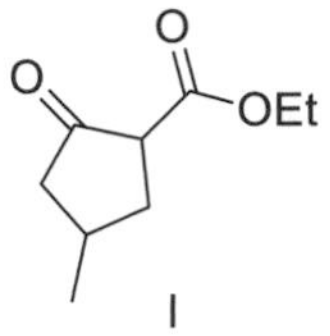

(A) Ⅰ (B) Ⅱ (C) Ⅲ (D) Ⅰ和Ⅱ (E) Ⅰ和Ⅲ

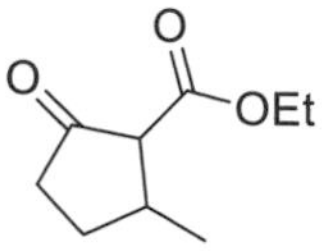

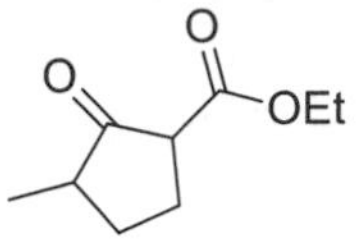

《103中國-43》Ans：D

說明：

1. Dieckmann condensation

※分子內Claisen縮合反應：Dieckmann condensation

為分子內Claisen condensation (**Intramolecular Claisen condensation**)

形成環化之β-keto ester .⇒ favor five-or six-membered ring cyclization

e.g.

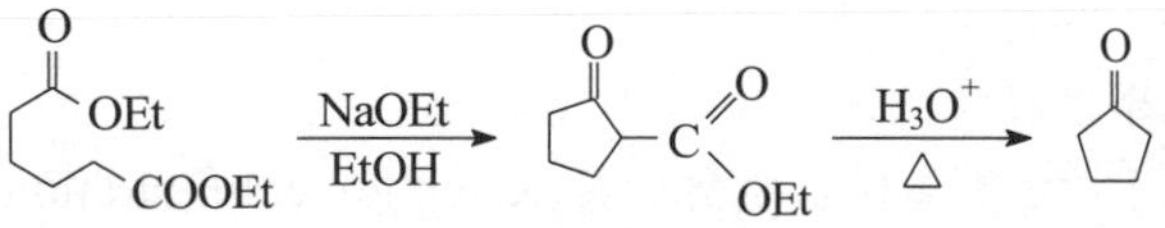

2. Ans:

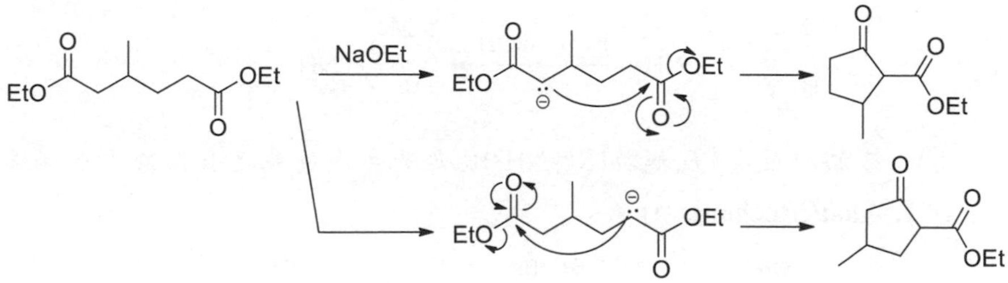

44. 下列化合物中，何者依國際純化學與應用化學聯盟(IUPAC)命名為 4-Amino-2-bromoanisole？

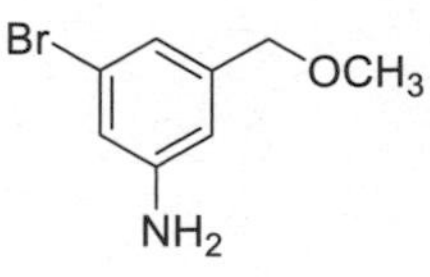

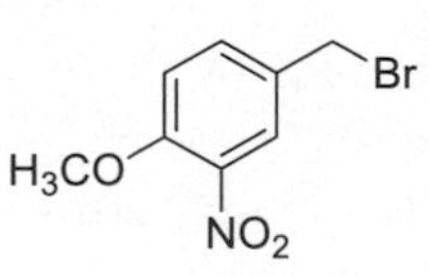

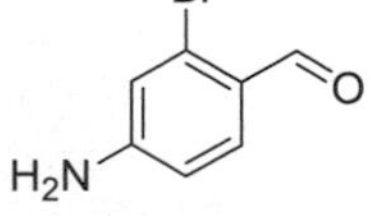

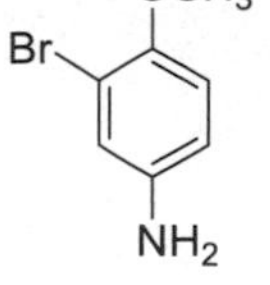

(A) Ⅰ (B) Ⅱ (C) Ⅲ (D) Ⅳ (E) Ⅴ

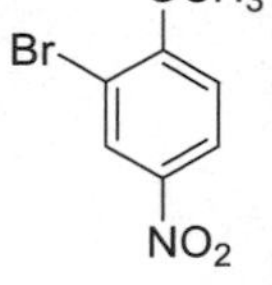

《103中國-44》Ans：D

說明：

1.命名(nomenclature)

2. Ans: (D) Ⅳ ⇒ 主命名為Anisole (4-Amino-2-bromoanisole)

45. 下列化合物何者不是以下反應的中間產物？

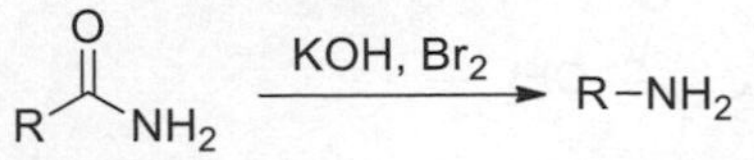

$$RCONH_2 \xrightarrow{KOH,\ Br_2} R-NH_2$$

(A) 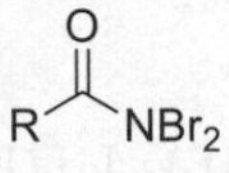 $RCONBr_2$　(B) 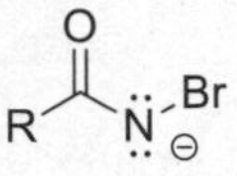 $RCON^{\ominus}Br$　(C) 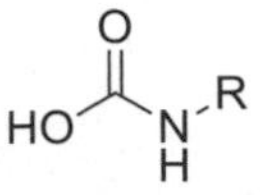 $HOCONHR$

(D) $R-N=C=O$　(E) 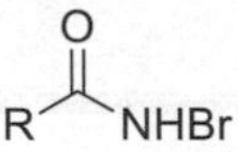 $RCONHBr$

《103中國-45》Ans：A

說明：

1. Hofmann rearrangement-----**Degradation lose one carbon atom**

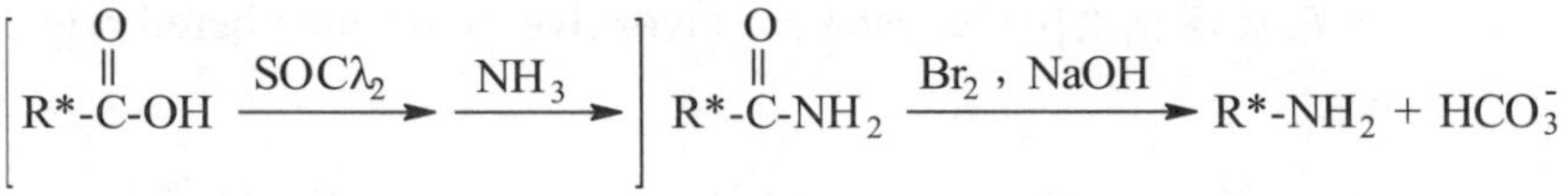

$$\left[R^*\text{-}C(=O)\text{-}OH \xrightarrow{SOC\lambda_2} \xrightarrow{NH_3} \right] R^*\text{-}C(=O)\text{-}NH_2 \xrightarrow{Br_2,\ NaOH} R^*\text{-}NH_2 + HCO_3^-$$

※立體化學證據：

轉移基(R^*)證實為保留絕對組態(Retention configuration)

e.g.

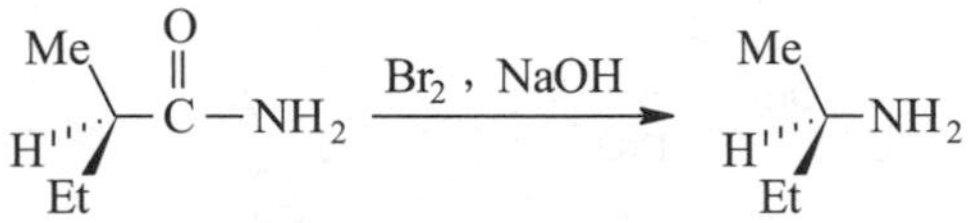

$$(Me)(H)(Et)C^*-C(=O)-NH_2 \xrightarrow{Br_2,\ NaOH} (Me)(H)(Et)C^*-NH_2$$

※減級反應：反應物($R^*\text{-}NH_2$)比原先參與反應之有機酸少一個碳原子。

2. Ans:(Mechanism)

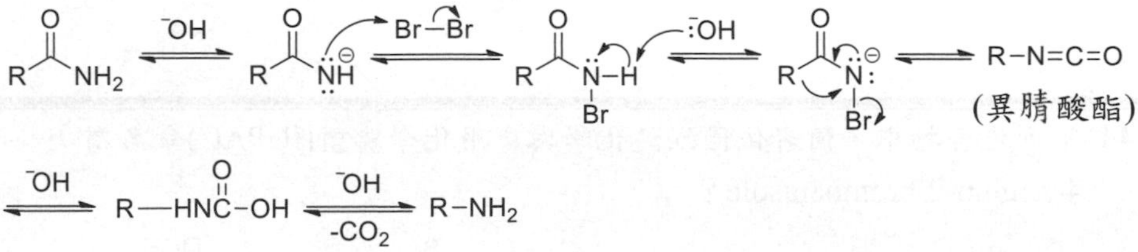

$$RCONH_2 \overset{^-OH}{\rightleftharpoons} RCO\ddot{N}H^{\ominus} \overset{Br-Br}{\rightleftharpoons} RCONH(Br) \overset{^-:OH}{\rightleftharpoons} RCO\ddot{N}^{\ominus}(Br) \rightleftharpoons R-N=C=O \text{ (異腈酸酯)}$$

$$\overset{^-OH}{\rightleftharpoons} R-HNC(=O)-OH \underset{-CO_2}{\overset{^-OH}{\rightleftharpoons}} R-NH_2$$

46. 將D-葡萄糖(D-glucose)溶解在甲醇中並通入氯化氫氣體會得到什麼產物？

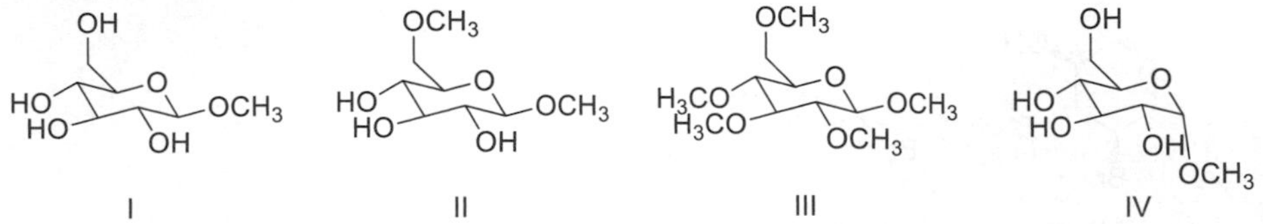

I　　　II　　　III　　　IV

(A) Ⅰ和Ⅲ　(B) Ⅱ和Ⅲ　(C) Ⅰ和Ⅲ　(D) Ⅰ和Ⅳ　(E) Ⅱ和Ⅳ

《103中國-46》Ans：D

說明：

1. cyclic acetalization
2. Ans:

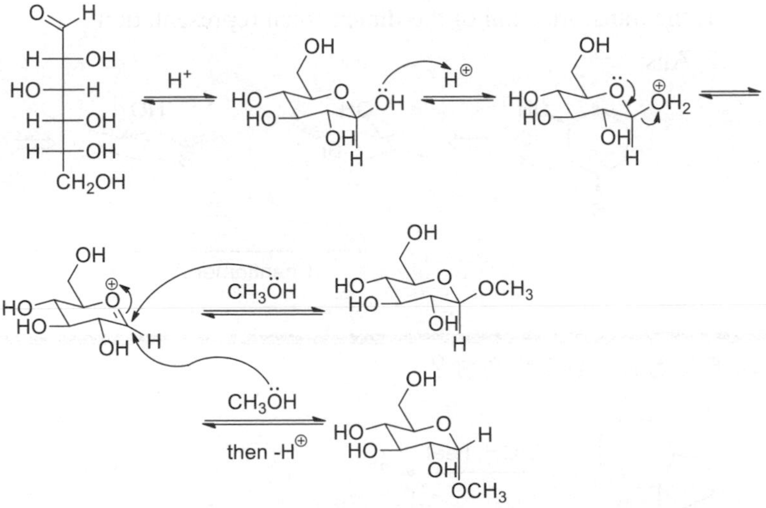

47. 下列化合物在氫及碳核磁共振光譜中各有幾種不同的化學位移信號？

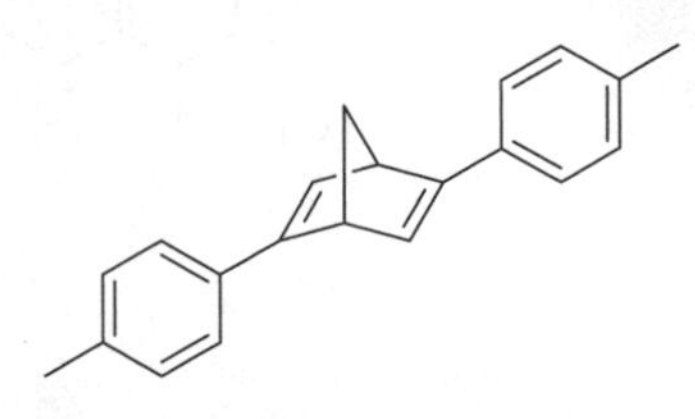

(A) 氫：6種；碳：9種　(B) 氫：5種；碳：5種

(C) 氫：6種；碳：5種　(D) 氫：7種；碳：5種

(E) 氫：7種；碳：6種

《103中國-47》Ans：A

說明：

1. Equivalent / non- Equivalent ------ C_2-operation
2. ^{1}H-NMR : _6_ signals

   ^{13}C-NMR : _9_ signals

48. 下列兩個化合物的關係為何？

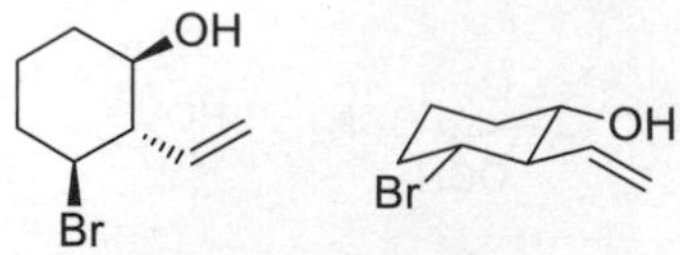

(A) 組成異構物(constitutional isomer)　(B) 鏡像異構物(enantiomer)
(C) 同一個化合物(identical)　(D) 非鏡像異構物(diastereomer)
(E) 順反異構物(cis-trans isomer)

《103中國-48》Ans：B

說明：

1. the transformation of the-dimensional representation
2. Ans:

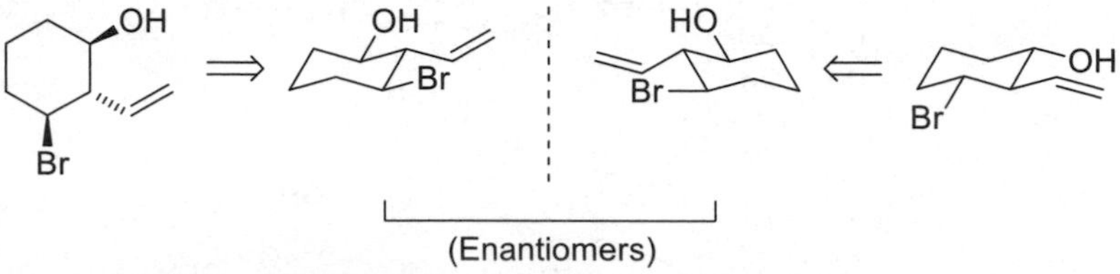

(Enantiomers)

49. 以下反應的主要產物為何？

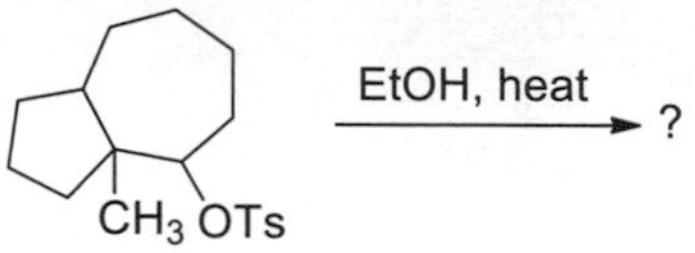

EtOH, heat → ?

(A) 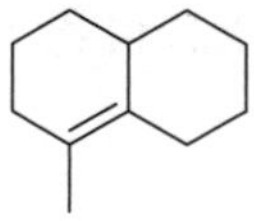　(B) 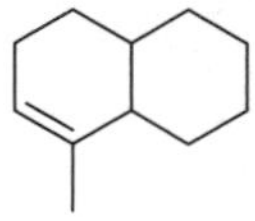　(C)

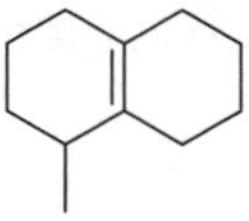

(D) 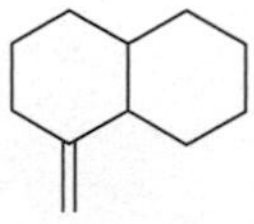　(E)

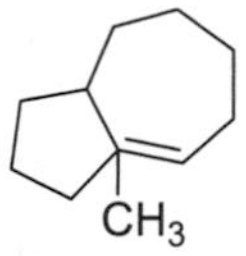

《103中國-49》Ans：A

說明：

1. Solvolysis ⇒ S_N1 / E1 mechanism

※碳陽離子常發生的反應有四種：

(a)與親核子結合（S_N1 生成物）；

(b)鄰近碳原子之脫氫（E1 生成物）；

(c)加成至不飽和烯類化合物（高分子化生成物）；

(d)結構重排反應 (1,2-shift)，再經由以上(A)(B)(C)反應。

2. ⇒ neopentyl rearrangement

3. Ans：

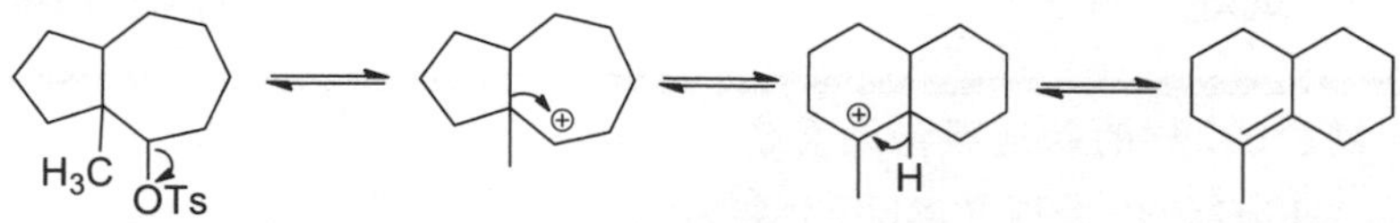

H3C OTs H

50. 下列2-甲基-2-丁烯經由一系列的反應後最終產物為何？

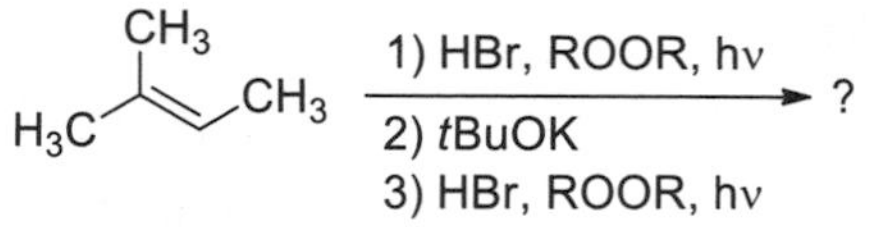

CH3 H3C CH3 1) HBr, ROOR, hν 2) *t*BuOK 3) HBr, ROOR, hν ?

(A) 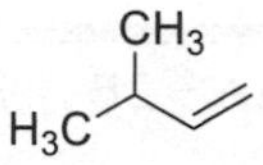 H3C CH3

(B) 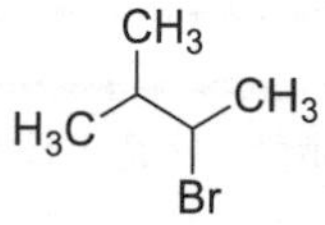 H3C CH3 CH3 Br

(C) 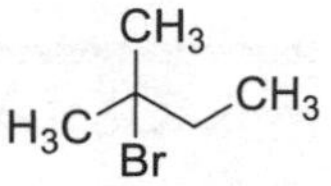 H3C CH3 CH3 Br

(D) 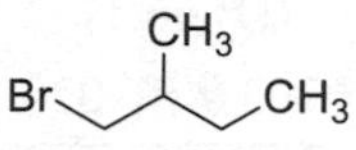 Br CH3 CH3

(E) 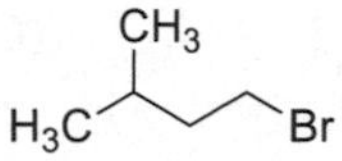 H3C CH3 Br

《103中國-50》Ans：E

說明：

1. Free radical addition with HBr in present peroxides
   (1) Non-rearrangement.
   (2) Anti-Markovnikov's rule
   (3) Racemerization
2. Ans:

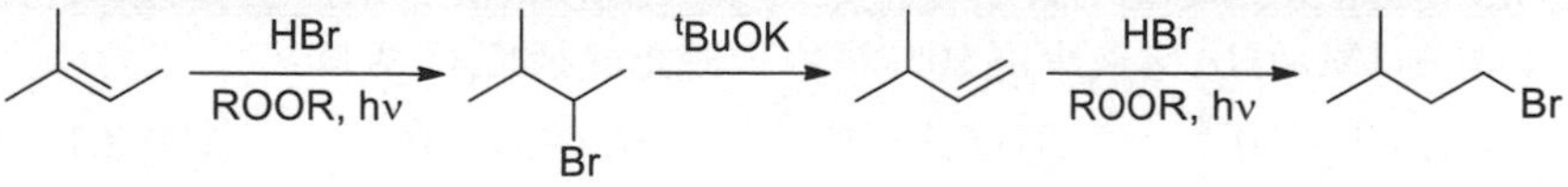

HBr ROOR, hν Br ᵗBuOK HBr ROOR, hν Br

慈濟大學 103 學年度學士後中醫化學試題暨詳解

化學　試題　　　　**有機：林智老師解析**

01. 關於U-238的敘述那些為真？

　Ⅰ.它的化學性質與U-235相似

　Ⅱ.它的原子量與U-235僅稍有微小差異

　Ⅲ.它的質子數與U-235不同

　Ⅳ.它在自然界中的含量比U-235豐富

(A) III, IV　　(B) I, II, III　　(C) I, II, IV　　(D) I, II, III, IV

《103慈濟-01》Ans：C

02. 如果反應式$A + B \rightleftharpoons C$的平衡常數為0.123，則反應式$2C \rightleftharpoons 2A + 2B$的平衡常數為何？

(A) 0.123　　(B) 8.13　　(C) 33.1　　(D) 66.1

《103慈濟-02》Ans：D

03. 將10克固態氯化銨的樣品置於5升的容器中加熱到900°C。假設平衡時$NH_{3(g)}$的壓力為1.20大氣壓。

$$NH_4Cl_{(s)} \rightleftharpoons NH_{3(g)} + HCl_{(g)}$$

計算反應式的平衡常數(K_P)。

(A) 1.20　　(B) 1.44　　(C) 2.40　　(D) 31.0

《103慈濟-03》Ans：B

04. 假如1M的HA溶液中有10%解離，則此酸的K_a值為何？

(A) 1.1×10^{-2}　　(B) 6.3×10^{-2}　　(C) 9.1×10^{-2}　　(D) 8.1×10^{-1}

《103慈濟-04》Ans：A

05. 一升的混合溶液含有0.500 M的HA($K_a = 1.0 \times 10^{-8}$)及0.250 M的NaA，將0.10莫耳的$HCl_{(g)}$加到上述溶液中，則溶液的$[H^+]$為何？

(A) 2.5×10^{-9} M　　(B) 1.4×10^{-8} M　　(C) 2.0×10^{-8} M　　(D) 4.0×10^{-8} M

《103慈濟-05》Ans：D

06. 將純矽(silicon)與鎵(gallium)摻雜，可得到何種材料？

(A) p-type 材料　　(B) n-type 材料　　(C) s-type 材料　　(D) d-type 材料

《103慈濟-06》Ans：A

07. 考慮以下的反應式：

$\frac{1}{2}A \rightarrow B$　　　$\Delta H = 150\ kJ/mol$

$3B \rightarrow 2C + D$　　　$\Delta H = -125\ kJ/mol$

$E + A \rightarrow D$　　　$\Delta H = 350\ kJ/mol$

計算反應式 $B \rightarrow E + 2C$ 的$\Delta H°$。

(A) 525 kJ/mol　(B) 325 kJ/mol　(C) −175 kJ/mol　(D) −325 kJ/mol

《103慈濟-07》Ans：C

08. 某一個狀態的改變伴隨著64.0 kJ的熱釋放，在定壓和定溫(300 K)的情況下此熱轉移到外界環境。則此過程的ΔS_{surr}為何？

(A) 64.0 J/K　(B) −64.0 J/K　(C) −213 J/K　(D) 213 J/K

《103慈濟-08》Ans：D

09. 下列鍵角大小的次序何者有誤？

(A) $I_2O > Br_2O > Cl_2O > H_2O > F_2O$

(B) $BF_3 > CH_4 > NH_3 > H_2O$

(C) $Cl_2O > H_2O > F_2O > H_2S > H_2Se$

(D) $F_2O > H_2S > I_2O > Br_2O > BF_3$

《103慈濟-09》Ans：D

10. 假如還原劑M和氧化劑N^+反應得到M^+和N的平衡常數為1，則此氧化還原反應的E°為何？

(A) 0.00 V　(B) −1.0 V　(C) 1.0 V　(D) 0.059 V

《103慈濟-10》Ans：A

11. 下列分子有幾個具有偶極矩(dipole moment)？

BH_3 , CH_4 , PCl_5 , H_2O , HF , H_2

(A) 1　(B) 2　(C) 3　(D) 4

《103慈濟-11》Ans：B

12. 下列離子化合物，何者具有最小的晶格能(lattice energy)？

(A) LiF　(B) CsI　(C) NaCl　(D) BaO

《103慈濟-12》Ans：B

13. 亞硫酸鎂分解成氧化鎂與二氧化硫的反應式為：

$$MgSO_{3(s)} \rightarrow MgO_{(s)} + SO_{2(g)}$$

其ΔH, ΔS分別如下：

ΔH(kJ/mol)：$MgSO_{3(s)} = -1068$,　$MgO_{(s)} = -601.8$,　$SO_{2(g)} = -296.8$

ΔS(J/mol K)：$MgSO_{3(s)} = 121$,　$MgO_{(s)} = 27$,　$SO_{2(g)} = 248.1$

在何溫度條件下為自發性反應？請選出最適條件。

(A) 低於63.1 K　(B) 低於179.5 K　(C) 低於415.8 K　(D) 高於1100 K

《103慈濟-13》Ans：D

14. 10.0克的一級醇與乙酸反應生成11.2克乙酸酯，反應的轉化率為82 %。此一級醇的分子量接近下列何者？

(A) 88　(B) 102　(C) 116　(D) 130

《103慈濟-14》Ans：C

15. 在過渡金屬離子中，3d及4s軌域的能量何者較低？

(A) 4s軌域　(B) 3d軌域　(C) 兩者能量一樣　(D) 無法決定

《103慈濟-15》Ans：B

釋疑：《103 慈濟-15》

考生 30672 及 30687 的附件皆是填電子的次序。過渡金屬與主族元素不同的地方是它們的 ns 及(n-1)d 軌域能量非常接近。當電子依序填到中性原子的原子軌域時，會先填在能量較低的 4s 軌域，接著填到能量較高的 3d 軌域。然而，隨著核電荷的增加，4s 及 3d 軌域受到核電荷不同程度的影響，結果會使得 3d 軌域能量比 4s 軌域低。因此，移除電子時會先移除 4s 軌域的電子。所以在教科書中過渡金屬離子的電子組態表示不會有移除 d 電子，而保留 s 電子的情形。維持原答案。

16. Chloropropene有多少個結構和幾何異構物？

(A) 2　(B) 3　(C) 4　(D) 5

《103慈濟-16》Ans：C

說明：

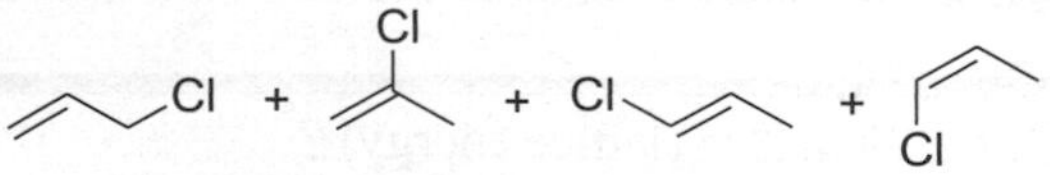

Cl + Cl + Cl + Cl

釋疑：《103 慈濟-16》

Chloropropene 泛指有一個氯取代的 propene，2-chloropropene 亦是 chloropropene 的一種。本題問 chloropropene 的異構物數目，cycloproane 不是 propene，因此不

是選項。若題目是問 C_3H_5Cl 的異構物數目，則 chlorocyclopane 是合理的選項。
維持原答案。

17. 分子(1)與(2)都具有三對電子對，它們的鍵結情形分別為：分子(1)三個電子對均形成鍵結；分子(2)二個電子對形成鍵結，另一電子對為孤對電子(lone pair) 。則分子(1)與(2)的形狀分別為下列何者？
(A) (1)四面體形(tetrahedral)；(2)角錐形(pyramidal)
(B) (1)平面三角形(trigonal planar)；(2)彎曲(bent)
(C) (1)平面三角形(trigonal planar)；(2)四面體形(tetrahedral)
(D) (1)直線形(linear)；(2)平面三角形(trigonal planar)

《103慈濟-17》Ans：B

18. 聚合物若具有共振結構可使聚合物增加某些特性。下列選項何者最適合說明？
(A) 熱負荷(strength thermal loading)
(B) 熱固作用(self-thermosetting)
(C) 絕緣體(used as insulators)
(D) 電導體(electrical conductors)

《103慈濟-18》Ans：D

說明：

1. polymerization

$$CH{\equiv}CH \xrightarrow[h\nu]{AIBN} {-}\!\!\left[CH{=}CH\right]\!\!{-}_n$$

2. p-p π Bond共振結構可形成"導電聚合物" (electrical conductors)

19. 體積20 mL、濃度1.0 M之醋酸水溶液與體積40 mL、濃度0.5M之氫氧化鈉水溶液混合，最後溶液中各個離子濃度由高至低的順序為何？(Ac代表醋酸根離子濃度；N代表鈉離子濃度；OH代表氫氧根離子濃度；H代表氫離子濃度)
(A) N > Ac > OH > H
(B) N = Ac > OH > H
(C) N > OH > Ac > H
(D) N > OH > H > Ac

《103慈濟-19》Ans：A

20. X與Y兩元素的核電荷分別為a與b，它們的離子X^{m+}與Y^{n-}具有相同的電子組態，則下列關係式中何者正確？
(A) a = b + m + n　(B) a = b − m + n　(C) a = b + m − n　(D) a = b − m − n

《103慈濟-20》Ans：A

21. 下列那一種化合物進行單氯取代反應只能產生三種沸點不同的一氯烷烴化合物？

(A) $(CH_3)_2CHCH_2CH_2CH_3$　　(B) $(CH_3CH_2)_2CHCH_3$

(C) $(CH_3)_2CHCH(CH_3)_2$　　(D) $(CH_3)_3CCH_2CH_3$

《103慈濟-21》Ans：D

說明：

1. Korner method
2. Ans:

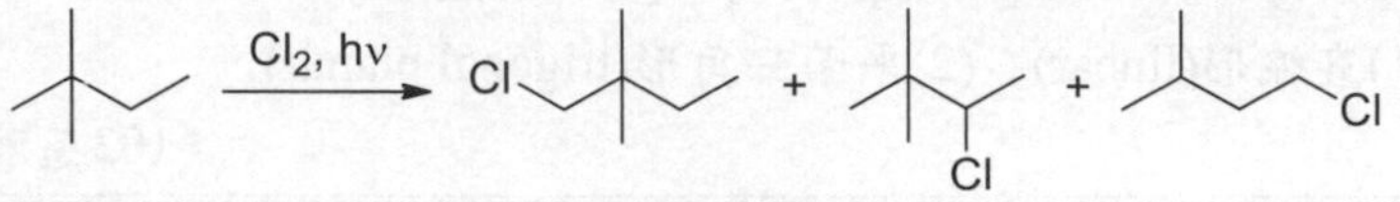

Cl_2, hν　Cl　+　Cl　+　Cl

22. 以微分速率式(differential rate law)表示反應速率：rate = $k[X]^m[Y]^n$。"m"與"n"係指下列何項？請選最適合項目。

(A) 化學反應式中反應物X與Y之莫耳係數(molar coefficients)

(B) 反應物X與生成物Y之莫耳數(total mole)

(C) 與X及Y相關之反應級數(order of reaction)

(D) 反應物X與Y消失之時間(以分為單位)

《103慈濟-22》Ans：C

23. 水溶液中含有濃度均為0.1 M之氯離子與碘離子。當硝酸銀溶液緩慢加入此水溶液中，(1)會先產生何種沈澱？(2)第二種離子與銀離子產生沈澱時，先沉澱的鹵素離子在水溶液中的濃度為何？選出最接近者。

(AgI溶解度積為：1×10^{-16}；AgCl溶解度積為：1×10^{-10})

(A) (1) AgCl先沈澱；(2) 1×10^{-10} M

(B) (1) AgI先沈澱；(2) 1×10^{-7} M

(C) (1) AgCl 與 AgI 同時沈澱；(2) 1×10^{-9} M

(D) (1) AgCl 先沈澱；(2) 1×10^{-6} M

《103慈濟-23》Ans：B

24. 體積300 mL、濃度1.1×10^{-3}M之氯化鎂與體積500mL、濃度1.2×10^{-3}M之氟化鈉溶液混合時，是否產生氟化鎂之沈澱？(氟化鎂之K_{sp}= 6.9×10^{-9}; Q: ion product.)

(A) 是，Q > K_{sp}　(B) 否，Q < K_{sp}　(C) 否，Q = K_{sp}　(D) 是，Q < K_{sp}

《103慈濟-24》Ans：B

25. 反應式及其初速率數據(initial rate data)如下：

$$2MnO_4^- + 5H_2C_2O_4 + 6H^+ \rightarrow 2Mn^{2+} + 10CO_2 + 8H_2O$$

$[MnO_4^-]_0$	$[H_2C_2O_4]_0$	$[H^+]_0$	Initial Rate (M/s)
1×10^{-3}	1×10^{-3}	1.0	2×10^{-4}
2×10^{-3}	1×10^{-3}	1.0	8×10^{-4}
2×10^{-3}	2×10^{-3}	1.0	1.6×10^{-3}
2×10^{-3}	2×10^{-3}	2.0	1.6×10^{-3}

其速率常數值(value of rate constant)為何？

(A) 2×10^5 M · s^{-1}　　(B) 2×10^5 M^{-2} · s^{-1}

(C) 200 M^{-1} · s^{-1}　　(D) 200 M^{-2} · s^{-1}

《103慈濟-25》Ans：B

26. 哪些反應條件有利於反應的進行？

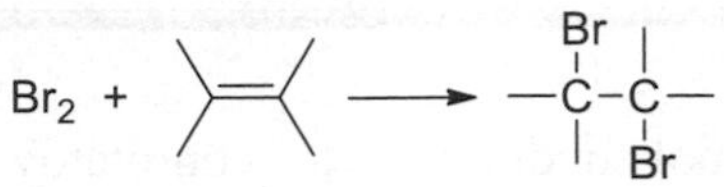

Br_2 + (alkene) ⟶ —C(Br)—C(Br)—

I. 加入高濃度的Br_2　　II. 使用高極性溶劑　　III. 在高溫下

(A) I，II　　(B) II，III　　(C) I，III　　(D) I，II，III

《103慈濟-26》Ans：A

說明：

1. Electrophilic addition-----bromination

⇒ (1) Reagent : Br_2/CCl_4, room temperature.

(2) non- rearrangement (one step concerted reaction).

(3) Regiochemistry : Markovnikov's rule (regioselectivity).

(4) stereochemistry : Anti-addition (stereospecificity).

2.丙烯基自由基取代反應之條件(favor radical allylic substitution)：

⇒ (1)**或然率因素**：a low concentration of X_2 ----- 減低親電子加成反應

(2)**能量(活化能)因素**：the high temperature -----(the reversibility of bromination of olefin)

(3)**溶媒效應**：a low polar aprotic solvent -----中間體之穩定因素

3.比較以上兩者反應機構

4. Ans:(A)

27.下列反應的主產物為哪一個立體異構物？

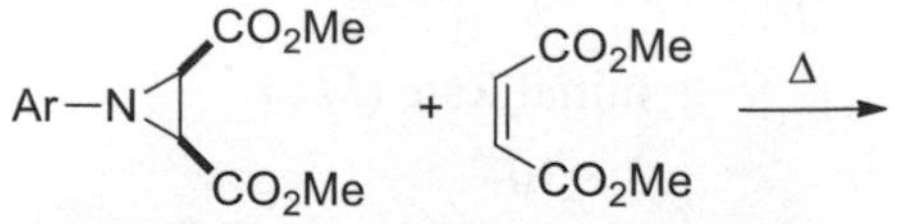

(A) 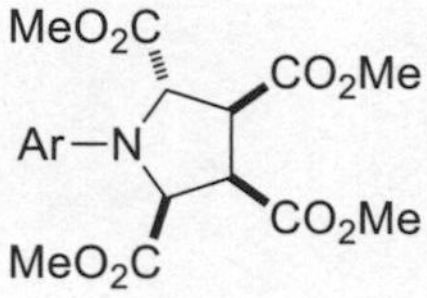 (B) 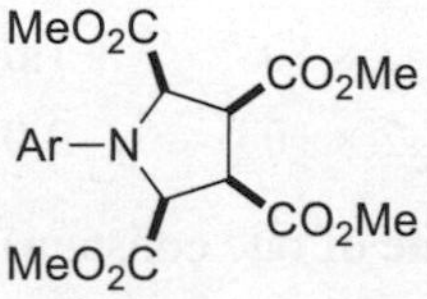 (C) 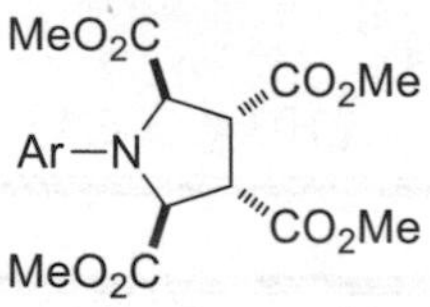 (D)

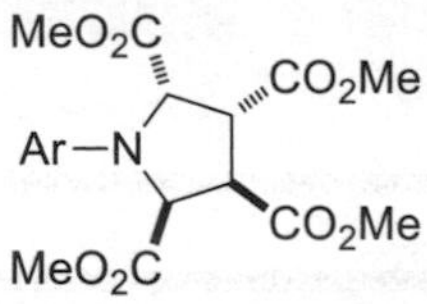

《103慈濟-27》Ans：A

說明：

1. 1st：4π electron species ⇒ thermol condition ⇒ conrotatoy
2. 2nd：$[3\pi_s + 2\pi_s]$ cycloaddition屬於1,3-dipolar molecule(s)之反應
3. Ans:

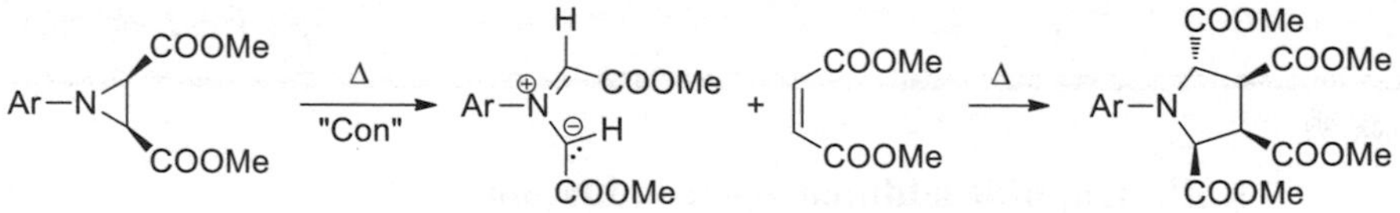

" 1,3-dipolar compound "

28. 下列反應的反應機制包含哪幾個反應：

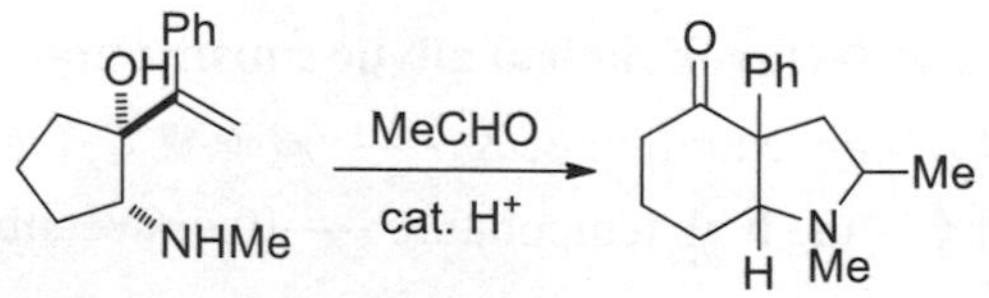

MeCHO, cat. H^+

1、[3,3] sigmatropic rearrangement
2、Mannich reaction
3、[1,5] hydrogen shift
4、cycloaddition reaction

(A) 1 和 2 (B) 1 和 3 (C) 2 和 3 (D) 1 和 4

《103慈濟-28》Ans：A

說明：

1. Mannich reaction ; and then [3,3] sigmatropic rearrangement
2. Ans:

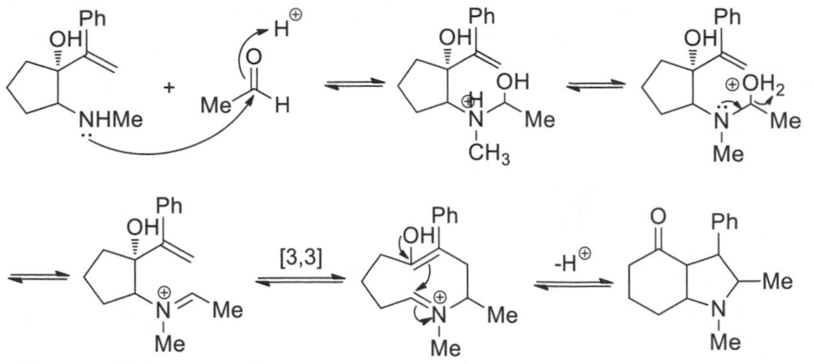

29. 下列反應的主要產物為何？

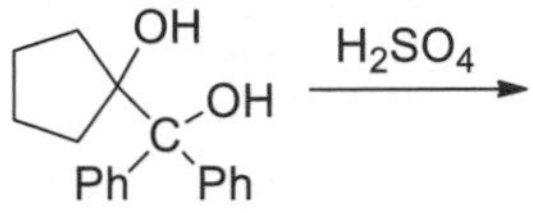

(A) 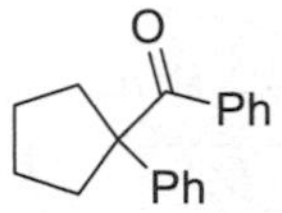 (B) 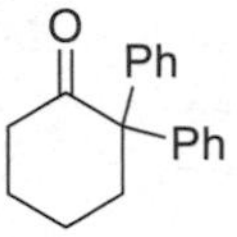 (C) 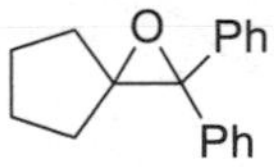 (D)

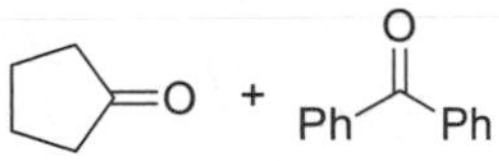

《103慈濟-29》Ans：B

說明：

1. Pinacol-Pinacolone rearrangement
2. Ans:

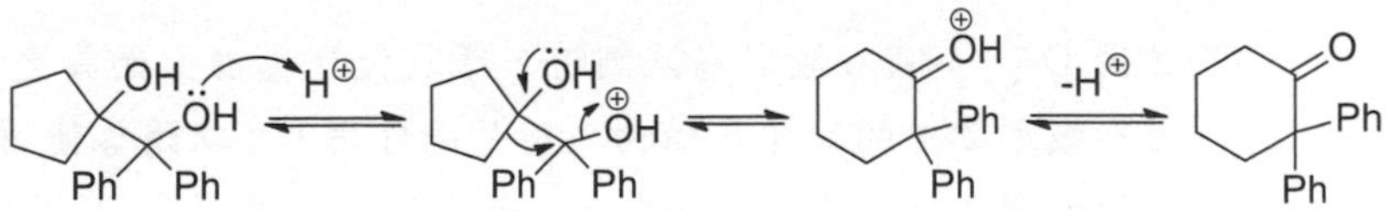

30. 哪一個有機金屬試劑可分別與醛和酮類化合物進行加成反應而有最好的選擇性？

(A) CH_3MgBr　(B) CH_3Li　(C) $CH_3Ti(O\textit{i}Pr)_3$　(D) CH_3AlCl_2

《103慈濟-30》Ans：C

說明：(補充資料)

1.※Asymmetry synthesis

(1) Katsuki-Sharpless 不對稱環氧化反應是用**第三丁基過氧化氫，四烷氧基鈦**和**具光學**活性**的酒石酸酯**的組合試劑，將各樣的烯丙醇進行環氧化反應，產率及鏡像選擇性都達到很高的程度。

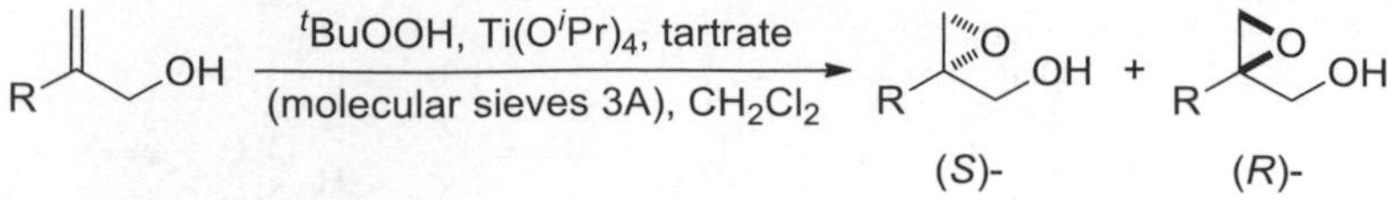

R	% Ti(O^{i}Pr)$_4$	% tartrate	% yield	(*S*)- : (*R*)-
H	5%	6% (–)-DIPT	65%	5 : 95
H	5%	6% (+)-DIPT	65%	95 : 5
Me	27%	27% (–)-DET	32%	3 : 97
^{n}Pr	4.7%	5.9% (+)-DET	88%	97.5 : 2.5

2.※Katsuki-Sharpless 不對稱環氧化反應(asymmetry epoxidation)

使用**模型 1~3**(將烯丙醇的羥基排在烯基的右下方)來綜合說明：

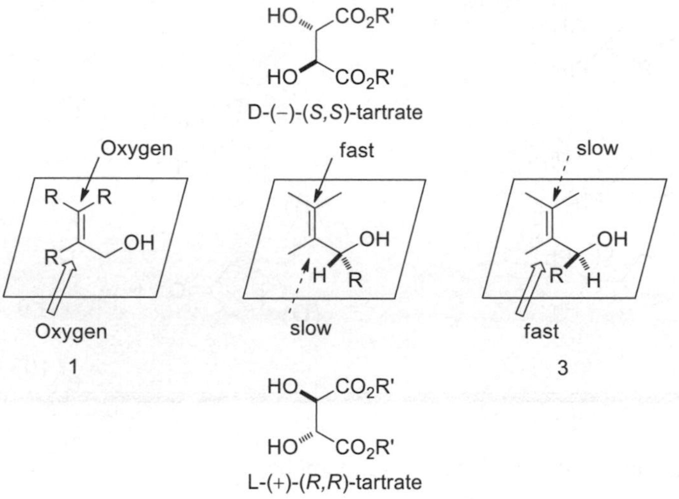

(1)當用 D-(－)-酒石酸酯為試劑時，環氧化反應由上面發生；

因為**模型 2** 中的鏡像異構物之羥基的作用，可以誘導使用 D-(－)-酒石酸酯的環氧化反應由上面發生，而在下面的烷基 R 則抑制環氧化反應在下面發生。

(2)當使用 L-(＋)-酒石酸酯時，環氧化反應由下面發生。

同理，對於**模型 3** 中的鏡像異構物應選擇 L-(＋)-酒石酸酯為環氧化的試劑，並加速環氧化反應在下面發生。

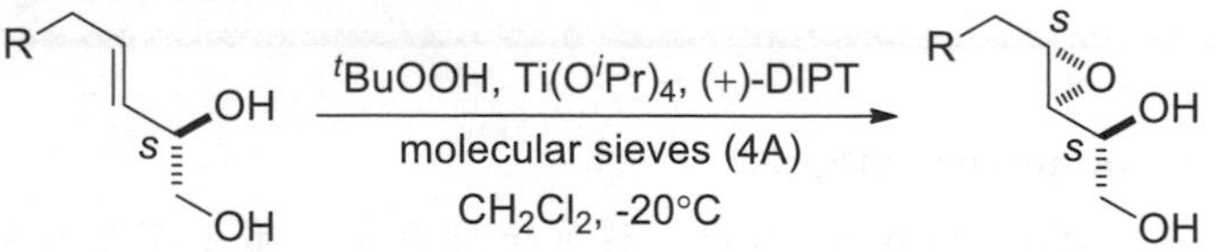

31. 哪一個反應為Heck reaction？

(A) + CO_2Me $\xrightarrow[Et_3N,\ 100\ ^\circ C]{Pd(OAc)_2}$ CO_2Me

(B) n-C_5H_{11} ZnCl + I—≡—n-C_4H_9 $\xrightarrow{Pd(PPh_3)_4}$ n-C_5H_{11} n-C_4H_9

(C) I + H—≡—n-C_4H_9 $\xrightarrow[CuI,\ n\text{-}BuNH_2]{Pd(PPh_3)_4}$ n-C_4H_9

(D) 以上皆非

《103慈濟-31》Ans：A

說明：

1.(補充資料)

(Table) Palladium-catalysed coupling reactions: a summary

Coupling an aryl or vinyl halide with	Typical example (X=I, Br, OT_f)	Name of reaction
An alkene	R (alkene) $\xrightarrow[\text{Pd cat. +ligands}]{Ar-X}$ R–CH=CH–Ar or R–C(Ar)=CH$_2$	Heck
An aryl or vinyl stannane	R^1–CH=CH–$SnBu_3$ $\xrightarrow[\text{Pd cat. +ligands}]{X\text{–CH=CH–}R^2}$ R^1–CH=CH–CH=CH–R^2	Stille
An aryl or vinylboronic acid or ester	R^1–Ar–$B(OR)_2$ $\xrightarrow[\text{Pd cat. +ligands}]{X\text{–Ar–}R^2}$ R^1–Ar–Ar–R^2	Suzuki
An alkyne	R–C≡CH $\xrightarrow[\text{Pd cat. +ligands}]{Ar-X}$ R–C≡C–Ar	Sonogashira
An amine	R^1–NH–R^2 $\xrightarrow[\text{Pd cat. +ligands}]{X\text{–Ph}}$ R^1–N(R^2)–Ph	Buchwald-Harwig

2.Ans:(A)

32. 下列反應的最終產物為何？

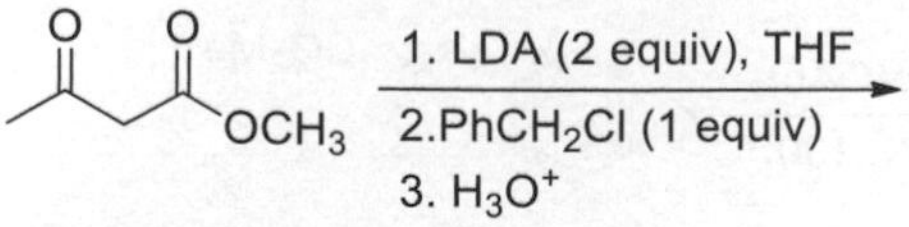

1. LDA (2 equiv), THF
2. $PhCH_2Cl$ (1 equiv)
3. H_3O^+

(A) 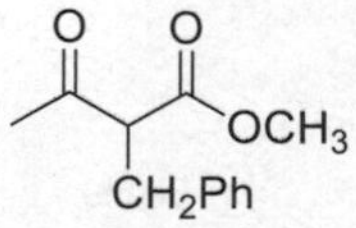 (B) 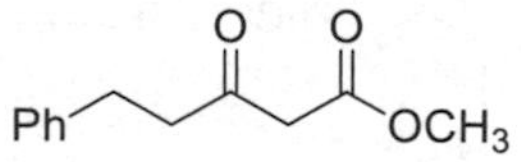 (C) 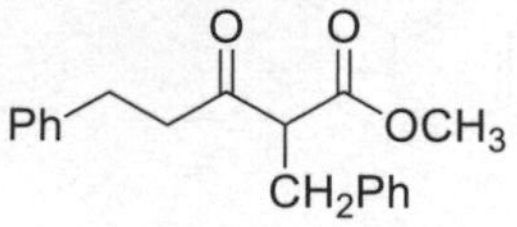 (D)

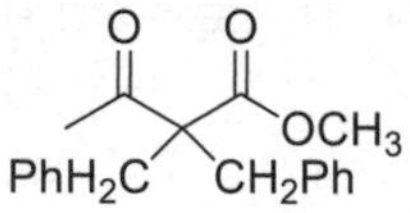

《103慈濟-32》Ans：B

說明：

1. Methyl acetoacetate synthesis
2. Ans:

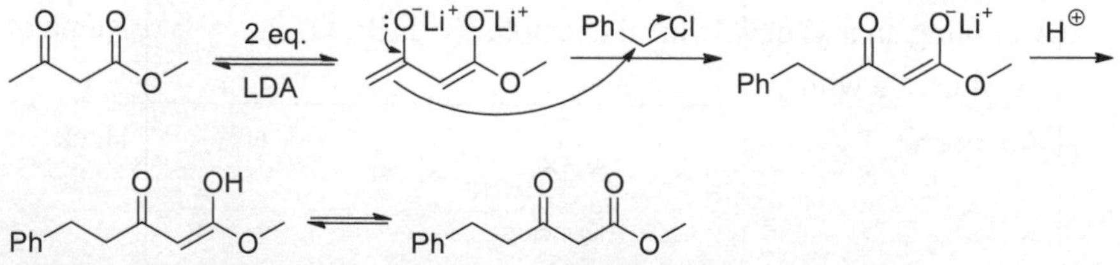

33. 下列化合物與disiamylborane(Sia_2BH)反應之相對反應速率為何？

(A) RC≡CH > RC≡CR > $RCH=CH_2$ > RCH=CHR

(B) RC≡CH > $RCH=CH_2$ > RC≡CR > RCH=CHR

(C) $RCH=CH_2$ > RC≡CH > RCH=CHR > RC≡CR

(D) $RCH=CH_2$ > RCH=CHR > RC≡CH > RC≡CR

《103慈濟-33》Ans：A

說明：

1. Alkyne > Alkene for disiamylborane
2. the less hindered > the more hindered Alkyne (Alkene)
3. Steric factor
4. Ans :

[R－C≡C－H > R－C≡C－R] > [$RCH=CH_2$ > RCH=CHR]

34. 下列化合物含有三個氮原子，哪一個氮原子的鹼性最強？

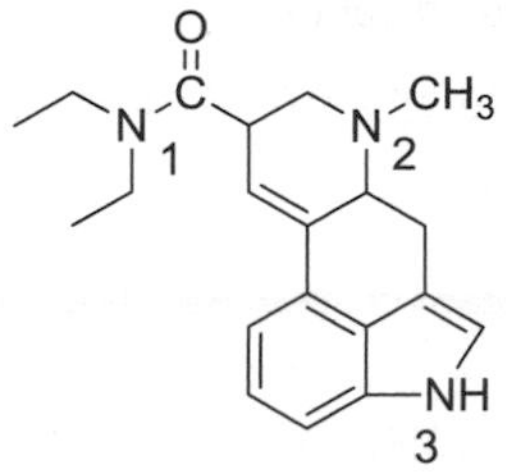

(A) N_1 (B) N_2 (C) N_3 (D) 都一樣

《103慈濟-34》Ans：B

說明：

1.※鹼性度大小(the order of basicity of amines)：

e.g.1 (the order of basicity of amines and its derivatives)

(a) R_3N > R_2NH > RNH_2 > NH_3 > $C_6H_5NR_2$ > C_6H_5NHR > $C_6H_5NH_2$

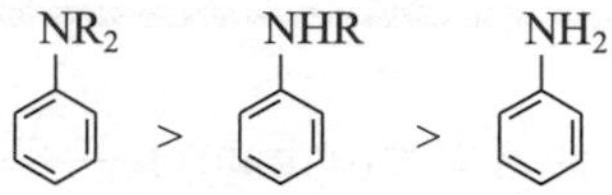

(b) > $R-C(=O)-NR_2$ > $R-C(=O)-NHR$ > $R-C(=O)-NH_2$ > $R-C(=O)-NH-C(=O)-R$ ≳ phthalimide (NH)

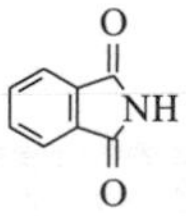

(c) > $R-S(=O)-NH_2$ > $R-S(=O)_2-NH_2$

2. Ans: Aliphatic amine > Aromatic amine > Amide

35. 對於Diels-Alder Reaction的描述，下列何者是錯誤的？

(A) 雙烯的構型必須是*s*-cis

(B) 產物都是以exo的立體異構物為主

(C) 反應機制是屬協同反應(concerted reaction)的模式

(D) 以上都正確

《103慈濟-35》Ans：B

說明：※Normal type Diels-Alder reaction：[$4\pi_s + 2\pi_s$] cycloaddition.

(1)反應之特徵：

(a)可逆反應(reversible)。

(b)單一協同步驟(a concerted reaction)，且不具極性之過渡狀態。

(c)沒有溶媒效應(non-solvent effect)。

(d)立體專一性 (stereospecificity)之特性。

(2) Diene ⇒ (a) s-cis form. (b) donating substituent.

(3) Dienophile ⇒ withdrawing substituent.

(4) Stereospecific Syn-addition. ⇒ (a) endo principle. (b) cis-principle.

(5) Regioselectivity ⇒ ortho-/para-rule

36. 何者為掌性(chiral)分子？

(A) (B)

(C) H_3C(H)C=C=C(H)CH_3 (D) 以上皆是

《103慈濟-36》Ans：D

說明：

1.分子的對掌性(chirality)-----R-/S-configuration

2. Ans:

⇒ (1). (R- form) (2). (R- form) (3). (S- form)

37. 下列反應的動力學控制的產物為何者？

HBr

(A) (B)

(C) (D)

《103慈濟-37》Ans：A

說明：

1. Electrophilic addition-----1,2- vs. 1,4-addition competition

2. Ans:

(動力控制)
(1,2-Addition)

(trans / cis)
(1,4-Addition)

38. 對於azulene( )的描述何者正確？

(A) 它是芳香族的化合物　　　　(B) 它是具有極性的化合物

(C) 它是藍色的化合物　　　　(D) 以上皆是

《103慈濟-38》Ans：D

說明：

1.該化合物十分穩定，經莫耳氫化熱實驗得知其共振能為 49.9 Kcal/mol，較苯環(36.0 Kcal/mol)來的更不穩定。

e.g.1 (Azulene vs naphthalene)

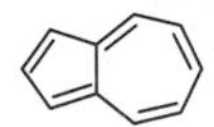

v.s

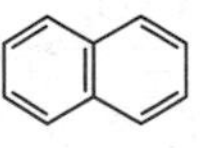

Azulene **vs** naphthalene

比較如下：

(1)等電子物種(isoelectronic with naphthalene)

(2) Deep-Blue color for azulene

(3) Aromaticity for both compounds.

(4) Dipole moment ($\mu_{azulene}$=1.0 Debye) v.s ($\mu_{naphthalene}$ = 0 Debye)

(5) Charge separation of azulene

2.Ans :(D)

39. 利用四氧化鋨(OsO_4)將雙鍵氧化成雙醇(diol)時，若使用催化量的四氧化鋨則需要添加當量數的共同氧化劑(co-oxidant)。下列何者為最合適的共同氧化劑？

(A) 3-Cl-C6H4-C(=O)OOH　(B) H_2O_2　(C) N-methylmorpholine N-oxide (H_3C, N^+, O^-)　(D) $NaIO_4$

《103慈濟-39》Ans：C

說明：

1. $CH_2{=}CH_2 \xrightarrow{\text{Cat. } OsO_4}$ HO−CH_2−CH_2−OH （N-methylmorpholine N-oxide）

2. Ans:(A) (B)具酸性催化，可能造成雙醇(diol)再行反應

3. Ans:(D)：$NaIO_4$亦同，造成雙醇(diol)，再行斷裂反應(Degradation)

釋疑：《103 慈濟-39》

考生 30107：答案 BD 都可以，考生 30583、30687：B 的選項正確。

答案 D 會將 diol 進一步氧化，因此不是正確答案。答案 B 可以得到一樣產物，但需在低溫(–10 ~ 0°C)下加入試劑，而答案 C 在室溫下進行反應，因此(C)為最合適的共同氧化劑。維持原答案。

40. 下列何者與HBr反應有最快的速率？

(A) H_3CO-C6H4-CH=CH_2　(B) Cl-C6H4-CH=CH_2

(C) O_2N-C6H4-CH=CH_2　(D) C6H5-CH=CH_2

《103慈濟-40》Ans：A

說明：

1.反應機構：

styrene $\underset{\text{r.d.s}}{\overset{H^{\oplus}}{\rightleftharpoons}}$ benzylic carbocation $\underset{\text{fast}}{\overset{:Br^{\ominus}}{\rightleftharpoons}}$ 1-bromo-1-phenylethane (Br)

2.電子效應：the stability of the carbocation

3. Ans: ⇒ $-OCH_3$ ＞ $-H$ ＞ $-Cl$ ＞ $-NO_2$

41. 下列的鹵化反應中，哪一個鹵素分子的位向選擇性(regioselectivity)較高？

$$CH_3CH_2CH_3 + X_2 \xrightarrow{h\nu} CH_3CH_2CH_2X + CH_3CHXCH_3$$

(A) F_2　　(B) Cl_2　　(C) Br_2　　(D) 都一樣高

《103慈濟-41》Ans：C

說明：

1.氯化反應之相對反應速率： 3°-H ： 2°-H ： 1°-H ＝ 5.0：3.8：1.0。

2.溴化反應之相對反應速率： 3°-H ： 2°-H ： 1°-H ＝ 1600：82：1.0。

3. Ans:

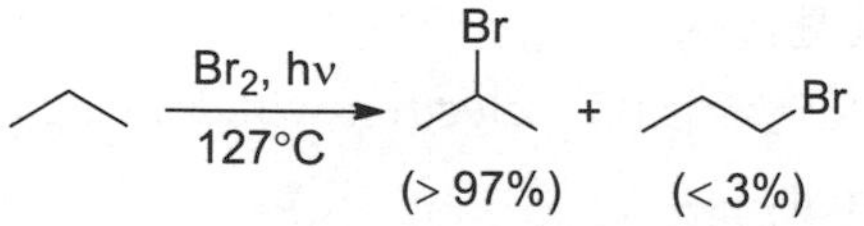

propane $\xrightarrow[127°C]{Br_2,\ h\nu}$ 2-bromopropane (> 97%) + 1-bromopropane (< 3%)

42. 下列化合物何者的CH_2酸性最強？

(A) $CH_3C(=O)\mathbf{CH_2}CO_2CH_3$　　(B) $CH_3C(=O)\mathbf{CH_2}C(=O)CH_3$

(C) $CH_3OC(=O)\mathbf{CH_2}Ph$　　(D) $CH_3C(=O)O\mathbf{CH_2}Ph$

《103慈濟-42》Ans：B

說明：

1. Activated acidic methylene proton

歸納如：(G-CH_3　pka值大約在19～21)

$$-NO_2 > -C(=O)- > -S(=O)_2- > -C(=O)-OR > -CN > -S(=O)- > -ph > -C=C$$

2.同時具有兩個活化基者，酸性度更強，又稱其為活化亞甲基之酸性質子(activated acidic methylene proton)，pka值大約在9～11。

3. Ans:

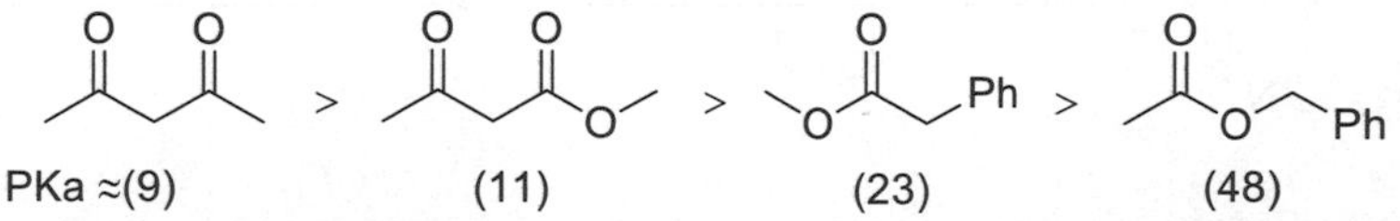

2,4-pentanedione PKa ≈(9) > methyl acetoacetate (11) > methyl phenylacetate (23) > benzyl acetate (48)

43. 哪一個化合物進行S_NAr的反應時有最高的反應速率？

(A) O_2N–C_6H_4–F

(B) O_2N–C_6H_4–Cl

(C) O_2N–C_6H_4–Br

(D) O_2N–C_6H_4–I

《103慈濟-43》Ans：A

說明：

1.※強拉電子基之相對反應活性

(1)強拉電子基之相對反應活性(G = electron-withdrawing group)

⇒ the relative reactivity is

$$Ar-\overset{\oplus}{N}(CH_3)_3 > Ar-NO_2 > Ar-SO_3H > Ar-COOH > Ar-CHO \approx Ar-COR > Ar-CN > Ar-X$$

(2) X = halide ⇒ the relative reactivity of aryl halide is

$$Ar-F > Ar-Cl > Ar-Br > Ar-I \text{ for } S_N2Ar$$

2. Ans:

(A) O_2N–C_6H_4–F > (B) O_2N–C_6H_4–Cl > (C) O_2N–C_6H_4–Br > (D) O_2N–C_6H_4–I

44. 哪一個反應會經過苯炔(benzyne)的中間體？

(A) Br–C_6H_5 $\xrightarrow{NaNH_2}$ NH_2–C_6H_5

(B) 4-Cl-pyridine $\xrightarrow{HNMe_2}$ 4-NMe_2-pyridine

(C) Br–C_6H_5 + $B(OH)_2$–C_6H_5 $\xrightarrow{Pd(PPh_3)_4}$ biphenyl

(D) 以上三者都不會

《103慈濟-44》Ans：A

說明：

1.參考：(Table) Palladium-catalysed coupling reactions: a summary(如 Ex.31)

2. Ans：

(A) Benzyne intermediate

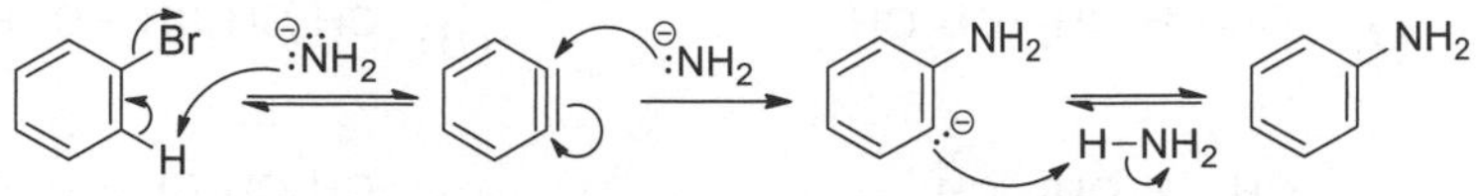

(B) S_N2Ar reaction

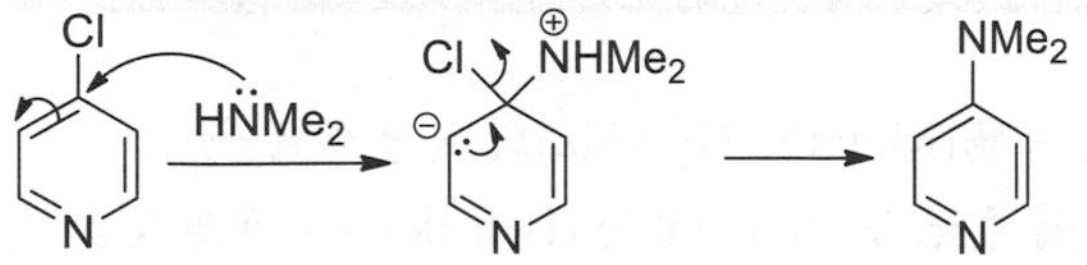

(C) Suzuki-Heck reaction

45. 下列反應的最終產物為何？

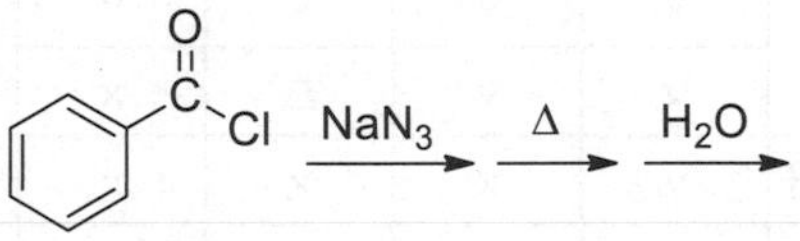

$\xrightarrow{NaN_3} \xrightarrow{\Delta} \xrightarrow{H_2O}$

(A) 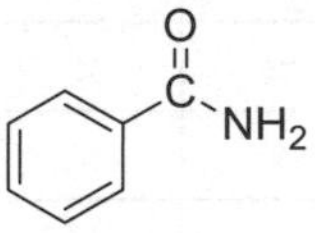 (B) 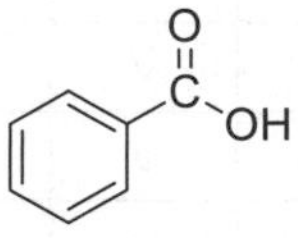 (C) 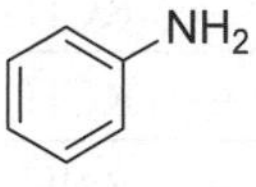 (D)

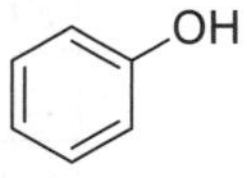

《103慈濟-45》Ans：C

說明：

1. Curtius rearrangement

2. Ans:

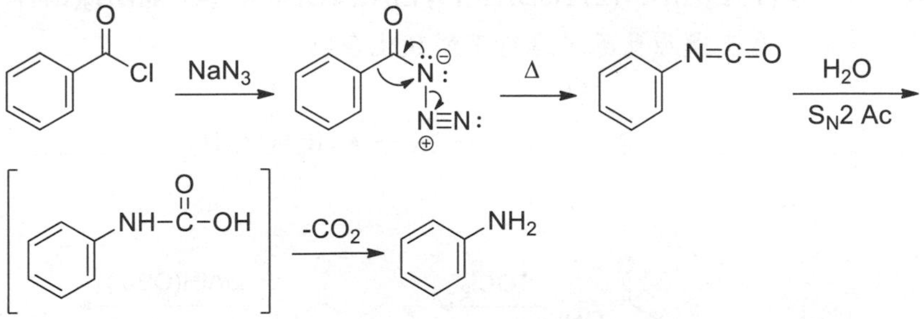

46. 下列反應的最終產物為何？

$$CH_3CH_2CH_2-\overset{O}{\overset{\|}{C}}-OH \xrightarrow[\text{2. } LiAlH[OC(CH_3)_3]_3]{\text{1. } SOCl_2}$$

(A) $CH_3CH_2CH_2-CH_2OH$　(B) $CH_3CH_2CH_2-\overset{O}{\overset{\|}{C}}-H$

(C) $CH_3CH_2CH_2-CH_3$　(D) $CH_3CH_2CH_2-\overset{O}{\overset{\|}{C}}-OC(CH_3)_3$

《103慈濟-46》Ans：B

說明：

1.金屬氫化合物(Metallic Hydride)與反應生成物

(表) 金屬氫化合物(Metallic Hydride)-----還原反應生成物

reduction			reducting agent*				
			(1)	(2)	(3)	(4)	(5)
RCHO	→	RCH_2OH	V	V	V	V	V
RCOR	→	RCH(OH)R	V	V	V	V	V
RCOCl	→	RCH_2OH	V	V	Δ	×	V
RCOOR'	→	RCH_2OH+R'OH	V	×	×	×	Δ
RCOOH	→	RCH_2OH	V	×	×	×	Δ
$RCONR'_2$	→	$RCH_2NR'_2$	V	×	×	×	×
RC≡N	→	RCH_2NH_2	V	×	×	×	Δ
RNO_2	→	RNH_2	V	×	×	×	×
Epoxide	→	Alcohol	V	×	×	×	×
$R-N_3$	→	RNH_2	V	×	×	×	×
RX	→	RH	V	×	×	V	×

*：(1) $LiAlH_4$　(2) $NaBH_4$　(3) $LiAlH(OBu^t)_3$　(4) $NaBH_3(CN)$　(5) DIBAL

Δ：還原反應只進行至醛類化合物。

$$R-\overset{O}{\overset{\|}{C}}-Cl \xrightarrow{[R]} R-\overset{O}{\overset{\|}{C}}-H$$

2.Ans:

$$CH_3CH_2CH_2COOH \xrightarrow{SOCl_2} CH_3CH_2CH_2COCl \xrightarrow[\text{then } H_3O^+]{LiAlH(OBu^t)_3} CH_3CH_2CH_2CHO$$

47. 下列反應的最終產物為何？

$C_6H_5CHO + H_3C-\overset{O}{\overset{\|}{C}}-O-\overset{O}{\overset{\|}{C}}-CH_3 \xrightarrow[2.\ H_3O^+]{1.\ CH_3CO_2Na,\ \Delta}$

(A) $C_6H_5C(=O)OC(=O)CH_3$

(B) $C_6H_5C(=O)CH_2COOH$

(C) $C_6H_5CH=CHCOOH$

(D) 以上皆非

《103慈濟-47》Ans：C

說明：

1. Perkin condensation
2. Ans:

$CH_3C(=O)OC(=O)CH_3 \xrightleftharpoons{NaOAc} CH_3C(=O)OC(=O)CH_2^{\ominus}Na^{\oplus} + PhCHO \rightleftharpoons CH_3C(=O)OC(=O)CH_2CH(O^-Na^+)Ph$

$\rightleftharpoons CH_3C(=O)OC(=O)\overset{\ominus}{C}HCH(OH)Ph \xrightleftharpoons{E1CB} CH_3C(=O)OC(=O)CH=CHPh \xrightarrow{^{\ominus}:OAc} CH_3C(O^{\ominus})(OAc)OC(=O)CH=CHPh$

$\rightleftharpoons PhCH=CHC(=O)O^-Na^+ \xrightleftharpoons{H_3O^+} PhCH=CHC(=O)OH$

48. 下列反應的最終產物為何？

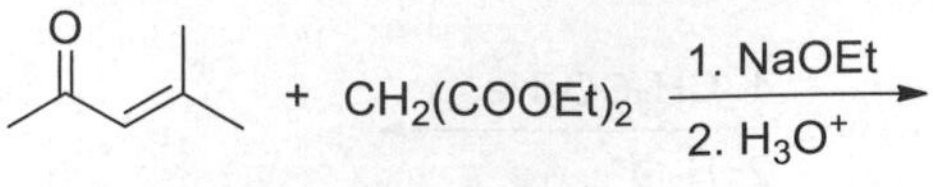

$\text{(4-methylpent-3-en-2-one)} + CH_2(COOEt)_2 \xrightarrow[\text{2. } H_3O^+]{\text{1. NaOEt}}$

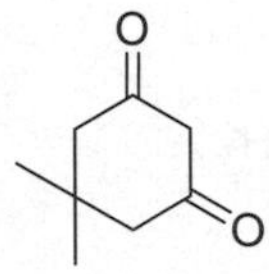

(A) 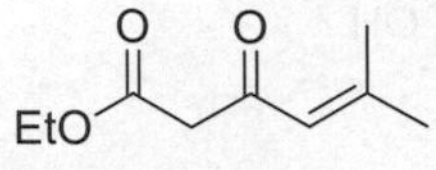 EtO(C=O)CH₂C(=O)CH=C(CH₃)₂

(B) 5,5-dimethylcyclohexane-1,3-dione

(C) CH₃C(=O)CH(C(CH₃)=CH₂)CH(CO₂Et)CO₂Et

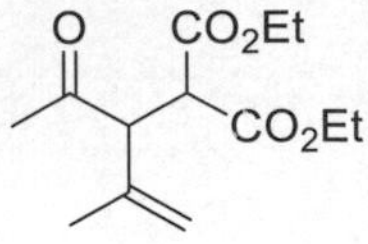

(D) 以上皆非

《103慈濟-48》Ans：B

說明：

1. Robinson annulation
2. Ans:

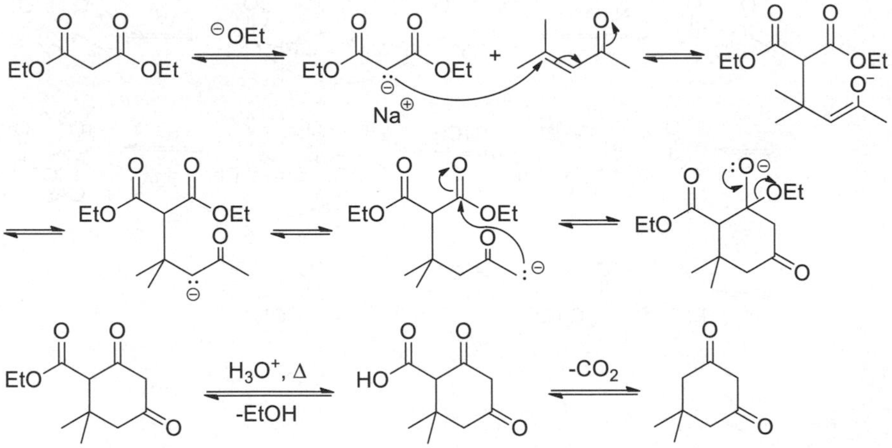

$$\text{EtO}_2\text{CCH}_2\text{CO}_2\text{Et} \xrightleftharpoons{^{\ominus}\text{OEt}} \text{EtO}_2\text{C}\ddot{\text{C}}\text{H}^{\ominus}\text{CO}_2\text{Et}\ \text{Na}^{\oplus} + (\text{CH}_3)_2\text{C=CHCOCH}_3 \rightleftharpoons \cdots \rightleftharpoons \cdots$$

$$\rightleftharpoons \text{EtO}_2\text{C-(cyclohexane-dione)} \xrightleftharpoons[\text{-EtOH}]{H_3O^+,\ \Delta} \text{HO}_2\text{C-(cyclohexane-dione)} \xrightleftharpoons{-CO_2} \text{5,5-dimethylcyclohexane-1,3-dione}$$

釋疑：《103 慈濟-48》

考生 30689：反應結果應是 β-keto acid 的產物。如繼續在加熱反應，才會進行脫羧，而得到(B)。通常加熱是為了加速反應的進行，因此是否加熱最終產物為(B)。維持原答案。

49. 下列反應的最終產物為何？

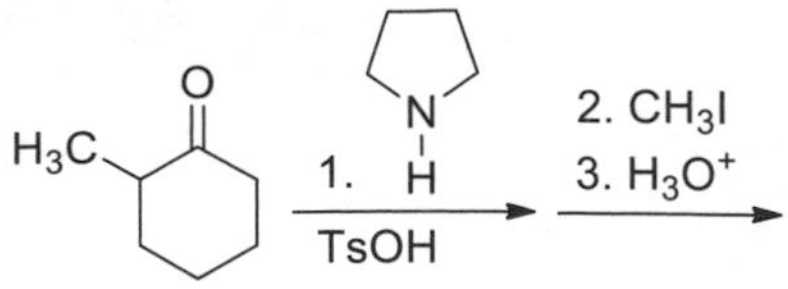

(Reaction: 2-methylcyclohexanone; 1. pyrrolidine (N–H), TsOH; 2. CH_3I; 3. H_3O^+)

(A) 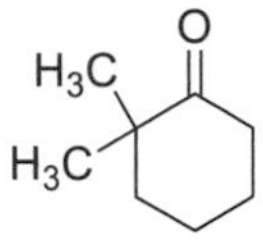 2,2-dimethylcyclohexanone (H_3C, H_3C)

(B) 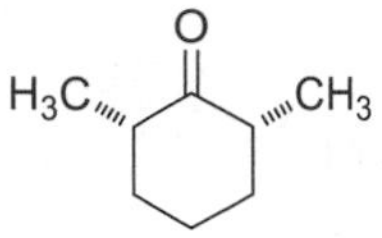 (H_3C, CH_3) 2,6-dimethylcyclohexanone

(C) 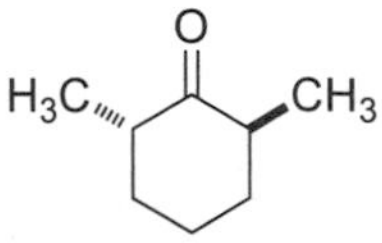 (H_3C, CH_3) 2,6-dimethylcyclohexanone

(D) 以上皆非

《103慈濟-49》Ans：C

說明：

1. Enamine Synthesis
2. Ans:

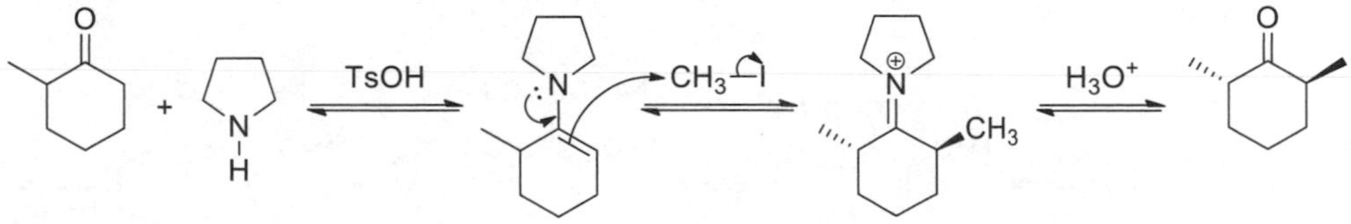

(Mechanism: 2-methylcyclohexanone + pyrrolidine (N, H) —TsOH⇌ enamine —CH_3–I⇌ iminium ($N^{\oplus}$, CH_3) —H_3O^+⇌ 2,6-dimethylcyclohexanone)

50. 下列反應的最終產物為何？

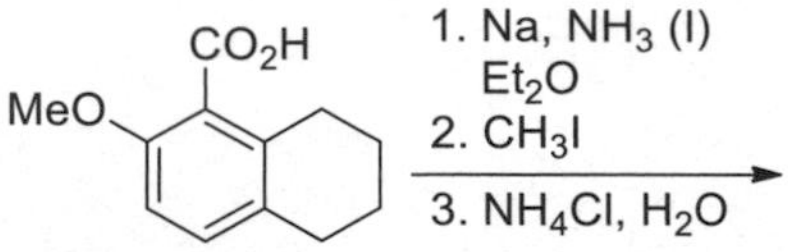

(A)

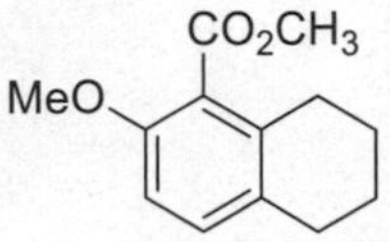

(B)

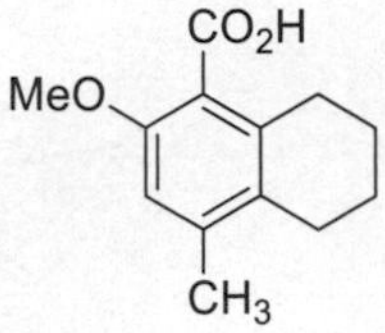

(C)

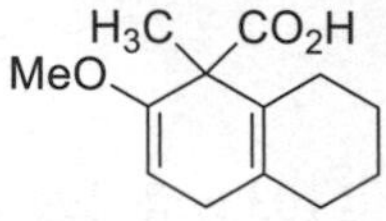

(D) 以上皆非

《103慈濟-50》Ans：C

說明：

1. Birch reduction-----1,4-addition;and then alkylation(α-methylation)
2. Ans:

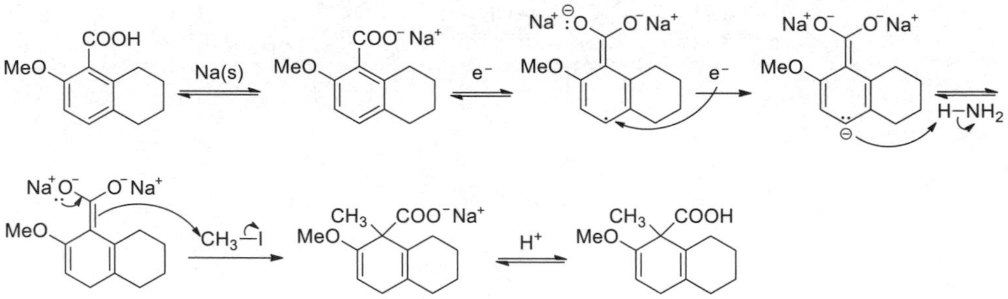

義守大學103學年度學士後中醫化學試題暨詳解

化學 試題 **有機：林智老師解析**

01. 假設氮氣是一理想氣體，在標準狀況下(STP)它的密度是________。(N: 14; R = 0.082 atm · L/mol · K)
(A) 0.18 g/L (B) 0.63 g/L (C) 1.15 g/L (D) 1.25 g/L
《103義守-01》Ans：D

02. 在化合物$XeOF_4$中，中心原子的混成軌域是________。
(A) sp^2 (B) sp^3 (C) sp^3d (D) sp^3d^2
《103義守-02》Ans：D

03. 關於反應：8 A + 5 B → 8 C + 6 D，若反應中產物C的增加速率是4.0 mol $L^{-1}s^{-1}$，則同時間反應中B的濃度變化速率是________。
(A) −0.40 mol $L^{-1}s^{-1}$ (B) −2.5 mol $L^{-1}s^{-1}$
(C) −4.0 mol $L^{-1}s^{-1}$ (D) −6.4 mol $L^{-1}s^{-1}$
《103義守-03》Ans：B

04. 在使用0.1 M氫氧化鈉水溶液滴定醋酸水溶液，滴定中的當量點(equivalence point)表示________。
(A) 此時溶液的$[H_3O^+]$等於醋酸的平衡常數K_a
(B) 此時溶液的pH值達到最高值
(C) 此時加入氫氧化鈉的莫耳數等於原溶液中醋酸的莫耳數
(D) 此時溶液的pH值是7.0
《103義守-04》Ans：C

05. 某電池如右所示： $Zn_{(s)} | Zn^{2+}_{(aq)} || I^-_{(aq)} | I_{2(s)} | C_{(graphite)}$。
下列何者為此電池進行的化學反應？
(A) $2\,I^-_{(aq)} + Zn^{2+}_{(aq)} \rightleftharpoons I_{2(s)} + Zn_{(s)}$
(B) $I_{2(s)} + Zn_{(s)} \rightleftharpoons 2\,I^-_{(aq)} + Zn^{2+}_{(aq)}$
(C) $2\,I^-_{(aq)} + Zn_{(s)} \rightleftharpoons I_{2(s)} + Zn^{2+}_{(aq)}$
(D) $I_{2(s)} + Zn^{2+}_{(aq)} \rightleftharpoons 2\,I^-_{(aq)} + Zn_{(s)}$
《103義守-05》Ans：B

06. 化合物$[Co(NH_3)_5Cl]Cl_2$中金屬鈷的氧化數及配位數分別是________。
(A) 2 & 6　(B) 2 & 8　(C) 3 & 6　(D) 3 & 8
《103義守-06》Ans：C)

07. 關於氫原子的電子躍遷，下列何者會釋放最大能量？
(A) $n = 3 \rightarrow n = 2$　(B) $n = 5 \rightarrow n = 4$
(C) $n = 6 \rightarrow n = 5$　(D) $n = 3 \rightarrow n = 6$
《103義守-07》Ans：A

08. 下列何者的幾何形狀與氨(NH_3)相同？
(A) SO_3^{2-}　(B) CO_3^{2-}　(C) NO_3^-　(D) SO_3
《103義守-08》Ans：A

09. 下列何者存有異構物？
(A) $[Co(H_2O)_4Cl_2]^+$　(B) $[Pt(NH_3)Br_3]^-$
(C) $[Pt(en)Cl_2]$　(D) $[Pt(NH_3)_3Cl]^+$
《103義守-09》Ans：A

10. 同濃度同體積之HCl及CH_3COOH水溶液，分別用相同濃度的氫氧化鈉水溶液滴定，則________。
(A) 尚未加入氫氧化鈉水溶液時，兩者的pH值相同
(B) 達當量點時兩者溶液的pH值相同
(C) 達當量點時，所需氫氧化鈉水溶液的體積相同
(D) 當以酚酞為指示劑時，滴定完畢兩者皆為無色溶液
《103義守-10》Ans：C

11. 請以 IUPAC 的命名方式，下圖的化合物正確名稱為________。

```
CH2−CH3
|
CH—CH−CH2−OH
|    |
CH3  CH3
```

(A) 3-ethyl-2,3-dimethyl-1-propanol　(B) 2,3,4-trimethyl-1-butanol
(C) 2,3-dimethyl-1-pentanol　(D) 2,3-dimethyl-1-pentanal
《103義守-11》Ans：C

說明：

1.命名(Nomenclature)

2.Ans: (C) ⇒ 2,3-dimethyl-1-pentanol

12. 某二質子酸(H_2A) 1.320克配成250 mL水溶液；取其50 mL並以0.10 M氫氧化鈉水溶液滴定，達當量點時需氫氧化鈉水溶液40 mL，則此二質子酸分子量為__________。

(A) 66 (B) 122 (C) 132 (D) 183

《103義守-12》Ans：C

13. 在$2\ MnO_4^- + 5\ H_2S + 6\ H^+ \rightarrow 2\ Mn^{2+} + 5\ S + 8\ H_2O$反應中__________。

(A) H_2S為氧化劑

(B) MnO_4^-被還原

(C) 氧化力為$H_2S > MnO_4^-$

(D) 氧化半反應為$MnO_4^- + 5\ e^- + 8\ H^+ \rightarrow Mn^{2+} + 4\ H_2O$

《103義守-13》Ans：B

14. 假若食鹽及蔗糖($C_{12}H_{22}O_{11}$)水溶液，二者的凝固點相同，則下列敘述何者錯誤？ (Na：23, Cl：35.5, C：12, O：16, H：1)

(A) 同壓時兩者沸點相同 (B) 蔗糖的重量百分率濃度較大

(C) 兩者重量莫耳濃度相同 (D) 同溫下兩者的蒸氣壓相同

《103義守-14》Ans：C

15. 某飽和烷類的二氯取代物中含氯62.8%，則__________。

(A) 此化合物的分子式是$C_2H_4Cl_2$ (B) 此化合物的分子式是$C_3H_6Cl_2$

(C) 此化合物沒有異構物 (D) 此化合物有2種異構物

《103義守-15》Ans：B

說明：

1.假設分子式為$C_nH_{2n}Cl_2$

2.依照Cannizzaro method

$$n_C : n_H : n_{Cl} = \left(\frac{37.2 - x}{12}\right) : \left(\frac{x}{1}\right) : \left(\frac{62.8}{35.5}\right)$$

$$= \quad n \quad : 2n : \quad 2$$

求$x = 5.3$ g (假設重量為100g)

3.代入上式 $n_C : n_H : n_{Cl} = 3 : 6$

∴ empirical formular = molecular formular $C_3H_6O_2$

16. 當3.2克的TiO_2 (Ti：48, O：16)在氫氣中受熱失去部分氧形成另一種氧化物，同時質量減少0.32克。此氧化物的化學式可能為_________。

(A) TiO (B) Ti_2O_3 (C) Ti_2O_5 (D) Ti_2O

《103義守-16》Ans：B

17. 已知：$Br_2(l) + F_2(g) \rightarrow 2\ BrF(g)$ $\Delta H° = -188$ kJ

$Br_2(l) + 3\ F_2(g) \rightarrow 2\ BrF_3(g)$ $\Delta H° = -768$ kJ

則下式反應：$BrF(g) + F_2(g) \rightarrow BrF_3(g)$的反應熱應為________。

(A) −956 kJ (B) −580 kJ (C) −478 kJ (D) −290 kJ

《103義守-17》Ans：D

18. 在BF_3NH_3分子中，硼原子及氮原子的形式電荷(formal charge)分別是______。

```
   F   H
   |   |
F—B—N—H
   |   |
   F   H
```

(A) −1 & +1 (B) −1 & 0 (C) +1 & −1 (D) 0 & 0

《103義守-18》Ans：A

19. 下列各反應平衡系中若減少容器體積，何者的產物會跟隨減少？

(A) $CaCO_{3(s)} \rightleftharpoons CaO_{(s)} + CO_{2(g)}$

(B) $HCl_{(g)} + H_2O_{(l)} \rightleftharpoons H_3O^+_{(aq)} + Cl^-_{(aq)}$

(C) $2\ SO_{2(g)} + O_{2(g)} \rightleftharpoons 2\ SO_{3(g)}$

(D) $SO_{2(g)} + NO_{2(g)} \rightleftharpoons SO_{3(g)} + NO_{(g)}$

《103義守-19》Ans：A

20. $\_\_ClO_3^- + \_\_I^- + \_\_H^+ \rightarrow \_\_Cl^- + \_\_I_2 + \_\_H_2O$

若以最小的整數完成上述反應的平衡後，則氫離子與碘分子(H^+ / I_2)的係數比是___。

(A) 2/1 (B) 3/1 (C) 6/1 (D) 以上皆非

《103義守-20》Ans：A

21. 在標準狀態下，已知Zn－Ag電池電壓為1.56伏特，Zn－Cu電池電壓為1.10伏特，而且$Ag^+_{(aq)} + e^- \rightarrow Ag_{(s)}$， E°= 0.80伏特，則$Cu^{2+}_{(aq)} + 2e^- \rightarrow Cu_{(s)}$之E°為幾伏特？

(A) 1.06 (B) 0.60 (C) 0.34 (D) 0.23

《103義守-21》Ans：C

22. 某溶液中含0.1 M Ba^{2+}及0.1 M Sr^{2+}，逐滴加入Na_2SO_4水溶液時，當硫酸鍶的沉澱剛形成時，溶液中的鋇離子濃度是_____。 ($BaSO_4$：$K_{sp} = 1.1 \times 10^{-10}$，$SrSO_4$：$K_{sp} = 2.8 \times 10^{-7}$)

(A) 1.1×10^{-9} M (B) 2.8×10^{-6} M (C) 4.0×10^{-5} M (D) 2.0×10^{-4} M

《103義守-22》Ans：C

23. 下列有關羧酸、醚及醇類的敘述，何者是不正確的？

(A) 乙二酸俗稱草酸，分子式為$C_2H_2O_4$

(B) 丙三醇俗稱甘油，分子式為$C_3H_8O_3$

(C) 乙二酸的熔點高於乙酸的熔點

(D) 甲醚中氧原子的兩側均為甲基，因此甲醚不具極性

《103義守-23》Ans：D

說明：

(A) 乙二酸(oxalic acid) ⇒ O OH HO O

(B) 丙三醇(glycerol) ⇒ $HOCH_2CHCH_2OH$ (OH)

(C) 分子間作用力 ⇒ oxalic acid ＞ glycerol

(D) CH_3–O–CH_3 (甲醚) ⇒
1. sp^3混成軌域
2. 彎曲角形
3. 極性分子化合物

24. 常壓下，物質沸點的高低，可由粒子間作用力的大小來判斷。請問下列物質沸點高低的比較，何者是不正確的？

(A) 氬的沸點高於氦 (B) 乙酸的沸點高於乙醇

(C) 氨的沸點高於甲烷 (D) 新戊烷(neopentane)的沸點高於正戊烷

《103義守-24》Ans：D

說明：

(A) B.p：Ar ＞ He (原子量 ⇒ London dispersion force)

(B) B.p：CH_3COOH ＞ CH_3CH_2OH (⇒ 氫鍵作用力)

(C) B.p：NH_3 ＞ CH_4 (⇒ 氫鍵作用力)

(D) B.p：正戊烷 > 異戊烷 > 新戊烷 (⇒ London dispersion force)

25. 化合物A含有40.00%碳，6.67%氫及53.33%氧。A之實驗式為＿＿＿＿＿。

(A) $C_1H_1O_1$　(B) $C_1H_2O_1$　(C) $C_1H_2O_2$　(D) $C_2H_1O_1$

《103義守-25》Ans：B

26. 下列那一個分子具有最小的莫耳氫化反應熱(the smallest molar heat of hydrogenation)？

(A) 2,3-dimethyl-2-butene　(B) 2-methyl-2-butene

(C) trans-2-butene　(D) cis-2-butene

《103義守-26》Ans：A

說明：

1.莫耳氫化反應熱(the molar heat of hydrogenation)愈小者；相對穩定性愈高

2. Ans:

> > > (stability)

27. 濃度均為0.1 M的下列四種物質的水溶液：

I. HCOONa　II. NH_3　III. NaCl　IV. HCOOH。

試問其pH值由低至高的排列順序，下列哪一選項正確？

(A) I、II、III、IV　(B) IV、II、III、I

(C) II、I、III、IV　(D) IV、III、I、II

《103義守-27》Ans：D

說明：

I. $[HCOONa]_0 = 0.1\ M = C_0$　代入　$pOH = \frac{1}{2}[pK_h - \log C_0] = 5.6$　$\therefore pH = 8.4$

II. $[NH_3]_0 = 0.1M = C_0$　代入　$pOH = \frac{1}{2}[pK_b - \log C_0] = 2.9$　$\therefore pH = 11.1$

III. $[NaCl]_0 = [Na^+]_0 = [Cl^-]_0 = 0.1\ M$，呈中性(pH = 7)

IV. $[HCOOH]_0 = 0.1\ M = C_0$　代入　$pH = \frac{1}{2}[pK_a - \log C_0] = 2.4$

∴ pH值：IV ＜ III ＜ I ＜ II

28. 下列化合物有幾個sp^2混成碳原子(sp^2 hybridized carbon atom)？

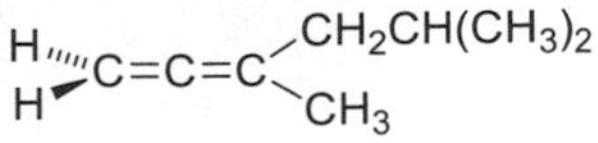

$H_2C{=}C{=}C(CH_3)CH_2CH(CH_3)_2$

(A) 1　　(B) 2　　(C) 3　　(D) 4

《103義守-28》Ans：B

說明：

1. hybridization
2. Ans:

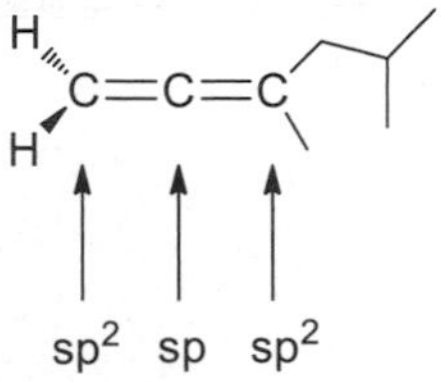

C=C=C: sp^2　sp　sp^2

29. 當下列化合物呈現最小分子偶極矩(molecular dipole moment)的構形時，兩個甲基的二面角(dihedral angle)應為幾度？

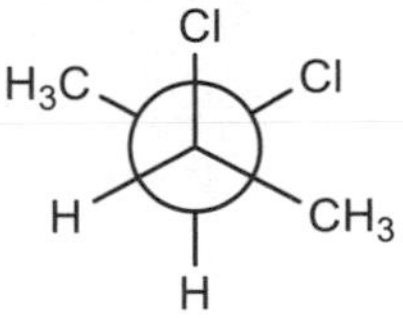

(Newman projection: front Cl, H_3C, H; back Cl, CH_3, H)

(A) 0°　　(B) 30°　　(C) 60°　　(D) 120°

《103義守-29》Ans：C

說明：

1.偶極矩(molecular dipole moment)與構形異構物
2. Ans:

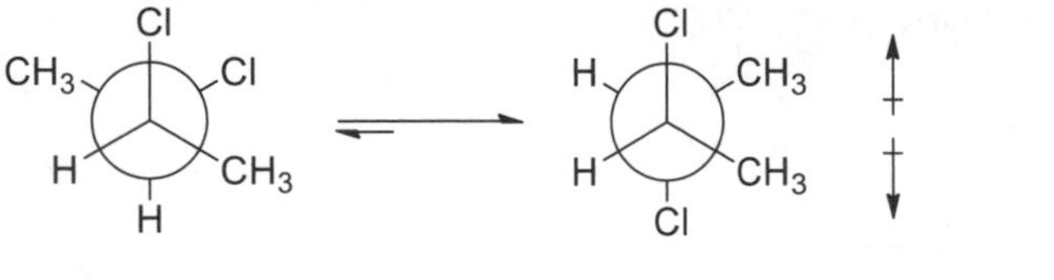

ϕ = 180° ⇌ ϕ = 60°　u≅0 Debye

30. 在自由基氯化反應的起始步驟(the initiation step of a free radical chlorination reaction)， 下列那一種描述是正確的？

(A) $\Delta H° > 0$ and $\Delta S° > 0$　　(B) $\Delta H° > 0$ and $\Delta S° < 0$

(C) $\Delta H° < 0$ and $\Delta S° > 0$　　(D) $\Delta H° < 0$ and $\Delta S° < 0$

《103義守-30》Ans：A

說明：

1. the initiation step of a free radical chlorination

$$Cl-Cl \longrightarrow 2\ Cl\cdot$$

∴ $\Delta H° > 0$ (鍵結斷裂作功，吸收熱量)

$\Delta S° > 0$ (趨向最大亂度)

2. $\Delta G° = \Delta H° - T \times \Delta S°$ (相對高溫時)

(−) (+) (↑) (+)

3. Ans: 所以自由基取代反應條件為高溫(T＞300°C)

31. 下列分子應有幾個立體異構物(stereoisomers)？

(A) 6 (B) 12 (C) 32 (D) 64

《103義守-31》Ans：D

說明：

1. stereoisomers-----optical isomer(s)

2. Ans:

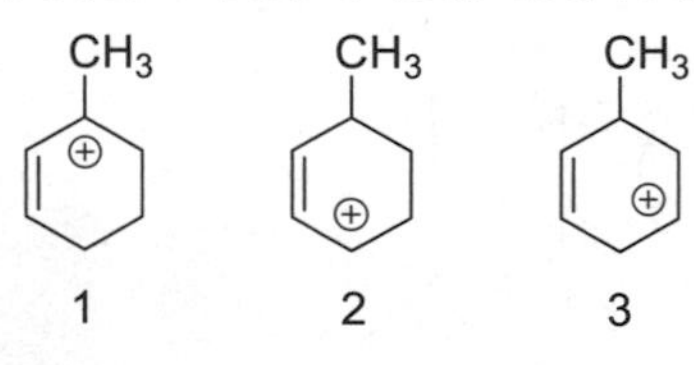

∴ $2^6 = 64$ stereomers

32. 下列那一個離子較易進行結構重排(structural rearrangement)？

(A) 1 (B) 3 (C) 1, 2, & 3 (D) 2 & 3

《103義守-32》Ans：B

說明：

1.重排反應之原則：陽離子之相對穩定性

2. Ans:

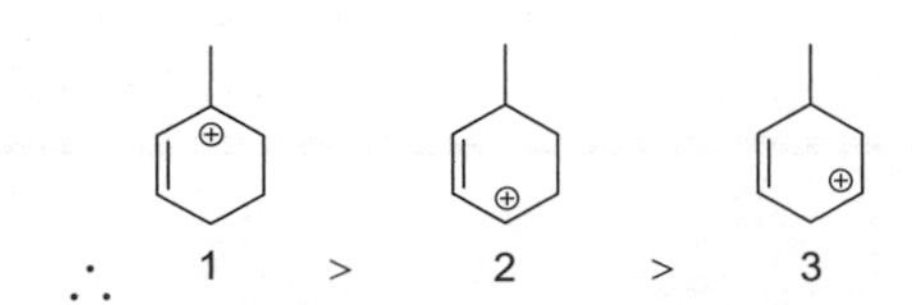

33. 下列反應的主要產物是＿＿＿＿＿＿。

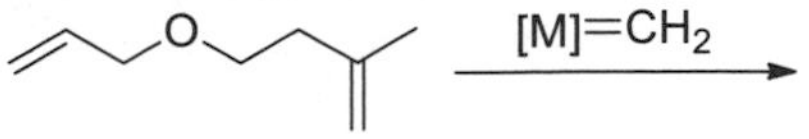

[M]=CH_2

(A) 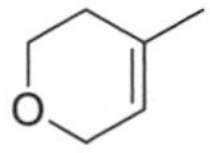 (B) 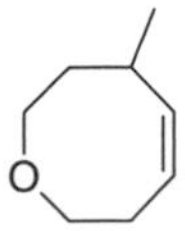 (C) 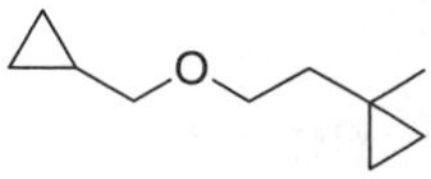 (D)

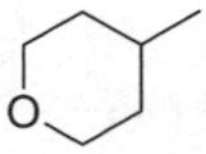

《103義守-33》Ans：A

說明：

e.g.1 (Grubbs' catalyst:)

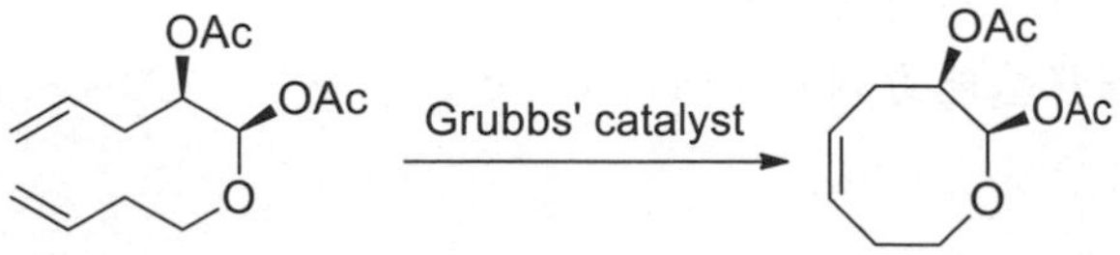

OAc OAc Grubbs' catalyst OAc OAc

《說明》Grubbs' catalyst:

PR_3 H Cl Ru R Cl PR_3

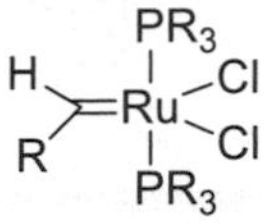

※Grubbs' catalyst

Ex.1 Metathesis reactions have been known for many years, and one of examples is given as follow.

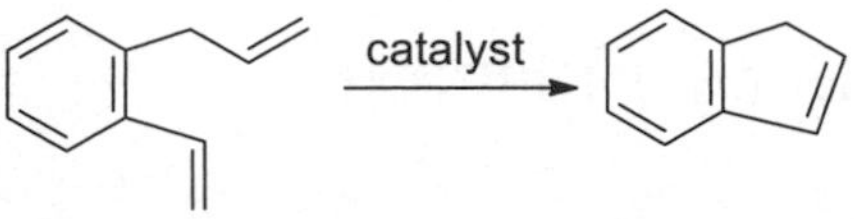

catalyst

What catalyst is commonly used in running the metathesis reactions?

(A) Lindlar catalyst (B) Raney nickel (C) Grubbs' catalyst

(D) $Pd(OH)_2/C$ (E) None of above

《93 西》Ans : (C)

34. 當1-庚炔(1-heptyne)與2當量的HBr反應，其主產物是＿＿＿＿＿。

(A) 2,3-dibromo-1-heptene (B) 2,3-dibromo-2-heptene

(C) 1,2-dibromoheptane (D) 2,2-dibromoheptane

《103義守-34》Ans：D

說明：

1. Cationic mechanism-----Markovnikov's rule
2. Ans:

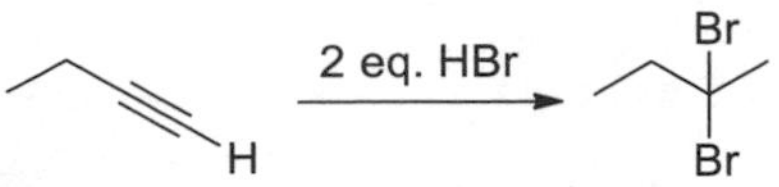

H 2 eq. HBr Br Br

35. 下列反應的主要產物是＿＿＿＿＿＿。

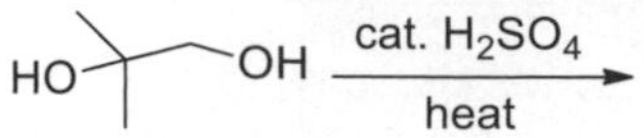

HO, OH, cat. H_2SO_4, heat

(A) 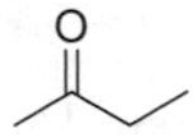 O (B) 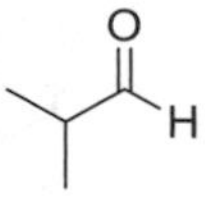 O, H (C) 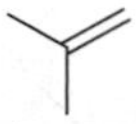 (D)

《103義守-35》Ans：B

說明：

1. Pinacol-Pinacolone重排反應之原則：
   Step 1. 選取相對穩定之中間體陽離子：3° ＞ 2° ＞ 1° ＞ $-CH_3$
   Step 2. 轉移基能力判定：$-H$ ＞ $-pH$ ＞ 3° ＞ 2° ＞ 1° ＞ $-CH_3$
2. Ans:

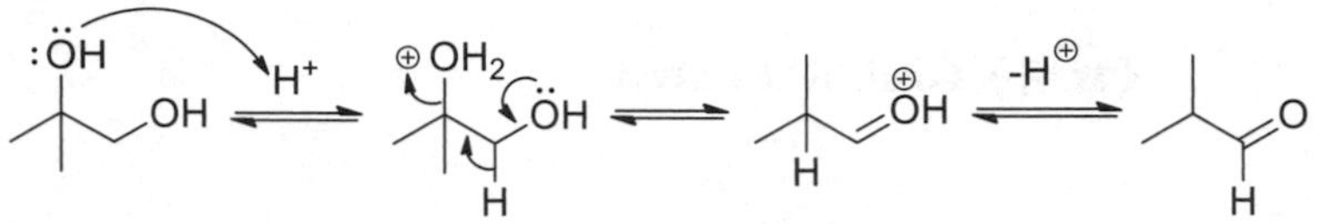

:ÖH, OH, H^+, ⊕OH_2, ÖH, H, ⊕OH, H, $-H^{\oplus}$, O, H

36. 完成下列反應的最佳反應步驟是＿＿＿＿＿＿＿。

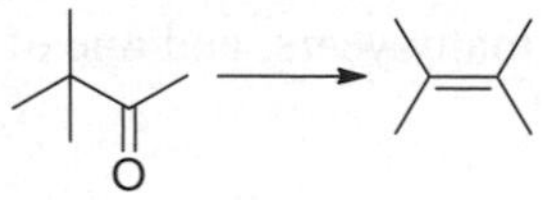

O

(A) 1. $KMnO_4$ (*aq*) 2. $Hg(OAc)_2$ (*aq*) 3. $NaBH_4/OH^-$
(B) 1. $NaBH_4$ 2. H_3PO_4/Δ
(C) 1. H_3C-MgBr 2. H_2O/H_3O^+
(D) 1. $NaBH_4$ 2. HBr (*g*) 3. Mg/ether 4. H_2O/H_3O^+

《103義守-36》Ans：B

說明：

1. Synthesis-----neopentyl rearrangement
2. Ans:

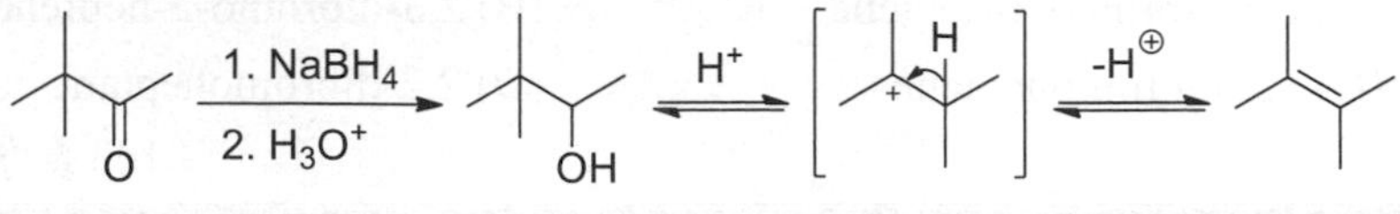

O, 1. $NaBH_4$, 2. H_3O^+, OH, H^+, H, +, $-H^{\oplus}$

37. 一個含有n個原子的非直線狀分子(nonlinear molecule)，通常有______種基本振動方式(fundamental vibrational mode)。

(A) 3n　　(B) 3n – 3　　(C) 3n-5　　(D) 3n – 6

《103義守-37》Ans：D

說明：

1.紅外線光譜原理來自於官能基鍵結間之振動

2. Vibrational models：(n代表原子數目)

⇒ linear molecular：3n-5

⇒ non-linear molecule：3n-6

3. Ans:

Ex. H_2O ⇒ $3n-6 = (3 \times 3) - 6 = 3$ fundamental vibrational modes

38. 下列那一個分子的紅外線光譜除了C=O的吸收外，還會有2700 cm^{-1}及 2800 cm^{-1}的吸收信號？

(A) $(CH_3CH_2)_2CO$　　(B) $CH_3CH_2CH_2CHO$

(C) $CH_3CH_2CO_2CH_3$　　(D) $CH_3CH_2CH_2CO_2H$

《103義守-38》Ans：B

說明：

1.紅外線光譜中，醛基之IR absorption frequency有：

ν_{max} (C = O)　1725 cm^{-1}

ν_{max} (C－H)　2820 cm^{-1}, 2720 cm^{-1} (overtone)

2. Ans:

$CH_3CH_2CH_2CHO$

39. 下列分子的^{1}H NMR 光譜數據是_________。

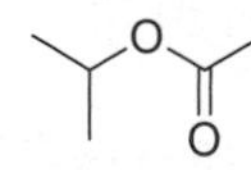

(A) 3.8 (1H, septet), 2.1 (3H, s), 1.0 (6H, d)

(B) 3.8 (1H, septet), 3.3 (3H, s), 1.0 (6H, d)

(C) 3.3 (3H, s), 2.6 (3H, septet), 1.0 (6H, d)

(D) 2.6 (1H, septet), 2.1 (3H, s), 1.0 (6H, d)

《103義守-39》Ans：A

說明：

$CH_3-C(=O)-CH(CH_3)_2$

δ 2.1 ppm　3.8 ppm　1.0 ppm

40. 在HCl的催化下，2,2-dimethyloxirane與乙醇反應可得＿＿＿＿＿。

(A) 2-ethoxy-2-methyl-1-propanol　　(B) 1-ethoxy-2-methyl-2-propanol

(C) 2-ethoxy-1-butanol　　(D) 1-ethoxy-2-butanol

《103義守-40》Ans：A

說明：

1. Epoxide opening rule-----acid-catalystic condition(electronic effect)
2. Ans:

O: H⁺ ⇌ ⊕OH ⇌ HO⁀ → OH, O⁀

41. 針對下列分子的UV吸收值(UV λ_{max} absorption value)由小至大排序。

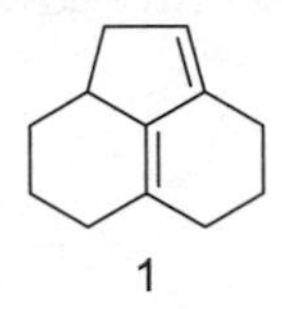
1

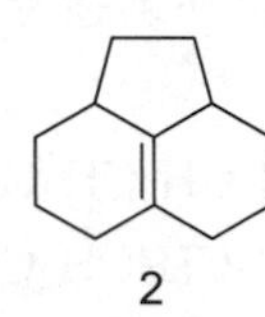
2

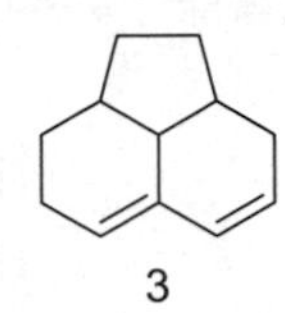
3

(A) 1 < 2 < 3　　(B) 2 < 1 < 3　　(C) 2 < 3 < 1　　(D) 3 < 2 < 1

《103義守-41》Ans：C

說明：

1. UV-vis spectrum : conjugation (↑), λ_{max}(↑)[red shift]
2. coplanarity (↑), conjugation (↑)

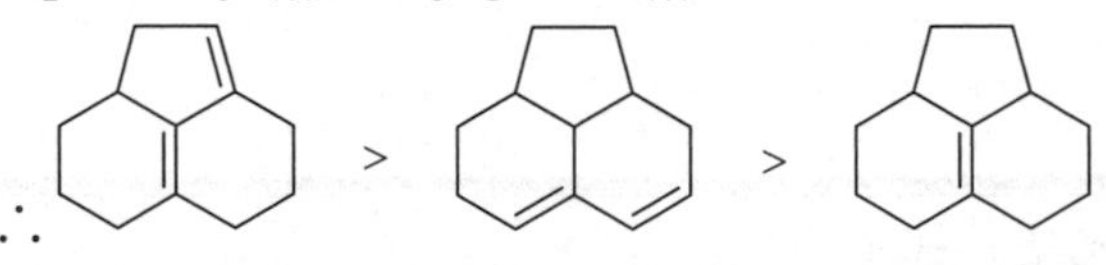

3. 比較：the thermodynamic stability of cycloalkenes

※環烯系列衍生物：(烯類化合物之氫化熱(ΔH_h^o, Kcal/mol.)：相對穩定性)

CH_3 > CH_3 > CH_2 > CH_2

(−23.0)　**(−25.4)**　**(−26.9)**　**(−27.8)**　(Kcal/mole)

42. 下列那一個分子是芳香性化合物(aromatic compound)？

(A) 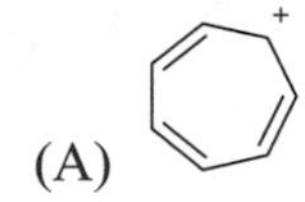　　(B)　　(C)　　(D)

《103義守-42》Ans：A

說明：

1. Huckel's rule：
2. Ans:

(A) ($6\pi e^-$) ⇒ Aromatic

(B) (π node) ⇒ not Aromate

(C) ($8\pi e^-$) ⇒ Anti-Aromatic

(D) ($8\pi e^-$) ⇒ Anti-Aromatic

43. 下列分子具有3個芳香環，請依他們進行親電子芳香類取代反應(electrophilic aromatic substitution reaction)的反應性，由慢至快，排序。

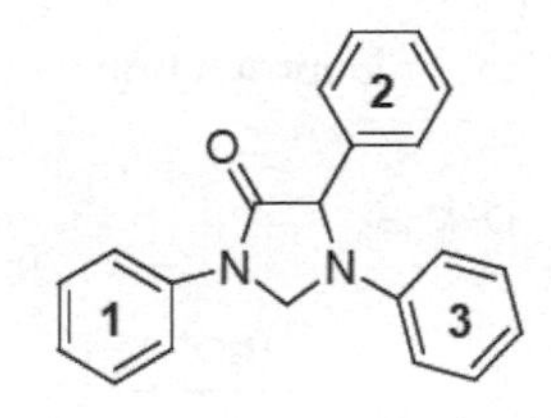

(A) 2 < 3 < 1　　(B) 3 < 2 < 1　　(C) 3 < 1 < 2　　(D) 2 < 1 < 3

《103義守-43》Ans：D

說明：

1. The reactivity of S_EAr
2. Ans:

R–N(R')–Ph > R–N(C(=O)R')–Ph > R–Ph

44. 下列化合物是那一種物質的分子結構？

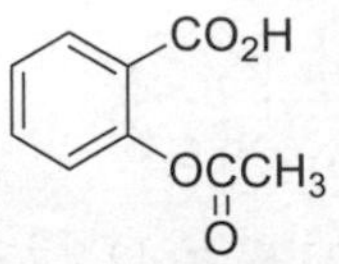

(A) 阿司匹靈　(B) 尼古丁　(C) 安非他命　(D) 乳酸

《103義守-44》Ans：A

說明：

(Common name：aspirin、acetyl salicylic acid、acetoxybenzoic acid)

45. 選出下列反應之主要產物。

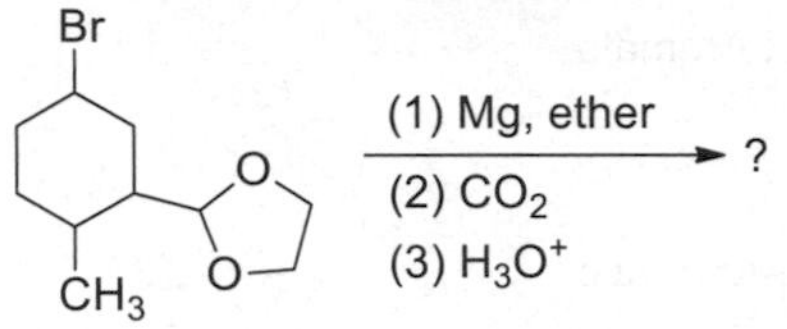

(1) Mg, ether
(2) CO_2
(3) H_3O^+

(A) 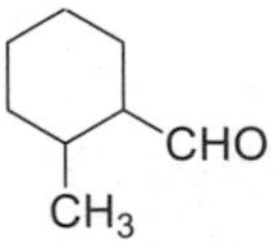　(B) 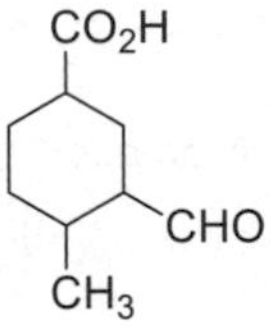　(C) 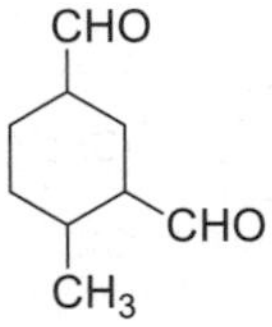　(D)

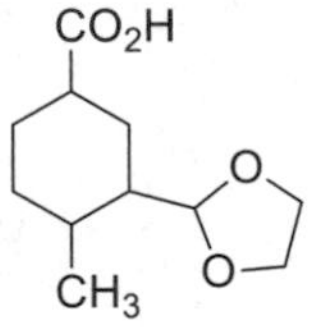

《103義守-45》Ans：B

說明：

1. Protection ⇒ Reaction(Carboxylation) ⇒ Deprotection
2. Ans:

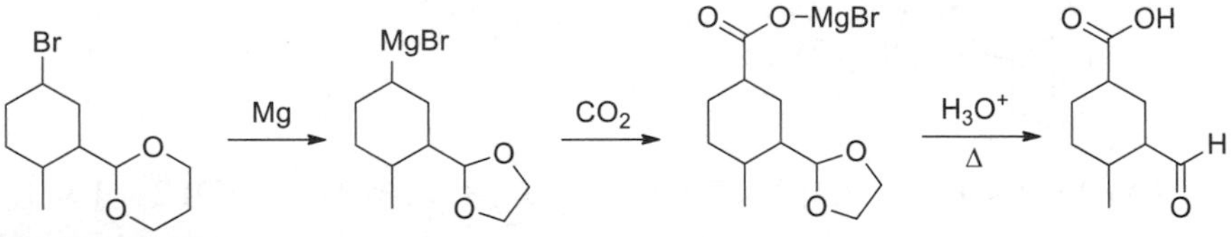

Mg　CO_2　H_3O^+ / Δ

46. 最適合作為自由基聚合反應的引發劑(initiator)的化合物是__________。

(A) PhOH　(B) $(PhCO_2)_2$　(C) $CH_3CH(OCH_3)_2$　(D) BF_3

《103義守-46》Ans：B

說明：

1.自由基聚合反應的引發劑(initiator)
2.起始劑：PhC(=O)OOC(=O)Ph, $^tBuOO^tBu$, AIBN...etc

47. 選出下列反應之主要產物。

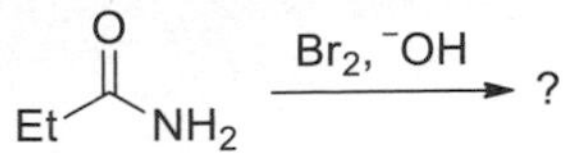

Et(C=O)NH₂ $\xrightarrow{Br_2,\ ^{-}OH}$?

(A) 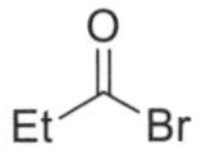 Et(C=O)Br (B) $CH_3CH(Br)C(=O)NH_2$ (C) Et(C=O)NBr_2 (D) $EtNH_2$

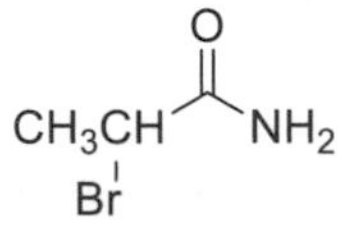

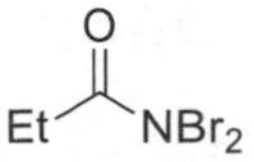

《103義守-47》Ans：D

說明：

1. Hofmann rearrangement
2. Ans:

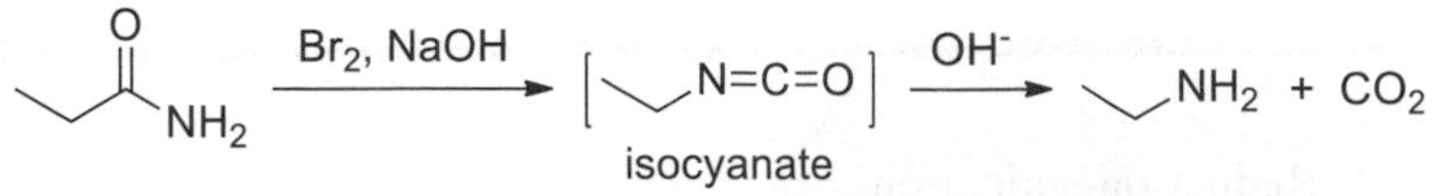

$CH_3CH_2C(=O)NH_2 \xrightarrow{Br_2,\ NaOH} [CH_3CH_2N=C=O]$ (isocyanate) $\xrightarrow{OH^-} CH_3CH_2NH_2 + CO_2$

48. 選出下列反應之主要產物。

$CH_3CH_2C(=O)CH_2C(=O)OEt$ + 2-cyclohexenone $\xrightarrow[(2)\ H_3O^+,\ heat]{(1)\ NaOEt}$?

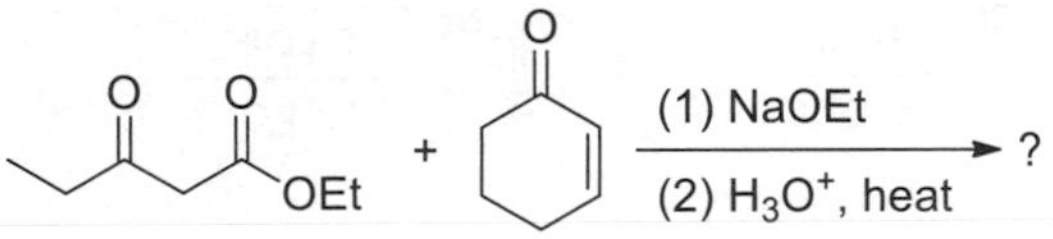

(A) 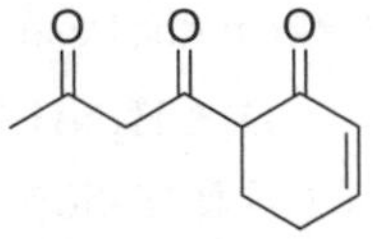 (B) 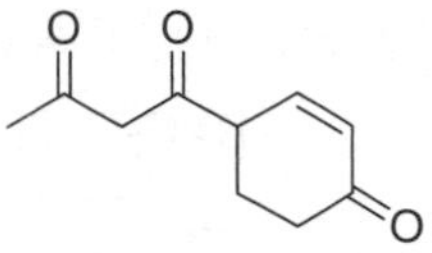 (C) 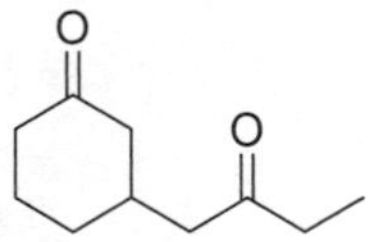 (D)

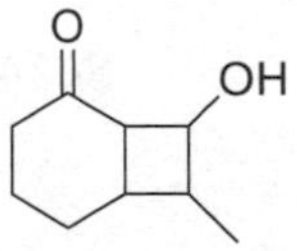

《103 義守-48》Ans：C

說明：

1. Michael Addition followed by hydrolysis, and then Decarboxylation
2. Ans:

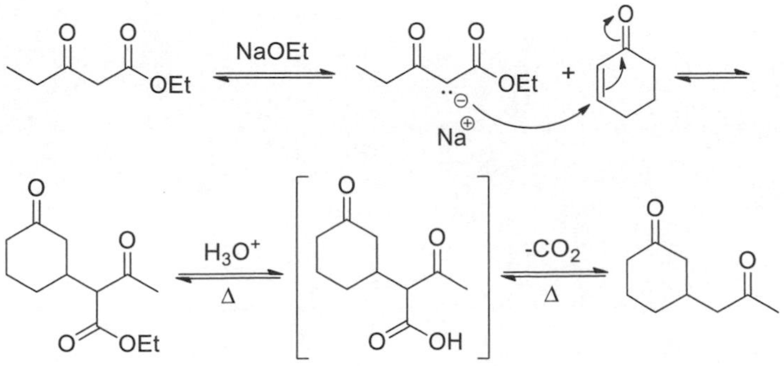

$CH_3CH_2C(=O)CH_2C(=O)OEt \overset{NaOEt}{\rightleftharpoons} CH_3CH_2C(=O)\overset{\ominus}{C}HC(=O)OEt\ Na^{\oplus}$ + 2-cyclohexenone $\rightleftharpoons$

3-oxocyclohexyl–CH(COOEt)C(=O)R $\underset{\Delta}{\overset{H_3O^+}{\rightleftharpoons}}$ [3-oxocyclohexyl–CH(COOH)C(=O)R] $\underset{\Delta}{\overset{-CO_2}{\rightleftharpoons}}$ 3-oxocyclohexyl–$CH_2C(=O)R$

49. 選出下列反應之主要產物。

(Cyclohexyl)CH_2CO_2H $\xrightarrow{\text{(1) } SOCl_2 \text{ (2) } CH_3NH_2 \text{ / ptridine (3) } LiAlH_4\text{, ether (4) } H_3O^+}$?

(A) (Cyclohexyl)$CH_2C(=O)NHCH_3$　　(B) (Cyclohexyl)CH_2CH_2OH

(C) (Cyclohexyl)CH_2CH_2Cl　　(D) (Cyclohexyl)$CH_2CH_2NHCH_3$

《103義守-49》Ans：D

說明：

1. Reduction-amination
2. Ans:

(Cyclohexyl)CH_2COOH $\xrightarrow{SOCl_2}$ (Cyclohexyl)CH_2COCl $\xrightarrow[\text{pyridine}]{CH_3NH_2}$ (Cyclohexyl)$CH_2C(=O)NHCH_3$ $\xrightarrow[\text{2. } H_3O^+]{\text{1. } LiAlH_4}$ (Cyclohexyl)$CH_2CH_2NHCH_3$

50. 羧酸(carboxylic acid)可用下列那一種試劑直接轉化成甲酯(methyl ester)？

(A) DMSO　(B) $C_2O_2Cl_2$　(C) CH_2N_2　(D) CH_3NH_2

《103義守-50》Ans：C

說明：

1. methylation　⇒　S_N2Al reaction
2. Ans:

$$\text{(Ar)R}-\text{C}(=\text{O})\text{OH} \xrightarrow{CH_2N_2} \text{(Ar)R}-\text{C}(=\text{O})\text{O}^- + CH_3-\overset{\oplus}{N_2} \longrightarrow \text{(Ar)R}-\text{C}(=\text{O})\text{OCH}_3$$

中國醫藥大學 102 學年度學士後中醫化學試題暨詳解

化學 試題 **有機：林智老師解析**

01. 下列何者不是兩性化合物(amphiprotic compound)？
(A) NH_2CH_2COOH (B) NH_3 (C) NaH_2PO_4
(D) Na_2HPO_4 (E) H_2O

《102 中國-01》Ans：送分

02. 過渡金屬(transition metal)離子溶在水中，通常具有顏色，下列敘述何者錯誤？
(A) 過渡金屬離子吸收可見光
(B) d 軌域能量會分裂
(C) 過渡金屬離子放出可見光
(D) 綠色溶液會吸收紅色的光
(E) 過渡金屬離子會和水形成配位化合物

《102 中國-02》Ans：C

03. 咖啡因(caffeine)約含有 49.48% C、5.15% H、28.87% N 及 16.49% O，若咖啡因的莫耳質量(molar mass)為 194.2 g/mol，請問咖啡因的分子式為何？
(C：12.01 g/mol、H：1.008 g/mol、 N：14.01 g/mol、O：16.00 g/mol)
(A) $C_4H_5N_2O$ (B) $C_8H_{10}N_4O_2$ (C) C_6H_4NO
(D) $C_{12}H_{15}N_6O_3$ (E) $C_2H_5N_2O$

《102 中國-03》Ans: (B)

04. CH_3COOH 及 HF 皆為弱酸，但 HF 酸的強度比 CH_3COOH 強，HCl 為強酸。下列鹼強度的順序何者正確？
(A) $CH_3COO^- > F^- > Cl^- > H_2O$
(B) $CH_3COO^- > F^- > H_2O > Cl^-$
(C) $Cl^- > F^- > CH_3COO^- > H_2O$
(D) $F^- > CH_3COO^- > H_2O > Cl^-$
(E) $CH_3COO^- = F^- = H_2O > Cl^-$

《102 中國-04》Ans：B

05. 下列反應在酸性條件下進行：

$$Cr_2O_7^{2-} + C_2H_5OH \rightarrow Cr^{3+} + CO_2$$

當方程式平衡後，水會在方程式的左邊或右邊？水的係數為何？

(A) 右邊，14　(B) 左邊，11　(C) 左邊，15
(D) 右邊，11　(E) 右邊，15

《102 中國-05》Ans：D

06. 有一天天氣很冷，室外溫度為 7°C，有一個人體溫為 37°C，肺部容量為 2 L，請問需吸入多少公升(L)的空氣，才能讓肺部充滿空氣？

(A) 0.38 L　(B) 1.80 L　(C) 2.21 L　(D) 4.42 L　(E) 10.57 L

《102 中國-06》Ans：B

07. 酒精燃燒的反應方程式如下：

$C_2H_5OH_{(l)} + 3O_{2(g)} \rightarrow 2CO_{2(g)} + 3H_2O_{(l)}$，$\Delta H = -1.37 \times 10^3$ kJ，

下列敘述何者正確？

① 此反應為放熱反應
② 假如產物為 $H_2O_{(g)}$，ΔH 將不等於 -1.37×10^3 kJ
③ 此反應不是氧化還原反應
④ 產物的體積比反應物的體積大

(A) ①②　(B) ①②③　(C) ①③④　(D) ③④　(E) ①

《102 中國-07》Ans：A

08. 下列何者不是分子與分子間的作用力？

(A) 氫鍵　(B) 極性共價鍵　(C) 凡得瓦力
(D) 偶極-偶極力　(E) 靜電吸引力

《102 中國-08》Ans：B

09. 在 25°C 時，將 50 mL 濃度為 x M 的鹽酸溶液(HCl，密度為 1 g/mL)和 50 mL 濃度為 2 M 的氫氧化鈉溶液(NaOH，密度為 1 g/mL)混合於卡計(calorimeter)中，造成水的溫度上升至 32°C，水的比熱(specific heat capacity)為 4.2 J/°C · g，請問鹽酸溶液的濃度為何？

($H^+_{(aq)} + OH^-_{(aq)} \rightarrow H_2O_{(l)}$　$\Delta H = -58$ kJ/mol)

(A) 5 M　(B) 2 M　(C) 1 M　(D) 0.2 M　(E) 0.1 M

《102 中國-09》Ans：C

10. 以 0.10 M 鹽酸溶液滴定 100 mL 的混合溶液，此混合溶液含有碳酸鈉(Na_2CO_3)及碳酸氫鈉($NaHCO_3$)，請問滴定曲線應該為下列哪一個？

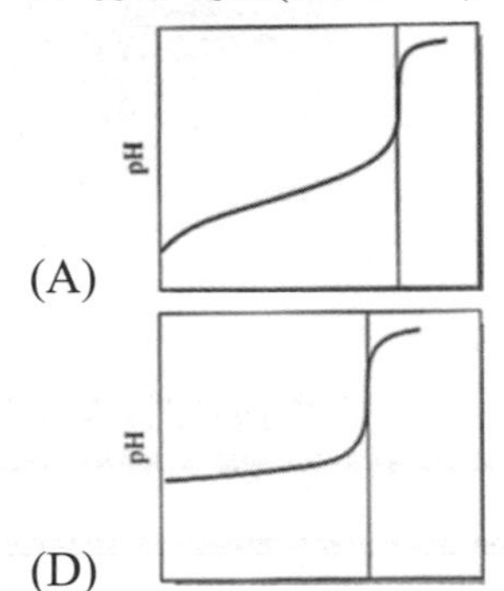

(A)

(D)

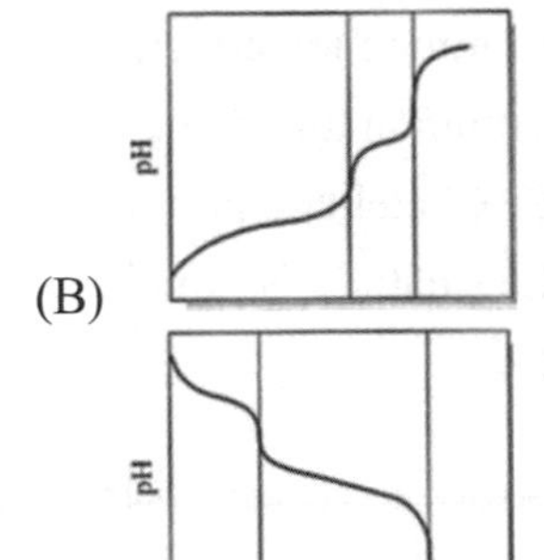

(B)

(E)

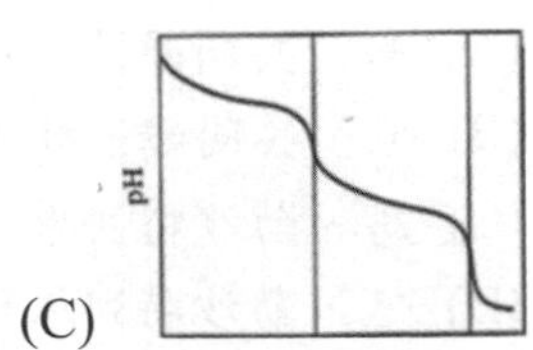

(C)

《102 中國-10》Ans：E

11. 若石墨的燃燒熱(combustion enthalpy)為 $\Delta H = -394$ kJ/mol，鑽石的燃燒熱為 $\Delta H = -396$ kJ/mol。請計算若要將 1 莫耳的石墨轉成鑽石(Cgraphite(*s*) → Cdiamond(*s*))，此反應為吸熱或放熱反應？所需熱量為何？

(A) 放熱，790 kJ　(B) 吸熱，790 kJ　(C) 放熱，2 KJ

(D) 吸熱，2 kJ　(E) 吸熱，無限多能量

《102 中國-11》Ans：D

12. 數種化合物的溶解度積常數如下：

CuI　$K_{sp} = 1\times10^{-12}$

AgI　$K_{sp} = 8.3\times10^{-17}$

PbI_2　$K_{sp} = 7.1\times10^{-9}$

請問在 0.1 M NaI 溶液中，此三種化合物的溶解度大小順序為何？

(A) PbI_2 > AgI > CuI　(B) CuI > AgI > PbI_2

(C) AgI > CuI > PbI_2　(D) AgI > PbI_2 > CuI

(E) PbI_2 > CuI > AgI

《102 中國-12》Ans：E

13. 繼上題，CuI 在 0.1 M 的 NaI 溶液中的溶解度會比在 0.1 M NaCl 溶液的溶解度高或低？這是什麼原因？

(A) 高，共同離子效應(Common ion effect)

(B) 低，共同離子效應(Common ion effect)

(C) 高，勒沙特列原理(Le Châtelier's principle)

(D) 低，勒沙特列原理(Le Châtelier's principle)

(E) 一樣，溶解度積常數

《102 中國-13》Ans：B

14. 下列何者是碳烯(carbene)的結構？

(A) R_3C^+　(B) $R:^-$　(C) $R_2C:$　(D) R_3C^-　(E) $R\cdot$

《102 中國-14》Ans：C

說明：

1.碳烯(Carbene) ⇒ R_2C:為缺電子中間體(定義)

2. Ans:(C)

(a) Singlet Carbene　:CH₂ (角形)

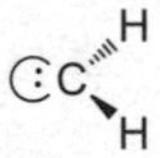

(b) Triplet Carbene　H–Ċ–H (直線形)

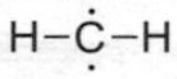

3. Ans:(A) sp^2 ⇒ 平面三角形

Ans:(B) sp^3 ⇒ 三角錐形

Ans:(D) sp^3 ⇒ 三角錐形

Ans:(E) sp^2 ⇒ 平面三角形

15. 有一溶液含有 2 個緩衝溶液系統：

$H_2CO_3 \rightleftharpoons HCO_3^- + H^+$ pKa = 6.4

$H_2PO_4^- \rightleftharpoons HPO_4^{2-} + H^+$ pKa = 7.2

當溶液 pH 值為 6.4 時，下列敘述何者正確？

(A) $[H_2CO_3] > [HCO_3^-]$ 且 $[H_2PO_4^-] > [HPO_4^{2-}]$

(B) $[H_2CO_3] = [HCO_3^-]$ 且 $[H_2PO_4^-] > [HPO_4^{2-}]$

(C) $[H_2CO_3] = [HCO_3^-]$ 且 $[HPO_4^{2-}] > [H_2PO_4^-]$

(D) $[HCO_3^-] > [H_2CO_3]$ 且 $[HPO_4^{2-}] > [H_2PO_4^-]$

(E) $[H_2CO_3] > [HCO_3^-]$ 且 $[HPO_4^{2-}] > [H_2PO_4^-]$

《102 中國-15》Ans：B

16. 以高錳酸鉀($KMnO_4$，158 g/mol)溶液滴定 13.4 g 的草酸鈉($Na_2C_2O_4$，134 g/mol)，需要 100 mL 的高錳酸鉀溶液才能到達滴定終點，此反應的方程式如下：

$MnO_4^- + C_2O_4^{2-} + H^+ \rightleftharpoons Mn^{2+} + CO_2 + H_2O$ (未平衡)

請問高錳酸鉀溶液的濃度為何？

(A) 0.001 M (B) 0.4 M (C) 1 M (D) 2.5 M (E) 5 M

《102 中國-16》Ans：B

17. 若將 50 mL 濃度為 0.1 M 的硝酸銀($AgNO_3$)溶液和 100 mL 濃度為 0.1 M 的氯化鈉(NaCl)溶液混合，會產生氯化銀($Ksp=1.82\times10^{-10}$)的沉澱。請問混合後的溶液中，銀離子濃度為何？

(A) 0.2 M (B) 0.05 M (C) 0.0333 M

(D) 5.46×10^{-9} M (E) 1.82×10^{-9} M

《102 中國-17》Ans：D

18. 有一個 32.93 ppm 的 $K_3Fe(CN)_6$ (329.3 g/mol)溶液，若溶液的密度為 1 g/mL，請問溶液中 K^+的莫耳濃度大約為何？

(A) 10^{-4} M (B) 3×10^{-4} M (C) 9×10^{-4} M

(D) 1×10^{-1} M (E) 3×10^{-1} M

《102 中國-18》Ans：B

19. 若 $Cu_{(aq)}^{2+} + 2e^- \rightarrow Cu_{(s)}$　$E° = 0.337\ V$，

$Ag_{(aq)}^{+} + e^- \rightarrow Ag_{(s)}$　$E° = 0.799\ V$，

請計算 $Cu_{(s)} + 2Ag_{(aq)}^{+} \rightleftharpoons Cu_{(aq)}^{2+} + 2Ag_{(s)}$ 的反應平衡常數為何？

(A) log 15.6　(B) $10^{15.6}$　(C) $10^{42.5}$　(D) log 42.5　(E) $10^{1.1}$

《102 中國-19》Ans：B

20. 請問 10 M 的 HNO_3 溶液的 pH 值為何？

(A) −1　(B) 0　(C) 0.1　(D) 1　(E) 2

《102 中國-20》Ans：A

21. 已分別配製 0.2M 的某弱酸(HA，$Ka=10^{-4}$)溶液及其共軛鹼(NaA)溶液，NaA 溶液的濃度為 0.2M，若需配製 1 公升 pH=3 的緩衝溶液，請問需將多少體積的 HA 及 NaA 溶液混合？

(A) 各 500 mL　(B) 909 mL HA，91 mL NaA

(C) 240 mL HA，760 mL NaA　(D) 781 mL HA，219 mL NaA

(E) 70 mL HA，930 mL NaA

《102 中國-21》Ans：B

22. 下列哪些反應會造成系統的熵(entropy)增加？

①
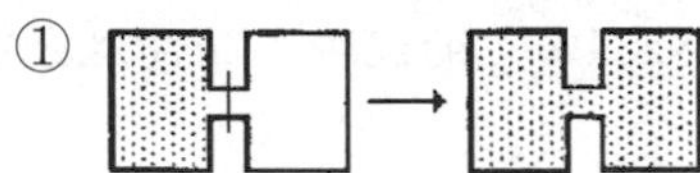

② $Br_{2(g)} \rightarrow Br_{2(l)}$

③ $NaBr_{(s)} \rightarrow Na^{+}_{(aq)} + Br^{-}_{(aq)}$

④ O_2 (298 K) → O_2 (373 K)

⑤ NH_3 (1 atm, 298 K) → NH_3 (3 atm, 298 K)

(A) ①　(B) ②⑤　(C) ①③④　(D) ①②③　(E) ①②⑤

《102 中國-22》Ans：C

23. 下列哪一個實驗證明了原子的質量集中在原子核？

(A) 氫原子放射光譜　(B) 光電效應　(C) α 粒子被金箔散射

(D) 繞射　(E) 陰極射線

《102 中國-23》Ans：C

24. 在特定壓力下將液體氣化(vaporization)，下列敘述何者正確？

(A) 任何溫度下 ΔG 皆為正值

(B) 任何溫度下 ΔG 皆為負值

(C) 低於沸點時 ΔG 為正值，但高於沸點時 ΔG 皆為負值

(D) 低於沸點時 ΔG 為負值，但高於沸點時 ΔG 皆為正值

(E) ΔG 值和溫度無關

《102 中國-24》Ans：C

25. 有一個電池(cell)及標準還原電位(standard reduction potential)如下：

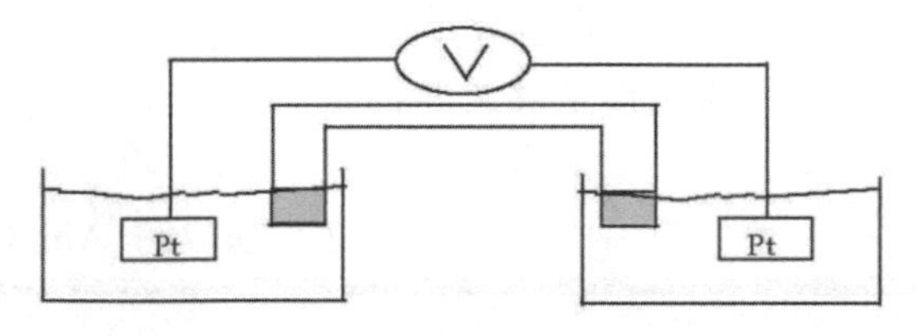

1.0 M MnO_4^-	1.0 M Cr^{3+}
1.0 M Mn^{2+}	1.0 M $Cr_2O_7^{2-}$
1.0 M H^+	1.0 M H^+

$MnO_4^- + 8H^+ + 5e^- \rightarrow Mn^{2+} + 4H_2O$　　$E° = 1.51$ V

$Cr_2O_7^{2-} + 14H^+ + 6e^- \rightarrow 2Cr^{3+} + 7H_2O$　　$E° = 1.33$ V

下列敘述何者錯誤？

(A) 這是一個伏他電池(galvanic cell)

(B) 電子經由外電路由右邊 Pt 電極流至左邊 Pt 電極

(C) 此電池為自發性化學反應

(D) 左邊 Pt 電極為陽極

(E) Cr^{3+}被氧化，MnO_4^-被還原

《102 中國-25》Ans：D

26. 下列敘述何者正確？

①原子自激發態(excited state)回到基態(ground state)會吸收能量

②當原子放出電磁輻射時，原子的能量增加

③電磁輻射的能量和頻率成正比

④氫原子的電子自主量子數 $n=4$ 回到 $n=2$ 時，會放出特定頻率的電磁輻射

⑤電磁輻射的頻率和波長成反比

(A) ②③④　(B) ③⑤　(C) ①②③　(D) ③④⑤　(E) ①②④

《102 中國-26》Ans：D

27. 分子極性大小排列何者正確？

(A) $CH_4 > CF_2Cl_2 > CF_2H_2 > CCl_4 > CCl_2H_2$

(B) $CH_4 > CF_2H_2 > CF_2Cl_2 > CCl_4 > CCl_2H_2$

(C) $CF_2Cl_2 > CF_2H_2 > CCl_2H_2 > CH_4 = CCl_4$

(D) $CF_2H_2 > CCl_2H_2 > CF_2Cl_2 > CH_4 = CCl_4$

(E) $CF_2Cl_2 > CF_2H_2 > CCl_4 > CCl_2H_2 > CH_4$

《102 中國-27》Ans：D

28. 有關 $SiCl_4$ 氣態分子，下列敘述何者正確？

(A) 鍵角全部是 109°　(B) 是極性分子

(C) 分子具有偶極矩　(D) 化學鍵是非極性

(E) 此分子為平面四邊形

《102 中國-28》Ans：A

29. "在 0 K 時完美晶體(perfect crystal)的熵(entropy)等於 0"，此段敘述是

(A) 熱力學第一定律　(B) 熱力學第二定律

(C) 熱力學第三定律　(D) 動力學

(E) 質量不滅定律

《102 中國》Ans: (C)

30. 下列有關燙髮的敘述何者錯誤？

(A) 第一劑為還原劑，造成雙硫鍵(disulfide linkage)斷裂

(B) 第一劑會改變蛋白質的三級結構(tertiary structure)

(C) 第二劑為氧化劑

(D) 加入第二劑會形成新的雙硫鍵

(E) 加入第一劑造成胜肽鍵(peptide linkage)斷裂

《102 中國-30》Ans：E

說明：

1. 第一劑為還原劑：

 造成雙硫鍵(disulfide linkage)斷裂；會改變蛋白質的三級結構(tertiary structure)

2. 第二劑為氧化劑：

 加入第二劑會形成新的雙硫鍵

3. Ans:(E) ⇒ 醯胺官能基之水解反應

31. DEPT(distortionless enhancement of polarization transfer)是下列何種儀器所使用的一種技術？

(A) 紅外線(IR, infrared)光譜儀

(B) 紫外線-可見光(UV-Vis, ultraviolet-visible)光譜儀

(C) 質譜儀(mass spectrometer)

(D) 核磁共振(NMR, nuclear magnetic resonance)光譜儀

(E) 原子力顯微鏡(AFM, atomic force microscopy)

《102 中國-31》Ans：D

說明：

1. DEPT [distortionless enhancement of polarization transfer]係用來鑑定不同級數的碳原子之核磁共振光譜(1°–，2°–，3°–，4°–carbon)，詳細請參考講義。

Summary of DEPT Spectra

	Type of ^{13}C	Protons	Normal ^{13}C NMR	DEPT-90	DEPT-135
quaternary	—C—	0			
methine	—C—H	1			
methylene	—CH$_2$	2			
methyl	—CH$_3$	3			

2. Ex Compound A:

$M^+ = 86$, IR absorption: 3400 cm^{-1},

^{13}C NMR spectral data: Broadband-decoupled

^{13}C NMR: δ30.2, 31.9, 61.8, 114.7, 138.4,

DEPT-90: δ138.4; DEPT-135: δ138.4, negative peaks at δ30.2, 31.9, 61.8, 114.7. What is the structure of compound A?

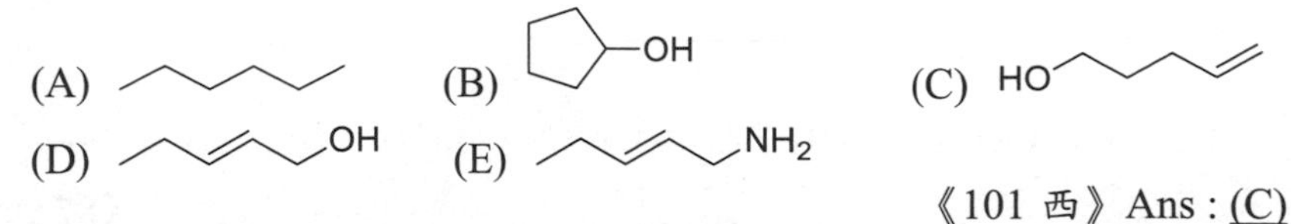

《101 西》Ans : (C)

3. DEPT-90，DEPT-135，^{13}C-NMR 測不到 4°-Carbon

32. 下列化合物中，何者的環張力(ring strain)能量最小？

(A) cyclohexane (B) cyclobutane (C) cyclopentane
(D) cyclooctane (E) cyclopropane

《102 中國-32》Ans：A

說明：

1.環烷類化合物(C_nH_{2n})的莫耳燃燒熱----平均法

取其單位$-CH_2-$的平均莫耳燃燒熱($\Delta H^o_{comb.}$ = -157.4 kcal/mol)為基準。

$$-CH_2- + \frac{3}{2}O_2 \longrightarrow CO_2 + H_2O \quad , \quad \Delta H^{average}_{comb.} = -157.4\ kcal / CH_2$$

代入 $\Delta H^{o\ obs}_{comb.} - n \times \Delta H^{o\ average}_{comb.} = \Delta H^o_{strain}$

※$\Delta H°_{ring\ strain}$ 稱為扭曲能(strain energy)，扭曲能愈大者，表示該環烷類化合物愈不穩定。

2.比較：環烷類化合物(C_nH_{2n})之莫耳燃燒熱(ΔH^o_{comb})

C_nH_{2n} n	$\Delta H^{\neq}_{comb.}$	$\Delta H^o_{comb.} - n \times 157.4^*$	$\Delta H^o_{comb.}$※ (Kcal/mole)
3	499.8	27.6	166.61
4	655.9	26.4	163.96
5	793.5	6.5	158.70
6	944.5	0.0	157.42
7	1108.3	6.3	158.33

ǂ環烷莫耳燃燒熱($\Delta H^o_{comb.}$)單位為 kcal/mol

*直鏈烷類化合物之平均 CH_2 莫耳燃燒值為$\Delta H^o_{average}$ = 157.4 kcal/mol.

※$\Delta H^o_{comb.}$※ = the heat of combustion per CH_2 group(unit: Kcal/mole)

※the heat of the combustion($\Delta H^o_{comb.}$)

Ex.1 Which cycloalkane has the highest heat of combustion per CH_2 group ?

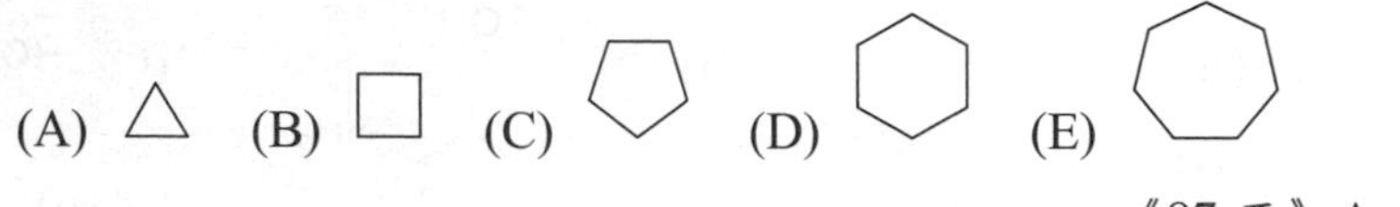

《87 西》Ans : (A)

※Conformation of cycloalkane------Strain energy($\Delta H°_{ring\ strain}$)

Ex.2 In the following alkanes, which one has the lowest strain energy?

(A) cylopropane (B) cyclobutane (C) cyclohexane
(D) cycloheptane (E) cyclooctane

《99 西》Ans : (C)

※Conformation--the stability of cyclohexane derivatives vs ΔH°$_{\text{ring strain}}$

Ex.3 下列化合物中，何者的環張力(ring strain)能量最小？

(A) cyclohexane　　(B) cyclobutane　　(C) cyclopentane

(D) cyclooctane　　(E) cyclopropane

《102 中》Ans : <u>(A)</u>

33. Codiene 的結構如下，請問其具有幾個掌性中心(chiral center)？

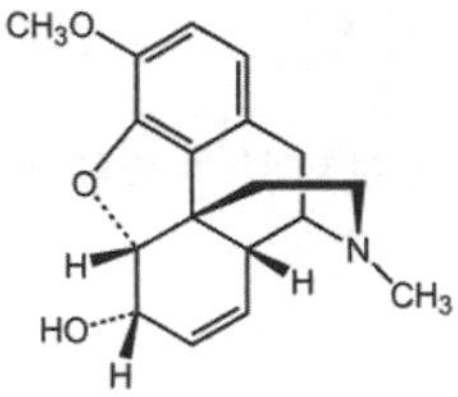

(A) 3 個　　(B) 4 個　　(C) 5 個　　(D) 6 個　　(E) 7 個

《102 中國-33》Ans：C

說明：

1. Ans:

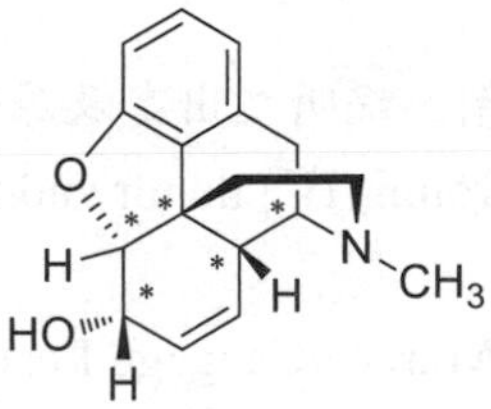

2. <u>5</u>個掌性中心(Chiral centers) ⇒ $2^5 = 32$ stereomers

34. 下列試劑中，有幾個可以做為親核(nucleophile)試劑？

① N_3^-　② HCl　③ CH_3NH_2　④ CH_3MgBr　⑤ C_6H_5OH

(A) 1 個　(B) 2 個　(C) 3 個　(D) 4 個　(E) 5 個

《102 中國-34》Ans：D

說明：

1.⇒決定 Nucleophilicity 之原則有三：

(1)Negative charged atom > Neutral atom

(2)相同親核原子或同一週期之原子親核子，其親核性等於鹼性度。

⇒ CH_3NH^- > CH_3O^-

(3)**極化現象(polaritzation)**：

⇒ phS^- > phO^- ; I^- > Br^- > Cl^- > F^-

2.Ans: (2) ⇒ HCl 為 Lewis acid。

3.親核子(nucleophile)試劑:

(1) N_3^-　(3) CH_3NH_2　(4) CH_3MgBr　(5) C_6H_5OH

釋疑：《102 中國-34》

HCl 不是親核試劑而是親電子(electrophile)試劑，說明之出處及原文如下。What about HCl ? As a strong acid, HCl is a powerful proton (H^+) donor and thus a good electrophile.

※Fundamentals of Organic Chemistry / John McMurry / Cengage Learning; 7 edition (January 1, 2010) Page 96

CHAPTER 3 | Alkenes and Alkynes: The Nature of Organic Reactions

π electrons in alkenes are accessible to external reagents because they are located above and below the plane of the double bond rather than between the nuclei (Figure 3.5). Furthermore, an alkene π bond is much weaker than an alkane σ bond, so an alkene is more reactive. As a result, C=C bonds behave as nucleophiles in much of their chemistry. That is, alkenes typically react by donating an electron pair from the double bond to form a new bond with an electron-poor, electrophilic partner.

What about HCl ? As a strong acid, HCl is a powerful proton (H^+) donor and thus a good electrophile.

35. 下列化合物中，何者在紫外光照射下與氯氣(Cl_2)反應後只會生成一種產物？
(A) 2,2-dimethylpropane (B) 2-methylpropane (C) butane
(D) pentane (E) hexane

《102 中國-35》Ans：A

說明：

1.反應物被抽取之氫原子為“對等原子”(equivalent H-atom)

2. Ans:

Cl_2, hν → Cl

36. 下圖所示結構是哪一種分子或離子？

(A) carbine (B) acetylide anion (C) carbanion
(D) carbocation (E) carboxylate

《102 中國-36》Ans：B

說明：

1. Lewis structure

2. Ans:分子結構式為 $H-C\equiv\overset{\ominus}{C}:$ (Acetylide)

37. 下圖是 4,4-dimethylhex-1-yne 化合物的分子結構，若先在 THF(tetrahydrofuran)溶劑中與 BH_3 反應，再與 H_2O_2 反應後所得的產物為何？

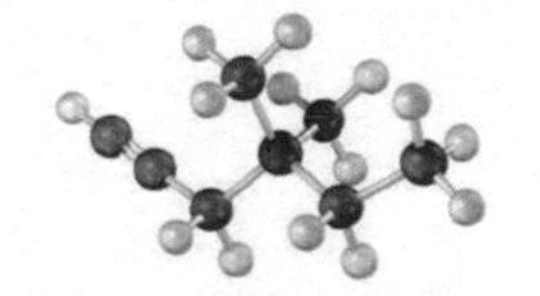

(A) H_3C (O)

(B) 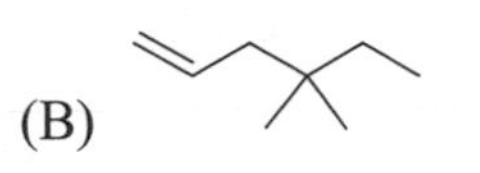

(C) HO

(D) H (O)

(D) HO (O)

《102 中國-37》Ans：D

說明：

1. Lewis structure

2. Ans:(分子結構式)

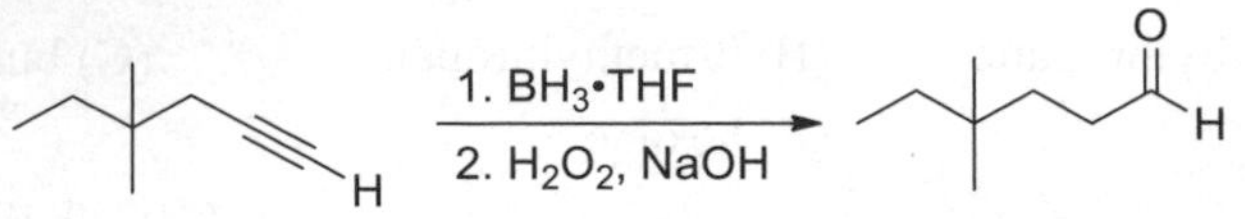

$$\text{(3,3-dimethylpent-1-yne)} \xrightarrow[\text{2. } H_2O_2\text{, NaOH}]{\text{1. } BH_3\text{•THF}} \text{(aldehyde)}$$

38. 下圖所示之有機分子，請問編號①～④的氫原子在氫核磁共振光譜的化學位移之大小次序為何？

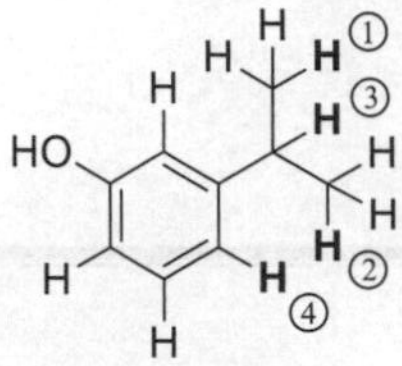

(A) ① = ② < ③ < ④　(B) ④ < ③ < ② = ①

(C) ④ = ③ < ② = ①　(D) ① = ② < ④ < ③

(E) ③ < ④ < ② = ①

《102 中國-38》Ans：A

說明：

1. Ans:

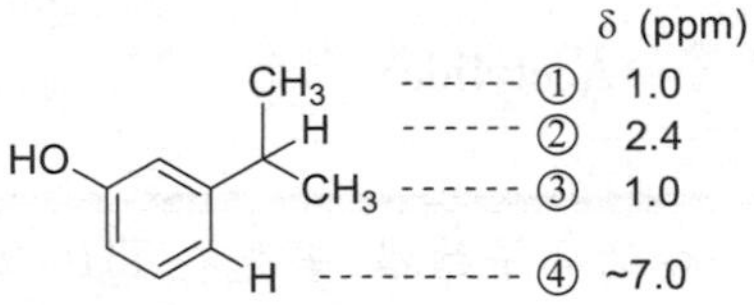

	δ (ppm)
CH_3 ①	1.0
H ②	2.4
CH_3 ③	1.0
H ④	~7.0

2. ①及②為對等甲基質子

3. Ans: ⇒ ∴ ① = ② < ③ < ④

39. 下圖為某一醇類(alcohol)化合物的紅外光光譜圖，請問下列哪一個吸收信號是醇的 C-O 伸縮(stretching)振動的信號？

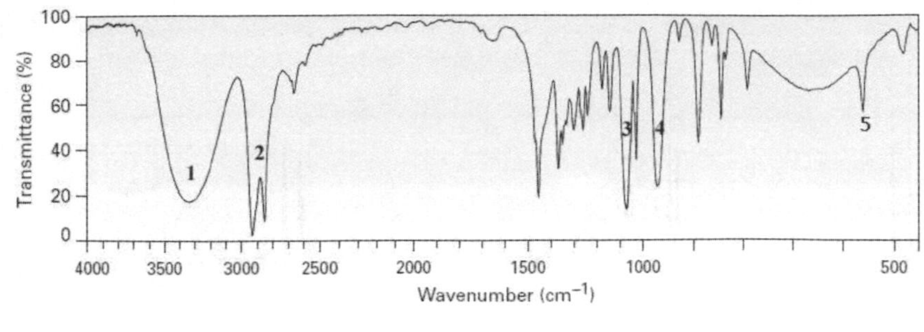

(A) 1　(B) 2　(C) 3　(D) 4　(E) 5

《102 中國-39》Ans：C

說明：

1.同位素效應(isotope effect)

2.指紋正常見之伸縮振動(stretching vibration)

$$\begin{cases} \nu_{\max\ (C\text{-}C)} & (1300\ cm^{-1}) \\ \nu_{\max\ (C\text{-}N)} & (1200\ cm^{-1}) \\ \nu_{\max\ (C\text{-}O)} & (1100\ cm^{-1}) \end{cases}$$

40. 下列化合物中，具有芳香性(aromatic)的有幾個？

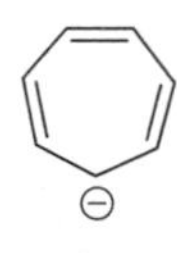
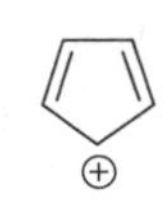
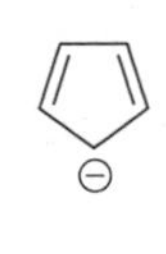
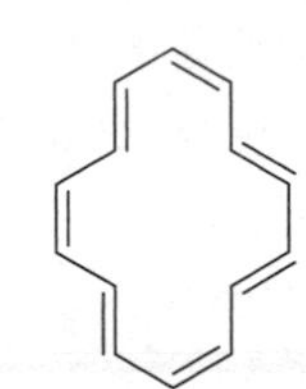

(A) 1 個　(B) 2 個　(C) 3 個　(D) 4 個　(E) 5 個

《102 中國-40》Ans：C

說明：

1.遵守 Huckels rule：[**4n＋2**] π electrons

2. C_f：Aromatic compounds：

(A) 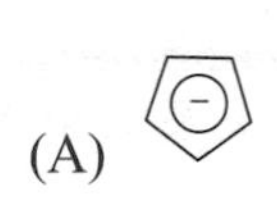
(B) 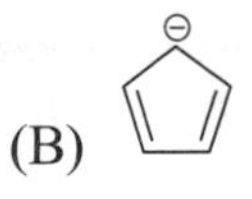
(C) 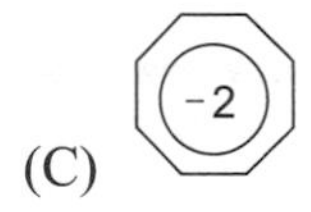

(D) 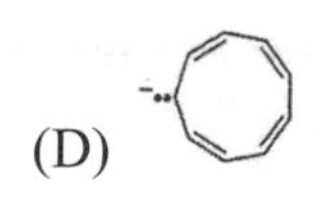
(E) 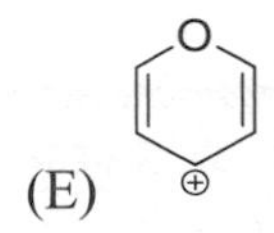

(F) 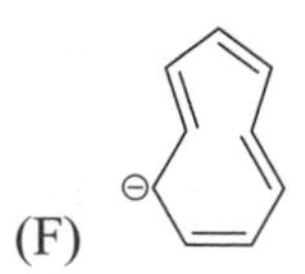
(G) 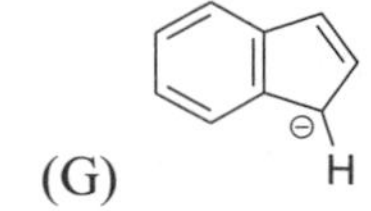

(H) 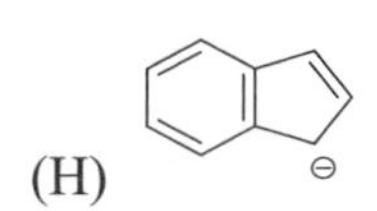
(I) 

41. 下圖是某一個含有醛基(aldehyde)化合物的氫核磁共振光譜，請問哪一組信號可證明此化合物是含有醛基？

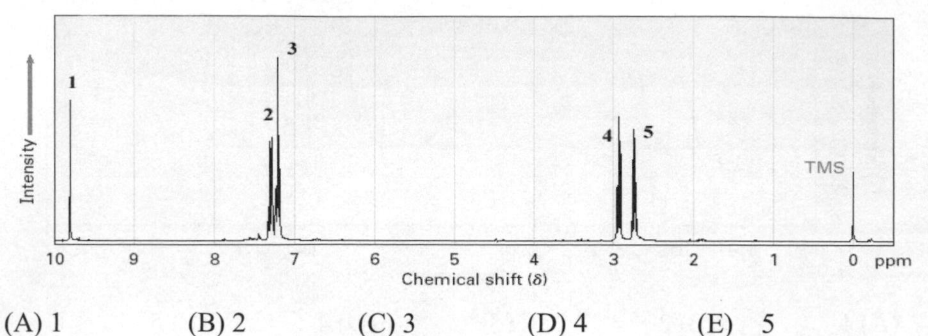

(A) 1　　(B) 2　　(C) 3　　(D) 4　　(E) 5

《102 中國-41》Ans：A

說明：

1. Anisotropic effect ⇒ deshielding affect downfield shift
2. Ans:

R－CHO　　δ 9.5ppm (1H,S)

42. 有關羰基(carbonyl)官能基的描述，下列何者錯誤？

(A) 碳原子為 sp^2 混成軌域

(B) carbonyl 官能基是平面形狀

(C) carbonyl 碳原子具有親電子性(electrophilic)

(D) carbonyl 氧原子具有親核性(nucleophilic)

(E) C=O 鍵是一種強離子鍵

《102 中國-42》Ans：E

說明：

1. C=O 鍵是一種強離子性之共價鍵官能基
2. Ans:

:O:
R　H (R',X)　　∴ 不是離子鍵，無所謂強弱

43. 依照奈米材料定義為尺寸介於 1~100 奈米之材料，請問下列屬於奈米材料有幾個？

① ferrocene　　② quantum dot　　③ 5-nonanone

④ C_{60}　　⑤ carbon nanotube

(A) 1 個　　(B) 2 個　　(C) 3 個　　(D) 4 個　　(E) 5 個

《102 中國-43》Ans：C

44. 若要得到有關奈米材料尺寸的資訊，可以利用下列哪幾個原理或儀器？

① NMR　② FT-IR
③ UV-Vis　④ 動態光散射 (dynamic light scattering)
⑤ AFM

(A) ①②③④⑤　(B) ②③④⑤　(C) ①②③④
(D) ①③④⑤　(E) ①②③⑤

《102 中國-44》Ans：D

45. 根據國際純化學與應用化學聯盟(IUPAC)的系統命名規則，下圖化合物的正確命名為何？

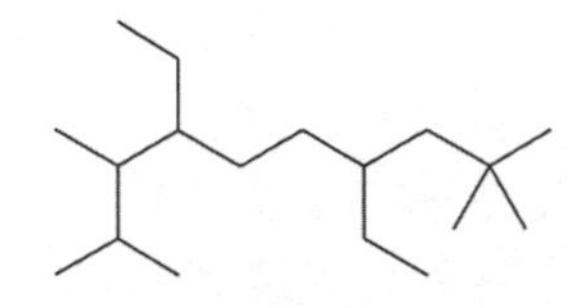

(A) 4,7-diethyl-2,2,8,9-tetramethyloctane
(B) 4,7-diethyl-2,2,8,9-tetramethyldecane
(C) 4,7-diethyl-2,2,8,9-tetramethyldodecane
(D) 2,5-diethyl-6,7-dimethyl-1-methyloctane
(E) 2,5-diethyl-6,7-dimethyl-1-methyldodecane

《102 中國-45》Ans：B

說明：

1.命名(nomenclature)

2. Ans:

10 9 8 7 6 5 4 3 2 1

4,7-diethyl-2,2,8,9-tetramethyldecane

46. 下列化學反應何者錯誤？

(A) 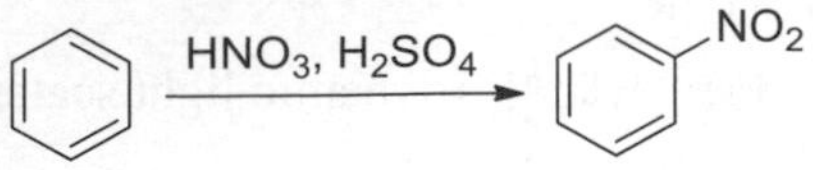 benzene $\xrightarrow{HNO_3,\ H_2SO_4}$ nitrobenzene (NO_2)

(B) 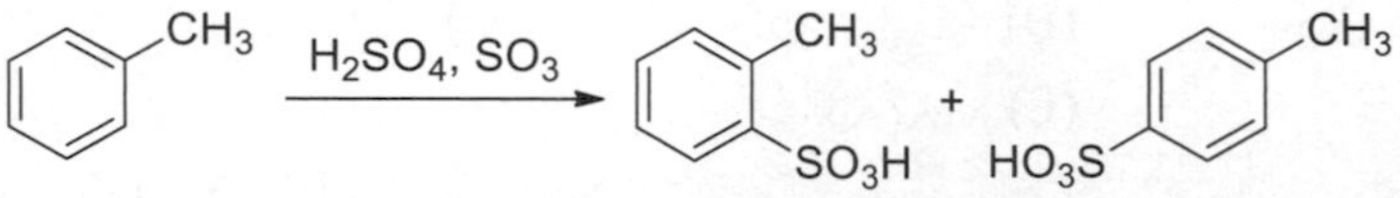 toluene (CH_3) $\xrightarrow{H_2SO_4,\ SO_3}$ o-toluenesulfonic acid (CH_3, SO_3H) + p-toluenesulfonic acid (HO_3S, CH_3)

(C) 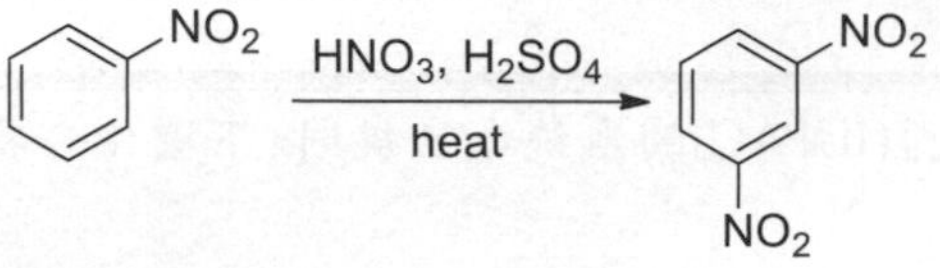 nitrobenzene (NO_2) $\xrightarrow[heat]{HNO_3,\ H_2SO_4}$ m-dinitrobenzene (NO_2, NO_2)

(D) 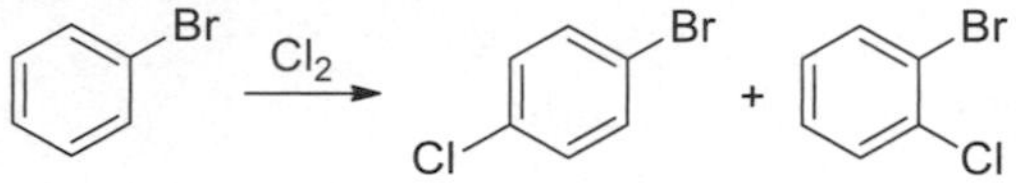 bromobenzene (Br) $\xrightarrow{Cl_2}$ p-chlorobromobenzene (Br, Cl) + o-chlorobromobenzene (Br, Cl)

(E) 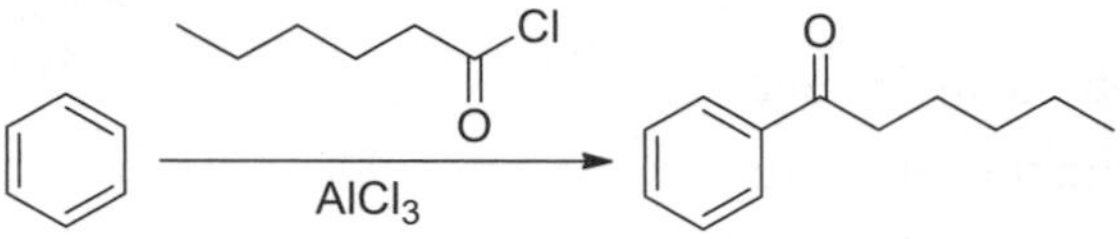 benzene $\xrightarrow[AlCl_3]{\text{hexanoyl chloride (Cl, O)}}$ hexanophenone (O)

《102 中國-46》Ans：D

說明：

1. Ans:(D)錯誤⇒ 不會反應(缺少催化劑)
2. Ans:

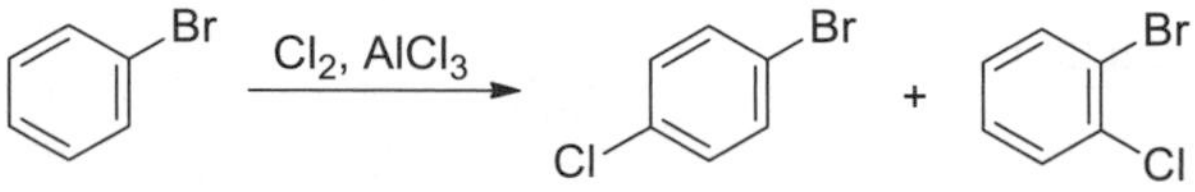

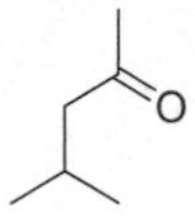

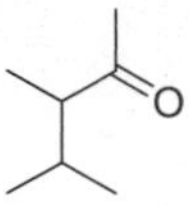

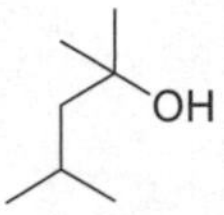

bromobenzene (Br) $\xrightarrow{Cl_2,\ AlCl_3}$ p-chlorobromobenzene (Br, Cl) + o-chlorobromobenzene (Br, Cl)

47. 下列化學反應的主要產物為何？

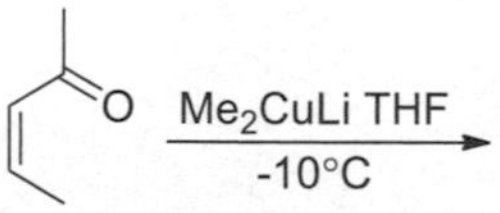

(Z)-3-penten-2-one (O) $\xrightarrow[-10°C]{Me_2CuLi\ THF}$

(A) 4-methyl-2-pentanone (O) (B) 3,4-dimethyl-2-pentanone (O) (C) 2,4-dimethyl-2-pentanol (OH) (D) 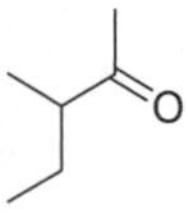 3-methyl-2-pentanone (O) (E) 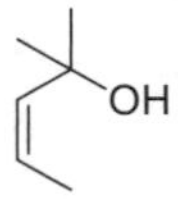 (Z)-2-methyl-3-penten-2-ol (OH)

《102 中國-47》Ans：A

說明：

1.有機銅試劑對 α，β-不飽和酮進行 1,4-加成反應之同時，其中間體(烯醇化合物)可繼續作為親核子，進行親核性反應。

2.比較題型：經由 Grignard reagent (RMgBr)加入催化劑量之亞銅鹽(i.e. CuCl , Cu_2Br_2 等)，反應亦如有機銅試劑(Corey-House reagent)，進行 1.4-加成反應。

e.g.

$$\text{2-cyclohexenone} + (CH_3)_2CuLi \longrightarrow \text{3-methylcyclohexanone}$$

$$\text{2-cyclohexenone} \xrightarrow[(2)\ H_2O]{(1)\ CH_3MgBr\ ,\ Cu_2Cl_2} \text{3-methylcyclohexanone}$$

3.Ans:

$$\text{3-penten-2-one} \xrightarrow[-10°C]{Me_2CuLi\ THF} \text{4-methyl-2-pentanone}$$

48. 下列化學反應的主要最終產物為何？

$$CH_3CH_2CH_2COOH \xrightarrow[\substack{3.\ a)\ LiAlH_4 \\ b)\ H_3O^+}]{\substack{1.\ SOCl_2 \\ 2.\ NH_3,\ pyridine}}$$

(A) $CH_3CH_2CH_2COCl$　(B) $CH_3CH_2CH_2CHO$　(C) $CH_3CH_2CH_2CONH_2$

(D) $CH_3CH_2CH_2CH(OH)H$　(E) $CH_3CH_2CH_2CH_2NH_2$

《102 中國-48》Ans：E

說明：

1. Synthesis-----Reduction-amination

2. Ans:

$$CH_3CH_2CH_2COOH \xrightarrow{SOCl_2} CH_3CH_2CH_2COCl \xrightarrow[pyridine]{NH_3} CH_3CH_2CH_2CONH_2 \xrightarrow[(b)\ H_3O^+]{(a)\ LAH} CH_3CH_2CH_2CH_2NH_2$$

49. 下列有機化合物的圖譜中，哪一個是由於電子從 π 軌域躍遷(transitions)到 π* 軌域所造成？

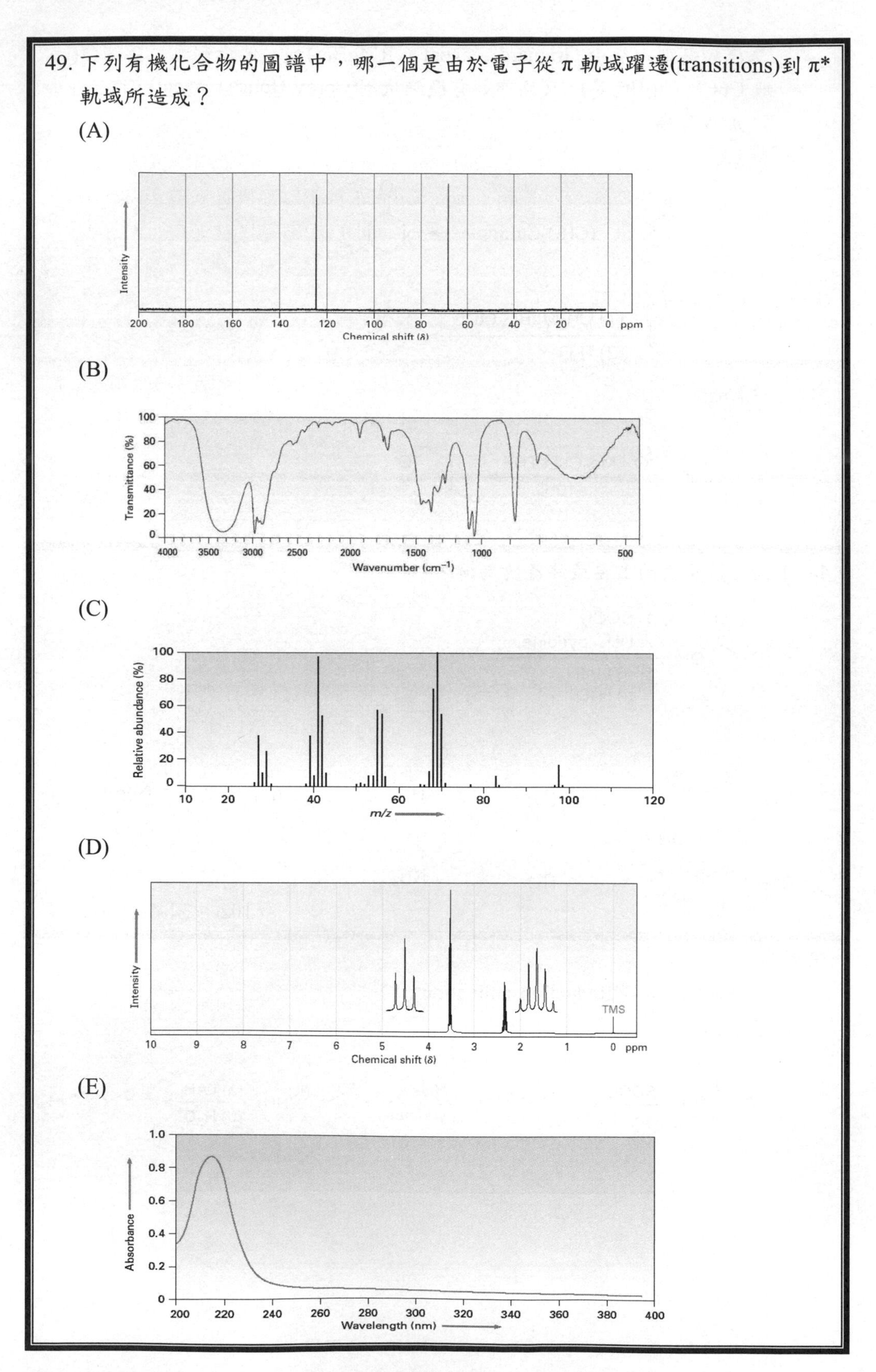

《102 中國-49》Ans：E

說明：

1. Ans:(E) UV-visible spectrometer 利用紫外光能量提供電子能態之躍昇 (electronic transition)，通常由 $\pi \to \pi^*$，$n \to \pi^*$，電子躍昇所產生

2. (A) ^{13}C-NMR spectrum

   (B) IR spectrum

   (C) EI-MS [electron-impact Mass spectrum]

   (D) ^{1}H-NMR spectrum

50. 下圖所示之有機分子，若只考慮化學位移而不考慮偶合分裂，請問其氫核磁共振光譜會得到幾組訊號？

Br

(A) 2　(B) 3　(C) 4　(D) 5　(E) 6

《102 中國-50》Ans：B

說明：

1.對等與不對等 H-atom 之區別

2.Ans:

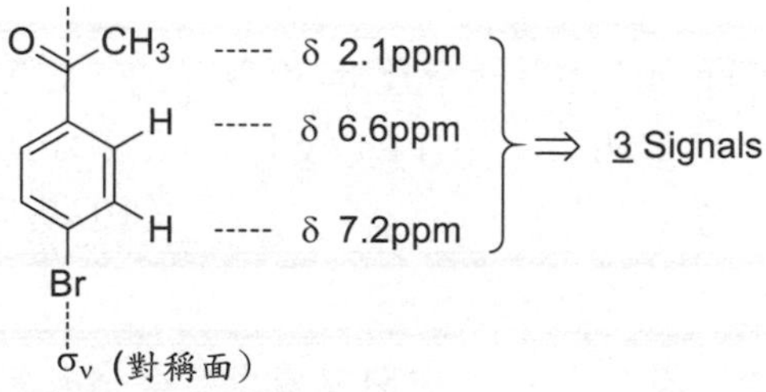

CH_3 ----- δ 2.1ppm

H ----- δ 6.6ppm

H ----- δ 7.2ppm

⟹ 3 Signals

Br

σ_v (對稱面)

3.比較：^{13}C NMR spectrum

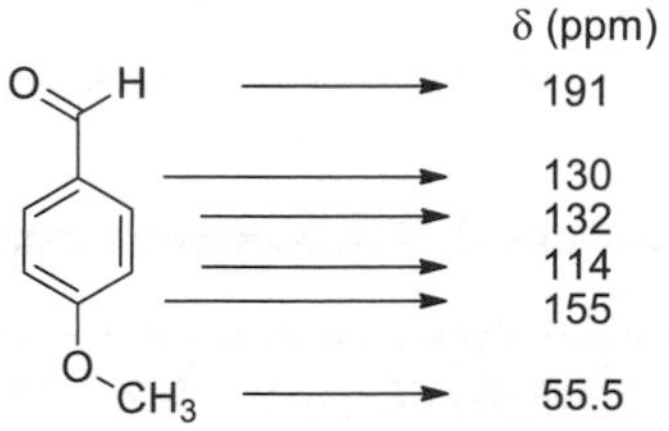

δ (ppm)

O=C–H → 191

→ 130

→ 132

→ 114

→ 155

O–CH_3 → 55.5

慈濟大學 102 學年度學士後中醫化學試題暨詳解

化學 試題 **有機：林智老師解析**

01. 反應式：$2MnO_4^- + 5H_2O_2 + 6H^+ \rightarrow 2Mn^{2+} + 8H_2O + 5O_2$ 牽涉多少電子的轉移？
(A) 10 (B) 8 (C) 6 (D) 4
《102慈濟-01》Ans：A

02. N_2 和 N_2O 的逸散(effusion)速率比值為何？
(A) 0.637 (B) 1.57 (C) 1.25 (D) 0.798
《102慈濟-02》Ans：C

03. 2.15 克的氣體樣品在標準狀態下體積為 750 毫升，該氣體在 125 °C 的分子量為何？
(A) 30.7 (B) 64.2 (C) 70.1 (D) 75.0
《102慈濟-03》Ans：B

04. 空氣的平均分子量為 29.0 g/mol。在 1 大氣壓和 30 °C 之下，空氣的密度為何？
(A) 2.90 g/L (B) 1.45 g/Ml (C) 1.17 g/L (D) 1.29 g/L
《102慈濟-04》Ans：C

05. 氮氣和氫氣反應生成氨氣。在 200 °C 的密閉容器中混合一大氣壓的氮氣和二大氣壓的氫氣。當反應達到平衡時，容器的總壓為二大氣壓。計算平衡時氫氣的分壓。
(A) 0.5 大氣壓 (B) 1.0 大氣壓 (C) 1.5 大氣壓 (D) 2.0 大氣壓
《102慈濟-05》Ans：A

06. 在 115 °C 之下，反應：$2NOCl_2(g) \rightleftharpoons 2NO(g) + Cl_2(g)$的平衡常數為 0.0150。計算 K_P 值。
(A) 0.0150 (B) 0.478 (C) 0.142 (D) 1.41×10^{-4}
《102慈濟-06》Ans：B

07. HOAc 及 H_2CO_3 的 K_a 值如右，HOAc：$K_a = 1.8 \times 10^{-5}$；H_2CO_3：$K_{a1} = 4.3 \times 10^{-7}$，$K_{a2} = 5.6 \times 10^{-11}$，以下各為 0.01 M 的溶液中，何者的 pH 值最高？

(A) HOAc (B) NaOAc (C) Na_2CO_3 (D) $NaHCO_3$

《102慈濟-07》Ans：C

08. 在 75.0 毫升 0.10 M 的 HA 溶液中加入 30.0 毫升 0.10 M 的 NaOH 溶液之後，溶液的 pH 值為 6.0。計算 HA 的 K_a 值。

(A) 6.7×10^{-8} (B) 6.7×10^{-7} (C) 6.7×10^{-6} (D) 6.7×10^{-5}

《102慈濟-08》Ans：B

09. 考慮以下的還原電位：

$Cu^{2+} + 2e^- \rightarrow Cu \quad E° = +0.34\ V$

$Pb^{2+} + 2e^- \rightarrow Pb \quad E° = -0.13\ V$

在標準狀態下，含有銅、銅(2+)、鉛、鉛(2+)的賈法尼電池(Galvanic Cell)，可以做的最大功為何？

(A) −40.5 kJ (B) −45.3 kJ (C) −90.7 kJ (D) 0

《102慈濟-09》Ans：C

10. 下列物質的還原電位如下，何者為最強的氧化劑？

$MnO_4^- + 4H^+ + 3e^- \rightleftarrows MnO_2 + 2H_2O \quad E° = 1.68\ V$

$I_2 + 2e^- \rightarrow 2I^- \quad E° = 0.54\ V$

$Zn^{2+} + 2e^- \rightarrow Zn \quad E° = -0.76\ V$

(A) MnO_4^- (B) I_2 (C) Zn^{2+} (D) Zn

《102慈濟-10》Ans：A

11. 主量子數 n = 4 的所有軌域含有的總電子數為何？

(A) 8 (B) 10 (C) 18 (D) 32

《102慈濟-11》Ans：D

12. F_2、B_2、O_2 和 N_2 分子中，有幾個分子具有順磁性？

(A) 1 (B) 2 (C) 3 (D) 4

《102慈濟-12》Ans：B

13. 何者具有最強的鍵結？

(A) B_2　(B) O_2^-　(C) CN^-　(D) O_2^+

《102慈濟》Ans: (C)

14. 反應：$A + B \rightarrow C$ 的速率$= -\Delta[A]/\Delta t$，由下列初始速率與濃度的關係決定速率常數。

[A](M)	[B](M)	初始速率(M/s)
0.100	0.0500	2.13×10^{-4}
0.200	0.0500	4.26×10^{-4}
0.300	0.100	2.56×10^{-3}

(A) 0.426　(B) 0.852　(C) 0.0426　(D) 0.284

《102慈濟-14》Ans：B

15. 需要加入多少體積的純水至 10.0 mL 之 12.0 M HCl 溶液，才能使它的 pH 值等於 0.90 M 之醋酸(醋酸的 $K_a = 1.8 \times 10^{-5}$)溶液？ (選出數值最接近者)

(A) 30 mL　(B) 300 mL　(C) 3000 mL　(D) 30000 mL

《102慈濟-15》Ans：D

16. 何者為 CO(g)標準生成熱焓(standard enthalpy of formation)的表示？

(A) $2C_{graphite(s)} + O_{2(g)} \rightarrow 2CO_{(g)}$　$\Delta H^\circ_f = -110.5$ kJ/mol

(B) $C_{graphite(s)} + O_{(g)} \rightarrow CO_{(g)}$　$\Delta H^\circ_f = -110.5$ kJ/mol

(C) $C_{graphite(s)} + 1/2O_{2(g)} \rightarrow CO_{(g)}$　$\Delta H^\circ_f = -110.5$ kJ/mol

(D) $C_{graphite(s)} + CO_{2(g)} \rightarrow 2CO_{(g)}$　$\Delta H^\circ_f = -110.5$ kJ/mol

《102慈濟-16》Ans：C

17. 有關氫解離反應的敘述何者正確？

$H_{2(g)} \rightleftharpoons 2H_{(g)}$

(A) 在任何溫度均為自發反應

(B) 在特定的高溫以上為自發反應

(C) 在特定的低溫以下為自發反應

(D) 與溫度無關

《102慈濟-17》Ans：B

18. 下列分子何者具有極性？

(A) SiF_4 (B) XeF_2 (C) BCl_3 (D) NBr_3

《102慈濟-18》Ans：D

19. 下列分子中，原子都在同一平面（共平面）的分子有幾個？

$H_2C=CH_2$、F_2O、H_2CO、NH_3、CO_2、$BeCl_2$、H_2O_2

(A) 3 (B) 4 (C) 5 (D) 6

《102慈濟-19》Ans：C

20. a A → products

為二級反應(second-order reaction)，半衰期(first half-life)為 22 秒。當反應進行至 13.4 秒時，測得 A 的濃度為 0.46 *M*，則 A 的初始濃度(initial concentration)為何？

(A) 0.69 *M* (B) 0.36 *M* (C) 0.26 *M* (D) 0.74 *M*

《102慈濟-20》Ans：D

21. 某一過程之熱與功的值為：$q=-10$ kJ；$w=25$ kJ。下列敘述何者正確？

(A) 熱由外界(surroundings)流向系統(system)

(B) 外界(surroundings)向系統(system)做功

(C) $\Delta E=-35$ kJ

(D) $\Delta E=-15$ kJ

《102慈濟-21》Ans：B

22. 液體 A 之蒸氣壓(vapor pressure)為 x，液體 B 之蒸氣壓(vapor pressure)為 y。A、B 兩液體混合後，測得混合液體的蒸氣中有 30%的 A，則 A 在混合液體中的莫爾分率(mole fraction)為何？

(A) $0.3y/(0.7x+0.3y)$ (B) $0.7y/(0.3x+0.7y)$

(C) $0.3x/(0.3x+0.7y)$ (D) $0.7x/(0.7x+0.3y)$

《102慈濟-22》Ans：A

23. 下列何者為 NO_3^- 的結構？

(A) 線性(linear) (B) 平面三角形(trigonal planar)

(C) 四面體(tetrahedral) (D) 八面體(octahedral)

《102慈濟-23》Ans：B

24. $MnCl_4^{2-}$為四面體結構，試問此錯合物含有多少未成對電子(unpaired electron)？

(A) 1　(B) 2　(C) 4　(D) 5

《102慈濟-24》Ans：D

25. 錯合物 *trans*-$[Ni(NH_3)_2(CN)_4]^{2-}$的晶場圖(crystal field diagram)為下列何者？其中 CN^-具有比 NH_3 較強的 crystal field。

(A)　(B)　(C)　(D)

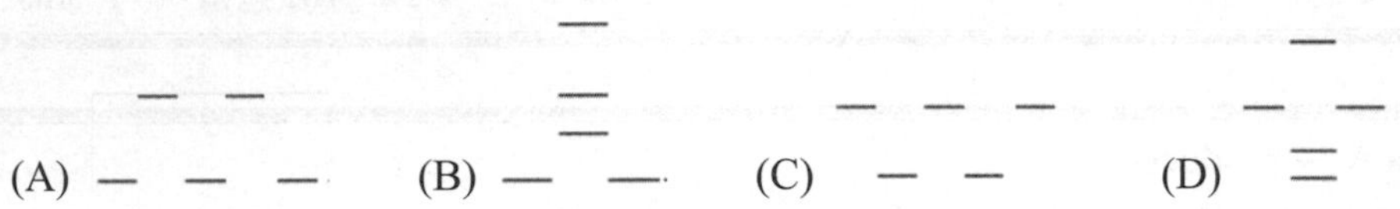

《102慈濟-25》Ans：B

26. 何組試劑適合用來進行下列的反應？

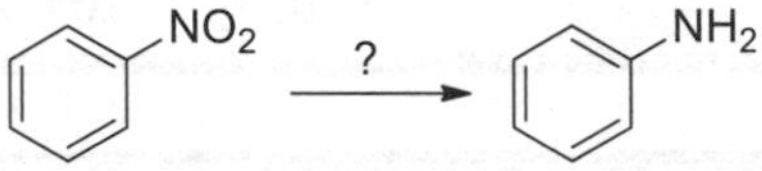

NO_2 → ? → NH_2

I. H_2, Pt
II. Fe, H_3O^+
III. $SnCl_2$, H_3O^+

(A) I　(B) I 和 II　(C) I 和 III　(D) 三者皆可

《102慈濟-26》Ans：D

說明：

(1) $LiAlH_4$
(2) H_2 / pd-C (作為還原劑)
(3) Metal (Sn,Fe.---etc)/H_3O^+
(4) Metallic ion (Sn^{+2} ,Zn^{+2})/ H_3O^+;($SnCl_2$/conc.HCl)
(5) H_2S,NH_3

釋疑：《102 慈濟-26》

本題的反應是一種還原反應，三種試劑皆可還原($-NO_2$)成為($-NH_2$)，反應條件中加是在反應結束後，欲將產物從水溶液中析出或萃取的處理程序，加鹼並不是此反應的關鍵試劑，因此三種試劑皆適合用來進行此反應。

考生所附資料中，反應試劑只提到 Fe，Zn，Sn 或 $SnCl_2$ 酸性水溶液，而反應式中加鹼是反應條件。維持原答案。

27. 那一個溶劑最適合用來製備 Grignard 試劑？

(A) CH_3CN (B) Benzene (C) Ethyl acetate (D) Tetrahydrofuran

《102慈濟-27》Ans：D

說明：

1. **Limitations of the Grignard Reagent**

G-substituted bromobenzene $\xrightarrow[\text{Dried ether (Dried THF)}]{Mg}$ G-substituted phenyl-MgBr

(1) Any compounds containing hydrogen attached to an electronegative element .

Because : there are acidic enough to decompose a Grignard Reagent.

e.g.1

$R-\overset{O}{\overset{\|}{C}}-OH$ ； $R-OH$； $R-NH_2$； $R-SO_3H$ …… etc

(2) A Grignard reagent reacts with O_2 and CO_2

e.g.2 $RMgX + O_2 \longrightarrow ROOMgX$

e.g.3 $RMgX + CO_2 \longrightarrow R-\overset{O}{\overset{\|}{C}}-OMgX$

(3) React with nearly every organic compounds containing a carbon-oxygen or carbon-nitrogen multiple bond .

e.g.4

$-\overset{O}{\overset{\|}{C}}-H(R')$, $-C\equiv N$, $-\overset{O}{\overset{\|}{C}}-OR$, $-\overset{O}{\overset{\|}{C}}-NR_2$, $-NO_2$

2. Ans:

Electrophilic solvents: (A) CH_3CN、(C) Ethyl acetate

Non-polar solvent: (B) Benzene

∴ Ans:(D) Tetrahydrofuran(THF) is favored

28. 下列反應何者稱為 Suzuki-Miyaura reaction？

(A) Ph–I + $CH_2=CHCO_2Me$ $\xrightarrow[Et_3N,\ 100°C]{Pd(OAc)_2}$ Ph–CH=CH–CO_2Me

(B) 2-$CH_3C_6H_4$–ZnCl + Br–C_6H_4–NO_2 $\xrightarrow[THF]{Pd(PPh_3)_4}$ 2-$CH_3C_6H_4$–C_6H_4–NO_2

(C) Ph–$B(OH)_2$ + TfO–C_6H_4–NO_2 $\xrightarrow[dioxane]{Pd(PPh_3)_4}$ Ph–C_6H_4–NO_2

(D) Ph–I + $CH_2=CH$–Sn(*n*-Bu)$_3$ $\xrightarrow[THF]{Pd(PPh_3)_4}$ Ph–CH=CH_2

《102慈濟》Ans: (C)

說明：

1. Classification of Palladium-catalysed coupling reactions

(Table) Palladium-catalysed coupling reactions: a summary

Coupling an aryl or vinyl halide with	Typical example (X = I, -Br, -OT_f)	Name of reaction
An alkene	R–CH=CH_2 $\xrightarrow[Pd\ cat.\ +ligands]{Ar-X}$ R–CH=CH–Ar or R–C(Ar)=CH_2	Heck
An aryl or vinyl stannane	R^1–CH=CH–$SnBu_3$ $\xrightarrow[Pd\ cat.\ +ligands]{X-CH=CH-R^2}$ R^1–CH=CH–CH=CH–R^2	Stille
An aryl or vinylboronic acid or ester	R^1–C_6H_4–$B(OR)_2$ $\xrightarrow[Pd\ cat.\ +ligands]{X-C_6H_4-R^2}$ R^1–C_6H_4–C_6H_4–R^2	Suzuki
An alkyne	R–C≡CH $\xrightarrow[Pd\ cat.\ +ligands]{Ar-X}$ R–C≡C–Ar	Sonogashira
An amine	R^1R^2NH $\xrightarrow[Pd\ cat.\ +ligands]{X-Ph}$ R^1R^2N–Ph	Buchwald-Harwig

2.Ans：(A) Heck reaction

(B) Stille reaction

(C) Suzuki-Miyaura reaction

(D) Sonogashira reaction

29. (1*S*,2*S*)-1,2-dibromo-1,2-diphenylethane 進行 E2 反應所得的主要產物為何？

(A) (*Z*)-1-bromo-1,2-diphenylethylene

(B) (*Z*)-2-bromo-1,2-diphenylethylene

(C) (*E*)-1-bromo-1,2-diphenylethylene

(D) (*E*)-2-bromo-1,2-diphenylethylene

《102慈濟-29》Ans：A

說明：

(1) E2 反應之立體專一性化學(stereospecific chemistry)

⇒(a) favor a **staggered conformation**.

(b) **stereospecific Anti-periplanar relationship**.

e.g.

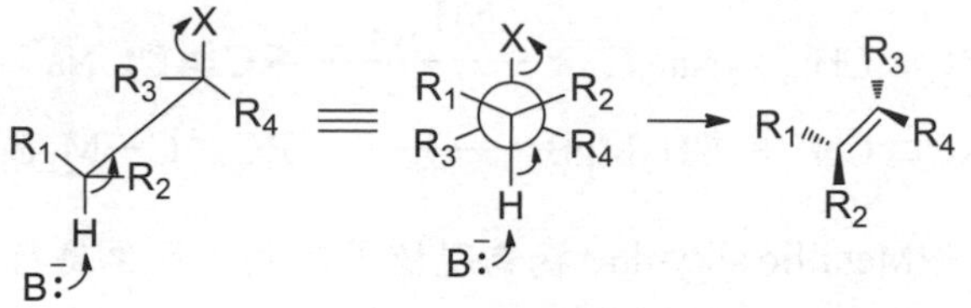

(2) E2 反應之位向化學(Regiochemistry)——Saytzeff'sv.s.Hofmann's orientation

⇒ **Saytzeff's orientation : 3° –H > 2° –H > 1° –H**

Hofmann's orientation : 1° –H > 2° –H > 3° –H

(3) Ans:

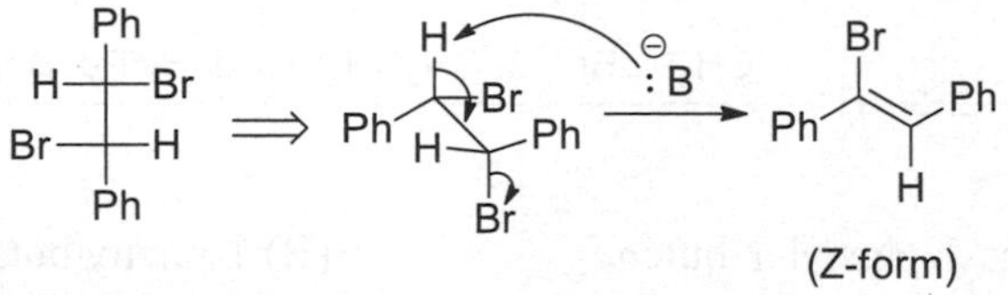

(Z-form)

30. 下列試劑何者不適合用來進行下列的反應？

$$CH_3CH_2CH_2C{\equiv}CH \xrightarrow[2.\ CH_3Br]{1.\ ?} CH_3CH_2CH_2C{\equiv}CCH_3$$

(A) KO*t*Bu　　(B) $NaNH_2$　　(C) CH_3MgBr　　(D) 以上都適合

《102慈濟-30》Ans：A

說明：

1.※金屬置換反應 (Metallic Alkynides)

(A)末端炔類化合物由於其活化酸性質子(acitivated acidic proton, Pka ≒ 26)性質，可與(1)鹼金屬($Na_{(s)}$, $K_{(s)}$等)、(2)或強鹼作用，進行金屬與質子間置換現象，又稱為脫質子反應(deprotonation)。

e.g.1

$$RC{\equiv}CH + NaNH_2 \xrightarrow{NH_{3(\lambda)}} RC{\equiv}C\!:^- Na^+ + NH_{3(g)}$$

$$RC{\equiv}CH + CH_3MgBr \longrightarrow RC{\equiv}C{-}MgBr + CH_{4(g)}$$

e.g.2 (※Metallic alkynide 視為親核子試劑，反應進行 S_N2 process)

$$R{-}C{\equiv}CH \xrightarrow[\text{or } Na_{(s)}]{NaNH_2} RC{\equiv}C\!:^- Na^+ \xrightarrow[(S_N2)]{R'{-}X} R{-}C{\equiv}C{-}R'$$

(B)其它種炔類之有機金屬化合物：此部份請參考 terminal alkyne 之化學反應。

Ex. Give the product for the following reaction sequence:

$$Ph{-}C{\equiv}C{-}H \xrightarrow{1.\ CH_3MgBr\quad 2.\ CH_3CH_2Br\quad 3.\ H_2/Pd,\ BaSO_4/quinoline}$$

(A) trans-1-phenyl-1-butene　　(B) 1-phenylbutane

(C) trans-2-phenyl-2-pentene　　(D) cis-1-phenyl-1-butene

(E) 2-phenylpentane

Ans : (D)

2. Ans:

$$CH_3CH_2CH_2C{\equiv}CH \xrightarrow[2.\ CH_3Br]{1.\ NaNH_2,\ NH_3} CH_3CH_2CH_2C{\equiv}CCH_3$$

(下方另一路徑：CH_3MgBr)

31. 下列試劑何者最適合用來進行下列的反應？

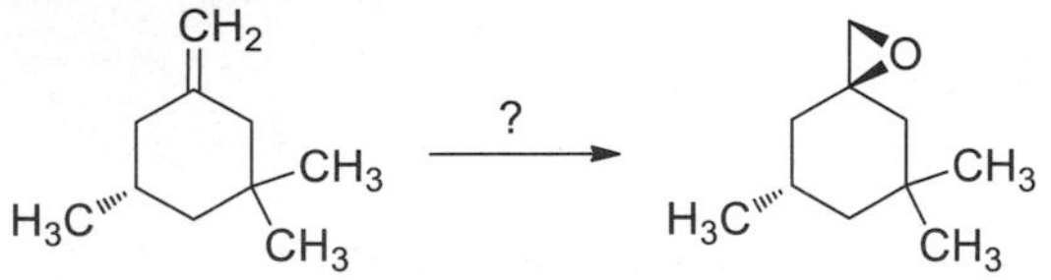

(A) mCPBA, CH_2Cl_2　　(B) 1. Br_2, H_2O；2. KOH, H_2O

(C) ^tBuOOH, KOH　　(D) 以上皆可

《102慈濟-31》Ans：B

說明：

1. Conformational factor
2. Ans: (B)

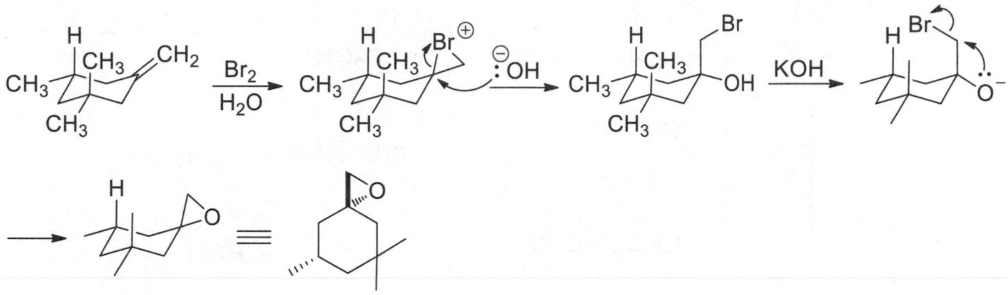

∴ Ans:(B) is not a correct answer

3. Ans:(A)/(C)

(1)**過酸的氧化能力**

過酸的氧化能力與其酸性強度成正比，亦即氧化能力之順序如下結果：

CF_3CO_3H > O_2N–C_6H_4–CO_3H > HCO_3H > mCPBA > CH_3CO_3H

(2) mechanism

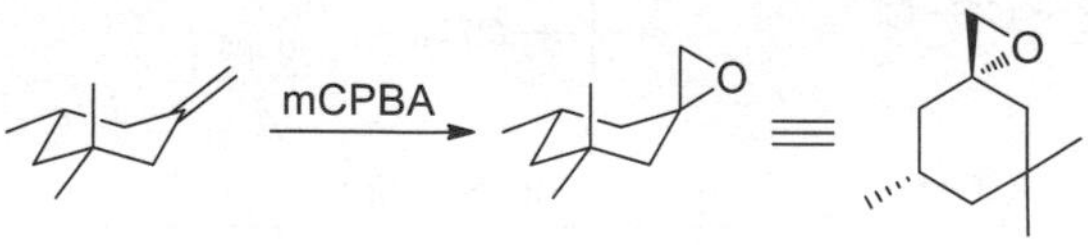

32. 那一組試劑最適合用來進行下列的反應？

$HO_2C-CH=CH-CO_2Et \xrightarrow{?} HOH_2C-CH=CH-CO_2Et$

(A) $LiAlH_4$, ether　　(B) $BH_3 \cdot SMe_2$, THF

(C) $NaBH_4$, ethanol　　(D) Al(O*i*Pr)$_3$, *i*PrOH

《102慈濟-32》Ans：B

說明：

1.※還原反應 (reduction)

2.※**Synthetic application for Reactivity of hydroboration**

(表)：官能基與硼烷(B_2H_6)作用的反應活性(Reactivity of hydroboration)

反應性	官能基	產物
最高	$-CO_2H$	$-CO_2OH$
↓	$-CH=CH-$	$-CH_2-CH(-)-B(-)-$ (水解前)
	$-CHO$, $>C=O$	$-CH_2OH$, $>CHOH$
遞	$-CONR_2$, $-CN$	$-CH_2NR_2$, $-CH_2NH_2$
	環氧化物 $>C-C<$ (O)	$-CH-C(OH)-$ (除非加 BF_3 否則很慢)
減	$-CO_2R$	$-CH_2OH$ + ROH
	$>C=NOR$	$>CHNHOH$ or $>CHNH_2$
↓	$-CO-Cl$	$-CH_2OH$ (很慢)
最低	$-CO_2^-M^+$, $-NO_2$	no reaction

3.Ans:

$HOOC-CH=CH-COOEt \xrightarrow[\text{2. } H_2O]{\text{1. } BH_3 \cdot SMe_2\text{, THF}} HOCH_2-CH=CH-COOEt$

33. 下列反應的主產物為何？

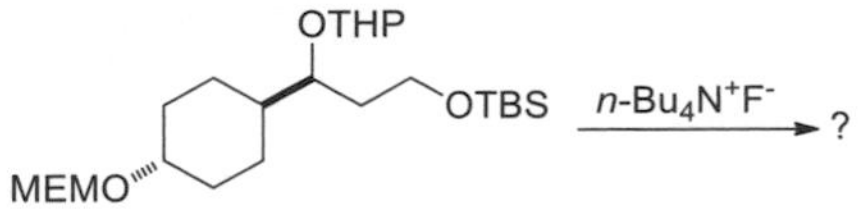

(A) 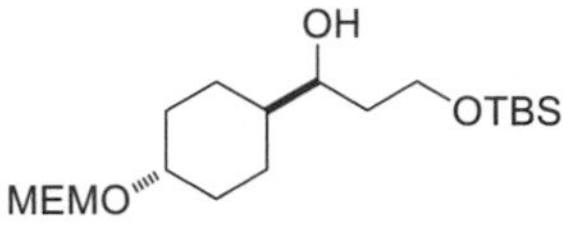 (B) 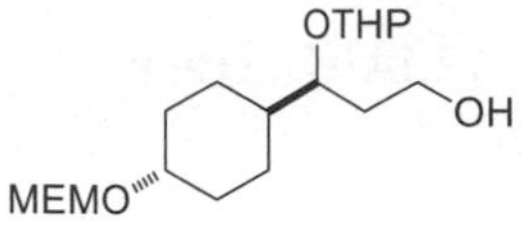 (C) 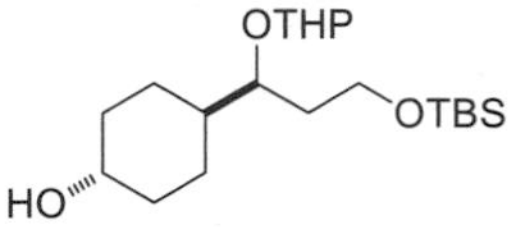 (D)

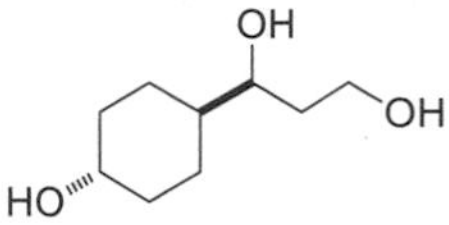

《102慈濟-33》Ans：B

說明：

1. **-TBS**：Tri-n-Butylsilyl group
2. Deprotecting agent: i.e.n-$Bu_4N^+F^-$, **H_3O^+**-----etc
3.因此題含有-OTHP 以及-OMEM，不可使用 **H_3O^+**為水解反應
4. Ans :

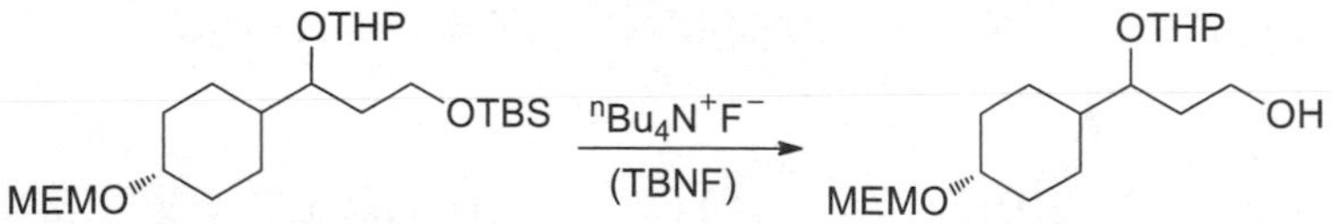

34. 下列反應條件何者適合用來進行下列之反應？

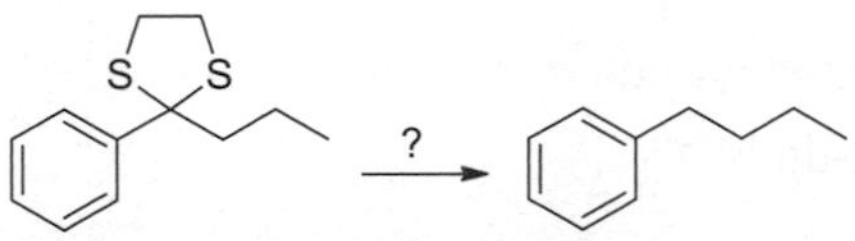

(A) *n*-Bu_3SnH, AIBN, benzene
(B) $NiCl_2$, $NaBH_4$, DMF
(C) Raney Ni, EtOH
(D) 以上皆可

《102慈濟-34》Ans：D

說明：

1.去保護基之方法：如利用 Lewis acid : $HgCl_2$ / $CdCO_3$ 可以水解成原來之醛(酮)類化合物。

2. **Mozingo method**：

縮醛(酮)化合物(thioketal)可經由 Mozingo method 進行 methylenation(如下)。

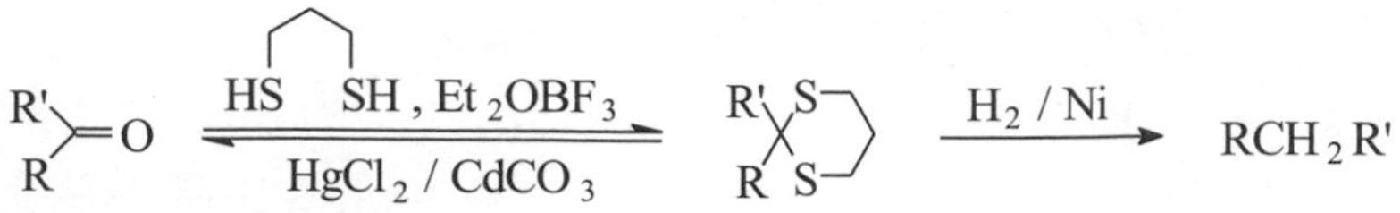

$$R'R C{=}O \underset{HgCl_2 / CdCO_3}{\overset{HS\quad SH,\ Et_2OBF_3}{\rightleftharpoons}} \text{(1,3-dithiane)} \xrightarrow{H_2 / Ni} RCH_2R'$$

※Desulfurization：

(A) Raney-Ni(H_2), EtOH (Pd-C H_2)

(B) $Na_{(S)}$, $NH_{3(l)}$, EtOH

(C) $NiCl_2$, $NaBH_4$, DMF

(D) n-Bu_3SnH, AIBN, benzene

(E) $LiAlH_4$, ether

3. Ans:

$^nBu_3SnH$, AIBN, benzene

$NiCl_2$, $NaBH_4$, DMF

Raney Ni, EtOH

35. 下列 diol 何者無法與 HIO_4 進行氧化切割(oxidative cleavage)反應？

$(CH_3)_3C$ OH OH — A; $(CH_3)_3C$ OH OH — B; $(CH_3)_3C$ OH OH — C

(A) A　(B) B　(C) C　(D) 以上三者皆可反應

《102慈濟-35》Ans：B

說明：

1. In the rigid structure :i.e. tert-Butyl group
2. Oxidative cleavage via Syn-1,2-diols
3. Ans:

A: $\rightleftharpoons$ → HIO_4 → CHO, CHO

B: → N.R

C: HIO_4 → CH=O, CH=O

36. 下列反應之最終產物為何？

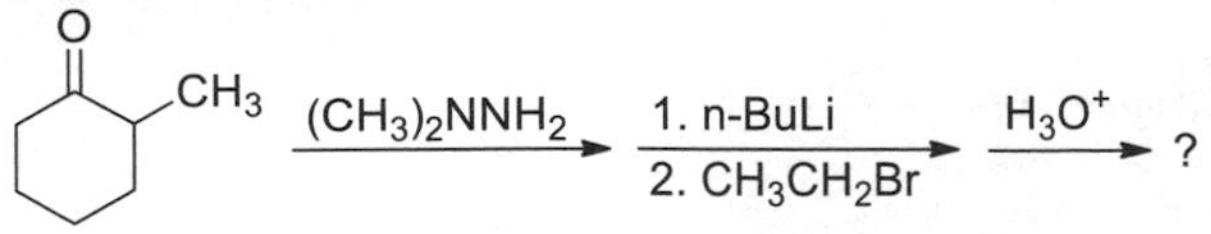

$\xrightarrow{(CH_3)_2NNH_2}$ $\xrightarrow[\text{2. } CH_3CH_2Br]{\text{1. n-BuLi}}$ $\xrightarrow{H_3O^+}$?

(A) 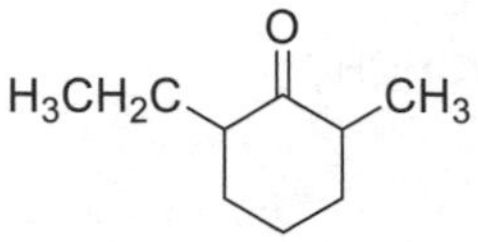 H_3CH_2C … CH_3

(B) 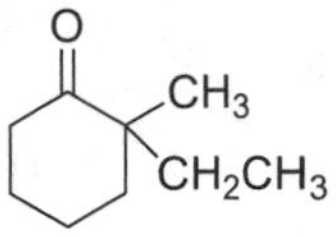 CH_3, CH_2CH_3

(C) 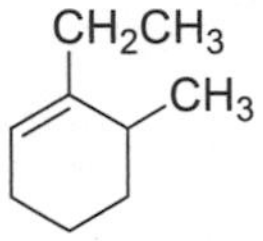 CH_2CH_3, CH_3

(D) 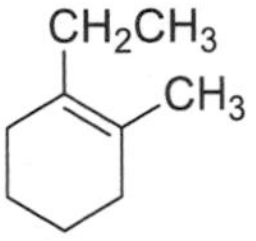 CH_2CH_3, CH_3

《102慈濟-36》Ans：A

說明：

1. Kinectically controlled carbanions
2. Ans:

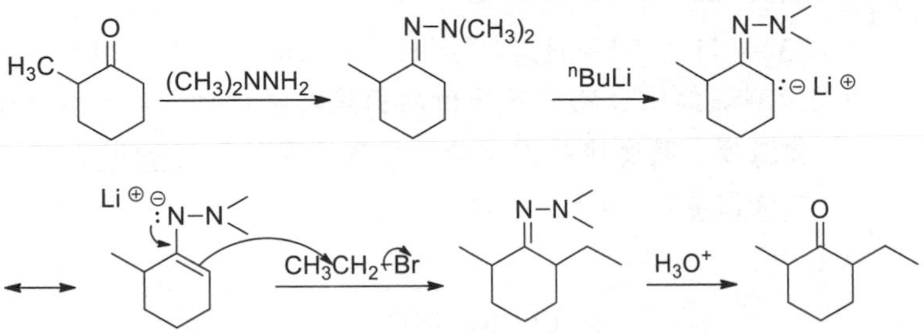

H_3C … $\xrightarrow{(CH_3)_2NNH_2}$ N−N$(CH_3)_2$ $\xrightarrow{{}^nBuLi}$ N−N :⊖ Li ⊕

⟷ Li ⊕ ⊖ :N−N $\xrightarrow{CH_3CH_2\text{–}Br}$ N−N $\xrightarrow{H_3O^+}$ O

37. 下列反應的主要產物為何？

$$CH_3C(CH_3)_2CH_2CH_2CH(CH_3)CH_3 + Br_2 \xrightarrow{h\nu} ?$$

(A) $CH_3C(CH_2Br)(CH_3)CH_2CH_2CH(CH_3)CH_3$

(B) $CH_3C(CH_3)_2CH_2CH(Br)CH(CH_3)CH_3$

(C) $CH_3C(CH_3)_2CH_2CH_2CH(CH_2Br)CH_3$

(D) $CH_3C(CH_3)_2CH_2CH_2C(CH_3)(Br)CH_3$

《102慈濟-37》Ans：D

說明：

1. (1)氯化反應之相對反應速率：

3°-H ： 2°-H ： 1°-H ＝ 5.0：3.8：1.0。

(2)溴化反應之相對反應速率：

3°-H ： 2°-H ： 1°-H ＝ 1600：82：1.0。

(3)預測烷類化合物中不同位向鹵烷異構物之產物比例(product ratio)：當溫度，濃度維持固定時，反應速率受影響的因素有二：機率因素與能量因素)。如下

e.g.

$$CH_3CH_2CH_2CH_3 \xrightarrow{Cl_2,\ h\nu,\ 25^\circ C} \underset{X}{CH_3CH_2CH_2CH_2Cl} + \underset{Y}{CH_3CH_2CH(Cl)CH_3}$$

那麼，

$$\frac{X}{Y}=\left(\frac{1^o-H之數目}{2^o-H之數目}\right)\times\left(\frac{1^o-H之反應性}{2^o-H之反應性}\right)=(機率因素)\times(能量因素)$$

$$=\left(\frac{6}{4}\right)\times\left(\frac{1.0}{3.8}\right)=\left(\frac{6}{15.2}\right)\cong\frac{28\%}{72\%}$$ (這結果與實際產物相接近)

(4)外觀來說：溴化反應的反應活性(reactivity)決定於能量因素而非碰撞因素或機率因素。相反地，氯化反應則較著重於碰撞因素或機率因素。

2. Ans:

$$CH_3C(CH_3)_2CH_2CH_2CH(CH_3)CH_3 + Br_2 \xrightarrow{h\nu} CH_3C(CH_3)_2CH_2CH_2C(CH_3)(Br)CH_3$$

38. 下列酯類化合物中，何者無法進行 Claisen condensation 反應？

(A) 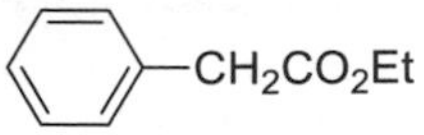 C_6H_5–CH_2CO_2Et　　(B) $CH_3CH_2CH_2CO_2Et$

(C) 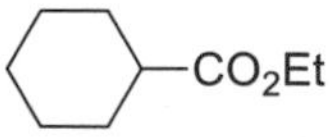 C_6H_{11}–CO_2Et　　(D) 以上皆是

《102慈濟-38》Ans：C

說明：

1.此題 Ans : (C)改為 Ans : (no)

2. Claisen condensation：

酯類化合物(具有 α-H)於鹼性條件下形成碳陰離子與碳氧雙鍵形成共振作用，而穩定之。

3. Ans:

(A) 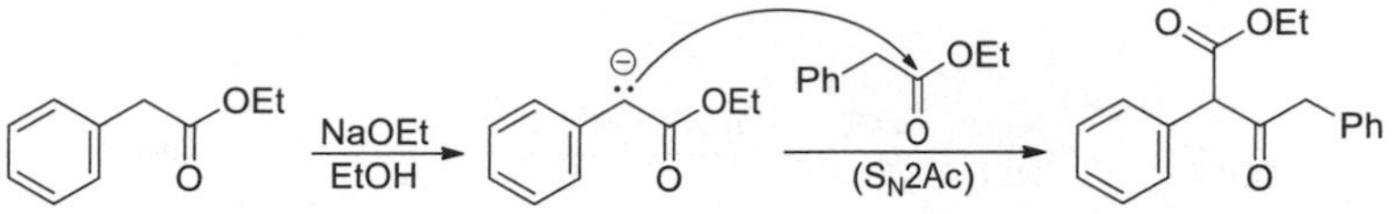 OEt ; O ; NaOEt / EtOH ; OEt ; O ; Ph ; OEt ; O ; (S_N2Ac) ; O ; OEt ; Ph ; O

(B) 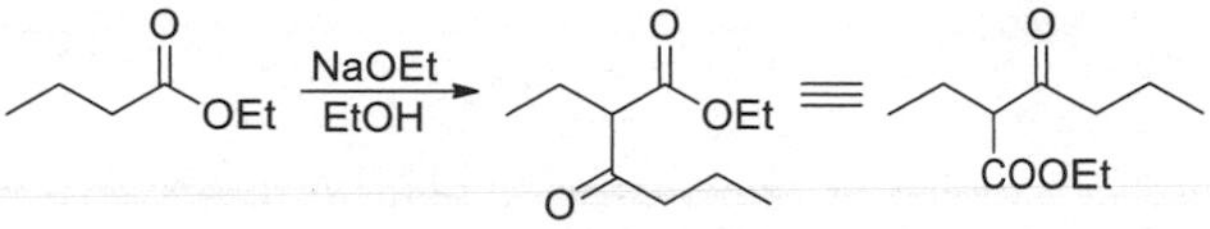 O ; OEt ; NaOEt / EtOH ; O ; OEt ; O ; ≡ ; O ; COOEt

(C) 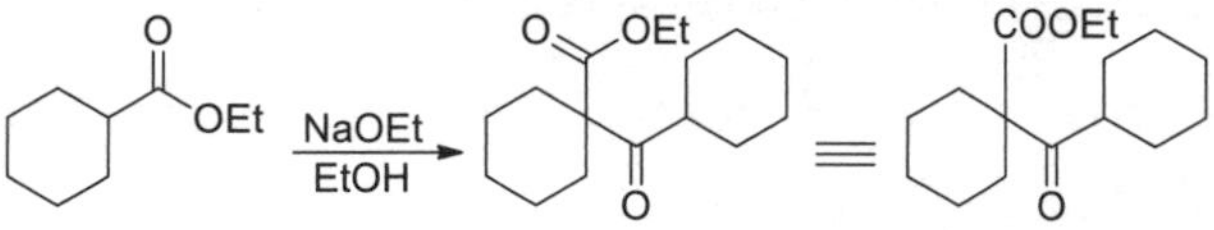 O ; OEt ; NaOEt / EtOH ; O ; OEt ; O ; ≡ ; COOEt ; O

39. 下列鹵素化合物何者最合適利用 malonic ester synthesis 來製備 cyclopentanecarboxylic acid？

(A) 1-bromopentane　　(B) 1,4-dibromobutane

(C) bromocyclopentane　　(D) 1-bromobutane

《102慈濟-39》Ans：B

說明：

1.合成應用：(1) the synthesis of substituted acitic acids.

(2) two factors make such synthesis practical

(a) the methylene protons of β-diester are appreciably acidic and

(b) retro-ENE reaction----β-keto acid decarboxylation .

2. Ans:

EtO(C=O)CH₂(C=O)OEt —(2 eq) NaOEt / EtOH→ —Br(CH₂)₄Br→ 1,1-bis(ethoxycarbonyl)cyclopentane —H_3O^+, Δ (-2 EtOH) ($-CO_2$)→ cyclopentanecarboxylic acid

40. 那一個化合物進行水解反應的速率最快？

(A) cyclooctyl OTs　(B) OTs　(C) OTs　(D) OTs

《102慈濟-40》Ans：D

說明：

1.鄰助效應之相對反應速率 (relative reactivity)

※Anchimeric assistance：

鄰助基之 anchimeric assistance 為 S_N2-like process，從背面攻擊為適當之位向，故應為反式共平面之關係(Anti-periplanar relationship)，如此才具有鄰助效應

2.架橋中間體之環扭曲現象(ring size effect)

⇒ 六 ＞ 五 ＞ 四 ＞ 三圓環中間體之相對穩定性

3. Ans:

OTS ⇌(rds) oxonium intermediate ⇌ H_2O ($-H^{\oplus}$) OH

41. 核磁共振光譜圖中，何種數據最常用來區分 *trans*-3-chloropropenoic acid 和它的 *cis*-異構物？
(A) 化學位移　(B) 氫的數目　(C) 耦合常數　(D) 訊號的數目
《102慈濟-41》Ans：C

說明：

1.烯類化合物之幾何異構物依其 Spin-Spin coupling constant (J)

2. J_{trans} ＝ 15 Hz ＞ J_{cis} ＝ 10 Hz

3. Ans:

(R–C(H_a)=C(H_b)(H_c))

$$\Rightarrow \begin{aligned} J_{HaHb} &= J^{HH}_{cis} = 10Hz \\ J_{HaHc} &= J^{HH}_{trans} = 15Hz \\ J_{HbHc} &= J^{HH}_{gem} = 1\sim 3Hz \end{aligned}$$

釋疑：《102 慈濟-41》

化學位移會隨著氫的環境或溶劑而變動，但耦合常數的相對大小較固定，通常 *trans* 異構物的耦合常數比 *cis* 異構物的大，因此在氫核磁共振光譜中，常用耦合常數作為判斷含雙鍵化合物為 *trans* 或 *cis* 異構物。下表為常用參考數據。維持原答案。

Structure	J_{ab} (Hz)	J_{ab} Typical
trans (Ha, Hb)	12-18	15
cis (Ha, Hb)	0-12	8

42. (2*R*,3*S*)-tartaric acid 與(2*S*,3*R*)-tartaric acid 的關係為何？

(A) enantiomers　(B) diastereomers　(C) identical　(D) stereoisomers

《102慈濟-42》Ans：C

說明：

1.內消旋體(Meso-compound)：具有分子內鏡像者謂之(不具光學活性)。

e.g.

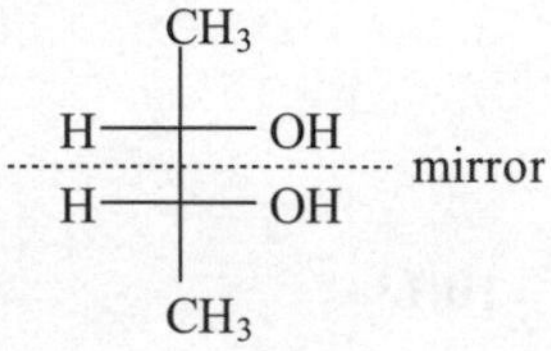

CH_3
H—+—OH
----------- mirror
H—+—OH
CH_3

2. Ans.

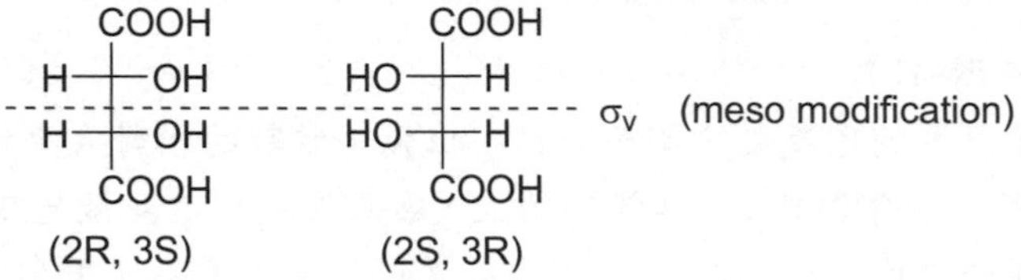

COOH / H—+—OH / H—+—OH / COOH (2R, 3S)

COOH / HO—+—H / HO—+—H / COOH (2S, 3R)

σ_v (meso modification)

43. 關於下列反應，那一個敘述正確？

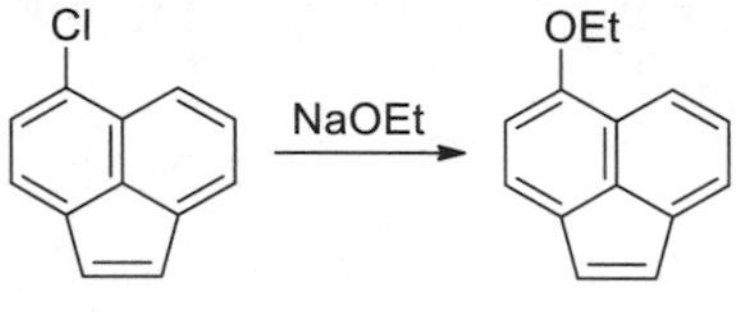

Cl (acenaphthylene) —NaOEt→ OEt (acenaphthylene)

(A) 進行 S_N2 反應　(B) 進行 S_N1 反應

(C) 進行 S_NAr 反應　(D) 經過苯炔(benzyne)的中間體

《102慈濟-43》Ans：C

說明：

1. S_N2Ar : Nucleophilic Aromatic Substitution , Bimolecular.

2. Ans:

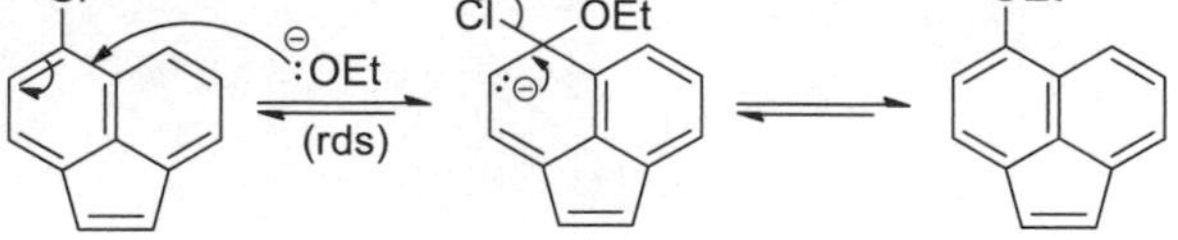

Cl + $^{\ominus}$:OEt ⇌ (rds) → Cl, OEt (anionic intermediate) ⇌ OEt

44. 下列反應產物的絕對立體組態為何？

(*S*)-1-chloro-3-methylhexane $\xrightarrow{LiAlH_4}$ (?)-3-methylhe

(A) *R* (B) *S* (C) Racemic mixture (D) 以上皆非

《102慈濟-44》Ans：A

說明：

1.**參考**：氫化金屬化合物(Metallic Hydride)還原反應生成物

表(二)官能基與鋰氫化鋁的反應活性(Reactivity of $LiAlH_4$)

反應性	官能基	產物
最高	—CHO	$-CH_2OH$
	>C=O	>CH–OH
	—COCl	$-CH_2OH$
	—CH–C— (epoxide, O)	$-CH_2-C(OH)-$
減遞	$-CO_2R$	$-CH_2OH$ + ROH
	$-CO_2H$ or $-CO_2^-Li^+$	$-CH_2OH$
	$-CO-NR_2$	$-CH_2-NR_2$
	—CO–NH–R	$-CH_2-NH-R$
	—C≡N	$-CH_2-NH_2$
	>C=NOH	$>CH-NH_2$
	$-C-NO_2$ (aliphatic)	$-C-NH_2$ and other products
最低	$-CH_2-O-SO_2-C_6H_5$ or	$-CH_3$
	$-CH_2Br$	
	$-CH-O-SO_2-C_6H_5$ or —CH–Br	$-CH_2$

2. Ans:

(S-form) —Cl $\xrightarrow[2.\ H_3O^+]{1.\ LAH}$ (R-form)

45. 下列反應的主要產物為何？

$CH_3C{\equiv}CCH_3 \xrightarrow{\text{HCl (1 molar equivalent)}}$ I + II

(A) I　　(B) II　　(C) I 和 II 各一半　　(D) 以上皆非

《102慈濟-45》Ans：A

說明：

1. the thermodynamically controlled process
2. Ans:

$H_3C-C{\equiv}C-CH_3 \overset{H^+}{\rightleftharpoons}$ $H_3C-CH{=}C^{+}-CH_3$ $\xrightarrow{:Cl^{\ominus}}$ II (動控產物)

$\xrightarrow{:Cl^{\ominus}}$ I (熱控產物)

46. 下列化合物中所標示的氫，何者的酸性最強？

(A) H_a　　(B) H_b　　(C) H_c　　(D) H_d

《102慈濟-46》Ans：A

說明：

1.※酸性強度(Acidity)：(化學性質)

影響酸性度之因素有四：

(a) The strength of the H-A bond.
(b) The electronegativity of A atom.
(c) The factors stabilizing conjugated base ($A:^-$) compared with HA.
(d) The nature of solvent.

2.相對酸性度：(Acidity)

$HOOC(CH_2)_nCOOH$ ＞ RCOOH ＞ phOH ＞ H_2O ＞ ROH ＞ RC≡CH ＞ NH_3 ＞ H_2 ＞RH

3.相對鹼性度：(Basicity)

$HOOC(CH_2)_nCOO:^-$ ＜ $RCOO:^-$ ＜ ph–$O:^-$ ＜ $^-:OH$ ＜ RO^- ＜ RC≡$C:^-$ ＜ $^-:NH_2$ ＜ $H:^-$ ＜ $R:^-$

Ex. Which of the marked protons of the following compound is the most acidic?

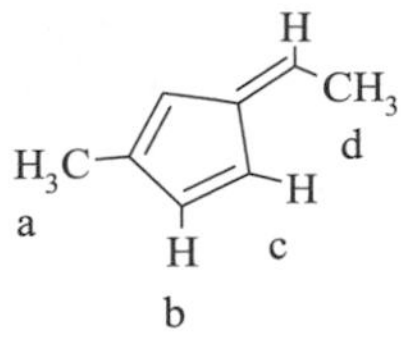

(A) a (B) b (C) c (D) d

Ans : (D)

4. Ans:

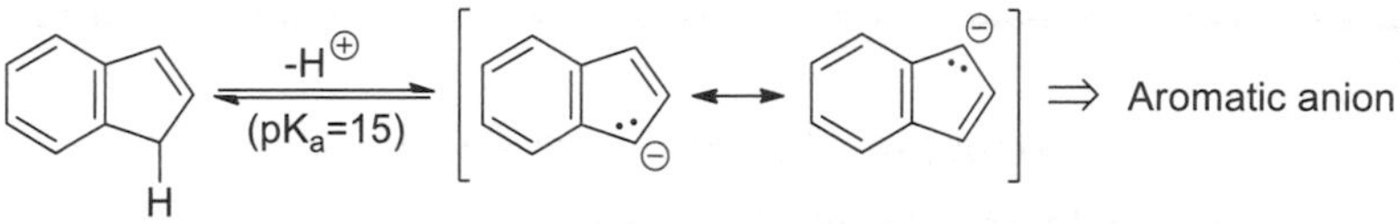

$\xrightarrow[(pK_a=15)]{-H^{\oplus}}$ ⟹ Aromatic anion

47. 那一個化合物的氫核磁共振光譜，較有可能出現化學位移約在−3.00 ppm 的位置？

(A) 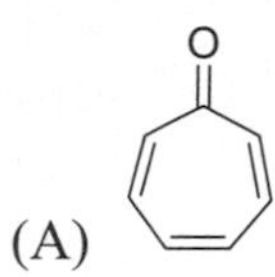 (B) 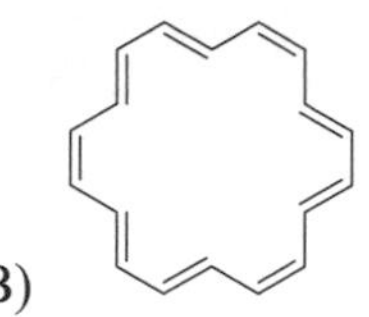 (C)  (D)

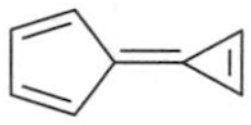

《102慈濟-47》Ans：B

說明：

1.※核磁共振光譜證據：

2. ^{1}H-NMR (9.35 ppm，12H，S)：順磁性遮蔽效應(paramagnetic shielding effect)

3. ^{1}H-NMR (-3.00 ppm，6H，S)：逆磁性遮蔽效應(diamagnetic shielding effect)

48. 那一個烯類化合物進行臭氧反應(ozonolysis)的速率最快？

(A) 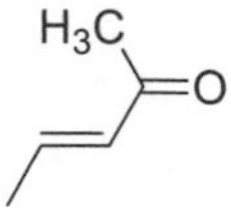 (B) 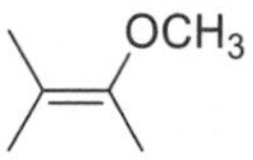 (C) 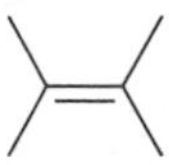 (D)

《102慈濟-48》Ans：B

說明：

1.※臭氧為親電子試劑，對於烯類化合物親電子加成反應之相對速率與給電子取代基之數目成正比例關係，如下：

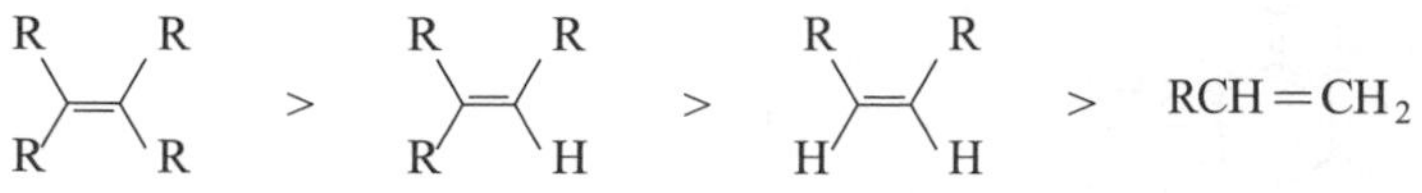

$R_2C=CR_2 > R_2C=CHR > RCH=CHR > RCH=CH_2$

2. Ans:

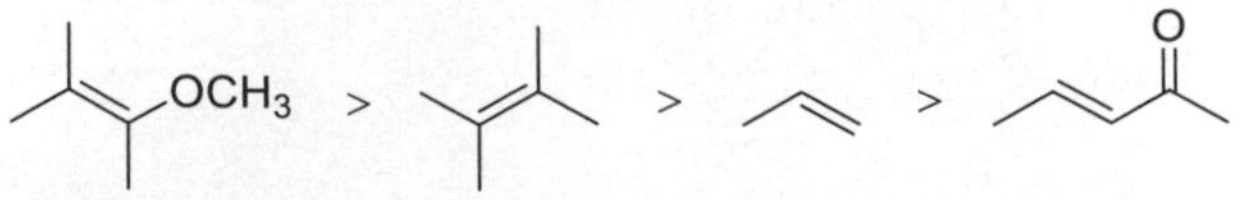

49. 18-Crown-6 皇冠醚(crown ether)與下列那一個陽離子的結合能力最強？

(A) Li^+ (B) Na^+ (C) K^+ (D) Cs^+

《102慈濟-49》Ans：C

說明：

1. K^+ ⇒ 18-crown-6 ether 結合能力最強。
2. Na^+ ⇒ 15-crown-5 ether 結合能力最強。
3. Li^+ ⇒ 12-crown-4 ether 結合能力最強。

50. 下列反應的主產物為何？

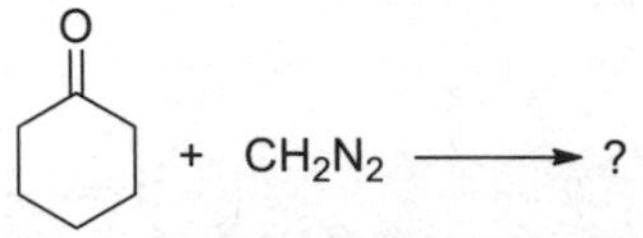

+ CH_2N_2 ⟶ ?

(A) 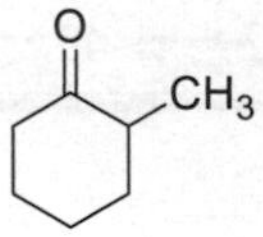 (B) 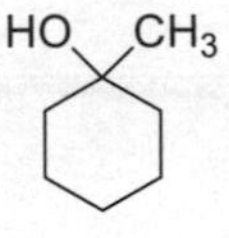 (C) 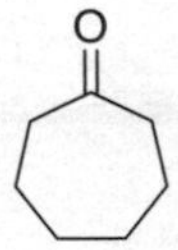 (D) 以上皆非

《102慈濟-50》Ans：C

說明：

1. Favorsky reaction

⇒ 比較：

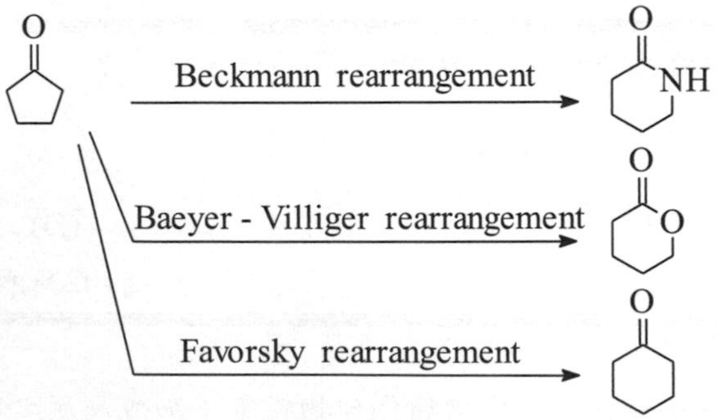

Beckmann rearrangement

Baeyer - Villiger rearrangement

Favorsky rearrangement

2. Ans:

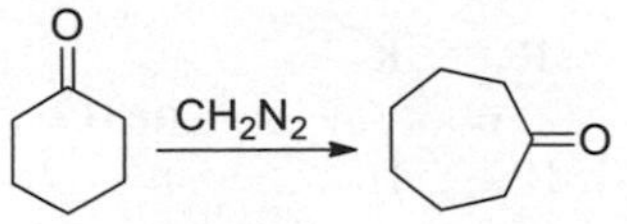

CH_2N_2

義守大學102學年度學士後中醫學化學試題暨詳解

化學 試題 **有機：林智老師解析**

01. 依據價鍵理論，FNO之中心原子之混成軌域為下列那種型式？
(A) sp (B) sp^2 (C) sp^3 (D) dsp^3
《102義守-01》Ans：B

02. 下列分子或離子中(CN^-, NO^-, O_2^-, B_2)，有多少個為順磁性(paramagnetic)?
(A) 0 (B) 1 (C) 2 (D) 3
《102義守-02》Ans：D

03. $(CH_3)_2NNH_2$與N_2O_4混合，可作為太空船的燃料，反應過程中產生$N_{2(g)}$，$CO_{2(g)}$，$H_2O_{(g)}$，並釋出大量的能量，若反應程式如下：
$(CH_3)_2NNH_2 + N_2O_4 \rightarrow N_{2(g)} + CO_{2(g)} + H_2O_{(g)}$（未平衡），
則此反應的均衡係數總和是多少？
(A) 9 (B) 10 (C) 11 (D) 12
《102義守-03》Ans：D

04. 在酸鹼滴定反應，$H_3PO_4 + 2NaOH \rightarrow Na_2HPO_4 + 2H_2O$中，$H_3PO_4$之克當量為多少？(H=1.0, P=31.0, O=16.0)
(A) 98.0 克 (B) 93.0 克 (C) 49.0 克 (D) 32.7 克
《102義守-04》Ans：C

05. 某食物中所含氮的質量，為其所含蛋白質總質量的16 %，現有食物1.000克，當完全分解時產生的氨共17毫克，問此食物中蛋白質的重量百分比為若干？(N = 14)
(A) 8.75% (B) 17.5% (C) 26.2% (D) 87.5%
《102義守-05》Ans：A

06. 溴和烷起取代反應，產生一種單取代的溴化合物，其溴含量為58.4 %，則該溴化合物之異構物可能有幾種？ (Br = 80)

(A) 2 種　　(B) 3 種　　(C) 4 種　　(D) 5 種

《102義守-06》Ans:義守答案為(C)，但正確為(D)

說明：

1. $\frac{80\,{}^{g}\!/_{mol}}{Mw({}^{g}\!/_{mol})}\times 100\% = 58.4\%$　　$\therefore$ $Mw = 137\,{}^{g}\!/_{mol}$

2. $C_nH_{2n+1}Br$　代入求 n=4　　$\therefore$ 分子式為 $C_4H_9Br_1$

3. 本題含立體異構物應有 5 isomers

4. Ans:

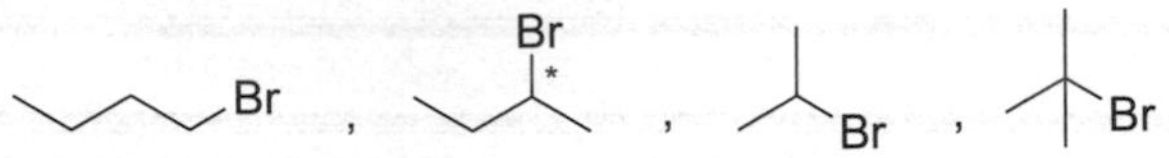

Br , Br* , Br , Br

5. 義守答案為(C)，但正確為(D)

釋疑：《102 義守-06》

依參考書目 1,2：異構物的定義為分子的組成成分一樣(包含原子種類與數目)，但原子間連接模式不一樣，此種異構物稱為結構異構物。立體異構物之定義為其分子組成成分一樣，原子間的連接模式也相同，但如有不對稱中心(asymmetric center)，則在此中心上的原子(基團)在空間的連接方位不同，此種結構異構物稱為立體異構物，是從一種具有不對稱中心的結構異構中衍生出來的，所以，以結構異構物之定義來說，此種因不對稱中心上原子(基團)在空間上的位置不同的兩種異構物應屬於同一種結構異構物。本題只問有幾種結構異構物，未指出有包含立體異構物在內。因此本題的正確答案是四種：

1-bromobutane

2-bromobutane (會有立體異構物)

1-bromo 2-methylpropane

2-bromo 2-methylpropane

參考書目：

1: E.N. Ramsden: A-Level Chemistry, 4th Edition, 2000, Page 562, 8.(a).

2: Ted Lister and Janet Ranshaw, New Understanding Chemistry For Advanced Level, 3rd Edition, 2000, Page 294, 2.(a).

維持原答案(C)

07. 拉塞福在1919年以α粒子($^{4}_{2}He$)撞擊氮原子核($^{14}_{7}N$)，產生核反應。若該反應中產生的兩種粒子，有一為氧原子核($^{17}_{8}O$)，則另一粒子為何？

(A) 電子 (B) 中子 (C) 質子 (D) α粒子

《102義守-07》Ans：C

08. 人類血液中的pH酸鹼值為7.4，則血液中的$[H^+]$濃度為多少？ (log2 = 0.3)

(A) 2×10^{-7} M (B) 4×10^{-7} M (C) 2×10^{-8} M (D) 4×10^{-8} M

《102義守-08》Ans：D

09. 在t °C下，反應：$H_{2(g)} + I_{2(g)} \rightleftharpoons 2HI_{(g)}$ 之平衡常數為64，在同溫下，$0.5\ H_{2(g)} + 0.5\ I_{2(g)} \rightleftharpoons HI_{(g)}$之平衡常數應為

(A) 8 (B) 16 (C) 32 (D) 64

《102義守-09》Ans：A

10. 將2 atm、1公升之O_2，1 atm、3公升之NH_3以及1.5 atm、4公升之HCl，共同置入2公升之容器內，則總壓力(atm)為：

(A) 5.6 (B) 4 (C) 2.5 (D) 1.5

《102義守-10》Ans：C

11. 下列多電子原子的副層(a)6s、(b)4f、(c)5p、(d)4s，依能量高低順序排列，那個正確？

(A) a>b>c>d (B) a>c>b>d (C) b>a>c>d (D) b>c>d>a

《102義守-11》Ans：C

12. 下列化合物酸強度之順序，何者正確？

a：CH_3CH_2OH b：H_3PO_4 c：C_6H_5OH d：H_2CO_3

(A) b>a>c>d (B) b>c>b>a (C) b>d>a>c (D) b>d>c>a

《102義守-12》Ans：D

說明：

1. (a) CH_3CH_2OH ⇒ (pKa ≅ 16)
   (b) H_3PO_4 ⇒ (pKa ≅ 3)
   (c) C_6H_5OH ⇒ (pKa ≅ 10)
   (d) H_2CO_3 ⇒ (pKa ≅ 6)
2. Ans:酸性度(Acidity)：b: H_3PO_4 > d: H_2CO_3 > c: C_6H_5OH > a: CH_3CH_2OH

釋疑：《102 義守-12》

原題目選項中，有最正確的答案選項，不影響選出最適當之答案。因此本題維持以(D)為正確答案。

13. 有一聚酯類化合物之NMR氫圖譜出現了a: RCH_3，b: RCH_2R，c: R_3CH的三個峰，以$(CH_3)_4Si$作為基準點則三個峰出現的化學位移δ(ppm)大小為何？
(A) a>b>c (B) a>c>b (C) b>a>c (D) c>b>a
《102義守-13》Ans：D

說明：

1. 本題有兩種可能，其中一者符合題意：
2. 其(一)：$\left[-\overset{O}{\overset{\|}{C}}-O-\underset{(c)}{\underset{|}{\overset{CH_3\,(a)}{CH}}}-\underset{(b)}{CH_2}-\right]_n$ ∴ (c) > (b) > (a) ⇒ Ans：(D)
3. 其(二)：$\left[-\overset{O}{\overset{\|}{C}}-O-CH_2-\overset{CH_3}{\overset{|}{CH}}-\right]_n$ ∴ (b) > (c) > (a) ⇒ Ans：no

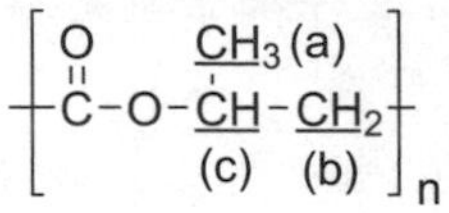

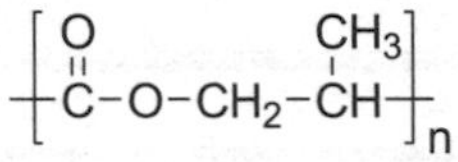

14. 某同分異構物A、B、C，其變化過程的反應式為：A→B + 35仟焦；B→C−15仟焦。則A、B、C三種異構物的位能關係圖為？

(A) 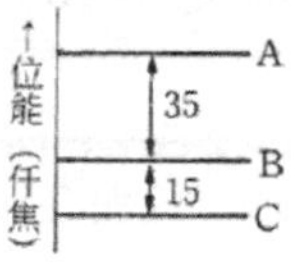 位能(仟焦)：A —35— B —15— C（由上而下）
(B) 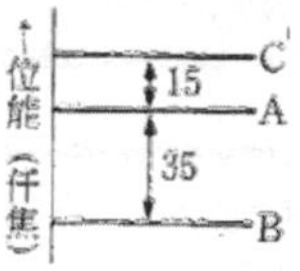 位能(仟焦)：C —15— A —35— B（由上而下）
(C) 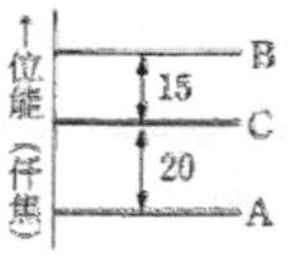 位能(仟焦)：B —15— C —20— A（由上而下）
(D) 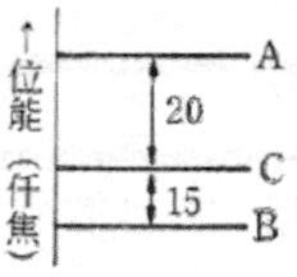 位能(仟焦)：A —20— C —15— B（由上而下）

《102義守-14》Ans：D

15. 根據八隅律(octet rule)的要求，下列化合物何者不可能產生？
a：NBr_4 b：H_3O c：PH_3 d：SCl_2
(A) a與b (B) a與c (C) b與c (D) c與d
《102義守-15》Ans：A

說明：

1.違反"八隅律"者有：NBr_4, H_3O

2.遵守"八隅律"者有：PH_3, SCl_2

3.Ans:

$H-\underset{H}{\underset{|}{\ddot{P}}}-H$ ； $:\ddot{\underset{..}{Cl}}-\ddot{\underset{..}{S}}-\ddot{\underset{..}{Cl}}:$

16. 在相同溫度下下列氣體，按平均溢散速率由大到小排列何者正確？

a：SF_6　　b：N_2O　　c：SO_2　　d：H_2

(A) a>d>c>b　　(B) b>a>d>c　　(C) c>b>a>d　　(D) d>b>c>a

《102義守-16》Ans：D

17. 在氯氣(Cl_2)和乙烷(ethane)的UV照光的反應中，下面哪一步反應是傳播步驟(propagation event)？

I. $Cl\cdot + CH_3{-}CH_3 \rightarrow CH_3{-}CH_3{-}Cl + H\cdot$

II. $Cl\cdot + CH_3{-}CH_3 \rightarrow CH_3{-}H_2C\cdot + HCl$

III. $Cl\cdot + CH_3{-}H_2C\cdot \rightarrow CH_3{-}CH_2{-}Cl$

IV. $Cl_2 + CH_3{-}H_2C\cdot \rightarrow CH_3{-}CH_2{-}Cl + Cl\cdot$

V. $Cl_2 + \text{UV light} \rightarrow Cl\cdot + Cl\cdot$

(A) I 與 IV　　(B) I 與 V　　(C) II 與 IV　　(D) II, III 與 IV

《102義守-17》Ans：C

說明：

1. The Free radical Substitution of alkane

Step 1. initiation:

$Cl{-}Cl \longrightarrow 2\,Cl\cdot$

Step 2. propagation

$CH_3{-}CH_2{-}H\ \ \cdot Cl \longrightarrow CH_3CH_2\cdot + HCl$

$CH_3CH_2\cdot + Cl{-}Cl \longrightarrow H_3CH_2C{-}Cl + \cdot Cl$

Step 3. inhibition

$CH_3CH_2Cl + \cdot Cl \longrightarrow CH_3CH_2\cdot + Cl_2$

Step 4. Termination

$Cl\cdot + \cdot Cl \longrightarrow Cl_2$

$CH_3CH_2\cdot + CH_3CH_2\cdot \longrightarrow CH_3CH_2{-}CH_2CH_3$

2.所以(II)與(IV)符合題意

18. 在下圖的結構中，哪一個組態(configurations)為正確？

H_3C　CH_3
CH
3　4
2　O　5　OCH_3
1

(A) (*4R*, *5R*)　　(B) (*4R*, *5S*)　　(C) (*4S*, *5R*)　　(D) (*4S*, *5S*)

《102義守-18》Ans：A

說明：

1. R-/S-configuration-----CIP rule
2. Ans: 立體組態為(4R, 5R)

19. 當碘烷(alkyl iodide)經過E2消去反應(E2 elimination)之後會有多少種不同的烯類產物？

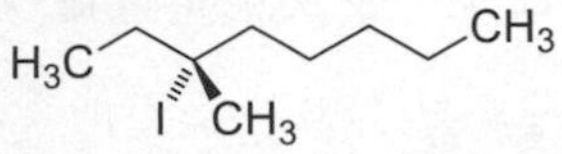

H_3C / I / CH_3 / CH_3

(A) 2　　(B) 3　　(C) 4　　(D) 5

《102義守-19》Ans：D

說明：

1.本題含幾何異構物有 5 isomers
2. Ans:

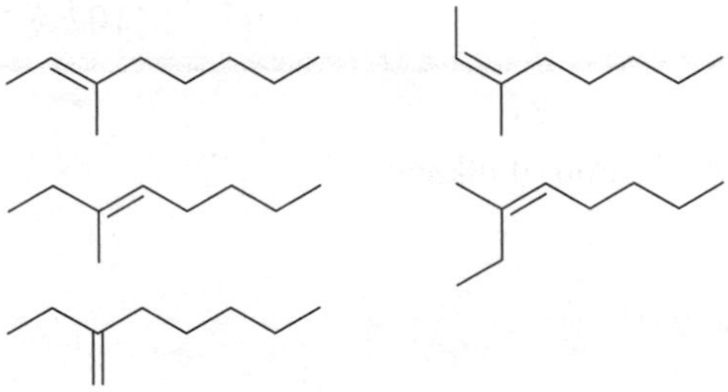

20. 預測此反應最有可能進行的反應機制為何？

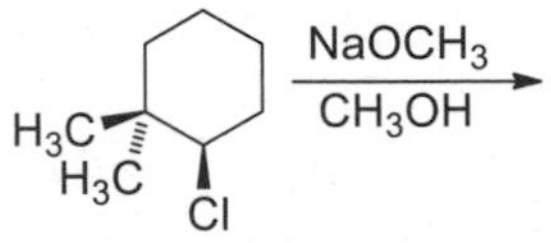

$NaOCH_3$ / CH_3OH / H_3C / H_3C / Cl

(A) S_N1　　(B) S_N2　　(C) E1　　(D) E2

《102義守-20》Ans：D

說明：

1.確認：二級離去基配合強鹼條件，應為 E2 mechanism
2. E2 反應為立體專一性(Stereospecific Anti elimination)
3. Ans:

⇒ 生成物為

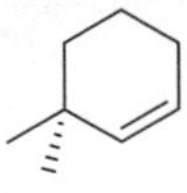

21. 分子式$C_8H_{11}N$，請問有多少個不飽和度(elements of unsaturation)？

(A) 1 (B) 2 (C) 3 (D) 4

《102義守-21》Ans：D

說明：

1. **DBE: Double Bond Equivalents (the number of unsaturation)**

⇒ the degree of unsaturation as

(A) for $C_aH_bO_cX_f$

$$\Rightarrow \text{DBE} = \frac{(2a+2)-(b+f)}{2}$$

(B) for $C_aH_bO_cN_d$

$$\Rightarrow \text{DBE} = \frac{(2a+2)-(b-d)}{2}$$

*where N is trivalent

2. Ans: ⇒ Double bond equivalent (DBE) = $\frac{[(2\times8)+2]-11+1}{2}=4$

22. 下列化合物被發現對治療疼痛和發炎有顯著療效，對於其羰基的親核性加成反應的反應性排序何者是正確的（由小到大）？

(A) 1 < 2 < 3 (B) 1 < 3 < 2 (C) 2 < 3 < 1 (D) 3 < 1 < 2

《102義守-22》Ans：C

說明：

1.親核性加成/取代反應之相對反應活性(Reactivity)

$R_2C{=}C{=}O$ (ketene) > $R{-}C(=O){-}Cl$ (Acid chloride) > $R{-}C(=O){-}O{-}C(=O){-}R'$ (Acid Anhydride) > $R{-}C(=O){-}OR'$ (ester) > $R{-}C(=O){-}NH_2$ (Amide)

2. Ans:

RC(=O)Cl > RC(=O)OC(=O)R > RC(=O)H > RC(=O)R > RC(=O)OR > RC(=O)NH₂

釋疑：《102 義守-22》

題目已載明此化合物中羰基(carbonyl moiety，C=O)的加成反應之反應性大小，親和性係指帶部分正電荷的羰基(C=O)的碳(partial positive charge on the carbon)對電子的親和力，由此種對電子親和力之大小來決定其反應性，所以此題題意並無錯誤。維持原答案(C)。

23. 利用濃硫酸將一種未知醇類脫水，得到下列三種烷類化合物。請推測這種未知醇類的可能結構。

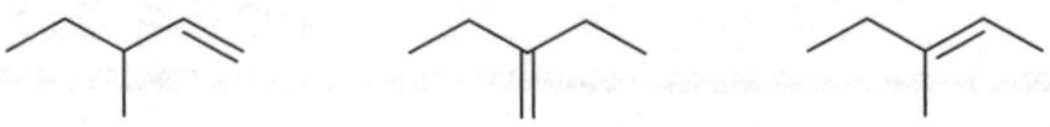

(A) 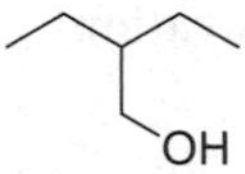 (B) 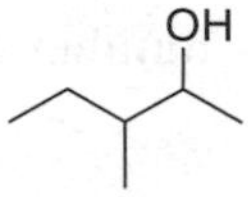 (C) 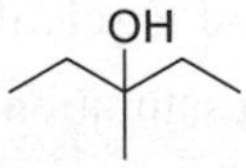 (D)

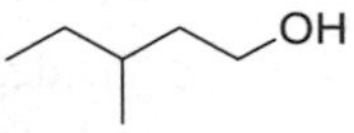

《102義守-23》Ans：B

說明：

1.碳陽離子重排反應(Rearrangement of Carbonium ion)-----1,2-shift
碳陽離子欲增加其穩定性，以便形成更穩定之碳離子中間體，此過程必須重新排列其結構(1,2-shift)。
(i.e. 1,2-hydride shift、1,2-alkyl shift、1,2-phenyl shift 等)。

2. E1CA reaction----- E1-rearrangement 之型態。

3. Ans:

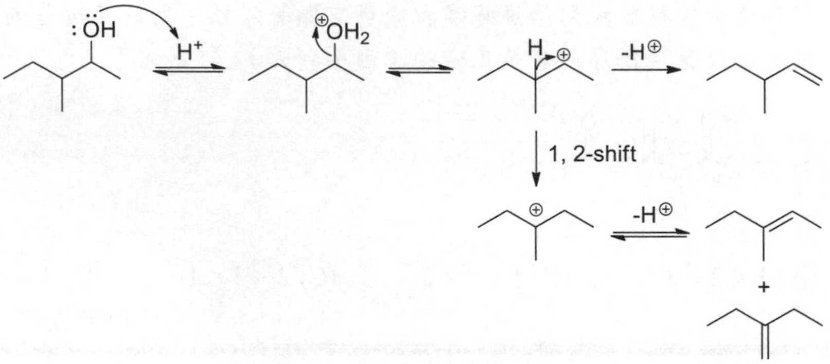

24. 下列何者為1,2-二溴-4硝基苯(1,2-dibromo-4-nitrobenzene)和氫氧化鈉加熱下進行親合性芳香烴取代反應(nucleophilic aromatic substitution reaction)的中間產物？

(A) 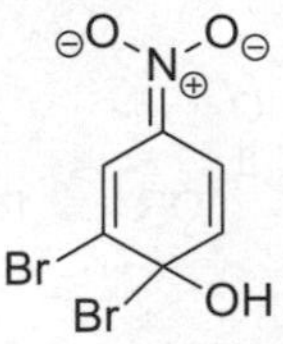 (B) 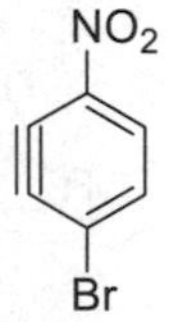 (C) 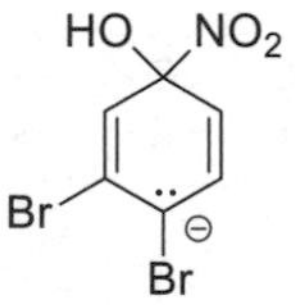 (D)

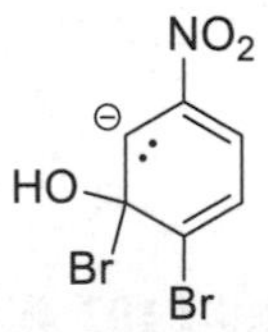

《102義守-24》Ans：A

說明：

1.親核性芳香族取代反應(二級反應)(Sn2Ar)之反應中間體描述
(Meisenheimer complex)

2. ortho-/para-director is favored.

3. Ans:

Br / Br / NO_2 ⇌ (^{-}OH, r.d.s) [Br, OH / Br / $O=N^{+}-O^{-}$ ⟷ Br, OH / Br / $O=N-O$ ⟷ Br, OH / Br / $^{\ominus}O-N-O$]

25. 某樣品的IR光譜在3050, 2950, and 1620 cm^{-1}有吸收，此樣品應為下列何種有機化合物？
(A) 烷類(alkane) (B) 烯類(alkene) (C) 炔類(alkyne) (D) 酯類(ester)
《102義守-25》Ans：B

說明：

1. IR Absorption frequency (v_{max} : cm^{-1})
   $v_{max\ (C=C)}$ 1620 cm^{-1} (Stretching vibration)
   $v_{max\ (C-H)}$ 3050, 2950 cm^{-1} (Stretching vibration)

2. Ans:(B) ⇒ 烯類(alkene)

26. 在與1,3-丁二烯的Diels-Alder反應中，下列哪個化合物是反應性最好的烯類(dienophile)？
(A) $CH_2=CHOCH_3$ (B) $CH_2=CHCHO$
(C) $CH_3CH=CHCH_3$ (D) $(CH_3)_2C=CH_2$
《102義守-26》Ans：B

說明：

1.親二烯基衍生物(Dienophile derivatives)
(a)拉電能力愈強者，相對反應活性越強。
ie. the relative ability of electron-withdrawing effect:

$$-\overset{O}{\overset{\|}{C}}-Cl > -\underset{O}{\underset{\|}{\overset{O}{\overset{\|}{S}}}}-R > -NO_2 > -\overset{O}{\overset{\|}{C}}-H(R) > -\overset{O}{\overset{\|}{C}}-OR > -CN$$

(b)拉電子取代基愈多者；相對反應活性愈強
(c)立體阻礙因素亦為影響反應活性之指標，例如(steric factor)
(d)角張力(Angle strain)減少；相對反應活性降低

cyclopropene > cyclopentene > norbornene > cyclohexene

2. Ans:(B) ⇒ $CH_2=CHCHO$

27. 下列哪個化合物吸收波長最長的紫外可見光？

(A) (*E*)-2-丁烯　(B) (*Z*)-2-丁烯　(C) (*Z*)-1,3-己二烯　(D) (*E*)-1,3,5-己三烯

《102義守-27》Ans：D

說明：

1. (table 1) Bathochromic shift caused by conjugation of double bonds

化合物	雙鍵數目	λ_{max}（nm）
Ethylene	1	174
1,3-Butadiene	2	217
1,3,5-Hexatriene	3	267
Vitamin A	5	325

(table 2)多烯化合物的最大吸收波長及吸收強度

polyene 化合物	λmax	A(1%, 1cm)
$CH_3(CH=CH)_3CH_3$	275	2800
$CH_3(CH=CH)_4CH_3$	310	6300
$CH_3(CH=CH)_5CH_3$	342	9000
$CH_3(CH=CH)_6CH_3$	380	9800

(table 3)Absorption data for two conjugated chromophores

共軛系統	舉例	λ_{max}（nm）	$\log\varepsilon_{max}$
—HC=CH—C=C—	1,3-Butadiene	217	4.3
—HC=CH—C≡C—	1-Butene-3-yne	208-241(f)	
—HC=CH—CH=O	Crotonaldehyde	220, 322	4.2, 1.5
O=CH—CH=O	Glyoxal	268	0.8
—HC=CH—C≡N	Acryronitrile	216	1.7

⇒雙鍵共軛愈多會有較長的吸收波長及較大的吸收強度。

2. Ans:

(*E*)-1,3,5-己三烯 ＞(*Z*)-1,3-己二烯 ＞(*E*)-2-丁烯 ＞(*Z*)-2-丁烯

⇒ [structure] > [structure] > [structure] > [structure]

28. 化合物的化學式為C_6H_{12}，進行酸催化水合反應(acid catalyzed hydration)(H_2SO_4/water/Δ)，得到外消旋混合物(racemate)產物$C_6H_{13}OH$。請問化合物結構可能是下列哪一個化合物？

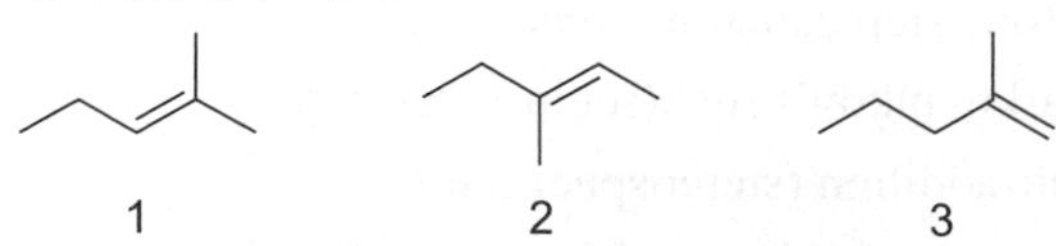

(A) 只有化合物 1　　(B) 化合物 2 和 3

(C) 只有化合物 2　　(D) 以上皆不是

《102義守-28》Ans：D

說明：

※直接水合反應------酸性催化水合反應 (acid-catalyzed hydration)

1.烯類雙鍵在酸性催化條件下進行水合反應，用來製備二級醇或三級醇。

(a) CH_2 $\xrightarrow[\text{r.t.}]{H_3O^+}$ CH_3 OH

(b)烯類化合物之水合反應與對應醇類化合物之脫水反應機構為可逆性反應。

(c)位向選擇性化學(regioselectivity)：遵守 Markovnikov's orientation。

(d)重排反應生成物(rearrangement)。

(e)外消旋化立體化學生成物----- (d / l)-racemate。

2. **Ans：**

1. $\xrightarrow[\Delta]{H_2SO_4,\ H_2O}$ OH , $[\alpha] = 0°$

2. $\xrightarrow[\Delta]{H_2SO_4,\ H_2O}$ OH , $[\alpha] = 0°$

3. $\xrightarrow[\Delta]{H_2SO_4,\ H_2O}$ OH , $[\alpha] = 0°$

4. all the above products are achiral molecules

29. 下列哪一種烯類在常溫下與Br_2/CCl_4反應會得到雙鹵素內消旋化合物(meso dihalide)？

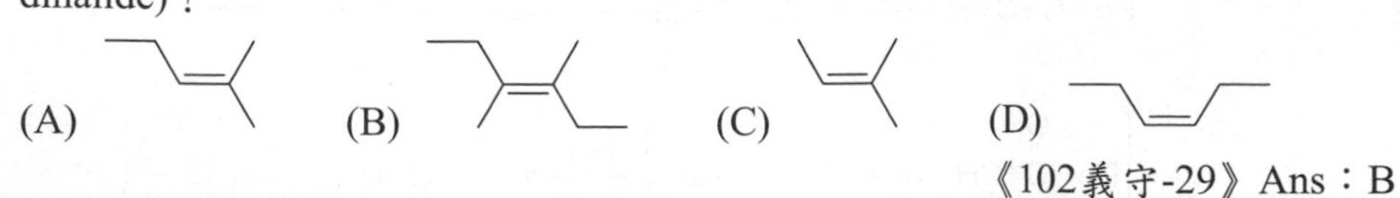

《102義守-29》Ans：B

說明：

1.反應機構(mechanism)：

⇒(1) Reagent : Br_2/CCl_4, room temperature.

(2) non- rearrangement (one step concerted reaction).

(3) Regiochemistry : Markovnikov's rule (regioselectivity).

(4) stereochemistry : Anti-addition (stereospecificity).

2. (Symmetry) ⇒Trans ＋ Anti-addition ⇒ Meso modification

3. Ans:

Br_2, CCl_4 → Br–C(CH_2CH_3)(CH_3)–C(CH_3)(CH_2CH_3)–Br (meso)

30. 下列酸催化水合反應(acid/catalyzed hydration reaction)的主要產物為何？

H_2O, $HgSO_4$ / H_2SO_4

(A) (B) HO (C) O (D) OH

《102義守-30》Ans：C

說明：

1.炔類化合物經由氧汞化反應(Oxymercuration)間接水解成烯醇化合物，此水分子加成反應之位向遵守 Markovnikov's rule。

e.g.

$$PhC\equiv CH \xrightarrow[H_2O]{HgSO_4,\ H_2SO_4} Ph-\overset{O}{\overset{\|}{C}}-CH_3 + PhCH_2\overset{O}{\overset{\|}{C}}H$$

(Don't find)

2.Ans:

H_2O, $HgSO_4$ / H_2SO_4

3.反應機構如下：

$$Ph-C\equiv C-H \xrightarrow{Hg^{2+}} Ph-\overset{+}{C}=\underset{Hg^+}{CH} \xrightarrow{H_2\ddot{O}} Ph-\overset{\oplus OH_2}{C}=\underset{Hg^+}{CH} \underset{}{\overset{-H^+}{\rightleftharpoons}}$$

$$\left[Ph-\overset{OH}{C}=\underset{Hg^+}{CH} \rightleftharpoons Ph-\overset{O}{\overset{\|}{C}}-\underset{Hg^+}{CH_2}\right] \xrightarrow[\text{水解}]{H_2O} Ph-\overset{O}{\overset{\|}{C}}-CH_3$$

31. 下列哪種鹵烷類最適合用來合成格林納試劑(Grignard reagent)？

(A) $BrCH_2CH_2CH_2CN$　　(B) $CH_3COCH_2CH_2Br$

(C) $(CH_3)_2NCH_2CH_2Br$　　(D) $H_2NCH_2CH_2Br$

《102義守-31》Ans：C

說明：

1. **Limitations of the Grignard Reagent**

Br-C₆H₄-G —(Mg / Dried ether (Dried THF))→ MgBr-C₆H₄-G

$$\text{G-C}_6\text{H}_4\text{-Br} \xrightarrow[\text{Dried ether (Dried THF)}]{\text{Mg}} \text{G-C}_6\text{H}_4\text{-MgBr}$$

(1) Any compounds containing hydrogen attached to an electronegative element .

Because : there are acidic enough to decompose a Grignard Reagent.

e.g.1

$R-\overset{O}{\overset{\|}{C}}-OH$; $R-OH$; $R-NH_2$; $R-SO_3H$ …… etc

(2) A Grignard reagent reacts with O_2 and CO_2

e.g.2 $RMgX + O_2 \longrightarrow ROOMgX$

e.g.3 $RMgX + CO_2 \longrightarrow R-\overset{O}{\overset{\|}{C}}-OMgX$

(3) React with nearly every organic compounds containing a carbon-oxygen or carbon-nitrogen multiple bond .

e.g.4

$-\overset{O}{\overset{\|}{C}}-H(R')$, $-C\equiv N$, $-\overset{O}{\overset{\|}{C}}-OR$, $-\overset{O}{\overset{\|}{C}}-NR_2$, $-NO_2$

2. Ans: (C) ⇒ $(CH_3)_2NCH_2CH_2Br$

32. 下列各組物質之電子組態完全相同者為？

(A) O^{2-}, F^-, Ne, Mg^{2+}　　(B) F^-, Na, Mg^{2+}, Al^{3+}

(C) Cl^-, O^{2-}, Na^+, Mg^{2+}　　(D) Cl^-, Ar, K^+, Ca^+

《102義守-32》Ans：A

33. 已知$Mn + Zn^{2+} \rightarrow Zn + Mn^{2+}$，$Fe + Co^{2+} \rightarrow Fe^{2+} + Co$，又Fe和$Zn^{2+}$不發生反應，則下列何者正確？

(A) 氧化力：$Co^{2+} > Fe^{2+} > Zn^{2+}$　(B) 還原力：Zn > Co > Fe

(C) 氧化力：$Zn^{2+} > Fe^{2+} > Co^{2+}$　(D) 還原力：Fe > Co > Zn

《102義守-33》Ans：A

34. 下列何者為最終產物？

$$C_6H_5CH_2CONH_2 \xrightarrow[\text{heat}]{P_4O_{10}} \xrightarrow[\text{ii. } H_3O^+]{\text{i. } CH_3MgI,\ Et_2O} ?$$

(A) $C_6H_5CH_2CO_2CH_3$　(B) $C_6H_5CH_2CH_2NHCH_3$

(C) $C_6H_5CH_2COCH_3$　(D) $C_6H_5CH_2CH(CH_3)CN$

《102義守-34》Ans：C

說明：

1.製備氰化物之方法常見者有三：

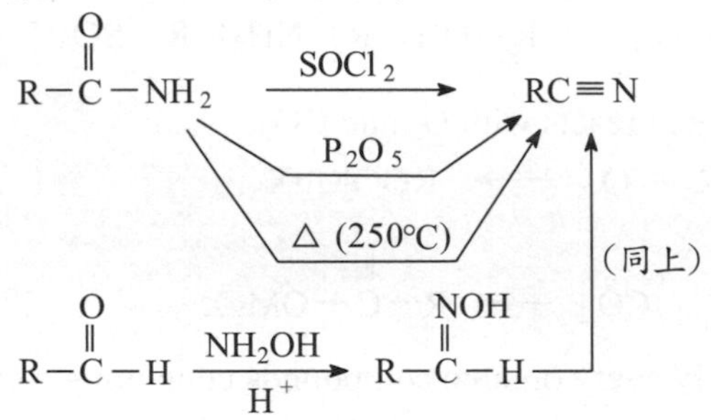

e.g.

$$CH_3COOH \xrightarrow[\text{pyr.}]{SOCl_2} \underset{\underset{\sim}{G}}{CH_3COCl} \xrightarrow{NH_3} \underset{\underset{\sim}{H}}{CH_3CONH_2} \xrightarrow{P_2O_5} \underset{\underset{\sim}{I}}{CH_3-C\equiv N}$$

2.反應生成醛(酮)類化合物：使用等當量 Grignard 試劑。

$$RMgX + R'-C\equiv N \longrightarrow R'-\overset{NMgX}{\overset{\|}{C}}-R \xrightarrow[H\ O]{H^{\oplus}} R'-\overset{O}{\overset{\|}{C}}-R$$

3. Ans:

$$C_6H_5CH_2CONH_2 \xrightarrow[\text{heat}]{P_4O_{10}} \xrightarrow[\text{ii. } H_3O^+]{\text{i. } CH_3MgI,\ Et_2O} C_6H_5CH_2COCH_3$$

35.下列那些為狀態函數？

(A) 功、熱　　(B) 熱焓量、能量

(C) 功、熱、熱焓量　　(D) 功、熱、熱焓量、能量

《102義守-35》Ans：B

36. 在自由基氯化$(CH_3)_3CCH_2CH_3$的反應中，1° : 2° : 3°氫的相對反應速率為1 : 3.8 : 5.0.，而以下三個氯化的產物中相對百分比為多少？

A: $ClCH_2C(CH_3)_2CH_2CH_3$ ； B: $(CH_3)_3CCHClCH_3$ ； C: $(CH_3)_3CCH_2CH_2Cl$

(A) A : 50.1%；B : 30.0%；C : 19.9%

(B) A : 45.9%；B : 38.8%；C : 15.3%

(C) A : 50.5%；B : 25.6%；C : 19.9%

(D) A : 45.0%；B : 35.5%；C : 19.5%

《102義守-36》Ans：B

說明：

1. (1)氯化反應之相對反應速率：

$3^o - H : 2^o - H : 1^o - H = 5.0 : 3.8 : 1.0$。

(2)溴化反應之相對反應速率：

$3^o - H : 2^o - H : 1^o - H = 1600 : 82 : 1.0$。

(3)預測烷類化合物中不同位向鹵烷異構物之產物比例(product ratio)：可應用相同的原則(當溫度，濃度維持固定時，反應速率受影響的因素有二：機率因素與能量因素)。如下

2.Ans:

$$A : B : C = (1 \times 9) : (3.8 \times 2) : (1 \times 3)$$
$$= 9 : 7.6 : 3$$
$$= 45.9\% : 38.8\% : 15.3\%$$

37. 毒扁豆鹼(Physostigmine)被用來治療青光眼，因為結構的關係，原子_____是最強的鹼性，然而原子_____是最弱的鹼性。

2 CH_3 H_3C N N 1 3 O O $NHCH_3$ 4

(A) 1 (最鹼), 4 (最弱鹼)　(B) 1 (最鹼), 3 (最弱鹼)

(C) 2 (最鹼), 3 (最弱鹼)　(D) 2 (最鹼), 4 (最弱鹼)

《102義守-37》Ans：A

說明：

1.※鹼性度大小(the order of basicity of amines)

(a)

$R_3N > R_2NH > RNH_2 > NH_3 >$ $C_6H_5NR_2$ $>$ C_6H_5NHR $>$ $C_6H_5NH_2$

(b)

$> R-C(=O)-NR_2 > R-C(=O)-NHR > R-C(=O)-NH_2 > R-C(=O)-NH-C(=O)-R \gtrsim$ phthalimide (NH)

(c)

$> R-S(=O)-NH_2 > R-S(=O)_2-NH_2$

2.Ans: $\Rightarrow$ 1 > 2 > 3 > 4

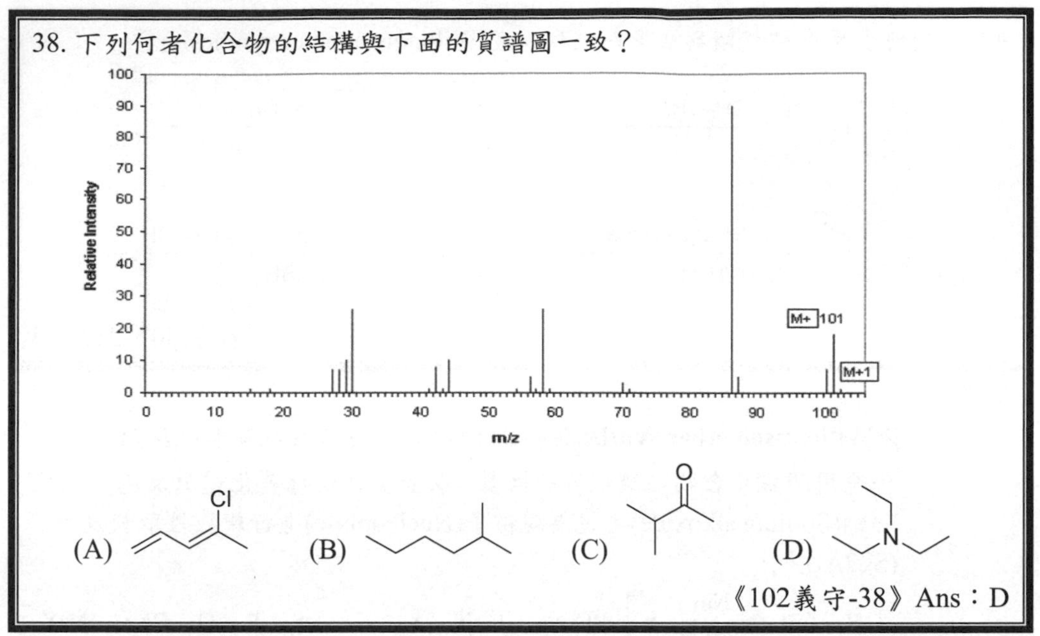

說明：

1. 質譜圖(Mass spectrum)-----element analysis
2. Ans: ⇒ (Nitrogen rule)

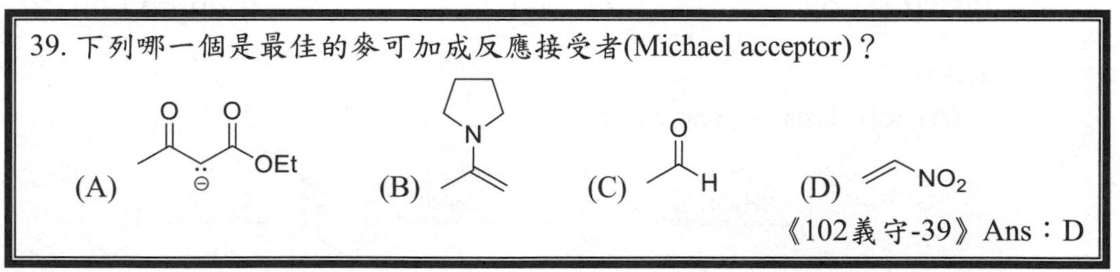

39. 下列哪一個是最佳的麥可加成反應接受者(Michael acceptor)？
O
O
OEt
N
O
H
NO2
(A)
(B)
(C)
(D)
《102義守-39》Ans：D

說明：

1. 定義：親核性試劑(nucleophile)與 α,β-unsaturated carbonyl compound 進行 conjugated addition，此反應稱為：Michael addition
2. Ans: ⇒ (Michael acceptor)

   i.e α,β-unsaturated Aldehyde / Ketone / Nitrile / Nitro groups

40. 下列何者反應被歸類為威廉斯醚類和成(Williamson ether synthesis)？

(A) 環己基甲基碘 $\xrightarrow{CH_3OH/\Delta}$

(B) 環己醇 $\xrightarrow[2.\ CH_3CH_2I]{1.\ Na}$

(C) 環己酮 $\xrightarrow[2.\ H^+/H_2O]{1.\ CH_3MgBr/ether}$

(D) 環己烯 $\xrightarrow[2.\ NaBH_4]{1.\ Hg(OAc)_2/CH_3OH}$

《102義守-40》Ans：B

說明：

1.**※Williamson ether synthesis--- S_N2Al (二級親核性烷基取代反應)**

係應用醇類化合物之酸性質子性質，以金屬鈉進行氧化還原反應得到烷醇鈉(Sodium alkoxide)，視為親核子(Nucleophile)進行親核性取代反應(S_N2Al)。

$$\left[\ R-OH \xrightarrow[NaNH_2]{Na_{(s)}}\ \right] RO^-Na^+ + R'-X \longrightarrow R-O-R' + NaX$$

※ X = –Cl、–Br、–I、–OSO$_2$R” (i.e. –OTs, –OMs, –OBs……etc.)

e.g.

$$CH_3CH_2CH_2OH \xrightarrow{Na_{(s)}} CH_3CH_2CH_2O^-Na^+ \xrightarrow{CH_3CH_2I} CH_3CH_2CH_2OCH_2CH_3$$

2. Ans:

(A) Solvolysis － rearrangement

(B) Williamson ether synthesis

(C) Grignard (reaqent) reaction

(D) Oxymercuration-demercuration

41. 請排列下列分子的pKa大小之順序（從最小到最大）。

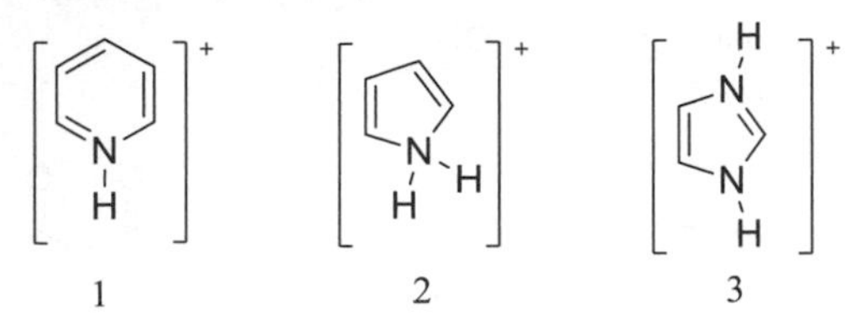

(A) 1 < 2 < 3　　(B) 2 < 1 < 3　　(C) 3 < 1 < 2　　(D) 3 < 2 < 1

《102義守-41》Ans：B

說明：

1.※鹼性度大小(the order of basicity of amines)

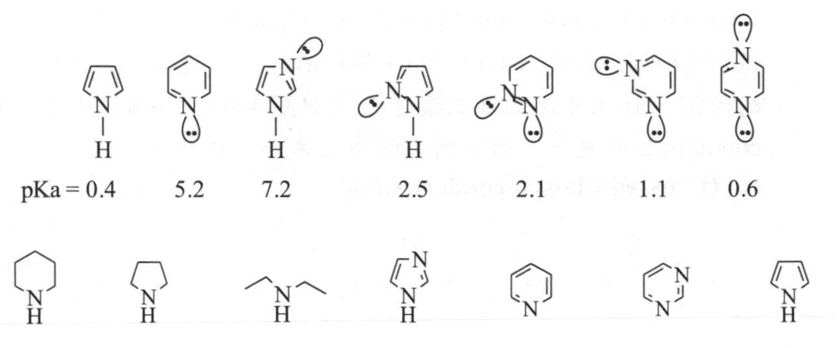

K_b: 1.6×10^{-3}　1.3×10^{-3}　9.6×10^{-4}　1.6×10^{-8}　1.7×10^{-9}　5.6×10^{-12}　2.5×10^{-14}

2. the conjugated acid-base concept：

⇒ the more strong base is,the more weak conjugated acid

3. Ans: (B)　⇒　2 < 1 < 3

(pK_a)　(7.2) > (5.2) > (0.4)

(Basicity)　imidazole > pyridine > pyrrole

(Acidity)　< <

42. 何者是下列反應之主要產物？

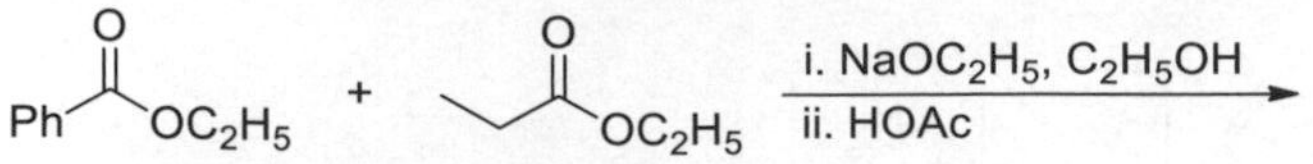

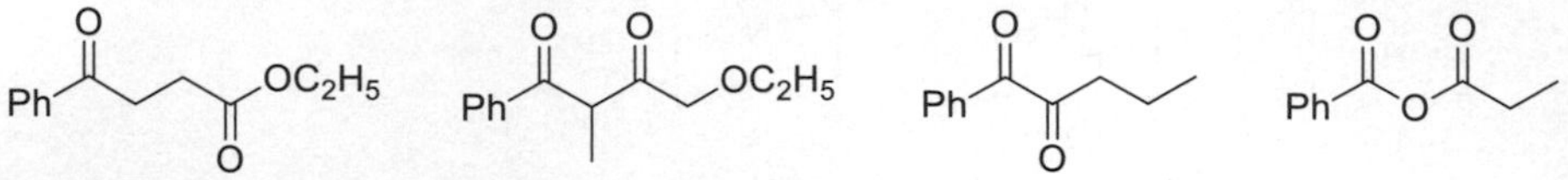

Ph–C(=O)–OC$_2$H$_5$ + CH$_3$CH$_2$C(=O)OC$_2$H$_5$ $\xrightarrow[\text{ii. HOAc}]{\text{i. NaOC}_2\text{H}_5\text{, C}_2\text{H}_5\text{OH}}$

I　　II　　III　　IV

(A) I　(B) II　(C) III　(D) IV

《102義守-42》Ans：B

說明：

1.※**Crossed Claisen condensation**：Crossed Aldol condensation 相似
將 phCOOEt 溶於 NaOEt/EtOH 飽和溶液中，逐滴滴入 CH_3COOEt 之乙醇溶液。如此可以保持低濃度之 $^{\ominus}CH_2COOEt$，避免 self-Claisen condensation.競爭，而得到高收率之單一生成物。

e.g.(Crossed Claisen condensation)　　【清大】

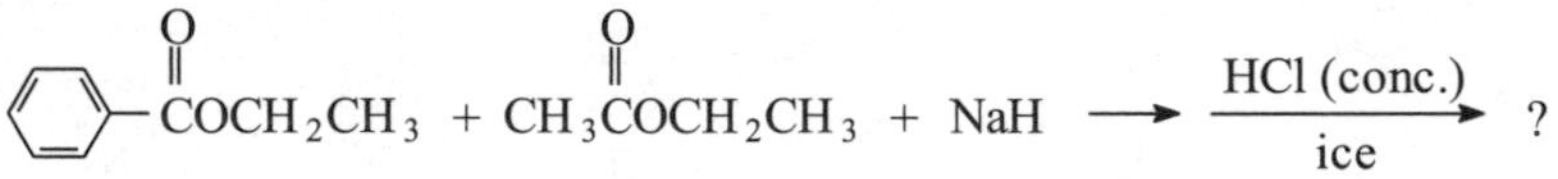

$$C_6H_5COCH_2CH_3 + CH_3COCH_2CH_3 + NaH \longrightarrow \xrightarrow[\text{ice}]{\text{HCl (conc.)}} ?$$

2. Ans:

EtC(=O)OEt $\xrightarrow[\text{EtOH}]{\text{NaOEt}}$ enolate + PhC(=O)OEt $\xrightarrow{(S_N2Ac)}$ PhC(=O)CH$_2$C(=O)OEt

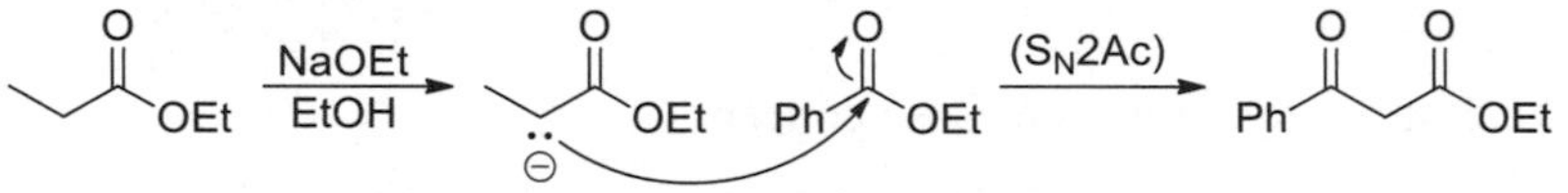

43. 下列反應的主要產物為何？

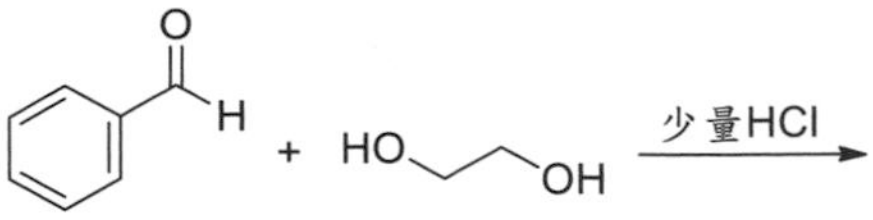

少量HCl

(A)

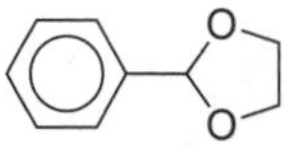

(B)

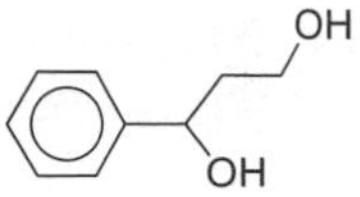

(C)

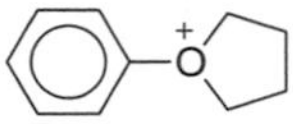

(D)

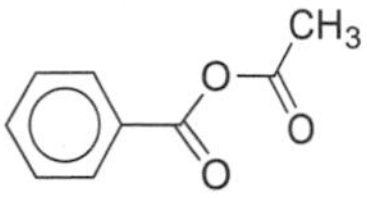

《102義守-43》Ans：A

說明：

1.環縮醛(酮)與環硫縮醛(酮)(cyclic ketal and cyclic thioketal)

e.g.

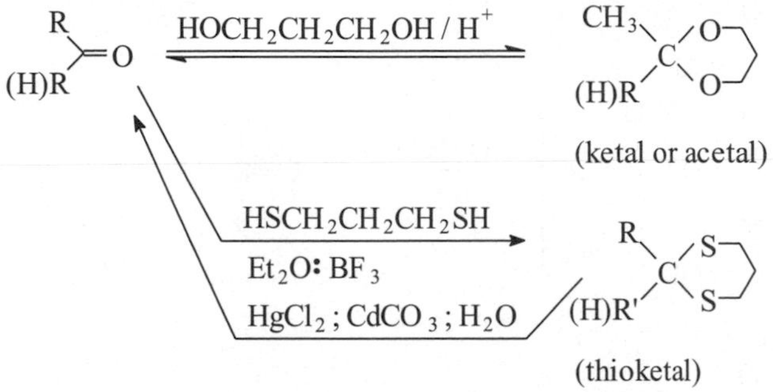

$HOCH_2CH_2CH_2OH / H^+$

(ketal or acetal)

$HSCH_2CH_2CH_2SH$

$Et_2O: BF_3$

$HgCl_2$; $CdCO_3$; H_2O

(thioketal)

2. Ans:

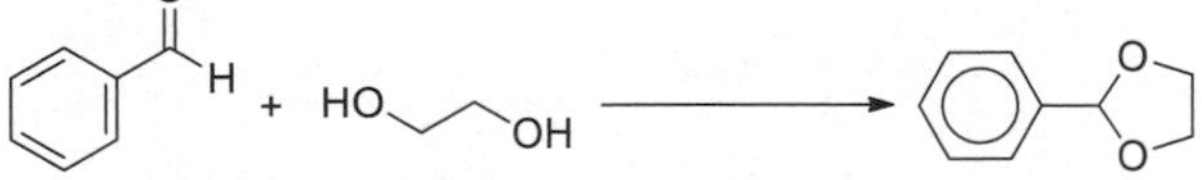

44. 何者為下列反應的主要產物？

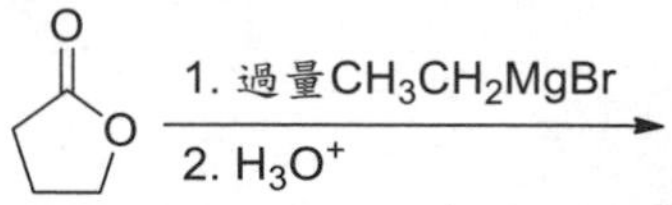

1. 過量 CH_3CH_2MgBr
2. H_3O^+

(A) 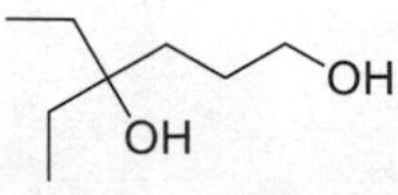 OH OH

(B) 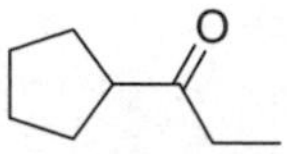 O

(C) 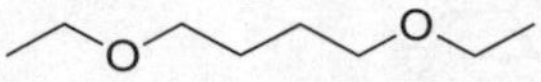 O O

(D) 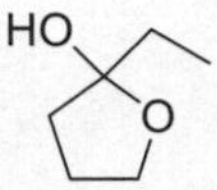 HO O

《102義守-44》Ans：A

說明：

1.與酸之衍反應：反應生成三級醇類化合物

反應生成醇類化合物：使用二當量之 Grignard 試劑。

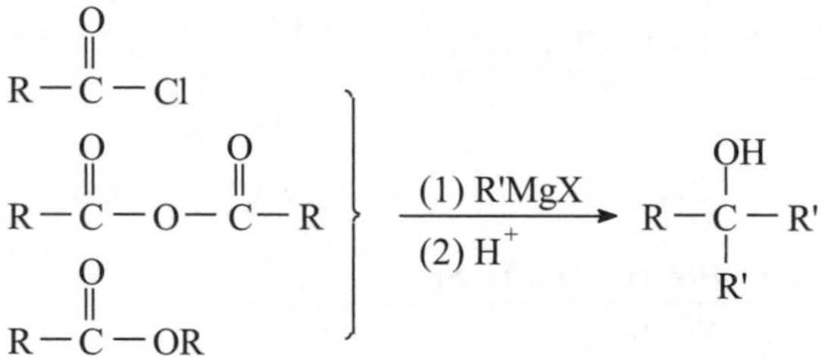

$$\left.\begin{array}{l} R-\overset{\overset{\displaystyle O}{\|}}{C}-Cl \\ R-\overset{\overset{\displaystyle O}{\|}}{C}-O-\overset{\overset{\displaystyle O}{\|}}{C}-R \\ R-\overset{\overset{\displaystyle O}{\|}}{C}-OR \end{array}\right\} \xrightarrow[\text{(2) } H^+]{\text{(1) } R'MgX} R-\underset{\underset{\displaystyle R'}{|}}{\overset{\overset{\displaystyle OH}{|}}{C}}-R'$$

2. Ans:

1. 過量 CH_3CH_2MgBr
2. H_3O^+

OH OH

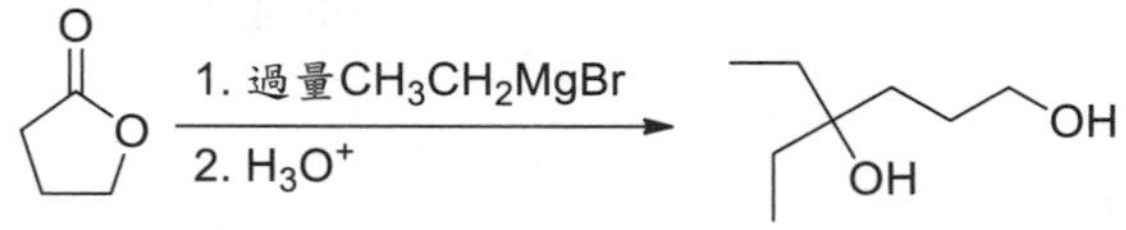

45. 根據下列的反應，最終產物(F)會是下列選項的哪一個？

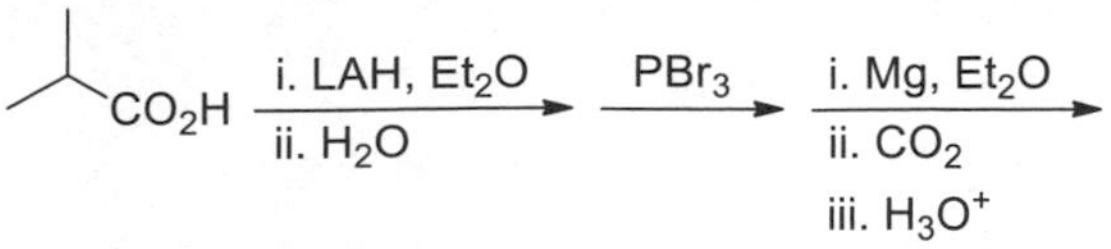

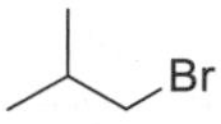

(isobutyric acid) $\xrightarrow[\text{ii. } H_2O]{\text{i. LAH, } Et_2O}$ $\xrightarrow{PBr_3}$ $\xrightarrow[\text{ii. } CO_2 \text{ iii. } H_3O^+]{\text{i. Mg, } Et_2O}$

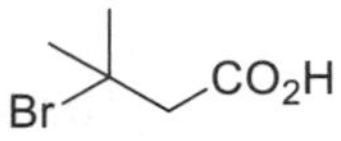

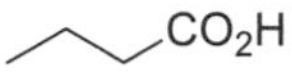

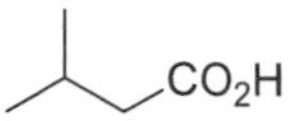

I: (1-bromo-2-methylpropane, Br)　II: (Br, CO_2H)　III: (CO_2H)　IV: (CO_2H)

(A) I　　(B) II　　(C) III　　(D) IV

《102義守-45》Ans：D

說明：

1.**※鋰氫化鋁(Lithium Alummiun Hydride ; LiA1H$_4$ ＝ LAH)**

(1)還原反應較激烈，除醛、酮化合物外，如 acid, ester, amide, nitrile 及 nitro group 均可被還原；

e.g.1

RCOOH → RCH_2OH

(2)The acid which could be prepared from an organic by carboxylation of the Grignard reagent

e.g.2

$$RBr \xrightarrow{Mg} RMgBr \xrightarrow{CO_2} \xrightarrow{H^+} R-\overset{\overset{O}{\|}}{C}-OH$$

$$RBr \xrightarrow{Li} RLi \xrightarrow{CO_2} \xrightarrow{H^+} R-\overset{\overset{O}{\|}}{C}-OH$$

2. Ans:

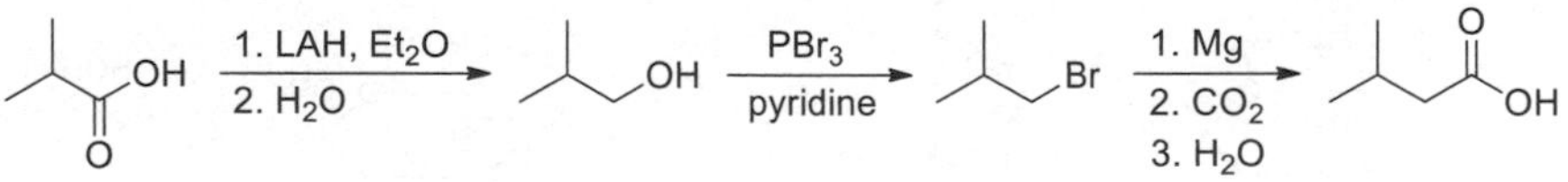

(isobutyric acid, OH, O) $\xrightarrow[\text{2. } H_2O]{\text{1. LAH, } Et_2O}$ (OH) $\xrightarrow[\text{pyridine}]{PBr_3}$ (Br) $\xrightarrow[\text{2. } CO_2 \text{ 3. } H_2O]{\text{1. Mg}}$ (3-methylbutanoic acid, O, OH)

46. 由氫氟酸(HF)解離反應，$HF_{(aq)} \rightleftharpoons H^+_{(aq)} + F^-_{(aq)}$，為什麼熵變化($\Delta S$)為負值？

(A) 當解離時，每一 HF 解離成兩個離子

(B) 離子被水合

(C) 這個反應為放熱，因此熵變化(ΔS)應該為負

(D) 這個反應為吸熱，因此熵變化(ΔS)應該為負

《102義守-46》Ans：B

47. 某氣體勻相反應2A + B → 2C，則下列敘述何者正確？

(A) 本反應速率定律式為 $R=k[A]^2[B]$

(B) 在同一時刻時，B 的消失速率是 A 消失速率的 2 倍

(C) 在同一時刻時，C 壓力增加速率是總壓力減少速率的 3 倍

(D) 在反應室中充入氦氣，使總壓力增加一倍，溫度及體積維持不變，則反應速率不變

《102義守-47》Ans：D

48. 下列哪一個化合物是會有正的多倫反應(positive Tollen's test)？

(A) α-D-葡萄糖(α-D-glucopyranose)

(B) 甲基-β-D-吡喃葡萄糖苷(**methyl** β-D-glucopyranoside)

(C) 蔗糖(sucrose)

(D) 甲基 α-D-呋喃糖苷(**methyl** α-D-ribofuranoside)

《102義守-48》Ans：A

說明：

1.Ans:(A) ⇒ α-D-葡萄糖(α-D-glucopyranose)為醛糖之一種

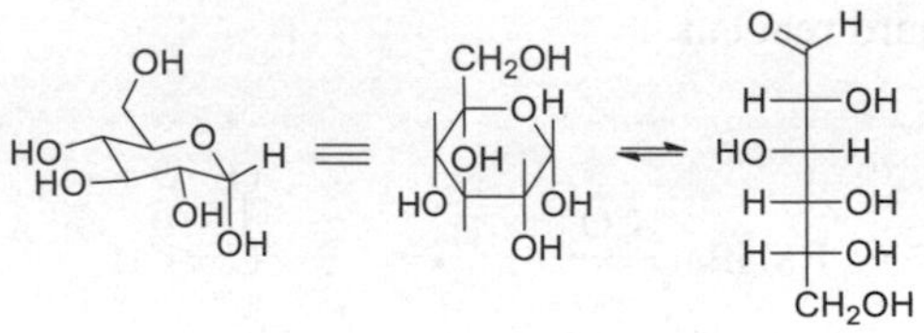

2.參考：

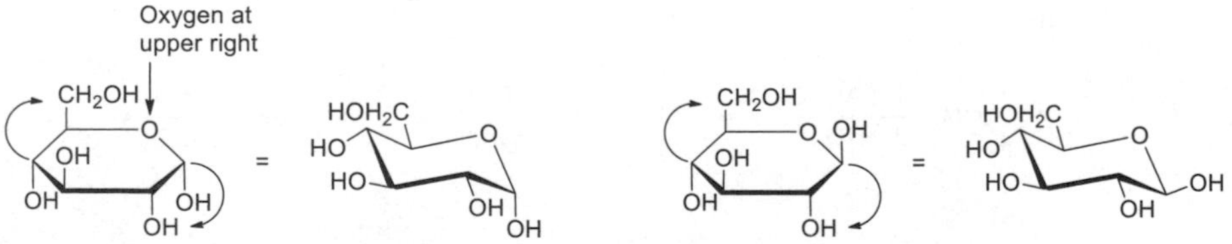

Oxygen at upper right

α-D-Glucopyranose vs β-D-Glucopyranose

Figure：Chair representations of α-D-glucopyranose and β-D-glucopyranose.

e.g.

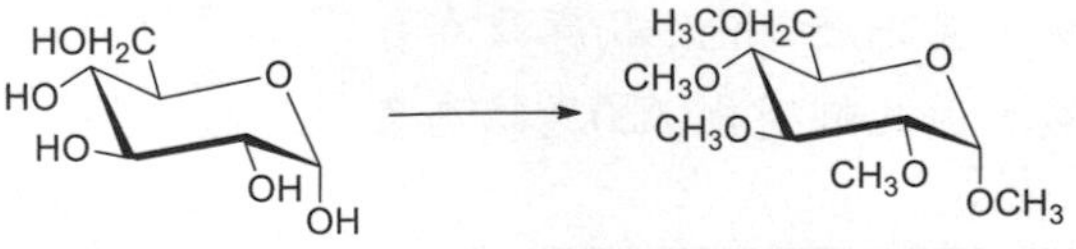

α-D-Glucopyranose → α-D-Glucopyranose pentamethyl ether (85%)

3.Ans: ⇒蔗糖(sucrose)

※ Disaccharide(兩個單醣結合)：ie **蔗糖，乳糖，麥芽糖**。

⇒雙醣經水解反應可分解出兩個單醣者(ie. 蔗糖、麥芽糖、及乳糖)

(a)蔗糖(sucrose)：α-葡萄糖及 β-果糖經縮合反應脫水而成。

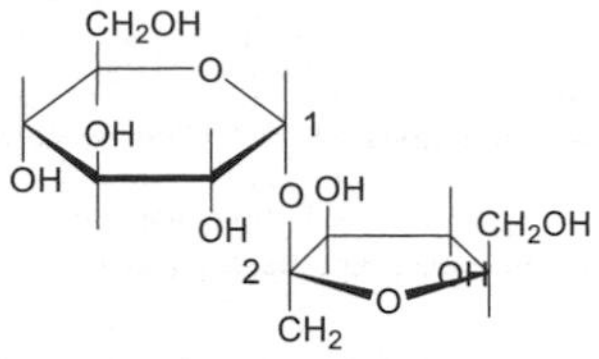

⇒ α-D-葡萄糖 ＋β-D-果糖

(蔗糖)

e.g.1

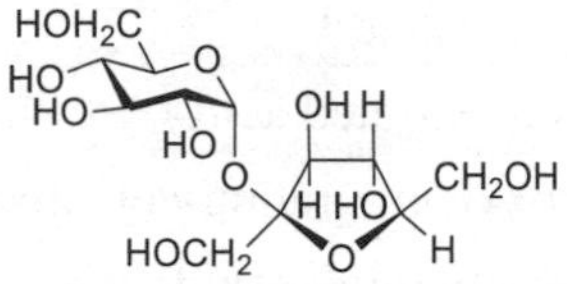

Sucrose,a 1.2'-β-glycoside

[2-O-(α-D-Glucopyranosyl)- β-D-fructofuranoside]

(b)麥芽糖(maltose)：由 α-及 β-半乳糖縮合反應脫水而生成。

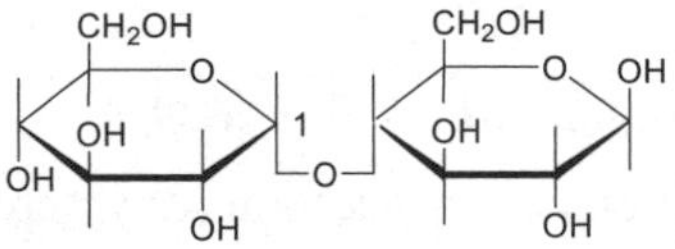

⇒ α-D-葡萄糖 ＋β-D-葡萄糖

(麥芽糖)

e.g.2

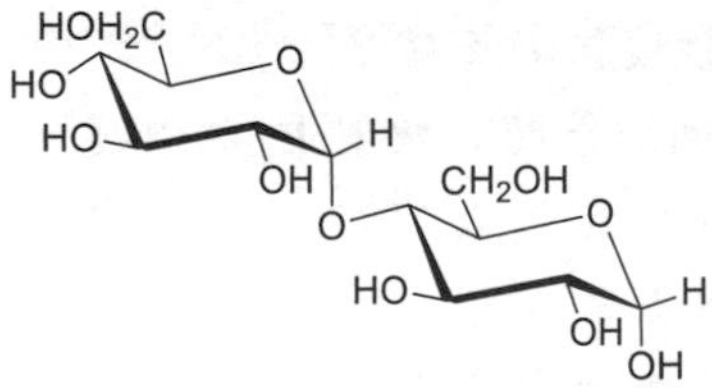

Maltose, a 1,4'-α-glycoside

[4-O-(α-D-Glucopyranosyl)-α-D-glucopyranose]

(c)乳糖(Lactose)：由 α-葡萄糖及 β-半乳糖縮合反應脫水而生成。

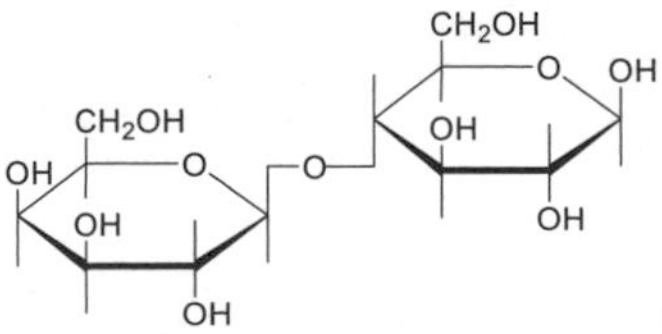

⇒ α-D-半乳糖 ＋β-D-葡萄糖

(乳糖)

e.g.3

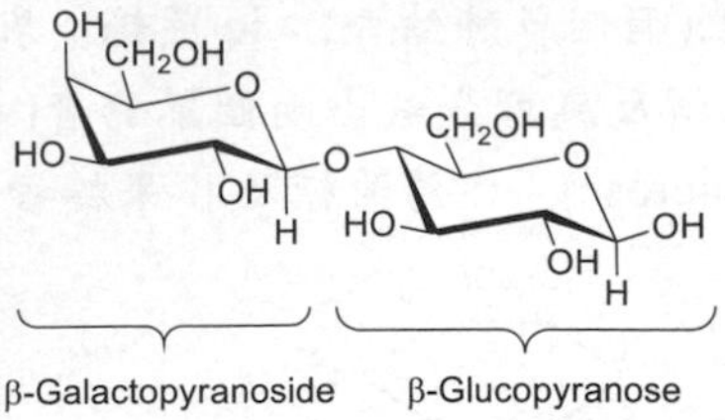

β-Galactopyranoside β-Glucopyranose

Lactose, a 1,4'-β-glycoside
[4-O-(β-D-Galactopyranosyl)-β-D-glucopyranose]

49. 烯類在下列條件之產物符合馬可尼可夫(Markovnikov)反應，且有最小骨架重排(minimal skeletal rearrangement)。下列哪一個是最佳反應？
 (A) 水加稀酸（water + dilute acid）
 (B) 水加濃酸（water + concentrated acid）
 (C) 氧汞化−去汞化反應(oxymercuration-demercuration)
 (D) 氫硼化−氧化反應(hydroboration-oxidation)

《102義守-49》Ans：C

說明：

1.※氧汞化-去汞化反應機構 (親電子加成反應)

2. Ans:

⇒ (a) **non-rearrangement** (不具重排現象)。

(b) stereospecificity: Anti-addition (oxymercuration).

(c) regioselectivity: 遵行 Markovnikov's rule.

50. 若其他反應條件不變，在一已達化學平衡的系統中：$A_{2(g)} + 3B_{2(g)} \rightleftarrows 2AB_{3(g)} +$ Q KJ，(Q > 0)，下列敘述何者正確？
 (A) 加入 A_2，再達平衡狀態時，物質 B_2 的濃度比原平衡系大
 (B) 加入觸媒，平衡常數 K 變大
 (C) 升高溫度，平衡常數 K 變小
 (D) 增高壓力，平衡系會向左邊移動

《102 義守-50》Ans：C

學士後中醫.後西醫

項目/試別	學士後西醫		學士後獸醫
主辦學校	高雄醫學大學		亞洲大學
招生名額	正取60名，備取若干名		正取45名
考試資格	教育部認可之國內外 大學或以上(碩、博士) 畢業、不限科系、男役畢		1.教育部認可之國內.外大學畢業 2.需修畢相關的學分
考試科目	(1)名額至少55名 英文(100分)、物理及化學(150分) 、普通生物及生化概論(150分) (2)名額至多5名 英文(100)分、計概及程設(150分) 、普通生物及生化概論(150分)	各科均有答錯倒扣	英文、化學(含普化.有機) 、生物學(動物學.植物學)、生化
加重計分	筆試400分.英檢10分,共佔60% + 口試100分佔40%		筆試60%+面試30%+書審10%
考試日期	110年5月29日（六）		110年5月1日（六）

項目/試別	學士後中醫	學士後中醫	學士後中醫
主辦學校	中國醫藥大學	義守大學	慈濟大學
招生名額	正取100名，備取若干名	正取50名,備取若干名	正取45名,備取若干名
考試資格	教育部認可之國內外 大學或以上(碩、博士) 畢業、不限科系、男役畢	教育部認可之國內外 大學或以上(碩、博士) 畢業、不限科系、男役畢	教育部認可之國內外 大學或以上(碩、博士) 畢業、不限科系、男役畢
考試科目	國文、英文、生物、 化學(含有機)	國文、英文、生物(含生理學) 、化學(含有機)	國文、英文、生物、 化學(含有機)
加重計分	筆試400分,佔60%+ 口試100分佔40%	每科100分 國文*1.2 生物*1.2	每科100分
考試日期	110年5月23日（日）	110年6月6日（日）	110年5月29日（六）

學士後醫-金榜班 (全國最強後醫師資團隊)

- **秋季學年精修班** 8月~4月
- **二年保證班** 8月~5月(第一年)
自6月~隔年5月（第二年）
- **二年學年班** 二年課程 雙效合一
- **題庫班** 每年2月~5月

最強師資團隊 最優質課程輔導/上榜的保證

高元黃金天團醫把罩

高元 學士後中西醫

加入高元line,享優惠

2     

為你量身打造菁英課程

高元 109年學士後西醫、後中醫 金榜

創造後中.後西醫考取129人次,佔總錄取人數50%

獨占鰲頭　無人能敵

錄取 高醫/後西

戴偉閔 原就讀:成大/醫技

一年考取

錄取 高醫/後西

鄭淑貞 原就讀:北醫/藥學

錄取 高醫/後西

余承曄 原就讀:台大/生化

錄取 高醫/後西

吳家均 原就讀:成大/醫技

錄取 高醫/後西

洪暐翔 原就讀:高大/生科

錄取 中國醫/後中醫

林彥妤 原就讀:長庚生醫

錄取 中國醫/後中醫 慈濟/後中醫

林嘉心 原就讀:台大/地理

雙榜　非本科

錄取 中國醫/後中醫 慈濟/後中醫 義守/後中醫

黃文彥 原就讀:台師大/物理

三榜　非本科

錄取 中國醫/後中醫 慈濟/後中醫

梁呈瑋 原就讀:成大/化學

應屆畢業　一年考取

錄取 義守/後中醫 慈濟/後中醫

李岱勳 原就讀:大仁/藥學

雙榜

錄取 中國醫/後中醫 慈濟/後中醫

黃資淨 原就讀:嘉藥/藥學

雙榜

錄取 義守/後中醫

吳定遠 原就讀:嘉藥/藥學

錄取 中國醫/後中醫 慈濟/後中醫

陳玳維 原就讀:中國醫/藥學

雙榜

錄取 中國醫/後中醫 慈濟/後中醫 義守/後中醫

賴煒珵 原就讀:交大/管科

三榜　非本科

錄取 中國醫/後中醫

莊濰存 原就讀:中山/生科

高元 109年學士後西醫、後中醫　金榜

創造後中.後西醫考取129人次,佔總錄取人數50%

曾品儒(台北/法津)
慈濟/後中醫 非本科系

許培甫(中山/財管)
慈濟/後中醫

林清文(輔大/職治)
慈濟/後中醫

李欣陪(嘉大/微免)
義守/後中醫

吳雅筠(中山醫/物治)
義守/後中醫

廖冠泓(成大/心理)
慈濟/後中醫 非本科系

張馨方(嘉藥/藥學)
義守/後中醫

葉天暐(中山醫/生醫)
義守/後中醫

陳映端(高大/生技所)
義守/後中醫

莊一清(高醫/心理)
義守/後中醫

顏于勛(台大/生化所)
義守/後中醫

李銘浩(北醫/藥學)
中國醫+慈濟/後中醫 雙榜

李宥霆(成大/化學)
中國醫+慈濟/後中醫 雙榜

江槵媗(中國醫/藥學)
中國醫+慈濟/後中醫 雙榜

林容嬋(北護/護理)
中國醫+慈濟/後中醫 一年考取 雙榜

黃彥凱(高醫/心理)
中國醫+慈濟/後中醫 一年考取 雙榜

陳柏州(中國醫/護理)
中國醫+慈濟/後中醫 雙榜

范育瑄(高醫/藥學)
中國醫+慈濟/後中醫 雙榜

詹勳和(中央/資工)
中國醫+慈濟/後中醫 一年考取 雙榜/非本科

江〇蓁(中國醫/藥學)
中國醫/後中醫 口試輔導

許培菁(政大/國貿)
慈濟+義守/後中醫 雙榜 非本科

王昱雯(長庚/生醫)
慈濟+義守/後中醫 雙榜

黃琬珺(台大/護理)
中國醫+慈濟/後中醫 中國正4 雙榜

陳建旭(台大/口腔生物)
慈濟+義守/後中醫 雙榜

對的選擇比努力更重要！

	清華大學	中山大學	中興大學
申請名稱	學士後醫學系	學士後醫學系	學士後醫學系
申請名額	公費生30名	公費生50名	公費生40名
設立目標	精準醫療，培養研究型醫師科學家	精準醫療，改善醫療資源平衡	AI影像判讀，在醫學上的運用
合作醫院	桃園航空城、蓋智慧醫院、衛福部桃園醫院	高雄榮總	台中榮總

相關報導

清大將成立醫學系與附設醫院　最快明年招生、醫院2026開幕

清華大學副校長呂平江指出，清華大學積極申請成立**學士後醫學系**，預計將招收公費生，目前已向教育部送出學士後醫學系的申請，希望在今年10月有好消息，**最快明年起開始招生**，預計 2025 年可迎來第一屆畢業生，與醫院落成接軌成為培育卓越醫療人才的搖籃。　**（突發中心黃羿馨／新竹報導）**

中山大學積極申設醫學院　在高榮設臨床醫學教研辦公室

2020-10-12 10:51聯合報/記者徐如宜/高雄即時報導中山大學

中山大學**積極申設醫學院系**，繼五月締約高雄榮民總醫院為教學醫院八月聘請前高榮副院長鄭紹宇擔任**學士後醫學系**籌備處主任，今天並在高榮教學研究大樓，揭牌設立「國立中山大學臨床醫學教學研究中心高榮辦公室」，宣示中山與高榮在臨床醫學教學、研究及醫學人才培育方面更加緊密結合。

3大名校，若申設後醫系通過，名額將由現行255名提高到375名錄取率將提高18%；現在不準備，待何時!!?

有機 化學-林智(林生財)

109年學長姐感言錄 賀

黃文彥
(台師大物理)

考取 中國醫/後中醫
慈濟+義守/後中醫
連中三榜

就算是最艱深的有機化學，有了林智(林生財)老師幽默的講解以及極具脈絡的課程安排，也能把地基往下打穩，使掌握度直線攀升，最後回頭檢視考題，眉頭不再深鎖，笑顏逐漸展開。

吳定逵
(嘉藥藥學)

考取 義守/後中醫
全國第三

有機的林智老師上課很輕鬆，把深奧的有機機轉由幽默詼諧的方式呈現，往往使人一聽就懂，印象深刻、事半功倍，課本的課後練習題目非常值得一作，不過有機是需要大量練習的，就如老師曾說：「把前四本觀念打好，題目作熟，就可以得到不錯的成績了。」

李岱勳
(大仁藥學)

考取 義守/後中醫

有機：林智老師幽默風趣，反應機制會一步一步細心的畫出來，問問題時也很親切回答，很喜歡林智老師。

李宥霆
(成大化學)

考取 中國醫/後中醫
慈濟/後中醫
連中雙榜

林智老師的課對於非本科生來說剛開始會很吃力，但在打好基礎後，對有機有更深度的理解而非純粹套招解題，對於較靈活的題目會有較高的正確率。老師會把題型做更精簡的整理，可以確保自己在考試的範圍不會有遺漏。

李銘浩
(北醫藥學)

考取 中國醫/後中醫
慈濟/後中醫
連中雙榜

林智老師的教法非常特別，大部分的觀念在第一章會稍微提到，好讓同學之後在其他章節能較進入狀況且融會貫通。因此，萬事起頭難，有機課程在剛開始時就要跟緊，否則到後面的章節會學不好。此外，林智老師的題目都很有代表性，讓我在有機這科目能掌握好考題趨勢。

范育瑄
(高醫藥學)

考取 中國醫/後中醫
慈濟/後中醫
連中雙榜

林智老師非常有實力，每個機轉都會解說的很詳細，學生有問題，他也會耐心的回答

許培甫
(中山財管)

考取 慈濟/後中醫
非本科系

老師以最扎實的教學方式為同學奠定基礎，且上課吐出的一字一言均是重中之重，理解老師所說，同學們不只能破解自己見過的題目，面對沒碰過且特殊的題型仍能展現強大的競爭力

林清文
(輔大職治)

考取 慈濟/後中醫

我推薦林智老師，老師一開始前面幾章會上得比較慢，因為他想讓大家熟悉最基本的觀念，一旦基礎觀念通了，便無需害怕有機。林智老師在講課時習慣用板書去講解，有時你以為已經熟悉的部分，反而在老師不厭其煩的講述下又會注意到新細節。這一整年我就是盡量將老師的板書弄熟，不斷地動手畫出結構，把課本的每一題盡量搞懂。

陳映涵
(中國醫物治)

考取 義守/後中醫

有機林智老師，是一位大師級的老師，在準備考試的過程中，有機曾經是讓我最耗費心力的科目，挫折感也不少，老師總會一步步帶領我們把那些很艱澀的部份變得容易理解，下課的時候也非常認真回答我們各式各樣的疑問，沒有問題能夠難倒老師，跟著林智老師學習，讓我慢慢對有機這個科目信心增加不少。

李袒駐
(長榮資管)

考取 中國醫/後中醫
非本科系

非常推薦林智老師的有機，他是一個非常有耐心的老師，在講解題目時非常仔細，他在前期會花很多時間來打基礎，只要熬過那些基礎課程，再加上自己努力動手畫機構，基本上有機25題錯3題內是輕而易舉

有機化學 -林智(林生財)

將普化和有機的觀念完整結合，不用死背，輕鬆用推理方式寫出答案，讓你對有機反應機構是理解，由淺入深的觀念連接成整個面。

王柏文

(陽明藥理)

一年考取

考取 中國醫/後中醫

推薦林智老師！林智老師十分注重基本觀念，這和自己學習化學的核心理念相當符合。老師在剛開課時就會教許多有機化學會用到的基本觀念，千萬不要小看或是馬虎這些知識，這將會是你有機化學有沒有辦法突破的關鍵。老師人非常和藹，不管有什麼問題都可以問，他會用很清楚而且有邏輯的方式來替學生解答。有機化學絕對會成為你上榜的一大利器。另外，老師的上課板書是精華中的精華，抄回去之後一定要搭配課本細細研讀，不懂的下一周馬上請教老師。

黃湘淇

(中國醫藥學)

考取 慈濟/後中醫

有機：我很推薦林智老師，一開始老師便很仔細的從基本原理教起，也會帶到一些普化的觀念，跟著老師學習，漸漸也能學會推反應機構。我覺得老師上課口述的內容都非常重要，很多原理與思考邏輯都是學習有機的關鍵，建議大家板書可以先拍照，盡可能在課堂上聽懂。老師的課本題目很齊全，上課也會帶我們做大量的題目，帶我們推機構，告訴我們解題的技巧，把課本題目作熟就很足夠了，有問題一定要請教老師或同學，老師非常和藹可親。

陳冠霖

(中正通訊工程)

連中雙榜

考取 中國醫/後中醫
慈濟/後中醫

老師前面的觀念打底覺得很受用，前面基礎先穩定了，後面就能無往不利。老師的課本編排，都有把最新的考題放進去，同一個觀念考點可以清楚的知道哪些學校喜歡考，讓我能更加掌握。不得不說去問老師問題時，老師整個耐心爆表，會解釋的鉅細靡遺直到你懂為止。

王世杰

(南大生科)

考取 慈濟/後中醫

有機化學：林智老師對於有機化學有一整套故事幫助記憶，我相信跟著老師學習準沒錯。個人方法是把一、二章讀熟，然後每堂課跟著老師畫機構，相信你畫久了就能理解老師邏輯，不用去背誦很多東西，有機也能拿高分。化學在這兩位老師教導下，我義守多次拿到95，慈濟今年則是94。

蘇玟

(文化財法)

非本科系

考取 中國醫/後中醫

林智老師把有機每一章節的重點都重新利用題目再次提醒，還額外叮囑我們注意一些特別的反應。面對千變萬化的有機反應，其實萬變不離其宗練熟最重要。

張芯榕

(中國醫藥學)

考取 中國醫/後中醫

聽林智(林生財)老師的線上，我在12月左右就聽完了，1月至3月複習一遍，考古要寫很熟，4月有報名題庫，很建議第二年的同學可以報名，真的可以很迅速的走過各種題型。

歐羽真

(義守物治)

全國第五

考取 義守/後中醫

林智老師將所有繁雜且為數可觀的有機觀念及有機考古試題化繁為簡由簡入深，老師更不辭辛勞地進一步指導學生們如何建立基礎、反覆練習及實戰演練。在老師的帶領下，熟記並且熟練筆記整理的重點及近年所有考古題，正式迎戰時就能迎刃而解。

劉宇真

(中正傳播)

考取 義守/後中醫

有機真心推薦林智老師，課本的第一章是老師最為強調，也是考試拿分的關鍵，基本觀念穩了，後續章節學習的速度也會加快。老師有豐富的教學經驗，一下就能抓到單元的重點，課本也整理每年最新的考題，讓我在上課的過程中能馬上練習，加深印象。

後中西醫 感言錄

李鎔竹 考取 中國醫/後中醫
(中國醫/醫技)

有機：林智老師學識豐富又為人謙和，常與學生積極討論有機觀念而非一昧灌輸，會從基礎概念開始悉心講解，讓學生依循正確思路層層遞進而非零碎記憶，可使同學對於有機不再畏懼，而是覺得解題輕鬆且富有趣味

蘇柏頵 考取 中國醫/後中醫 義守/後中醫 雙榜
(高大/電機)

有機的部分我一直是上林智老師的課，決定跟著老師的步調從第一章結構學開始好好學起。
老師幽默風趣的講解有時候也是一個記憶熱點順便一提，老師每章節後面都有歷屆考古題，這對預習，複習幫助都很大。畢竟越是分量大的科目，考古題越能貼近出題脈絡。

蘇泓文 考取 中國醫/後中醫 義守/後中醫 雙榜
(中國醫/醫技)

有機注重的也是「觀念」加上「熟練」。尤其第一步扎根的穩，後面根本勢如破竹一路到底，絕非拼命背誦堆積如山的反應機構。而林智老師堪稱有機化學的模範。老師花了最長的時間在第一章，將有機化學最正統的觀念與基礎化學結合，統整並且扎下深厚根基。即使遇到不熟悉的反應以及結構也能當場透過觀念推導。
有了高元的優良師資、行政人員及學習環境，就是上榜的最佳組合！

葉子菁 考取 義守/後中醫
(成大/護理)

林智老師上課總是能用他自己獨特的幽默感讓我在聽課時不覺乏味，而且老師總是不厭其煩地在黑板上把每一個反應機構畫出來並講解給大家聽，他會讓你了解為什麼反應機構要這麼走而不是那麼走，當你了解原因而不是死背的情況下，接下來很多類似的題目你自己都可以迎刃而解。真的很感謝林智老師將我從那根稻草底下救出來，讓我最後在考場上反而覺得有機是用來增加自己信心的科目。

陳彥如 考取 義守/後中醫
(台中教大/科教)

有機：林智老師真的很厲害，課程中老師希望能將所想到的觀念或題目全部寫出來，回家重新整理過會發現其實筆記是井然有序、環環相扣。熟讀老師筆記的觀念，勤加練習課本題目，化學不再是困擾的科目。
最後非常感謝一起準備考試的戰友及高元各班系的櫃台及主任，一有任何硬體或是補課上的困擾，都能立即解決問題，提供一個完善且資源豐富的補習環境，使考生能專心準備考試。

詹鈞硯 考取 高醫/後西醫 中國醫/後中醫 雙榜
(台大/藥理所)

林智老師在觀念方面的教導著墨甚多，雖然老師慣以畫機構的方式來教學會讓不少同學怯步，但一定要多思考、親手畫來克服才行，扎實畫好反應機構是讀通有機的一大關鍵。
高元的線上課程上架速度很快，畫質也很清晰，視訊上課介面也簡單易懂，行政方面的回覆也很迅速，如果有線上補習需求的同學，我想高元線上是一個可以納入考慮的選擇。

鄭凱瀛 考取 義守/後中醫系 慈濟/後中醫系 雙榜
(成大/醫技)

林智老師從基礎觀念扎根，但有時也會先提一些後面的反應，暫時聽不懂沒有關係，相信他到時候一定會教到你懂!

黃盟嵐 考取 中國醫/後中醫系 義守/後中醫系 慈濟/後中醫系 三榜
(輔仁/食營)

遇上林智老師之後，我義守大學的有機就只錯了一題。這中間的成長幅度之大全歸功於老師的教導。老師上課不只是只教原理和機構還會帶學生一題一題解題

鄒皓丞 考取 義守/後中醫系
(中國醫/生科)

有機:林智老師的有機課非常紮實，透過老師在黑板上所寫的筆記可以感受到有機看似複雜但其實很有脈絡的內容，林智老師的講解相當清楚，筆記排版也清晰好看，親手畫過之後再背就顯得輕鬆許多

陳亭瑾 考取 中國醫/後中醫
(中國醫/營養)

林智老師的有機，強大的觀念引導下，我不僅是學懂了有機，甚至把原本我讀不懂普化的部分給搞懂了，真的是一舉兩得。

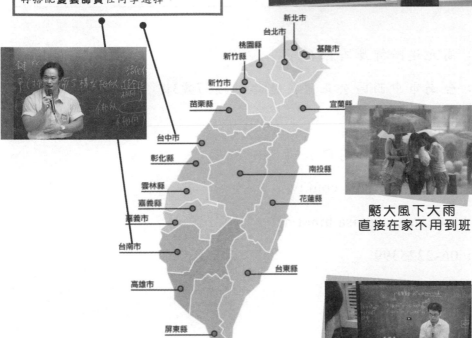

有機化學 高分精粹2.0
(102~109後中醫試題詳解)

著　　作：林智

總 企 劃：楊思敏、陳如美、吳正昌

電腦排版：林智老師、劉晏瑜

封面設計：薛淳澤

出 版 者：高元進階智庫有限公司

地　　址：台南市中西區公正里民族路二段67號3樓

郵政劃撥：31600721

劃撥戶名：高元進階智庫有限公司

網　　址：http://www.gole.com.tw

電子信箱：gole.group@msa.hinet.net

電　　話：06-2225399

傳　　真：06-2226871

統一編號：53032678

法律顧問：錢政銘 律師事務所

出版日期：2021年02月　　ISBN 978-986-99566-9-7

定價：600元(平裝)